科学技术部科技基础性工作专项

“澜沧江中下游与大香格里拉地区科学考察”

（2008FY110300）

第五课题

（2008FY110305）

“十三五”国家重点出版物出版规划项目

澜沧江流域与大香格里拉地区科学考察丛书

# 澜沧江流域与大香格里拉地区自然遗产与民族生态文化考察报告

闵庆文 崔明昆 何 露 袁 正 等 编著

科 学 出 版 社

北 京

## 内 容 简 介

本书是科学技术部科技基础性工作专项“澜沧江中下游与大香格里拉地区科学考察”中“自然遗产与民族生态文化多样性考察”项目的主要成果之一。基于多年的实地考察和广泛的文献资料，本书系统介绍了该区域自然类遗产、文化类遗产、非物质文化类遗产、旅游资源和民族生态文化资源基本情况；并基于以上考察成果，围绕旅游资源分布特征、供需模式、开发潜力、发展条件和自然与文化遗产保护等问题进行了专题研究。

本书可供地理学、生态学、资源科学、旅游科学、民族学、社会学和遗产保护等相关学科的科研工作者、高等学校师生及有关部门管理人员参考。

**图书在版编目(CIP)数据**

澜沧江流域与大香格里拉地区自然遗产与民族生态文化考察报告 / 闵庆文等编著. —北京：科学出版社，2016.10

(澜沧江流域与大香格里拉地区科学考察丛书)

“十三五”国家重点出版物出版规划项目

ISBN 978-7-03-050198-1

Ⅰ.①澜… Ⅱ.①闵… Ⅲ.①澜沧江-流域-自然保护区-考察报告-云南 ②澜沧江-流域-民族文化-文化生态学-考察报告-云南 Ⅳ.①S759.992.74 ②K280.74

中国版本图书馆 CIP 数据核字（2016）第 241003 号

责任编辑：李 敏 王 倩 / 责任校对：邹慧卿
责任印制：肖 兴 / 封面设计：李姗姗

科学出版社 出版
北京东黄城根北街 16 号
邮政编码：100717
http://www.sciencep.com

中国科学院印刷厂 印刷
科学出版社发行 各地新华书店经销
*
2016 年 10 月第 一 版 开本：889×1194 1/16
2016 年 10 月第一次印刷 印张：23 插页：2
字数：750 000

**定价：258.00 元**

（如有印装质量问题，我社负责调换）

# 科技基础性工作专项项目
# 结题验收专家组意见表

| 项目编号 | 2008FY110300 | 负责人 | 成升魁 |
| --- | --- | --- | --- |
| 项目名称 | 澜沧江中下游与大香格里拉地区科学考察 | | |

2015年2月5日，科技部基础司在北京组织召开了由中国科学院地理科学与资源研究所主持完成的国家科技基础性工作专项重点项目“澜沧江中下游与大香格里拉地区科学考察(2008FY110300)”(以下简称《考察》)结题验收会。与会专家听取项目负责人的汇报并进行了质询，查阅了相关技术文件，经讨论，形成验收意见如下:

1. 项目提交的验收材料齐全，符合国家科技基础性工作专项验收的要求。

2. 在流域尺度上开展的多学科、多尺度、大范围的综合科学考察，通过点、线、面结合，遥感监测、实地调查与样点分析相结合，对考察区水资源与水环境、土地利用与土地覆被、生物资源及生物多样性，生态系统本底与生态服务功能、山地地质灾害、人居环境、民族文化等开展了实地考察，获取了项目区内包括水、土地覆被、森林、灌丛、草地等300多个样方数据以及植物、动物和菌物等样品和标本5万多份(号)，收集了大量的地图和数据文献资料，构建了数据库(集)6个，编制了图集3部，计划出版考察专著8部。发表论文120余篇，形成咨询报告14份以及博士、硕士学位论文50篇，推进建立遗产地

2处。

3. 在综合多源科学数据的基础上，科学评估了气候变化及水电开发、产业发展等人类活动对区域水土资源、生态环境、生态系统服务功能、人居环境的影响以及山地灾害的敏感性；《考察》成果为我国今后开展中国西南周边国家及相关地区科学研究工作积累了基础科学数据，并提出了相关政策建议。

4. 开辟了中国–湄公河次区域国家开展资源环境国际合作研究的渠道，建立了密切合作关系，签署了5项国际合作备忘录，建立了一支老中青结合的跨国综合科学考察人才队伍。

该项目整体设计思路清晰，采用的技术路线合理，组织管理和经费使用规范，完成了项目任务书规定的考核指标，待数据汇交通过后同意该项目通过验收。

验收等级：☑优秀　□良好　□一般　□差

验收专家组组长签字：

2015年2月5日

# 《澜沧江流域与大香格里拉地区科学考察丛书》
# 编　委　会

# 本书编写组

**主　笔**　闵庆文　崔明昆　何　露　袁　正

**成　员**　（按姓氏拼音顺序排列）

白艳莹　曹　智　成升魁　高　函

韩汉白　焦雯珺　李　静　李海强

刘某承　马　楠　史媛媛　孙　琨

孙雪萍　唐承财　田　密　王灵恩

徐增让　杨　伦　杨　索　余有勇

张爱平　张永勋　张祖群　赵贵根

# “澜沧江中下游与大香格里拉地区科学考察”
# 项　目　组

## 专家顾问组

**组长**　王克林　研究员　中国科学院亚热带农业生态研究所

**成员**　孙鸿烈　中国科学院院士　中国科学院地理科学与资源研究所

李文华　中国工程院院士　中国科学院地理科学与资源研究所

孙九林　中国工程院院士　中国科学院地理科学与资源研究所

梅旭荣　研究员　中国农业科学院农业环境与可持续发展研究所

黄鼎成　研究员　中国科学院地质与地球物理研究所

尹绍亭　教授　云南大学

邱华盛　研究员　中国科学院国际合作局

王仰麟　教授　北京大学

## 参 与 单 位

**负责单位**　中国科学院地理科学与资源研究所

**协作单位**　中国科学院西双版纳热带植物园

中国科学院成都山地灾害与环境研究所

中国科学院成都生物研究所

中国科学院动物研究所

中国科学院昆明动物研究所

中国科学院昆明植物研究所

云南大学

云南师范大学

云南省环境科学研究院

# 项　目　组

**项目负责人**　成升魁

**课题负责人**

课题 1　水资源与水环境科学考察　李丽娟

课题 2　土地利用与土地覆被变化综合考察　封志明

课题 3　生物多样性与重要生物类群变化考察　陈　进

课题 4　生态系统本底与生态系统功能考察　谢高地

课题 5　自然遗产与民族生态文化多样性考察　闵庆文

课题 6　人居环境变化与山地灾害考察　沈　镭

课题 7　综合科学考察数据集成与共享　刘高焕

课题 8　综合考察研究　成升魁

**野外考察队长**　沈　镭

**学 术 秘 书**　徐增让　刘立涛

# 总　　序

新中国成立后，鉴于我国广大地区特别是边远地区缺乏完整的自然条件与自然资源科学资料的状况，国务院于1956年决定由中国科学院组建“中国科学院自然资源综合考察委员会”（简称“综考会”），负责综合考察的组织协调与研究工作。之后四十多年间，综考会在全国范围内组织了34个考察队、13个专题考察项目、6个科学试验站的考察、研究工作，取得了丰硕的成果，培养了一支科学考察队伍，为国家经济社会建设、生态与环境保护以及资源科学的发展，做出了重要的贡献。

2000年后，科学技术部为了进一步支持基础科学数据、资料与相关信息的收集、分类、整理、综合分析和数据共享等工作，特别设立了包括大规模科学考察在内的科技基础性工作专项。2008年，科学技术部批准了由中国科学院地理科学与资源研究所等单位承担的“澜沧江中下游与大香格里拉地区综合科学考察”项目。项目重点考察研究了水资源与水环境、土地利用与土地覆被变化、生物多样性与生态系统功能、自然遗产与民族文化多样性、人居环境与山地灾害、资源环境信息系统开发与共享等方面。经过5年的不懈努力，初步揭示了该地区的资源环境状况及其变化规律，评估了人类活动对区域生态环境的影响。这些考察成果将为保障澜沧江流域与大香格里拉地区资源环境安全提供基础图件和科学数据支撑。同时，通过这次考察推进了多学科综合科学考察队伍的建设，培养和锻炼了一批中青年野外科学工作者。

该丛书是上述考察成果的总结和提炼。希望通过丛书的出版与发行，将进一步推动澜沧江流域和大香格里拉地区的深入研究，以求取得更多高水平的成果。

2013年10月

# 总　前　言

科学技术部于2008年批准了科技基础性工作专项“澜沧江中下游与大香格里拉地区综合科学考察”项目，中国科学院地理科学与资源研究所作为项目承担单位，联合了中国科学院下属的西双版纳植物园、昆明植物研究所、昆明动物研究所、成都山地灾害与环境研究所、成都生物研究所、动物研究所，以及云南大学、云南师范大学、云南环境科学研究院等9家科研院所，对该地区进行了历时5年的大规模综合科学考察。

从地理空间看，澜沧江–湄公河流域和大香格里拉地区连接在一起，形成了一个世界上生物多样性最为丰富、水资源水环境功能极为重要、地形地貌极为复杂的独特地域。该地区从世界屋脊的河源到太平洋西岸的河口，涵盖了寒带、寒温带、温带、暖温带、亚热带、热带的干冷、干热和湿热等多种气候；跨越高山峡谷、中低山宽谷、冲积平原等各种地貌类型；包括草甸、草原、灌丛、森林、湿地、农田等多种生态系统，也是世界上能矿资源、旅游资源和生物多样性最丰富的地区之一。毋庸置疑，开展这一地区的多学科综合考察，对研究流域生态系统、资源环境梯度变化规律和促进学科交叉发展具有重大的科学价值。

本项目负责人为成升魁研究员，野外考察队长为沈镭研究员。项目下设7个课题组，分别围绕水资源与水环境、土地利用与土地覆被变化、生物多样性、生态系统功能、自然遗产与民族文化多样性、人居环境与山地灾害、资源环境信息系统开发与共享等，对澜沧江中下游与大香格里拉地区展开综合科学考察和研究。各课题负责人分别是李丽娟研究员、封志明研究员、陈进研究员、谢高地研究员、闵庆文研究员、沈镭研究员和刘高焕研究员。该项目的目的是摸清该地区的本底数据、基础资料及其变化规律，为评估区域关键资源开发、人居环境变化与人类活动对生态环境的影响，保障国家与地区资源环境安全提供基础图件和科学数据，为我国科学基础数据共享平台建设提供支持，以期进一步提高跨领域科学家的协同考察能力，推进多学科综合科学考察队伍建设，造就一批优秀的野外科学工作者。

5年来，项目共组织了4次大规模的野外考察与调研，累计行程为17 600km，历时共90天，其中：第一次野外考察于2009年8月16日至9月8日完成，重点考察了大香格里拉地区，行程涵盖四川、云南2省9县近3600km，历时23天；第二次野外科学考察于2010年11月3日至11月28日完成，行程覆盖澜沧江中下游地区的云南省从西双版纳到保山市4市13县，行程4000余千米，历时26天；第三次考察于2011年9月10日至9月27日完成，考察重点是澜沧江上游及其源头地区，行程近5000km，历时18天；第四次野外考察于2013年2月24日至3月17日在境外湄公河段进行，从云南省西双版纳州的景洪市磨憨口岸出发，沿老挝、柬埔寨至越南，3月4日至6日在胡志明市参加“湄公河环境国际研讨会”之际考察了湄公河三角洲地区的胡志明市和茶荣省，3月8日自胡志明市、柬埔寨、泰国，再回到磨憨口岸，行程近5000km，历时23天。

5年来，整个项目组累计投入4200多人次，完成了4国、40多个县（市、区）的座谈与调研，走访了10多个民族、40多家农户，完成了2800多份资料和15 000多张照片的采集，完成了8000条数据、3000多张照片的编录与整理，完成了近1000多个定点观测、70篇考察日志和流域内45个县（市、区）的县情撰写。在完成野外考察和调研的基础上，已经撰写和发表学术论文30多篇，培养了博士和硕士研究生共30多名。

在完成了上述4次大规模的野外考察和资料收集的基础上，项目组又完成了大量的室内分析、数据整理和报告的撰写，先后召开了20多次座谈会。以此为基础，各课题先后汇编成系列考察报告并陆续出版。我们希望并深信，该考察报告的出版，无论是在为今后开展本地区的深入科学研究还是在为区域社会经济发展提供基础性科技支持方面，都将是十分难得的宝贵资料和具有重要参考价值的文献。

2013年10月

# 前　言

澜沧江流域地处我国西南，自北向南呈条带状，涉及青海、西藏和云南3省（自治区）。澜沧江中下游地区地形复杂，涵盖了青藏高原、横断山区（滇西纵谷区）、云贵高原及下游地区的河谷平坝地区等多种地貌类型，生态环境复杂多样，生物多样性极为丰富。同时，高山峡谷阻隔了文化的交流，使这一区域成为我国民族最为多样、文化最为丰富的地区之一。

大香格里拉地区作为地理单元，是具有承袭香格里拉文化符号特征的典型自然与文化景观地域。它拥有高原峡谷地貌、完整的垂直带谱和山地立体气候的自然景观，也有多元民族和宗教文化、立体农业景观和原生态的人文景观。基于这些认识，我们对大香格里拉地区的考察涉及长江上游、澜沧江中上游、怒江中上游与雅鲁藏布江中下游地区。

自然与文化遗产是复杂地理、生态环境与丰富的生物和文化多样性中最具代表性的部分。因此，在“澜沧江中下游与大香格里拉地区综合科学考察”项目中，设置了“自然遗产与民族生态文化多样性考察”课题。该课题由中国科学院地理科学与资源研究所和云南师范大学共同承担，先后参与野外考察、文献整理、专题研究的人员达28人。

历经5年，行走万余公里，我们采用点面结合的方法，较为系统地考察了区域内的各类自然与文化遗产、非物质文化遗产、旅游资源及民族生态文化。基于大量的实地考察、座谈、问卷调查，积累了大量一手资料。同时，我们尽力收集了前辈在该地区所取得的较为系统的工作成果，以作为我们野外工作的重要补充。此外，我们还针对一些重点地区及考察中所发现的一些热点问题开展了专题研究。从某种意义上说，本书既是我们实地考察的总结，也是关于该地区相关问题研究成果的汇集。

全书分为三部分：第一部分为绪论，概要介绍了本课题的目的与意义、主要任务、考察方法与过程、主要成果及基于考察所得到的若干认识；第二部分为考察报告，包括第1~5章，分别介绍了考察范围内的自然类遗产、文化类遗产、非物质文化类遗产、生态文化旅游资源及主要民族的生态文化形式；第三部分为专题研究，包括第6~12章，介绍了我们围绕该区域内的旅游发展及自然与文化遗产保护所进行的一些研究，其中部分成果已刊发于有关学术期刊。农业文化遗产作为一种新的遗产类型正逐渐引起人们的关注，关于这部分内容将单独出版。

作为本课题负责人和本书框架的设计者，我特别感谢项目专家组各位专家，特别是李文华院士、尹绍亭教授的指导和帮助，感谢项目首席成升魁研究员的信任，感谢野外考察队长沈镭研究员的精心组织，感谢封志明研究员、刘高焕研究员、谢高地研究员、李丽娟研究员等在考察中给予的帮助，感谢崔明昆教授及课题组所有成员的精诚合作与辛勤劳动，感谢何露博士和袁正博士在统稿与校对方面付出的努力。

必须说明的是，无论是自然层面还是文化层面，澜沧江中下游与大香格里拉地区都是一座资源极为丰富的“宝库”，更是一部内涵极为深奥的“天书”。几年的考察工作，我们得到了一些颇有价值的资料，也发现了一些问题。但我们也很清楚，就综合考察而言，虽尽力设计力求周到并付出艰辛努力，但仍有“盲人摸象”之感，难免“挂一漏万”；而针对若干问题进行的专题研究及所得到的观点，亦难免“以偏概全”。热忱欢迎各位专家的批评指正，同时希望有更多的人士和我们一道共同发掘这一“宝库”，共同解读这一“天书”，以促进这一地区的生态保护、文化传承与经济发展。

2016 年 9 月 15 日

# 目　录



## 上篇　考察报告

## 下篇 专题研究

# 绪　　论[①]

## 0.1　目的与意义

科学技术部2008年年底批准并于2009年开始实施科技基础性工作专项“澜沧江中下游与大香格里拉地区科学考察（项目编号：2008FY110300）”项目，下设7个课题和1个综合课题。其中，“自然遗产与民族生态文化多样性考察（课题编号：2008FY11030005）”为其中的第五课题。

澜沧江发源于我国青海省玉树藏族自治州治多县阿青乡拉赛贡玛山南麓海拔5167m处的冰川末端（靳长兴和周长进，1995），流经青海省、西藏自治区和云南省。澜沧江流域地处94°E～102°E，21°N～34°N，地势北高南低，自北向南呈条带状，流域面积164 766km$^2$。其中，源头至昌都为上游，昌都至云南大理功果桥为中游，功果桥以下至南阿河口为下游，上、下游流域面积较宽阔，中游狭窄。澜沧江中下游地区地形复杂，涉及青藏高原、横断山区（滇西纵谷区）、云贵高原及下游地区的河谷平坝地区等。其生态环境复杂多样，山区气候垂直特征明显。在这一区域，高山峡谷阻隔了文化的交流，形成了多样的民族和丰富的文化特征。澜沧江中下游地区是我国民族分布最为丰富和集中的地区，涉及2个省（自治区）的11个市（地区/自治州）、52个县（市/区），人口1142.7万人、除鄂伦春族外，55个民族均有分布，其中世居民族24个，按人口多少排列分别为汉族、白族、彝族、藏族、傣族、拉祜族、傈僳族、哈尼族、佤族、纳西族、回族、布朗族、苗族、瑶族、怒族、普米族、基诺族、壮族、满族、独龙族、阿昌族、德昂族、蒙古族和景颇族。

自然遗产是维系生物多样性、保障生态安全的重要基础，也是开展生态旅游的宝贵资源。澜沧江流域和大香格里拉地区，是世界上地形地貌极为复杂、生物多样性最为丰富、生态系统类型多样和服务功能极为重要的区域，也孕育了极为重要的自然遗产。包括物质和非物质文化遗产在内的传统民族文化是中华文化的重要组成部分，是维系该地区民族和谐和社会稳定的重要基础，也是发展旅游业的重要依托和资源，许多优秀的成分值得进一步发扬光大。

云南省有着得天独厚的资源优势、区位优势和民族文化优势，于2001年提出了“建设绿色经济强省、民族文化大省”的具体战略目标，以充分发挥云南多气候带和多物种的自然资源优势、多姿多彩的民族文化优势，实施可持续发展、科教兴滇、城镇化和全方位对外开放四大战略。相继实施了“七彩云南保护行动”计划、九大高原湖泊污染治理、滇西北生物多样性保护、生物资源开发创新、绿色旅游精品、清洁能源建设等多项重大举措，在建设绿色经济强省方面取得了显著成绩；着力保护和弘扬优秀少数民族文化，培养和造就了一批民族文化人才，促进了民族文化经典作品的诞生，推动了民族文化与旅游产业的有机结合。2015年以后，围绕习近平总书记提出的建设民族团结进步示范区、生态文明建设排头兵、面向南亚东南亚辐射中心三个要求，云南省又提出以产业发展促进少数民族地区和谐稳定，以建设生态特区维护生物多样性，以科技作支撑转变发展方式，连接内地东南亚市场，构建文化产业集散地的新的发展策略。

但毋庸讳言，整个澜沧江中下游与大香格里拉地区还是经济相对落后的地区，在自然与文化遗产考察以及以此为基础的区域发展战略制定方面还处于初级阶段。一方面是如何将现有的理论梳理、提炼、综合并运用在民族文化管理与生态文明建设实践过程中，探索其适用性与局限性；另一方面，随着世界

---

① 本章执笔者：闵庆文、何露、袁正。

自然与文化遗产、世界生物圈保护区、世界地质公园、国际重要湿地、人类口述与非物质文化遗产代表作以及世界记忆遗产等有关自然生态与民族文化保护与发展的许多实践工作已经先于理论研究展开，如何将实践经验进一步总结和提升为理论也值得关注。为此，开展这一地区的自然遗产与民族生态文化多样性的科学考察，对于摸清本底数据、基础资料及其变化规律，为促进相关学科发展、科学拟定可持续发展战略、保障国家与地区生态与文化安全提供基础图件和科学数据具有重要的意义。

## 0.2 考察任务

本课题的任务是开展自然遗产与民族生态文化多样性考察，兼顾生态文化旅游资源考察。在自然遗产考察方面，按照联合国教育、科学及文化组织（简称联合国教科文组织）、世界自然保护联盟（IUCN）等关于自然遗产的定义和分类，并结合我国有关部门（环境保护部、国家林业局、国土资源部、住房和城乡建设部、水利部、农业部等）开展的自然生态保护工作，重点考察世界自然遗产及自然与文化混合遗产、自然保护区、风景名胜区、地质公园、国家公园、森林公园、湿地公园、水利风景区等。在文化遗产考察方面，按照联合国教科文组织关于文化遗产的定义和分类及我国文化部与国家文物局开展的文化遗产保护工作和非物质文化遗产保护工作，重点考察了世界文化遗产、文物保护单位和非物质文化遗产代表作等。在生态文化旅游资源考察方面，根据我国旅游管理部门关于旅游资源的定义和分类，并根据该区域的实际情况，重点考察了除上述各类遗产以外的A级景区。在民族生态文化考察方面，主要考察了除上述申报为遗产项目外的有关民族生态文化的内容。

基于以上任务，考察以建立自然遗产、文化遗产（含非物质文化遗产）、民族生态文化、生态文化旅游资源数据集，绘制遗产与旅游资源分布图；分析遗产保护现状与问题，提出自然与文化遗产申报建议名单；评估旅游发展的环境影响，提出基于自然与文化遗产保护的区域可持续发展战略。

## 0.3 方法与过程

根据澜沧江中下游与大香格里拉地区的地理特征和考察目标，遵循“点、线、面”相结合、典型地区补充考察的原则，采用实地考察、问卷调查、重点访谈、室内分析等科学考察方法，从宏观、中观和微观三个尺度，重点围绕各类自然遗产与文化遗产、民族生态文化和旅游资源开展综合科学考察工作。最终将数据成果（基础数据和本底资料、基础图件和科学数据、考察报告）汇交到地球系统科学数据共享服务网。

“点上考察”主要围绕重点遗产地展开，主要包括世界自然与文化遗产、国家公园、自然保护区、风景名胜区、文物保护单位、A级景区等；“线上考察”以澜沧江干流为轴线，选择南北贯穿、东西横切的考察路线，具体考察过程分阶段展开，并在“点上”进行多次补充考察。“面上考察”分阶段进行，分别是大香格里拉地区（2009年）、澜沧江中下游地区（2010年）、澜沧江上游地区（2011年）；“补充考察”在典型地区（普洱与临沧，2011～2012年、2013～2014年）深入。

自2008年12月正式立项以来，按照科学技术部和中国科学院的安排，在充分做好大量的准备工作之后，于2009年8月17日在云南省迪庆藏族自治州正式启动野外考察（图0-1），全部考察工作到2014年12月结束。

5年多来，课题组参与了三次大规模的野外考察与调研。第一次野外考察于2009年8月16日～9月8日完成，重点是大香格里拉地区，行程涵盖四川、云南2省9县近3600km，历时23天。考察路线：香格里拉→德钦→维西→乡城→稻城→得荣→兰坪→云龙→永平→保山→腾冲（图0-2）。第二次野外考察于2010年11月3～28日完成，行程覆盖澜沧江中下游地区的云南省从西双版纳到保山市4市13县，行程4000余公里，历时26天。考察路线：景洪→勐海→勐腊→思茅→澜沧→双江→临翔→云县→凤庆→昌宁→隆阳（图0-3）。第三次野外考察于2011年9月10～27日完成，本次考察重点是澜沧江上游地区及其源头地区，路线是沿国道 214 线，逆澜沧江而上，行程近 5000km，历时 18 天。考察路线：香格里拉→德钦→芒康→左贡→察雅→昌都→类乌齐→囊谦→杂多→玉树→玛多→西宁（图 0-4）。

图 0-1　澜沧江项目野外考察启动会合影

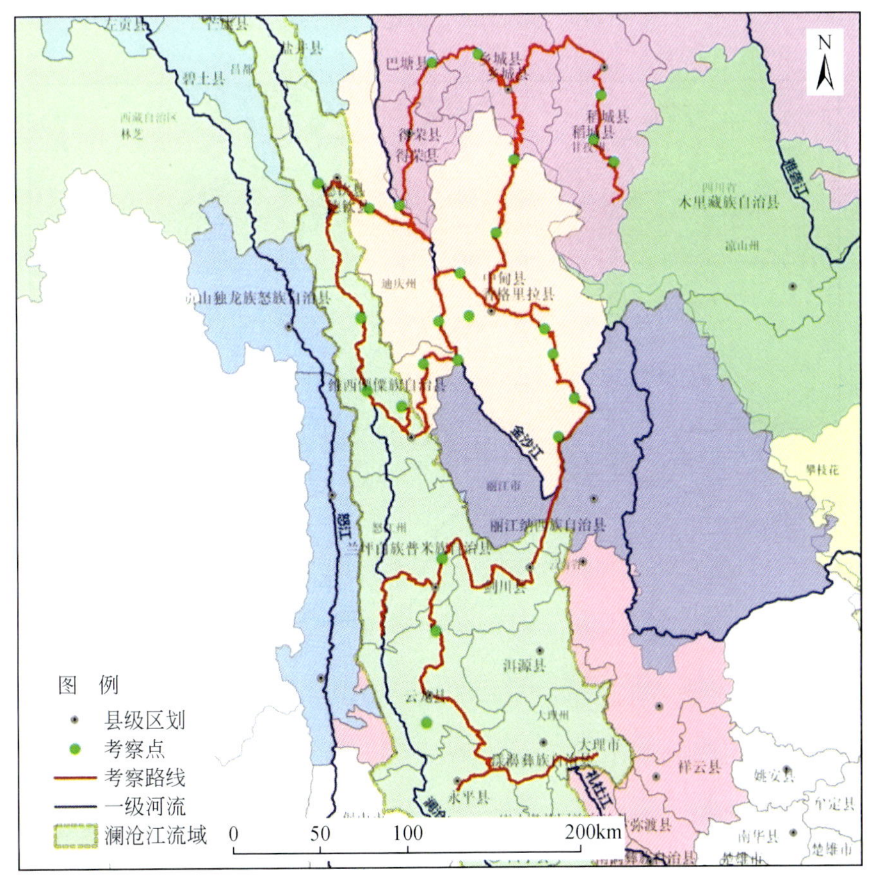


图 0-2　大香格里拉地区考察路线图

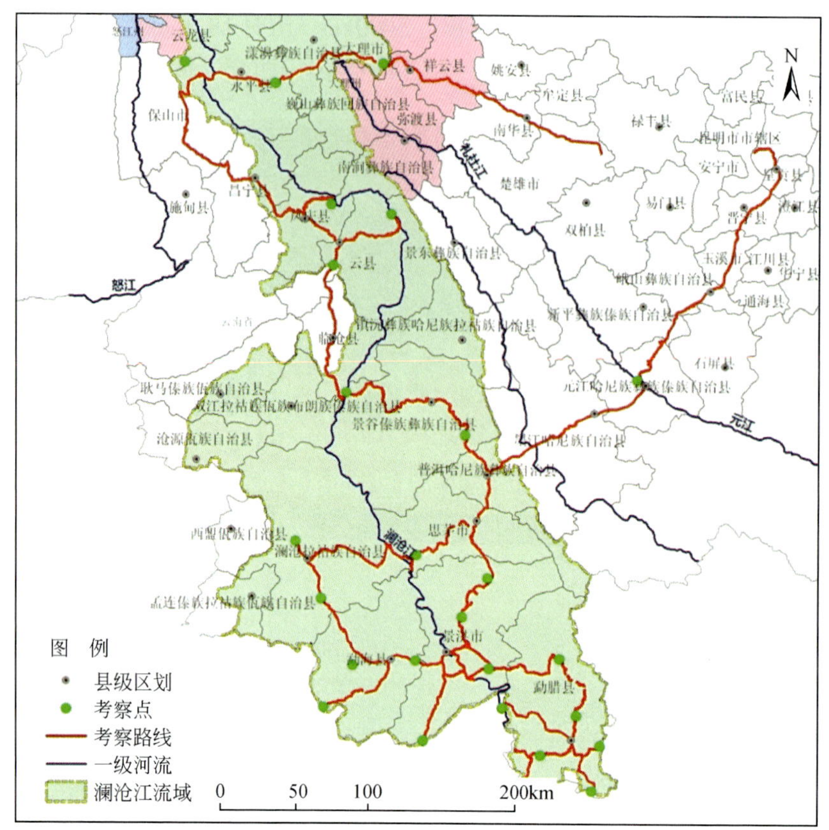


图 0-3　澜沧江中下游地区考察路线图

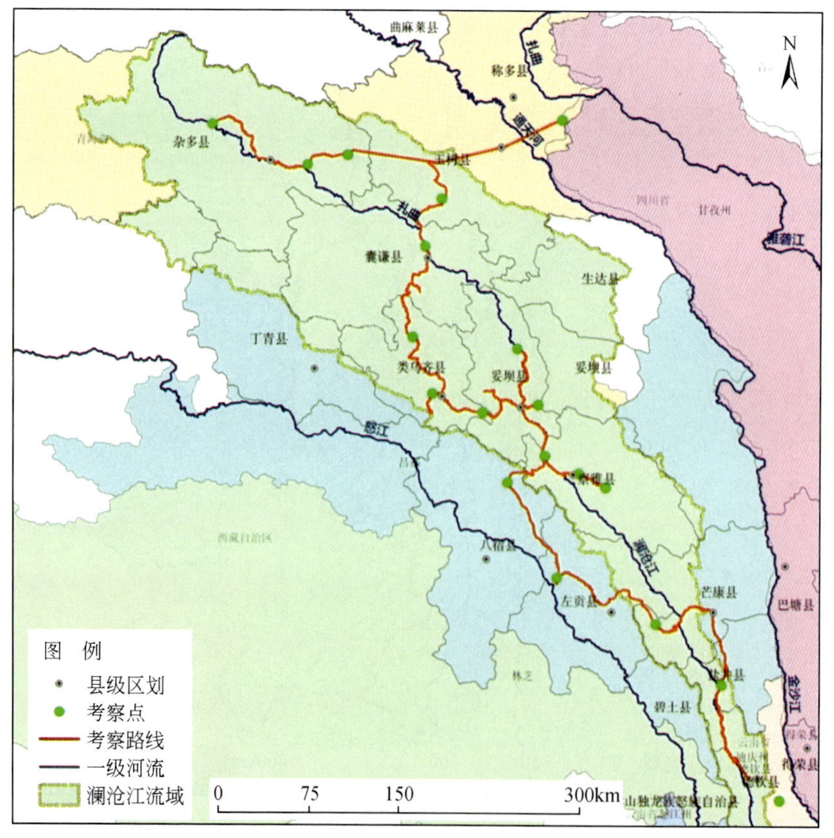


图 0-4　澜沧江上游地区考察路线图

此外，课题组还组织了两次点上的考察，重点考察普洱和临沧两市，分散在2011～2014年进行，考察总时长超过50天，对两市自然与文化遗产的保护与利用及少数民族生态文化与非物质文化遗产等项目进行了深入细致的考察（图0-5，图0-6）。

图0-5 普洱景迈山山康节茶祖祭祀

图0-6 临沧双江拉祜族茶艺

## 0.4 考察工作

五年多来，课题累计投入1000人次以上，共完成120天集中野外考察任务，行程约20 000km。参与野外考察的人员包括闵庆文、崔明昆、张祖群、孙琨、何露、袁正、王灵恩、马楠等，此外刘某承、白艳莹、史媛媛以及中国科学院地理科学与资源研究所、云南大学的硕博士研究生20余人参与了前期与后期文献资料的收集、整理工作。

实地考察历经40余县（区），开展了问卷、座谈与实地考察。2009～2011年，完成了澜沧江中下游与大香格里拉地区面上考察，考察总时长67天。2011～2012年，四次考察普洱，在镇沅、宁洱、景谷、思茅和澜沧等县（区）开展了深入调研，考察总时长超过40天；2013～2014年，三次考察临沧市双江拉祜族佤族布朗族傣族自治县，深入6个乡镇完成调研，考察总时长15天。

考察完成了900余份资料和2800余张照片的采集。2009年完成了34份（册）纸质材料、50份电子资料的采集工作；2010年完成了92份纸质材料、115份电子资料的采集工作；2011年完成了25份纸质材料、30份电子资料的采集工作；2012年在普洱补充完成40份纸质资料、100余份电子资料的采集工作；2014年在双江拉祜族佤族布朗族傣族自治县补充完成50余份电子资料的采集工作。此外，后期室内整理进一步补充了154份纸质版材料、210份电子版材料。本课题所采集的2800余张照片，涉及途经地区的自然与文化景观、民俗与社会生活、主要农业形式、旅游基础设施条件、特色文化产品及工作等。

野外考察与文献阅读并重，收集了问卷100余份，阅读文献和书籍500余篇（册）。考察过程中，课题组人员与所到地方的县级文化、文物、宗教、旅游、农业和环境等部门进行了座谈；针对各地不同特点对技术人员和当地居民进行了访谈；针对景区游客、茶农等进行了不同主题的问卷调查（获得有效调查问卷80余份）。通过野外考察、观察、访谈、座谈会和问卷相结合的方法，课题组收集了丰富、翔实的数据和资料。

## 0.5 主要成果

课题组全面调查了澜沧江中下游与大香格里拉地区各类自然遗产、文化遗产、非物质文化遗产状况，完成了自然与文化遗产资源数据集，编制了自然与文化遗产分布图；全面调查了区域内旅游资源，完成了生态文化旅游资源数据集；系统分析了自然遗产与民族生态文化多样性格局，提出了自然与文化遗产申报建议名单；科学评估了旅游发展潜力及存在问题，提出了基于自然文化遗产与民族生态文化资源保护的区域发展战略。

**（1）遗产资源数据集与分布图**

按照联合国相关组织及我国自然保护和文化遗产保护有关部门的分类体系，在实地调查和资料收集的基础上，收录了区域内以国际组织为主导管理和保护的各种遗产类型、国家有关部门主导开展的各类遗产保护项目以及各类潜在的遗产资源，包括四大类：一是自然类遗产，包括世界自然遗产、世界自然与文化类遗产、自然保护区、风景名胜区、国家公园、地质公园、森林公园、湿地公园及水利风景区等；二是文化类遗产，包括世界文化遗产、世界纪念性建筑遗产、文物保护单位、中国传统村落、历史文化名城/村等；三是非物质文化遗产类，包括人类口述与非物质文化遗产代表作、世界记忆遗产、民间文化艺术之乡等；四是民族生态文化。遗产资源分布图包括自然遗产分布图（图0-7）和文化遗产分布图（图0-8）。

通过对流域内自然遗产类项目的考察和整理，我们发现：澜沧江流域自然地质历史悠久，自然遗产类遗产覆盖类型多样；但自然遗产类项目多为特殊类型生态系统或生物多样性保护区域，如80个自然保护区中只有1个为地质遗迹类，地质公园数量也较少；47个生态系统类型保护区和32个生物多样性保护区；自然遗产涵盖了区域内各类生态系统类型和景观类型，对于澜沧江流域生态系统维持和生物多样性保护意义重大；世界自然遗产项目少，按照进入《世界自然遗产名录》的相关评估标准，区内符合自然遗产评选标准“构成代表进行中的重要生物演化过程以及人类与自然环境相互关系的突出例证、尚存的

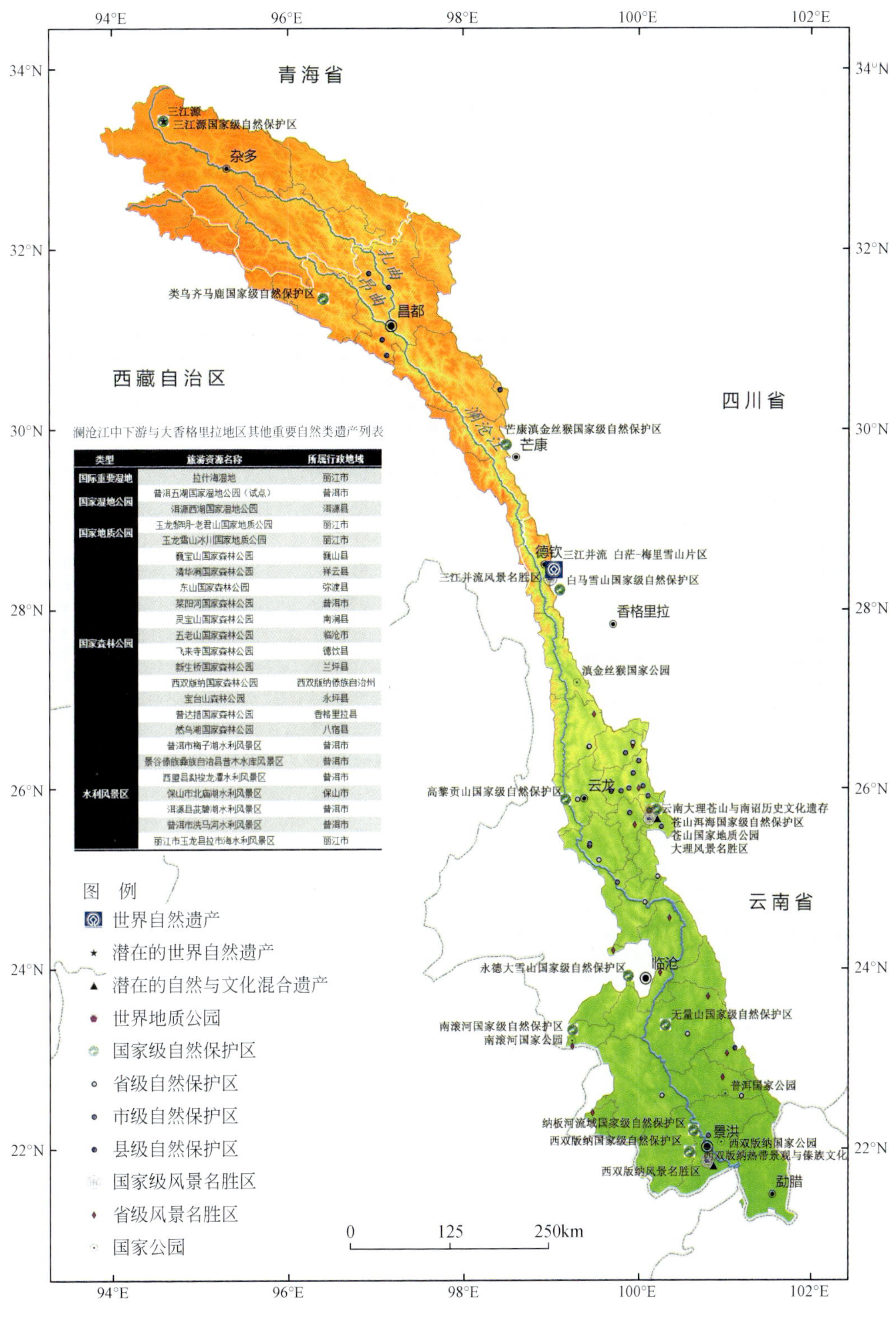


澜沧江中下游与大香格里拉地区其他重要自然类遗产列表

| 类型 | 旅游资源名称 | 所属行政地域 |
|---|---|---|
| 国际重要湿地 | 拉什海湿地 | 丽江市 |
| 国家湿地公园 | 普洱五湖国家湿地公园（试点） | 普洱市 |
| | 洱源西湖国家湿地公园 | 洱源县 |
| 国家地质公园 | 玉龙黎明-老君山国家地质公园 | 丽江市 |
| | 玉龙雪山冰川国家地质公园 | 丽江市 |
| 国家森林公园 | 巍宝山国家森林公园 | 巍山县 |
| | 清华洞国家森林公园 | 祥云县 |
| | 东山国家森林公园 | 弥渡县 |
| | 菜阳河国家森林公园 | 普洱市 |
| | 灵宝山国家森林公园 | 南涧县 |
| | 五老山国家森林公园 | 临沧市 |
| | 飞来寺国家森林公园 | 德钦县 |
| | 新生桥国家森林公园 | 兰坪县 |
| | 西双版纳国家森林公园 | 西双版纳傣族自治州 |
| | 宝台山森林公园 | 永坪县 |
| | 普达措国家森林公园 | 香格里拉县 |
| | 然乌湖国家森林公园 | 八宿县 |
| 水利风景区 | 普洱市梅子湖水利风景区 | 普洱市 |
| | 景谷傣族彝族自治县普木水库风景区 | 普洱市 |
| | 西盟县勐梭龙潭水利风景区 | 普洱市 |
| | 保山市北庙湖水利风景区 | 保山市 |
| | 洱源县茈碧湖水利风景区 | 普洱市 |
| | 普洱市洗马河水利风景区 | 普洱市 |
| | 丽江市玉龙县拉市海水利风景区 | 丽江市 |

图 0-7　流域内自然类遗产分布图

珍稀或濒危动植物种的栖息地”的地点不在少数，然而与现有自然遗产项目相比往往在可视性景观美感或栖息地规模上表现不突出。

通过对流域内文化遗产类项目的考察和整理，我们发现：澜沧江流域的文化遗产类资源主要以南方少数民族传统文化（物质与非物质）和技术为主体；而文物保护单位中的佛教文化相关建筑、少数民族传统村落、茶马古道遗址和古茶园是这一区域极富特色的地方文化特征，在数量上也居多；世界文化遗

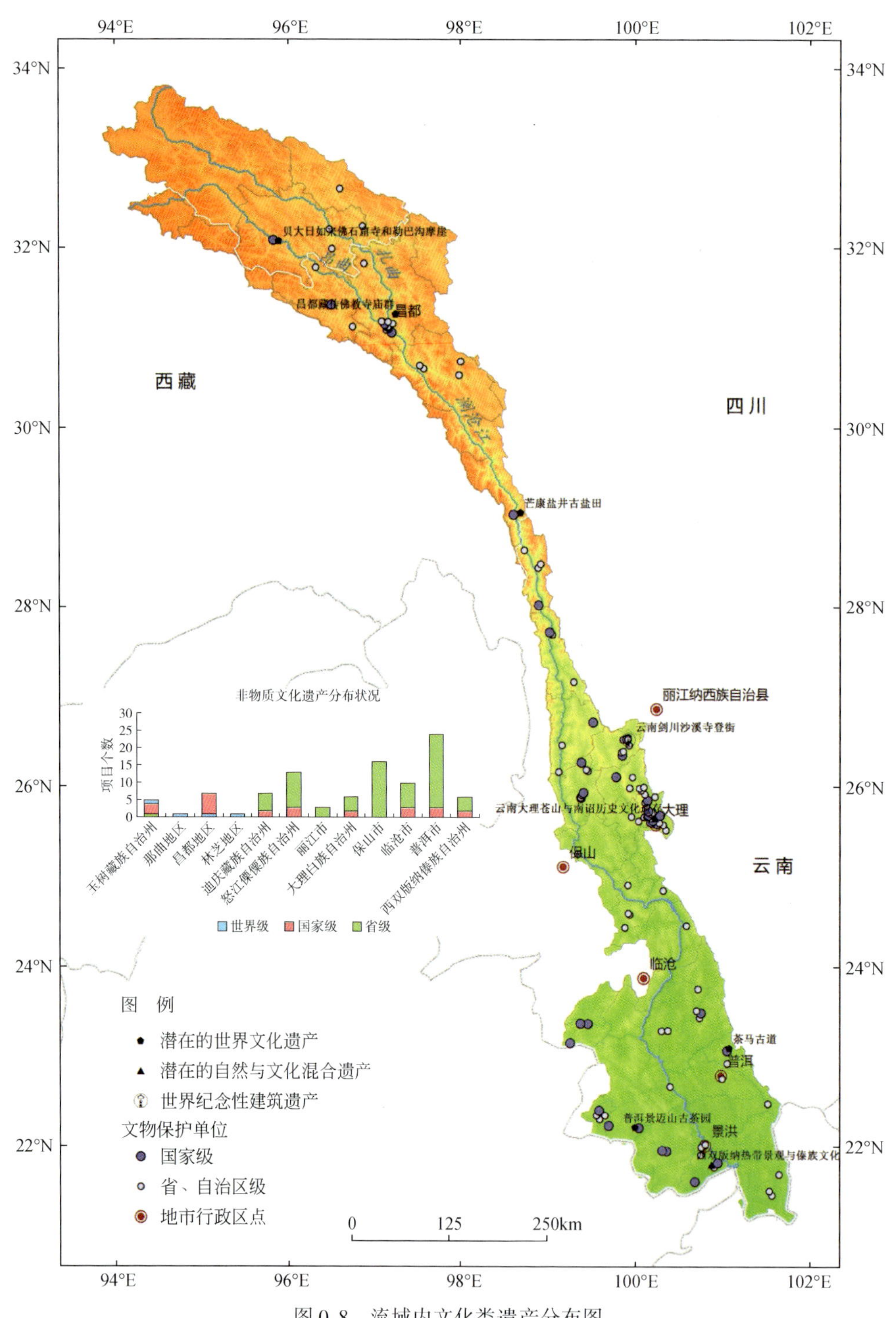


图 0-8 流域内文化类遗产分布图

产项目较少，与区域内的生态系统和民族文化多样性程度不相匹配。

非物质文化遗产与区域民族生态文化是人类文化的突出代表。在澜沧江流域，非物质文化遗产与民族生态文化的分布和民族人口的分布直接相关。民族是文化行为发生的主体，民族的分布与文化特质的分布和文化遗产的分布直接相关。因此，本课题基于野外考察与国家第六次人口普查（2010 年）资料，整理了澜沧江流域主要少数民族及其人口分布状况，并总结出少数民族多样性和人口地理分布规律。澜沧江流域共有人口 1142. 7 万人，少数民族人口 682. 1 万人，占人口总数的 59. 7%。范围内涉及的 3 个省（自治区）的 12 个市（地区/自治州）、56 个县（市/区）中，75% 的县（区）少数民族人口数量超过半数，少数民族人口密度下游较高（图0-9）。除鄂伦春族外，55个民族均有分布，其中世居民族24个，少数民族数量的分布如图0-9所示。

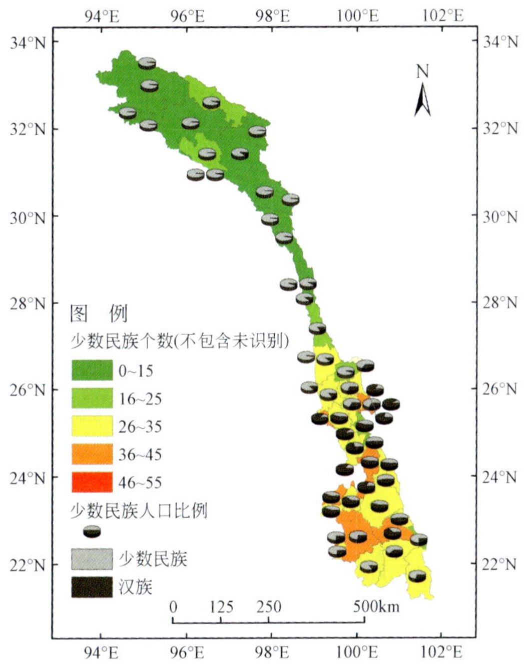


图0-9 澜沧江流域各县（区）少数民族数量与人口比例（2010年）

在流域涉及的各个县（区）内，各县（区）少数民族数量在9～41个。通过香农指数的计算分析56个县（区）的民族多样性结果可见（图0-10），区域内民族多样性分布与海拔呈线性相关：在海拔1000～5000m范围内，海拔越低，民族多样性程度越高。

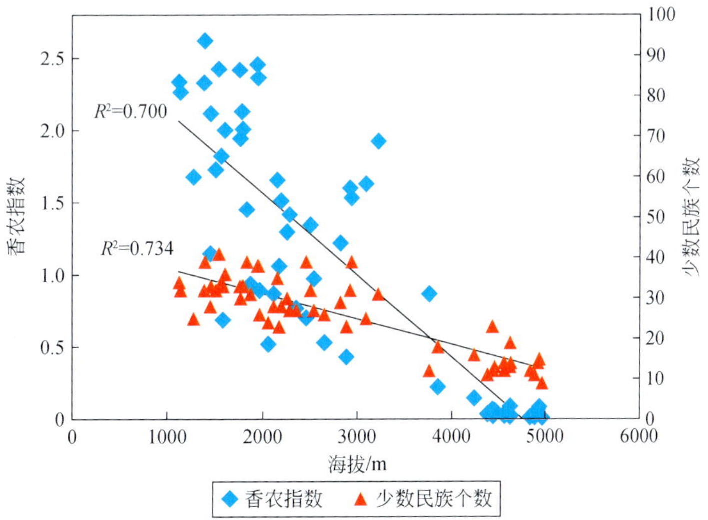


图0-10 民族数量、香农指数与海拔关系图

其中，中上游地区民族组成较为简单，以汉藏语系、藏缅语族的藏族、纳西族、珞巴族等民族为主。自大理功果桥以下，澜沧江仿若一道屏障，阻隔了族群的迁徙。沿江南下的氐羌后裔的彝族、白族、纳西族、拉祜族等定居于河流东岸；而从西部迁移而来的百濮族群后裔德昂族、佤族、布朗族则与其隔江相望。从东部迁移过来的百越族群后裔壮族、傣族、水族等和从长江中下游逐步迁移而来的苗族和瑶族聚集于河流下游的普洱和西双版纳。主要世居民族分布人口分布区域如图0-11所示。

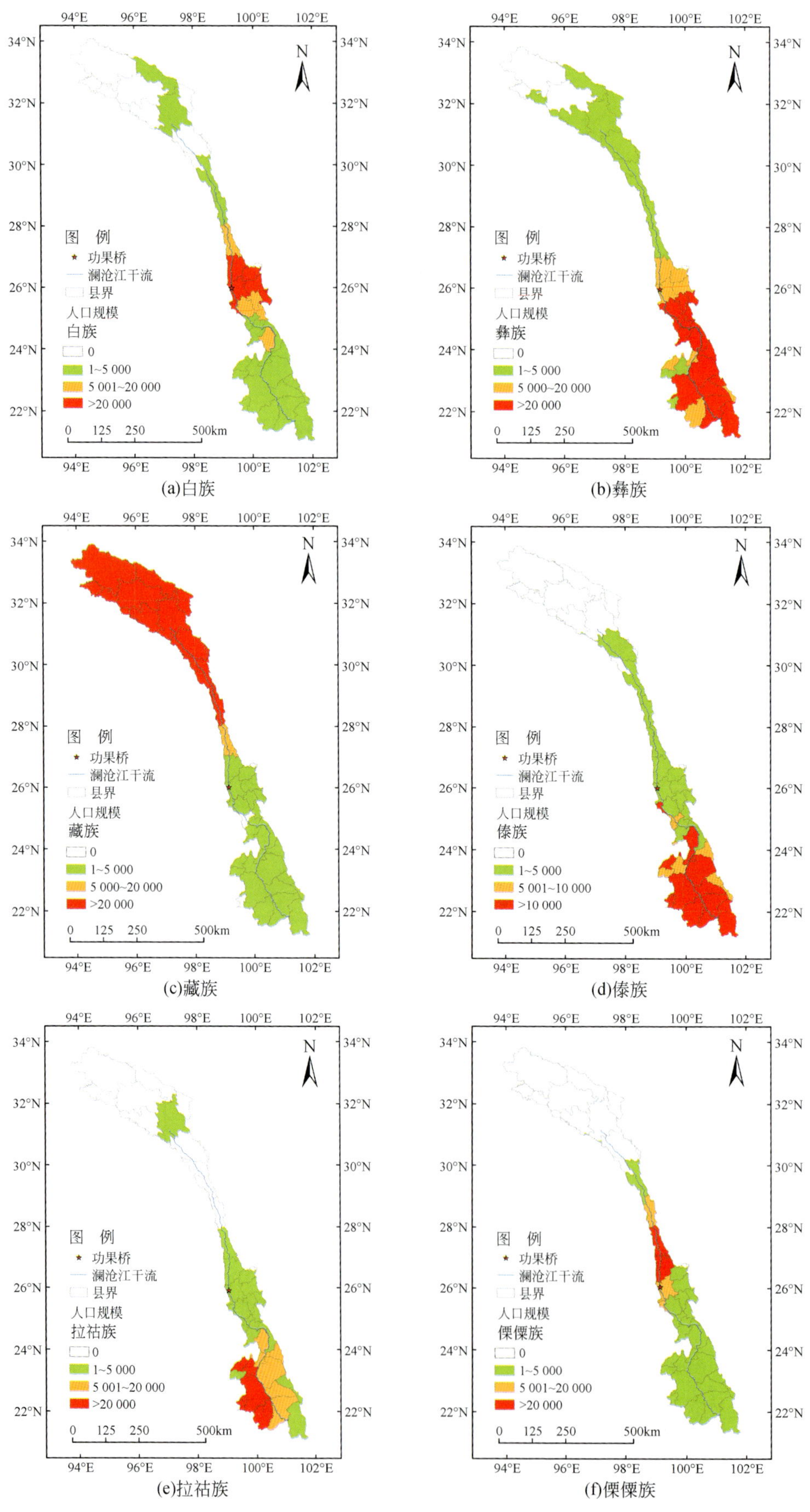

(a)白族 (b)彝族

(c)藏族 (d)傣族

(e)拉祜族 (f)傈僳族

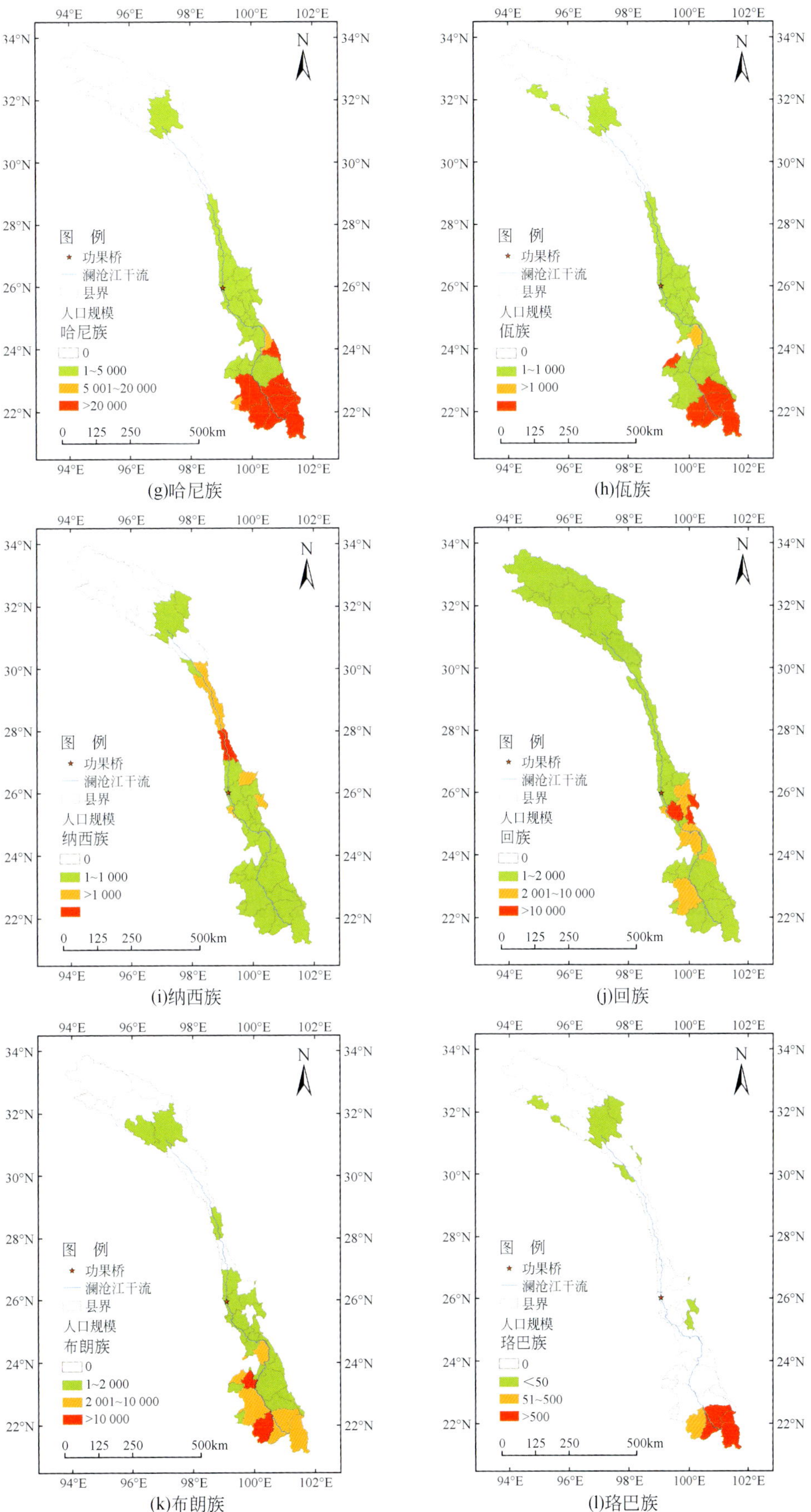


(g)哈尼族

(h)佤族

(i)纳西族

(j)回族

(k)布朗族

(l)珞巴族

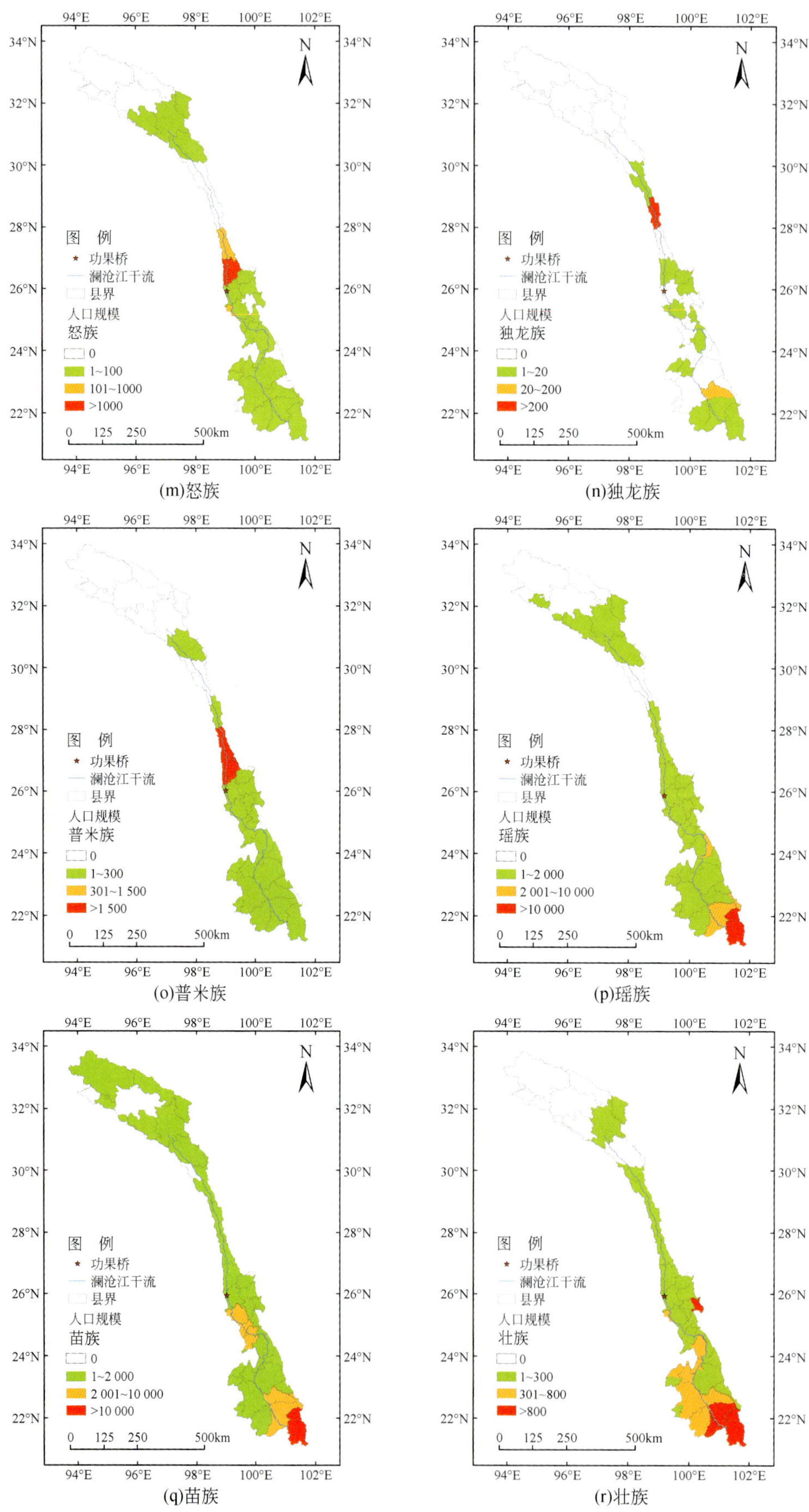

(m)怒族


(n)独龙族


(o)普米族


(p)瑶族


(q)苗族


(r)壮族

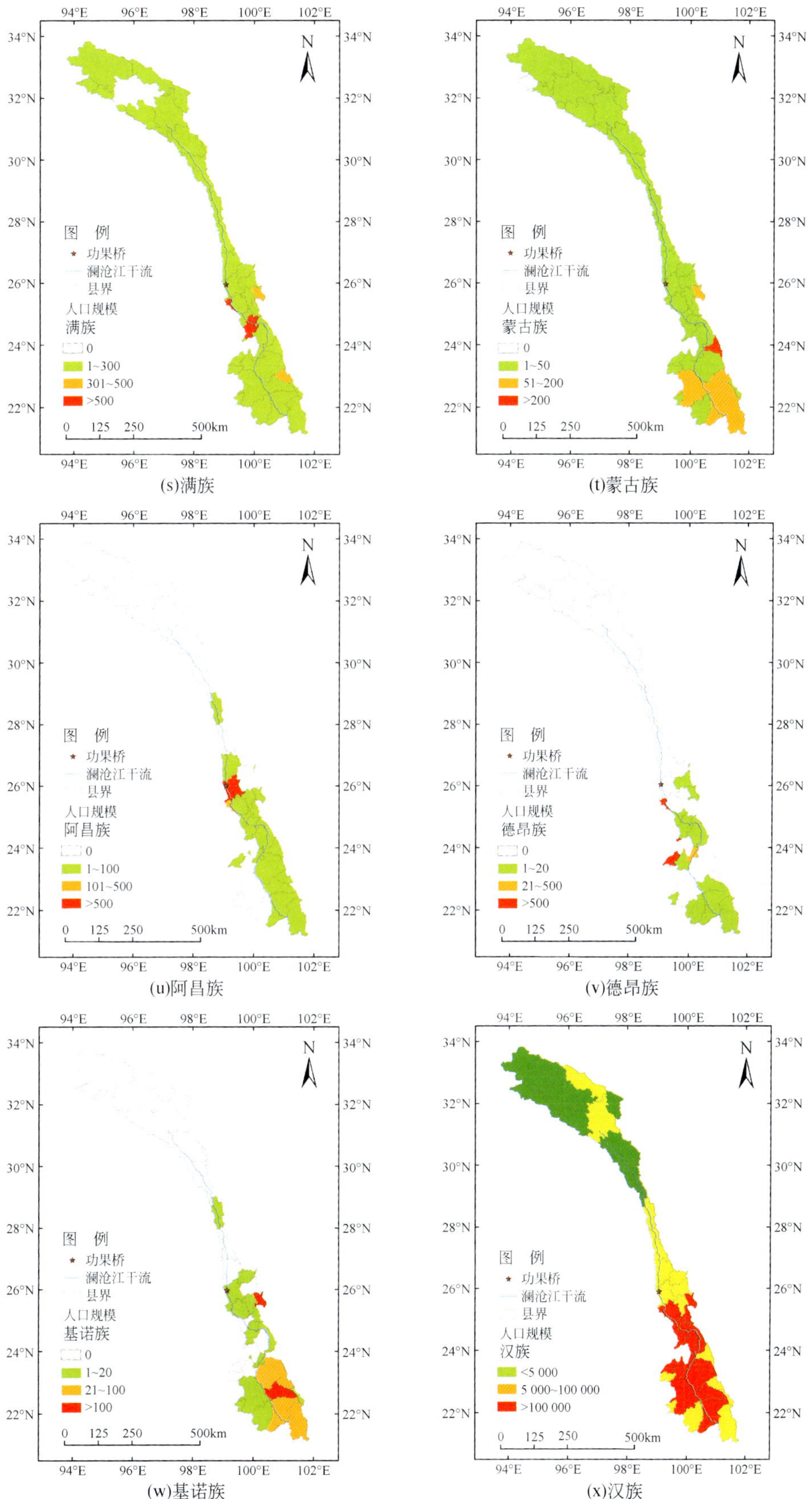


图 0-11　澜沧江流域主要世居民族人口地理分布（2010 年）

在此基础上，基于野外调研、政府座谈、文献及民族志、宗教志等的阅读，统计整理了澜沧江中下游各县（区）世居民族分布状况；提取了蕴含重要生态文化意义的民俗文化 156 种，建立了包括基本描述、宗教、民族等词条在内的民族文化基础数据库；完成了上游及大香格里拉地区、中游、下游分地域的民族生态文化资源描述；对藏族、纳西族、白族、傈僳族、拉祜族、傣族等世居少数民族及其生态文化做了具体的论述和分析。

**（2）生态文化旅游资源数据集与分布图**

按照旅游资源普查标准和旅游管理部门的分类，在剔除遗产类旅游资源的基础上，建立了生态旅游资源数据集，包括排除各类遗产资源基础上的 A 级景区、中国优秀旅游城市、中国最具魅力休闲乡村和国家旅游路线。生态文化旅游分布图以 A 级景区分布为代表进行绘制（图 0-12）。

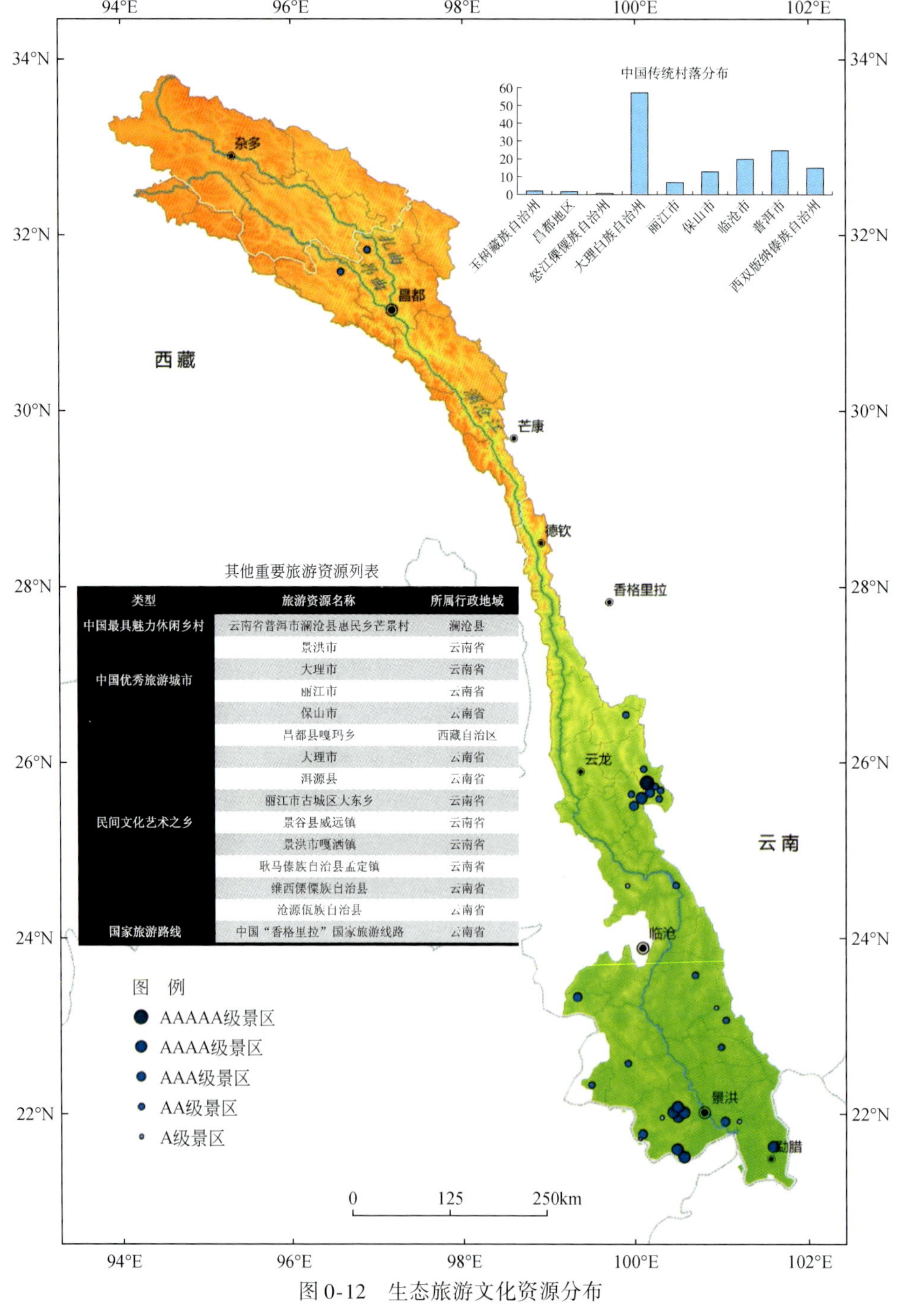


其他重要旅游资源列表

| 类型 | 旅游资源名称 | 所属行政地域 |
|---|---|---|
| 中国最具魅力休闲乡村 | 云南省普洱市澜沧县惠民乡芒景村 | 澜沧县 |
| 中国优秀旅游城市 | 景洪市 | 云南省 |
| | 大理市 | 云南省 |
| | 丽江市 | 云南省 |
| | 保山市 | 云南省 |
| 民间文化艺术之乡 | 昌都县嘎玛乡 | 西藏自治区 |
| | 大理市 | 云南省 |
| | 洱源县 | 云南省 |
| | 丽江市古城区大东乡 | 云南省 |
| | 景谷县威远镇 | 云南省 |
| | 景洪市嘎洒镇 | 云南省 |
| | 耿马傣族自治县孟定镇 | 云南省 |
| | 维西傈僳族自治县 | 云南省 |
| | 沧源佤族自治县 | 云南省 |
| 国家旅游路线 | 中国“香格里拉”国家旅游线路 | 云南省 |

图 0-12　生态旅游文化资源分布

**（3）各类潜在遗产名单**

通过对于澜沧江流域自然与文化遗产的认知和分析，课题组根据联合国有关组织和我国有关政府部门的遗产分类和申报要求，提出了各类潜在遗产清单（表0-1、表0-2）。包括：潜在的世界自然遗产2项（三江源、玉龙雪山），潜在的世界文化遗产6项（芒康盐井古盐田、普洱景迈山古茶园、茶马古道、贝大日如来佛石窟寺和勒巴沟摩崖、昌都藏传佛教寺庙群、香格里拉古城），潜在的自然与文化混合遗产2项（云南大理苍山与南诏历史文化遗存、西双版纳热带景观与傣族文化），潜在的非物质文化遗产4项（藏医药、藏族唐卡、锅庄舞、普洱茶制作技艺）（图0-13）。另外还提出潜在的国家级遗产22项，包括潜在的国家级自然保护区1项，潜在的国家级风景名胜区5项，潜在的国家级文物保护单位12项，潜在的国家级非物质文化遗产4项等。

**表0-1　潜在的世界级遗产项目**

| 遗产类型 | 项目名称 | 主要分布地区 |
|---|---|---|
| 世界自然遗产 | 三江源 | 青海杂多县 |
| | 玉龙雪山 | 云南玉龙纳西族自治县 |
| 世界文化遗产 | 芒康盐井古盐田 | 西藏盐井乡 |
| | 普洱景迈山古茶园 | 云南澜沧拉祜族自治县 |
| | 茶马古道 | 以云南普洱为中心覆盖云南、西藏、四川等地 |
| | 贝大日如来佛石窟寺和勒巴沟摩崖 | 青海玉树藏族自治州 |
| | 昌都藏传佛教寺庙群 | 西藏昌都市 |
| | 香格里拉古城 | 云南香格里拉市 |
| 自然与文化遗产 | 云南大理苍山与南诏历史文化遗存 | 云南大理白族自治州 |
| | 西双版纳热带景观与傣族文化 | 云南西双版纳傣族自治州 |
| 非物质文化遗产 | 藏医药 | 西藏、四川 |
| | 藏族唐卡 | 四川、西藏 |
| | 锅庄舞（迪庆锅庄舞、昌都锅庄舞、玉树卓舞） | 青海、西藏、云南西北部 |
| | 普洱茶制作技艺 | 大理市、临沧市、普洱市、景洪市 |

**表0-2　潜在的国家级遗产项目列表**

| 遗产类型 | 目标级别 | 项目名称 | 主要分布地区 |
|---|---|---|---|
| 自然类遗产 | 国家级自然保护区 | 临沧澜沧江 | 凤庆县、双江拉祜族佤族布朗族傣族自治县 |
| | 国家级风景名胜区 | 保山博南古道风景名胜区 | 保山市 |
| | | 临沧大雪山风景名胜区 | 双江拉祜族佤族布朗族傣族自治县 |
| | | 镇沅千家寨风景名胜区 | 镇沅彝族哈尼族拉祜族自治县 |
| | | 沧源佤山风景名胜区 | 沧源佤族自治县 |
| | | 剑川剑湖风景名胜区 | 剑川县 |

续表

| 遗产类型 | 目标级别 | 项目名称 | 主要分布地区 |
|---|---|---|---|
| 文化类遗产 | 国家级文物保护单位 | 帕巴拉夏宫 | 昌都县 |
| | | 达律王府 | 贡觉县 |
| | | 江措林寺 | 边坝县 |
| | | 达玛拉恐龙化石出土点 | 昌都市 |
| | | 秀巴碉楼群 | 江达县 |
| | | 兰津渡与霁虹桥 | 隆阳区 |
| | | 奔子栏佛塔殿壁画 | 德钦县 |
| | | 迁（圈）糯佛寺 | 景谷傣族彝族自治县 |
| | | 白崖城遗址及金殿窝遗址 | 弥渡县 |
| | | 苍山崖画 | 漾濞彝族自治县 |
| | | 唐隆寺 | 玉树市 |
| | | 囊谦王族墓地 | 囊谦县 |
| 非物质文化类遗产 | 国家级非物质文化遗产 | 滇剧 | 凤庆县 |
| | | 白族木雕 | 剑川县 |
| | | 杀戏 | 景东彝族自治县 |
| | | 拉祜族葫芦笙舞 | 澜沧拉祜族自治县 |

**（4）遗产保护与区域发展战略**

通过对澜沧江流域自然与文化遗产考察及分布特征分析，我们认为该流域遗产保护主要存在三个方面的问题：一是文化遗产保护主体的角色定位存在偏差；二是文化遗产的保护与管理相较于自然遗产显得较为松散；三是遗产保护工作资金不足，相关工作人员文化水平普遍偏低。目前，澜沧江流域范围内的文化遗产申报与保护主要依靠经济效益驱动，而少数民族群众作为遗产拥有者在所得经济利益的相关分配中所获得的比例极低。这直接导致了在遗产保护过程中，遗产拥有者对于遗产保护的积极性和参与度都普遍较低，遗产保护和管理均依赖政府，政府工作人员的素质、水平和对遗产的认知程度直接影响了地方文化遗产保护工作的开展。遗产由于其性质和保护内容的差异，分属于不同的部门管辖（表0-3），部门之间的协调机制的不健全，也影响了遗产管理和保护工作的协调性和可持续性。在经济利益驱动下，云南因其旅游业发展程度较高，对于文化遗产类项目重视程度较高，四级文物保护单位和非物质文化遗产管理体系健全，而在西藏自治区和青海省，相关管理体系的建设仍有待提高。以非物质文化遗产为例，据不完全统计，澜沧江流域范围内云南省四级非物质文化遗产超过1000项，西藏自治区39项，青海省4项，遗产的数量分布在区位分布上也呈现不均衡性。此外，相对于自然遗产而言，文化遗产本身受人类活动影响更大，可以说是主要依托于人的遗产类型。当人群发生迁徙、文化冲击和其他社会变迁因素、不可抗拒的事件时，文化遗产变得更为脆弱，更容易消亡。而澜沧江流域日新月异的变化正在导致少数民族文化受到文化他者的强烈冲击，在这样的时代背景下，保护工作变得尤为紧迫，也为工作的开展提出了更高要求。

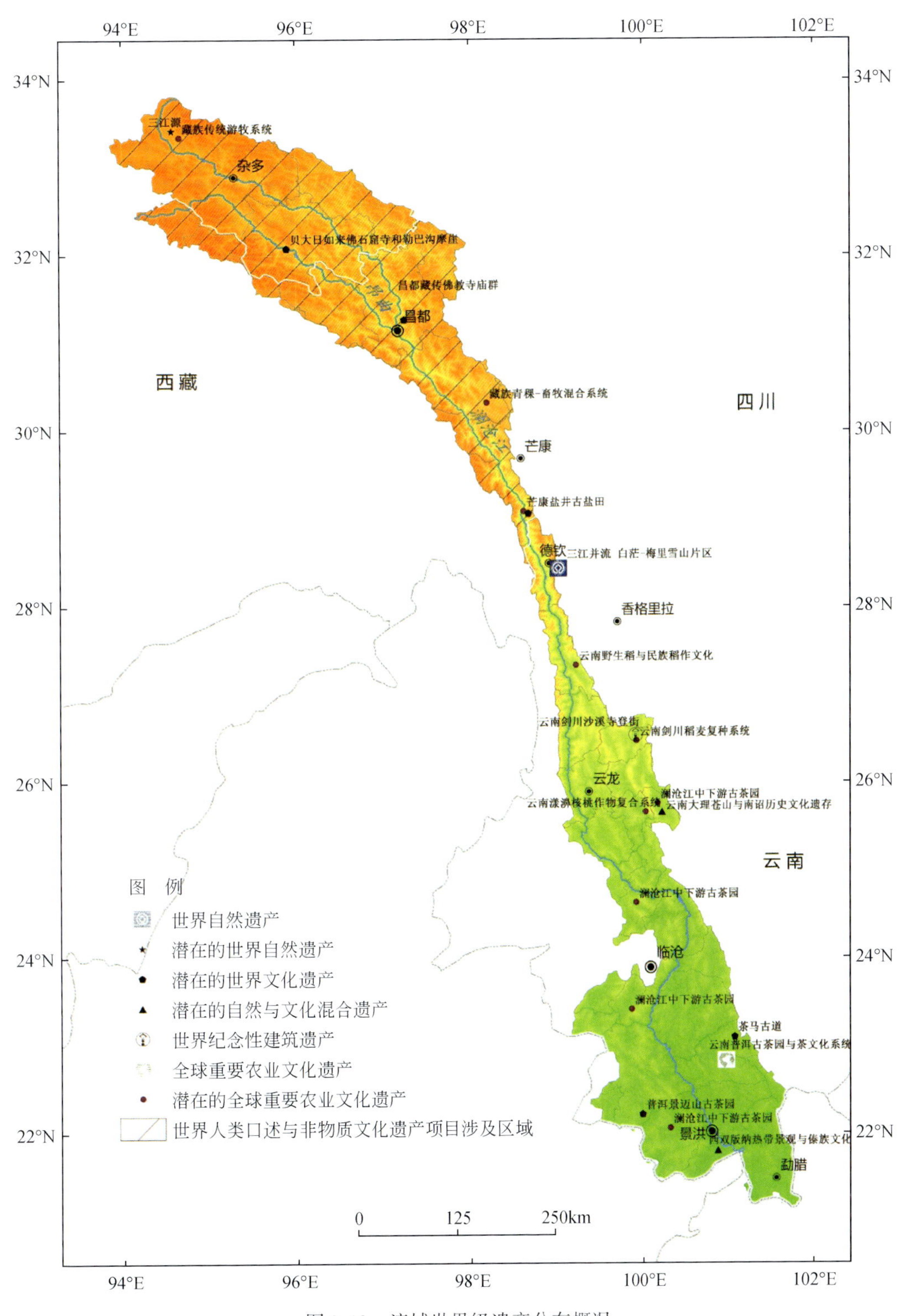


图 0-13 流域世界级遗产分布概况

**表 0-3 澜沧江流域遗产和旅游类资源及其管辖部门**

| 名称 | 国家级管辖部门 | 澜沧江流域及大香格里拉地区个数 |
|---|---|---|
| 世界自然遗产 | 住房和城乡建设部 | 1 |
| 世界文化遗产 | 文化部 | 1 |

续表

| 名称 | 国家级管辖部门 | 澜沧江流域及大香格里拉地区个数 |
|---|---|---|
| 世界非物质文化遗产 | 文化部 | 1 |
| 世界记忆遗产 | 国家档案局 | 1 |
| 世界建筑遗产 | | 1 |
| 中国非物质文化遗产 | 文化部 | 1319 |
| A 级景区 | 国家旅游局 | 76 |
| 文物保护单位 | 国家文物局 | 161 |
| 自然保护区 | 环境保护部或国家林业局 | 81 |
| 风景名胜区 | 住房和城乡建设部 | 24 |
| 国家森林公园 | 国家林业局 | 13 |
| 地质公园 | 国土资源部 | 5 |
| 国际重要湿地和国家湿地公园 | 国家林业局 | 3 |
| 国家级水利风景区 | 水利部 | 7 |
| 中国传统村落 | 住房和城乡建设部 | 44 |
| 中国最具魅力休闲乡村 | 农业部 | 1 |
| 中国优秀旅游城市 | 国家旅游局 | 4 |
| 民间文化艺术之乡 | 文化部 | 9 |
| 国家旅游线路 | 国家旅游局 | 1 |
| 国家文化生态保护区 | 文化部 | 2 |

针对以上问题，我们认为，澜沧江流域自然与文化遗产保护工作应当重视五个方面：一是在国家层面上加强遗产保护立法进程和政策支持，从而带动自然与文化遗产管理的规范性。二是由于遗产的不可复制性，在地区发展的过程中，需要特别注意城市化、现代化与遗产保护之间的关系，努力寻求二者之间的平衡。对于历史街区、不可移动文物，必须依法原地保护；对于其他文物、非物质文化遗产，在记录和收藏的前提下应当持续深入发掘其历史文化价值，并作为地方文化教育内容进行一定程度的宣传、教育和普及。三是通过教育和宣传工作，强化遗产拥有者对遗产保护的积极性，通过民族生态文化旅游等多元化文化产业的发展，带动少数民族社区参与到遗产保护中来，并以此为边远地区少数民族创造新的生计来源。四是青海省玉树藏族自治州在地震恢复重建工作中，需要更为注重当地少数民族文化的恢复、重建和非物质文化的传承工作。五是开拓思路，通过多种途径解决遗产保护中的资金来源。

自然与文化遗产是区域生态文化旅游发展的基础。我们通过对区域旅游资源的整理和分析发现，澜沧江流域旅游资源具有纬度地带性、垂直地带性的分异特征。已经开发出的景区主要围绕城镇、沿公路呈现绕点沿线分布的特征（详见6.2节）。文化资源在旅游开发中十分重要：一是文化为旅游业发展提供了一个宏观背景：文化是保存完好的自然生态背景。二是文化为自然旅游资源赋予了特种属性：独特的地域文化使这里的山成为神山、湖成为圣湖，从而为特定的自然旅游吸引物赋予了一定的神奇和灵性。三是文化及其载体是重要的旅游吸引物。然而，旅游业发展中存在着传统文化在被扭曲、文化旅游资源的游客吸引量较少、许多文化旅游资源的价值没有得到很好的体现等问题。正因为文化旅游资源的价值没有得到很好的体现，使许多旅游规划及开发经营者误认为文化旅游资源是不重要的，从而低估了文化旅游资源的价值。受这种思维的影响，传统文化及其载体的保护工作没有受到重视，使地方特色文化退化现象严重，而这些传统特色文化一旦退化就难以恢复，从而就会使目的地的旅游吸引物总量减少，从而改变现有的文化对旅游发展所营造的一种独特氛围和背景。

在分析该区域旅游发展现状和存在问题的基础上，根据旅游发展的生态资源和文化资源的潜力和要求，提出了适应绿色发展战略的区域生态文化旅游发展总体策略。

第一，加强自然与文化遗产保护。加大力度推进各类各级自然与文化遗产资源的申报，通过遗产保护项目的申报从而对区域遗产资源进行深入认识、明确定位、依法保护、合理利用。在申请成功后，应当出台合理的保护策略与保护措施，避免过度开发。

第二，发展面向绿色发展战略的特色生态产业。澜沧江流域有着种类丰富、蕴藏量巨大的特色生物资源，包括各类野生动植物、药材、农业物种等。依托这些资源基础，发展高效生态循环农业，更为有效地利用自然与农业系统能量与物质资源，实现资源的节约高效利用，并降低农业对环境的不利影响；发展特色品牌农业，如虫草、茶、咖啡、热带水果等；发展医药产业和生态旅游业。

第三，发展面向“一带一路”战略的特色文化产业。在澜沧江流域，这种文化产品的开发与文化旅游的发展是文化特色产业发展的主要途径。上游地区围绕青藏高原生态与藏族文化发展可持续的生态旅游发展模式；中下游依托特色传统农业，融合茶马古道与民族文化多样性形成以农业旅游、文化旅游为核心的，多种产品组合的旅游发展模式。通过生态文化旅游的发展，实现边境地区互联互通，为“一带一路”建设提供切实依托。

# 上　篇

# 考察报告

# 第 1 章　自然类遗产[①]

澜沧江所流经的中国西南山区地形复杂，气候多样，生物多样性极为丰富，是全球生物多样性热点地区之一，拥有大量的特有动植物物种，可能是世界上温带区域植物物种最丰富的地区。在北纬 20°～30°，孕育着 12 000 多种高等植物和超过半数的鸟类和陆生哺乳动物种类，其中 29% 的高等植物品种是该区域的特有品种。普洱市景谷傣族彝族自治县出土的渐新世植物化石群证明了这一地区在 3450 万年前就是众多高等植物生活的场所。包括野生稻、原鸡和野生茶树在内的一些重要农业物种的野生品种至今仍在这一区域均有所分布。丰富的生物多样性构成复杂的生态系统，地球表面可见的陆地生态系统类型在这一区域几乎都有分布。

复杂的地形地貌活动形成的生态系统的复杂性使这一区域形成了十分丰富的自然资源，而由于人类活动干预较少，这些自然资源能够以其原貌得以保存，构成了流域多样性的自然遗产。根据联合国相关组织与国家各级部门正式发布的标准划定，澜沧江流域自然类遗产主要包括世界自然遗产和自然与文化双遗产、自然保护区、风景名胜区、国家公园、地质公园、森林公园、国际重要湿地和国家湿地公园和水利风景区 8 种类型。

## 1.1　世界自然遗产和自然与文化混合遗产

世界自然遗产和自然与文化双遗产是由联合国支持、联合国教科文组织负责执行的国际公约建制，遵循《保护世界文化与自然遗产公约》，以保存对全世界人类具有杰出普遍性价值的自然或文化处所为目的，是世界遗产的重要组成部分。根据《保护世界文化与自然遗产公约》规定，提名列入《世界遗产名录》的自然遗产项目，必须符合下列一项或几项标准：①构成代表地球演化史中重要阶段的突出例证；②构成代表进行中的生态和生物的进化过程和陆地、水生、海岸、海洋生态系统和动植物社区发展的突出例证；③独特、稀有或绝妙的自然现象、地貌或具有罕见自然美的地带；④尚存的珍稀或濒危动植物种的栖息地。

自然与文化双遗产又名混合遗产。须同时符合世界自然遗产与世界文化遗产的双重要求，依据《保护世界文化与自然遗产公约》的主旨，复合遗产是指兼具自然与文化之美的代表。

截至 2014 年 12 月，中国已有 10 处世界自然遗产和 5 处世界自然与文化混合遗产。其中，澜沧江流域内世界自然遗产 1 处，为三江并流；云南大理苍山与南诏历史遗存为世界自然与文化混合遗产名录预备项目。

名称：三江并流

级别：世界级

类型：世界自然遗产

IUCN 编号：Ⅰa（严格保护地域）Ⅵ（资源保护地域）等

评定年份：2003 年 7 月

范围：包括位于中国云南省丽江市、迪庆藏族自治州、怒江傈僳族自治州的 9 个自然保护区和 10 个风景名胜区。

面积：3500km$^2$

① 本章执笔者：闵庆文、何露、袁正、张永勋、杨伦、马楠。

“三江并流”自然景观由怒江、澜沧江、金沙江及其流域内的山脉组成，涵盖范围达170万$hm^2$。它地处东亚、南亚和青藏高原三大地理区域的交汇处，是世界上罕见的高山地貌及其演化的代表地区，也是世界上生物物种最丰富的地区之一。

这一地区是世界上蕴藏最丰富的地质地貌博物馆。4000万年前，印度次大陆板块与欧亚大陆板块大碰撞，引发了横断山脉的急剧挤压、隆升、切割，高山与大江交替展布，形成世界上独有的三江并行奔流170多公里的自然奇观。

由于“三江并流”地区未受第四纪冰期大陆冰川的覆盖，加之区域内山脉为南北走向，因此这里成为欧亚大陆生物物种南来北往的主要通道和避难所，是欧亚大陆生物群落最富集的地区。三江并流地域山高谷深，气候生物垂直分带明显，下部是干热河谷，向上逐渐演变成寒冷的雪山，地域内动植物多样化极其明显。这一地区占中国国土面积不到0.4%，却拥有全国20%以上的高等植物和全国25%的动物种数。目前，这一区域内栖息着珍稀濒危动物滇金丝猴、羚羊、雪豹、孟加拉虎、黑颈鹤等77种国家级保护动物和秃杉、桫椤、红豆杉等34种国家级保护植物，是中国乃至全世界生物多样性极其丰富的地区之一。

“三江并流”地区还生活着纳西族、傈僳族、藏族、白族、彝族、普米族、怒族、独龙族等22个少数民族，是世界罕见的多民族、多语言、多文字、多种宗教信仰、多种生产生活方式和多种风俗习惯并存的汇聚区，是中国乃至世界民族文化多样性最为富集、历史文化积淀极为深厚的地区之一。

名称：云南大理苍山与南诏历史遗存

级别：国家级预备名录

类型：自然与文化混合遗产

云南大理苍山与南诏历史遗存地处滇中高原与横断山脉南端交汇处，主峰点苍山位于横断山脉与青藏高原结合部。顶端保存着完整的典型冰溶地貌，区内具有明显的七大植物垂直带谱，保存着从南亚热带到高山冰漠带的各种植被类型。这一区域包括了高原淡水湖泊水体湿地生态系统、高山垂直带植被及生态景观、冰川遗迹、以大理裂腹鱼为主要成分的特殊鱼类区系。区内已鉴定高等植物2849种，水生动植物资源丰富。

以苍山洱海为依托发展起来的国家级历史文化名城和国家级风景名胜区大理是中国西南边疆开发最早的地区之一。唐宋时期，这里曾先后建立了“南诏国”“大理国”，历时500多年，成为当时云南政治、经济和文化的中心。因此，拥有众多的名胜古迹和宝贵的民族文化遗产，素有“文献名邦”之称。大理三塔、南诏太和城遗址和德化碑在20世纪50年代就被列为国家重点文物保护单位；苍山山麓的元世祖平云南碑和蝴蝶泉为省级文物保护单位。此外，还有蛇骨塔、喜洲白族民居建筑群、大理紫禁城等州级文物保护单位。各具特色的名胜景点遍布苍山洱海之间，以优美的民间故事神话传说为点缀，以丰富多彩的民俗风情为特色，都蕴含着丰富的民族文化内涵。

## 1.2 自然保护区

自然保护区是广泛意义上的生态系统保护区域，是受国家法律保护的各种自然区域的总称。按照保护内容分为生态系统类型保护区、生物物种保护区和自然遗迹保护区3类；按照保护区性质，分为科研保护区、国家公园（风景名胜区）、管理区和资源管理保护区4类。

狭义的自然保护区是指对有代表性的自然生态系统、珍稀濒危野生动植物物种的天然集中分布、有特殊意义的自然遗迹等保护对象所在的陆地、陆地水域或海域，依法划出一定面积予以特殊保护和管理的区域。

1956年，全国人民代表大会通过提案，提出了建立自然保护区的问题。同年10月林业部草拟了《天然森林伐区（自然保护区）划定草案》，并在广东省肇庆市建立了中国的第一个自然保护区——鼎湖山自然保护区。20世纪70年代末80年代初以来，中国自然保护事业发展迅速。为加强自然保护区的建设和管理，保护自然环境和自然资源，1994年10月9日国务院颁布《中华人民共和国自然保护区条例》。

《中华人民共和国自然保护区条例》第二条对自然保护区给出了明确定义。目前，我国的自然保护区分为国家级自然保护区和地方各级自然保护区。《中华人民共和国自然保护区条例》第十一条规定：“在国内外有典型意义、在科学上有重大国际影响或者有特殊科学研究价值的自然保护区，列为国家级自然保护区。”地方级又包括省、市、县三级自然保护区。此外，由于建立的目的、要求和本身所具备的条件不同，而有多种类型。1993 年，国家环境保护局与国家技术监督局联合发布了《自然保护区类型与级别划分原则》，规定了自然保护区类型与级别的划分。根据该原则规定，自然保护区按照保护的主要对象来划分，自然保护区可以分为自然生态系统类、野生生物类和自然遗迹类 3 个类别。其中，自然生态系统类包括森林生态系统、草原与草甸生态系统、荒漠生态系统、内陆湿地和水域生态系统，以及海洋和海岸生态系统 5 种类型；野生生物类包括野生动物和野生植物两种类型；自然遗迹类包括地质遗迹和古生物遗迹两种类型。

考察共涉及澜沧江流域内自然保护区 80 个，其中国家级自然保护区 15 个。流域内自然保护区类型丰富，包含了三大类别 6 种类型的保护区域。

## 1.2.1 国家级自然保护区

名称：西双版纳自然保护区

级别：国家级

建立年份：1958 年

面积：241 776hm$^2$

类别与类型：自然生态系统类，森林生态系统类型

西双版纳国家级自然保护区（图 1-1）位于云南省西双版纳傣族自治州，地理位置为 100°16′E ~ 101°50′E，21°10′N ~ 22°24′N。地跨勐海、景洪、勐腊一市两县，由互不相连的勐养、勐仑、勐腊、尚勇、曼搞五个子保护区组成。1958 年该自然保护区由云南省人大常委会批准建立，1981 年云南省人民政府重新区划调整，1986 年晋升为国家级，1993 年加入联合国教科文组织“人与生物圈”保护区网，1999 年分别被中国科学技术协会和云南省人民政府批准列为全国科普教育基地和云南省科学普及教育基地，2006 年被国家林业局列为全国林业示范保护区。主要保护对象为热带森林生态系统和珍稀动植物。

图 1-1 西双版纳自然保护区

提供：何露

西双版纳国家级自然保护区是我国热带生物多样性最丰富、热带重要生物类群分布最集中、热带森林生态系统最完整的大型综合性自然保护区。区内分布有热带雨林、热带季雨林等 8 个天然植被型；已知维管束植物 214 科 1012 属 2779 种，其中有国家重点保护植物 31 种；已知脊椎动物 818 种，其中有国家重点保护野生动物 114 种。

西双版纳还是一个少数民族聚居地，有傣族、哈尼族、布朗族等 13 个少数民族。有傣族造型优美的佛教建筑群，江边湖畔小巧别致的竹楼，美味可口的菠萝饭和竹筒饭。西双版纳不仅是物种的天然基因库，而且其神奇的热带风光和少数民族风情吸引了众多的国内外游客，为中国著名的风景游览区之一。

名称：南滚河自然保护区

级别：国家级

建立年份：1980 年

面积：50 887hm$^2$

类别与类型：野生生物类，野生动物类型

南滚河国家级自然保护区位于云南省临沧市沧源、耿马两县的班洪、班老、勐角、孟定等 11 个乡镇境内。南滚河保护区山体为横断山山脉，怒江山系的南延部分，山脉为东西走向，区内的大青山、回汗山、窝坎大山、芒告大山，构成山脉的主峰。最高海拔 2977m，最低海拔 480m，相对高差 2497m，呈现北高南低，形成沟谷纵横的地貌特征。区内森林植被保存完好，动物、植物种类繁多，是热带雨林保护区。南滚河自然保护区于 1980 年建立，1994 年被批准为国家级自然保护区。主要保护对象为亚洲象及其栖息的热带雨林生态系统。

南滚河自然保护区内动植物种类丰富多样，植被类型主要有热带季雨林和南亚热带季风常绿阔叶林。高等植物有 400 余种，其中国家重点保护植物有绒毛番龙眼、千果榄仁、云南石梓等；高等动物有 100 多种，其中国家重点保护的有亚洲象、白掌长臂猿、孟加拉虎等 20 多种，并且为国内亚洲象的主要分布区之一。

沧源佤山风光秀丽。佤山峰峦重叠，河流纵横，属南亚热带气候，冬无严寒，夏无酷暑，四季温和，雨量充沛，土地肥沃，优厚的自然条件，极有利于生物的繁衍生息。在数万公顷的原始森林中，生长着“活化石”水棚等奇花异木，活跃着祖国稀有的异兽珍禽，是全国不可多得的热带雨林保护区，是科考、探险、生态、观光旅游的绝好景点，有云南“植物王国”“动物王国”之美称，凭增秀色。

名称：苍山洱海自然保护区

级别：国家级

建立年份：1981 年

面积：79 700hm$^2$

类别与类型：自然生态系统类，内陆湿地和水域生态系统类型

大理苍山洱海国家级自然保护区，位于大理白族自治州境内，其地理位置为 90°57′E ~ 100°18′E，25°26′N ~ 26°00′N。1981年经云南省人民政府批准公布为省级自然保护区，1994 年经国务院批准公布为国家级自然保护区。主要保护对象为高原淡水湖泊及水生动植物、南北动植物过渡带自然景观、冰川遗迹。

苍山洱海自然保护区地处滇中高原西部与横断山脉南端交汇处，主峰点苍山位于横断山脉与青藏高原的结合部，顶端保存着完整的典型冰融地貌。区内具有明显的七大植物垂直带谱，保存着从南亚热带到高山冰漠带的各种植被类型，是世界高山植物区系最富有的地区。本区已鉴定的高等植物有 2849 种，其中国家重点保护植物 26 种，同时还是数百种植物模式标本的产地。洱海为云南第二大淡水湖泊，水生动植物资源比较丰富，有鱼类 31 种，其中特有种 8 种，底栖动物 33 种，水禽类 59 种。此外，本区还拥有丰富的人文历史遗迹和旅游资源。苍山洱海保护区集自然景观、地质地貌、生物资源与人文历史等方面的特色为一体，在国内比较少见，在国际上也有较高的知名度。

名称：云龙天池自然保护区

级别：国家级

建立年份：1983 年

面积：6630hm$^2$

类别与类型：自然生态系统类，森林生态系统类型

云龙天池国家级自然保护区位于云南省大理白族自治州中部的天登、吉材、海泡、北登4个乡境内。其地理位置为99°15′E～99°19′E，25°50′N～25°26′N。1983 年成为云南省级自然保护区，是云南省最早建立的省级自然保护区之一；2012 年经国务院批准成为国家级自然保护区。主要保护对象为滇金丝猴等珍稀濒危动植物及其生存环境，云南松种质资源，天池湿地生态系统和珍稀濒危野生动植物资源。

云龙天池自然保护区地处横断山纵向岭谷区的核心区域，是三江并流世界自然遗产地内高山地貌及其演化的典型地区之一。天池是全省最大的自然高山湖泊，也是云龙县城的饮用水源地。天池保护区是云南松生长和滇金丝猴活动的最主要区域，四周拥有6667hm$^2$ 原始森林，生活着滇金丝猴、金钱豹、云豹、金雕、红瘰疣螈、云南红豆杉、云南榧树等国家一、二级保护动植物50 余种以及大噪鹛、红腹角雉、金江湍蛙、草绿龙蜥、云龙箭竹、云龙报春等众多地区特有种。

名称：高黎贡山自然保护区

级别：国家级

建立年份：1983 年

面积：405 200hm$^2$

类别与类型：自然生态系统类，森林生态系统类型

高黎贡山国家级自然保护区位于云南省保山市、怒江傈僳族自治州的交界处，涉及怒江傈僳族自治州的贡山、福贡、泸水三县，保山市的隆阳区、腾冲县两县（区），地理位置为98°08′E～98°50′E，24°56′N～28°22′N，由北、中、南互不相连的三段组成。1983 年经云南省人民政府批准在高黎贡山中南段保山市的腾冲县、隆阳区及怒江傈僳族自治州的泸水县辖区内建立了高黎贡山自然保护区，1986 年经国务院批准成为国家级自然保护区，2000 年经国务院批准，将北段的怒江省级保护区并入高黎贡山国家级自然保护区，成为北迄西藏、南北长约400km 的云南省最大的森林和野生动物类型自然保护区。

高黎贡山北高南低，最高海拔5128m，最低海拔720m。它以其独特的地理地貌、丰富的动植物资源而著称于世，被誉为“世界物种基因库”“自然博物馆” 和“世界雉鹛类的乐园”。高黎贡山国家级自然保护区属森林与野生动物类型保护区，主要保护我国纬度最南端较为完整的高山、亚高山生物气候垂直带谱自然景观和异常丰富的生物多样性，类型多样的森林生态系统和种类繁多的珍稀濒危野生动植物物种，分布有羚牛、孟加拉虎、白眉长臂猿、白尾梢虹雉等82 种国家重点保护野生动物；分布有树蕨、云南红豆杉、秃杉、长蕊木兰等国家和省级保护野生植物58 种。保护区内还有山巅雪景、三叠水瀑布、高山温泉、听命湖、天台山永镇寺等多处景观与众多军事遗迹。

名称：白马雪山自然保护区

级别：国家级

建立年份：1984 年

面积：276 400hm$^2$

类别与类型：自然生态系统类，森林生态系统类型

白马雪山国家级自然保护区（图1-2）位于云南省西北部迪庆藏族自治州德钦和维西县境内，附近的地貌形态十分复杂，与其他地区的地貌形态存在着巨大的差异；区地势北高南低，地处青藏高原向云贵高原过渡接触地带，保护区的自然地理环境及生物资源十分丰富，过渡色彩非常明显。白马雪山自然保护区于1988 年被国务院批准为国家级自然保护区，地跨九个乡（镇），地理位置为98°57′E～99°25′E，

27°24′N～28°36′N，是中国现有面积最大的滇金丝猴国家级自然保护区。

图1-2　白马雪山自然保护区

资料来源 http://www.xzwyu.com/article-14476-1.html

白马雪山保存着大面积的原始森林和较完整的自然生态环境，为野生动物提供了优良的栖息环境。区内环境幽静，人迹罕至，生物种类较多，常见的兽类有47种，鸟类45种，是我国特有的滇金丝猴栖息繁衍的理想之地。滇金丝猴又名“黑金丝猴”，因其幼时通体白毛，藏民称之为“知解”，意即“白猴”，是栖居海拔最高的猴类。

名称：察隅慈巴沟自然保护区

级别：国家级

建立年份：1985年

面积：101 400hm$^2$

类别与类型：自然生态系统类，森林生态系统类型

察隅慈巴沟国家级自然保护区位于西藏自治区林芝地区东南面的察隅县中部，地理位置为96°52′E～97°10′E，28°34′N～29°07′N，属森林生态系统类型自然保护区。核心区面积为53 200hm$^2$，缓冲区面积为23 150hm$^2$，实验区面积为25 050hm$^2$。察隅慈巴沟国家级自然保护区成立于1985年，2002年晋升为国家级自然保护区。

该保护区位于青藏高原的东南角，喜马拉雅山与横断山呈“T”形的交汇处。整个地形地势北高南低，近似“簸箕”形，迎向印度洋。保护区内具有陡立的峡谷景观，洪积扇和泥石流堆积扇，茂密的森林，发达的海洋性冰川，以及由冰川侵蚀形成的角峰、刀脊、冰斗等冰蚀地貌。这些复杂多样的地形地貌，为多种森林生态系统的发育创造了必要的条件，也给众多野生动植物的繁衍生息提供了足够的空间，是山地生物多样性集中分布的典型区域，具有很大的科研及保护价值，也是保护区建立的目的所在。保护区的旅游资源主要包括阿扎冰川、温泉和冷泉、清水河和罗马桃花村。阿扎冰川属海洋型冰川，雪线海拔只有4600m，长20km左右，其前沿部分深入到原始森林区长达数公里，犹如一条银色巨龙穿行于“绿色海洋”之中，故又被称为“绿海冰川”。

名称：永德大雪山自然保护区

级别：国家级

建立年份：1986年

面积：17 541hm$^2$

类别与类型：自然生态系统类，森林生态系统类型

云南永德大雪山国家级自然保护区位于云南省西南部的临沧市永德县东部，地理位置为99°32′56″E～99°43′47″E，24°00′10″N～24°12′27″N，属森林生态系统类型的自然保护区。保护区东西宽 18.9km，南北长 24.5km。1986 年经云南省人民政府批准为省级自然保护区，2006 年 2 月晋升为国家级自然保护区，主要保护对象为亚热带常绿阔叶林及野生动物。

永德大雪山自然保护区是一个较为封闭的低纬度高海拔原始林区，其地形多变，地势险峻。箐深林密，溪流湍急。悬崖壁立，洞穴四布。植被繁纷，类型错综。动物种群丰富，动植物的垂直自然分布，十分明显，蕴藏着丰富而又珍贵的野生物种资源，是气象、地理、生物、生态等学科难得的科研基地，是永德主要水源涵养区，又是自然旅游的理想胜地。

永德大雪山自然保护区有它独特的优势，与永德县内德党后山的水源林保护区、土林、勐汞观音洞、石洞、万丈岩瀑布结为旅游一条线，总面积 225km$^2$，其景观以物种多样性，珍禽异兽、奇花异卉，四季花卉变换无穷，原始森林植被，造型地貌、瀑布为主体，以民族文化、民族风情、人文景观、地下溶洞为辅衬。风景资源特点突出，山间瀑布、溪流终年不断，随立体气候和季节变化而变化，雪山顶白雪皑皑，云海日出，赏心悦目。

名称：无量山自然保护区

级别：国家级

建立年份：1986 年

面积：30 938hm$^2$

类别与类型：自然生态系统类，森林生态系统类型

云南无量山国家级自然保护区（图 1-3）位于云南省普洱市景东彝族自治县和大理白族自治州南涧彝

图 1-3　无量山国家级自然保护区

提供：普洱市思茅区旅游局

族自治县的结合部，地理位置为100°19′E～100°45′E，24°17′N～24°55′N，属野生动物类型自然保护区。保护区南北长约83km，东西宽5～7km。其中，保护区南涧段总面积7583hm²，核心区面积3985.3hm²，缓冲区面积2786.5hm²，实验区面积811.2hm²，森林覆盖率为98%。2000年，国务院将合并后的景东和南涧无量山自然保护区晋升为国家级自然保护区，并定名为云南无量山国家级自然保护区。主要保护对象是亚热带常绿阔叶林及长臂猿等野生动植物。植物中有国家一级重点保护的4种，国家二级重点保护的7种；动物中国家一级重点保护的8种，国家二级重点保护的15种；鸟类中国家一级重点保护的3种，国家二级重点保护的36种；两栖爬行类中，有国家一级重点保护的1种，国家二级重点保护的1种。

无量山是云南著名大山之一，无量山有“小黄山”之美称，最高峰猫头山在景东彝族自治县西部，在县城内有驰名中外的无量山自然保护区。无量山自然保护区山深林茂，瀑布轰鸣，树苍花红，山顶终年积雪，一片银色世界。无量山山势雄奇险峻，林木苍茂，野花丛生，许多地方人迹罕至。无量山是一座宝山，产有水晶石，登山观景之余可拾数十枚带回，作为美好纪念。黄草岭一带为观赏特种植物的理想场所，内有云南铁杉、情人树、箭竹林、大王杜鹃、野生茶树。

名称：隆宝自然保护区

级别：国家级

建立年份：1984年

面积：10 000hm²

类别与类型：野生生物类，野生动物类型

隆宝自然保护区（图1-4）位于青海省玉树藏族自治州玉树市隆宝镇境内，青藏高原东部的通天河畔，东西长25km，南北宽约4km，地理位置为96°24′E～96°37′E，33°09′N～33°17′N。1984年经云南省人民政府批准建立，1986年晋升为国家级自然保护区。隆宝国家级自然保护区为内陆湿地和水域生态系统，主要保护对象是黑颈鹤等水禽及栖息地。

图1-4　隆宝自然保护区

资料来源：www. news. cn

隆宝湿地为青藏高原东部的川西高山峡谷向高原主体过渡地段上的隆宝滩盆地中部的苔草沼泽地。四周环山，呈“凹”字形，周围山峰高达5270m。湿地水源来自许多涌泉和七条溪流。成片的湿草、沼泽地围绕着五个水深0.2～0.3m的明水面，相互渗透构成保护区主体，其周围是些不规则的水坑和松软的草墩。除主河道水深外，蔓延成沼泽滩地的地区，水深一般保持在0.2～0.4m。草墩之间被水隔绝，水坑内鱼、蛙集中，水生生物、浮游生物丰富。湖底有很厚的淤泥层。优势植物有水毛茛、毛茛、西伯利亚蓼等34种。主要植被类型为草甸和淡水沼泽，为水禽候鸟提供了充足的食物和良好的生态环境，成为黑颈鹤栖息繁殖的集中地区。据调查，区内有鸟类30多种，其中黑颈鹤、玉带海雕、鸢、秃鹫等为国家重点保护野生动物，同时保护区也是世界濒危鸟类黑颈鹤的主要繁殖地之一，具有重要的保护价值。

名称：纳板河流域自然保护区

级别：国家级

建立年份：1991年

面积：26 600hm$^2$

类别与类型：自然生态系统类，森林生态系统类型

纳板河流域国家级自然保护区（图1-5）位于云南省西双版纳傣族自治州境内，地理位置为100°32′E～100°44′E，22°04′N～23°17′N，以纳板河流域为主，地跨景洪市嘎洒镇和勐海县勐宋乡、勐往乡。保护区核心区面积为3900hm$^2$，缓冲区面积为5808hm$^2$，实验区面积为16 892hm$^2$。纳板河流域国家级自然保护区是我国第一个按小流域生物圈保护理念规划建设的多功能、综合型自然保护区。1991年经云南省人民政府批准建立为省级自然保护区，2000年经国务院批准晋升为国家级自然保护区。属自然生态系统类型中的森林生态系统类型，主要保护对象为以热带雨林为主体的森林生态系统及珍稀野生动植物。

图1-5　纳板河流域自然保护区

资料来源：http：//www.ynepb.gov.cn/color/DisplayPages/ContentDisplay_362.aspx？contentid=24504

保护区地势西北高，东南低，自然条件复杂，立体气候明显，热量丰富，雨量充沛。保护区内为中低山与河谷相间的地貌类型，具有西双版纳所分布的8种植被类型，天然林覆盖率为67.74%。保护区内有连着天地的云海，过滩走坎、飞瀑洒玉的纳板河，壮丽的热带雨林，巍峨的安麻山，还有雄伟的澜沧江，恰似一天然画廊。得天独厚的自然条件，使纳板河流域山水有了黄山之奇、峨眉之秀、雁荡之幽。

景观资源也比较丰富，使保护区具有开展森林生态旅游的条件。因此，保护区的建设对于保护我国残存的热带森林，以及维护当地的生态环境和促进区域经济发展都有着极为重要的作用。

名称：芒康滇金丝猴自然保护区

级别：国家级

建立年份：1992 年

面积：185 300hm$^2$

类别与类型：野生生物类，野生动物类型

西藏芒康滇金丝猴国家级自然保护区位于西藏东部昌都市芒康县境内南北走向的横断山区中部的红拉山，南接滇西北的云岭山脉。地理位置为98°20′E～98°59′E，28°48′N～29°40′N，东西宽约30km，南北长96km，属于野生动物类型自然保护区。保护区以红拉山为主，共分为2个核心区、4个缓冲区及2个实验区。1992年被西藏自治区人民政府列为自治区级自然保护区，2002年晋升为国家级自然保护区。

西藏芒康滇金丝猴国家级自然保护区位于西藏芒康县，中国第二个滇金丝猴国家级自然保护区，中国滇金丝猴最重要的分布地之一，已发现滇金丝猴种群数量700余只（2013年）。主要保护对象为国家一级保护动物滇金丝猴（图1-6）、斑尾榛鸡、马来熊、绿尾虹雉等珍稀濒危动物及其生态系统，是中国山地生物物种多样性较丰富并具有典型代表性的地区之一。

图1-6　滇金丝猴

拍摄：新华社记者蔺以光

保护区气候温凉，森林植被保存较好，除阳坡有较大面积高山栎灌以外，阴坡及众多支沟中都生长着原始的云杉和冷杉林，并混生有落叶松与大叶杜鹃。每年4～6月，红拉山上各种杜鹃花漫山开放，令人叹为观止。保护区植物垂直带与自然垂直景观明显，生态系统独特，它是中国罕见的低纬度、高海拔的保护区之一，是中国高原林区宝贵的生物多样性的物种基因库，具有很高的自然保护和科研旅游价值。

名称：类乌齐马鹿自然保护区

级别：国家级

建立年份：1993 年

面积：120 615hm$^2$

类别与类型：野生生物类，野生动物类型

西藏类乌齐马鹿国家级自然保护区（图 1-7）位于西藏自治区东北部，昌都市北部，类乌齐县西部，地理位置为 95°48′E ~ 96°30′E，31°13′N ~ 31°31′N，属野生动物类型自然保护区。西藏类乌齐马鹿自然保护区成立于 1993 年，2005 年晋升为国家级自然保护区。以保护马鹿、白唇鹿等野生动物和青藏高原亚高山森林与高山草甸过渡区附近自然植被为主的动物及其生态系统为主要保护对象。

图 1-7　类乌齐马鹿自然保护区

资料来源：http：//tibet. gqt. org. cn/lwqx/ftrq/200903/t20090320_195643. htm

保护区内共有高等植物 73 科 231 属 652 种。有脊椎动物 180 种，分属于 4 纲 13 目 47 科，国家一级保护野生动物有 10 种，二级保护野生动物 34 种。马鹿是仅次于驼鹿的大型鹿类，因为体形似骏马而得名。喜欢群居，主要栖息于海拔较高地区的森林上缘的灌丛草原地带，分布海拔在 3500 ~ 5000m。冬季由高处往下迁至避风的山谷及向阳的坡地；夏季则常在高山的林线一带活动；春秋季节，喜在森林的边缘、空旷的林间空地摄食和栖息。该保护区具有极强的典型性、自然性、感染力和科研潜力，分布着多种珍稀濒危物种，面积大小适宜且处在生态脆弱的青藏高原亚高山森林与高山草甸过渡地带，在生态保护与生物多样性保护方面具有极高的价值。

名称：亚丁自然保护区

级别：国家级

建立年份：1996 年

面积：145 750hm$^2$

类别与类型：自然生态系统类，森林生态系统类型

亚丁国家级自然保护区（图 1-8）位于四川省甘孜藏族自治州稻城县南部，地理位置为 99°58′E ~

100°28′E，28°11′N～28°34′N，地处著名的青藏高原东部横断山脉中段。亚丁自然保护区于1996年经稻城县人民政府批准，成为县级自然保护区，同时成立了亚丁自然保护区管理局。1997年，甘孜藏族自治州人民政府批准亚丁为州级自然保护区，并成立了管理处；同年12月，经四川省人民政府批准，亚丁成为省级自然保护区。2001年，经国务院批准，亚丁成为国家级自然保护区，主要保护对象为森林生态系统、野生动植物、冰川。2003年，联合国教科文组织人与生物圈执行局在巴黎召开的会议上，把亚丁列入联合国MAB保护计划中，亚丁正式加入世界人与生物圈保护区网络。

图1-8　亚丁自然保护区
提供：孙琨

亚丁自然保护区景区海拔2900（贡嘎河口）～6032m（仙乃日峰），面积为56 000hm$^2$。景区以仙乃日、央迈勇、夏诺多吉三座雪峰为核心区，北南向分布。由于特殊的地理环境和自然气候，形成了独特的地貌和自然景观，是中国保存最完整的一处自然生态系统。保护区内仙乃日（藏语观世音菩萨）、央迈勇（藏语文殊菩萨）、夏诺多吉（藏语金刚手）三座雪山相距不远，各自拔地而起，呈三角鼎立状态，藏传佛教称为“日松贡布”，意为三怙主神山。区内雪峰、冰川、森林、溪流、瀑布、草甸、湖泊有机地组合在一起，野生动物出没于其中，托出了一方静谧的净土。佛经有载：世上24处圣地，一切之主是三怙主神山（即三神山之地），三峰藏名为“念青贡嘎日松贡布”，意为“三怙主雪山”，是众生朝圣积德之所在地。相传公元8世纪，由莲花生大师为这三座雪山加持命名。

名称：三江源自然保护区

级别：国家级

建立年份：2000年

面积：15 230 000hm$^2$

类别与类型：自然生态系统类，内陆湿地和水域生态系统类型

三江源国家级自然保护区（图1-9）位于青藏高原腹地，青海省南部，地理位置为89°24′E～102°23′E，

31°39′N～36°16′N，行政区域包括青海省玉树藏族自治州、果洛藏族自治州、海南藏族自治州、黄南藏族自治州和海西蒙古族藏族自治州的 17 个县（市），是我国面积最大的湿地类型国家级自然保护区。2000 年，三江源自然保护区正式成立。

三江源国家级自然保护区海拔 3335～6564m，是长江、黄河和澜沧江三大河流的发源地，以湖泊湿地、高寒草甸草原、原始森林、高寒灌丛、珍稀野生动植物、高寒自然环境及特殊地貌等自然生态系统为主要保护对象。

三江源国家级自然保护区以其拥有的大山、大江、大河、大草原、大雪山、大湿地、大动物乐园等原生态的自然景观，以其汇集的藏传佛教、唐蕃古道、玉树歌舞、赛马节等博大精深的宗教文化和多姿多彩的民俗风情、节庆活动，极为典型地体现出了青海之大美意境和内涵。目前，青海省规划建设可可西里、年保玉则、阿尼玛卿雪山、勒巴沟、达那寺峡谷和黄河源景区 6 个重点景区，设计了黄河源科考线路、长江源科考线路、澜沧江源科考线路、可可西里科考线路、藏传佛教文化旅游线路、江河源生态系统考察线路、高原森林生态旅游线路、格萨尔文化生态旅游线路 8 条精品生态旅游线路。

图 1-9　三江源自然保护区

提供：袁正

## 1.2.2　省、自治区级自然保护区

名称：莱阳河自然保护区

级别：省级

建立年份：1981 年

面积：14 892hm$^2$

类别与类型：自然生态系统类，森林生态系统类型

莱阳河自然保护区属省级保护区，位于云南省普洱市思茅区东南部。因莱阳河从其中部穿过而得名。地理位置为 101°27′E～101°15′E，22°30′N～23°38′N，面积为 7000hm$^2$。始建于 1981 年，以保护野牛为主的野生珍稀动物种群以及多种类型的热带、南亚热带森林自然景观为目的。

莱阳河自然保护区地处热带边缘，是热带向南亚热带过渡地区。气候受印度洋季风控制，年温差小，日温差大，雨量充沛而集中，干湿季明显。冬季受北方寒潮影响轻微，霜期短，日照充足，致使保护区内森林茂密，物种繁多。森林覆盖率为90.9%，乔木40科66属80多种。区内树种繁多，食物丰富，莱阳河、曼登河西岸硝塘甚多，为动物的生存繁衍提供了优越的环境。据统计，该区有哺乳动物和鸟类200多种，两栖爬行动物10多种。国家保护野生动物有野牛、蜂猴、金猫、云豹等。为了合理利用森林自然资源，普洱市人民政府已在自然保护区投资建立国家森林公园。

名称：威远江自然保护区

级别：省级

建立年份：1981年

面积：7653hm$^2$

类别与类型：自然生态系统类，森林生态系统类型

威远江省级自然保护区（图1-10）位于云南省普洱市景谷傣族彝族自治县县城西南，是全国唯一的思茅松原始林自然保护区，其地理位置为100°31′E～100°35′E，23°06′N～23°17′N。北起威远江马勒渡绵竹篷，南至威远江支流习汉河，全长约20km，东西平均宽5km。始建于1981年，主要保护对象为思茅松原始林及懒猴等野生动物。该区内的龙血树为柬埔寨剑叶龙血树，是活血化瘀、止血、补血的昂贵药材。

图1-10　威远江自然保护区

提供：普洱市景谷自治县旅游局

名称：金光寺自然保护区

级别：省级

建立年份：1982年

面积：9584hm$^2$

类别与类型：自然生态系统类，森林生态系统类型

以古刹金光寺而得名的永平县金光寺自然保护区，位于云南省大理白族自治州永平县境内，保护区

内古木参天，异兽繁多，名花辈出，有天然动物园和天然植物园之称。1994 年，金光寺自然保护区被云南省人民政府确定为省级自然保护区，主要保护对象为森林及野生动植物。

目前，保护区内森林植被以亚热带常绿阔叶林占优势，大多数森林植被为保存完好的原生类型，植被覆盖率达 59.68%，是永和、厂街、水泄三个乡的主要水源地。拥有各类植物 1001 种，野生动物种类颇多，珍稀动物主要有虎、豹、黑熊、蟒、马鹿、金丝猴、犀鸟、绿孔雀等。

名称：玉龙雪山自然保护区

级别：省级

建立年份：1984 年

面积：26 000hm$^2$

类别与类型：自然生态系统类，森林生态系统类型

玉龙雪山自然保护区是根据云南省人民政府 1983 年批文于 1984 年建立的省级自然保护区，位于云南省丽江市玉龙纳西族自治县境内，总面积为 26 000hm$^2$。主要保护对象为山地混合森林生态系统、珍稀动植物种、冰川及其遗迹。

保护区有野生植物 3800 多种，是横断山脉中高山植物区系最集中的地区。这里还是山地植物垂直带谱保存最完整的地区之一。由于山体较高，从河谷到山顶出现从中亚热带到寒温带完整的植被自然气候垂直带谱。区内国家一级保护动物有滇金丝猴、云豹、雪豹、绿尾虹雉，国家二级保护动物有猕猴、穿山甲、水獭、大灵猫、小灵猫、林麝、斑羚、金猫、血雉、藏马鸡、白腹锦鸡、白鹇、山皇鸠、鹦鹉等。

名称：孟连竜山自然保护区

级别：省级

建立年份：1986 年

面积：54hm$^2$

类别与类型：野生生物类，野生植物类型

孟连竜山省级保护区位于云南省普洱市孟连傣族拉祜族佤族自治县，始建于 1986 年，主要保护对象为小花龙血树及其生境。

名称：青华绿孔雀自然保护区

级别：省级

建立年份：1988 年

面积：1000hm$^2$

类别与类型：野生生物类，野生动物类型

云南巍山青华绿孔雀自然保护区（图 1-11）在巍山彝族回族自治县青华乡背阴箐、黄家坟、豹子窝一带，距巍山县城 47km，地理位置为 100°11′35″E ~ 100°14′50″E，24°49′45″N ~ 25°10′0″N。该保护区始建于 1988 年，1997 年晋升为省级自然保护区，保护区类型属野生动物，主要保护对象是国家一级保护动物绿孔雀。

保护区最高海拔 2010.2m，最低海拔 1146m，绿孔雀的主要栖息地包括豹子窝、黄家坟、背阴箐。区内海拔悬殊较大，立体气候显著，为干燥和半干燥气候。龙凤河和中窑河流经保护区，水资源丰富。地质属中生代和古生代地层，以中生代侏罗系和古生代三叠系的面积较大，土壤多为红壤和紫色土，部分腐殖深厚，山麓河谷土壤，多为黄胶泥和黑土。除绿孔雀外，保护区内还有国家二级保护动物白鹇、白腹锦鸡和穿山甲；经济动物类型多，如雉鸡、杜鹃、八哥等鸟类，野猪、银星鼠等野生动物。

图 1-11 青华绿孔雀自然保护区
资料来源：www. yndaily. com

名称：拉市海高原湿地自然保护区
级别：省级
建立年份：1998 年
面积：6523hm$^2$
类别与类型：自然生态系统类，内陆湿地和水域生态系统类型

拉市海高原湿地自然保护区（图 1-12）位于云南省丽江市玉龙纳西族自治县拉市乡境内，丽江古城

图 1-12 拉市海高原湿地自然保护区
提供：孙琨

西 8km 处的拉市坝中部，与丽江盆地仅有一座马鞍形低山相隔，海拔在 2437～2500m，高出丽江盆地 40m，为封闭高原山间盆地，四面环山，其形状呈菱形，南北长 12km，东西宽 6km。盆地面积为 $58km^2$，集水面积为 $241km^2$，盆地中心为内陆湖泊——拉市海。云南省人民政府于 1998 年正式批准建立云南丽江拉市海高原湿地省级自然保护区，包括拉市海、文海、吉子水库、文笔水库 4 个片区，主要保护对象为特有珍稀濒危动植物、高原湿地生态系统。拉市海湿地作为中国为数不多的高原湿地之一，被列入《中国重要湿地名录》，2005 年年初列入《国际重要湿地名录》，2011 年被批准为第十一批国家水利风景区。

拉市海湿地是 60 多种越冬水鸟的重要栖息地，每年来此越冬的鸟类有 3 万只左右，其中特有珍稀濒危鸟类 9 种，包括青藏高原特有鸟类斑头雁，国家一级保护鸟类华秋沙鸭、黑颈鹤、黑鹤等。拉市海湿地以其特殊的地理位置、气候条件、生态环境养育了众多的动植物，并为当地群众提供了生计保障。

名称：糯扎渡自然保护区

级别：省级

建立年份：1996 年

面积：18 997$hm^2$

类别与类型：自然生态系统类，森林生态系统类型

糯扎渡自然保护区位于云南省普洱市思茅区和澜沧拉祜族自治县辖区内，是 1996 年经云南省人民政府批准建立的省级自然保护区，以保护澜沧江沿岸澜沧拉祜族自治县雅口乡与普洱市思茅港镇森林生态及以野牛为主要对象的动物为目的。

糯扎渡省级自然保护区具有从热带北缘向亚热带过渡的明显特征，河谷稀疏灌木草丛和暖热性稀疏灌木草丛是该保护区特有的植被类型，保护区内植被垂直分布特征明显，具有明显的植被倒置现象。由于其特殊的植被类型，这里有极为罕见的一些物种，如大花香荚兰、蔓生山珊瑚、滇韭、云南松等，它们或是以往我国内地未曾记载的，或是从分布或生态上看不可能出现在这一地区的植物，它们的数量稀少或仅能看见个别植株。近年来，保护区内还发现了云南植被新纪录类型——榆绿木林和云南热区河谷植被新纪录类型——江边刺葵群落。这里还有目前世界上仅有的集中分布的蒲葵群落。这个保护区面积不大，但还有大量的亚洲象、野牛、犀鸟、绿孔雀、大绯胸鹦鹉、叶猴等各种各样的动物。

名称：临沧澜沧江自然保护区

级别：省级

建立年份：1999 年

面积：182 168$hm^2$

类别与类型：自然生态系统类，森林生态系统类型

临沧澜沧江省级自然保护区（图 1-13）位于澜沧江流域中部的云南省临沧地区境内，地理位置为 90°07′E～100°25′E，23°07′N～25°02′N，跨临沧、凤庆、云县、双江、耿马 5 县（市）。该保护区于 1999 年建立，主要保护对象为完整的山地湿性常绿阔叶林生态系统、季风常绿阔叶林生态系统、野生茶树群落。

图 1-13　临沧澜沧江自然保护区

提供：何露

临沧澜沧江省级自然保护区属于自然生态系统类森林生态系统类型的自然保护区，由于气候及地形地势的影响，保护区内植物区系复杂，植被类型多样，有高等植物 3000 多种，澜沧江自然保护区对调节气候，维持整个流域特别是下游地区的生态平衡，保障流域内的生态安全具有重要的意义。同时，澜沧江自然保护区又是野生动物理想的栖息场所，有兽

类109种，鸟类357种，两栖类7种，爬行类16种。保护区有国家保护植物37种。丰富的野生动植物资源使该保护区具有独特的保护价值。

名称：下拥自然保护区
级别：省级
建立年份：2000年
面积：23 693hm$^2$
类别与类型：自然生态系统类，森林生态系统类型

下拥自然保护区位于四川省甘孜藏族自治州得荣县古学乡下拥村境内。该保护区于2000年建立，主要保护对象为野生动植物。

下拥自然保护区融高山峡谷、雪山草甸、高山湖泊、原始森林、珍禽异兽为一体，盛产虫草、贝母、松茸，被誉为神仙居住的地方。保护区不仅是得荣太阳谷主景区之一，更是旅游、探险、登山、度假的理想圣地。进入莽莽原始森林区，有松、柏、杉、桦、杨、楠、杜鹃以及数不清的无名花草和灌木，林间多有松茸分布，随着海拔的升高则分布着以高山针叶林为主的寒带原始森林，从植被的变化即可感受从干旱河谷型气候到垂直分布的山地季风气候的明显变化。

名称：剑湖湿地自然保护区
级别：省级
建立年份：2001年
面积：4630hm$^2$
类别与类型：自然生态系统类，内陆湿地和水域生态系统类型

剑湖是云南省重要的高原湿地之一，位于滇西北横断山脉中南段，大理白族自治州剑川县境内，地理位置为99°55′E～99°59.5′E，26°25′N～26°31.5′N，剑湖湿地省级自然保护区（图1-14）由剑湖、玉华水库与二者周围面山流域汇水区及森林组成，南北长12.3km，东西宽6.2km。海拔2186m，形如“元宝”状，平均水深2.7m，最高水深6m，主要保护对象为湿地生态系统及候鸟。

图1-14　剑湖湿地自然保护区
提供：剑川县农业局

剑湖位于我国西部候鸟迁徙的通道上，既是候鸟迁徙过境的集结点和停歇地，又是迁徙水禽的越冬栖息地；分布有水生维管束植物区系26科45属59种，其中海菜花、光唇裂腹鱼、云南裂腹鱼和后背鲈鲤为云南特有，剑湖高原鳅为剑湖特有；是一个物种极为丰富，生物多样性明显的高原淡水湖泊，是滇西高原上一颗璀璨的明珠。

名称：云岭自然保护区
级别：省级
建立年份：2003年
面积：75 894hm$^2$
类别与类型：自然生态系统类，森林生态系统类型

云岭省级自然保护区位于云南省怒江傈僳族自治州兰坪白族普米族自治县境内，地理位置为99°09′58″E～99°31′19″E，26°10′01″N～26°41′08″N。该保护区于2003年经云南省人民政府批准建立，2005年经云南省人民政府同意，对其范围进行了调整，面积由73 426hm$^2$扩大为75 894hm$^2$。2010年重新对功能区划进行调整和总体规划。功能区划调整后核心区面积为16 553hm$^2$，缓冲区面积为7880.8hm$^2$，实验区面积为51 460.2hm$^2$。主要保护对象为滇金丝猴、须弥红豆等。

云岭省级自然保护区兰坪的旅游资源也独具特色，境内重峦叠嶂，江河纵横，山川秀丽，景色宜人。神奇的冰川雪原、高山湖泊，碧绿的山间草甸、滔滔江水，无不使人心驰神往，流连忘返。加之多姿多彩的民族风情，是集度假、观光、旅游、考察、探险为一体的云南处女地。

### 1.2.3 市、县级自然保护区

名称：永国寺自然保护区
级别：市级
建立年份：1983年
面积：672hm$^2$
类别与类型：自然生态系统类，森林生态系统类型

永国寺市级自然保护区位于云南省大理白族自治州永平县，始建于1983年7月，面积为672hm$^2$，主要保护对象为华山松、野茶树、小熊猫。

名称：凤阳鹭鸶自然保护区
级别：市级
建立年份：1988年
面积：67hm$^2$
类别与类型：野生生物类，野生动物类型

凤阳鹭鸶市级自然保护区位于云南省大理白族自治州大理市，始建于1988年9月，面积为67hm$^2$，主要保护对象为鹭鸶鸟、古榕树。

名称：蝴蝶泉自然保护区
级别：市级
建立年份：1988年
面积：500hm$^2$
类别与类型：野生生物类，野生动物类型

蝴蝶泉市级自然保护区位于云南省大理白族自治州大理市，始建于1988年9月，面积为500hm$^2$，主

要保护对象为蝴蝶及其生境。

名称：雪山河自然保护区
级别：市级
建立年份：1988 年
面积：$1000hm^2$
类别与类型：自然生态系统类，森林生态系统类型

雪山河市级自然保护区位于云南省大理白族自治州漾濞彝族回族自治县，始建于 1988 年 9 月，面积为 $1000hm^2$，主要保护对象为常绿阔叶林及野生核桃林。

名称：水目山自然保护区
级别：市级
建立年份：1988 年
面积：$1500hm^2$
类别与类型：自然生态系统类，森林生态系统类型

水目山市级自然保护区位于云南省大理白族自治州祥云县，始建于 1988 年 7 月，面积为 $1500hm^2$，主要保护对象为古山茶、森林植被。

名称：太极顶自然保护区
级别：市级
建立年份：1988 年
面积：$2673hm^2$
类别与类型：自然生态系统类，森林生态系统类型

太极顶，距云南省大理白族自治州弥渡县县城 40 余公里，位于弥渡、巍山、南涧三县交界处，1988 年被列为市级自然保护区，面积为 $2673hm^2$。区内珍稀动植物众多，有白鹇、角雕等鸟类 20 多种，獐、鹿、穿山甲等国家级保护动物，党参、玄参、三七、天麻等中药材 104 种，松茸等珍稀菌类。

名称：巍宝山自然保护区
级别：市级
建立年份：1988 年
面积：$2000hm^2$
类别与类型：自然生态系统类，森林生态系统类型

巍宝山市级自然保护区位于云南省大理白族自治州巍山彝族回族自治县，始建于 1988 年 9 月，面积为 $2000hm^2$，主要保护对象为森林及风景资源。

名称：茈碧湖自然保护区
级别：市级
建立年份：1988 年
面积：$800hm^2$
类别与类型：自然生态系统类，内陆湿地和水域生态系统类型

茈碧湖位于云南省大理白族自治州洱源县东北部，地理位置为 99°56′E，26°10′N。湖面面积为 $800hm^2$。属喀斯特断陷湖，因湖中盛产茈碧莲而得名。茈碧湖为湖水退缩，经河流改造形成。湖面海拔 1731m。近南北向分布，长 6.1m，宽 0.75 ~ 2.5 km，周长 17 km，平均水深 11m，最深点 32m，蓄水量

9620 万 $m^3$。1988 年 7 月开始建立此碧湖市级自然保护区，主要保护对象为湖泊及水生生物。

名称：鸟吊山自然保护区
级别：市级
建立年份：1988 年
面积：900$hm^2$
类别与类型：野生生物类，野生动物类型

洱源罗平鸟吊山自然保护区，是云南省大理白族自治州洱源县一个州市级自然保护区，始建于 1988 年，面积为 900$hm^2$，主要保护对象为迁徙候鸟及自然景观。

名称：石宝山自然保护区
级别：市级
建立年份：1988 年
面积：2800$hm^2$
类别与类型：自然生态系统类，森林生态系统类型

石宝山市级自然保护区位于云南省大理白族自治州剑川县境内，始建于 1988 年 7 月，总面积为 2800$hm^2$。石宝山为丹霞地貌，球状风化石形成的奇峰异石如钟、如箭、如狮、如象，高者成崖，错落有致，别具一格。主要保护对象为原始阔叶林、风景资源。

名称：鹤庆朝霞自然保护区
级别：市级
建立年份：1988 年
面积：800$hm^2$
类别与类型：自然遗迹类，地质遗迹类型

鹤庆朝霞自然保护区是云南省大理市一个州市级自然保护区，始建于 1988 年 9 月，面积为 800$hm^2$，主要保护对象为地貌景观、地下水资源、古树。

名称：昌宁澜沧江自然保护区
级别：市级
建立年份：1997 年
面积：13 333$hm^2$
类别与类型：自然生态系统类，森林生态系统类型

昌宁澜沧江市级自然保护区建立于 1997 年，位于澜沧江中段、云南省保山市昌宁县境内，保护区沿澜沧江两岸延伸，以天堂、江边国有林场所属国有林为核心区和科学实验区，以澜沧江两岸及与国有林紧密相连的珠街乡、右甸镇、苟街乡、漭水镇和大田坝乡的部分集体林为缓冲区。主要保护对象为森林生态系统及野生动植物。

名称：嘎金雪山自然保护区
级别：市级
建立年份：2000 年
面积：30 000$hm^2$
类别与类型：野生生物类，野生动物类型

嘎金雪山市级自然保护区位于四川省甘孜藏族自治州得荣县，始建于2000 年，面积为 30 000$hm^2$，主

要保护对象为野生动物及高山生态系统。

名称：弥渡大黑山自然保护区
级别：市级
建立年份：2001 年
面积：14 000hm$^2$
类别与类型：自然生态系统类，森林生态系统类型

弥渡大黑山自然保护区位于云南省大理白族自治州弥渡县，东临弥渡坝，跨红岩镇、新街镇、弥城镇、寅街镇、苴力镇，西连巍山，南至密祉乡与太极顶自然保护区相连接，北与大理市接壤，总面积为14 000hm$^2$，主要保护对象是弥渡坝区的水土保持林、栗树营水库水源涵养和周围自然环境。

名称：弥渡天生营自然保护区
级别：市级
建立年份：2001 年
面积：13 000hm$^2$
类别与类型：自然生态系统类，森林生态系统类型

弥渡天生营自然保护区位于云南省大理白族自治州弥渡县境内，始建于 2001 年，总面积为 13 000hm$^2$，主要保护对象为森林、野生动植物及历史文化遗址。

名称：隆庆鸟道雄关自然保护区
级别：市级
建立年份：2001 年
面积：1080hm$^2$
类别与类型：自然生态系统类，森林生态系统类型

隆庆鸟道雄关自然保护区位于云南省大理白族自治州巍山彝族回族自治县，横断山脉南部，哀牢山北段，始建于 2001 年，总面积为 1080hm$^2$，主要保护对象为森林植被、迁徙候鸟。

名称：博南山自然保护区
级别：市级
建立年份：2001 年
面积：18 000hm$^2$
类别与类型：自然生态系统类，森林生态系统类型

博南山自然保护区位于云南省大理白族自治州永平县西南，始建于 2001 年，总面积为 18 000hm$^2$，主要保护对象为森林及古树名木、文物遗迹。

名称：洱源西湖自然保护区
级别：市级
建立年份：2001 年
面积：700hm$^2$
类别与类型：自然生态系统类，内陆湿地和水域生态系统类型

洱源西湖自然保护区位于云南省大理白族自治州洱源县右所镇西部的佛钟山麓，始建于 2001 年，总面积为 700hm$^2$。洱源西湖为高原平坝淡水湖，自然保护区主要保护对象为湿地生态系统。

名称：黑虎山自然保护区
级别：市级
建立年份：2001 年
面积：9000hm$^2$
类别与类型：自然生态系统类，森林生态系统类型

黑虎山自然保护区位于云南省大理白族自治州洱源县境内，始建于 2001 年 10 月，总面积为 9000hm$^2$，主要保护对象为森林植被及野生动物。

名称：西罗坪自然保护区
级别：市级
建立年份：2001 年
面积：10 000hm$^2$
类别与类型：自然生态系统类，森林生态系统类型

西罗坪自然保护区位于云南省大理白族自治州洱源县境内，始建于 2001 年，总面积为 10 000hm$^2$，主要保护对象为森林植被及野生动物。

名称：龙华山自然保护区
级别：市级
建立年份：2001 年
面积：2500hm$^2$
类别与类型：自然生态系统类，森林生态系统类型

龙华山市级自然保护区位于云南省大理白族自治州鹤庆县境内，始建于 2001 年，总面积为 2500hm$^2$，主要保护对象为十八寺遗址及原始森林植被。

名称：母屯海湿地自然保护区
级别：市级
建立年份：2001 年
面积：400hm$^2$
类别与类型：自然生态系统类，内陆湿地和水域生态系统类型

母屯海湿地自然保护区位于云南省大理白族自治州鹤庆县北部，地理位置约 100°12′E，26°36′N，海拔 2200m，于 2001 年建立，主要保护对象为湿地生态系统及越冬水禽。

名称：海西海自然保护区
级别：市级
建立年份：2004 年
面积：14 000hm$^2$
类别与类型：自然生态系统类，森林生态系统类型

海西海自然保护区位于云南省大理白族自治州洱源县境内，始建于 2004 年，总面积为 14 000hm$^2$，自然保护区主要保护对象为水源涵养林及野生动植物。

名称：澜沧江–湄公河流域鼋、双孔鱼保护区
级别：市级
建立年份：2005 年

面积：67hm$^2$

类别与类型：野生生物类，野生动物类型

澜沧江-湄公河流域鼋、双孔鱼市级保护区位于云南省西双版纳傣族自治州，始建于 2005 年，面积为 67hm$^2$，主要保护对象为鼋和双孔鱼。

名称：佛殿山自然保护区

级别：县级

建立年份：1982 年

面积：1370hm$^2$

类别与类型：自然生态系统类，森林生态系统类型

佛殿山自然保护区位于云南省普洱市西盟佤族自治县，始建于 1982 年 1 月，面积为 1370hm$^2$，主要保护对象为水源林。

名称：勐梭龙潭自然保护区

级别：县级

建立年份：1982 年

面积：4135hm$^2$

类别与类型：自然生态系统类，内陆湿地和水域生态系统类型

勐梭龙潭自然保护区位于云南省普洱市西盟佤族自治县，始建于 1982 年，面积为 4135hm$^2$，主要保护对象为饮用水水源地。

名称：牛倮河自然保护区

级别：县级

建立年份：1983 年

面积：4693hm$^2$

类别与类型：自然生态系统类，森林生态系统类型

牛倮河自然保护区位于云南省普洱市江城哈尼族彝族自治县，始建于 1983 年，面积为 4693hm$^2$，主要保护对象为森林生态系统及野生动物。

名称：德党后山水源林自然保护区

级别：县级

建立年份：1984 年

面积：7331hm$^2$

类别与类型：自然生态系统类，森林生态系统类型

德党后山水源林自然保护区位于云南省临沧市永德县，始建于 1984 年，面积为 7331hm$^2$，主要保护对象为亚热带常绿阔叶林。

名称：觉村自然保护区

级别：县级

建立年份：1989 年

面积：72hm$^2$

类别与类型：野生生物类，野生动物类型

觉村自然保护区位于西藏自治区昌都市八宿县，始建于 1989 年，面积为 72hm$^2$，主要保护对象为麝、

盘羊等野生动物。

名称：尼果自然保护区
级别：县级
建立年份：1990 年
面积：164hm$^2$
类别与类型：野生生物类，野生动物类型

尼果自然保护区位于西藏自治区昌都市芒康县宗沙乡境内。1990 年芒康县人大常委会批准尼果为自然保护区，面积为 164hm$^2$，主要保护对象为雉鸡、岩羊等野生动物。此外，保护区内还有熊、獐、鹿、盘羊、贝母鸡等野生动物，是西藏自治区保护野生动物最完整的地方。

名称：柴维自然保护区
级别：县级
建立年份：1992 年
面积：28hm$^2$
类别与类型：野生生物类，野生动物类型

柴维自然保护区位于西藏自治区昌都市卡若区，始建于 1992 年，面积为 28hm$^2$，主要保护对象为马鹿及其生境。

名称：嘎玛自然保护区
级别：县级
建立年份：1992 年
面积：18hm$^2$
类别与类型：野生生物类，野生动物类型

嘎玛自然保护区位于西藏自治区昌都市卡若区，始建于 1992 年 1 月，面积为 18hm$^2$，主要保护对象为白唇鹿及其生境。

名称：若巴自然保护区
级别：县级
建立年份：1992 年
面积：5hm$^2$
类别与类型：野生生物类，野生动物类型

若巴自然保护区位于西藏自治区昌都市卡若区，始建于 1992 年 1 月，面积为 5hm$^2$，主要保护对象为马鹿及其生境。

名称：约巴自然保护区
级别：县级
建立年份：1992 年
面积：37hm$^2$
类别与类型：野生生物类，野生动物类型

约巴自然保护区位于西藏自治区昌都市卡若区，始建于 1992 年，面积为 37hm$^2$，主要保护对象为岩羊、猞猁及其生境。

名称：果拉山自然保护区
级别：县级
建立年份：1992 年
面积：$80hm^2$
类别与类型：野生生物类，野生动物类型

果拉山自然保护区位于西藏自治区昌都市八宿县，始建于 1992 年，面积为 $80hm^2$，主要保护对象为马麝、猞猁、盘羊等野生动物。

名称：哈加自然保护区
级别：县级
建立年份：1992 年
面积：$37hm^2$
类别与类型：野生生物类，野生动物类型

哈加自然保护区位于西藏自治区昌都市卡若区，始建于 1992 年，面积为 $37hm^2$，主要保护对象为岩羊、猞猁及其生境。

名称：普洱松山自然保护区
级别：县级
建立年份：1994 年
面积：$2700hm^2$
类别与类型：自然生态系统类，森林生态系统类型

普洱松山自然保护区位于云南省普洱市宁洱哈尼族彝族自治县，始建于 1994 年，面积为 $2700hm^2$，主要保护对象为水源林及动植物。

名称：莽措湖自然保护区
级别：县级
建立年份：1985 年
面积：$242hm^2$
类别与类型：野生生物类，野生动物类型

莽措湖保护区位于西藏自治区昌都市芒康县中部莽岭乡境内，湖面海拔 4313m，水域面积 20 多平方公里。1985 年被芒康县定为自然保护区，面积为 $242hm^2$，主要保护对象为普氏原羚、黑颈鹤等野生动物。

名称：镇沅湾河自然保护区
级别：县级
建立年份：1995 年
面积：$5000hm^2$
类别与类型：自然生态系统类，内陆湿地和水域生态系统类型

镇沅湾河自然保护区位于云南省普洱市镇沅彝族哈尼族拉祜族自治县，始建于 1995 年，面积为 $5000hm^2$，主要保护对象为饮用水水源地。

名称：邓柯自然保护区
级别：县级
建立年份：1995 年

面积：$12hm^2$

类别与类型：野生生物类，野生动物类型

邓柯自然保护区位于西藏自治区昌都市江达县，始建于 1995 年，面积为 $12hm^2$，主要保护对象为白唇鹿及其生境。

名称：生达自然保护区

级别：县级

建立年份：1995 年

面积：$10hm^2$

类别与类型：野生生物类，野生动物类型

生达自然保护区位于西藏自治区昌都市江达县，始建于 1995 年，面积为 $10hm^2$，主要保护对象为马鹿及其生境。

名称：然乌湖湿地自然保护区

级别：县级

建立年份：1996 年

面积：$6978hm^2$

类别与类型：野生生物类，野生植物类型

然乌湖湿地自然保护区位于西藏自治区昌都市八宿县然乌镇，湖面的海拔为 3850m，地理位置为 96°34′E ~ 96°51′E，29°17′N ~ 29°31′N，总面积为 $6978hm^2$，主要保护对象为野生植物。

名称：德登自然保护区

级别：县级

建立年份：1997 年

面积：$5hm^2$

类别与类型：野生生物类，野生动物类型

德登自然保护区位于西藏自治区昌都市江达县，始建于 1997 年，面积为 $5hm^2$，主要保护对象为马鹿、马麝及其生境。

名称：拉妥湿地自然保护区

级别：县级

建立年份：1992 年

面积：$142hm^2$

类别与类型：野生生物类，野生动物类型

拉妥湿地自然保护区位于西藏自治区昌都市贡觉县拉妥乡拉妥村，始建于 1992 年，面积为 $142hm^2$，主要保护对象为岩羊、猞猁及其生境。拉妥湿地是昌都市最好的湿地之一，澜沧江支流昌曲重要的水源涵养地，对当地气候也起着重要的调节作用。

名称：多拉自然保护区

级别：县级

建立年份：1998 年

面积：$45hm^2$

类别与类型：野生生物类，野生动物类型

多拉自然保护区位于西藏自治区昌都市芒康县，始建于1998年，面积为45hm$^2$，主要保护对象为白唇鹿等野生动物。

名称：则巴自然保护区
级别：县级
建立年份：1999年
面积：469hm$^2$
类别与类型：自然生态系统类，森林生态系统类型
则巴自然保护区位于西藏自治区昌都市贡觉县，始建于1999年，面积为469hm$^2$，主要保护对象为森林生态系统。

名称：翠坪山自然保护区
级别：县级
建立年份：2000年
面积：8600hm$^2$
类别与类型：自然生态系统类，森林生态系统类型
翠坪山自然保护区位于云南省怒江傈僳族自治州兰坪白族普米族自治县，始建于2000年，面积为8600hm$^2$，主要保护对象为森林生态、自然景观及历史遗迹。

名称：佛珠峡自然保护区
级别：县级
建立年份：2000年
面积：9620hm$^2$
类别与类型：野生生物类，野生动物类型
佛珠峡自然保护区位于四川省甘孜藏族自治州乡城县，始建于2000年，面积为9620hm$^2$，主要保护对象为白唇鹿、藏马鸡、马麝、林麝等野生动物。

名称：热打尼丁自然保护区
级别：县级
建立年份：2000年
面积：1960hm$^2$
类别与类型：野生生物类，野生动物类型
热打尼丁自然保护区位于四川省甘孜藏族自治州乡城县县城西北热打乡尼丁村，始建于2000年，面积为1960hm$^2$，主要保护对象为白唇鹿、藏马鸡、马麝、林麝等野生动物。

名称：觉龙自然保护区
级别：县级
建立年份：2001年
面积：59hm$^2$
类别与类型：野生生物类，野生动物类型
觉龙自然保护区位于西藏自治区昌都市八宿县，始建于2001年，面积为59hm$^2$，主要保护对象为藏原羚及其生境。

名称：八冻措湖自然保护区
级别：县级
建立年份：2002 年
面积：8hm$^2$
类别与类型：野生生物类，野生动物类型

八冻措湖自然保护区位于西藏自治区昌都市洛隆县，始建于 2002 年，面积为 8hm$^2$，主要保护对象为野生动物。

名称：拉措湖自然保护区
级别：县级
建立年份：2002 年
面积：7hm$^2$
类别与类型：野生生物类，野生动物类型

拉措湖自然保护区位于西藏自治区昌都市洛隆县，始建于 2002 年，面积为 7hm$^2$，主要保护对象为野生动物。

名称：所冲自然保护区
级别：县级
建立年份：2002 年
面积：16 600hm$^2$
类别与类型：野生生物类，野生动物类型

所冲自然保护区位于四川省甘孜藏族自治州稻城县，始建于 2002 年，面积为 16 600hm$^2$，主要保护对象为白唇鹿、藏马鸡、马麝、林麝等野生动物。

名称：马乌自然保护区
级别：县级
建立年份：2002 年
面积：27 700hm$^2$
类别与类型：野生生物类，野生动物类型

马乌自然保护区位于四川省甘孜藏族自治州稻城县，始建于 2002 年，面积为 27 700hm$^2$，主要保护对象为岩羊、盘羊、藏马鸡等野生动物。

## 1.3　风景名胜区

风景名胜区是指具有观赏、文化或者科学价值，自然景观、人文景观比较集中，环境优美，可供人们游览或者进行科学、文化活动的区域。

2006 年 9 月 6 日，国务院颁布《中华人民共和国风景名胜区条例》。该条例对风景名胜区的定义、管理和利用做出了具体规定：国家对风景名胜区实行科学规划、统一管理、严格保护、永续利用的原则；风景名胜区所在地县级以上地方人民政府设置的风景名胜区管理机构，负责风景名胜区的保护、利用和统一管理工作。

我国的风景名胜区划分为国家级风景名胜区和省级风景名胜区，其中，自然景观和人文景观能够反映重要自然变化过程和重大历史文化发展过程，基本处于自然状态或者保持历史原貌，具有国家代表性的，可以申请设立国家级风景名胜区。

考察共涉及区域内风景名胜区26个，其中国家级4个。

### 1.3.1 国家级风景名胜区

名称：大理风景名胜区

级别：国家级

评定年份：1982年

面积：$1016km^2$

大理风景名胜区（图1-15），是国务院于1982年公布的第一批国家重点风景名胜区，面积为$1016km^2$。风景区集优美的山水景观、众多的文物古迹、浓郁的民族风情和良好的气候条件为一体，是观光、度假休疗和开展科研、文化活动的多功能、大容量的高原山岳湖泊风景名胜区。这里是云南古文化的发祥地之一，南诏、大理国的都邑，被誉为“亚洲文化十字路口的古都”。

图1-15　大理风景名胜区

资料来源：http://www.dali.gov.cn/dlzwz/5119188708561518592/20091116/21650.html

大理旅游资源得天独厚，大理古城、三塔寺、蝴蝶泉等文物古迹享誉中外，苍山洱海、风、花、雪、月的自然景观久负盛名，构成了秀丽独特的自然景观。大理历史悠久，文物古迹众多。明朝洪武年间修建并完整保留至今的大理古城，屏山镜水环境优美，古朴典雅生意盎然，并成为当地历史文化的主要载体，崇圣寺三塔、太和城遗址、元世祖平云南碑、苍山神祠、佛图寺塔、喜洲白族民居建筑群等文物古迹，纵贯了唐、宋、元、明、清及民国等各个历史时期。

大理作为数百年云南政治、经济、文化中心，文人名流荟集，史籍文献甚丰。加之在当地占主要地位的白族人民，文化素养历来较高。因此，明、清以来大理素有“文献名邦”之称，历代以来人才辈出。大理文化是中原文化、藏传文化、东南亚文化及当地民族文化融合的产物，白族人民从服饰、住居、婚嫁、信仰、习俗以及庆典节日，都充满着独特的民族情趣，这些浓郁的民族风情，增添了古城的历史文化气氛，更加增添了大理历史文化名城的迷人色彩。

大理风景名胜区包括：苍山洱海、石宝山、鸡足山、巍宝山、茈碧湖温泉五个景区。

名称：西双版纳风景名胜区

级别：国家级

评定年份：1982 年

面积：1202.13km²

西双版纳风景名胜区（图 1-16）位于云南省南部西双版纳傣族自治州境内，西双版纳距昆明 740km。西双版纳景区包括景洪市风景片区、勐海县风景片区、勐腊县风景片区三大块。西双版纳每一块内又有若干景区，西双版纳共有 19 个风景区，800 多个景点，面积为 1202.13km²。西双版纳有着种类繁多的动植物资源，被称为“动、植物王国”。西双版纳的许多珍稀、古老、奇特、濒危的动、植物又是西双版纳独有的，引起了国内外游客和科研工作者的极大兴趣。西双版纳景观以丰富迷人的热带、亚热带雨林、季雨林、沟谷雨林风光、珍稀动物以及绚丽多彩的民族文化、民族风情为主体。西双版纳风景名胜区景观独特，知名度高，经国务院批准于 1982 年定西双版纳为第一批国家重点风景名胜区。

图 1-16　西双版纳风景名胜区

资料来源：http：//www.mdjlxs.com/show.asp？id=267

每年 4 月中旬，是傣族人民的新年佳节——泼水节。按当地的习俗，这意味着用水冲洗掉身上的污垢，消除灾难，得到幸福。在过泼水节的日子里，人们还尽情地唱歌、跳舞，饮酒欢宴。去西双版纳参加泼水节，已成为一个十分吸引人的旅游节目。

西双版纳的热带雨林对很多旅游者来说是一个神秘的、很有吸引力的去处。在密密的原始森林里，不但植物种类繁多，动物的种类也居全国的首位。鸟类 400 多种，鱼类 100 多种，两栖类动物 32 种，兽类 62 种，爬行动物也很多，是名副其实的天然动物园。

西双版纳佛寺、佛塔很多，其中最著名的是大勐龙佛塔和景真八角亭。大勐龙佛塔是一组群塔，位于景洪市大勐龙的曼飞龙寨后山上，也称曼飞龙塔，由九座白塔组成，塔群造型优美，风格别致。坐落在景洪澜沧江对岸的曼阁佛寺，是一座建筑风格特殊、造型轮廓风姿迷人的佛寺。景真八角亭也称勐真佛塔，据傣族佛经记载，该佛塔是古代傣族佛教徒仿照佛祖释迦牟尼的帽子式样修造的，是傣族佛教建筑艺术中的珍品。

名称：三江并流风景名胜区

级别：国家级

评定年份：1988 年

面积：17 000$km^2$

三江并流自然景观由怒江、澜沧江、金沙江及其流域内的山脉组成，涵盖范围达 17 000$km^2$，它包括位于云南省丽江市、迪庆藏族自治州、怒江傈僳族自治州的 9 个自然保护区和 10 个风景名胜区。它地处东亚、南亚和青藏高原三大地理区域的交汇处，是世界上罕见的高山地貌及其演化的代表地区，也是世界上生物物种最丰富的地区之一。景区跨越丽江市、迪庆藏族自治州、怒江傈僳族自治州三个市（州）。

三江并流景区（图 1-17）内高山雪峰横亘，海拔变化呈垂直分布，从 760m 的怒江干热河谷到 6740m 的卡瓦格博峰，汇集了高山峡谷、雪峰冰川、高原湿地、森林草甸、淡水湖泊、稀有动物、珍贵植物等奇观异景。景区有 118 座海拔 5000m 以上、造型迥异的雪山。与雪山相伴的是静立的原始森林和星罗棋布的数百个冰蚀湖泊。海拔达 6740m 的梅里雪山主峰卡瓦格博峰上覆盖着万年冰川，晶莹剔透的冰川从峰顶一直延伸至海拔 2700m 的明永村森林地带，这是目前世界上最为壮观且稀有的低纬度低海拔季风海洋性现代冰川。千百年来，藏族人民把梅里雪山视为神山，恪守着登山者不得擅入的禁忌。

图 1-17　三江并流风景名胜区

资料来源：www. baike. so. com

三江并流地区占我国国土面积不到 0.4%，却拥有全国 20% 以上的高等植物和全国 25% 的动物种数。目前，这一区域内栖息着珍稀濒危动物滇金丝猴、羚羊、雪豹、孟加拉虎、黑颈鹤等 77 种国家级保护动物和秃杉、桫椤、红豆杉等 34 种国家级保护植物。植物学界将三江并流地区称为“天然高山花园”。

同时，该地区还是 16 个民族的聚居地，是世界上罕见的多民族、多语言、多种宗教信仰和风俗习惯并存的地区。长期以来，三江并流区域一直是科学家、探险家和旅游者的向往之地，他们对此区域显著的科学价值、美学意义和少数民族独特文化给予了高度评价。

名称：玉龙雪山风景名胜区

级别：国家级

评定年份：1988 年

面积：770km²

玉龙雪山（图1-18）位于云南省玉龙、宁蒗、中甸三县境内，与哈巴雪山对峙，金沙江奔腾其间，面积为770km²。主峰扇子陡，海拔5596m，在丽江纳西族自治县西约10km处，是横断山脉的沙鲁里山南段的名山。玉龙雪山被纳西族称为“波石欧鲁”，意为白沙的银色山岩。整座雪山由十三峰组成，皎洁如晶莹的玉石，故名玉龙山，以高山冰雪风光、高原草甸风光、原始森林风光、雪山水域风光闻名。又因它的岩性主要为石灰岩与玄武岩，黑白分明，故又称为“黑白雪山”，是亚热带的极高山地。

图1-18　玉龙雪山风景名胜区

资料来源：http：//www.dianping.com/shop/2368702/review_all？pageno=60

玉龙雪山是一座圣山：自远古以来，纳西族著名的“三大史诗”《创世纪》《黑白战争》《玉龙第三国》都典出于玉龙。山水蕴含着厚重的民族文化情结。有一则传说：金沙江、怒江、澜沧江和玉龙山、哈巴山原是五兄妹。三姐妹长大了，相约外出择婿，父母命玉龙、哈巴去追赶。玉龙带十三柄剑，哈巴挎十二张弓，抄小路来到丽江边守候，并约定谁放过三姐妹，要被砍头。轮到哈巴看守时，玉龙刚睡着，金沙江姑娘就来了。她唱起了婉转动人的歌，唱得守关的哈巴渐渐睡着了。玉龙醒来又气又悲，气的是金沙姑娘已经走远，悲的是哈巴兄弟要被砍头。他不能违反约法，抽出长剑砍下熟睡中的哈巴的头，随即痛哭，两股泪水化成了白水和黑水，哈巴的十二张弓变成了虎跳峡两岸的二十四道弯，头变成了虎跳石。玉龙雪山是丽江各民族心目中一座神圣的山，纳西族的保护神“三朵”就是玉龙雪山的化身。

玉龙雪山自唐大历十四年（公元779年）始建“北岳庙”膺封享祀以来，被辑入《天下名山志》，历朝历代文人雅士题咏的诗文丽句刊刻传世，拜山朝圣者不绝于途。玉龙雪山成为最具影响力的世界知名旅游胜地，并以“白龙弄玉”的形象美誉入选中国十大避暑名山。

## 1.3.2　省、自治区级风景名胜区

名称：漾濞石门关风景名胜区

级别：省级

评定年份：1993 年

面积：28.2km$^2$

石门关位于云南省大理白族自治州漾濞彝族自治县境内，是一处典型的峡谷地貌，发源于苍山玉局峰的金盏河，从峡谷中间奔驰而下。隘谷呈“V”字形，北石壁最高处海拔 2321.8m（金庵寺），南石壁最高处海拔 1760m。至大瀑布海拔约 2000m。隘谷长约 1200m，其中，隘口石门长约 600m，顶部宽约 100m，岩壁高 200～500m。石门关岩石为片麻岩和大理岩，它的南侧称翠屏山，北侧称清凉山，周围植被主要有次生云南松、滇油杉、南烛、小铁仔、老鸦泡灌丛林，峡谷内有野芭蕉、枫杨、旱冬瓜、樟、麻栎等亚热带绿阔叶林。石门关于 1993 年被云南省人民政府批准为省级风景名胜区。

石门关为漾濞古十六景之一，即“天开石门”。周围巉岩壁立，峡谷深邃，谷地溪流湍急。石门关实为鬼劈神凿，异境开天，具有“一夫当关，万夫莫开”之势。最令人惊叹的是，在附近的松林村后山，于 1994 年发现一处面积约 16m$^2$的大型崖画，有动物、人物、果树、手掌银、房屋、追猎、圈舞等 200 余图，最大的画面约有 1m$^2$，最小的约 5cm$^2$。

名称：孟连大黑山风景名胜区

级别：省级

评定年份：1993 年

面积：160km$^2$

孟连大黑山风景名胜区位于滇南孟连傣族拉祜族佤族自治县西南勐马乡中缅国境线内侧境内，由一片一片线叶林组成，名胜区内共有 15 个景点，面积约 160km$^2$。景区以热带原始常绿阔叶林及珍稀动植物景观为主体，以民族文化、民族风情及边贸口岸风貌为依托。自然景观与人文景观融为一体，生物多样性特点突出，景区环境质量好，具有重要的旅游观赏、科研科考、国际边贸旅游价值。

孟连大黑山有面积 40 多平方公里的原始森林。因山体海拔变化大，山林呈明显的山地植被垂直带谱。山上有季风常绿阔叶林、苔藓常绿阔叶林、竹林和草丛等不同的植被类型。林中古木参天，林中有密集的孑遗植物——桫椤，还有成林成片的天然野生多依果园与杨梅园，还有杜鹃、山茶、含笑、幽兰等花卉植物等。苔藓地被植物厚可达 5cm。林中有鸟类 100 余种，兽类 50 余种，两栖爬行类 30 余种及数百种昆虫。

大黑山峰峦起伏，沟深壁陡，溪瀑众多，清流不断，具有“山清水秀花奇森幽”的特色，有一湖多瀑多泉多溪的水景。由山、水、林、鸟、兽编织成立体画卷，处处是景。山林云雾缭绕，气候宜人。山下西南腊福水库湖水清澈碧绿，湖周广布常绿阔叶林。湖泊附近，溪流繁多、飞瀑常见，瀑水四季常清，瀑旁岩石苔藓密布，青翠欲滴，瀑布形态因洪期和旱季而变化丰富。

名称：景东漫湾-哀牢山风景名胜区

级别：省级

评定年份：暂缺

面积：160km$^2$

景东漫湾-哀牢山风景名胜区位于普洱市景东彝族自治县境内，有漫湾、哀牢山杜鹃湖、无量山荒草岭、大朝山、锦屏、仙人寨六个片区和安定至漫湾一线组成，面积为 160km$^2$。景观以物种多样性、原始森林植被、珍禽异兽、奇花异卉、澜沧江大型电站、水库、造型地貌为主体，以民族文化、彝族风情、人文景观为辅衬。此处风景资源特点突出，是省内少有的景观资源集中分布的风景名胜区，具有旅游观光、科研科考、探险登山等多功能价值。

该风景区因地处南北地质地理的重要分界线上，保存完好的原始生态展示出独有的自然风光，使其景观具有“神奇的自然博物馆”的美誉。连上普洱市镇沅彝族哈尼族拉祜族自治县 9000hm$^2$的哀牢山片区，这一片区的功能主要以保护亚热带中山湿性常绿阔叶林生态系统和黑长臂猿、绿孔雀等珍贵野生动物为目的。

哀牢山海拔达3137.6m的主峰大雪山就在镇沅彝族哈尼族拉祜族自治县境内。山体两侧对称呈锥形，犹如一座巨大的金字塔高耸入云，气势磅礴，景象壮美。整个哀牢山地区由于平坝少，多为梯田梯地，其中者东江两岸，特别壮观美丽，层层叠叠，弯弯曲曲。春天插秧，夏季碧绿，秋天金黄，冬如明镜。每年栽秧季节，别有情趣，上部的水田放水，一丘流入一丘，好像成千上万个小瀑布，纤巧娟秀，别有一番景色。哀牢梯田，季季如画，景象万千。

名称：保山博南古道风景名胜区

级别：省级

评定年份：暂缺

面积：120km$^2$

保山博南古道风景名胜区位于云南省保山市境内，由高黎贡山片区、澜沧江中段片区、保山古城片区三大块组成，面积约120km$^2$。博南古道全长约4000km，通过四川连接我国中、东部和南亚各国。穿越永平县博南山的一段，是迄今所发现的，保存最为完整的一段。

在这条横亘几千里的国际大道上，翻越横断山脉博南山主峰的道路不过百里。但由于博南山山势险峻、树林荫翳、烟雾迷离，山之西麓又有滚滚澜沧江为天然屏障，于是在山顶形成了军事上的制高点“丁当关”，成为我国历史上的军事前哨，因此博南山成为整条古道上最为重要的一道门槛，盘贯全山的古道则成为整条“蜀身毒道”上最为凶险，也最为著名的一段，被称为“博南古道”。博南古道的开辟，是张骞出使西域的意外收获。

博南古道在永平县境内绵亘100多公里，保存完好，经过2000多年的历史沉淀，已是广受喜爱的旅游路线。6尺①多宽的路面，全部用大石板铺砌而成。犹如一条抖擞开鳞鳞筋骨的巨龙，盘贯于丛山。“九曲十八盘”的起伏跌宕，悲怆而不失大气，令人叹为观止。现在，博南古道已开发出了北斗铺、万松庵、天津铺、曲硐清真寺、万马归槽、花桥古驿、元代古梅、贞洁匾额、博南山碑、永国寺遗址、明代古茶、杉阳古镇、西山古寺、凤鸣古桥、江顶寺门楼、下铺客栈遗址、蒲蛮桥马居遗址、霁虹桥遗址、澜沧江畔摩崖石刻等风物之地，供往来人凭吊。

名称：临沧大雪山风景名胜区

级别：省级

评定年份：暂缺

面积：300km$^2$

临沧大雪山位于临沧市境内横断山脉怒山山系碧罗雪山支脉南端，仅次于永德大雪山的第二制高点。海拔3429.6m。临沧大雪山是临沧市内澜沧江、怒江两大水系的分水岭。大雪山主峰为大雪山，主峰西北有小雪山，海拔3177m，峰之南有红花山，海拔2723m，峰之东有鼓鼓山，海拔2843m，最东边是属云县地界的大朝山，海拔1813m。大雪山海拔3000m以上地带，冬春两季有三四个月的积雪过程。

景区得天独厚的自然景观，种类繁多的珍禽异兽，繁花似锦、奇花异草，犹如一座天然公园，可供游览参观。云县境内的大朝山电站附近，有著名的朝山遗址（明清时建有老君庙一座，供朝山拜佛，现毁）可辟为景点，并沿那戈河而上，有天生桥、小石田、白石岩、白飞龙（瀑布）等景点、景区，还有青树缠石和天然木桥等景致，那戈河上的大跌水（瀑布）即有20多处，从坡头村公所到新槽子社可远眺大雪山就像是一胖女人，非常奇妙。山间有郁闲宁静的林间小路，清澈见底的泉水和叠岩瀑布，晨雾中映出的红太阳，可令游客流连忘返。叫雨山—临沧城—大雪山旅游线一直延伸到云县的大朝山—大朝山水电站。

随着澜沧江流域的开发和澜沧江下游国防航道的开通，海外游客可随江而上，前往保护区游览观光。

① 1尺≈0.33m。

大雪山已日渐形成一个集自然保护、科研、旅游为一体的综合自然保护区。

思茅茶马古道风景名胜区

级别：省级

评定年份：1996 年

面积：200km²

茶马古道（图 1-19）是唐代以后，特别是清朝光绪年间至民国时期思茅通往昆明、西藏、澜沧、打洛、洵甸等地的茶马道，也是思茅（现普洱市）物资交流、进行贸易的南方丝绸之路。茶马古道向南延伸到东南亚和南亚；向北直达昆明，入昆后可快马直上北京；往西蜿蜒直上青藏高原。古道沿途高山逶迤，峡谷纵横，风光旖旎，气候多变，民风古朴，令人惊叹它曾经见证过普洱茶贸易的盛衰，它是博大精深的普洱茶文化的重要载体。茶马古道的源头思茅、宁洱是中国西南边疆少数民族聚居地，普洱茶的原产地和集散中心。普洱茶和其他产品交换流通以马帮为主要驮运工具，是民间国际贸易、茶文化交流的通道。

图 1-19　思茅（现普洱市）茶马古道风景名胜区

提供：何露

思茅、宁洱等地的麻栗坡、那柯里、茶庵塘茶马古道遗址，现今仍保留着 1030km。石头、石条、石板经历了数百年风雨，现在石板上都长满了青苔、杂草等。茶马古道踩滑的石板上保留着的几厘米深的马蹄印就是历史的见证。

茶马古道，是双向物资交流通道，马帮将普洱茶驮运到国外后，又将那里的工业品、土特产品驮运到云南普洱、思茅等地，互通有无，各得其利。思茅的茶马古道，沉淀着浑厚的茶文化历史底蕴，它是中国茶城建设中不可缺少的内容。茶马古道是思茅重要的旅游资源，我们将在保护的前提下，进行部分古道的修复，重建茶马古道驿站，改善交通设施及其他旅游服务设施。

名称：景谷威远江风景名胜区

级别：省级

评定年份：1996 年

面积：200km$^2$

景谷威远江风景名胜区（图 1-20）位于云南省普洱市景谷傣族彝族自治县境内，由勐卧双塔佛寺、威远江、帕庄河、大石寺四个片区组成，总面积约 200km$^2$。景观以南亚热带原始植被景观、喀斯特造型地貌、珍稀动植物和生物多样性景观为特征，环境质量高，名胜古迹多，景区内有南亚热带原始植被、喀斯特地貌、多种珍稀动植物和生物景观。

图 1-20　景谷威远江风景名胜区

提供：景谷自治县旅游局

景谷威远江风景名胜区以景谷县城为中心，共分为“勐卧双塔佛寺”片区、“仙人洞、帕庄河”片区、“景谷河、大石寺”片区、“威远江森林”片区。“树包塔”和“塔包树”，被誉为中国塔林一绝；有 300 多年历史的仙人洞犹如一座迷宫；帕庄河蜿蜒曲折，两岸悬崖峭壁，实为一避暑游览胜地；大石寺天然壮观胜似峨嵋金顶；迁糯佛寺系东南亚一带小乘佛教的朝仙圣地。威远江森林旅游，神奇美妙，情趣更浓。

景谷有着 23 个少数民族。在长期的社会历史进程中，各民族在生产劳动、生活习俗、宗教祭祀、民情文化等方面形成了各自的特色。这里的泼水节、采花节、朝仙节、火把节、新米节更是多姿多彩，令人流连忘返。

镇沅千家寨风景名胜区

级别：省级

评定年份：1996 年

面积：991. 71km$^2$

镇沅千家寨风景名胜区（图 1-21）位于云南省西南部，普洱市东北部的镇沅彝族哈尼族拉祜族自治县境内。名胜区以千家寨为中心，范围包括九甲、者东、和平等村寨，面积约 991. 71km$^2$，景区面积为 20km$^2$，旅游资源分布呈条带状结构。该区拥有基本旅游资源点 39 处。景区属于镇沅彝族哈尼族拉祜族自治县旅游资源的主体、核心，为一级旅游资源区。

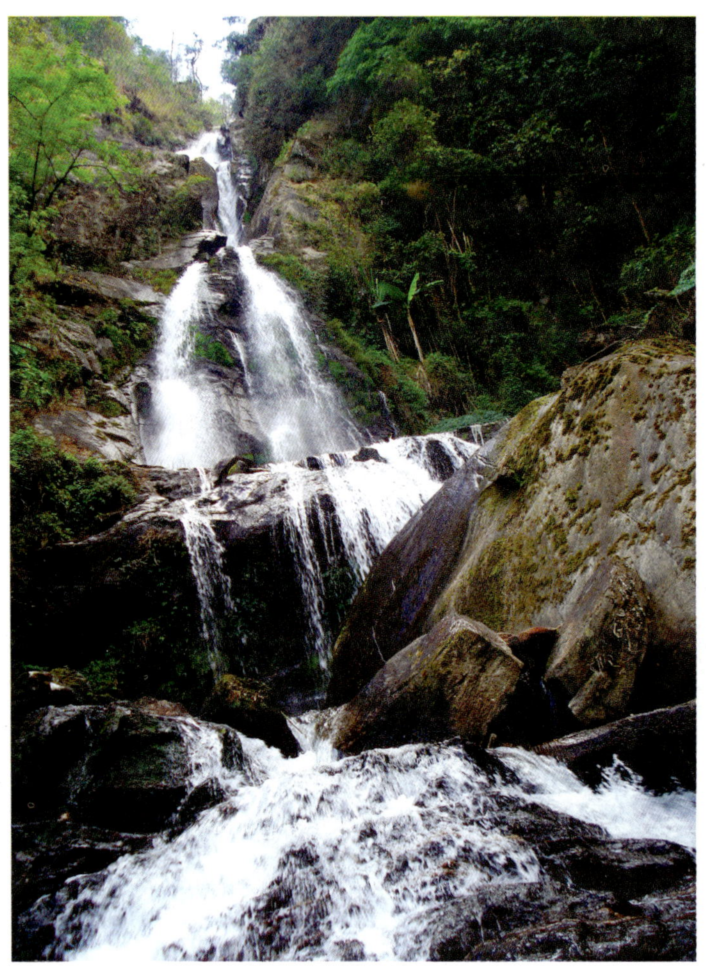

图 1-21　镇沅千家寨风景名胜区
提供：普洱市旅游局

镇沅千家寨风景名胜区位于哀牢山核心区，区内群峰并列，重峦叠嶂，山体高大、浑厚、雄壮，像一座座高耸入云的金字塔，给人以强烈的雄壮美感。区内崇山峻岭中流淌着许多无比清澈的溪流，溪流中无数的跌水、碧潭，与周围的密林、山花相协成趣，美丽动人，高近百米的瀑布气势磅礴，绮丽多姿。处处山清水秀，绿郁葱葱，一派生机勃勃的景象，有许多地方至今还是人迹罕至的原始森林，林中生长着许多名贵花卉和珍稀树种，幽深、神秘、宁静是景区一大特色。动植物奇景也很多，动物奇景有奇妙的鹦鹉、可爱的白鹭、有趣的掉包雀等，植物奇景有古老的茶树王、云南七叶树等，是珍稀动植物和野生药材荟萃之地。

山雄、水美、林幽、物奇是该景区的一大特点，主要有大、小吊水瀑布、2700 年野生茶树王等 10 余个景观，是崇尚自然、有氧运动、科考、探险、休闲度假、旅游观光的最佳之地。

普洱风景名胜区

级别：省级

评定年份：1996 年

面积：$64km^2$

普洱风景名胜区（图 1-22）位于驰名中外的普洱茶的故乡，云南省普洱市宁洱哈尼族彝族自治县境内。景区由天壁山、松山、白草地三个片区和小黑江游览线组成，景点 20 个，核心面积为 $64km^2$。

图 1-22　普洱风景名胜区

提供：普洱市农业局

普洱风景名胜区有挺拔秀丽的天壁山，神奇迷离的太乙洞溶洞群，茫茫苍苍的松山、林海，德安原始森林群落，白草地原始茶树林，古茶盐驿道遗址，哈尼族、彝族等民族文化风情，闻名中外的“普洱茶”文化节。天壁山也叫西门岩子，海拔 1838.3m，与县城相对高差 518.8m，岩石陡峭，拔地而起，山势如壁，耸入云天。每当晨曦初照，薄雾缭绕时，常出现飞霞焕彩、色彩斑斓的瑰丽景色，“天壁晓霞”为“普洱八景”之首。小黑江周边密布原始森林，覆盖面积 10 余万公顷，是云南省自然生态保护得较好的林区之一。在青山之间，绿水之畔，修了普贤寺、茶圣祠、观林亭等景点。同心乡那柯里村是古普洱府茶马古道上的重要驿站，四面环山，两条小河相汇于此，景色秀丽。这里生活着彝、汉两个民族的人民和苦聪人。普洱风景名胜区是滇南风景旅游圈的重要一环，是旅游观光和研究茶文化、民族文化与汉文化融合发展的最好去处。

名称：沧源佤山风景名胜区

级别：省级

评定年份：1996 年

面积：147.34km$^2$

沧源佤山风景名胜区位于沧源佤族自治县境内，与缅甸接壤，国境线 147.78km。景区由勐来、南滚河、勐董、拉勐河、班列五个片区和勐省—芒卡南游览线组成，景点 199 个，面积为 147.34km$^2$。

悠远、神秘的“司岗里”传说，是佤族的创世诗史，含义为葫芦、山洞或孕育器，沧源古时又称为“葫芦王地”，是佤族的创世史诗“司岗里”传说诞生的地方。佤族人民具有优良的爱国传统和自强的民族精神。在历史上曾进行过无数次英勇顽强、前仆后继的抵御帝国主义侵略者的斗争。震惊中外的班洪抗英事件和佤山抗日游击队抗击日本侵略者的斗争就发生在这里。

该风景区是国内典型的佤族自然山水风情区，佤族风情浓郁独特，服饰工艺丰富多彩。历史文化古朴丰厚，崖画文物闻名遐迩。自然环境优美，佤山碧绿苍翠。热带雨林茫茫，珍稀生物荟萃。珍禽异兽出没，孔雀大象穿梭。陡岩刀砍斧劈，溶洞迷宫成群。日出彩霞满天，云海变幻莫测。边境口岸购物，出国旅游缅甸。旅游后起之秀，科考理想之地。

云县大朝山-干海子风景名胜区

级别：省级

评定年份：1996 年

面积：190.8km²

云县大朝山-干海子风景名胜区位于云县境内，由温湾-温竹河、大朝山-大雪山、爱华镇、亮山天池四个片区及温湾—大朝山水陆游览线组成，景点 129 个，面积为 190.8km²，景观有巍峨雄奇的大雪山，茫茫苍苍的林海，满山遍野的杜鹃，繁花似锦的木棉，温竹河上三叠瀑，澜沧江上第一坝（图 1-23）等。风景独特迷人，民族风情浓郁，是旅游观光的好去处。

图 1-23　大朝山水电站

提供：云县旅游局

其中，温湾—大朝山水陆游览线有着雄伟壮丽的澜沧江高峡百里长湖景观。湖面平静秀丽，胡湾半岛星罗棋布，两岸山峰秀丽，苍峻巍峨，珍稀动物繁多，风景如诗如画。沿线依次分布着澜沧江大峡谷，云海山庄，忙怀、曼志新石器遗址，朝山寺，滇缅铁路遗址，民族风情村，电站景观等众多景点。

名称：永德大雪山风景名胜区

级别：省级

评定年份：1996 年

面积：174km²

永德大雪山风景名胜区位于云南省临沧市东北部永德县境内，由大雪山片区、土林片区、棠梨山-观音洞山片区及南汀河游览线，共三片一线组成，景点 90 个，面积为 174km²。永德大雪山风景名胜区的主要景点和景观有雪山河、老君殿、黑尖山、仙人洞、黄草坝、主峰石、杜鹃林、鼓墩山、蜜蜂村、瀑布、搭险石等。

景区最低点南景河谷地海拔 960m，最高大雪山顶海拔 3504.2m，相对高差超过 2500m，是我国内地 24°N 以南的最高山体。从河谷到山顶，垂直分布有季雨林、季风常绿阔叶林、半湿润常绿阔叶林、中山湿性常绿阔叶林、温凉性针阔混交林、寒温性针叶林和亚高山灌丛草甸 7 个系列较完整的植被垂直带。层次分明，特征清晰，过渡在同一山体咫尺之间。核心地段生态系统保护完好，原始连片的中山湿性常绿阔叶林、铁杉常绿阔叶混交林及中国内地分布最南的冷杉林，是我国南方以及云南省南部山地不可多得的、完整而十分典型的山地垂直带谱系列。区内还有以豚鹿、黑冠长臂猿（滇西亚种）、绿孔雀、黑颈长尾雉、巨蜥、蟒蛇等为代表的 59 种国家重点保护野生动物；以云南红豆杉、水青树、桫椤、金毛狗等为代表的 12 种国家和省法定保护的野生植物。

名称：耿马南汀河风景名胜区

级别：省级

评定年份：1996 年

面积：146km$^2$

耿马南汀河位于耿马傣族佤族自治县境内，由四片一线组成，即孟定片区、景戈片区、福音山片区、清水河片区、勐省—清水河旅游线，面积约 146km$^2$。

景观有俗称版纳、瑞丽、孟定“三姐妹”风光秀丽的孟定坝亚热带风光；有郁郁葱葱的原始热带雨林、季雨林景观；丰富的珍稀濒危植物景观；有苍翠碧绿的大山、火草山生物景观；有丰厚的民族文化、民族风情、民族服饰、工艺品；有众多的佛寺、白塔、岩画、古人类穴居遗址等名胜古迹；有热闹非凡的孟定边贸口岸。可供边贸购物、边境跨国旅游观光，边疆民族文化、边境商贸历史考察研究。

名称：剑川剑湖风景名胜区

级别：省级

评定年份：1996 年

面积：湖面 7.5km$^2$

剑川剑湖风景名胜区位于云南省大理白族自治州剑川县城东南方。地理位置为 99°54′E ~ 99°56′E，26°28′N ~ 26°30′N，因坐落在剑川坝子里，故名剑湖。剑川剑湖风景名胜区由剑湖、金华山两个片区组成，被列为省级风景名胜区。剑湖为高原断陷盆地内发育的淡水湖泊，周长约为 12.5km，面积为 7.5km$^2$，雨季可达 10km$^2$。蓄水量一般为 3200 万 m$^3$，平均水深 4.5m，最深处可达 9m，湖面海拔为 2187.7m。湖水来源充沛，金龙河、美江、永丰河、黄龙河、回龙河、马头河等河流汇入湖内，各河道汇水面积为 918km$^2$，湖中心地带还有自涌泉水。湖面东南凸突，西北方亏凹，呈不规则半圆形。

剑湖之景物，四时各有特色。阳春 3 月，河堤上莺啼绿柳，湖边芦苇青翠，湖面上菱花耀白，更有沿湖田野中蚕豆花、菜子花香气袭人。炎夏时节，湖边果园硕果丰盛。9 月为一年中湖面最开阔的时光，泥鳅正肥。腊月，鹭鸶和水鸟或遨游于天上，或嬉戏于湖中，特别是嘴馋而大胆的野鸭，较易让人捕获。

每年农历 6 月 15 日，是剑湖周围农村的绕海会期。是时各村的村民都如同过节一般，更以自己的村庄为出发点，绕剑湖一周。通过绕海会，各村村民既得以互相增加接触，增加了解，增进友谊，又能陶冶性情，自娱自乐。因而能年年沿袭，至今不断。

名称：洱源西湖风景名胜区

级别：省级

评定年份：1996 年

面积：湖面 4.3km$^2$

洱源西湖风景名胜区位于云南省大理白族自治州洱源县右所镇西部的佛钟山麓，为高原平坝淡水湖。由西湖、江尾、罗平山三个片区和螺蛳江游览线组成。西湖湖面面积为 4.3km$^2$，系高原断陷湖泊，平均水深 1.8m，最深近 10m，是洱海的重要水源之一。湖中有六村（张家登、清水塘、东登、中登、南登、海塘）一岛，构成村内有湖、湖中有村的天然村湖画景。

西湖是高原断陷湖泊，属澜沧江水系，地处洱海源头，是大理及周边地区生态安全的重要保障。西湖生态系统多样性极为独特，形成面山森林（灌丛）—村庄—农田—湖滨沼泽—湖泊水面—岛屿村庄的自然生态系统与人工生态系统交叉重叠的多样性特征。湿地保存有洱海大头鲤、灰裂腹鱼、大理裂腹鱼等特有鱼类，是许多越冬鸟类的栖息地，也是极具观赏价值的珍稀鸟类紫水鸡在我国的最大种群分布地。西湖在云南高原湿地中景观独特，白族风俗浓郁，历史文化积淀深厚，是展示湿地保护成效和湿地生态环境教育的理想基地。

名称：兰坪罗古箐风景名胜区
级别：省级
评定年份：1996 年
面积：$100km^2$

兰坪罗古箐风景名胜区位于云南省怒江傈僳族自治州兰坪白族普米族自治县，是云南众山之祖老君山旅游资源的重要组成部分，以丹霞地貌为特征。兰坪罗古箐风景名胜区由罗古箐、金顶翠屏山、富和山三个片区组成。主要景观有高原牧场、“情人坝”“姑娘山”“母亲树”、百丈回音壁、紫金河杜鹃屏、石林、花山、滴水岩、锅石、铅锌都城等，面积约 $100km^2$。

兰坪罗古箐还是三江并流风景区的核心地带——老君山国家公园，从这里东可望玉龙雪山像茫茫沙丘上的银钟，西看碧罗雪山像银蛇飞舞于高山峡谷之上；罗古箐丹霞石景是天下一绝，景区含 91 溪、18 岭、360 峰的奇异地貌。罗古箐幽深，山谷狭长，至今无人完全走完它的沟沟箐箐。走进去的人都觉着自己进入世外仙境，四周被原始森林包围，两脚踩着厚厚的苔藓绒毯，两眼有看不完的风景，耳边只有水声鸟鸣。

名称：鹤庆县黄龙潭风景名胜区
级别：省级
评定年份：1998 年
面积：$2395km^2$

鹤庆县位于云南省北部，地理位置为 100°01′E ~ 100°29′E，25°57′N ~ 26°42′N。东有金沙江与永胜县分津，南临鸡平关与宾川县接界，西连马耳山与剑川、洱源两县接壤，北望玉龙雪峰与丽江市毗连，面积为 $2395km^2$。

位于鹤庆古城西南螺峰山脚下的黄龙潭景区（包括黄龙潭、朝霞寺），是省级黄龙潭风景名胜区的重要组成部分。该景区距县城 2km，是著名的鹤阳八景之一：“螺峰野色”。黄龙潭分为上、中、下三潭相串，西枕螺峰，怀抱碧玉，堤岸垂柳梳风，花间蜂唱蝶舞，一派西湖风韵。湖抱螺峰，山吻湖光，山、水、天一体、一色，形成了螺峰野色的奇景。黎明时现朝霞溢彩，月夜有泛月奇观，自古为度假的好地方。朝霞寺，建于明成化十年。寺有四刹，现只有霞清宫存在，其他三刹已毁。俗传唐南诏保和年间，赞陀屈哆圣僧来开辟鹤庆时，在石宝山面壁 10 年，座禅期满后，架霞气彩桥于东西山之巅，后人为纪念圣僧，修庙崇祀，取名朝霞寺。

稻城亚丁风景名胜区
级别：省级
评定年份：2000 年
面积：$5600km^2$

稻城亚丁风景名胜区（图 1-24）位于四川省甘孜藏族自治州稻城县日瓦乡境内，地处著名的青藏高原东部，横断山脉中段，面积为 $5600km^2$，海拔为 3750m，境内最高海拔达 6032m；属高原季风气候，绝大多数时间天气晴朗，阳光明媚。区内自然风光优美，尤以古冰体遗迹“稻城古冰帽”著称于世。

稻城亚丁风景名胜区属于高山峡谷风景，这里的风景主要以雪山、河谷、牧场为主。景区以仙乃日、央迈勇、夏诺多吉三座雪峰为核心区，南北向分布。由于特殊的地理环境和自然气候，形成了独特的地貌和自然景观，是我国保存最完整的一处自然生态系统。

图 1-24　稻城亚丁风景名胜区
提供：孙琨

雪峰、冰川、森林、溪流、瀑布、草甸、湖泊有机地组合在一起，野生动物出没于其中，托出了一方静谧的净土。三座神山蜚声藏区，神山圣湖集于一体，除了它巍峨壮观和周围奇绝的自然风光，还有着神秘的宗教文化，是藏区的一处圣地，前来朝觐者络绎不绝。区内藏乡村寨建筑和寺庙建筑别具一格，风貌独特。这里的人们崇拜自然，把大自然当作生存的根基，与大自然相依为命，和谐相处。

太阳谷风景名胜区
级别：省级
评定年份：2003 年
面积：2916km²

太阳谷风景名胜区位于四川省甘孜藏族自治州得荣县。由于特殊而复杂的地质结构，太阳谷境内重峦叠嶂、山高谷深、江河纵横，而低纬度、高海拔、大落差的地理环境，又使其呈现出多样性的气候特点。特殊的自然地理条件，不仅使太阳谷具备了从亚热带到寒带的多种生态群落和生物资源，也构成了它独特的自然景观。就自然景观的雄、奇、险、秀、幽、旷、野等特征而言，太阳谷不但兼而有之，且近乎达到一种极致。

下拥风景区是太阳谷的核心景区，资源十分丰富，且品位极高，拥有雪山、峡谷、草甸、高山、湖泊、原始森林、珍禽异兽、宗教文化、民风民俗为一体的原生态旅游资源，该景区内有 11 个主要景点，各具特色。翁甲圣地神山除了它迷人的自然风光之外，更主要的是相传这里有开启藏区 108 处圣地门户的金钥匙，因而来此地转山朝圣者络绎不绝。太阳谷由北向南纵贯全境的定曲河，在先后接纳了玛伊河和硕曲河之后，携三江之水投入了金沙江的怀抱，在江水汇合处，形成“三壁夹两江”的奇景。龙绒寺由五世达赖喇嘛创建，距今有 500 多年历史，是康区黄教十三大寺庙之一。白松、茨巫的田园风光是典型的高原藏区田园风貌。

名称：香巴拉七湖风景名胜区

级别：省级

评定年份：2005 年

面积：122km$^2$

香巴拉七湖是四川省人民政府于2005 年批准公布的第八批省级风景名胜区，四川省级地质公园，乡城旅游龙头景区，位于乡城县城东。香巴拉七湖风景名胜区主要由高山冰斗湖泊群、瀑布溪流、雪山草甸、寺庙藏寨、奇石怪树、茶马古道遗迹、珍稀野生动植物资源等构成，景区面积为 122km$^2$，是一处集奇绝自然风景和深邃人文景观于一体的地质型生态文化旅游风景区。

香巴拉七湖的主导景观是北东向等间距排列的冰川“U”形谷发育的串珠状冰川湖泊，其成因和形态在四川省乃至在中国都较为罕见。香巴拉七湖是这一冰湖奇观中最为典型的代表，在藏传佛教中这七个湖被认为是供奉佛祖的“七净水”，素有“天湖”的美誉。香巴拉还处于全球生物多样性丰富的热点地区和我国生物多样性优先保护区域，区内植被垂直分带明显，特有、濒危物种丰富。公园的森林线已经达到4500m 以上，是世界上森林分布海拔最高的地区之一。这里自古以来就是康巴藏族繁衍生息的地方。还曾是茶马古道的必经之地，也是康巴文化与纳西文化交汇发展的独特区域。

名称：弥渡太极山风景名胜区

级别：省级

评定年份：2006 年

面积：25. 63km$^2$

弥渡太极山风景名胜区位于大理白族自治州东南部弥渡县弥祉坝子的西边，地处弥渡、巍山、南涧三县交界处，地理位置为东经 100°27′，北纬 20°09′，面积为 25. 63km$^2$。太极山为哀牢山系的起点，风景区内峰峦起伏，群山叠翠，海拔垂直变化明显，植被分布极为丰富。区内主要地貌为剥蚀构造地貌，最高峰太极顶海拔 3061. 4m，由于地壳强烈隆起，河流下切，剥夷面形成零星孤山山顶，形成秀丽的九溪八岭十三峰。密祉盆地为山间盆地地貌类型。区内植被上部以杜鹃、栎类、箭竹林为主，下部以云南松、杜鹃、栎类、水冬瓜树为主。

弥渡太极山风景名胜区由太极山景区、密祉景区两大片构成。太极山景区内主要景观有九溪十三峰及其森林植被、高山天气等自然景观和南诏时期以来建的集佛、道、儒于一体的石结构寺观群及“太极灵山盛会”人文景观，密祉景区内主要有文盛古街古驿道、密祉大寺、尹宜公故居、世界名曲“小河淌水”创作地亚溪河、珍珠泉、密祉花灯等自然和人文景观。

名称：梅里雪山（西坡）风景名胜区

级别：自治区级

评定年份：2001 年

面积：960km$^2$

梅里雪山（西坡）风景名胜区（图 1-25）位于西藏自治区昌都市左贡县境内，地处滇藏交界，原始森林覆盖率达 85% 以上，气候宜人，2001 年被西藏自治区人民政府公布为第一批自治区级风景名胜区。

风景区内雪峰、冰川、石群、森林、湖泊等自然景观众多，价值性高。且拥有以虫草、红豆杉、小熊猫为代表的林下经济资源和动植物资源，其资源性丰富而独特，可谓高原物种之宝库。卡瓦格博（梅里雪山主峰）为康区，也是藏东第一神山，在藏传佛教中有极高的地位，朝拜信徒常年络绎不绝。风景区内茶马古道遍布，民风民俗独特而浓郁，这些都为风景区赋予了珍贵的人文景观资源。

图 1-25 梅里雪山（西坡）风景名胜区
提供：孙琨

## 1.4 国家公园

国家公园的概念源自美国，我国的国家公园建设起步较晚。2008 年，为了完善中国的保护地体系，规范全国国家公园建设，有利于将来对现有的保护地体系进行系统整合，提高保护的有效性，环境保护部和国家旅游局在中国引入国家公园的理念和管理模式，正式从国家层面上开始开展国家公园试点。

云南是较早开展国家公园试点的省份之一，早在环境保护部和国家旅游局命名国家公园前，云南省就通过对自然保护区、风景名胜区等自然保护地进行整合，而成立了我国首个以国家公园命名的自然保护区域——普达措国家公园，后转为国家管理。

2015 年 5 月 18 日，国务院批转国家发改委《关于 2015 年深化经济体制改革重点工作意见》提出，在 9 个省份开展“国家公园体制试点”。国家发改委同中央机构编制委员会办公室、财政部、国土资源部、环境保护部、住房和城乡建设部、水利部、农业部、国家林业局、国家旅游局、国家文物局、国家海洋局、国务院法制办公室 13 个部门联合印发了《建立国家公园体制试点方案》。该方案提出“试点区域国家级自然保护区、国家级风景名胜区、世界文化自然遗产、国家森林公园、国家地质公园等禁止开发区域，交叉重叠、多头管理的碎片化问题得到基本解决，形成统一、规范、高效的管理体制和资金保障机制，自然资源资产产权归属更加明确，统筹保护和利用取得重要成效，形成可复制、可推广的保护管理模式。”

考察共涉及澜沧江流域内国家公园 7 个。

名称：普达措国家公园
开放年份：2007 年

所在地：云南省迪庆藏族自治州香格里拉市

面积：1313km$^2$

普达措国家公园（图1-26）位于滇西北“三江并流”世界自然遗产中心地带，由国际重要湿地碧塔海自然保护区和“三江并流”世界自然遗产红山片区之属都湖景区两部分构成，以碧塔海、属都湖和霞给藏族文化自然村为主要组成部分，也是香格里拉旅游的主要景点之一。海拔在3500～4159m，属省级自然保护区，是“三江并流”风景名胜区的重要组成部分，2012年被国家旅游局评定为国家AAAAA级旅游景区。普达措国家公园拥有地质地貌、湖泊湿地、森林草甸、河谷溪流、珍稀动植物等，原始生态环境保存完好。

图1-26　普达措国家公园

提供：孙琨

公园的旅游资源由自然生态景观资源和人文景观资源两部分构成。自然生态景观资源分地质地貌景观资源、湖泊湿地生态旅游资源、森林草甸生态旅游资源、河谷溪流旅游资源、珍稀动植物和观赏植物资源五大部分。人文景观资源是为普达措国家公园自然生态景观注入活的灵魂的藏族传统文化，包括宗教文化、农牧文化、民俗风情以及房屋建筑等。

普达措国家公园于2007年正式开放，是中国内地的第一个国家公园。

名称：香格里拉梅里雪山国家公园

开放年份：2008年

所在地：云南省迪庆藏族自治州德钦县

面积：3500km$^2$

梅里雪山是世界自然遗产“三江并流”的主要自然景观之一，是著名的雪山山群，位于海拔6740m的梅里雪山主峰卡瓦格博峰。

梅里雪山又称雪山太子，位于云南省迪庆藏族自治州德钦县东北约10km的横断山脉中段怒江与澜沧江之间，处于世界闻名的金沙江、澜沧江、怒江“三江并流”地区，包括怒江傈僳族自治州、迪庆藏族自治州以及丽江地区、大理白族自治州的部分地区，是一座北南走向的庞大雪山群体。北段称梅里雪山，中段称太子雪山，南段称碧罗雪山，北连西藏阿冬格尼山，平均海拔在6000m以上的便有13座，称“太子十三峰”。主峰卡瓦格博峰，海拔6740m，覆盖着万年冰川，晶莹剔透的冰川从峰顶一直延伸至海拔2700m的森林地带，这是目前世界上最为壮观且稀有的低纬度低海拔季风海洋性现代冰川。2006年被国家旅游局评定为国家AAAA级旅游景区，2008年建成国家公园。

景区内有怒江、澜沧江、金沙江3个风景片区，8个中心景区，60多个风景点，面积为3500km$^2$。3条大江在滇西北横断山脉纵谷地区并流数百公里，三江间距最近处直线距离66.3km，其中怒江、澜沧江最近处只有18.6km的怒山相隔。在梅里雪山4000m雪线以上的白雪群峰峭拔，云蒸霞蔚；山谷中冰川延伸数公里，蔚为壮观。而雪线以下，冰川两侧的山坡上覆盖着茂密的高山灌木和针叶林，郁郁葱葱，与白雪相映出鲜明的色彩。林间分布有肥沃的天然草场，竹鸡、獐子、小熊猫、马鹿和熊等动物活跃其间。

香格里拉梅里雪山国家公园的主要景观包括三江并流、高山雪峰、峡谷险滩、林海雪原、冰蚀湖泊；少风的板块碰撞、广阔美丽的雪山花甸、丰富的珍稀动植物、壮丽的白水台、独特的民族风情等。

名称：丽江老君山国家公园

开放年份：2008年

所在地：云南省丽江市玉龙纳西族自治县

面积：1110km$^2$

丽江老君山国家公园（图1-27）是三江并流风景名胜区的主体部分，位于云南省丽江市玉龙纳西族自治县，公园面积为1110km$^2$，于2004年被认定为国家级地质公园，2008年建成国家公园。园内的丹霞地貌、奇峰异石、碧湖清溪、密林繁花、高山草甸、冰峰奇峡非常美丽。

图1-27　玉龙黎明-老君山国家公园

资料来源：http：//z. mafengwo. cn/line/11243-10186. html

公园地貌类型丰富，主要地质遗迹有高山丹霞地貌，是中国迄今为止发现的面积最大、海拔最高的一片丹霞地貌区；冰川地貌，既有古冰川遗迹，又有现代冰川；金沙江河谷地质地貌景观，由长江第一湾、虎跳峡、多级阶地等组成。地质景观主要有侵蚀高山、侵蚀中山、夷平面、峡谷、宽谷、山间盆地、边滩、心滩、阶地、断层崖、角峰、刃脊、冰斗、侧碛堤、石环、石河、冻土、滑坡、倒石锥、丹霞峰丛、丹霞谷、丹霞柱、丹霞赤壁、丹霞千龟象形石、岩浆岩节理等。区内人文景观非常丰富，是纳西族、汉族、白族、傈僳族、彝族、普米族、苗族、藏族等少数民族的聚居区，有丰富多彩的民俗文化，是吐蕃、白、彝、纳西东巴和汉文化的交汇带。

丽江老君山国家公园地质景观资源丰富，集中分布于海拔大于3700m的地区，资源结构以高山山丘冰川遗迹、高山植被、高山冰蚀湖群、高山花卉、高山气象等类型的景观点（群）为主，景点内涵极为丰富、深厚，景观组合、搭配及分布有机地构成整体，具有多层次、多样性、多变幻的景观特性，景点（群）特色突出。主要有太上峰景群区、六合湖区景点、青牛岭区景点等。

峡谷有石鼓、上虎跳峡、中虎跳峡、下虎跳峡及大具盆地5个景群区。

名称：临沧南滚河国家公园

开放年份：2011年

所在地：云南省临沧市沧源佤族自治县

面积：70.83km$^2$

位于沧源佤族自治县的南滚河国家公园项目分为南滚河亚热带丛林景区、热带雨林景区和崖画谷地质景观。南滚河亚热带丛林景区和崖画谷地质景观分别位于南滚河国家级自然保护区和百里崖画大峡谷境内。崖画谷地质景观项目区地质地貌的形成、演化经历了一个漫长而复杂的过程，形成了多种多样具有很高科研价值及观赏价值的地质遗迹。南滚河国家级自然保护区建立于1980年，是中国集中分布有印支虎、亚洲象、白掌长臂猿、黑冠长臂猿等多种珍稀濒危野生动物的保护区（详见1.2.1节南滚河自然保护区）。

南滚河国家公园在自然保护区的基础上进行规划建设。公园地处横断山脉怒山山系的南延部分，是云贵高原向缅甸掸邦山的过渡地带，地跨澜沧江、怒江两大水系。国家公园与保护区以保护野生动物及其栖息地为主，自然条件优越，植被垂直分布典型，植被类型多样，生物多样性十分丰富，保护区内有植物98科400余种，野生动物55科560多种，被誉为“动物王国”“植物基因库”，是具有世界意义的生物多样性关键地区之一。

名称：普洱国家公园

开放年份：2013年

所在地：云南省普洱市

面积：216.23km$^2$

普洱国家公园包括莱阳河自然保护区、莱阳河国家森林公园和大尖山–老金田河南部森林区域三大部分，面积为216.23km$^2$。公园内共有种子植物173科812属1934种，维管束植物212科902属2118种（亚种、变种）。有国家重点保护植物19种（详见1.2.2节莱阳河自然保护区）。

普洱国家公园位于滇南热带与滇中高原的过渡部位，地质基础和地形有着显著的特点，有着“冬无严寒，夏无酷暑”的宜人气候；森林覆盖率高保持着原始状态，分布有保存完好的原生性季风常绿阔叶林，区内的河谷地热带季节雨林的典型性与西双版纳比较几乎毫不逊色，保存着众多的古老和珍稀植物种类；公园周边分布有大面积的普洱茶园，有着悠久的种植、采摘、制造、饮茶历史和传统，分布有哈尼族、彝族、拉祜族、佤族、回族、白族、壮族、布朗族等众多少数民族的聚居点，保留着极具民族特色的传统和文化。进入茂密幽深的普洱国家公园原始森林，到处山花遍野，鸟唱蝉鸣，古树峥嵘，苍藤缠绕，是游人寻幽探秘、陶冶情操的好地方。

名称：滇金丝猴国家公园

开放年份：2014年

所在地：云南省迪庆藏族自治州维西傈僳族自治县

面积：334.16km$^2$

位于白马雪山自然保护区内的香格里拉滇金丝猴国家公园面积为 334.16km²，集生态保护、科研与旅游为一体，设有滇金丝猴救助中心，并有专门护林员定期监控和投食。此外，区内还有仅产于横断山脉地区的小熊猫、绿尾虹雉；海拔较高的地方，则有云豹、白马鸡和马麝等珍稀野生动物（详见 1.2.1 节白马雪山自然保护区）。

滇金丝猴国家公园是人与自然、人与人和谐共处的人间天堂，凡行走香格里拉滇金丝猴国家公园的人，无不被香格里拉滇金丝猴国家公园里的山水人情所陶醉。滇金丝猴是中国云南特有物种，特级保护动物，生活在三江并流国家级自然保护区核心地带，与大熊猫并称国宝。有着猩红色“性感”嘴唇的滇金丝猴，长着一张最像人的脸，面庞白里透红，黑白灰相间的绒毛在阳光下透出光环般的灿黄。

名称：西双版纳国家公园

开放年份：2014 年

所在地：云南省迪庆藏族自治州维西傈僳族自治县

面积：2854.21km²

西双版纳国家公园由勐海、勐养、攸诺、勐仑、勐腊、尚勇六大片区构成，面积为 2854.21km²。其中，国家级自然保护区面积为 2425.10km²，占国家公园总面积的 84.97%，国家公园新增面积 429.11km²。公园建设有五大功能区，自然生境区占公园总面积的 63.07%，生态保育区占总面积的 23.45%，传统利用区占总面积的 11.03%，游览展示区和公园服务区占总面积的 2.45%。

公园中分布有 7 个原生态少数民族村寨。望天树是西双版纳傣族自治州特有的树种之一，仅分布在州内勐腊县的补蚌、景飘等地。望天树属龙脑香科，常绿高大乔木。因它长得挺拔笔直，高达七八十米，如利剑般直刺蓝天，有“林中巨人”“林中美王子”之美誉。望天树适应能力强，寿命长，用途广泛，被列为国家一级保护植物（详见 1.2.1 节西双版纳自然保护区）。

## 1.5　地质公园

地质公园（Geopark）是以具有特殊地质科学意义，稀有的自然属性、较高的美学观赏价值，具有一定规模和分布范围的地质遗迹景观为主体，并融合其他自然景观与人文景观而构成的一种独特的自然区域。既为人们提供具有较高科学品位的观光旅游、度假休闲、保健疗养、文化娱乐的场所，又是地质遗迹景观和生态环境的重点保护区，地质科学研究与普及的基地。

世界地质公园计划是联合国教科文组织于 2000 年提出并开始推行，目标是选出超过 500 个值得保存的地质景观加强保护。根据联合国教科文组织给出的定义，地质公园应当：①有明确边界，有足够大的面积使其可为当地经济发展服务，由一系列具有特殊科学意义、稀有性和美学价值的地质遗址组成，还可能具有考古、生态学、历史或文化价值；②这些遗址彼此联系并受公园式的正式管理及保护，制定了官方的保证区域社会经济可持续发展的规划；③支持文化、环境可持续发展的社会经济发展，可以改善当地居民的生活条件和环境，能加强居民对居住区的认同感和促进当地的文化复兴；④可探索和验证对各种地质遗迹的保护方法；⑤可用来作为教育的工具，进行与地学各学科有关的可持续发展教育、环境教育、培训和研究；⑥始终处于所在国独立司法权的管辖之下。所在国政府必须依照本国法律、法规对公园进行有效管理。到 2015 年 9 月，全球已经建立了 120 个世界地质公园，中国已有 33 处地质公园进入联合国教科文组织世界地质公园网络名录。

结合全球地质公园计划，中国还分批建立了 185 个国家地质公园，并分四级建立中国地质公园体系，分别为世界级、国家级、省（自治区）级和县级。

考察共涉及澜沧江流域内地质公园 5 个。其中，世界级地质公园 1 个，国家级地质公园 2 个。

### 1.5.1 世界级地质公园

名称：苍山国家地质公园

级别：世界级

评定年份：2014 年

面积：557.1$km^2$

云南大理苍山国家地质公园位于大理白族自治州大理市、漾濞彝族自治县和洱源县接壤地带，主体在大理市范围。地质公园海拔在2000～4122m，园区范围南起下关西洱河北岸，北止凤羽坝子南缘，东起苍山东坡2200m海拔线，西至苍山西坡海拔2400m以上，面积为577.1$km^2$。主要地质遗迹是第四纪冰川遗迹、高山陡峻构造侵蚀地貌和峡谷地貌景观等，公园分为苍山、花甸坝、百丈岩桥、石门关4个景区，既有风、花、雪、月、石共存的优美自然风景，也有以白族为主的灿烂民族文化与悠久历史文化。2005年，大理苍山地质公园入选国家级地质公园；2014 年，入选世界地质公园名录。

苍山又称点苍山，因山色苍翠而得名。古时称为熊苍山、玷苍山、灵鹫山等。苍山雄峙滇西，是横断山脉云岭山系南端的主峰，南北走向。北起洱源邓川，南至下关天生桥，长约42km，东西宽25km。东临洱海，西濒黑惠江，气势雄伟，景观别致。巍峨雄伟的点苍山，向来以云、雪、泉、石著称，它由十九峰组成，最高峰马龙峰海拔4122m，终年白雪皑皑，山顶有冰碛湖泊。每两峰间融雪汇成溪流。苍山共有十八溪，下泻东流，溪溪都注入洱海。溪水清澈，四季长流，形成飞瀑叠泉。苍山神祠、苍山电视台和百丈岩桥等人文景观更为公园增添了人文气息。

### 1.5.2 国家级地质公园

名称：玉龙黎明-老君山国家地质公园

级别：国家级

评定年份：2004 年

面积：1110$km^2$

参见1.4节丽江老君山国家公园。

名称：云南丽江玉龙雪山冰川国家地质公园

级别：国家级

评定年份：2009 年

面积：340$km^2$

云南丽江玉龙雪山冰川国家地质公园位于云南丽江玉龙雪山和金沙江虎跳峡一带，面积为340$km^2$。

园内具有冰川遗迹、构造山地、断陷盆地、深切峡谷、垂直生态地质景观等丰富的重要地质遗迹和显著的地质地貌多样性；园区显示了岩石圈—气候圈—生物圈耦合演化、陆内构造形变、第四纪冰川地质、新生代重大地质事件、垂直生态地质景观等极具地域特色且重要的多元复合地质遗迹模式；具有地质地貌、地质生态系统的自然性、典型性、稀有性、系统性、完整性和优美性，是陆内古金沙江地缝合线遗迹、新构造运动遗迹，典型完整的第四纪冰川遗迹区，欧亚大陆距赤道最近的现代冰川，是三叠系以来青藏高原南东地区生态地质系统演化机制和效应的完整记录；具有新生代特有属种的高山植物区系、众多种子植物模式、垂直植被、土壤带谱高山垂直自然分带模本，是生物多样性显著的区域；具有独特、浓郁的人文内涵，是纳西族等多民族文化与精神追求的物化形象，人地关系协调发展、社区和谐的现实模本（参见1.3.1节玉龙雪山风景名胜区）。

园区内雪峰、峡谷、盆地、湖泊和垂直带森林植被，呈现出“雄、奇、险、秀、幽、旷、奥”的自然美，构成了极高的科学、美学和旅游价值。

### 1.5.3　省、自治区级地质公园

名称：香巴拉七湖省级地质公园

级别：省级

评定年份：2006 年

面积：$122km^2$

香巴拉七湖省级地质公园以冰蚀冰碛湖泊、羊背石、终碛堤、冰川“U”形谷、冰斗、冰溜面、擦痕、刃脊、角峰、冰水阶地、冰碛丘陵、冰川漂砾等为其主要特征，建于 2006 年，面积为 $122km^2$。

详见 1.3.2 节香巴拉七湖风景名胜区。

名称：然乌地质公园

级别：自治区级

评定年份：2010 年

面积：$0.43km^2$

然乌地质公园位于西藏自治区八宿县然乌镇境内，是一座以现代冰川和高原湖泊景观为主，以藏东南独特的生态和人文景观相互辉映，集美学价值与科学价值于一身的综合性地质公园。该地区有藏东南最大、最美丽，有“西天瑶池”之称的湖泊——然乌湖，有西藏最大的山谷型冰川群——来古冰川群，有全国乃至全世界最佳的冰川观测点。

然乌湖地处念青唐古拉山脉向横断山脉转折地带，为帕隆藏布水系的源头地区。在喜马拉雅构造运动的内营力作用下，在高原隆升过程中，随着地势差异的加大，南来水汽造成的降水使以流水侵蚀为主的外营力作用加强，使得然乌湖一带高山断裂河谷与湖泊相间，岭谷相差较大，呈高山侵蚀地貌景观。

来古冰川是西藏目前已知的最宽和面积最大的冰川，位于然乌湖南面，主峰高度 6606m，冰川长约 12km。为一条大型的复合型冰川，冰川末端海拔约 4000m，较来古村田园房舍还低 200m 左右，湛蓝的冰舌伸入湖体，冰峰高出湖面 10 多米，蔚为壮观。阿扎冰川位于来古冰川东南侧，是目前西藏海拔最低的冰川，主峰高度 6882m，冰川长约 27km，其冰舌分为南北两支，其北支为附冰舌，分布在然乌镇境内。其南支为主冰舌，分布在察隅县境内，基本上穿行在森林之中，形成世界上极为罕见的森林、冰川景观。

地质公园内与然乌湖湿地自然保护区区域重叠，保护有重要的森林资源和多种珍贵野生动物（参见 1.2.3 节然乌湖湿地自然保护区）。

## 1.6　森 林 公 园

森林公园是具有一定规模和质量的森林风景资源与环境条件，可以开展森林旅游，并按法定程序申报批准的森林地域。它是一个综合体，它具有建筑、疗养、林木经营等多种功能，同时，也是一种以保护为前提，利用森林的多种功能为人们提供各种形式的旅游服务，并可进行科学文化活动的经营管理区域。在森林公园里可以自由休息，也可以进行森林浴等。

1993 年 12 月 11 日，林业部（现国家林业局）出台《森林公园管理办法》，规范了森林公园的评定与管理。1999 年，国家林业局发布《中国森林公园风景资源质量等级评定》（国家标准 GB/T 18005—1999），规定了我国森林公园风景资源质量等级评定的原则与方法，作为森林公园保护、开发、建设和管理的依据。2011 年 4 月 12 日，国家林业局出台《国家级森林公园管理办法》，对于国家级森林公园的申报、管理进行进一步的规范，并明确各管理单位的责任与义务。目前，我国森林公园的管理实现国家级、省（自治区）级、市级和县级 4 级管理。

考察共涉及澜沧江流域内森林公园 14 个，其中国家级森林公园 12 个。

## 1.6.1 国家级森林公园

名称：巍宝山国家森林公园

级别：国家级

评定年份：1992 年

面积：19km²

巍宝山国家森林公园位于巍山县城东南，面积为 19km²，主峰海拔 2569m。1992 年巍宝山被列为国家森林公园。巍宝山自唐代开始建筑道观，盛于明清，到清末道教殿宇遍布全山。所以巍宝山名闻遐迩，被称为云南道教名山，为中国四大道教名山之一。

巍宝山的自然植被保存完好。从山腰到山顶，覆盖着枝叶繁茂的苍松翠柏和各种阔叶林木，其中不乏古树名木，如粗可数人合抱的高山栲、名贵树种云头柏、野香樟等。主君阁（灵宫殿）前的古山茶，为明末清初遗物，高 15m，粗 28cm，已生长 300 多年，现仍亭亭玉立，姿态优美，早春 2 月，开花达数百朵，花大如碗，红似胭脂。行走在巍宝山中，令人心旷神怡，流连忘返。

公园可分为前山和后山两个景区，景点有 30 多处，有洗心间、银粟泉、七星井等新景观，这些景观往往与神话故事相关联，形成巍山一大特色。除了浓郁的宗教风格造就了“巍宝仙踪”之外，山中的奇景还形成了有名的巍山八大胜景：拱城远眺、天门锁胜、美女瞻云、龙池秋月、山茶流红、鹤楼古梅、朝阳育鹤、古洞长春。

名称：弥渡东山国家森林公园

级别：国家级

评定年份：1992 年

面积：62. 8km²

大理弥渡东山国家森林公园共有景观 74 处，其中人文景观 33 处，自然景观 41 处，森林面积为 3780hm²，弥渡东山国家森林公园景色迷人，洞穴景观、山水一体化特色突出，具有“雄、奇、秀、幽、野”的森林特色。弥渡东山国家森林公园开放的景点有瞭望台、云海山庄和中心服务区。瞭望台景点内设兰园、瞭望台，并饲养有孔雀、野鸡、猕猴等野生动物。兰园有虎头兰、莲瓣等兰花，千姿百态，幽香逼人。

弥渡东山国家森林公园是在弥渡县东山国有林场的基础上发展而来的。1988 年东山林场为摆脱贫困积极发展第三产业。在林场场部建盖起林业招待所、餐厅、歌舞厅，并建成了停车场、修理厂等配套设施。1992 年东山国家森林公园抓住机遇，申请并成立了东山国家森林公园，规划面积为 6281. 8hm²。此后，东山国家森林公园因管理得当和经营有方，创造了较为可观的经济效益，1994 年被林业部评为 20 处国家森林示范公园之一。2001 年被国家旅游局评为 AA 级风景区。

名称：莱阳河国家森林公园

级别：国家级

评定年份：1992 年

面积：66. 7km²

莱阳河国家森林公园（图 1-28）位于思茅区东南，同莱阳河横贯东西而得名，并与省级莱阳河亚热带雨林自然保护区紧紧相连。公园占地面积为 66. 7km²，森林覆盖率为 91%。1992 年国家批准建立莱阳河国家森林公园，1993 年又批准建立思茅国际狩猎场。这是北回归线上中国仅存的一片原始森林。公园地处亚热带和南亚热带结合部，这里森林茂密，河流交错，气候凉爽，空气清新，动植物种类繁多。

图 1-28　莱阳河国家森林公园
提供：普洱市思茅区旅游局

在这片辽阔的林区内，登高远眺，浩瀚的林海绿浪滚滚，叠翠的山峦群峰竞秀，令人心旷神怡；进入茂密幽深的原始森林，到处古木峥嵘，苍藤蒙络，浓荫蔽日，鸟叫蝉鸣，猿啼阵阵，是游人寻幽探秘的绝好去处；分布于崇山峻岭中的流泉飞瀑，深谷幽壑，以及空旷的林间草地，更是构成一幅幅景色独特的山水画卷，令人流连忘返。境内的莱阳河曲折蜿蜒，依山环绕，清澈碧莹的河水在峰峦幽谷之间迂曲穿行，在密林花草之间迤逦延伸。

目前公园已开发出“茶马古道遗迹”“兰花谷”“黄竹林箐”“玉生田”等精品旅游景点，以及“龙潭度假村”“天壁度假村”“树上人家度假村”三家度假山庄，带您走进返朴归真的桃源仙境。

名称：清华洞国家森林公园

级别：国家级

评定年份：1993 年

面积：26.1km$^2$

清华洞国家森林公园位于祥云县城南，于 1993 年被列为国家森林公园。公园总面积为 26.1km$^2$，森林覆盖率为 76.5%。园内有五个景区：水目山、大龙潭、清水沟、清华洞、清海湖。景区景色优美，集洞穴景观、森林景观、历史人文景观为一体。

清华洞属喀斯特地形石岩溶洞，洞口向东，呈黄色，古色斑驳，宽 80 余米，高 30 余米，洞口右侧顶穹正中，仰视见尺余椭圆形亮光通山顶，称“碟大天”。主洞位于洞口正中。高宽各 30 余米，深数百米，入洞数米，顶壁有半尺许小孔通山顶中也称碟大天，此处奇观只有正午太阳当顶时才可窥视。洞内怪峰突兀、石笋倒挂、悬崖滴乳、落水有声。明代大旅行家徐霞客两次临洞考查；李元阳、郭松年、杨慎等历代官宦、墨客多次游此，洞口留下摩崖题刻 24 处之多。洞外有数十级石阶从地面直上洞口，洞口苍岩翠壁，林木成荫。山顶古树老藤，虬枝交错。石上苔藓斑驳，芳草藏袭。洞口已堵水成库，水面面积为 3km$^2$。

名称：五老山国家森林公园

级别：国家级

评定年份：1999 年

面积：50km$^2$

五老山国家森林公园是 AA 级旅游景区，在临沧市东，于 1999 年经国家林业局批准为国家级森林公园，系临沧大雪山自然保护区缓冲区域。

五老山以五座山峰远观如老人列坐闲谈而名，主峰海拔为 2583m。植被为典型的常绿阔叶林，间有部分云南松。植物种类有乔木树种 100 多种 30 多科，生长有国家一级保护植物桫椤，国家重点保护植物水青树、野茶树、青果树等 10 余种。野生花卉有云南山茶、杜鹃、兰花，野生药材有杜仲、厚朴、黄芩、龙胆草、雪山一枝蒿等百余种。珍稀动物有猫头鹰、猴面鹰、茶花鸡、啄木鸟、杜鹃鸟、太阳鸟、白腹锦鸡、红嘴相思鸟、野猪、豪猪、野猫、野兔、猕猴、黑眉锦蛇等，被誉为动植物繁衍栖息的自由王国。

景区内山川壮观、奇石林立、密林入海、流泉飞瀑、湖光山色、鸟语花香、天象奇景可谓美不胜收。主要景点有五老飞瀑、情人谷、鹿恋湖、金竹林大叠水、五峰亭等，集雄、险、奇、秀、幽诸美学特征为一体，是大自然赋予的极佳旅游地。

名称：西双版纳国家森林公园

级别：国家级

评定年份：1999 年

面积：17.54km$^2$

西双版纳国家森林公园（图 1-29）位于云南省西双版纳傣族自治州景洪市莱阳河畔。这里有奇异的热带雨林景观、特殊的地形地貌、神秘的云山雾海以及浓郁的民族风情。

图 1-29　西双版纳国家森林公园

提供：何露

进入森林公园，错落而有序的椰树、油棕、蒲葵、鱼尾葵、槟榔，巨大的树叶随风飘荡。进到原始热带雨林景区，密密匝匝的森林遮天蔽日，藤蔓交错。鸟巢蕨、王冠蕨、附生兰等数十种附生植物附生或攀援在高大的乔木树身及枝丫上，开着各种各样的鲜花。藤本植物、气生根和板根现象随处可见。

森林公园范围内有大象、印度野牛、绿孔雀、白颊长臂猿、猕猴、蜂猴、叶猴、熊狸、犀鸟、蟒蛇、眼镜蛇等国家重点野生保护动物。公园还饲养了近 3000 只孔雀，种类有白孔雀、绿孔雀、蓝孔雀，数量之多，在东南亚国家中首屈一指。观孔雀放飞，像一幅绚丽的画屏在天空流动；孔雀与人相依，猴与人逗趣，宛如进入了一个童话般的世界。

森林公园内的曼双龙白塔、百米浮雕、爱尼山寨、天南第一鼓、大型民族风情演艺场，民族风情十分浓郁。目前，森林公园已建成综合性的生态旅游景区、国家 AAAA 级旅游景区，成为人与自然和谐共存的典范。

名称：新生桥国家森林公园

级别：国家级

评定年份：2001 年

面积：35.6km$^2$

新生桥国家森林公园是在新生桥林场基础上建设的，位于兰坪白族普米族自治县城西。地理位置为 99°19′46″E ~ 99°22′30″E，26°26′53″N ~ 26°32′58″N，面积为 35.6km$^2$。公园内有国家建设项目天然林资源保护工程，森林管护 35km$^2$，森林抚育 24.7km$^2$，退耕还林种子生产基地 12.3km$^2$。园内针叶林和针阔混交林组成的天然次生林和原始林，林层结构复杂、群落稳定，植物品种多样，生态环境良好，森林景观丰富。主体景观有原始森林景观、青松林景观、高山花卉景观和季相景观。

新生桥国家森林公园属中、高山山地地貌类型，山体雄浑高大，峡谷幽深陡峭。由于流水侵蚀和地质断裂的影响，大多山岭脊线已变成尖峭突兀的岩石，悬崖陡壁和峰岭怪石随处可见，在森林和山涧溪流的掩映下，形态万千、雄险壮观，令人叹为观止。公园内河流、涧溪纵横交错，构成该地区最丰富活跃的景观要素。

兰坪是一个少数民族集居县，白族、普米族、傈僳族、彝族、怒族等各民族都有自己独特的饮食文化、风俗习惯、服饰及民族歌舞。各族民风民俗在这里交相辉映，相得益彰，为公园增添了一道丰富的人文景观。

名称：宝台山国家森林公园

级别：国家级

评定年份：2005 年

面积：10.5km$^2$

宝台山国家森林公园位于大理白族自治州永平县宝台山内，面积为 10.5km$^2$，原始生态保存完好，森林植被茂密，物种资源丰富，文物古迹众多，自然景观秀丽，以古老、神奇、壮观而闻名滇西。

宝台山最高海拔 2913m，最低海拔 1150m，气候垂直变化明显，加之起源古老，成分复杂，森林植被具有从滇南到滇西北过渡的显著特征，保存有一批珍稀物种，是省内难得的物种基因库。区内植被覆盖率达 96.68%，共有各类植物 1001 种，其中蕨类植物 22 科 41 属 90 种、种子植物 134 科 443 属 911 种，第四冰期遗留下来的兰科、樟科等古老植物以及滇藏木兰（木莲花）、大树杜鹃、云南山茶、绒叶含笑等奇花异卉随处可见，其中以花色绚丽多彩、幽香清雅、有活化石之誉的成片木莲花最为罕见。区内常有金钱豹、金丝猴、山驴、黑熊、绿孔雀、锦鸡、凤凰鸡等珍禽异兽在林海中出没，据不完全统计，仅列入国家一、二级保护范围的野生动物就达 30 多种。

区内的明代古建筑群“金光寺”始建于崇祯元年（公元 1628 年），建筑古朴雄壮，雕工精细，构思奇巧，是极为难得的艺术珍品，素有“滇西名胜”之称。1994 年宝台山被确定为省级自然保护区；2005

年成为第四批国家级森林公园之一。

名称：普达措国家森林公园
级别：国家级
评定年份：2007 年
面积：1313km$^2$
参见 1.4 节普达措国家公园。

名称：然乌湖国家森林公园
级别：国家级
评定年份：2013 年
面积：1161.5km$^2$

然乌湖国家森林公园位于西藏自治区昌都市八宿县然乌镇，其基本范围北以然乌湖北侧第一道山脊为界，南至察隅县与八宿县的县界，东起然察公路东侧山脊，西抵然乌湖湖口，总面积为 1161.5km$^2$。2013 年 7 月 26 日经国家林业局公布为第五批中国国家森林公园之一（参见 1.5.3 节然乌地质公园和 1.2.3 节然乌湖湿地自然保护区）。

然乌湖沿岸分布着大大小小的藏族村落，民族特色鲜明，民风纯朴，村舍房屋多依山坡而建，以土木结构为主，高度两层，房间呈四方形，房内立柱与横梁均绘以彩画。沿然乌湖向西瓦村一带，房屋为典型的藏东南林区建筑，基本采用木材建造，连屋顶瓦片也为木瓦铺就，很有地方特色。每年 8 月，是当地传统的赛马节。节日期间，周围的群众从四面八方赶到湖边的草地，穿上节日的盛装，搭起宽敞的帐篷。在精彩激烈的赛马活动之余，人们倒满香醇的美酒，唱起嘹亮的祝酒歌，跳起欢快的“锅庄”舞。每年的此时，然乌湖国家森林公园都会变成吉祥的仙境，欢乐的海洋。

名称：灵宝山国家森林公园
级别：国家级
评定年份：2012 年
面积：8.11km$^2$

灵宝山国家森林公园位于云南省大理白族自治州南涧彝族自治县境内，属云岭山脉无量山系，为澜沧江与把边江两大水系的分水岭，面积为 8.11km$^2$，顶峰海拔为 2528m。登临峰顶，北眺苍山白雪，南望澜沧江“高峡平湖”，东观哀牢锦绣，西看夕阳红霞，四州七县两江（澜沧江、黑惠江）之景尽收眼底。2012 年经国家林业局公布为第四批中国国家森林公园。

灵宝山国家森林公园系南涧无量山国家级自然保护区的一部分，山中林木荫翳，森林覆盖率达 96.2%，具有独特的自然山水景观和丰富的野生动植物资源。植被以常绿阔叶林为主，在不同植被类型中分布着绚丽多彩的观赏植物，有花团锦簇的马樱花、如火如荼的山茶花、竞相争艳的杜鹃花，还有上千年的野核桃、元江栲、樟树、榕树、栎树、杉木等。

公园内沟壑、山石、彩云、森林、花卉等自然景观，形成了“地球原貌的再现”。在山脊之上，至今还保存着宋代大理国时期的石建筑群，石建筑群大小不一，方位不同，有老君殿、无量殿、灵宝殿、阿鲁腊大殿等十余座庙宇。

名称：飞来寺国家森林公园
级别：国家级
评定年份：暂缺
面积：1500m$^2$

飞来寺国家森林公园位于滇藏公路沿线德饮县境内。它最初建于明万历四十二年（公元 1614 年），距今已 400 多年的历史。飞来寺占地面积为 1500m$^2$，依正乙山山势拾级而建，寺内古松森列，日影斑驳，小溪曲折，松涛低鸣。

飞来寺建筑高低错落，殿堂屋宇呼应配合，山石树木，景致生动。从关圣殿向上走，经十八级台阶就进入海潮堂大殿。殿前的两棵梧桐树，枝繁叶茂，衬托出寺庙的超凡脱俗。大殿为单檐悬山顶，七檩抬梁式结构，通面阔三间。重峦叠宕，森林茂密，云雾缭绕之中显现的古寺，有斩云断雾之姿，更有凝而不变之影，真是悬崖陡处辟仙台，琼楼玉宇屹正乙。这里还是观赏梅里雪山的理想地点。

## 1.6.2　省、自治区级森林公园

名称：大浪坝森林公园

级别：省级

评定年份：1995 年

面积：45.39km$^2$

大浪坝森林公园（图 1-30）位于云南省临沧市双江拉祜族佤族布朗族傣族自治县境内，属省级森林公园。景区内 7000hm$^2$的华山松林与 5 个人工湖泊环抱于一体，湖光山色，森林草场，形成“群湖拥翠，浪影松涛”的迷人佳境。行于林间，绿意润目，沁人心脾，鸟鸣萦耳，恍若静处于世外。

图 1-30　大浪坝森林公园

提供：双江自治县农业局

公园内形成以森林景观为主体，地貌景观和水文景观为依托的自然旅游资源特色。度假区绿化率达 98.6%，林分平均郁闭度在 0.7 以上，植物垂直带谱及季节变化明显，中山湿性常绿阔叶林、暖热性思茅松林、暖性云南松林、温凉性华山松林、暖温性实心竹林等形成多种森林类型；长蕊木兰、西南山茶珍稀植物群落，假桂钓樟云南七叶树银桂群落，华山松柴荆泽兰群落，木果石栎和多变石栎群落等分布其中；生物资源种类繁多，自然生态系统保存良好，有高等植物 245 种，珍稀濒危保护植物 9 种以上，花卉植物 104 种以上，药用植物 72 种以上，森林脊椎动物 96 种以上。珍稀濒危区平均海拔为 2200m，河谷坝区平均海拔为 1040m，相对高差 1160m，终年温凉，雨量适中，是不可多得的避暑疗养胜地。

名称：小道河森林公园

级别：省级

评定年份：1997 年

面积：36km²

小道河森林公园是云南临沧旅游名胜，属省级森林公园，在云南旅游景点临沧市城东南，山峰主峰叫雨山，高 2566.3m，最低海拔 1900m，总面积为 36km²，森林覆盖率达 94.7%，是临沧市境内靠人工开辟发展的华山松林。小道河森林公园园景为中切割中山地貌，岗峦起伏连绵，山顶平阔。主要山峰叫雨山、竹坝山、凉山自北而南蜿蜒，山势雄伟。

境内生态以人工华山松森林为主，辅以自然生长多种动植物。常见树木 83 科 196 属 298 种，其中有国家二级保护植物滇山茶、长蕊木兰，三级保护植物红花木莲，云南省二级保护植物五味子、冬樱花等。药用植物价值较高的有龙胆草、野党参、七叶一枝花、木瓜、木通、鱼腥草、三棵针、黄连等。园内珍禽异兽有陆栖脊椎动物 51 种 14 目 22 科，其中有国家二级保护珍稀濒危动物穿山甲、黑熊、白腹锦鸡、白鹇、绯胸鹦鹉等。其他兽类有豺、狐狸、野猪、野猫等 20 余种，鸟类有啄木鸟、画眉鸟、红嘴相思鸟、太阳鸟等上百种。

## 1.7 国际重要湿地与国家湿地公园

湿地，在全球范围内都是具有重要生态功能的生态系统资源。早在 1971 年，《关于特别是作为水禽栖息地的国际重要湿地公约》(《国际重要湿地公约》，又称拉姆塞尔公约）就在伊朗拉姆塞尔签署，1975 年公约生效。中国于 1992 年加入该公约，开启了我国湿地保护与管理的新篇章。

湿地公园是以保护湿地生态系统、合理利用湿地资源为目的，可供开展湿地保护、恢复、宣传、教育、科研、监测、生态旅游等活动的特定区域。

2010 年，国家林业局印发《国家湿地公园管理办法（试行)》，并评选出我国首批国家级湿地公园。自此，国家湿地公园作为我国湿地保护体系的重要构成进入规范性管理阶段。

考察共涉及澜沧江流域内国际重要湿地 1 个，国家湿地公园 2 个（含试点 1 个)。

### 1.7.1 国际重要湿地

名称：拉市海湿地

级别：国际重要湿地

评定年份：1998 年

面积：65.23km²

拉市海湿地是云南省第一个以湿地命名的自然保护区，于 1998 年 6 月批准建立。保护区位于玉龙纳西族自治县中部，距世界文化遗产丽江古城 8km。保护区的主要功能是：保护高原湿地、湿地鸟类及其赖以生存的湿地生态系统。保护区由拉市海、文海、文笔水库、吉子水库四个片区组成，总面积为 65.23km²。2004 年被中国政府指定为“国际重要湿地”，是中国 30 个“国际重要湿地”之一。2005 年被列为全国“野生动物科普教育基地”和国家级野生动物疫源疫病监测站，是国家野生动物疫源疫病监测体系的重要组成部分。

参见 1.2.2 节拉市海高原湿地自然保护区。

### 1.7.2 国家湿地公园

名称：洱源西湖国家湿地公园

级别：国家级

评定年份：2010 年

面积：119km$^2$

洱源西湖湿地地处洱海源头，属澜沧江水系，为高原断陷湖泊，是大理及周边地区生态安全的重要保障。西湖湿地生物丰富多样，天然湿地生态系统保存较为完整，有洱海大头鲤、灰裂腹鱼、大理裂腹鱼等特有鱼类，是许多越冬鸟类的栖息地和觅食地，也是濒危鸟类紫水鸡的生存地。湿地内活性炭沉积特殊，在湖泊演替、气候变化等方面具有潜在的研究价值。它同时是云南省高原湿地中景观独特、白族风俗浓郁、历史文化积淀深厚的特殊区域。洱源西湖还是云南省第一个天然的国家湿地公园，它的建立将为云南省国家湿地公园的发展建设提供示范，为保护洱海提供重要保障，对滇西北生物多样性保护有着重要意义，对当地经济社会可持续发展产生积极影响。

参见 1.3.2 节洱源西湖风景名胜区。

名称：普洱五湖国家湿地公园（试点）

级别：国家级（试点）

评定年份：2011 年

面积：11.48km$^2$

普洱五湖国家湿地公园（试点）位于云南省普洱市思茅区，以思茅河为主线，洗马湖、梅子湖、信房湖、野鸭湖、那贺湖为核心。

## 1.8 水利风景区

水利风景区是指以水域（水体）或水利工程为依托，具有一定规模和质量的风景资源与环境条件，可以开展观光、娱乐、休闲、度假或科学、文化、教育活动的区域。

为科学合理地开发利用和保护水利风景资源，水利部于 2001 年 7 月成立了水利部水利风景区评审委员会。2004 年 5 月 8 日，水利部颁布实施《水利风景区管理办法》，2004 年 8 月 1 日，出台《水利风景区评价标准》。首批国际级水利风景区于 2000 年认定，此后，水利部每年认定一批国家级水利风景区。一些省份还进行了省级水利风景区的认定和管理工作。

考察共涉及澜沧江流域内国家级水利风景区 7 个。

名称：勐梭龙潭水利风景区

级别：国家级

评定年份：2000 年

面积：0.47km$^2$

勐梭龙潭（图 1-31）位于西盟佤族自治县县城南面，海拔 1100m，南北长 740m，东西长 1000m，平均潭深 11.5m，水域面积约 0.47km$^2$，蓄水量约 500 万 m$^3$，潭水最深处 37m，年平均气温 23℃，是一个天然的淡水湖泊。南岸、西岸悬崖峭壁，东岸、北岸地势平缓。龙潭水系来源地表积水和湖泊底部的地下水以及茂密原始森林中的山涧小溪。

龙潭之来历，据“水盈满而不知去处，虽幽深却难于亲探。疑蛟龙在水，故称‘龙潭’”。湖中水生

图 1-31 勐梭龙潭公园
提供：普洱市农业局

物种丰富，茂密的热带雨林中蕴藏着云南红豆、桫椤、沉香木、野生芒果等一、二级保护植物和蟒蛇、懒猴、天鹅等一、二级保护动物。

勐梭龙潭是西盟佤族文化生态旅游区的重要组成部分，也是勐梭龙潭自然保护区的核心区域。2000年被列为勐梭龙潭自然保护区重点保护对象之一，2006 年被评为“国家水利风景区”。

名称：梅子湖水利风景区

级别：国家级

评定年份：2003 年

面积：0.4km$^2$

梅子湖水利风景区位于昆曼国际通道入境第一城、普洱茶的故乡——云南省普洱市南郊。梅子湖水面面积为 0.4km$^2$，蓄水量为 660 万 m$^3$，平均水深为 15m。景区大门外有一凌空飞架、气势宏伟的引水渡槽。四周森林 3000 余亩，这里自然环境优美，生态系统丰富原始，未受任何污染。这里四季如春，气候宜人。微风拂来，山上松涛阵阵，湖面绿波粼粼，水映山色。

景区在梅子湖公园基础上建成，依托普洱市东南 4km 的梅子河，原为水库，1982 年辟为公园，因拦截梅子河筑坝蓄水成为人工湖而得名。园内建有小规模的动物园和种鱼池。湖水清澈如镜，波光潋滟。泛舟湖上，蓝天白云，青山绿树，倒映水中，野鸭鹭鸶展翅腾飞，令人似坠如诗如画之境。湖畔有亭台楼阁，游人可小憩品尝当地生产的普洱茶，还可品尝用湖水烹煮湖中之鱼做成的酸辣鱼、砂锅鱼等。湖四周遍种梅子，点缀亭、台、楼、阁及旅游接待设施等。四周青山如黛，湖水碧波荡漾，成群的水鸟飞来湖中栖息，环境优美。

名称：昔木水库水利风景区

级别：国家级

评定年份：2005 年

面积：暂缺

昔木水库于 2005 年被水利部批准为国家水利风景区，位于景谷傣族彝族自治县县城西南永平镇昔峨山麓，1960 年建成，库容 2620 万 m$^3$，灌溉面积 20km$^2$。因库区林海苍翠浓密，水库水质极佳。昔木水库是普洱市第二大、永平镇最大的水库，大坝长 217m，承担着永平镇 46.7km$^2$的农田灌溉及 3.5 万人的生活用水。

名称：北庙湖水利风景区

级别：国家级

评定年份：2006 年

面积：$6km^2$

北庙湖是西南高原上的一颗明珠，位于保山坝北庙村附近，距保山城区 20km，1962 年初步建成。北庙湖区最高海拔 1912.1m，最低海拔 1705m，平均气温 15.7℃，年降水量 1067.2mm，坝址以上河源长 15km，控制经流面积 $119km^2$，多年平均经流量 6800 万 $m^3$。总库容 7350 万 $m^3$。黏土心墙大坝为北庙湖主体建筑，坝高 73m，坝顶长 280m，大坝上有石阶 569 级，北庙湖总面积 $6km^2$，其中水面 $2.8km^2$，林面 $3.2km^2$。北庙湖以灌溉为主，兼防洪、发电、水产养、旅游等综合效益，年发电量为 500～700kW・h。

名称：茈碧湖水利风景区

级别：国家级

评定年份：2007 年

面积：$8.46km^2$

茈碧湖位于中国云南省大理白族自治州洱源县，又叫宁湖，属高原断陷湖泊，因生长茈碧花而得名，是洱海的源头。茈碧湖湖泊面积 $8.46km^2$，平均水深 11m，最大水深 32m，总库容 9322.4 万 $m^3$。于 2007 年 9 月被批准为第七批国家水利风景区之一。

茈碧湖水源充沛，北有弥茨河，南有凤羽河，还有凤河和潜流源源汇入。湖泊径流区的侵蚀基准面，除南端低洼为泄水道外，四周地表和地下的水在湖内汇集。新中国成立后，茈碧湖为洱源县内重点水利工程，几经修建，筑堤围湖，基本设施已经配套，成为用于灌溉 $20km^2$ 农田的水库。1956 建成中型水库。该湖水无色无味，透明，色度平均为 8.5 度，硬度为 69.7mg/L，属天然地面软水，pH 平均为 8.15，溶解氧平均为 7mg/L，各种金属含量很低。外湖已出现沼泽化。现环海公路岸柳成荫，湖光山色相映成趣，已成为优美的风景区和疗养胜地。

在茈碧湖中，还有一种罕见的自然景观，叫“水花树”。每当风和日丽的日子，如果乘船到湖心，就有可能欣赏到这样的奇景：在碧绿透明的深水中，从下而上，冒出一串串晶亮的水珠，在阳光的映照下，就像一株挂满珍珠的玉树。

名称：拉市海水利风景区

级别：国家级

评定年份：2008 年

面积：$18.3km^2$

拉市海水利风景区属水库型水利风景区，面积达 $18.3km^2$，其中水域面积为 $16.89km^2$。这是一片纳西族聚居的净地，碧水蓝天，青纱缭绕，无任何工业污染。拉市海实为断层构造湖，同时又受石灰岩溶蚀构造作用而成。库区周边群山族聚，森林密布，植被覆盖率高达 87% 以上。走进水库景区，目眺四方，南有千年古刹指云寺，北有玉龙雪山，东有马鞍山像骏马待主，西有渔家木舟待发的静景和各种造型的叠峦。

参见 1.2.2 节拉市海高原湿地自然保护区。

名称：洗马河水利风景区

级别：国家级

评定年份：2010 年

面积：$9.48km^2$

洗马河水利风景区位于云南省普洱市城区，依托洗马河水库（图 1-32）而建，属水库型水利风景区，于2010年被批准为第十批国家水利风景区之一。景区水土流失治理率达到98%，植被覆盖率达到95%以上，水质常年保持在Ⅱ类以上，青山环抱、碧水蓝天、林影倒悬、苍松翠竹交相辉映，水生态环境良好。

图1-32　洗马河水库

提供：普洱市农业局

景区在开发建设过程中，结合水库除险加固开展了景观和绿化工程建设，并以“诸葛亮南征”历史传说为背景，先后完成了洗马河公园、洗马雕塑群等历史文化景观，进一步提升了景区的文化品位。目前，景区各项基础和旅游服务设施完善，年游客量达到50万人次，已成为普洱市区居民和游客理想的休闲、娱乐场所。

# 第 2 章　文化类遗产[①]

伴随着生物多样性的是民族与文化的多样。早在新石器时代，澜沧江流域就出现了一定规模的人类活动。之后在长久的历史时期内，不同的族群陆续迁徙而来，这一区域成为南方众多族群的定居之地。丰富的民族酝酿出多彩的文化，使这一地区成为中国族群及其文化多样性最为丰富和密集的地区。

澜沧江流域文化类遗产主要包括世界文化遗产、世界纪念性建筑遗产、文物保护单位、中国传统村落与中国历史文化名城/村。

## 2.1　世界文化遗产

世界文化遗产是由联合国支持、联合国教科文组织负责执行的国际公约建制，遵循《保护世界文化和自然遗产公约》，以保存对全世界人类具有杰出普遍性价值的自然或文化处所为目的，是世界遗产的重要组成部分。根据《保护世界文化和自然遗产公约》规定，提名列入《世界遗产名录》的文化遗产项目，必须符合下列一项或几项标准：①代表一种独特的艺术成就，一种创造性的天才杰作；②能在一定时期内或世界某一文化区域内，对建筑艺术、纪念物艺术、城镇规划或景观设计方面的发展产生过大影响；③能为一种已消逝的文明或文化传统提供一种独特的至少是特殊的见证；④可作为一种建筑或建筑群或景观的杰出范例，展示出人类历史上一个（或几个）重要阶段；⑤可作为传统的人类居住地或使用地的杰出范例，代表一种（或几种）文化，尤其在不可逆转之变化的影响下变得易于损坏；⑥与具特殊普遍意义的事件或现行传统或思想或信仰或文学艺术作品有直接或实质的联系。

截止到2014年12月，中国已有32个项目列入《世界文化遗产名录》。其中，澜沧江流域内世界文化遗产1处，为丽江古城。另外，藏羌碉楼与村寨、芒康盐井古盐田与普洱景迈山古茶园为世界文化遗产名录预备项目。

考察中对区域内世界文化遗产项目进行了考察和整理。

名称：丽江古城

级别：世界级

位置：云南省丽江市

评定年份：1997 年

丽江古城，又名“大研古镇”，坐落在云南省丽江市大研镇，地理位置为100°14′E，26°52′N，海拔2400m，是一座风景秀丽、历史悠久和文化灿烂的名城，也是中国罕见的保存相当完好的少数民族古城。丽江古城是第二批被批准的中国历史文化名城之一，也是中国仅有的以整座古城申报世界文化遗产获得成功的两座古城之一。它是中国历史文化名城中唯一没有城墙的古城，据说是因为丽江土司姓木，筑城势必如木字加框而成“困”字之故。纳西族名称叫“巩本知”，“巩本”为仓廪，“知”即集市，可知丽江古城曾是仓廪集散之地。丽江古城历史悠久，古朴自然。从城市总体布局到工程、建筑融纳西族、汉族、白族、彝族、藏族各民族精华。1986 年，中国政府将其列为国家历史文化名城，确定了丽江古城在中国名城中的地位。

① 本章执笔者：闵庆文、袁正、何露、孙雪萍、曹智、李静、李海强。

丽江古城充分体现了中国古代城市建设的成就。有别于中国任何一座王城，丽江古城未受“方九里，旁三门，国中九经九纬，经途九轨”的中原建城影响。城中无规矩的道路网，无森严的城墙，古城布局中的三山为屏、一川相连；水系利用中的三河穿城、家家流水；街道布局中“经络”设置和“曲、幽、窄、达”的风格；建筑物的依山就水、错落有致。

丽江古城民居是中国民居中具有鲜明特色和风格的类型之一。城镇、建筑本身是社会生活的物化形态，民居建筑较之官府衙署、寺庙殿堂等建筑更能反映民族与地区的经济文化、风俗习惯和宗教信仰。丽江古城民居在布局、结构和造型方面按自身的具体条件和传统生活习惯，结合了汉族以及白族、藏族民居的传统，并在房屋抗震、遮阳、防雨、通风、装饰等方面进行了大胆、创新发展，形成了独特的风格，其鲜明之处就在于无一统的构成机体，明显显示出依山傍水、穷中出智、拙中藏巧、自然质朴的创造性，在相当长的时间和特定的区域里对本地区纳西民族的发展也产生了巨大的影响。丽江民居是研究中国建筑史、文化史不可多得的重要遗产。

丽江古城是自然美与人工美，艺术与适用经济的有机统一体。丽江古城是古城风貌整体保存完好的典范。丽江古城依托三山而建，与大自然产生了有机的统一，古城瓦屋，鳞次栉比，四周苍翠的青山，把紧连成片的古城紧紧环抱。城中民居朴实生动的造型、精美雅致的装饰是纳西族文化与技术的结晶。古城所包含的艺术来源于纳西人民对生活的深刻理解，体现人民群众的聪明智慧，是地方民族文化技术交流融汇的产物，是中华民族宝贵建筑遗产的重要组成部分。

丽江古城包容着丰富的民族传统文化，是研究人类文化发展的重要史料。丽江古城的繁荣已有800多年的历史，已逐渐成为滇西北经济文化中心，为文化的发展提供了良好的环境条件。不论是古城的街道、广场牌坊、水系、桥梁还是民居装饰、庭院小品、槛联匾额、碑刻条石，都渗透着地方人的文化修养和审美情趣，充分体现了地方宗教、美学、文学等多方面的文化内涵、意境和神韵，展现了历史文化的深厚和丰富内容。

丽江古城具有真实性。丽江古城从城镇的整体布局到民居的形式，以及建筑用材料、工艺装饰、施工工艺、环境等方面，均完好地保存了古代风貌，首先是道路和水系维持原状，五花石路面、石拱桥、木板桥、四方街商贸广场一直得到保留。民居仍是采用传统工艺和材料在修复和建造，古城的风貌已得到地方政府最大限度的保护，所有的营造活动均受到严格的控制和指导。丽江古城一直是由民众创造的，并将继续创造下去。作为一个居民的聚居地，古城局部与原来形态和结构相背离的附加物或是“新建筑”正被逐渐拆除或整改，以保证古城本身所具有的艺术或历史价值能得以充分发扬。

名称：藏羌碉楼与村寨

级别：国家级预备名录

位置：四川省甘孜藏族自治州、阿坝藏族羌族自治州

评定年份：2012年

“藏羌碉楼和村寨”是我国西南地区规模布局最宏大、保存状况最完整、文化内涵最丰富、遗产环境最优美的文化景观类遗产。碉楼的建筑历史至少可以追溯至东汉时期，体现了高超的砌筑技艺，是先民与自然的和谐创造。藏羌碉楼在甘孜、阿坝地区分布广泛，包括桃坪羌寨、黑虎羌寨、理县桃坪羌寨、茂县黑虎羌寨、甘孜藏族自治州丹巴碉楼、阿坝藏族羌族自治州布瓦黄土碉楼、马尔康松岗直波碉楼等。

“藏羌碉楼和村寨”保存着珍贵的历史记忆，与藏羌文化形成、青藏高原东缘地区民族迁徙、大小金川战役、格萨尔史诗等许多重要历史事件、信仰、习俗、文艺作品等有着紧密联系。碉楼的高度在10～30m，形状有四角、六角、八角、十二角等多种形式，有的高达十三四层。现在遗存的碉楼多为明清建筑，它们历经数千年的传承发展至今。以藏羌碉楼和村寨为代表的少数民族村落文化景观遗产与“六江”流域独特的自然地理环境完美结合，是“藏彝走廊”地区多民族文化交流和融合的鲜活例证，是体现人类与自然完美融合的极为重要的文化遗存，是千百年来川西高原民众生活和精神的寄托，是当地经济、

社会和文化可持续发展的重要资源。保护好这些文化遗产也是落实国家民族与农村政策，促进各民族共同繁荣的重要途径和手段。

碉，在 2000 多年前的秦汉之际盛行于川西北高原，《后汉书 · 西南夷传》所载的“居山依止，累石为室，高者十余丈”之“邛笼”指的就是碉楼。而今，它主要分布在岷江、大渡河和雅砻江流域的部分地区。碉楼在藏羌民居建筑中占有重要地位，它是为适应当时的生存环境而建造的军事防御设施。只是后来碉楼因其防御功能的逐渐丧失，已经衰落，大多成为与民居伴生的建筑，民居用来住人，而碉楼则用来存储粮食、柴草之类。

名称：芒康盐井古盐田

级别：国家级预备名录

位置：西藏自治区芒康县

评定年份：2013 年

芒康盐井古盐田（图 2-1）位于西藏自治区昌都市芒康县纳西民族乡，距县城 107km，214 国道澜沧江东西两岸，海拔 2300m 左右。“盐井”是由于产盐而得名，盐井藏名为“擦卡洛”，“擦”即意为盐，就是生产盐的地方，据史料记载早在唐朝时期盐井就有晒盐的历史，距今已有 1200 多年历史。这里有纯朴的民俗，当您看到房内的钟乳晶盐，一定会把您引入水晶宫的世界，展示在您面前的是一道自然、美丽的大奇观。

图 2-1　芒康盐井古盐田

提供：闵庆文

制盐是盐井人民的生存之本，是盐井人民经济收入的主要来源之一。目前有盐田 3454 块，从事制盐劳动的纯盐民有 64 人，农牧劳动和制盐兼营劳动的人有 2013 人。盐井盐田产盐方式是世界上唯一的、最古老和最原始的。人从梯子向下深入到洞底几米至十几米的深处，将卤水背上来倒在盐田里，经过强烈的日光照射，水分逐步蒸发，然后就是盐粒，晒干运入市场进行商品交易。每块盐田产盐十几斤，3～5

天扫一次，天气不好时15天左右扫一次，桃花盛开的季节也就是农历二三月时的盐产量最高，质量最好，价格也比平常高。年产盐量约300万斤①，收入在100万~130万元。盐的销路比较广，除销往西藏昌都的贡觉县、察雅县、左贡县、八宿县、芒康县、林芝的察隅县外，还销往四川的巴塘县、理塘县、康定县，云南的德钦县、香格里拉市、维西傈僳族自治县等地。主要是以盐、粮交换的方式为主，特别是牧区最喜欢盐井的盐，说牲畜吃了此盐身体长的较为结实、肉多。

盐井盐田是世界上独有的一座人文景观，也是世界上仍保留完好的一座古老文化，独一无二的原始晒盐方式和当地特殊的自然环境形成了一处自然和人文融为一体的世界奇观之一。为了挽救这一独有的制盐业，2009年，“芒康盐井古盐田”被列为西藏自治区文物保护单位。2013年，“芒康县盐井古盐田”被列为第七批全国重点文物保护单位，并于同年挂牌。

名称：普洱景迈山古茶园

级别：国家级预备名录

位置：云南省普洱市澜沧拉祜族自治县

评定年份：2015年

景迈山古茶园（图2-2）位于澜沧拉祜族自治县惠民乡景迈村和芒景村一带，其核心区及周边主要有惠民景迈芒景景区、柏联普洱茶庄园及普洱市边三县茶祖历史文化旅游项目——景迈茶祖文化公园。其中景迈村以傣族为主，芒景村以布朗族为主，各民族和谐相处，仍然保存了各自的民族语言、风俗、节庆、祭祀等文化传统。古茶园最高海拔1662m，最低海拔1100m，平均海拔1400m，年平均气温18℃，总面积2.8万亩②，系当地布朗族、傣族先民所驯化、栽培，均为上千年的茶树，是名副其实的千年万亩古茶园。

图2-2 景迈山古茶园

提供：普洱市农业局

① 1斤=0.5kg。

② 1亩≈666.7m$^2$。

据有关傣文史料记载，古茶林的驯化与栽培最早可追溯到佛历 713 年（公元 180 年），迄今已有 1800 多年历史。早在傣历 600 年（公元 1139 年）前，景迈大平掌就出现了茶叶交易市场——“嘎荽”。明代以来，这里的茶叶已是孟连土司，乃至皇室贡品了。

2003 年 8 月，中国科学院的专家经研究指出：景迈山古茶园是世界上保存最完好、年代最久远、面积最大的人工栽培型古茶园，被国内外专家学者誉为“茶树自然博物馆”，是茶叶生产规模化、产业化的发祥地，是世界茶文化的根和源。景迈山古茶园被联合国教科文民间艺术国际组织、中国民间文艺家协会组成的中国民间文化遗产旅游示范区评审委员会评为“中国民间文化旅游遗产示范区”，其所蕴含的历史文化气息和自然人文底蕴独一无二，是整个普洱市茶产业开发和茶文化旅游的重要展示窗口。

目前，景迈山古茶园已成功申报为全国重点文物保护单位、全球重要农业文化遗产、世界文化遗产国家级预备名录。这里保留着许多文化遗迹，如景迈村的萨迪井（七树）、金水塘、金塔、千手观音树、茶马古道、佛泉、糯心湖，芒景村的七公主泉、神蜂树、古柏、茶魂台、八角塔等。

## 2.2　世界纪念性建筑遗产

世界建筑遗产是世界纪念性建筑基金会（WMF）支持的以遗产所在地的抢救和修复为主要工作的遗产类型。考察中对区域内世界纪念性建筑遗产进行了考察和整理。

名称：云南剑川沙溪寺登街

级别：国家级

位置：云南省大理白族自治州剑川县

评定年份：2001 年

沙溪古镇寺登街位于云南省大理白族自治州剑川县西南部，地处金沙江、澜沧江、怒江三江并流自然保护区的东南部，位于大理风景名胜区与丽江古城之间，远近闻名的石宝山就在这里。沙溪是一个青山环抱的小坝子，这里山清水秀、气候宜人，物产丰富，澜沧江水系黑惠江由北至南纵贯全坝。寺登街是剑川县沙溪镇政府所在地，是全镇的政治、经济、文化中心，距剑川县城 32km，州府大理市 158km，距石宝山风景区 12km，平均海拔 2100m。寺登街是茶马古道上唯一幸存的集市，也有一条古老的四方街，尽管已被炒得让“地球人都知道了”，小镇还是一副安然世外的样子。

2001 年，沙溪寺登街被世界纪念性建筑基金会入选 2002 年值得关注的 101 个世界濒危建筑遗产名录。该名录中指出：“中国沙溪（寺登街）区域是茶马古道上唯一幸存的集市。有完整无缺的戏院、旅馆、寺庙、寨门，使这个连接西藏和南亚的集市相当完备。”寺登街区域不但完整保留了茶马古道上传统的山乡古集风貌，还有至今仍在沿袭的鲜活的阿吒力佛教文化，儒家文化和白族民间乡土文化，为此引起了国际社会的关注。

## 2.3　文物保护单位

文物保护单位是我国对确定纳入保护对象的不可移动文物的统称，并对文物保护单位本体及周围一定范围实施重点保护的区域。文物保护单位是指具有历史、艺术、科学价值的古文化遗址、古墓葬、古建筑、石窟寺和石刻。

文物保护单位分为三级，即国家重点文物保护单位、省级文物保护单位和市县级文物保护单位。文物保护单位根据其级别分别由国务院、省级政府、市县级政府划定保护范围，设立文物保护标志及说明，建立记录档案，并区别情况分别设置专门机构或者专人负责管理。

我国文物保护单位的认定始于 1961 年，国务院发布《文物保护管理暂行条例》，正式规定了全国三级文物保护单位的管理体制，并同时公布第一批国家级文物保护单位。截止到 2014 年 12 月，国务院共认定了 7 批 4291 处国家级重点文物保护单位，其中澜沧江中下游与大香格里拉地区的国家级文物保护单位 62 处，包含古遗址、古墓葬、古建筑、石窟寺及石刻、近现代重要史迹及其代表性建筑以及其他全部 6 种类型。

考察中对区域内四级文物保护单位均进行了考察和整理。

## 2.3.1 国家级文物保护单位

名称：格萨尔三十大将军灵塔和达那寺

级别：国家级

评定年份：2006 年

类型：古建筑

达那寺位于玉树藏族自治州囊谦县境内，是藏区最著名的格萨尔岭国寺院，也是目前藏区仅存的一座藏传佛教叶尔巴噶举派寺院。达那寺藏语全称为“达那僧格南宗”，因坐落处有一岩山，形状酷似巴耳得名，汉译为马耳狮子天堡。达那寺迄今已有近 900 年的历史，由藏传佛教著名高僧帕竹噶举创始人帕摩竹巴的高徒桑吉叶巴·意西泽巴创建。达那寺是噶举派寺院（俗称白教）八小派中现今唯一一座叶巴噶举寺院。达那寺灵塔的遗物，经中国社会科学院考古研究所用碳十四测定，属于公元 1115 年±70 年的宋代文物，这个时间和康区土司邦国时代相一致。2006 年，达那寺作为元代古建筑，被国务院批准列入第六批全国重点文物保护单位名单。

达那寺经堂里供奉着高 9m 的英雄格萨尔王及其部将的塑像，以及他们用过的战刀、盔甲和衣物等，还陈列着数万卷藏族早期的经卷和极其珍贵的其他文物。在离达那寺不远的达那山岩洞中，建有《格萨尔王传》中岭国 30 员大将的灵塔，塔形均为噶丹式（一种藏式塔）。该塔群是青藏地区藏式灵塔中布局最大的一种“群组式灵塔”，在建筑形式上保留了唐代晚期藏式灵塔的营造风格及建筑艺术，不仅传承了印度佛塔的基本规格，还是一种别具风格的古老藏族宗教建筑艺术和藏传佛教建筑艺术。

名称：藏娘佛塔及桑周寺

级别：国家级

评定年份：2001 年

类型：古建筑

藏娘佛塔及桑周寺位于青海玉树藏族自治州称多县仲达乡，通天河南岸。前身是一座本教古刹，名为“仁真敖赛寺”。现存最早的古建筑为“藏娘佛塔·盛德山”，于北宋天圣七年（公元 1030 年）建成，藏传佛教界公认藏娘佛塔是藏传佛教佛塔的精华，它与尼泊尔的巴耶塔、西藏的白居塔为世界著名的三座藏传佛教佛塔。2001 年 6 月被国务院公布为第五批全国重点文物保护单位。

明宣宗宣德四年（公元 1430 年）将藏娘周围的本教仁真敖赛寺、巴钦班觉寺、巴格达宗寺合三为一，在藏娘佛塔脚下创建了桑周寺，有殿堂、佛堂、佛塔、僧舍等建筑物数十座。现存有大、小经堂及护法殿、僧舍等古建筑物，墙面涂有竖向黑白相间条带，是萨迎派寺院的象征物。

藏娘佛塔及桑周寺有很高的古建筑文物价值，而且保存和收藏有一批非常珍贵的宗教、历史文物。有从本教寺院传下来的宋代以前的铜铃、银碗、鼓号等；有元朝皇帝封为国师的巴思八亲临寺院赠送的“吉祥天母”泥塑造像及部分法器；有历代僧人和信徒供放的数以千万计的泥制小佛像；有藏娘佛塔及桑周寺创建人孟德嘉纳大师的僧衣、靴子、经文及经卷、唐卡等；有宋至清代的寺志，高僧大师的颂文，官府文件等文献资料；有数千件历代宗教法器、供器、佛像，还有为数极多的历代石刻佛、护法、人物像及嘛呢石等；佛塔回廊墙面上有宋代壁画 50 多平方米，至今仍鲜艳夺目。文物中还有一种微型小塔其做工精细、模样逼真，仔细看小塔上还刻有八个小塔，里面装有药物可食用、可护身。听说泥塑小塔能在一根小草上站立而不倒。经许多专家考证，这样小而如此精致的小塔模型在世界上是稀少的。

名称：新寨嘉那嘛呢石堆

级别：国家级

评定年份：2006 年

类型：其他

玉树嘉那嘛呢石城，俗称新寨嘉那嘛呢石堆，由藏传佛教萨迦派、结古寺第一世嘉那多德桑秋帕旺活佛创建。到 20 世纪 50 年代石刻嘛呢石堆多达 25 亿块。以六字真言字数形成的佛塔为分界，连同经堂、转经筒走廊、经幡等，构筑成规模宏大的经石城格局。嘛呢石城仍在不断增大扩充，2006 年被国务院批准列为国家级文物保护单位。

几百年间，嘛呢石堆砌的墙成了这里一道亮丽的风景，据说这里有各种嘛呢石 25 亿块。常见的雕刻题材分为两类：一类为各种造像和塔，包括佛、菩萨、金刚、天王、度母、高僧、法王、供养人及各式佛塔；另一类为藏文或梵文六字真言。其中，尤为珍贵的是几万块刻有律法、历算、艺术论述和各种佛像的嘛呢石精品，有的将整套的佛经完整地刻在很多块石头上，甚至包括封底、封面，组成了一套套石刻的“经书”。据说这里的嘛呢石上刻的经文就有近 200 亿字，可以称得上是“世界第一石刻图书馆”。每年农历 12 月 14 ~ 16 日，来自西藏、四川等地的藏族同胞就在嘛呢堆旁相聚，或转嘛呢堆，或送嘛呢石，而后围绕着嘛呢堆跳舞。

嘛呢石刻还是一种别具一格的艺术石刻。从技法上讲，有线刻、减底阳刻、浅浮雕以及综合技法等。阳线刻制就是在石头平面把表示形体的线留出，突出画面的肌理纹路。阴线刻制是在石面上单线刻出图像和文字。

2010 年青海玉树发生里氏 7.1 级地震，新寨嘉那嘛呢石堆 40% 倒塌、60% 濒临倒塌，转经堂墙体开裂，嘛呢石墙体整体坍塌。

名称：贝大日如来佛石窟寺和勒巴沟摩崖

级别：国家级

评定年份：2006 年

类型：石窟寺及石刻

贝大日如来佛石窟寺和勒巴沟摩崖位于青海省玉树藏族自治州玉树市巴塘乡巴塘河畔贝纳沟境内，俗称文成公主庙。贝大日如来佛石窟寺是由文成公主选址，在大译师伊西央的支持下，唐蕃工匠于唐贞观十六年（公元 642 年）左右开凿，永徽四年（公元 653 年）竣工。大日如来佛坐像高 7.3m，双手交叉腹前，盘坐于双狮拱抬的莲花宝座上，两侧有普贤、文殊、地藏、观音等八尊菩萨，脚踩莲花，手持法器。勒巴沟摩崖在巴塘乡勒巴沟口，岩刻画佛、菩萨、飞天、瑞兽等。主佛释迦牟尼，身着圆领紊身衣，庄重安详。2006 年被国务院批准列为第六批国家级文物保护单位。

唐景云元年（公元 710 年），金城公主与吐蕃赞普赤代祖丹联姻，在勒巴沟岩石上凿刻主要以佛教内容为主的摩崖。摩崖始刻于唐太极元年（公元 712 年）左右，天宝元年（公元 742 年）竣工。由古秀泽玛、吾娜桑嘎、恰冈和泽琼沟四处石刻组成，石刻面积 330m²。主要内容有古秀泽玛《公主礼佛图》、摩崖线刻、吾娜桑嘎《佛诞生图》摩崖线刻及古藏文刻经、恰冈大日如来佛浮雕、泽琼沟 108 座佛塔摩崖线刻。

受地震影响，贝大日如来佛石窟寺外围墙墙体开裂，基础有细小裂缝。供养殿墙体有裂缝，地基产生位移，地面隆起上翘。殿堂顶部金顶经幢倾斜跌落，贝大日如来佛石窟寺的主佛殿上方有松动岩石，对主佛殿构成威胁。金顶金幢跌落在如此紧急的状况下，目前在震区进行文物状况初步调查的青海省文物局采取了对一些文物的临时保护措施，如贝大日如来佛石窟寺主佛殿的金顶墙体已用木柱支撑。

名称：查杰玛大殿
级别：国家级
评定年份：2006 年
类型：古建筑

查杰玛大殿（图 2-3）位于西藏自治区昌都市类乌齐镇。查杰玛大殿是昌都市历史最悠久、规模最宏大的一座古寺，属杨贡寺管理。杨贡寺是由高僧桑吉温于公元 1277 年创建的，系达垅噶举派的主寺之一。公元 1285 年，由桑吉温奠基修建查杰玛大殿，并于 1328 年竣工。该殿以雄伟壮观的气势、珍藏众多的佛像经典而闻名于世。2006 年查杰玛大殿被国务院列为第六批全国重点文物保护单位。

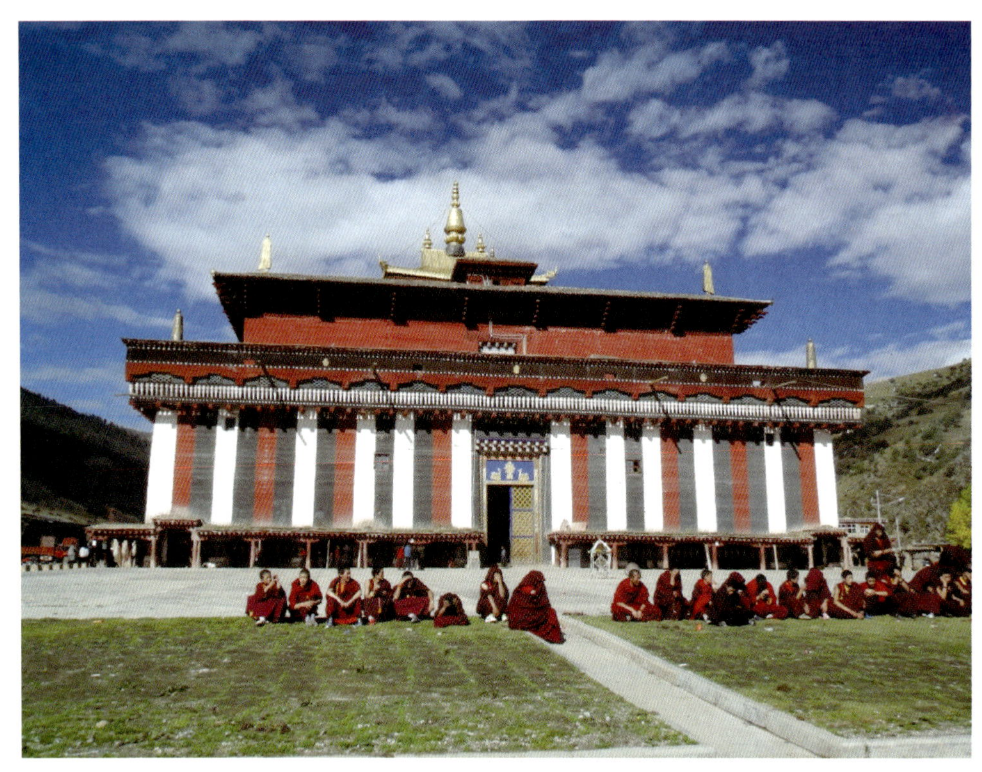

图 2-3　查杰玛大殿
提供：袁正

大殿坐西朝东，总建筑面积为 3334.64$m^2$。建筑主体呈四方形，边长 53m，殿内柱子林立，共耸立 180 根柱子，其中 64 根柱子高约 15m。这些柱子将殿中的天窗托起，使得原本封闭的大殿，透漏出明亮的光线，较好地解决了藏式寺庙建筑中通风透气不畅、光线不足的问题。殿堂为三层，第一层为“条花殿”，外墙用红、白、黑三色颜料涂抹竖型纹饰，每道竖条有 1m 多宽；第二层为“红殿”，外墙涂抹红色；第三层称之为“白殿”，墙体涂白色。

“文化大革命”中，查杰玛大殿曾毁于一旦，如今的大殿是在“文化大革命”之后重建的。里面至今珍藏着质量上乘的文物精品，如桑吉温的银质佛像，传说为格萨尔用过的马鞍和战刀，八瓣莲花的时乐金刚像，明、清时的唐卡（其中不乏西藏唐卡的精品），不同时期的金、银、铜各类佛像上百尊，雕刻精美的经板等众多的文物。当地流传着“先拜大昭寺，再拜查杰玛大殿”的说法。

名称：卡若遗址
级别：国家级
评定年份：1996 年

类型：古遗址

卡若遗址（图 2-4）属全国重点文物保护单位，是中国澜沧江上游地区的新石器时代遗址，位于西藏自治区昌都市东南约 12km 的卡若村，1978 ~ 1979 年发掘。遗址分为早、晚两期。发现房屋基址 28 座。其中的圆底房屋，经复原，是一种以室内立柱和周边斜柱搭成的圆锥形窝棚式建筑。另有竖壁半地穴式和地面式建筑。晚期的半地穴式房屋，在穴四壁垒砌石墙，有的并在上部续建一层楼居，显示出建筑的地方特色及营造技术的进步。还发现可能与原始宗教有关的圆石台、石围圈遗迹。工具以大型打制石器为主，兼有细石器和磨制石器，骨器也较丰富。陶器以饰几何图案刻画纹的最具特色。发现农作物粟和家畜猪的遗存。当时经济生活以粟作农业为主，辅以经常性的狩猎。一般把该遗存命名为卡若文化。卡若遗址于 1996 年被国务院列为第四批全国重点文物保护单位。

图 2-4　卡若遗址
提供：闵庆文

卡若遗址的文化遗存面积大，保存情况好，文物堆积层丰富，文物分类繁多，是藏学界公认的西藏三大原始文化遗址。卡右遗址位于澜沧江畔，为川、滇、藏三地的枢纽，又是古代南北民族的交通要道之一，对于这一地区的深入研究，可以帮助考古学家了解古代西南民族的迁徙、分布的某些环节。卡若遗址的发掘说明西藏高原自古就有人类在这里繁衍、生息，开拓这片广阔的土地；从河煌南下的氐羌系统的人仅仅构成西藏先民的一部分而已，是后来加入融合的一部分。实际上，早在旧石器时代，西藏就有原始人居住。

名称：汉庄城址

级别：国家级

评定年份：2001 年

类型：古遗址

汉庄城址属全国重点文物保护单位，位于云南省保山市南郊 4km 处的诸葛营村东侧，是云南省现存规模最大、布局工整严谨、保存完好的一座汉代（公元前 206 年 ~ 公元 220 年）古城址。2001 年，汉庄城址被国务院列为第五批全国重点文物保护单位。

城址平面略呈长方形，面积为11.6万$m^2$。城墙用红黏土掺砂石夯筑而成。城址内外发现大量方格纹、菱形纹砖和五铢钱，朱雀纹、卷云纹瓦当以及板瓦、筒瓦等；在城址附近先后发现墓葬多处，出土“建武四年”“元康四年”的铭文砖，以及书有“长乐寿未央”“益寿未央”的吉语砖，都是汉、晋时代的遗物。汉庄城址是云南省最具代表性的一处汉代历史文化遗产，对研究和了解云南地区古代文明状况，边疆少数民族地区与内地之间的政治、经济、文化联系，以及中外交通等，都具有十分重要的意义和价值。

名称：保山玉皇阁

级别：国家级

评定年份：2006年

类型：古建筑

保山玉皇阁（图2-5）位于云南省保山城西太保山的右山腰，紧邻隆阳区第一中学和保山佛教圣地保山玉佛寺。其庄严超拔的气势、精妙至极的建筑工艺令人赞叹，可谓古“西南丝绸之路”重镇一颗光耀夺目的古建筑瑰宝。玉皇阁曾经是保山市博物馆所在地，后改为宗教活动场所，现为隆阳区道教协会所在地。2006年，保山玉皇阁作为明代古建筑，被国务院批准列入第六批全国重点文物保护单位名单。

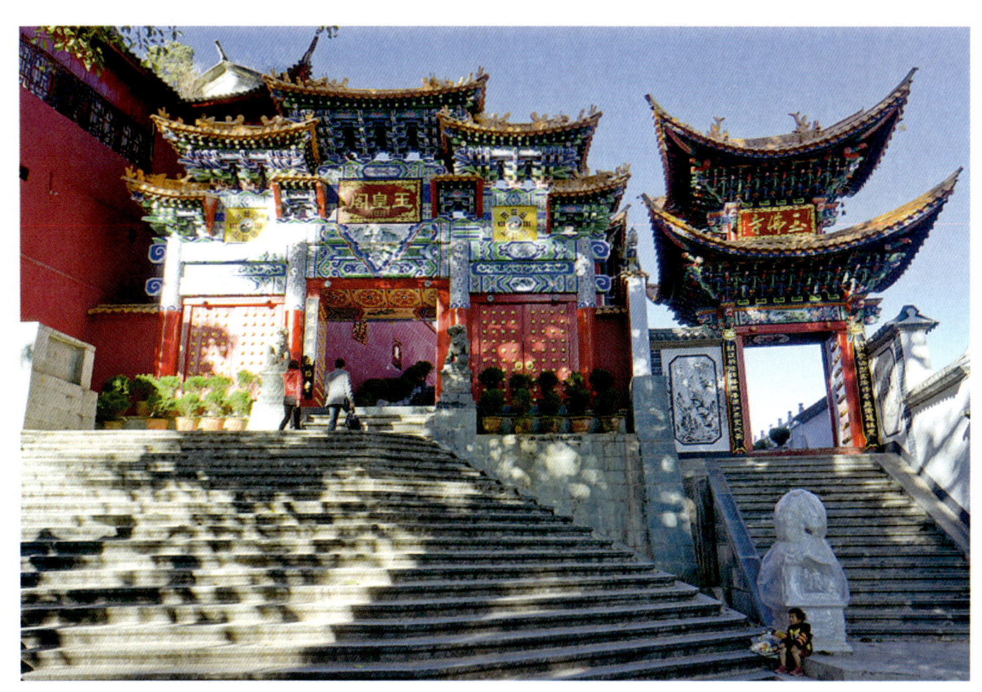


图2-5　保山玉皇阁

资料来源：www.tieba.baidu.com

据《永昌府志》载，玉皇阁为明嘉靖二十四年（公元1545年）郡人冯君鲁在原毗卢阁废址上所建，现存大殿及大殿前丹墀两侧之钟鼓二亭。大殿矗立在镶嵌青石浮雕的高台基座上，基座平面401$m^2$，高阔方直，呈灰青色调，给人以素雅博大之感。其上所承大殿为三重檐歇山顶，早先曾塑玉皇金身座像和四大真人巨型立像。大殿面阔5间，23m；进深5间，17m。下有六六三十六根大柱举架支撑，中柱通高13.6m。明间和次间之间采用移柱法将中柱后移，以扩宽殿堂中央空间；穹顶呈覆斗形八卦藻井，顶面绘太极图；殿内壁画飘逸多姿，一派仙家气象；格子门匀雕有动物、花卉，空灵娟秀。殿顶通覆黄色琉璃瓦，正脊饰以宝顶、禽兽、鸱吻，垂脊亦作花饰、尾吻，四角悬以风铃。三重檐下均悬巨匾，尤其是二层檐口悬挂的四块木质浮雕彩绘的单字匾引人注目，正视为“至诚无息”四个朱黄大字，右侧（北）视为“龙飞凤舞”四个红绿色大字，左侧（南）视为“诸神参天”四个红褐色大字，一匾而三用。殿前两侧为钟鼓二亭，昔时亭内悬钟架鼓，朝暮为声；大殿北邻之会真楼，为徐霞客当年游历保山下榻处所。

名称：白羊村遗址

级别：国家级

评定年份：2006 年

类型：古遗址

白羊村遗址是中国洱海地区的新石器时代遗址，位于云南省宾川县东北 3km 处的白羊村，地处金沙江流域，现存面积约 $3000m^2$。1973～1974 年由云南省博物馆发掘，是云贵高原较早的以稻作农业为主的文化遗存。分早、晚两期，早期年代在公元前 2200～公元前 2100 年。2006 年，白羊村遗址被国务院批准列入第六批全国重点文物保护单位名单。

白羊村遗址是滇西洱海地区内涵比较丰富、文化特征比较鲜明的一处典型遗址，也是云贵高原地区目前所知年代较早的以稻作农业为主的文化遗存。农业和家畜饲养业遗存丰富，有残留的粮食粉末和稻谷稻秆痕迹、猪狗牛羊等家畜骨骼。生产工具中，收割用的新月形穿孔石刀最具特色。陶器处在手工制作阶段，陶胎里夹沙的圆底大口罐是最常见的炊器。

在遗址中发现房址 11 座，均为长方形地面建筑，一般面积为 $10m^2$ 左右。四周立木柱，柱间编缀荆条，两面涂草拌泥构成墙壁。残存灰白色粮食粉末和稻壳、稻秆痕迹的窖穴达 23 个，多分布在房址附近。还发现猪、狗、牛、羊等家畜的遗骨。墓葬 34 座均属晚期，均无随葬器物，葬式复杂多样。24 座竖穴土坑墓中，除二次葬和完整骨架的单人、双人仰身直肢葬外，以仰身直肢或屈肢的无头葬最为特殊。无头葬主要是成年男性，也有成年女性和小孩；多数为单人，有的则是两三人以至多人的合葬。有人认为无头葬可能与猎头习俗有关。还有瓮棺葬 10 座，绝大多数为幼童，个别的是成人瓮棺二次葬。该遗址石刀数量众多且具特色，以新月形凸刃双孔或单孔石刀为主，少数为穿孔圆角长条形。陶器均夹沙，褐陶最多。绳纹、划纹较普遍，还有富于特点的点线纹和篦齿纹，器形有罐、圜底钵、圜底匜、弇口缸等。

名称：州城文庙和武庙

级别：国家级

评定年份：2006 年

类型：古建筑

位于云南省大理白族自治州宾川县州城的文庙和武庙，建于明弘治七年（公元 1494 年），曾多次修复和添建、在具有深厚历史文化底蕴的州城古镇，文庙和武庙形成了一个气势恢宏的建筑群，充分展示出了这里丰厚独特的历史文化特色。占地 20 $000m^2$ 的文庙、武庙，整体格局完整，规模宏大，建筑艺术精湛，是目前大理地区保存较为完整的古建筑群之一。2006 年，州城文庙和武庙作为明至清时期古建筑，被国务院批准列入第六批全国重点文物保护单位名单。

文庙坐东向西，供奉的是孔子等古代的学者先贤。文庙面对笔架山，为一进四院，由照壁、棂星门、大成门、大成殿、后宫（又称崇圣祠）及南北两院、名宦乡祠等建筑呈梯形建造构成。整座建筑风格纤细秀雅，匠心独运，或危楼高阁，栖凤盘龙；或草木葳蕤，烟聚蔓缠；或小井石栏，曲径通幽。房檐斗拱和额枋梁柱上，装饰着的青蓝点金和各种贴金彩画，亦清晰可辨。各院之间又以特色各异的砖砌石洞相通，曲折迂回，层层别有洞天。置身于文庙的每个角落，都会油然而生寻古探幽之情。在文庙里，棂星门和照壁之间有一块方圆的平地，就是当年的泮池。据史书记载，明清时生员考取秀才，由老师领着绕池一周，名为“游泮”，是为仪式，亦显荣耀。可见文庙推崇的是获取知识和文化。

与文庙相对而建的是武庙，供奉的是我国历史上象征忠义爱国的关羽和岳飞。武庙坐北向南，面对宾川的少祖山——帽山，与文庙构成“丁”字形，为一进三院，由大门、照壁、山门、中堂、大殿等建筑呈梯级建造构成。建筑风格大开大合，粗犷雄浑，颇显雄武之势。

名称：广允缅寺

级别：国家级

评定年份：1988 年

类型：古建筑

广允缅寺（图 2-6）位于沧源佤族自治县勐董镇大街北侧，俗称“学堂缅寺”，始建于清代，是云南省西南小乘佛教重要的寺院之一。广允缅寺的建筑是道光八年（公元 1828 年）汪政府调停耿马土司内讧，册封罕荣高为土司的时代所建，距今 180 多年。建筑风格受到汉族建筑风格较大的影响，保留了小乘佛教寺院的基本形式，是汉式建筑外形与傣族庭院内部装饰的有机结合，在建筑艺术风格上独具一格。广允缅寺由于其历史、地域、人文、宗教的重要地位，于 1988 年被国务院公布为第三批全国重点保护单位。

图 2-6 广允缅寺

资料来源：http://www.byts.com/jingdian/37009.html

广允缅寺现存主殿及二门。主殿纵式布局，面阔 14.8m，进深 24.4m，穿斗式木架结构，系由一围廊式殿堂与一重檐亭阁勾连而成。亭阁位于殿前，形成过厅，门前二柱倒悬两条木雕巨龙，亭作重檐歇山顶，檐下饰斗栱，属清代形式。亭阁第一层举高基本与后殿第一重檐相等；第二层檐与后殿第二层檐等同，而转角处另加两重假檐，造成亭阁两侧外形成五重檐结构。大殿三滴水歇山顶，其第三层檐下侧面与后背形成围廊，是一座汉族建筑特点与傣族寺院的有机结合体。广允缅寺的木雕，除门前两条巨龙外，殿前满堂门窗皆作透雕图案，技艺极精。

大殿内壁绘 10 幅壁画，壁画多为墨勾轮廓，再填色，风格和技巧与内地明清作品相似。其中两侧 6 幅较大，每幅宽 3m，高 2.1m，内有 4 幅中嵌窗户，因而画面呈“凹”字形。靠近佛台两侧 4 幅较小，宽约 1.3m，高 1.2～2.1 m。有两幅内容为佛传故事。画中建筑多数为重檐歇山顶，属汉族建筑式样，而人物形象则有官员、仕女、兵丁、侍从等，从服饰看分属不同民族。其中武士戴顶冠，着马蹄口窄袖上衣，属典型的清代服饰。

名称：沧源司岗里崖画谷

级别：国家级

评定年份：2001 年

类型：石窟寺及石刻

沧源司岗里崖画谷（图 2-7）位于云南省临沧市沧源佤族自治县佤族村寨勐来乡，因具有 3500 多年历史的古崖画而闻名海内外，是国家 AAA 级景区。沧源崖画是我国目前为止所发现的最古老的崖画之一。1965 年起，在这里陆续发现了 15 个崖画点，分布于沧源佤族自治县的勐来乡、丁来乡、满坎乡、和平乡和耿马傣族佤族自治县的芒光乡等地东西长约 20km 的范围内，一般均在海拔 1500m 左右的山崖上。据考证，这些崖画是新石器晚期当地先民的作品，具有较高的艺术、历史价值。2001 年，沧源崖画作为新石器时代文物，被国务院批准列入第五批全国重点文物保护单位名单。

图 2-7　沧源司岗里崖画谷

资料来源：http：//mp. weixin. qq. com/s? __biz=MzA5Nzc2NDUwMA==&mid=204420032&idx=5&sn=52184db41122fd7d9597a4811ccf5c50

沧源崖画分布在佤族聚居区，被当地佤族视为神圣之地。崖画上的人物图像，被佤族人们奉为“仙人”。千百年来，每逢旱季或年节，佤族和当地居住的其他民族都要到崖画地点举行庄严的祭祀活动，点燃香烛，摆上象征吉祥的祭品，祈求风调雨顺的好年景。

古崖画生动形象地展现了佤族远古先民狩猎、放牧、村落、战争、舞蹈、杂技及宗教祭祀等活动，其内容丰富，构图简练，粗犷豪放，人物和动物形象千姿百态，栩栩如生，独具风格，形象地展现了远古先民的生活场景，对研究古代民族历史、宗教、文化、艺术等具有重要的价值。景区自然风光秀丽，森林葱茏，植被茂密，岩壁林立，溪流潺潺，民风民情古朴浓郁。厚重的历史文化和独特的少数民族风情吸引了众多海内外游客，是极具观赏性与娱乐性的旅游景区。

名称：崇圣寺三塔

级别：国家级

评定年份：1961 年

类型：古建筑

崇圣寺三塔（图 2-8）位于云南省大理市古城（中和镇）西北的苍山应乐峰下，西有苍山十九峰如屏风耸立，东有 250km$^2$的洱海像镜面展开。山海之间田畴万顷，白族村庄星罗棋布。1961 年 3 月 4 日被国务院公布为首批全国重点文物保护单位，2011 年 7 月被国家旅游局评定为国家 AAAAA 级旅游景区。

始建于唐、宋（南诏、大理国）时期的崇圣寺三塔距今已有 1000 多年的历史，为崇圣寺五大重器之

图 2-8　崇圣寺三塔

资料来源：http：//www. photofans. cn/album/showpic. php？ year=2011&picid=451539

首，前一后二，呈等腰三角形排列。大塔居前，又名千寻塔，全称“法界通灵明道乘塔”，始建于南诏国劝丰佑（公元823～859年）时期，高69.13m，为16级密檐式方形空心砖塔，典型的唐塔建筑风格。南北小塔，在大塔西南、西北角，始建于南宋绍兴年间（公元1131～1162年），即大理国段正严、段正兴执政时期，为11级密檐式八角形空心砖塔，均高43m，为典型的宋代佛塔建筑风格，每层出檐，角往上翘，不用梁柱斗拱等，以轮廓线取得艺术效果。塔通体抹石炭，好似玉柱擎天。

出土文物展馆中展出有南诏、大理国时期的珍贵文物680多件，是迄今所发现的南诏、大理国时期文物最为丰富、最为重要的一批。写经、经卷、法身舍利、三塔的金模型、青铜镜、玉石和水晶佛像等，展现了盛唐时期洱海地区兴旺发达的经济和灿烂的文化，为研究南诏、大理国时期的政治、经济、文化、佛教艺术提供了极为宝贵的实物资料。

名称：太和城遗址

级别：国家级

评定年份：1961 年

类型：古遗址

太和城遗址位于云南省大理白族自治州大理市太和村西苍山佛顶峰山麓，遗址西依苍山，东临洱海，是扼锁下关与大理的咽喉，地势十分险要。此城原来为“洱河蛮”所居，唐开元二十五年（公元737年），蒙舍诏诏主皮罗阁在唐朝的支持下，击败河蛮，统一了六诏，徙居此城，建立了南诏国，此城亦成为南诏政权建立后的第一座都城。1961年，太和城遗址被国务院列为首批全国重点文物保护单位。

太和城颇具规模，根据唐樊绰《蛮书》记载：“巷陌皆垒石为之，高丈余，连延数里不断”。现在遗址仅存两道夯土城墙，北城墙西从佛顶峰台坡向东北延伸至洱海之滨，长3225m；南城墙西从苍山五指峰麓向东延伸至洱滨村，长3350m。夯筑的残墙基宽为4～5m，高2～4m，全城面积约3km$^2$。位于佛顶峰上的佛顶寺，其周围地面高出寺内地面0.3m，房基厚近4m，为一面积近3600m$^2$的土台，据传说当年南诏国的避暑宫及金刚城即建于此处。

太和城遗址内有南诏德化碑，约立于公元 766 年。碑文残损过甚，碑面正文原来有 3800 余字，现只存 256 字。碑文主要记述了南诏政权建立初期的一系列重要史实，如唐开元、天宝年间唐王朝支持蒙舍统一六诏，后双方发生矛盾，唐王朝三次派兵讨伐南诏，南诏投向吐蕃，以及西开寻传（今德宏傣族、景颇族自治州境）、筑拓东城（今昆明市）、设置官制等史实，记录十分详尽。碑背的职官题名现在保存有 41 行，提供了南诏初期职官制度和许多民族参加南诏政权的情况。此碑是研究南诏历史及其与唐朝关系的珍贵实物资料，具有很高的历史文化价值。

名称：喜洲白族古建筑群
级别：国家级
评定年份：2001 年
类型：古建筑

喜洲白族古建筑群（图 2-9）位于云南省西部的大理市苍山五台峰下，滇藏公路东侧。现存明、清、民国时期较完整的民居 101 院，加上现代承袭白族传统形式民居共约 1500 余院，是重要的白族聚居的城镇。这里有着保存最多、最好的白族民居建筑群。各院平面布局有一向一坊、一向二坊、二向三坊、三坊一照壁、四合五天井、五福寿、六合同春、走马转角楼等式样。2001 年，喜洲白族古建筑群作为明、清时期古建筑，被国务院批准列入第五批全国重点文物保护单位名单。

图 2-9　喜洲白族古建筑群

资料来源：http://image.baidu.com/n/pc_search?queryImageUrl=http%3A%2F%2Fg.hiphotos.baidu.com%2Fimage%2Fpic%2Fitem%2Fd009b3de9c82d158aad95609880a19d8bc3e422a.jpg&querySign=63758357%2C2796814324&simid=0%2C0&fm=index&pos=&uptype=upload_pc

房屋构架为抬梁穿斗结合五柱落地的形式，内院屋檐为出厦、吊厦或倒座。建筑造型主房高、耳房低，正面设照壁。照壁多为三滴水面照壁，设庑殿式壁顶及脊，下用斗栱。壁上多题代表家庭地位与家风的文字。照壁、大门、游廊和门窗为民居建筑装饰的重点。喜洲早在六诏与河蛮并存时就已是白族聚居之地，隋代称“史城”，唐宋间为南诏、大理国“大厘城”。主要建筑遗存多于清末民初时建造，民国时又有营造。喜洲白族民居有较高的民族学、建筑学等科学及艺术价值。这些民居雕梁画栋、斗拱重叠、翘角飞檐、门楼、照壁、山墙的彩画装饰艺术绚丽多姿，充分体现了白族人民的建筑才华和艺术创造力。比较著名的有杨品相宅、严家大院、侯家大院等，既保持了白族传统民居特点，又结合了中西建筑手法。

名称：元世祖平云南碑

级别：国家级

评定年份：2001 年

类型：石窟寺及石刻

元世祖平云南碑位于云南大理城外苍山龙泉峰下著名的三月街中。2001 年，元世祖平云南碑作为元代文物，被国务院批准列入第五批全国重点文物保护单位名单。

碑立于元大德八年（公元 1304 年），撰文者是翰林程文海。元成宗铁木耳时，云南行省平章政事（最高行政长官）也速答儿议立此碑，歌颂元朝开国皇帝世祖忽必烈讨平云南，一统南滇的圣德神功。碑立于巨硕的石龟背上，高达 4.5m，宽 1.65m，分上下两节，中有石条挡护，边有石框镶砌，碑额为大理石，雕二戏珠，额篆“世祖皇帝平云南碑”。行文 50 行，上石 30 行，每行 20 字，下石 28 行，每行 25 字，共 1300 字。因岁月摩挲，现存 1000 余字。此碑以正楷大字书丹，劲瘦工严，有欧柳遗风。想此为颂主丰碑，记经国大事，非海内高手不可落笔。而《书史会要》一书也称其“矩夫字体纯正，下笔暗合书法，亦工大字”。

名称：佛图寺塔

级别：国家级

评定年份：2006 年

类型：古建筑

佛图寺塔又称蛇骨塔，位于云南省大理市下关镇阳平村北部，苍山马耳峰下的山坡上，据传是为了纪念南诏时期的除蟒英雄段赤城而建的。建于南诏劝丰佑时期，因位于佛图寺前，因寺而得名，现寺毁而塔存。2006 年，佛图寺塔被国务院公布为第六批全国重点文物保护单位。

佛图寺塔建筑年代和建筑形式与崇圣寺三塔中的主塔千寻塔大体相同。塔高 30.07m，为十三级密檐式方形空心砖塔，塔座为两层台基。塔的第 1 ~ 4 层塔檐高度基本相同，每级 60 ~ 70cm。第 5 ~ 12 层高度基本一致，每层 50 ~ 55cm。塔内壁中空呈筒状，通至 12 层，塔身每面均砌有佛龛，塔刹由葫芦宝伞及铜铃组成。塔门为方形洞门，门用横木作梁。造型古朴，具有典型的南诏时期佛塔风格。

1981 年 5 月维修时，在塔刹基座内出土观音造像等 52 件文物，在塔门上部出土元代经卷 47 件，为研究佛教艺术提供了实物资料。

名称：茨中教堂

级别：国家级

评定年份：2006 年

类型：近现代重要史迹及其代表性建筑

茨中教堂位于云南省迪庆藏族自治州德钦县南部燕门乡茨中村。茨中教堂是香格里拉旅游区域内一座非常有名的哥特式天主教堂，1909 年由法国传教士建造，1921 年修建完成，是当时“云南铎区”的主教礼堂。被旅游爱好者誉为中国十大最美天主教堂之一。2006 年被国务院批准列入第六批全国重点文物保护单位名单。

“茨”藏语意为“村庄”，“中”藏语意为“六”。茨中被人们称之为美丽富饶的鱼米之乡。整个建筑以教堂为中心配套组合，中西合璧，主次得体，包括大门、前院、教堂、后院以及地窖、花园、菜园和葡萄园等，结构紧凑，规模壮观。沿大门筑有外围堵，建筑四周以及房间空地，辟花坛，植果木，红绿相映，风雅别致。教堂坐西向东，为砖石结构法式（哥特式）建筑，整体呈“十”字形，如意踏跺高 1.30m，拱形门廊用条石砌成，进深 6m，宽 3m，门廊之上再砌成三层钟楼（瞭望楼），通高 20m。楼顶为亭式攒尖顶木结构建筑，用 4 棵内柱和 12 棵外柱承托脊檩，内外柱间砌有石栏杆。教堂门为双门，高 2.72m，宽 0.74m，正殿（礼拜堂）进深 22m，面阔 12.7m，殿内由两排六棵正方形石柱承托教堂屋脊，两侧设有净身、更衣侧室。教堂屋面用琉璃瓦覆盖。

名称：石佛洞遗址
级别：国家级
评定年份：1996 年
类型：古遗址

石佛洞系新石器时代文化遗址，由地壳的自然运动变化而形成，是云南省规模最大的洞穴遗址，于 1996 年被国务院批准列入第四批全国重点文物保护单位名单。位于耿马傣族佤族自治县城南小黑江畔。整个洞深不可测，洞口高达 20m，宽至 50m 还多，洞口面宽约 80m，高 30m，纵深约 100m。就在洞口下文化堆积层厚达 3m，其中竟有早期人类房屋柱洞。从考古发现看，石佛洞遗址的主人早在 3000 年前就会牛耕、种稻、烧陶，其石器精致，陶彩精美，造型精细，创造了西南最先进的新石器文化。

1983 年试掘，文化堆积厚 3.2 ~ 3.5m，揭露出五层居住面遗迹和椭圆形、长方形房址各一座，出土遗物有石器、骨器、陶器、稻谷等。石器均为磨制，其中状如齿轮的“棍棒头”极为罕见。陶器中单耳罐、折肩罐、圜底钵为云南地区新石器时代遗存所仅见。

名称：石钟山石窟
级别：国家级
评定年份：1961 年
类型：石窟寺及石刻

石钟山石窟又称剑川石窟，位于剑川县城西南石宝山南部文峰，因有一紫红丹岩（丹霞地貌）形状如倒扣石钟而得名。石钟山石窟的开造年代，上迄南诏（唐），下至大理国（宋），至今已有 1000 多年的历史，是云南最早的石窟。这一石窟群所具有的历史、科学和艺术价值，已被越来越多的人所重视，特别是中国唯一的女性生殖器（白族语叫阿盎白）雕塑，竟然出现在以佛像、王者像为主题的雕像群中，引起了联合国有关学者专家的极大关注。1961 年，石钟山石窟被国务院公布为第一批全国重点文物保护单位，现已成为大理风景名胜区的主要景点之一。

石钟山上有三区石窟群，即石钟寺区八窟、狮子关区三窟、沙登村区六窟。三区域共造像 139 尊。这些石像，均雕刻在红砂石上。这些造像，以南诏国的发展历史为主要内容，构造了一幅生动的南诏历史画卷。在南诏 200 多年的历史中，功绩特别显著的 3 位王者在石窟中均有雕像。石钟山石窟的 139 尊像中，除南诏历史人物雕像外，还有释迦牟尼、八大明王等佛教造像和反映人们日常生活的樵夫、老翁、琴师、童子以及女性生殖器雕像。石窟群依山开凿，宏伟壮观，共有石钟寺区、狮子关区和沙登箐区，计 17 窟，造像 139 躯，是南诏、大理国时期的艺术瑰宝。

名称：西门街古建筑群
级别：国家级
评定年份：2006 年
类型：古建筑

西门街古建筑群位于云南省大理白族自治州剑川县境内。剑川古城所在地历史久远，曾出土西汉五铢钱。古城始建于明洪武二十三年（公元 1390 年），已有 600 多年的历史。至今完整地保留了明代格局，西门、北门、南门护城河桥犹存，历经沧桑，古貌依旧。现还完整地保存了景风公园明清古建筑群、独特的古街巷、众多的明代古宅和清代民居。2006 年，西门街古建筑群作为明代古建筑，被国务院批准列入第六批全国重点文物保护单位名单。

西门街古巷通幽，古宅较多，如七曲巷四合天井的何宅、五马坊明代古建张宅、赵薄藩故居光禄第、原古谯楼下明建武将军府第鲁宅等。古城的居民至今仍生活在鲜活的文化生态当中，古风依旧，古习犹存。古城呈现出丰富的多元文化形态，但始终保留着浓郁的原生白族本主文化和独特的阿吒力佛教密宗文化。居民以白族为主，白语为主要交际语，白族民风民俗保留十分完整。

南门街至北门街街道用青石板铺就，两旁民居前设铺台，后置庭院，体现了茶马石道重镇商贸繁华的特色。北门文照街至西门街街道及古民居，充分展现了儒家文化的风貌。路道中心线及侧线用条石板铺就，之间铺弹石。过去，中心路道只许达官显贵、文人学士及老弱孺幼行走。

名称：沙溪兴教寺

级别：国家级

评定年份：2006 年

类型：古建筑

沙溪兴教寺，明代白族“阿吒力”佛教寺院——兴教寺，是国内现仅存的明代白族“阿吒力”佛教寺院，建于明永乐十三年（公元 1415 年），坐落在云南省大理白族自治州剑川县沙溪镇鳌峰山阳坡。现存大殿、二殿。大殿内有明代佛教壁画 12 铺。寺区周旁存合抱粗的古槐、古黄连木数株，山门前有大狮子一对，山门正对戏台一座。2006 年，沙溪兴教寺被国务院批准列入第六批全国重点文物保护单位名单。

兴教寺之大殿、二殿，是滇西少有的明代重要建筑之一。大殿古称大雄宝殿，坐西朝东，东西进深 14.58m，南北顺深 18m。重檐歇山式九背顶，上下檐均架斗拱飞角。二殿古称天王殿，坐向与大殿同，东西进深 16.8m，南北顺深 19.8m，悬山式五背顶。两殿气势雄伟，巍峨壮丽。建筑结构严谨大方，制作技艺精良，建筑风格雅典古朴，富有民族特色。其高低长宽尺度与梁柱之数，与白族木工匠艺所遵之《木经》歌诀中“九五出六，用墨逢六”之数相合，是研究古代白族建筑工艺的宝贵实物资料。

兴教寺大殿内出自沙溪甸头村古代白族画匠张宝等之手的 20 多幅大型壁画非常珍贵。兴教寺保存有明代佛教壁画，其题材广泛，人物众多，造型生动，形象逼真，线条流畅，色彩绚丽，融佛教故事与世俗生活为一体，充满神话气氛，颇有民族风格。承《南诏中兴画卷》和《张胜温画卷》等名画之遗风，是不可多得的仿古代白族绘画艺术珍品，也是研究古代白族宗教、艺术的宝贵实物资料。

图 2-10　景风阁

资料来源：http://www.ynkgs.cn/html/heritage/20140901105835.htm

名称：景风阁古建筑群

级别：国家级

评定年份：2013 年

类型：古建筑

景风阁（图 2-10）是一座八角飞榴斗拱的三层楼阁，故又称八角楼，位于剑川县城西隅，西依金华山，北傍永丰河。景风阁是有着极富民族特色的古建筑群。这一古建筑群集剑川白族人民的绘画、雕刻。建筑精湛工艺之大成，是云南省著名的古建筑之一。景风阁古建筑群由景风阁、来薰楼、灵宝塔、棂星门、文庙、龙神祠、关岳庙、戏台等建筑组成，始建于明末清初。阁内古柏参天，绿树成荫，历来是剑川白族群众节日活动和闲暇游览的地方。1987 年被云南省人民政府公布为第三批省级文物保护单位，2013 年被国务院批准列入第七批全国重点文物保护单位名单。

景风阁建筑以四大井口柱为主体构架，以正袱和斜袱分出八角，层层檐牙高啄，钩心斗角，结构十分严密。楼阁四周重彩丹青，有山水、花鸟等类型的白族民间图案。底楼南面，装有极富白族特色的格子门。四扇格子门的窗棂结构严谨美观，图案装饰精巧严密，格子门的腰板部分采用三层“透漏雕”的木雕绝技，雕镂接得变化多端，气韵不凡。人们可以从中领略到木雕之乡剑川的工匠丰富的艺术创造力和高超的木雕技能，观之令人赞不绝口。

名称：景东文庙
级别：国家级
评定年份：2013 年
类型：古建筑

景东文庙位于云南省普洱市景东彝族自治县城西玉屏山下，前观川河，后枕玉屏，依山傍水，古木参天，阁楼角亭，铃声四扬，古朴雄伟，十分壮观。现存的文庙建于 1682 年，20 世纪 80 年代重新修缮。景东文庙于 1986 年被凤庆县人民政府公布为县级重点文物保护单位；1987 年被云南省人民政府公布为省级第三批重点文物保护单位；2013 年被国务院批准列入第七批全国重点文物保护单位名单。

景东文庙，占地 5292m$^2$，坐西朝东，以纵向建筑为主，是中轴对称的台阶式庭院，由照壁、泮池、六角亭、钟鼓楼、棂星门、大成门、天子台、大成殿及两侧的厢房组成。主体建筑大成殿为单檐歇山顶抬梁式建筑，面阔 5 间 20.7m，进深 5 间 14.95m，琉璃瓦面，檐下有斗拱 28 攒，正脊置宝顶、吻兽等，大殿立柱彩绘金龙。整体建筑庄严宏伟，为滇西南地区保存较完整的古建筑之一。

元末明初，儒学在景东兴起，始建文庙，进行祭祀孔子活动，进行文化教育而稳定社会，传播儒家学说培养并选用人才。景东文庙作为景东儒家文化的传播地，发挥了传承我国古代文明、弘扬传统文化的历史作用，对景东历史文化产生了深远的影响。正是历代的景东各族人民对孔子的伟大精神与人格魅力的敬仰，才使景东文庙保存下来，成为云南除建水文庙以外保存较为完好的文庙。

名称：曼飞龙塔
级别：国家级
评定年份：1988 年
类型：古建筑

曼飞龙塔（图 2-11）位于云南省景洪市勐龙镇曼飞龙寨的后山顶上，由主塔和八座小塔组合而成，是一座金刚宝座式的群塔。因它通体洁白如雪，又称“白塔”。曼飞龙塔于 1988 年被国务院公布为第三批全国重点文物保护单位。

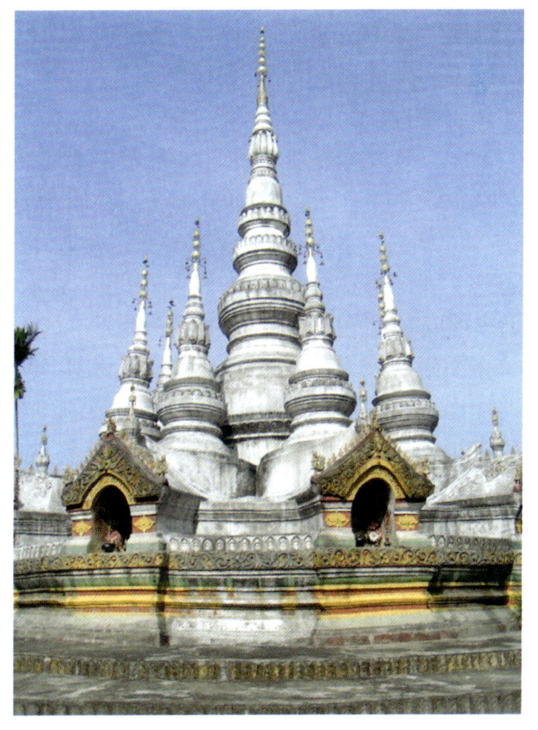

图 2-11　曼飞龙塔
提供：何露

曼飞龙塔建于傣历 565 年（公元 1203 年），宛如一丛春笋破土而出，故傣语“塔糯庄龙”，意为大头笋塔。塔为砖石结构，塔基为八角形须弥座，座上最外圈为 8 个佛龛，佛龛里有一尊佛雕和一个佛像，佛龛上还有泥塑的凤凰，凌空飞翔，门口是两条泥塑的大龙。8 个金色小塔顶上，每座挂有一具铜佛标，母塔尖上还有铜质的“天笛”，山风吹来发现叮叮当当的响声。塔上各种各样的彩绘、雕塑秀丽优美。中圈为 8 座小塔，分列 8 角，每座小塔高 9.1m，塔身为多层葫芦形，环拥主塔。主塔居中，通高 16.3m；小塔通高 9.1m，均为实心。在正南向龛下的原生岩石上，有一人踝印迹，传为释迦牟尼的足迹，因而兴建此塔。

曼飞龙塔表现了傣族人民在建筑技术上的成就，同时，由于飞龙白塔具有缅甸佛塔的风格，所以还体现了中外建筑技术和文化的交流。

名称：曼春满佛寺

级别：国家级

评定年份：2013 年

类型：古建筑

曼春满佛寺坐落在西双版纳傣族自治州景洪市勐罕镇傣族园内，始建于公元 583 年，距今已有 1400 多年的历史，是当地有名的佛寺之一，传说是佛教传入西双版纳后修建的第一座佛寺。但原先的佛寺在 20 世纪 60 年代被毁，现在可以看到的佛寺是 70 年代末修建的。曼春满佛寺 1998 年被云南省人民政府公布为云南省第五批省级文物保护单位；2013 年被国务院批准列入第七批全国重点文物保护单位名单。

曼春满是傣语，意为花园寨。传说景洪宣慰使曾经派人到此栽花，后来发展成为村寨，故名曼春满——花园寨。以曼将、曼春满、曼乍、曼听、曼嘎 5 个傣族村寨组成的傣族园，以曼春满佛寺为核心，充分展示了千年南传上座部佛教的神秘奇异。曼春满佛寺在东南亚享有盛名，每年的重大佛事活动期间，斯里兰卡、泰国、缅甸、老挝、西双版纳等地的僧侣和信教群众都要云集曼春满佛寺举行朝拜和诵经活动。因此，这里的香火旺盛，这里的佛寺、佛塔、缥缈的香火和小和尚的诵经声，增添了幽静和神秘。屹立于中央的大殿是建筑群的主体，占地面积为 490m$^2$，大殿长 23.5m，宽 21m，呈长方形。屋脊端有吉祥鸟卧立，中间是若干陶饰品，室内佛殿高大宽阔，44 棵直径分别为 0.4m 和 0.6m 的圆形水泥柱分排在殿宇两旁。圆柱高的有 12m，矮的也有 4～5m，所有圆柱都以红色为基色，用金粉绘制图案作饰品，显得金碧辉煌。

名称：糯福教堂

级别：国家级

评定年份：2013 年

类型：近现代重要史迹及其代表性建筑

糯福教堂位于云南省普洱市澜沧拉祜族自治县糯福乡人民政府西北的小山上，始建于 1922 年，占地面积为 506.6m$^2$。糯福教堂为浸信会基督教堂。教堂为拉祜族干栏式围廊建筑，内部装修为欧美教堂风格。平面布局呈纵向双十字形相连之木构架，平挂瓦屋面，内有礼拜堂、拉祜文教室、牧师休息室。基督教传教士活动至 1949 年新中国成立时终止。2013 年被国务院批准列入第七批全国重点文物保护单位名单。

据文献记载，清宣统二年（公元 1910 年）美国基督教浸信会缅甸景栋教会派牧师到孟连东乃等地传教。1916 年，派萨腊比布到澜沧传教。1920 年，美国牧师主持糯福教务，并于 1922 年修建教堂。糯福教堂为澜沧、双江、沧源、耿马等地的基督教会总部。为便于传教，永伟业用拉丁字母为拉祜族创造了文字。

糯福教堂毗邻阿里、班角两个村寨，是通向缅甸的便捷之道。这个坐落在边境线上具有民族特色的教堂，以其建筑别致，具有艺术价值而闻名。它是基督教传入我国拉祜族地区的具体物证。

名称：黑龙潭古建筑群

级别：国家级

评定年份：2006 年

类型：古建筑

黑龙潭古建筑群（图 2-12）位于云南省丽江市古城区黑龙潭公园内，始建于清乾隆二年（公元 1737 年），园内 4 万 $m^2$ 的深潭，系由数十眼涌出地面的泉水汇集而成。黑龙潭内随势错落而建大量明清古建筑群，有清代原建的龙神祠、得月楼、锁翠桥和后来迁建于此的明代建筑解脱林、五凤楼、光碧楼和清代的一文亭、文明坊等建筑，形成了蔚为壮观的“明清建筑博物馆”，总建筑面积为 2835$m^2$，集中体现了当地的建筑艺术特色。2006 年黑龙潭明清古建筑群被列为第六批全国重点文物保护单位。

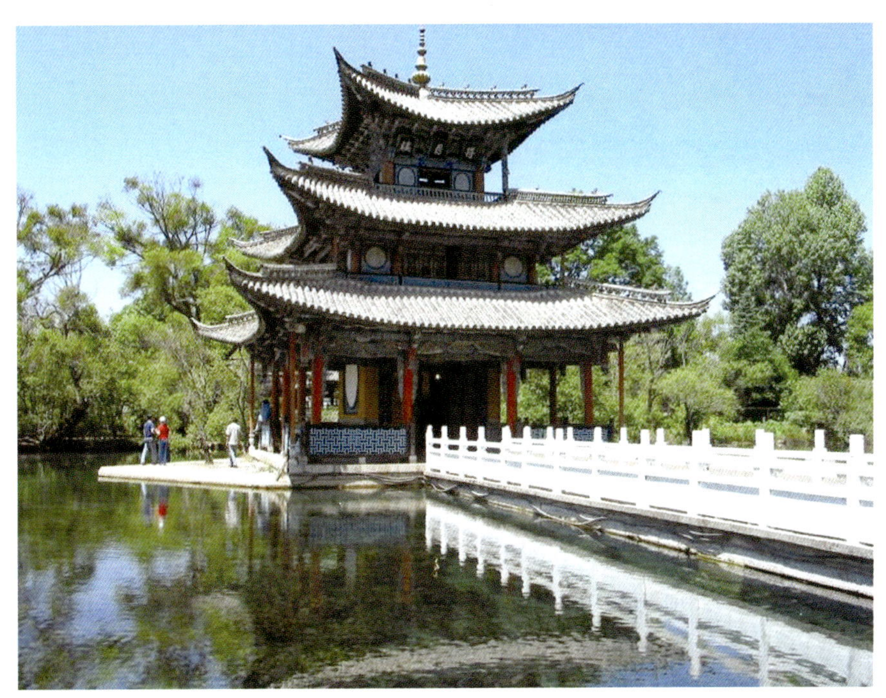

图 2-12　黑龙潭古建筑群

资料来源：http：//photo. poco. cn/lastphoto-htx-id-4059638-p-0. xhtml

黑龙潭古建筑群代表性建筑五凤楼又称法云阁，原建于芝山福国寺内，1979 年迁至黑龙潭。福国寺建于明代，原是木土司的别墅及家庙。木土司曾在寺内会见过明代著名旅行家和地理学家徐霞客。龙神祠为黑龙潭主要建筑，含戏台、得月楼，分布在一组造型典雅、和谐而又变幻无穷的主轴线上。祠坐东朝西，为四合五天井大院，有门楼、两厢、大殿，南面辟有一方丈，自成院落。大殿为单檐歇山顶，面阔进深三间。前有月台，施作垂带踏跺，四周游廊回互贯通。大殿和门楼高耸突兀，极富庙堂气息。门楼高悬“天光云影”四字榜书，每字有 1.2m 见方。骨力苍劲，颇得书法三昧。绕过正前方平面呈“品”字形的九脊悬山戏台，有长桥直通亭亭立于湖心的得月楼。得月楼炻重檐钻尖顶楼阁式建筑，基座呈八角形，高约 4m，通高 20m，阔深皆三间。二三层施作如意斗拱，一层四角有擎檐柱支撑角梁，翘角翼然。彩绘缤纷，缕雕传神。

同时，景区内还建有“碑林”，50 余通唐至民国时期的历代名碑安放于园内。景区内还珍藏有纳西族东巴经书 4000 多卷，东巴画 200 多幅，是国内外东巴古籍藏量最多，种类最齐全的地方。

名称：大宝积宫与琉璃殿

级别：国家级

评定年份：2006 年

类型：古建筑

大宝积宫与琉璃殿位于云南省西北部丽江市大研镇北的白沙村东。白沙是丽江木氏土司的发祥地，琉璃殿与大宝积宫是位于同一条中轴线上的两座寺院，均为丽江木氏土司所建。琉璃殿建于明永乐十五年（公元 1417 年），大宝积宫建于明万历十年（公元 1582 年）。上檐斗拱下残存壁画 16 幅。寺宇朝东而略偏北，外为山门三间，门内小院，周以回廊；次拜殿三间，其后紧接琉璃殿；殿后复院，便是大宝积宫。宫内保存壁画 12 幅，是丽江现存壁画中规模最大，保存最完整的部分。大宝积宫与琉璃殿于 2006 年被列为第六批全国重点文物保护单位。

琉璃殿平面呈正方形，面阔两间，重檐歇山屋顶，营造做法有其特点。殿内壁画内容把佛、道、喇嘛三教人物道义组合一起，表现技法融合吸收于汉、藏、纳西、白等族的优秀传统手法，是研究我国民族学、艺术学的一份珍贵的史实资料。

名称：勐旺塔及西北塔

级别：国家级

评定年份：2013 年

类型：古建筑

勐旺塔及西北塔始建于明天启元年（公元 1621 年），距今已有近 400 年历史，是云南省内现存较早、保存较完好、艺术价值较高的早期上座部佛教单体塔，也是临翔区仅存的明代佛教建筑。勐旺塔及西北塔于 1982 年在第一次全国文物普查中发现，1984 年被确定为临沧县（现临沧市临翔区）县级文物保护单位，1995 年勐旺塔被确定为市级文物保护单位，2003 年两塔被确定为云南省省级文物保护单位，在第三次文物普查期间进行第七批全国重点文物保护单位的申报，2013 年通过。

勐旺佛塔被佛教徒视为佛的化身，佛塔所在的小山每年 4 月 15 ~ 18 日人山人海，热闹非凡，这里是勐旺傣族进行采花堆沙（泼水节）等佛教活动的一个重要场所。西北塔，又称西文笔塔，始建于明天启元年（公元 1621 年），传说当时临沧屡遭火灾，为镇火灾，以塔来填补当地在风水上的空缺，是省内现存较早的南传上座部佛教佛塔。西塔现存八层（塔尖已残），高约 15m，砖石结构，基座上叠砌“亚”字形须弥座。其上塔身由一层比一层小的圆状重叠组成。基座和塔体均为八边形。塔身以约 75°角上收，远观如笋状，塔体第五层和第七层各有一佛龛，未设置佛像。西塔型制虽为缅式，但也受汉族密檐式塔的影响，是二者的有机结合。

图 2-13　景真八角亭

资料来源：http：//you. big5. ctrip. com/sight/xishuangbanna30/3007. html

名称：景真八角亭

级别：国家级

评定年份：1988 年

类型：古建筑

景真八角亭（图 2-13），中国古代佛教建筑，是西双版纳的重要文物之一。位于云南省西双版纳傣族自治州勐海县景真寨。因这座亭子在景真地区，人们通常称它为景真八角亭，傣语是举行宗教仪式的地方。1988 年被国务院公布为第三批全国重点文物保护单位。

佛寺始建于傣历 1063 年（清康熙四十年，公元 1701 年），八角亭是寺内的一座附属建筑——“布苏”，是景真地区中心佛寺“瓦拉扎滩”的一个组成部分。相传，这座八角亭是佛教徒为纪念佛祖释迦牟尼，而仿照他戴的金丝台帽“卡钟罕”建筑的。当地傣族称为“波苏景真”。“波苏”意为莲花之顶冠，“波苏景真”意为景真莲花顶冠佛亭。古代为议事亭，是高僧授经、商定宗教重大活动和处理日常重大事务的场所，同时也是和尚晋升为佛爷的场所。

八角亭是一座建在山丘顶部的佛亭，呈八角砖木结构。亭高 21m，有 31 个面，32 个角，墙面上 31 幅由象、狮、虎等组成的浮雕颇像一组画廊。亭外壁镶嵌着镜子和彩色玻璃，奇光异彩使亭子更瑰丽，亭基之上的亭室宽 6m，高 2.5m，室内有 24 面墙壁，墙上用金粉绘有许多图案。亭顶为木结构呈锥形攒尖顶式的多层屋檐，12 根 10m 长的横梁撑起 10 层别致的八角形楼阁，面铺平瓦，如鱼鳞覆盖。八个亭角上都塑有金鸡、凤凰和色彩鲜艳的异卉奇葩雕刻。亭最顶端是莲花华盖及一杆风铃。八角亭是典型的西双版纳佛教建筑，它吸收了东南亚建筑风格，又具有中国古代建筑的特点。八角亭的 8 个角，是代表帕召身边的 8 个“麻哈厅”（高僧）；亭上的 4 道门是表示佛教传播四方。

名称：曼短佛寺

级别：国家级

评定年份：2006 年

类型：古建筑

曼短佛寺（图 2-14）位于云南省西双版纳傣族自治州勐海县境内。据史籍记载，此佛寺始建于公元 950 年，距今已有 1000 多年，是小乘佛教传入后建的最早佛寺之一。“曼短”是西双版纳傣语村名。“曼”意为村庄；“短”傣语音为“抽鹅”，意为观看。“曼短”意为观察宝蜂之寨。传说，古时西双版纳景真八角亭所在之地，有一窝有宝之蜂，蜂巨如鹅可叼婴儿而飞；其时真憨（一傣族武将）到此，指派西双版纳曼短人去观察蜂窝所在，故留下曼短一名。曼短佛寺位于西双版纳曼短寨旁，寺从寨名。2006 年，曼短佛寺作为清代古建筑，被国务院批准列入第六批全国重点文物保护单位名单。

图 2-14　曼短佛寺

提供：何露

佛寺整体由大殿、戒堂、彭房、僧舍、佛塔和“窝苏”（八角亭）等建筑群组成。主体建筑大殿阔 4 间，宽约 10m，深 8 间，长约 18m。大殿是抬梁、穿斗结合的梁架结构，重檐歇山式屋顶，上下两檐都是五面坡。平面布局不用檐柱，四面偏厦是墙抬梁，墙体与檐口间设有斜撑。殿内外的构件上均有龙、凤花卉等图案的雕刻装饰，形象逼真，原始古朴。曼短佛寺的建筑造型和装饰艺术集中地体现了傣族古代建筑技术和历史文化的精华。

名称：孟连宣抚司署

级别：国家级

评定年份：2006 年

类型：古建筑

孟连宣抚司署（图 2-15）坐落于云南省普洱市孟连傣族拉祜族佤族自治县的娜允古镇内。这座古建筑群保存完好，融傣、汉建筑特色为一体。它所代表的傣族世袭土司的统治，自明清延续到民国时期，历经 500 余年。2006 年，孟连宣抚司署作为清代古建筑，被国务院批准列入第六批全国重点文物保护单位名单。

宣抚司署为二叠小歇山式飞檐斗拱门，13 级石踏道旁是 4 株高大浓密的棕榈树，8 根金色门柱在阳光下熠熠生辉。进得门来，三檐歇山顶干栏式的议事厅呈现眼前，长 23.2m，宽 16.1m，高 10.2m，面阔 7 间，进深 5 间，规制宽敞。议事厅二楼是王司议事的地方，有一人多高的龛台，即土司的“宝座”。宝座两旁高竖旗帜和仪仗。后花园中，此处遍植多种热带植物花卉。正厅通过小拱桥与议事厅相连。这座一

图 2-15　孟连宣抚司署
提供：何露

楼一底重檐硬山顶式建筑为刀氏土司及其夫人们的居室，左右厢房也是一楼一底硬山顶建筑，采取沿廊式对称，与正厅浑然一体。厢房的玻璃橱窗里，陈列着清代朝廷赏赐的青蓝色底绣蟒袍和黑色丝缎六品朝官朝服，还有印信、傣文典籍、土司家居用品等物，深具历史和艺术价值，为研究地方民族史提供了珍贵的文物史料。

图 2-16　南诏铁柱
资料来源：www. yn. people. com. 摄影：李武华

名称：南诏铁柱

级别：国家级

评定年份：1988 年

类型：其他

南诏铁柱（图 2-16）位于云南省大理白族自治州弥渡县城西北太花乡庙前村（古称铁柱邑）原铁柱庙内。铁柱庙，史称铁柱宫或铁柱观，由山门、前院、后院三部分组成，占地面积为 5541m$^2$，建筑面积为 1542m$^2$。铁柱立于前院正殿中央。1988 年被国务院公布为第三批全国重点文物保护单位。

南诏铁柱又称崖川铁柱、建宁铁柱或天尊柱。柱体为圆柱形，黑色，铁质，实心，重约 2069kg，高 3.3m，直径 32.7cm，由五段接铸而成。柱顶呈圆锥形有凹坑，深 7cm，有三个丫口，上面各伏一条木质雕龙，上覆一铁笠（形似锅）。柱体西面正中有长 91cm、宽 8cm 的凸线框，中间有直行楷书阳文“维建极十三年岁次壬辰四月庚子朔十四日癸丑建立”22 字。清金石家阮福曾说，这22 字“较崇圣寺（建极）钟年月款字稍小而体绝类，当属一人手笔”。“建极”是南诏第十一世王世隆的年号，建极十三年即唐懿宗咸通十三年（公元 872 年）。铁柱左右两边曾塑有男女像各一座，传说是南诏世隆与妃子像，另一种说法是孟获夫妇像。正中柱前有诸葛武侯牌位，今已毁。每年正月十五，附近的彝族，杀猪宰羊前来祭祀土主（封号驰灵景帝大黑天神），夜晚打歌娱神。南诏铁柱也是南诏现存稀有文物之一，反映了当时宗教信仰的情况和冶铁技术的水平，史料价值很高。

名称：民族团结誓词碑

级别：国家级

评定年份：2006 年

类型：近现代重要史迹及其代表性建筑

民族团结誓词碑位于云南省普洱市宁洱哈尼族彝族自治县县城西北侧的普洱民族团结园内，碑长142cm，宽 65cm，厚 12cm，以白色石灰石雕刻而成。民族团结誓词碑保护范围占地面积为 4435$m^2$，总建筑面积为 983$m^2$，绿化面积为 1890$m^2$。民族团结园内有碑亭、浮雕、陈列馆、牌坊式古典大门。2006 年，民族团结誓词碑被国务院批准列入第六批全国重点文物保护单位名单。

新中国成立初期，普洱地区是多民族聚居的地区，各民族社会形态差异极大，发展不平衡，民族关系十分复杂和特殊。1950 年，当地 34 名民族头人及其代表到北京参加了国庆周年观礼后，以“会盟立誓，刻石铭碑”的形式来表达各族人民团结到底的决心。1950 年 12 月 27 日至 1951 年元旦，中国共产党宁洱地区委员会召开“普洱专区第一届兄弟民族代表会议”。全区 26 个民族的代表与地方党政军领导人剽牛喝咒水后宣誓立碑。碑文誓词：“我们二十六种民族的代表，代表全普洱区各族同胞慎重地于此举行了剽牛，喝了咒水，从此我们一心一德，团结到底，在中国共产党的领导下，誓为建设平等自由幸福的大家庭而奋斗！此誓。”

民族团结誓词碑是新中国民族团结进步事业发展的历史见证。它象征着新中国成立后，边疆各族在中国共产党的领导下，一个崭新的社会主义民族关系的开始。

名称：垅圩图山城址

级别：国家级

评定年份：2006 年

类型：古遗址

垅圩图山城，又称山龙山于图城，因山龙山于图山而得名，位于巍山古城西北山龙山于图山之巅。城址为一长方形台地，台高约 1m，东西长约 500m，南北宽约 200m，总面积达 100 000$m^2$。山龙山于图城址始建和废弃时间唐宋史书无载，但在《南诏图传》上已有“山龙山于图山”记载。山龙山于图城是南诏政权最早的城池之一。巍山是南诏国的发祥地，南诏定都大理太和城后，仍对山龙山于图城继续经营着，因而留下了这些建筑遗迹。2006 年，南诏山龙山于图城遗址被国务院公布为全国重点文物保护单位。

《云南图经·蒙化府建置沿革》载：“初蒙氏细奴罗自哀牢徒居今府治之西北山龙山于图山，筑城立国，号蒙舍诏，以其在诸部之南故称南诏”。南诏自公元 647 年从巍山崛起，于唐开元二十六年（公元738 年）终于统一了整个洱海区域，并于次年（公元 739 年）将都城由巍山山龙山于图山迁到了大理太和城。从公元 738 年至 8 世纪末期，南诏国在历史上首次统一云南，其势力范围超出今日云南省界限，为云南作为行政区划省的建立奠定了坚实的基础。

1958 年云南省博物馆考古工作队首次在山龙山于图城遗址进行试掘，发现有字瓦、瓦当、滴水、鸱吻、花砖和柱础等。1991 ~ 1993 年，巍山县文物管理所、云南省博物馆先后在城址东南约 500m 处进行两次发掘，发现建筑遗址及塔基，建筑遗址有寺庙、宫室等。寺庙遗址的北、西壁系用石块、砖、瓦片交错砌成，内壁以瓦片之凹面贴壁，西壁前有一用砖砌成的佛龛，摆放石雕造像。建筑遗址有两层地面和两组台阶。砖有长方形、正方形及三角形。塔基平面呈方形，边长13m，塔中空，该塔的特点是四面铺地砖，每边各有两个石柱础。塔基东面发现两个椭圆形坑，其用途尚待新的发现和研究解决。遗址中出土陶佛像、陶塔范模和雕刻精美的石雕造像。造像有观音、佛、天王等，多为立像，雕刻手法有圆雕和浮雕。

名称：长春洞
级别：国家级
评定年份：2006 年
类型：古建筑

长春洞是一座道教庙宇，在云南省巍山彝族回族自治县境内的巍宝山西麓，始建于清康熙五十四年（公元1715年）。由贵州道人李法纪、杨发荫建，后由道人杨阳会改大殿为二转楼，光绪年间道人杨老七、张朝用又重修厢房和花园，遂建成了保留至今的平面布局为规整的八卦图案，为九楼十院的道观建筑格局。殿内祀玉皇大帝、雷祖、土地、马帅、灵官等神像。2006年，长春洞作为清代古建筑，被国务院批准列入第六批全国重点文物保护单位名单。

长春洞建筑式样新颖，出阁架斗，雄伟壮观，尤其是雕刻绘画艺术精湛不凡。大殿的格子门上雕刻着“八仙过海”和花卉鸟兽图。每扇格子门上的雕刻形象逼真，活灵活现，见者无不惊叹。大殿格子门中间的窗壁上雕刻着白兔舂药、金鸡啼晓和宇宙万物图，象征“日月向心，滋生万物”。大殿的天花板中央有一个每边长约35cm的八角形藻井，藻井内壁上有一幅黑色的八卦图，镂空雕龙盘曲其中，堪称雕刻工艺珍品。大殿承隔板上，绘有50幅彩色壁画。四方绘伞盖、执幢仙女、五祇六神，其余绘历代祖师、各洞神仙，俨然一座神坛。道教徒从其神仙信仰出发，向人们构想了一个灵奇的神仙世界，在这一世界里充满了感性、美好和瑰丽。真人乘云御风任意逍遥，仙姝轻歌曼舞乐奏九天；仙厨溢香非凡间所有，仙府金阙唯天上可寻。此外，大殿两边窗壁上保存着“二十四孝图”，画面生动，景物逼真，人物栩栩如生。清嘉庆年间吏部尚书钱塘章煦题书悬挂在长春洞山门的“长春洞”一匾，一语双关地点出长春洞“六月尤留三月景”的景致和全真道祖师爷邱处机（道号长春子）的关系。大殿正中的“万象中涵”“凌云塑阙”匾额，都有很高的历史艺术价值。

名称：寿国寺
级别：国家级
评定年份：2006 年
类型：古建筑

寿国寺位于云南省澜沧江东岸的维西傈僳族自治县康普乡格丁洛巴村。该寺于清雍正七年（公元1729）始建，历时5年建成，为红教喇嘛寺院，清乾隆十年（公元1745）因失火被焚毁，后于乾隆三十五年（公元1770年）迁至现址重建，同治六年（公元1867年）重修。寿国寺的建造，据说是康普土千总禾娘积极捐资而成，后来就成为滇西北藏传佛教噶举派十三大寺院之一。2006年，寿国寺作为清代古建筑，被国务院批准列入第六批全国重点文物保护单位名单。

寺院占地面积为2600m$^2$，寺坐东向西，由山门、正殿、侧殿组合成一座四合院。正殿是整个寺院建筑的中心，为三重檐攒尖顶式木结构，总建筑面积为403m$^2$，横面阔20.32m，纵面深20.4m。外形为清代式建筑，内部装修为藏式风格。正殿檐下有密集的斗拱装饰，具有清代汉式楼阁建筑风格，又有藏式寺院的藻井殿堂特色，在装饰技巧上还融进了剑川木雕技艺。正殿共有3层，第一层为诵经殿，柱头、横梁和柱帽均绘有精美的藏汉图案，左右壁上绘有工笔重彩画，现保存有10幅壁画和1幅隔板画。绘画内容涉及观音、天王、罗汉、地狱黑神、天龙八部及花鸟动物等密宗题材。这些壁画构图严谨、色彩艳丽、用笔流畅，人物形象生动逼真。殿内还供奉着释迦三世佛、大宝法王、二宝法王和莲花生祖师造像。正殿第二层和第三层存放有寺内的贵重器物、经书和法器。二层隔板上绘有 17 幅画和两幅字，正中为转经楼栏，可凭此俯视诵经殿。殿堂内现存壁画 10 幅，高 2.77m，宽 2.75～4.05m，绘密宗造像、金刚力士等。

名称：水目寺塔
级别：国家级
评定年份：2006 年
类型：古建筑

水目寺塔位于云南省大理白族自治州马街乡水目山水目寺前。此塔为纪念大理国护法公高量成之子皎渊而立。史志中并无确切记载，一般认为是大理国时期（公元 938～1253 年）所建。据现存水目寺内的《渊公塔铭碑》记载，水目寺为南诏龙兴四年（公元 813 年）普济庆光禅师所建。而寺前密檐塔为纪念大理国护法公高量成之子，水目寺三祖之一的皎渊而建，因此又称"渊公塔"。2006 年，水目寺塔作为唐至明时期古建筑，被国务院批准列入第六批全国重点文物保护单位名单。

水目寺塔为 15 级密檐式实心砖塔。塔平面呈正方形，通高 19m，塔身下砌台基两层，下层台基为方形，边长 15.2m，高 1.15m，用毛石垒砌，条石压沿；第二层台基呈八角形，边长 2.2m，高 1.2m，上为砖砌双重莲花基座。塔身第一级较高，东西方封闭式塔门。第二层以上逐级递减，叠涩式塔檐，其上各级每面有龛洞 1 个，塔刹由仰莲、覆钵、宝顶组成铜质葫芦顶形。塔身第一级南壁绘有佛教题材壁画 23 幅，画幅高 2.38m，宽 2.63m，画面虽已剥蚀不清，但尚可隐约分辨是由 23 组佛教题材造像组成。在塔的方形台基上分别排列有 48 个石柱础，柱础的排列为四周檐柱 20 棵，内侧金柱 20 棵，而塔身四角各有角柱 2 棵，计 8 棵。说明在塔的底部曾经建过双重廊庑，也就是俗称的"寺抱塔"。即在塔的四周，原建有八角环形殿宇，把塔围住，塔尖从殿顶伸出，很是独特。现塔殿已毁，仅留下塔基上的 48 个石柱础。

塔西有水目寺，现存大殿、中殿、厢房等，规模宏大。现保存明代铜钟及较多碑刻，寺右尚僧塔 50 余座，形成壮观的塔林。

名称：宝山石头城
级别：国家级
评定年份：2006 年
类型：古建筑

宝山石头城（图 2-17）位于云南省丽江城北，因百余户人家聚居在一座独立的蘑菇状巨石之上而得名。丽江宝山石头城纳西语称为"拉伯鲁盘坞"，意为"宝山白石寨"，城内瓦屋鳞鳞，巷道纵横，丽江纳西族居民辟岩建屋，房屋柱石和房沿石均随势打成，古朴自然，奇绝无穷。丽江宝山石头城三面皆是悬崖绝壁，一面石坡直插金沙江，仅有南北两座石门可供出入，是一座真正的天险之城。2006 年，宝山石头城被国务院批准列入第六批全国重点文物保护单位名单。

宝山石头城建于元朝到元年（公元 1277～1294 年），当时为丽江路宣抚司所辖的七州之一——宝山州治所，纳西语叫"刺伯鲁盘坞"，意为"宝山白石寨"，而"刺伯"即宝山。宝山石头城是一个天生岩石城，四壁陡峭，势如刀削，猿猴也难攀爬上来。岩石上的居民在四周加筑了一圈 5 尺高的石墙，使石城更易防御和掩护，整个宝山石头城只有前后两道门可以出入，关上城门就成了万无一失的安全岛。公元 1253 年，元太子忽必烈南征大理国，中路军经四川过大渡河挥师南下，分别在金沙江的"木古渡"和"宝山"乘羊皮革囊和筏子横渡，从宝山渡过来的元军就驻扎在宝山石头城。昆明大观楼长联中的"元跨革囊"，其典故就出于此。大约在隋末唐初，曾有一支摩梭人从宁蒗永宁迁居宝山石城。他们不畏艰险，运用当地现成的石头，修筑石级梯田，从峡谷深处层层修筑，直达距河谷两三千米的高坡。这些错落有致的梯田为在这片土地上繁衍生息的人们所创建的文明史增添了光彩的一页。

图 2-17　宝山石头城
资料来源：www.gxnews.com.cn

名称：大觉宫壁画
级别：国家级
评定年份：2013 年
类型：其他

大觉宫位于丽江城西北的束河村古街旁，为四合院式小院，北面主殿，虽不高大，但建筑结构匀称和谐，四角房檐高挑，斗拱结构，额枋梁柱饰以各种鸟兽浮雕。大觉宫壁画于 1998 年被云南省人民政府公布为第五批云南省省级文物保护单位，2013 年被国务院批准列入第七批全国重点文物保护单位名单。

大觉宫殿内绘有明代壁画，现存 6 铺，计 21.64m$^2$，皆为佛教内容，画面与白沙大宝积宫壁画不同，自成一体，独具特色，是明代丽江壁画的又一珍品。

名称：顺荡火葬墓群
级别：国家级
评定年份：2013 年
类型：古墓葬

顺荡火葬墓群就位于云南省大理白族自治州云龙县白石镇顺荡村的莲花山上。墓群坐西朝东，墓葬多为横向排列，整个墓地依山势缓缓而下呈等腰三角形台地，总面积为 1.5 万 m$^2$。顺荡火葬墓群于 1987 年就被云龙县人民政府公布为首批县级文物保护单位，1988 年被大理白族自治州人民政府公布为州级重点文物保护单位，2003 年被云南省人民政府公布为第六批省级文物保护单位，2013 年被国务院批准列入第七批全国重点文物保护单位名单。

墓地现存古墓千余冢，完好的梵文碑 92 块（梵文碑 85 块，梵文经幢 7 座）。火葬墓群是明代的古墓葬群，从明永乐到嘉靖年间都有，可见明代中期是最鼎盛的时期。火葬墓群是当地白族墓葬，墓碑所刻死者多为杨、张、高、赵四姓，即现在顺荡居民的祖先坟茔，是整个云南省境内保存得较为完整的火葬墓群之一，多数梵文及碑刻均较为清晰，是研究古代民俗和民族文化的重要史料，也是极为珍贵、精美的艺术品，是研究梵文历史的活教材。

2000 年云龙县对火葬墓群进行抢救复修，完成开辟游道、重竖墓碑、新立标志碑、说明碑、州级文物保护碑、修筑石梯子路面、在墓地中栽种柏树等多项工作，使古墓葬焕然一新，并同其他古建筑、古桥梁、自然景观有机地结合起来。

名称：芒康盐井古盐田
级别：国家级
评定年份：2013 年
类型：其他
参见 2.1 节芒康盐井古盐田。

名称：小恩达遗址
级别：国家级
评定年份：2013 年
类型：古遗址

小恩达遗址位于西藏自治区昌都市北，昂曲河东岸，东距小恩达乡 800m。遗址分布在小恩达小学一带的第一、二级台地上，海拔 3263m。小恩达遗址面积约 1 万 $m^2$。1986 年西藏自治区文物管理委员会文物普查队首次对遗址进行了调查、试掘，试掘面积 60$m^2$。遗存分为早晚两期，年代距今 3000～4000 年。发现房屋遗址 3 座、灰坑 1 处、窑穴 5 处，出土了大量打制石器、磨制石器、细石器和陶片等。早期房屋以草拌泥墙建筑为代表，并在 2m×10m 的探沟中清理出一处近 4000 年的古墓葬。小恩达遗址于 1996 年被西藏自治区人民政府公布为第三批自治区级文物保护单位，2013 年被国务院批准列入第七批全国重点文物保护单位名单。

小恩达遗址的年代从打制石器、细石器、磨制石器三者并存，而且以打制石器为主的情况来看，处于新石器时代。根据出土物的特征及碳十四测定和树轮校正，年代距今 3000～4000 年。属于新石器时代晚期遗址。小恩达遗址所反映的文化内涵，属于卡若文化的范畴，但又比卡若文化有明显的进步。从遗址中出土的石器、兽骨等物来看，小恩达遗址已进入了以农业为主的定居生活阶段。从文化面貌来看，小恩达遗址还与西藏林芝、墨脱、拉萨北郊曲贡村几处遗址原始文化，以及黄河中上游地区的原始文化，有着一定的联系。

小恩达遗址是藏东地区继卡若遗址之后科学发掘的第二处新石器时代遗址。它的发现对于探讨藏民族的起源，西藏地区早期和黄河流域等地的文化联系，以及建立和完善卡若文化的类型和序列提供了十分珍贵的材料。小恩达石棺墓葬所代表的考古文化在西藏尚属首次发现。

名称：强巴林寺
级别：国家级
评定年份：2013 年
类型：古建筑

强巴林寺（图 2-18）位于西藏自治区昌都市卡若区内的昂曲和杂曲两水交汇处，它巍峨地依附在横断山脉之下，耸立在古冰河切割而成的红壤层上。该寺是由宗喀巴弟子喜绕松布于公元 1444 年所创建。寺内主佛为强巴（大慈）佛，故对该寺的起名为昌都强巴林寺。1962 年被西藏自治区人民政府公布为第一批自治区级文物保护单位，2013 年被国务院批准列入第七批全国重点文物保护单位名单。

强巴林寺与内地王朝的关系历来极为密切。从清朝康熙帝开始，该寺主要活佛受历代皇帝的册封。

图 2-18　强巴林寺
提供：袁正

寺内至今保存有康熙五十八年 5 月颁发给帕巴拉活佛的铜印。乾隆五十六年，乾隆帝为昌都寺书赠“祝厘寺”的匾额。昌都强巴林寺有五大活佛世系，十二个扎仓，僧人最多时达 5000 余人，并辖周围小寺 70 座。帕巴拉·格列朗杰为该寺第一大活佛，现已转世至 11 世。

该寺主要建筑保存完好，经堂内塑有数以百计的各类佛像和高僧塑像，上千平方米的壁画以及众多的唐卡画，代表了昌都一带最高水平。强巴林寺的“古庆”跳神素以狰狞逼真的面具，整齐典雅的动作造型，宏大的场面而闻名。该寺跳的钺斧舞，服饰整齐华丽，舞姿古朴典雅，配器简约清越。以该寺独有的宗教舞蹈为形式的昌都藏戏在整个西藏自成一派。该寺喇嘛跳的“卓”舞更是一绝。在每年的酥油花节期间（时间在藏历年左右，即公历新年后 1 个月左右）表演的一种神舞，表演主要由动作大气、场面宏大、舞蹈者都戴着狰狞逼真面具表演的“古庆”神舞和服饰华丽舞姿古朴的钺斧舞组成，在西藏高原享有盛名。

名称：中心镇公堂

级别：国家级

评定年份：1996 年

类型：古建筑

中心镇公堂是始建于清雍正二年（公元 1724 年）的全城藏族议事、集会及宗教活动的中心。俗称“藏经堂”，藏语叫“独肯瑞巴夏康”。位于香格里拉市城内龟山朝阳楼东麓的龟井左侧，是一个汉藏合璧式建筑群。主楼为 1983 年重建，楼高 3 层，两边的墙上绘有藏传佛教的四大金刚。堂中央有一高大粗壮的中柱，群众对它视若神明，在中柱上绑以柏枝和哈达，以示崇敬。经堂旁的大龟山顶有朝阳楼，是中心镇的最高点。中心镇公堂于 1996 年被国务院批准列入全国重点文物保护单位名单。

中心镇公堂的建筑风格充分体现了藏汉文化相互交融的特点。镇公堂坐北向南，外观呈现汉式斗拱鹄吻飞檐，顶端宝鼎耀目，金碧辉煌，内壁采用藏式金刚杵柱，朱门绘彩，璀璨夺目。门两侧壁上，藏传佛教的四大金刚飞跃而立，栩栩如生，整个镇公堂如虎踞龙盘，气势雄伟。主体建筑面积为 474.7m$^2$，主楼高 3 层，坐北向南。平面呈正方形，面阔进深各 14m，三重檐歇山顶，外观呈汉式斗拱鸥吻飞搪，殿顶为木构架，盖青铜板瓦。屋脊分正脊、垂脊、戗脊，屋顶饰有吻兽和宝瓶。屋顶檐下置斗拱，斗拱下有平板枋。楼四周设环廊，环廊上开圆窗，内侧东、南、西三面皆有格扇门。公堂内部布局显现藏式风格。室内呈正方形，长宽各 14m。有 40 根方柱纵横对称排列其间，其中两根直通楼顶，高约 16m。四壁绘有彩色壁画，大门前的明廊和梁柱上可见壁画和木雕。顶端宝鼎耀目。内壁采用藏式金刚杵柱、金刚梁建成。两边的墙上绘有藏传佛教的四大金刚。

名称：玉水坪遗址

级别：国家级

评定年份：2013 年

类型：古遗址

玉水坪遗址位于云南省怒江傈僳族自治州兰坪白族普米族自治县通甸镇，前临澜沧江支流玉水河，为岩洞-岩厦型遗址。于 1976 年被发现，1984 ~ 1990 年，先后采集和征集到磨制石器、陶片、骨饰、动物骨骼等。2005 年进行考古发掘。1986 年作为新石器时代遗址，被兰坪县人民政府公布为重点文物保护单位，2013 年被国务院批准列入第七批全国重点文物保护单位名单。

2005 年 10 ~ 11 月发掘玉水坪遗址 100m$^2$。发掘发现，洞内遗址的上层堆积为新石器文化层；下层堆积为旧石器文化层，堆积中包含大量的打制石器、石核、动物骨骼。洞外岩厦下的堆积较厚，最深的地方达 2.7m，也出土不少打制石器和动物骨骼。出土的石器制作较原始，多为一次打击而成，未经第二次打击修整，大部分为刮削器和砍砸器。动物骨骼大多因敲击而成较小的碎片，可辨认出的动物有象、鹿、牛、熊、犀等。经与保山塘子沟旧石器遗址出土器物相比对，玉水坪遗址的年代至少可以上溯到 1 万年前，甚至更早。

兰坪玉水坪遗址发掘是迄今为止怒江傈僳族自治州境内的第一次考古发掘，具有里程碑意义。它的发掘，将当地有人类活动的历史至少推前了 6000 年，并为研究澜沧江流域的人类活动和考古学文化提供了重要资料。

名称：云南驿古建筑群

级别：国家级

评定年份：2013 年

类型：古建筑

云南驿村位于云南省祥云县云南驿镇北部。它有着 2000 多年的建制历史，是我国古代西南丝绸之路上主要的驿站之一，也是云南省内驿站使用村名保留下来的唯一村落，历史文化积淀较深。它位于滇西高原与滇西横断山脉相交处，被称为“古云南”和“小云南”。云南驿，至今仍保存着云南省中“云南”的原称。2010 年，云南驿村被住房和城乡建设部、国家文物局命名为第五批中国历史文化名村。2012 年 12 月，云南驿村被住房和城乡建设部、文化部、财政部列入第一批中国传统村落名录。2013 年被国务院批准列入第七批全国重点文物保护单位名单。

云南驿是我国古代西南丝绸之路上的重要驿站。汉元封二年（公元前 109 年）置云南县，云南驿为最早的县治驻地。唐天宝年间南诏王阁罗凤于云南驿筑了云南城。贞元年间云南城作为南诏国云南节度驻地。明洪武十七年（公元 1384 年）云南县治由云南驿迁往洱海卫城南（今祥云城），结束了云南驿从西汉至明初近 1500 年间作为行政管理机构县、郡、州、赕或军事管理机构节度所在地的历史，但仍有古驿道遗迹可以追溯其光辉的历史。明代以后，云南驿的政治、经济、文化地位随着设治历史的结束而逐渐衰落。现存完好的古镇古道和马店驿站，如岑公祠、钱家大院、李氏宗祠等，为明清古民居建筑群，是千年驿站风貌保存较完整的地方，保持着其独有的古驿镇风貌特色。

名称：银梭岛遗址
级别：国家级
评定年份：2013 年
类型：古遗址

银梭岛遗址位于大理市洱海东南海域，是金梭岛遗址的一部分。银梭岛位于金梭岛南约 1000m，原该岛四面环水，现因洱海水位下降，东南部海底已露出水面成为低洼陆地，东面是一个新石器遗址，是云南省首次发掘的新石器时代至青铜时代的贝丘遗址。该遗址发掘入选 2007 年中国十大考古发掘之一。1985 年大理市人民政府公布金梭岛（含银梭岛）为首批重点文物保护单位，2013 年银梭岛遗址被国务院批准列入第七批全国重点文物保护单位名单。

银梭岛位于大理洱海东南，面积为 23 300$m^2$，遗址分布于岛的北部，现存面积约 3000$m^2$。2003 年 9 月至 2004 年 5 月进行考古发掘，发掘面积为 300$m^2$。发掘发现，遗址中心区文化堆积保存较好，最厚处达 6.8m。遗址的中、上层堆积中含有大量的螺壳和遗物，现场对螺壳的采样和统计发现，大部分的螺壳尾部被人敲打过，以便于食用。出土大量遗物，其中以陶片最多，约有 30t，根据颜色和质地，陶器可分为夹砂橙红陶、黄陶、夹砂灰陶等。通过细筛筛选，获取了大量的小动物骨骼和小件器物等，编号小件器物多达 14 000 余件，可分为陶、石、骨、牙、蚌、玉、铜器七大类，以陶器、青铜器、石器等最引人注目。青铜器中，锻打的青铜鱼钩制作精美。另外，还清理出石墙、柱洞、灰坑、火堆、水沟、墓葬等遗迹。

经碳十四测年，银梭岛贝丘遗址的年代跨度较大，最早距今 5000 年，最晚至公元元年前后。

名称：杂涅墓群
级别：国家级
评定年份：2013 年
类型：古墓葬

杂涅墓群位于青海省玉树藏族自治州玉树市隆宝镇境内，为唐代墓葬群。2013 年，杂涅墓群被国务院批准列入第七批全国重点文物保护单位名单。

名称：玉树古墓群
级别：国家级
评定年份：2013 年
类型：古墓葬

玉树古墓群位于青海省玉树藏族自治州治多县、玉树市、称多县境内，为唐代墓葬群。2013 年，玉树古墓群被国务院批准列入第七批全国重点文物保护单位名单。

名称：乡城夯土碉楼
级别：国家级
评定年份：2013 年
类型：古建筑

乡城夯土碉楼位于四川省甘孜藏族自治州西南部乡城县境内，即白藏房，外形端庄简朴，室内却雕梁画栋，能够充分展示房屋主人的个性特征。2013 年，乡城夯土碉楼被国务院批准列入第七批全国重点文物保护单位名单。

白藏房普遍为三四层的平顶土木结构，其大小以柱头多少而论。小者一般为 20～30 根柱头，大者可达百余根。30 根柱头的藏房占地约 180m$^2$。其楼顶半封半敞，侧看如“厂”字形，为打晒谷物和夏季乘凉之用。白藏房的庭院非常宽敞，除了放置一些农具，还可供家畜活动。碉楼的底层没有窗户，光线较暗，主要作为畜圈。楼层间木梯的总格数为单数，寓意喜字开头喜字结尾，祈祷家人幸福常在。楼内单设经堂，供家庭佛事活动用，是藏房中最神圣的地方，也是花费心思和财物最多的地方。

据说，乡城的白色藏房起源于古吐蕃地域方形之说。古吐蕃人都是香巴拉王国的后裔，他们认为他们居住的整块大陆是四方形的。他们就居住在由各国组成的四方形大陆的中央，吐蕃的文明是通过一个圆心向四方地带逐步扩散和传递的。且吐蕃人坚信方形建筑可以镇邪驱魔，白藏房便沿袭了方形建筑的外形，也使房屋具有抗地震的功效。这些白色藏房散落在清澈河流的两岸，点缀在青山绿水间，形成了乡城独具一格的田园风光，成为藏区一绝。

名称：噶丹・桑披罗布岭寺

级别：国家级

评定年份：2013 年

类型：古建筑

噶丹・桑披罗布岭寺，俗称桑披寺，“噶丹”表示传承格鲁派祖师宗喀巴首建之西藏噶丹寺的名系，也证明桑披寺与拉萨噶丹寺的历史渊源。2013 年，噶丹・桑披罗布岭寺被国务院批准列入第七批全国重点文物保护单位名单。

桑披寺于清康熙八年（公元 1669 年）在五世达赖洛桑嘉措的倡导下，由乡城本地高僧若・崩公本洛与五世达赖派遣的蒙古族军官吉布康珠在噶举派甲夏寺的原址上兴建，是东藏最大的黄教寺庙之一，也是格鲁派创始之地。“文化大革命”时期，噶丹・桑披罗布岭寺遭到巨大破坏。1995 年，桑披寺迁址至巴姆山麓的同沙宫修建。新寺的建筑设计在旧寺的原型上，参考和借鉴拉萨三大寺、安多塔尔寺及理塘长青春科尔寺等藏区著名格鲁派寺院的设计而规划修建。

重建后的噶丹・桑披罗布岭在建筑艺术、绘画艺术和雕塑艺术上都显示出了突出的造诣。其建筑设计，以藏民族传统的科学设计手法而建，依山而筑、高低错落、层次分明，设计上比传统寺院更注重和体现了实用价值，充分考虑了防潮、防火、防水以及通风采光等因素。桑披寺规模宏大、外观雄伟、气势庄严，突出了佛教寺院特有的金碧辉煌与超凡脱俗之美，汇集和展示了乡城寺院建筑艺术最高的水平。寺中绘画可分为佛像类绘画艺术与装饰类绘画艺术。而雕塑艺术以质地分为铜雕、泥塑、木刻三大类。寺内的蟠龙柱、活佛宝座、东南北三大门都是桑披寺木雕技艺最高水准的艺术品。

名称：等觉寺

级别：国家级

评定年份：2013 年

类型：古建筑

巍山等觉寺（又名报国寺），位于大理白族自治州巍山彝族回族自治县古城东北隅，始建于南诏（唐代）。寺呈南北向，是巍山地区现存年代最早、规模最大的佛教寺庙建筑，为明、清两代僧纲司驻地。2013 年等觉寺被国务院批准列入第七批全国重点文物保护单位名单。

明代永乐十六年（公元 1418 年），寺僧无用自与蒙化土官左氏、蒙化大族善信等共同筹资，建成大雄宝殿（太阳宫）。随后，陆续建成三进四院的佛教寺庙建筑群。明正统二年（公元 1437 年）开始塑像，明成化元年（公元 1465 年）土知府左氏再建双塔于二门外，诸善信增建殿宇五座，明代万历二十七年（公元 1599 年）至三十四年（公元 1625 年），又新建后殿、两庑及更衣厅并塑罗汉，至此，等觉寺规模最大。《等觉寺碑记》载：“……功既就，各塑诸尊金像，昭示法眼，于是，栋宇巍峨，后前掩映，宝像森严，金碧交辉……”清代咸丰年间兵焚，部分建筑被毁，仅余太阳宫、双塔等处。清光绪年间，于太阳宫之左建禄位祠。

太阳宫为面宽五间的单檐歇山式建筑，正面及左右檐下皆设重昂五踩斗拱，后檐以垂柱花板作装饰，整个建筑古朴雄浑。双塔为九级方形密檐式实心砖塔，其大小结构相同。塔身最下层为石砌台座，上置砖造须弥座台基两层，上建塔身。等觉寺是集塔、寺为一体的佛教建筑，建在城池内极为少见。兼之等觉寺建筑布局型制严谨，充分显示了古代匠师的高超技艺，是研究明代早期木构建筑的重要实物例证，文物价值极高。

名称：景谷傣族佛寺建筑群
级别：国家级
评定年份：2013 年
类型：古建筑

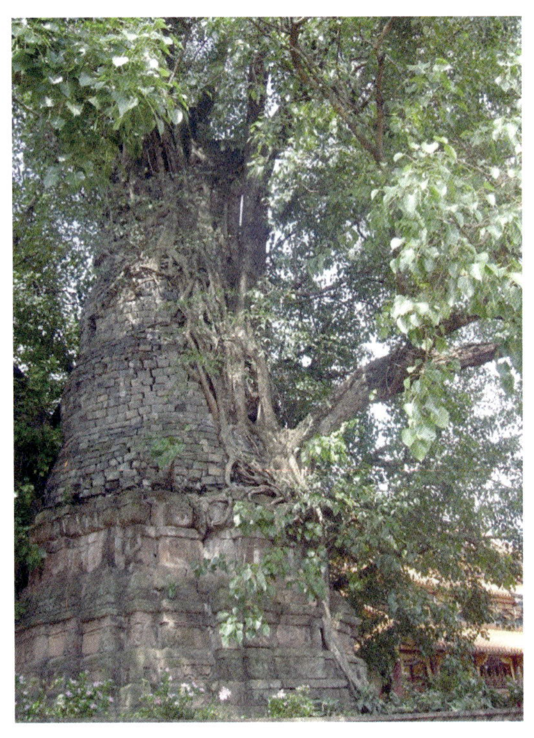

图 2-19　塔包树
提供：何露

景谷傣族佛寺建筑群主要指勐卧佛寺双塔、迁糯佛寺和芒岛佛寺，位于云南省普洱市景谷傣族彝族自治县境内。景谷是南传佛教在我国流传的传统重地之一，清朝末年景谷尚有佛寺 136 座，几乎每个傣族村寨一座，1950 年有佛寺 86 座，2012 年年底登记在册 84 座，景谷傣族佛寺建筑群以 3 座佛寺为代表展现景谷佛教文化，2013 年被国务院批准列入第七批全国重点文物保护单位名单。

勐卧佛寺双塔俗称“树包塔 · 塔包树”（图 2-19），位于距县城 1km 的威远镇威远村大寨。建于明末清初的“树包塔 · 塔包树”塔刹已被菩提树包裹于塔中，菩提树枝叶繁茂，树冠高约 25m，树干直径 2m，以其粗壮根茎将整个佛塔缠绕，紧紧地把塔身包裹在其中，塔身刻有佛传故事、民间传说、动植物花卉等石刻浮雕，是景谷独有的人文与自然相融合的奇观。

迁糯佛寺位于永平镇迁糯村，保存着多部 200 多年古老经书、贝叶经、报时大鼓等，它是云南省最大的傣族南传佛教佛寺之一。它始建于公元 1778 年，历经 230 余年保存至今。建筑风格融傣族、汉族、当地民族文化和典型的东南亚小乘佛教建筑特点，精美的彩绘、精湛的雕刻艺术展现其中。

芒岛佛寺是目前景谷傣族彝族自治县保存较为完好的一座傣族南传佛教寺院，其建筑风格融汉族、傣族和典型东南亚小乘佛教的文化影响。

沘江古桥梁群
级别：国家级
评定年份：2013 年
类型：古建筑

沘江古桥梁群指位于云南省大理白族自治州云龙县沘江上的 100 多座古桥梁。它们千姿百态，风格各异，都有上百年的历史，可谓桥梁的活化石，2013 年被国务院批准列入第七批全国重点文物保护单位名单。

云龙彩凤是众多古桥中的一个杰作，它横跨在沘江上，位于云龙县城北 74km 的白石镇顺当村，桥长 39m，跨径 27m，宽 4.7m，高 11.3m，是明朝崇祯年间修建的。清朝时，当地颁布了人马帮过桥规则。云龙彩凤有顶棚，上面用瓦片覆盖房顶，桥身是伸臂式的木梁桥，采用木方交错架叠，从两岸桥墩层层向河中心跳出，桥两侧用木板遮挡，桥内置两排木凳供行人歇息。

松水藤桥，位于白石镇境内，横跨沘江。原来沘江上有很多类似的藤桥，但是都渐渐废弃了，松水藤桥是目前沘江上唯一可以使用的藤桥，建于清朝年间，桥两侧是完全用藤子做成的，桥身为整条木板。该桥是松水村人过江耕种田地的重要途径。

南诏镇古建筑群

级别：国家级

评定年份：2013 年

类型：古建筑

南诏镇古建筑群位于云南省大理白族自治州南诏故地巍山彝族回族自治县，古时称为蒙化。唐代显赫一时的由西南少数民族建立的地方政权——南诏国就从这里发祥。巍山南诏古镇，保留了大量珍贵的文物古迹，传承着浓郁而独特的民族风情和精湛的传统工艺。古城内大多数居民的房屋至今仍保持着明、清时期的样式，城中主要建筑拱辰楼、玉皇阁、文华书院、文庙、星拱楼等均为不同时期的古建，均被列入不同级别的文物保护单位。1994 年，巍山被国务院批准为中国历史文化名城；2013 年，南诏镇古建筑群被国务院批准列入第七批全国重点文物保护单位名单。

拱辰楼原为蒙化卫城的北门城楼，始建于明洪武二十三年（公元 1390 年），原为三层，南明永历二年（公元 1648 年）维修时改为两层。拱辰楼为重檐歇山式建筑，面阔 5 间，由 28 棵合抱大柱支撑，四面出厦，楼四周设廊，整个建筑用料粗大，上檐四角用檐柱，屋面比较平缓，出角短，起翘小，一字平脊。拱辰楼是巍山历史文化名城的标志性建筑，1993 年被云南省人民政府公布为文物保护单位。2015 年 1 月 3 日凌晨，大理白族自治州巍山南诏镇拱辰楼发生火灾，拱辰楼被烧毁。

玉皇阁坐东向西，始建于明代，清代同治八年（公元 1869 年）毁于战乱，光绪二十六年（公元 1900 年）重建，占地面积约 $2500m^2$，中轴线上依次建有山门、前殿、中殿、大殿等建筑。山门为面宽 3 间的牌楼式建筑，明间正面设叉手如意斗拱，次间置七彩斗拱，两山墙饰以砖砌斗拱，后檐以垂柱及花板装饰，整个建筑雕镂精致，装饰性甚强。前殿及中殿皆建在石砌台基之上，层层升高，均为面宽 3 间的单檐硬山顶加腰檐式建筑，无斗拱，但建筑体量高大，梁、枋等构件流利多姿。大殿则建于 2m 高的台基之上，前设月台，左右砌以八字墙，为重檐歇山顶建筑，面宽 5 间，前设走廊，上下檐皆置七彩斗拱，下檐额枋下复设镂空花板，门、窗皆作精细雕刻，有八扇透雕“八仙过海”隔扇门，殿内无楼，形成高深空井，为巍山地区清代最大的重檐建筑。1998 年被云南省人民政府公布为第五批省级文物保护单位。

文华书院位于玉皇阁之左，清代咸丰七年（公元 1857 年）巍山境内明志书院、文昌书院、文明书院皆毁于战火。清代光绪元年（公元 1875 年）重建书院于原玉皇阁旧址，因地处文华山麓故名文华书院。清代光绪二十九年（公元 1903 年）改书院为高等小学堂，民国年间改为文华小学，为巍山最早的现代学校，现为文华中学校址。书院坐东向西，由大门、二门、泮池、雁塔坊、魁星阁、藏书楼及两厢房等大小九个院落组成。现存建筑为雁塔坊、魁星阁、藏书楼及部分厢房，以藏书楼、魁星阁保存最好。书院藏书甚多，现大部分存于县图书馆。1998 年被云南省人民政府公布为第五批省级文物保护单位。

文庙位于古城西门内。始建于明代洪武年间（公元 1368～1398 年），万历十七年（公元 1619 年）庙毁，随即重建。清咸丰、同治年间，杜文秀大理政权驻蒙化守将李芳园、马国忠等复加扩建。民国初期设劝学所，1938 年开办中学。文庙占地面积约 $10\,000m^2$，坐北向南，前设照壁，上镶“万仞宫墙”大理石匾。大门开于左右两侧，在中轴线上依次为泮池、石桥、棂星门、大成门、大成殿、雁塔坊、崇圣祠、尊经阁等；东西两侧有名宦祠、乡贤祠、明伦堂、兴文祠、承祭斋、学官署、射圃等。现存大成门、大成殿、雁塔坊、崇圣祠、明伦堂、尊经阁等。大成殿前设月台、环以石栏，殿面阔 7 间，单檐歇山顶，檐下四周置五踩重翘斗拱；雁塔坊为单檐歇山顶牌楼式建筑，檐下四周设斗拱，八个翼角飞展，雕梁画栋，工艺精湛；明伦堂建筑独具一格，前为卷棚，后为尖山的两个建筑勾连而成，中有 6 扇格子门，分别镌刻春夏秋冬四景和山水、城堡庙塔，雕工十分精湛。2003 年被大理白族自治州人民政府公布为州级文物保护单位。

星拱楼又名文笔楼，为明代蒙化府府城中心的过街楼，于明洪武二十三年（公元1390年）建成。星拱楼是古代巍山城四大街（东街、西街、北街、南街）的交汇点。楼基座为石砌，四向贯通，门洞作券顶。楼作亭阁式，为抬梁与穿斗相结合梁架，重檐歇山顶。楼底层四周设廊，上、下四周皆置七踩斗拱，屋面四翼角飞檐高翘，弧度柔和，饰以高空花脊。1981年被巍山彝族回族自治县人民政府公布为文物保护单位。

名称：普济寺铜瓦殿

级别：国家级

评定年份：2013年

类型：古建筑

普济寺位于云南省丽江市古城西普济山麓，始建于清乾隆三十六年（公元1771年），为滇西北13个喇嘛寺之一。在教仪上有融汉、藏宗教为一炉的特点。原有大殿、僧院等12个院落，现存3院，由山门、护法堂、大殿、南北厢房等组成。铜瓦殿是普济寺主殿，呈长方形，屋顶铜瓦覆盖面积为46.4$m^2$，是云南省唯一幸存的铜瓦建筑。1987年被云南省人民政府公布为第三批云南省省级文物保护单位；2013年，被国务院批准列入第七批全国重点文物保护单位名单。

大殿重檐歇山顶建筑，以顶覆铜瓦故又名铜瓦殿。铜瓦殿为重檐歇山式。一层檐下均施如意斗拱，铺作繁复华丽，表现出明清时期汉式斗拱特征。二层檐下以卷棚式弯椽反瓦装饰，给人以柔和的曲线美感。额彷下有两跳藏式出头梁，抱框及上槛均用藏式蜂窝状浮雕装饰。前格子门绘有四尊护法神，檐栏板绘有八仙图案，反映出佛道两教兼容的现象。铜瓦殿面阔5间，进深5间。

殿最初是用土瓦覆盖的，该寺第四代活佛圣露活佛（四代活佛都姓“和”，是丽江当地人）辗转西南各地讲经、集资，于1936年改覆铜瓦，是云南省唯一幸存的铜瓦殿。

名称：景迈古茶园

级别：国家级

评定年份：2013年

类型：其他

参见2.1节普洱景迈山古茶园。

名称：海门口遗址

级别：国家级

评定年份：2013年

类型：古遗址

海门口遗址（图2-20）位于云南省大理白族自治州剑川县甸南镇天马村东北方，距剑湖湖尾闾250m处。该遗址于1957年发现，为“铜石并用文化”遗址，在长140m，宽20m范围内小面积清理。遗址发现文物近千件，其中陶器475件，石器169件，骨器67件，铜器14件。遗址中发现住房桩柱224根，可断言为一个小村落。经中国科学院考古研究所实验室放射性碳素测定，海门口出土圆木桩，距今已3115年±90年（公元前1150年±90年）。经过树轮校正后的数据为公元前1335年±155年。遗址中有四处发现谷物，出土时均成黑色。经有关部门鉴定，出土谷物属于粳稻类型。还有大量兽骨出土。2013年，海门口遗址被国务院批准列入第七批全国重点文物保护单位名单。

海门口遗址出土文物，属铜石并用时期文化，这一遗址的发现，反映出云南原始社会末期之社会面貌，说明当时这里已形成一个滨水的村落，村落房屋为一种干栏建筑，与近代云南一些少数民族房屋相似。遗址发现的器物，具有洱海地区新石器文化的若干特征，说明整个社会生产力有了飞跃的进步。特别值得注意的是，发现的 14 件铜器中有斧、刀、凿装饰品和鱼钩，还有制造铜斧的范，标志着当地冶金术的发展。由于生产工具的改造，农业、畜牧业和渔猎均很发达。遗址中发现的粳稻大概一直是远古时期云南地区栽培的主要稻种。从测定的遗址形成时间看，当时云南刚刚跨进阶级社会的大门，而我国中原地区正处在殷商晚期。截至目前所知，海门口遗址是云南铜石并用文化的最早发源地，标志着云南地区利用金属的开始。

图 2-20　海门口遗址

提供：剑川县农业局

名称：诺邓白族乡土建筑群

级别：国家级

评定年份：2013 年

类型：古建筑

诺邓位于云南大理白族自治州云龙县城以北的深山里，是一个有着上千年历史的白族村寨，1000 多年来，诺邓村名从未变更过。诺邓是一个因盐业而发展起来的古村落，长期以煮盐为生，又称为石门井，是云南著名的五个盐井之一。云南诺邓镇是全国首批“中国景观村落”，云南十大旅游古镇之一。“诺邓”是云南历久未变的最古老的村庄，该村是白族最早的经济重镇，现有着滇西最集中的明清古建筑群和明清文化遗存，目前存有的 100 多座依山构建、形式多变、风格典雅的古代民居院落，有玉皇阁、文庙、武庙、龙王庙、棂星门等众多明清时期的庙宇建筑和盐井、盐局、盐课提举司衙门旧址以及驿路、街巷、盐马古道等古代建筑，蕴含着极其丰富的历史文化内涵。2013 年，诺邓白族乡土建筑群被国务院批准列入第七批全国重点文物保护单位名单。

诺邓的民居依山而建，上边一家的门口往往是和下边一家的房顶同高，主要是以明朝和清朝时期的居多。向上望去，民居层层叠叠，错落有致。由下向上建有：龙王庙、古江西会馆、万寿宫，古榕树、黄姓家族的“题名坊”和玉皇阁前的“棂星门”，是滇西现存最大的古木牌坊。再上去就是玉皇阁建筑群，周围全是高大的古黄连木，树高多达三四十米，最古老的树龄已有 800 多年。

名称：云南茶马古道

级别：国家级

评定年份：2013 年

类型：其他

茶马古道源于古代西南边疆和西北边疆的茶马互市，兴于唐宋，盛于明清，第二次世界大战中后期最为兴盛。茶马古道分川藏、滇藏两路，连接川滇藏，延伸入不丹、尼泊尔、印度境内（此为滇越茶马古道），直到西亚、西非红海海岸。滇藏茶马古道大约形成于公元6世纪后期，它南起云南茶叶主产区西双版纳易武、普洱市，中间经过今天的大理白族自治州和丽江市、香格里拉进入西藏，直达拉萨。有的还从西藏转口印度、尼泊尔，是古代中国与南亚地区一条重要的贸易通道。普洱是茶马古道上独具优势的货物产地和中转集散地，具有悠久的历史。

2013 年，云南茶马古道被国务院批准列入第七批全国重点文物保护单位名单，茶马古道已成为国家4A级旅游区。包括云南茶马古道思茅段、云南茶马古道勐腊段、云南茶马古道剑川段、云南茶马古道鹤庆段、云南茶马古道香格里拉段、云南茶马古道鲁史段、云南茶马古道德钦段、云南茶马古道凤庆段、云南茶马古道宁洱段和云南茶马古道梅里水段等。

茶马古道思茅段即普洱市茶马古道风景区，位于普洱市思茅区的东南方约40km处，面积达200多平方公里。区内遗存有一条铺就于崇山峻岭的石子大道——茶马古道。它是古代滇南的“茶盐之路”（普洱茶、磨黑盐都由此道出境），又是“南方丝绸之路”的重要路段。

云南驿茶马古道位于祥云县云南驿镇，南距祥云县城21km，作为祥云县最早的县治驻地，是古滇文化的典型代表。云南驿是西南丝绸路上一个重要的驿站，作为驿站始于元代至今已有1200多年的历史。当时随着白盐井盐业的兴旺，盐商马帮络绎不绝，驿道运输频繁，古道遗址的石板路上至今仍存留下斑斑马蹄足迹。

茶马古道鲁史段位于临沧市凤庆县鲁史镇。清康熙四年（公元1665年），云南北胜州（今永胜县）设立茶马市场后，凤庆的茶叶产品开始随马帮进入丽江。20世纪20年代，大理喜洲的严子祯在下关建立“永昌祥”商号，开始经营沱茶和藏销紧茶，而凤庆青毛茶，是“永昌祥”沱茶产品必不可少的原料。1928年以来，“永昌祥”在凤庆设立商号，专门收购凤庆青毛茶，20世纪30年代在宜宾、重庆、汉口、上海、缅甸瓦城等地设立分号20余家，凤庆茶随马帮销往各地。

茶马古道梅里水段全长30km，南起澜沧江边海拔2051m的溜筒江渡口，经梅里水驿站，至梅里雪山北侧海拔4815m的说拉丫口，是茶马古道由滇入藏的最后一站。这段古道因其特殊的地理位置至今仍在使用，所以虽历经上千年但古渡口、古驿站、古驿道仍较完整地保存了下来。茶马古道梅里水段从唐朝到现在，曾多次作为军事要道而载入史籍，是研究滇西北军事史难得的实物证据。

## 2.3.2 澜沧江上游与大香格里拉地区省、自治区级文物保护单位

名称：结古寺

级别：省级

评定年份：1998 年

类型：古建筑

结古寺位于玉树结古镇东结古山上，藏语称“结古顿珠楞”意为“结古义成洲”为萨迦派在青海省内的主寺。1998年被青海省人民政府公布为第六批青海省文物保护单位，类型为清代古建筑及历史纪念建筑物。结古寺主要建筑有经堂2座，僧舍220间，主体建筑为“都文舟嘉措”。讲经院、大昭殿、弥勒殿、嘉那和文保活佛院都各具特色。这里有“世间第一大嘛呢堆”，嘛呢堆由刻有六字真言“啊嘛呢叭咪哞”的嘛呢石垒成，目前已有2.6亿块嘛呢石，形成了一座嘛呢石城。寺院依山而建，殿堂僧舍错落。历史上一直是玉树北部地区萨迦派主寺，1937年藏历12月1日，九世班禅却吉尼玛圆寂于此。嘉那佛是

该寺最大活佛，与内地关系非常密切，故称“嘉那朱古”（汉族活佛之意），嘉那佛独创了称为“多顶求卓”的 100 多种舞蹈，从而使玉树成为歌舞之乡。2010 年玉树地震造成结古寺 90% 的建筑成危房。

名称：当头寺
级别：省级
评定年份：1998 年
类型：古建筑

当头寺全名为当头大乘如意法帐寺，位于青海省玉树藏族自治州玉树市巴塘乡当头村所在的拉娘山腰，萨迦派寺庙，由西藏萨迦派喇嘛亚丁更嘎松保来此传教兴建。1998 年被青海省人民政府公布为第六批青海省文物保护单位，类型为清代古建筑。当头寺于清康熙年间以后发展甚快，寺僧达 200 余人，下辖今四川石渠县境内的须拉寺、邦岭寺、拉居寺和西藏昌都市的萨沟寺，寺院建筑宏伟，主体建筑大经堂雄踞全寺中心，其他殿宇、门舍围绕四周，形成方形建筑群，布局奇特，气势壮观，但毁于光绪元年间地震。后又经重建。

名称：龙喜寺
级别：省级
评定年份：1998 年
类型：古建筑

龙喜寺位于青海省玉树藏族自治州玉树市下拉秀乡，1998 年被青海省人民政府公布为第六批青海省文物保护单位，类型为清代古建筑。龙喜寺前有一条名叫“龙曲”的河，龙曲河自北南流，清澈明净；龙喜寺东北处有座山叫“拉隆蒙郭山”，谓之该寺“神山”，早年松柏茂密。龙喜，“龙”即龙曲，“喜”即藏语柏树的译音，龙喜寺由龙曲河和“拉隆蒙郭山”上的松柏树而得名。龙喜寺，初奉本教，后宗直贡噶举，18 世纪后改宗格鲁派，成为玉树地区 18 个规模较大的格鲁派寺院中最大的寺院。

名称：囊谦王族墓地
级别：省级
评定年份：1998 年
类型：古墓葬

囊谦王族墓地位于青海省玉树藏族自治州囊谦县扎乡东村，建于唐、宋时期，1998 年被青海省人民政府公布为第六批青海省文物保护单位。囊谦家族族姓“治”（异写直、朱、柱等），藏语“母牦牛”之意，系古代藏族六大姓氏之一，可上溯 71 代，其中第 47 代为第一世囊谦王，者哇阿路，公元 12 世纪前叶人。公元 12 世纪中下叶，者哇阿路携贝萨嘎莫母子和部分属民，迁徙至今玉树南部地区。囊谦王族墓地为其家族墓地。

名称：嘎丁寺
级别：省级
评定年份：1998 年
类型：古建筑

嘎丁寺位于青海省玉树藏族自治州囊谦县毛庄乡东南，始建于明嘉靖十四年（公元 1535 年）。嘎丁寺初奉宁玛派，于清顺治九年，改为格鲁派寺院，名为“嘎丁佛教定胜洲”。1998 年被青海省人民政府公布为第六批青海省文物保护单位。嘎丁寺，亦称“尕旦寺”，藏语称“孜苏莽嘎丁图登乃勒楞”，意为“孜苏莽的具喜佛教定胜洲”。寺庙原建有三层高 48 柱经堂和 3 柱怙主殿各 1 座，另有各为 8 柱的宁玛派经堂 2 座。嘎丁寺有三个活佛系统，均享有百长待遇。

名称：藏式碉楼建筑群

级别：省级

评定年份：1998 年

类型：古建筑

藏式碉楼建筑群位于青海省玉树藏族自治州囊谦县扎乡东日尕村，1998 年被青海省人民政府公布为第六批省级文物保护单位，类型为清代古建筑。藏族碉楼通常是由藏族民众用石头建造的具有军事防御功能的方形建筑物。一般高三四层，在高层有窗，可以抵挡外敌入侵。藏式碉楼通常同时具备防御与生活功能，在羌、藏少数民族地区分布广泛。其中，藏族则由于宗教原因，在檐上悬挂红、蓝、白三色条形布幔，转角插“幡”，形成与素墙面的强烈对比，形成与羌族白色碉楼不同的另一种风格。

名称：岗察寺

级别：省级

评定年份：1998 年

类型：古建筑

岗察寺亦称“纲擦寺”，位于青海省玉树藏族自治州治多县多采乡色格隆洼沟南面山坳，为文都寺赛卡活佛所辖寺院，属格鲁派。1998 年被青海省人民政府公布为第六批青海省文物保护单位，类型为清代古建筑。该寺传说建于清康熙年间，1958 年关闭。1962 年西北民族工作会议后批准开放，当时有寺僧 5 人。1967 年再次关闭。1980 年批准开放，现有经堂 6 间，僧舍 44 间，僧徒 14 户 23 人。

名称：当卡寺

级别：省级

评定年份：2004 年

类型：古建筑

当卡寺位于青海省玉树藏族自治州首府结古境内东面，倚山而建，势如观音静息状，下以八龙盘踞之态，庄严神圣，属噶玛噶举派寺院。该寺历史悠久，始建于公元 1190 年左右，文物丰富。2004 年被青海省人民政府公布为第七批青海省文物保护单位，类型为宋代（始建）古建筑。寺内现有 80 柱大经堂 1 座、20 柱小经堂 1 座，还建有佛像、怙主殿、讲经院和 100 多间僧舍。此外，寺内还有释迦牟尼佛像、莲花生大师像、蒂洛巴、纳若巴、玛巴和米拉日巴等噶举派始祖以及祖婆阿斯秋吉卓玛等护法神像。

名称：嘎然寺

级别：省级

评定年份：2004 年

类型：古建筑

嘎然寺位于青海省玉树市仲达乡歇格村，2004 年被青海省人民政府公布为第七批青海省文物保护单位，类型为宋（始建）代古建筑。2010 年玉树地震对嘎然寺造成轻微损毁。

名称：唐隆寺

级别：省级

评定年份：2004 年

类型：古建筑

唐隆寺亦称“汤陇寺”，藏语称“唐隆那嘉楞”，意为“解脱尊胜洲”，坐落在青海省玉树市仲达乡唐隆村后面的颇绕顿（意为乌鸦鼻梁）山上。2004 年被青海省人民政府公布为第七批青海省文物保护单位。唐隆寺周围环山，右为森格顿山（狮子鼻梁山），后为觉卧松嘎神山，前为念热宁日勒宝山。念热宁日勒宝山是当地僧人常来闭关静修的地方。唐隆寺建于元代，传由八思巴时代的高僧仲·衮噶仁钦选定寺址，由热迥衮噶益希负责修建，属萨迦派，主寺为西藏的俄日寺，原俄日寺派有代理活佛，来寺住夏日拉让。唐隆寺历史悠久，原保存有丰富的文物，如八思巴使用过的马鞍，八思巴弟子嘎阿尼当巴掘出的伏藏品高约一肘的怙主铸金像，热译师煨桑时用过的称作“贡斯”的勺子，释迦牟尼等七佛舍利塔以及俄日寺然坚巴衮噶益希所赐命册，俄日寺大堪布巴丁秋君和本寺堪布嘎囊文勒巴制定的教规等。

名称：当旦石经墙及佛塔
级别：省级
评定年份：2004 年
类型：石窟寺及石刻

当旦石经墙及佛塔位于青海省玉树市结古镇当代路，2004 年被青海省人民政府公布为第七批省级文物保护单位，类型为明代石窟寺及石刻。2010 年玉树地震对其造成损毁。

名称：然吾沟石窟及经堂
级别：省级
评定年份：2004 年
类型：石窟寺及石刻

然吾沟石窟及经堂位于青海省玉树市结古镇然吾沟村，2004 年被青海省人民政府公布为第七批青海省文物保护单位，类型为唐代石窟寺及石刻。2010 年玉树地震对其造成损毁。

名称：原江南县政府旧址
级别：省级
评定年份：2004 年
类型：近现代重要史迹及其代表性建筑

原江南县政府旧址位于青海省玉树藏族自治州玉树市境内，2004 年被青海省人民政府公布为第七批青海省文物保护单位。2010 年玉树地震造成原江南县政府旧址坍塌损毁。

名称：禅古寺
级别：省级
评定年份：2008 年
类型：古建筑

禅古寺，因修建和管护文成公主庙而享有盛誉，该寺位于玉树藏族自治州府所在地结古镇南禅古村，距文成公主庙 16km，始建于公元 12 世纪，海拔超过 3700m，分上下两寺。“禅古”直译为“花石头”，得名于下寺附近一块花色磐石。禅古寺属藏传佛教噶举派寺院，修持本派“大手印法”。2008 年被青海省人民政府公布为第八批青海省文物保护单位。禅古寺历史悠久，据传公元 12 世纪，被创时建于玉树地区的一“吉然圣地”，这里迄今还有“吉然红塔”遗址和“吉然自显白塔”等文物古迹。后因教派之争而渐趋衰微。14 世纪末在七世噶玛巴秋扎嘉措的关照下恢复了禅古寺，寺内建有大经堂、佛塔、僧舍、佛殿和讲经院等。有查来嘉贡、禅古朱古、斯日朱古、噶玛洛周尼玛四个活佛转世系统，其中查来嘉贡是原西藏地方政府在玉树地区册封的“四大嘉贡”（救世主，亦作怙主）之一。

名称：江欠甘珠尔石经墙

级别：省级

评定年份：2008 年

类型：石窟寺及石刻

江欠甘珠尔石经墙位于青海省玉树藏族自治州治多县治渠乡治加村，2008 年被青海省人民政府公布为第八批青海省文物保护单位，类型为宋（始建）代石窟寺及石刻。江欠甘珠尔石刻经墙始建于 1957 年年初，是“宗巴江丹”和“凯秋”两个人根据嘉地嘛呢石经城，把江欠《甘珠尔》石经城分成了三条界线，由北向南堆砌。三条界线上各放不同的经文，其中中间界线上主要放《甘珠尔》经文，而上下界线则放嘛呢石经或石刻佛像，而在中间界线上“宗巴江丹”和“凯秋”两个人最先刻放进了一部分《甘珠尔》经文，后在当地百姓“宗趄・赤古代哇”的呼应下，当地百姓和当地各界人士纷纷参与了石刻《甘珠尔》经文，进行了大规模的石刻《甘珠尔》经文。

名称：仁达摩崖造像

级别：自治区级

评定年份：1996 年

类型：石窟寺及石刻

仁达摩崖造像位于西藏自治区昌都市察雅县香堆区香堆镇境内的仁达村，当地群众依据造像而称之为仁达大日如来殿。建成于藏历阳木猴年，即公元 804 年，系吐蕃僧人在此驻扎期间为祝颂赞普功德及广大延福寿而刻。仁达摩崖造像于 1996 年被西藏自治区人民政府公布为第三批自治区级文物保护单位。殿内分为主供佛大日如来佛，陪衬佛八大弟子和两个女飞天神，附加佛护贝龙王，以及殿堂上部松赞干布和文成公主刻像等。察雅仁达丹玛摩造像及石刻，是康巴地区一带唯一能确定为吐蕃时代的造像铭文，它对于研究吐蕃时期昌都市的政治、经济、文化、法律及书法雕刻艺术均有重要意义。

名称：噶玛丹萨寺

级别：自治区级

评定年份：1996 年

类型：古建筑

噶玛丹萨寺，又名噶玛寺，位于西藏自治区昌都市噶玛乡白西山麓下，海拔 3996m。由噶举派高僧嘎玛・堆松钦巴于公元 1185 年创建。1996 年被西藏自治区人民政府公布为第三批自治区级文物保护单位。该寺是嘎玛噶举派的祖寺，占地面积为 5935. 6m$^2$，由“措钦”“喇让”“扎仓”、塔殿等建筑构成。其中，“措钦”具有藏、汉、纳西三个民族的建筑风格。殿内供奉的一座 17m 高的泥塑弥勒佛，是昌都市唯一留下来的最大泥塑像，堪称古代泥塑精品。噶玛丹萨寺现藏有大量唐卡和佛像。噶玛丹萨寺在 1998 年 10 月护法神殿发生火灾后进行了修复。除此之外，噶玛丹萨寺其余古建筑保存较好。

名称：桑珠德钦林寺

级别：自治区级

评定年份：1996 年

类型：古建筑

桑珠德钦林寺位于西藏自治区昌都市八宿县同卡乡，俗称同卡寺，海拔 4171m。公元 1473 年由洛巴江村僧格创建，系拉萨功德林的属寺。该寺已于 1996 年被西藏自治区人民政府公布为第三批自治区级文物保护单位。桑珠德钦林寺整体建筑坐东朝西，基本由释迦牟尼大殿、大经堂（库房）及分布在四周的僧舍组成，占地面积为 22 800m$^2$。寺内藏有各时期来自印度、尼泊尔、内地和西藏本土不同年代与不同质地的各种佛、菩萨、本尊、护法以及历史人物像 3000 多尊，唐卡 100 多幅，佛塔 34 座以及大量元明清时期的赐品和丝织品，工艺精细、品位极高、风格多样、极为弥足珍贵，是研究藏汉印尼艺术发展不可或缺的实物资料。该寺是昌都市收藏文物最多的寺庙之一。

名称：边巴寺
级别：自治区级
评定年份：2007 年
类型：古建筑

边巴寺位于西藏自治区昌都市边坝县，始建于公元 1253 年，为藏东宁玛派（红教）寺庙，2007 年被西藏自治区人民政府公布为第四批自治区级文物保护单位。

名称：贡觉唐夏寺
级别：自治区级
评定年份：2007 年
类型：古建筑

贡觉唐夏寺位于西藏自治区昌都市贡觉县西北部，是由后弘期高僧噶顿 · 普布瓦于公元 1096 年创建，为藏东萨迦派（花教）寺庙，2007 年被西藏自治区人民政府公布为第四批自治区级文物保护单位。该寺主体为拉萨堂、扎西仓康、学纪堂和禅房，加上附属建筑，总面积近千平方米。整座建筑主体为藏式风格，顶端为汉式，佛像壁画等则为印度风格。目前，唐夏寺保留最为完整的三座大殿，分别为普巴拉康、拉桑拉康和大经殿，根据古建筑专家鉴定，均建于北宋年间。唐夏寺初奉噶举派，不久改奉萨迦派。如今寺内珍藏有许多珍贵文物。有八思巴馈赠的神像、大明永乐年间的宗教法具、用羊毛丝编织的唐卡，相传还有格萨尔王使用过的宝剑等。

名称：孜珠寺
级别：自治区级
评定年份：2007 年
类型：古建筑

孜珠寺位于西藏自治区昌都市丁青县觉恩乡境内的孜珠山上，海拔 4800m，为藏东本教寺庙，2007 年被西藏自治区人民政府公布为第四批自治区级文物保护单位。据说孜珠寺的历史最早可追溯到二三千年以前。孜珠寺是本教著名高僧罗邓宁波 · 仁增康珠于 14 世纪中期再度兴建和恢复的。“孜珠”意为六座山峰。该寺独具特色的是本教的佛事活动，更具特色的是本教裸体跳神。孜珠寺是一座坐落于山顶上悬崖峭壁上的寺庙，也是康巴地区规模最大、教徒最多、本教教仪保存最完整的寺庙。

名称：向康大殿
级别：自治区级
评定年份：2007 年
类型：古建筑

向康大殿为贡觉唐夏寺主殿，位于西藏自治区昌都市察雅县香堆镇，以其“自生”弥勒佛菩萨闻名，2007 年被西藏自治区人民政府公布为第四批自治区级文物保护单位。关于古刹的始建年代说法不一，一说为赤松德赞时代就存在；一说建成于文成公主进藏后若干年。格鲁派的创始人宗喀巴、昌都寺创建者向生 · 西绕松布以及四、五、七、十世达赖和七世班禅等都去过该寺朝拜。清乾隆皇帝于四十八年（公元 1783 年）御赐“黎净地”匾额一方，由寺方悬挂于下门，其左右两侧还有两块镌刻有汉字的石碑，寺内还有清皇帝御赐的铜钟，至今仍悬挂于大殿内。

名称：囊巴朗则石雕群
级别：自治区级
评定年份：2007 年
类型：石窟寺及石刻

囊巴朗则石雕群位于西藏自治区昌都市，创建至今已有1200 多年的历史，2007 年被西藏自治区人民政府公布为第四批自治区级文物保护单位。囊巴朗则石雕群内的圆雕石刻群诞生于唐代，该石刻群内有一寺庙建筑，叫囊巴朗则拉康。寺主佛是大日如来，两侧是八大弟子的塑像，由唐代石匠雕刻而成，兼顾藏汉两家之长，雕工精细，造型精美，技艺精湛，人物表情丰富。

名称：硕都清代汉墓群
级别：自治区级
评定年份：2007 年
类型：古墓葬

硕都清代汉墓群位于西藏自治区昌都市洛隆县硕都镇硕督村，2007 年被西藏自治区人民政府公布为第四批自治区级文物保护单位。硕督，在藏语中的意思为“险岔口”。古时候这里便是茶马古道上的重要驿站，也是川藏要道上的重镇之一。元朝时期，这里就开设了粮店，而到了清朝，建立起硕督府，旧西藏噶厦政府时期也在这里设立硕督宗。坐落在硕督村久工丁山麓的清代汉墓群遗迹，是汉藏民族团结、和睦共处有力的证据。

名称：江钦遗址
级别：自治区级
评定年份：2007 年
类型：古遗址

江钦遗址位于西藏自治区昌都市，是四川大学考古队于2007 年发现的，距今4000～5000 年，当年被西藏自治区人民政府公布为第四批自治区级文物保护单位。江钦遗址海拔超过3100m。此后，在距其100 多公里处又发现了吐蕃（唐松赞干布时期）以前的沙贡墓地及吐蕃时期的石雕像。古墓用石块砌成，面积约100m$^2$，墓葬中出土有十几件陶器，明显带有农业文化和地域文明的特点。据考古专家称，沙贡古墓群的出土，说明在西藏很早就存在着比较发达的农业文明，其在唐朝之前或更早时期并不是蛮荒之地。向“藏民都是游牧民族”的说法提出了挑战。

名称：达律王府
级别：自治区级
评定年份：2009 年
类型：古建筑

达律王府位于西藏自治区昌都市贡觉县莫洛镇邓卡村。该王府始建于公元9 世纪元代初期，系贡觉县头人达律官邸。距今已有1000 多年的历史。达律王府唯一完整保存下来的元代古建筑系达律拉康，建筑面积为1100m$^2$，内部构造具有元代传摹印度和尼泊尔雕木绘画的风格，具有重要的历史和艺术价值。2009 年，达律王府被西藏自治区人民政府公布为第五批自治区级文物保护单位。

名称：硕督寺
级别：自治区级
评定年份：2009 年
类型：古建筑

硕督寺位于西藏自治区昌都市洛隆县硕督镇，建于公元 1550 年，2009 年被西藏自治区人民政府公布为第五批自治区级文物保护单位。硕督寺保留了乾隆年间的瓷瓶、锦绣八仙图、汉子木刻以及部分佛像、唐卡等文物，其中对锅盔的制作工艺在其中有所反映，将硕督与祖国内地的交往提前了 300 年左右，见证了民族之间团结、谋求发展的过程。

名称：帕巴拉夏宫
级别：自治区级
评定年份：2009 年
类型：古建筑
帕巴拉夏宫位于西藏自治区昌都市卡若区俄洛镇，公元 1447 年建造，2009 年被西藏自治区人民政府公布为第五批自治区级文物保护单位。

名称：托德夏宫
级别：自治区级
评定年份：2009 年
类型：古建筑
托德夏宫位于西藏自治区昌都市卡若区城关镇通夏村，公元 16 世纪建造，2009 年被西藏自治区人民政府公布为第五批自治区级文物保护单位。

名称：甲热寺
级别：自治区级
评定年份：2009 年
类型：古建筑
甲热寺位于西藏自治区昌都市边坝县，2009 年被西藏自治区人民政府公布为第五批自治区级文物保护单位。

名称：宗洛寺
级别：自治区级
评定年份：2009 年
类型：古建筑
宗洛寺位于西藏自治区昌都市类乌齐县宾达乡热西村，建于公元 1425 年，2009 年被西藏自治区人民政府公布为第五批自治区级文物保护单位。

名称：江措林寺
级别：自治区级
评定年份：2009 年
类型：古建筑
江措林寺位于西藏自治区昌都市边坝县金岭乡，建于公元 1391 年，2009 年被西藏自治区人民政府公布为第五批自治区级文物保护单位。

名称：烟多寺
级别：自治区级
评定年份：2009 年

类型：古建筑

烟多寺位于西藏自治区昌都市察雅县烟多镇，建于公元1621年，2009年被西藏自治区人民政府公布为第五批自治区级文物保护单位。

名称：米杰拉章寺

级别：自治区级

评定年份：2009年

类型：古建筑

米杰拉章寺位于西藏自治区昌都市丁青县丁青镇，建于元代，2009年被西藏自治区人民政府公布为第五批自治区级文物保护单位。

名称：邓达古民宅

级别：自治区级

评定年份：2009年

类型：古建筑

邓达古民宅位于西藏自治区昌都市左贡县田妥镇，建于清末，是昌都乃至西藏难得一见的清代官家豪宅。2009年被西藏自治区人民政府公布为第五批自治区级文物保护单位。该建筑融合了藏、汉、纳西三种不同民族的建筑风格，对于研究藏东民间建筑艺术的发展和各民族之间的文化交流具有重要的实物价值。

名称：田妥寺

级别：自治区级

评定年份：2009年

类型：古建筑

田妥寺位于西藏自治区昌都市左贡县田妥镇，建于公元1487年，2009年被西藏自治区人民政府公布为第五批自治区级文物保护单位。

名称：金卡寺

级别：自治区级

评定年份：2009年

类型：古建筑

金卡寺的汉名全称是“西珠登巴久乃噶丹平措热吉寺”，位于西藏自治区昌都市丁青县觉恩乡绒通村，是由藏桑·西饶松布创建于公元1456年，主供佛为宗喀巴大师，属藏传佛教格鲁派寺庙。2009年被西藏自治区人民政府公布为第五批自治区级文物保护单位。

名称：多拉神山石刻群

级别：自治区级

评定年份：2009年

类型：石窟寺及石刻

多拉神山位于西藏自治区昌都市八宿县白马镇东，2009年被西藏自治区人民政府公布为第五批自治区级文物保护单位，类型为唐–清代石窟寺及石刻。这座神山规模不算很大，传统上分为外圈、中圈、内圈。多拉神山满山遍野的石灰岩上刻满了佛像和六字真言。由于年代久远，加之长年累月的风吹雨淋，风化现象极为严重，故早已失去了人工雕凿的印痕，使不少人相信这些佛像和六字真言是自然形成的。

名称：甲义扎噶汉文题词

级别：自治区级

评定年份：2009 年

类型：石窟寺及石刻

甲义扎噶汉文题词位于西藏自治区昌都市洛隆县加玉乡甲义扎嘎沟的崖壁上，海拔 3450m，是位于古道上的题刻。2009 年，甲义扎噶汉文题词被西藏自治区人民政府公布为第五批自治区级文物保护单位。系清乾隆年间驻藏大臣保泰题写的一首诗。诗曰：“四山环匝密如林，涧底奔泉送远声。松映云光悬画轴，岚幷晓色挂铜钲。忘机野嫠尤耽水，炫眼闲花不识名。遮莫陬隅证蛮语，师将好景记径行。”乌斯使者保泰题。据第一个获得藏传佛教格西学位的汉族高僧邢肃芝（洛桑珍珠）所著的《雪域求法记》的说法，保泰是乾隆五十四年到五十八年的驻藏大臣，以副都统衔领藏事，当时正值廓尔喀侵略西藏。这首诗是保泰任满离藏时所题。

名称：昌都市烈士陵园

级别：自治区级

评定年份：2009 年

类型：近现代重要史迹及其代表性建筑

昌都市烈士陵园位于西藏自治区昌都市卡若区，建于 1984 年，于 2009 年被西藏自治区人民政府公布为第五批自治区级文物保护单位。由于特殊的地理位置和人文环境，在近 60 年的时间里，昌都一直处于各种军事斗争的前沿，就整个西藏来说，发生各类战斗次数也是数一数二的，昌都烈士陵园安葬着 1000 多名革命先烈，他们“战斗在高原，长眠于世界屋脊”，他们的“崇高革命精神像巍峨的达玛拉山万古屹立，像浩瀚的澜沧江奔腾不息”。

名称：昌都解放委员会办公旧址

级别：自治区级

评定年份：2009 年

类型：近现代重要史迹及其代表性建筑

昌都解放委员会办公旧址位于西藏自治区中国共产党昌都市委员会大院内，建于公元 1955 ~ 1956 年，于 2009 年被西藏自治区人民政府公布为第五批自治区级文物保护单位。

名称：十八军五十二师师部办公旧址

级别：自治区级

评定年份：2009 年

类型：近现代重要史迹及其代表性建筑

十八军五十二师师部设置于公元 1956 年，位于西藏自治区昌都市卡若区海南街，2009 年被西藏自治区人民政府公布为第五批自治区级文物保护单位。中国人民解放军十八军五十二师成立于 1949 年 2 月。1950 年 10 月，以五十二师为主在兄弟部队的配合下进行了昌都战役，一举歼灭了藏军主力 6700 余人，打开了人民解放军进军拉萨的大门。1951 年 5 月，西藏和平解放。1951 年年底，五十二师进军到拉萨、江孜、日喀则等西藏腹地，成为人民解放军入藏第一师，是中国共产党在西藏维护和平协议，反对分裂，巩固国防并力争站稳脚跟的政治斗争的主要依靠武装力量。1952 年 2 月，进入西藏的十八军领率机关和部队，奉命成立西藏军区。

名称：萨旺府

级别：自治区级

评定年份：2009 年

类型：近现代重要史迹及其代表性建筑

萨旺府位于昌都市中国共产党昌都市委员会大院内，建于 1947 年，2009 年被西藏自治区人民政府公布为第五批自治区级文物保护单位。1911 年以后，西藏地方政府——噶厦趁机进据昌都、类乌齐等地，在昌都市建立了政权组织——昌都噶厦，其最高行政官长为昌都总管，藏语称“多麦基巧”。昌都总管由噶厦中的一位噶伦（僧官或俗官）或札萨出任。由此，昌都总管的行政机构被称为“萨旺府”。

名称：甲桑卡铁索桥

级别：自治区级

评定年份：2009 年

类型：其他

甲桑卡铁索桥位于西藏自治区昌都市类乌齐县，由唐东杰布门徒佐英喇嘛修建的甲桑卡铁索桥，至今有 500 多年的历史。该铁索桥在当地群众的维护下，保存完整，至今还在使用。2009 年被西藏自治区人民政府公布为第五批自治区级文物保护单位。

名称：达玛拉恐龙化石出土点

级别：自治区级

评定年份：2009 年

类型：古遗址

达玛拉恐龙化石出土点于 1996 年被西藏自治区人民政府公布为西藏自治区文物保护单位，是世界首次在 4200m 的高度发现恐龙化石的地方，位于达野乡达玛拉山西坡上，距昌都城东 10km 处。化石距今 1. 4 亿 ~ 1. 6 亿年。1976 年中国科学院考古人员在此考古调查时发现。2009 年被西藏自治区人民政府公布为第五批自治区级文物保护单位。遗址共发掘 5 个化石采集点，收集到恐龙及鱼类化石 4t 多。采集到的化石可分为三个动物群，即鳄鱼动物群、蜥龙动物群、蜥脚动物群。其中蜥脚类恐龙化石占绝大部分。达玛拉山恐龙化石说明了一亿六千多万年以来，昌都市的地貌经历了从海洋到湖泊、由平地变高山的巨大变化。

名称：太昭清代古墓群

级别：自治区级

评定年份：2009 年

类型：古墓葬

太昭清代古墓群位于西藏自治区林芝地区工布江达县江达乡，为清代古墓葬，2009 年被西藏自治区人民政府公布为第五批自治区级文物保护单位。

名称：秀巴碉楼群

级别：自治区级

评定年份：2009 年

类型：古建筑

秀巴碉楼群位于西藏自治区林芝地区工布江达县巴河镇，始建于唐末，2009 年被西藏自治区人民政府公布为第五批自治区级文物保护单位。秀巴碉楼相传是 1000 多年前松赞干布在征战中，为方便军队之间的联络以及屯兵和防御，修筑了具有统治标志的古堡群。古堡群在西藏各地均有分布，其建筑风格根据各地的风情和建筑材料而定，有石片砌成的、泥垒的、木制的三种。秀巴千年古堡属片石、木结构。

名称：太昭“万善同归”碑

级别：自治区级

评定年份：2009 年

类型：石窟寺及石刻

太昭“万善同归”碑位于西藏自治区林芝地区工布江达县江达乡，为清代石刻碑，2009 年被西藏自治区人民政府公布为第五批自治区级文物保护单位。

## 2.3.3　澜沧江中下游地区省级文物保护单位

名称：李文学彝族农民起义遗址

级别：省级

评定年份：1965 年

类型：古遗址

李文学彝族农民起义遗址位于云南省大理白族自治州弥渡县牛街乡哀牢山区，包括瓦村后山，海拔为 2784m，主峰上有天生营、南距天生营 10 余公里密滴村的帅府、龙王庙、大青树四个点。1965 年云南省人民委员会公布其遗址为第一批省级文物保护单位。李文学又名李正学，弥渡县哀牢山区彝族贫苦民。清咸丰六年（公元 1856 年），在太平天国反清斗争的影响下与王泰阶、李学东、杞绍兴等率领当地农民举行起义，并与杜文秀领导的义军配合，坚持抗清达 20 年之久，在云南各族反清斗争的历史上写下了光辉的一页。

名称：福国寺五凤楼

级别：省级

评定年份：1983 年

类型：古建筑

五凤楼，原名法云间，位于云南省丽江市古城区黑龙潭公园北端，始建于明万历二十九年（公元 1601 年），1983 年被云南省人民政府公布为第二批省级文物保护单位。五凤楼原是明代土司木氏的别墅“解脱林”中的重要建筑，楼高 20m，为层甍三重担结构，基呈“亚”字形，楼台三叠，屋担八角，三层共 24 个飞檐，就像五只彩凤展翅来仪，故名五凤楼。全楼共有 32 棵柱子落地，其中 4 棵中柱各高 12m，柱上部分用斗架手法建成，楼尖贴金实顶。天花板上绘有太极图、飞天神王、龙凤呈祥等图案，线条流畅，色彩绚丽，具有汉、藏、纳西等民族的建筑艺术风格，是中国古代建筑中的稀世珍宝和典型范例。1864 年毁于兵乱。1882 年，寺僧重建。

名称：兰津渡与霁虹桥

级别：省级

评定年份：1983 年

类型：其他

兰津渡与霁虹桥位于云南省永平县西部杉阳镇岩洞村和保山市水寨乡平坡村之间的澜沧江上，1983 年被云南省人民政府公布为第二批省级文物保护单位。此处是始于西汉的兰津古渡，东汉曾流传“渡博南，越兰津”的歌谣，是云南省现存最早的渡口，是博南古道横过澜沧江的要冲。古为舟筏渡口；东汉永平年初架起藤篾桥；元贞年（公元 1295 年）改架木桥，得名霁虹桥；明代成化十一年（公元 1475 年）改建铁索桥，清康熙年间重修。霁虹桥是博南古道上的重要桥梁，是我国最早的铁索吊桥，全长 106m，宽 3.7m，净跨超过 60m，由 18 根铁索组成。

名称：弘圣寺塔

级别：省级

评定年份：1983 年

类型：古建筑

弘圣寺塔，俗称一塔，在大理古城旅游景点西南弘圣寺旧址上，1983 年被公布为云南省第二批重点文物保护单位。

大理弘圣寺塔高 43.87m，为 16 级密檐式方形空心砖塔。弘圣寺塔全塔分基座、塔身和塔刹 3 个部分，有基座 3 台，均为正方形，以石垒砌四壁，备台之间有石阶相通。弘圣寺塔第一台石阶在南面，第二台石阶在东面，第三台石阶在西面，直对塔门。大理弘圣寺塔门圭角式，其上镶浅浮雕的佛像 5 尊，东、南、北三面各劈假卷门一道，弘圣寺塔身各层之间用砖砌出叠涩檐，四角飞翅。2～15 层，每层四面皆有佛龛，龛内置佛。大理弘圣寺塔佛顶四角原有的 4 只金翅鸟，现已不存。云南省大理弘圣寺塔刹装置在塔顶覆钵上，上为仰莲，再上为 7 圈相轮，相轮上为八角形伞状宝盖，再上为葫芦形宝珠，大理弘圣寺塔宝盖角上挂有风铎，大理弘圣寺塔的造型，与大理千寻塔相似。1981 年维修时，在弘圣寺塔的顶部出土一批南诏、大理国时期的重要文物。

关于大理弘圣寺塔的建造年代，史籍记载的说法不一。现依据云南省大理弘圣寺塔塔门上佛像的造型及所出土的梵文塔砖《阿闪佛灭正报咒》以及出土的塔、佛像的造型判定，应为南诏、大理国时期的建筑，明嘉靖时郡人李元阳曾对弘圣寺塔进行过修葺。

名称：杜文秀墓

级别：省级

评定年份：1983 年

类型：近现代重要史迹及其代表性建筑

杜文秀墓位于云南省大理白族自治州大理市七里桥乡下兑村，建于 1917 年，1983 年被云南省人民政府公布为第二批省级文物保护单位。杜文秀，回族，是太平天国时期滇西农民反清起义领袖，时任“总统兵马大元帅”，于 1872 年 11 月 26 日为救大理城中百姓自尽。杜文秀墓侧面为长方形，正面近正方形，南北向，长约 1.7m，宽约 0.7m，墓碑高约 0.4m，宽约 0.3m，墓顶为石雕屋顶式墓盖，两侧为大理麻布石制。1956 年，大理县人民政府重修杜文秀墓，改立墓碑，正中直书“杜文秀之墓”5 个大字。

名称：李定国祠

级别：省级

评定年份：1987 年

类型：古建筑

李定国祠位于云南省西双版纳傣族自治州勐腊县勐腊镇东北侧曼嘎村山坡上，又称“汉王庙”，1987 年被云南省人民政府公布为第三批省级文物保护单位。李定国（公元 1620～1662 年），陕西省绥德县人，明末清初农民起义军大西军领袖。李定国死后，原葬勐腊，后因其子嗣要求，乃改葬它处。李定国在勐腊病故后，当地傣族奉之为天王神，尊为汉王。清康熙初年，其部族与当地群众在李定国墓遗址上建造李定国祠。每年春节，当地群众宰猪杀鸡敬供、祭奠，此习俗一直延续至今。李定国祠是一幢外观似傣式竹楼状的房子，两重檐，中间有正房五间六院，外围木板，但间与间互通；四周为走马转角的廊厦，廊厦柱与正房柱平行等距。李定国祠的木柱柱础在西双版纳傣族地区颇为罕见，打凿精致，上半部分四周有凸出的莲花瓣。

名称：巍宝山古建筑群

级别：省级

评定年份：1987 年

类型：古建筑

巍宝山古建筑群位于云南省大理白族自治州巍山彝族回族自治县城中心，为明代古建筑。巍宝山古建筑群美轮美奂，是中国道教建筑艺术的精品，中国古典建筑的瑰宝，被专家称为中国古典建筑艺术的宝库。1987 年被云南省人民政府公布为第三批省级文物保护单位。沿巍宝山上山的老路，一路有头天门、甘露亭、报恩殿、巡山殿、文昌宫、灵官殿、主君阁、青霞观、玉皇阁、观音殿、斗姥阁、三清殿、三公主殿、财神殿、培鹤楼、含真楼、三师殿、三皇殿、无极宫、碧云宫、云鹤宫、道源宫、长春洞等 20 多座宫观殿宇。宫观依山就势，布局巧妙，出阁架斗，工艺精湛，雄浑古雅，雕塑形象逼真传神，雕刻壁画和图案丰富多姿，具有浓厚的宗教色彩和民族特色。

名称：整控渡摩崖

级别：省级

评定年份：1987 年

类型：石窟寺及石刻

整控渡摩崖位于云南省普洱市澜沧拉祜族自治县雅口乡勐矿村下勐矿寨东北约 200m 的江边崖壁上，今思茅港对岸，史书称“都不花摩崖”。题刻时间为公元 1282 年，是云南罕见的古刻摩崖，为研究元代西南边疆历史提供了重要证据。1987 年被云南省人民政府公布为第三批省级文物保护单位。摩崖刻有汉字三行，由于日久天长，字迹受风化雨蚀，已不完全清晰，能辨认的字迹为“中道总兵官万户达八力□□□都不花领军二万剿八百□□□”，落款为“大元壬午十二月初八日书”（即元十九年，公元 1282 年）。其反映的历史是元朝大军南征“八百媳妇国”（今缅甸北部掸邦和泰国清莱一带）的事。

名称：塘子沟遗址

级别：省级

评定年份：1987 年

类型：古遗址

塘子沟遗址位于云南省保山市隆阳区蒲缥镇塘子沟村村旁台地，为旧石器时代晚期遗址，面积约 1000m$^2$，文化层厚 20 ~ 90cm。塘子沟遗址于 1987 年被云南省人民政府公布为第三批省级文物保护单位。1987 年省、地、市联合考古队发掘，塘子沟遗址出土 2300 多件实物标本和丰富的文化遗迹，包括：人体头骨、上下全颌骨和单颗牙齿化石 7 件，各类石器 400 件；各类骨器 124 件；各种动物化石标本 1800 余件，果核化石和炭化石根若干；动物骨骼化石碎片 200 余千克，以及柱洞、火塘等古人类居住用火遗迹。其时代经碳十四测定距今 8000 年左右，为旧石器时代晚期。塘子沟遗址为研究保山乃至云南省旧石器文化提供了重要资料。

名称：诸葛营遗址

级别：省级

评定年份：1987 年

类型：古遗址

诸葛营遗址位于云南省保山市城南的诸葛营村（又名汉营），为云南省现存规模最大的汉代建筑遗址，1987 年被云南省人民政府公布为第三批省级文物保护单位。该遗址于 1981 年文物普查时被发现。城址呈长方形，东西宽 320m，南北长 375m，面积为 14 万 m$^2$，四周城墙用红、白黏土掺砂石夯筑而成，除西北角因昔日修路被挖断外，其余部分保存较好。东、西两墙中段尚存由砖石堵塞的城门痕迹。城墙底宽 14.5m，上宽 8.9m，残高 2 ~ 4m，各墙断面均见明显的夯土层次，红白两色相间，层厚多在 8 ~ 12cm，最高的地方现在 40 余层，夯筑工程相当浩大。根据该遗址之规模、布局、遗迹特征、铭文年号以及遗址所处地理位置，有关学者认为此古城当为汉晋时期的永昌郡治所。

名称：杨振鸿墓
级别：省级
评定年份：1987 年
类型：近现代重要史迹及其代表性建筑

杨振鸿墓位于云南省保山市隆阳区西，为 1912 年修建，1987 年被云南省人民政府公布为第三批省级文物保护单位。杨振鸿（公元 1874 ~ 1908 年），字秋帆，昆明人，云南辛亥革命时期的爱国志士。墓为青砖砌成，作圆形围石封土形，墓径 3m，高 2.5m，墓碑高 2m，上镌楷书“云南光复首倡杨忠毅墓”，落款为“滇军都督蔡锷”。墓后立有李根源先生书“杨秋帆先生遗诗”碑和“军都督府布告”碑各一。

名称：周保中故居
级别：省级
评定年份：1987 年
类型：近现代重要史迹及其代表性建筑

周保中故居位于云南省大理白族自治州大理市湾桥镇上湾桥村，1987 年被云南省人民政府公布为第三批省级文物保护单位。周保中（1902 ~ 1963 年），云南大理湾桥镇人，白族，1927 年加入中国共产党，先后任东北抗日联军第二路军总指挥兼政委、抗日联军副总指挥、东北军区副司令员、云南省副省长、第八届中央委员会候补委员等职。其故居坐北向南，正房三开间，夯土墙茅草覆面，南面两间低矮草房为厨房和厩房。院心种植有桃树、木瓜树等，建筑简朴，门前有小溪流淌，环境幽静宜人。周保中的童年就在这里度过。原故居于 1951 年被焚毁无存，现在周保中故居所在的湾桥村东重建一座纪念馆。

名称：圣源寺观音阁
级别：省级
评定年份：1987 年
类型：古建筑

圣源寺观音阁位于云南省大理市喜洲镇庆洞村，始建于唐，始建时殿阁庵堂数十所，是大理地区最早兴建的佛寺之一。1987 年被云南省人民政府公布为省级文物保护单位。圣源寺于宋朝被毁，大理国平国公高顺贞复建之。元末元帅杨智组织修复，明李元阳对其进行了修葺。明末山洪暴发，圣源寺大部分被毁，仅存元代所建钟楼。清康熙三十八年（公元 1699 年）重修钟楼时改名为观音阁，阁中供奉建国圣源男身观世音像。观音阁为重檐歇山顶亭阁建筑，斗拱宏大，面阔五间，长约 12.6m，进深四间，宽约 9m，高 8.5m。

名称：苍山神祠
级别：省级
评定年份：1987 年
类型：古建筑

苍山神祠位于云南省大理古城西苍山中和峰麓。神祠为南诏时期建，现存一殿二庑，为清嘉庆、道光年间重修。庙中供奉的本主神是“点苍山昭明镇国皇帝”。1987 年苍山神祠被云南省人民政府公布为第三批省级文物保护单位。据记载，南昭王异牟寻即位不久即仿中原王朝的做法，把南昭境内名山胜水封为五岳四渎，点苍山被封为“中岳”，苍山神祠就是祭祀苍山的庙。公元 794 年，异牟寻与唐朝剑南节度使巡官崔佐时举行“苍山会盟”，地点就在苍山本主庙，即苍山神祠。此后，苍山庙便成为大理白族本主信仰中重要的神庙之一。现在的苍山神祠是明清至民国时多次修建留下来的建筑，位于中和峰麓南侧，坐北朝南，前临中溪。整个建筑为一殿二庑，正殿为 5 开间，单檐歇山顶式，长 14m，高 8m，进深 10.3m。

名称：东竹林寺
级别：省级
评定年份：1987 年
类型：古建筑

东竹林寺位于云南省迪庆藏族自治州德钦县奔子栏乡，原名“冲冲措岗寺”，后更名为东竹林寺，意为仙鹤湖畔之寺。寺院建造于清康熙六年（公元 1667 年），1987 年被公布为第三批省级文物保护单位。东竹林寺中位居中央是大经堂，为四层土木结构建筑，82 根合抱大柱呈网状密布，底层是全寺喇嘛诵经处，正面供有格鲁派始祖宗喀巴及其弟子达玛仁青和一世班禅克珠杰像（俗称“师徒三人尊”），两侧是释迦牟尼、观世音、文殊、度母、普贤等佛和菩萨像。第二、三层分别为经堂、佛殿，以及堪布（掌教）念经和起居的静室。由于历史悠久，藏宝众多，有 4 位活佛管事。东竹林寺是滇西最早的藏传佛教发源地。

名称：法藏寺与董氏宗祠
级别：省级
评定年份：1987 年
类型：古建筑

法藏寺与董氏宗祠位于云南省大理白族自治州大理市凤仪镇北汤天村中部北侧，1987 年被云南省人民政府公布为第三批省级文物保护单位。法藏寺为东向，大殿 5 开间，宽 19m，进深 4 间，深 13m，抬梁式结构，单檐歇山顶，高 8m。宗祠居法藏寺北 10m 处，东向，四合院式，正殿 3 开间，宽 11m，进深 4 间，深 6.6m，抬梁式结构。法藏寺创建于明洪武二十五年（公元 1392 年），为元末明初赵州密教大阿吒力董贤及后人传播密教场所。宗祠为清乾隆二十五年（公元 1760 年）创建。寺内原藏有南诏、大理国写经和元刻普宁藏、碛沙藏佛经及滇刻华亚经 3000 多卷册，明初雕刻的菩萨、天王等 6 躯，为云南省内仅见。祠西壁嵌有自大理国段思平的军师董伽罗起，至清光绪十八年（公元 1882 年）董氏家谱 6 方，是研究大理地区佛教密宗（阿吒力）发展史的珍贵资料。现寺建筑已非明代原貌，祠东门楼 3 间均已破败。

名称：鹤庆文庙
级别：省级
评定年份：1987 年
类型：古建筑

鹤庆文庙位于云南省大理白族自治州鹤庆古县城西南，今鹤庆县第一中学内，1987 年被云南省人民政府公布为第三批省级文物保护单位。鹤庆文庙始建成于元至元八年（公元 1271 年），明洪武二十九年（公元 1396 年）迁于现址。文庙在自南而北的中轴线上，依次排着照壁、泮池、大戟门、先师殿等建筑。两侧有东、西厢房，左为名宦祠，右为乡贤祠。主体建筑先师殿坐北向南，高约 16m，面阔 20.3m，进深 22.83m，为两层重檐歇山顶建筑，保存了明代殿式建筑风格。整个建筑群体布局严谨、雄伟庄严、飞檐斗拱、彩画木雕十分精细，徐霞客曾有“文庙宏整”的赞语。

名称：阳苴咩城遗址
级别：省级
评定年份：1987 年
类型：古遗址

阳苴咩城遗址位于云南省大理城南的苍山中和峰下，为南诏、大理国时期（公元779～1253年）的都城遗址，南诏王异牟寻始建，现仅存北垣残墙于桃溪南岸的西段。1987年被云南省人民政府公布为第三批省级文物保护单位。阳苴咩城遗址残墙基厚8～10m，高2～4m，残存约1.5km。该城是南诏、大理国时期的都城，从公元739年至明初的600年间，一直是云南政治、经济、文化、军事中心及滇西重镇，对研究南诏、大理国的历史、政治、经济、军事等具有重要价值。

名称：德源城遗址
级别：省级
评定年份：1987年
类型：古遗址

德源城遗址位于云南省大理白族自治州洱源县邓川镇，1987年被云南省人民政府公布为第三批省级文物保护单位。德源城为邓赕诏所在地，由邓赕诏主皮逻邓于唐开元二十六年（公元738年）前所建，作为防御吐蕃的城堡。德源城遗址周长1.2km，四周筑有夯土城墙，于城址内北面的台深70cm处，曾出土过方形青砖，有字瓦、布纹瓦、陶质水管。整个遗址虽未正式发掘过，但从出土的器物来看，在耕作土层30～50cm以下，即为古代遗址。就目前所知，南诏时代的城址保存至今的只有大理太和城、巍山蒙舍诏和德源城。所以德源城遗地对于研究南诏，特别是研究六诏时代邓赕诏的政治、经济、文化具有极为重要的价值。

名称：金华山石刻
级别：省级
评定年份：1987年
类型：石窟寺及石刻

金华山坐落在云南省大理白族自治州剑川县城西南，雕刻年代为宋大理国时期，造型风格与石钟山石刻相同。1987年被云南省人民政府公布为第三批省级文物保护单位。金华山上有石刻三尊：多闻天王像及两力士像，是镇山之宝。崖壁上浮雕毗沙门天王及两侍者，通高5.23m，宽4.8m。天王体态呈直立状，执三叉神戟，托悉堵波式塔；裳裙翻动、飘带飞扬，具盖世之雄力，是滇洱地区最大的造像之一。天王右立一菩萨，戴五叶冠，著披巾，下为羊肠裙，合十，跣足；左立武士，亦双手合十。滇中毗沙门造像此最古，冠中无迦楼罗，足下无夜叉，近似佛经所载原始本相。

名称：大唐天宝战士冢
级别：省级
评定年份：1993年
类型：古墓葬

大唐天宝战士冢分为两处，分别在云南省大理白族自治州大理市下关天宝街和凤仪镇地石曲村，始筑于唐天宝年间（公元742～756年）。1993年被云南省人民政府公布为第四批省级文物保护单位。公元751年、754年，唐两次派兵征南诏，皆以失败告终，战后南诏王阁逻凤认为“生虽祸之始，死乃怨之终”，下令各地收拾唐朝将士的尸骨，就地祭祀埋葬。位于云南大理市下关镇中心的万人冢，是安葬唐天宝之战剑南留侯李宓及阵亡将士的大型墓冢，占地面积约360m$^2$，墓冢前立着刻有“大唐天宝战士冢”的大理石墓碑。

名称：段信苴宝摩崖碑
级别：省级
评定年份：1993年

类型：古遗址

段信苴宝摩崖碑位于云南省大理白族自治州洱源县邓川镇新州后云弄山的石窦香泉。石窦香泉有两大溶洞，南洞前有一本主庙，本主庙靠西的溶洞比南洞深。段信苴宝摩崖碑就刻于南洞内约高 3m 处，对研究古白语和当时的历史有重要价值。段信苴宝摩崖碑于 1980 年和 1988 年先后被公布为县级和州级文物保护单位，1993 年被云南省人民政府公布为第四批省级文物保护单位。全碑共 413 字，碑宽 0.69m，高 0.9m，文 18 行，行 2～33 字，为楷书、阴刻。该碑是洱源县年代最早的元、明白文碑（汉字白语碑）。内容是记载捐田建寺的经过，又叫《舍田碑》。立碑的是大理段氏第十一世总管段宝，从碑文中提到的“至正三十年”断定此碑刻于明洪武三年（公元 1370 年）。

名称：祝圣寺

级别：省级

评定年份：1993 年

类型：古建筑

祝圣寺原名迎祥寺，又名钵盂庵，位于云南省大理白族自治州宾川县，是鸡足山一座庞大的建筑群，系虚云和尚亲自募化功德创建，清光绪赐名“护国祝圣寺”，为十方丛林大刹，总面积为 1.335 万 $m^2$，1984 年，国务院确定祝圣寺为汉族地区佛教全国重点寺院、佛教开放活动场所。祝圣寺于 1993 年被云南省人民政府公布为第四批省级文物保护单位。

名称：宝相寺

级别：省级

评定年份：1993 年

类型：古建筑

宝相寺又名石宝寺，位于云南省大理白族自治州剑川县，因建筑奇险，被誉为“云南的悬空寺”。为明正统年间鹤庆土知府高论所建。1993 年被云南省人民政府公布为第四批省级文物保护单位。宝相寺初为道观，后来佛教兴盛，除玉皇阁外，大多庙宇均祀佛像，成为一个佛道合流的场所。寺建在佛顶山高耸险峻的悬崖上，盘岩层叠，云回雾拥，层层建楼，令人目眩心骇。宝相寺坐西朝东，由箐底入石坊后，沿山凹的石阶登山，进山门而至天王殿、大雄宝殿均层层升高，弥勒殿与玉皇阁则凌空建造在深凹的崖窟内，凿石抬梁，有欲附不附之险，需从左右攀岩扶壁方能到达，从天梯上九十九级可登金顶，有石塔、“石宝灵泉”及金顶寺。

名称：归化寺

级别：省级

评定年份：1993 年

类型：古建筑

归化寺位于云南省迪庆藏族自治州香格里拉市北佛屏山下，又名噶丹・松赞林寺，建于 1679 年，于 1993 年被云南省人民政府公布为第四批省级文物保护单位。归化寺荟萃了藏族宗教文化的精华，其建筑造型充分体现了藏式建筑特点，表现出深重的宗教意味。全寺占地面积为 33$hm^2$，形成椭圆形城垣，开设扎雅、独肯、东旺、绒巴、鲁古五道城门。布局上，扎仓、吉康两主寺居于最高点，坐北向南，为四层藏式碉房建筑。八大康参和西苏、觉厦（扎仓的两所事务机构）拱卫周围。还有 500 所僧舍错落有致，竞相辉耀。周围筑城垣，设置望台、哨楼、碉堡。扎仓、吉康两所主寺的建筑特色和室内布置设施可谓真正体现了松赞林寺的艺术精华和宗教内涵。归化寺中收藏的文物，有各种精美的金佛像，有达赖五世馈赠的五彩金汁精画唐卡 16 轴，还有各种手抄与刊印藏文经籍。

名称：白水台东巴胜迹

级别：省级

评定年份：1993 年

类型：古遗址

白水台东巴胜迹位于云南省迪庆藏族自治州香格里拉市，于 1993 年被云南省人民政府公布为第四批省级文物保护单位。

名称：凤庆文庙

级别：省级

评定年份：1993 年

类型：古建筑

凤庆文庙位于云南省临沧市凤庆县城，是祭祀中国传统文化先驱，儒家学派的创始人孔子的纪念性建筑，是云南省仅次于建水孔庙的滇西第一孔庙。1993 年被云南省人民政府公布为第四批省级文物保护单位。整个建筑占地面积约 12 000m$^2$，由鸣凤阁、崇胜殿、大成殿、棂星门、龙门等组成，布局合理，技艺精湛，具有较高的建筑艺术水平及历史研究价值，是凤庆历史文化发展的见证。凤庆文庙始建于明万历三十四年（公元 1606 年），时庙址于城南虎山东麓（现凤庆县第一中学址）。凤庆文庙于清康熙八年（公元 1669 年）和同治十二年（公元 1873 年）曾两次迁建并多次修缮，终迁至现地。

名称：北岳庙

级别：省级

评定年份：1993 年

类型：古建筑

北岳庙又名玉龙祠，位于云南省丽江市白沙乡玉龙村，1993 年被云南省人民政府公布为第四批省级文物保护单位。据文献记载，北岳庙始建于唐代大历十四年（公元 779 年），是丽江最早的庙宇。丽江北岳庙是丽江最重要的庙宇，又名“三朵阁”，意为三朵之家。历经九次改扩建，全寺三进院落，由山门、花厅、厢房、鼎亭、大殿、后殿组成，占地面积为 2329m$^2$。院内大门上方写着“恩溥三朵”四个大字，大殿正中供奉的是纳西战神“三朵神”，三朵神是纳西族的战神、保护神及玉龙雪山的化身。作为纳西族的保护神，三朵神是历代纳西军队的精神依托。据《东巴经》记载，三朵属羊，因此每年农历二月初八和八月的第一个属羊日，各地纳西族都到“三朵阁”用全羊进行隆重祭祀，附近的汉、白、藏等族群众也进香朝拜。特别是二月初八“北岳庙会”，成了纳西族最隆重的民族传统节日“三朵节”。

名称：杜文秀元帅府

级别：省级

评定年份：1993 年

类型：近现代重要史迹及其代表性建筑

杜文秀元帅府位于云南省大理白族自治州大理古城复兴路南段，杜文秀元帅府前身为原大理提督府衙门，始建于清康熙年间。1993 年被云南省人民政府公布为第四批省级文物保护单位。1856 年杜文秀领导的农民起义军攻占大理府城后，设元帅府于此，作为杜文秀起义军的首脑机关长达 18 年之久，具有较高的历史价值。1986 年由部队移交给地方政府，随后成立大理市博物馆。

名称：王复生、王德三故居

级别：省级

评定年份：1993 年

类型：近现代重要史迹及其代表性建筑

王复生、王德三故居位于云南省大理白族自治州祥云县刘厂镇王家庄村，属当地传统木结构民居院落，建于清代末期。故居前、后院为小花园，两层土木结构，其建筑设计巧妙，一架楼梯跑两院通四楼，建筑风格平实而雅致。1993 年被云南省人民政府公布为第四批省级文物保护单位。故居所在地王家庄村，背依青山，绿水环绕，被誉为“北大骄子，一门三烈”的王复生、王德三、王馨廷兄弟 3 人就出生在这里。大哥王复生（1896 ~ 1936 年），马列主义播火先驱，云南最早的共产党员。1918 年考入北京大学，和毛泽东结下深厚的革命友谊。五四运动中，王复生担任护旗。王德三（1898 ~ 1930 年），1921 年考入北京大学，同年加入“北京大学马克思学说研究会”，中共云南省委首任书记。1922 年经邓中夏介绍加入中国共产党。1923 年，前往绥德建立党组织，是陕北党组织的主要创建人。1926 年春赴广州到黄埔军官学校第三期任政治教官，同年冬兼国民革命军第三军留守处政治训练班主任。

名称：班洪人民抗英盟誓碑

级别：省级

评定年份：1993 年

类型：近现代重要史迹及其代表性建筑

班洪人民抗英盟誓碑位于云南省临沧市沧源佤族自治县，1993 年被云南省人民政府公布为第四批省级文物保护单位。它是震惊中外的“班洪事件”的实物见证。“班洪事件”是中国民主主义革命时期，班洪、班老地区佤族人民爱国抗英斗争的历史大事件。1900 ~ 1934 年，英帝国主义始终拒不承认佤族“葫芦王”地为中国领土，并武装侵犯班洪、班老地区。在班洪、班老人民坚决斗争和全国社会舆论支持下，促成了国民党同英帝国主义于 1935 ~ 1937 年进行第二次滇缅南段边界会勘。班老于 1960 年回到祖国的怀抱。

名称：周总理视察热作所及中缅会谈纪念碑

级别：省级

评定年份：1993 年

类型：近现代重要史迹及其代表性建筑

周恩来总理视察热作所及中缅会谈纪念碑位于云南省西双版纳傣族自治州景洪市西双版纳热带花卉园内。纪念碑群于 1985 年 3 月竣工，1993 年被云南省人民政府公布为第四批省级文物保护单位。纪念碑由三部分组成：第一部分为“周恩来总理来所视察”纪念碑，碑高 4. 3m，由四块象征正在茁壮成长的橡胶树苗水泥墙体构成。第二部分为“中缅两国总理会晤碑”，碑体由四块水泥构成“井”字形交错相连，支撑在一泓清澈的水池中。第三部分为“说明碑”，镌刻碑文，位于碑群的右侧。1961 年 4 月 14 日，周恩来总理来热作所视察，并与缅甸总理会晤，后建此碑以作纪念。

名称：片马人民抗英斗争遗址

级别：省级

评定年份：1993 年

类型：近现代重要史迹及其代表性建筑

片马人民抗英斗争遗址位于云南省怒江傈僳族自治州泸水县，建筑面积为 950$m^2$，纪念碑高 20m，碑体由三把剑和三面盾组成，象征汉族、傈僳族、怒族团结抗英的事迹。1993 年被云南省人民政府公布为第四批省级文物保护单位。光绪十二年（公元 1886 年），英国强迫清政府签订了一系列不平等条约，以武力威胁清政府以高黎贡山分水岭划界，挑起各种事端，并于宣统二年（公元 1910 年），英军武装欺占了片马。在片马危机中，在各寨头人带领下联合了一支由傈僳族、怒族、景颇族茶山人和独龙族组成的

100多人队伍，组成“蓑衣兵”击退英军。怒江两岸的各民族青壮年农民举起弩弓、大刀组成了400多人的抗英“弩弓队”，并与“蓑衣兵”汇合，迫使英国政府在同年4月向清政府承认片马、古浪、岗房是当时的中国领土。1960年，中缅两国政府签订了边界条约，片马正式回归祖国。1985年，胡耀邦同志巡视怒江片马时，高度评价片马各族人民抗击侵略者的无畏精神，建议修建纪念碑，并为纪念碑题了字：“片马人民抗英胜利纪念碑”。

名称：云龙桥
级别：省级
评定年份：1993年
类型：其他

云龙桥位于云南省大理白族自治州漾濞彝族回族自治县县城西北角与飞凤山交界的漾濞江川峡之上，系县城西大门桥。桥面呈下弯弓形，凌空飞架，勾通东西两岸：东连下关，西南通永平县，即博南古道；西入云龙县，即盐米古道；北进剑川县，即茶马古道，系三条古道必经的古桥之一。1993年，云龙桥被云南省人民政府公布为第四批省级文物保护单位。云龙桥是博南古道唯一幸存的古铁链吊桥，是七百里漾濞江继藤桥、溜索桥、竹桥、木桥、石桥消失后剩余的古桥，是一部活生生的桥梁史。至今对两岸居民的生产生活仍发挥着不可替代的作用。

名称：景东卫城遗址
级别：省级
评定年份：1998年
类型：古遗址

景东卫城遗址位于云南省普洱市景东彝族自治县县城西北侧的御笔山上，卫城建于洪武二十二年（公元1389年），城墙依山而建，周长约5000m，设四门。现仅存南门门堡及部分残墙，总长1510m，为景东县第一中学校址，南门即为第一中学大门，1986年经景东县人民政府批准公布为县级文物保护单位，1998年经云南省人民政府批准公布为云南省第五批省级文物保护单位。东门遗址至南门遗址还保存一段长66.6m、高4.7m用五面石砌筑的城墙。南门以上残存断断续续依山而筑的砖墙160m，最高处达6m。西边保存一段长35m、高3.6m的石墙及120m断断续续的砖墙。景东卫城遗址是云南省内少存的卫城遗址之一。

名称：佛殿山佛房遗址
级别：省级
评定年份：1998年
类型：古遗址

佛殿山佛房遗址，又称三佛祖遗址，位于西盟佤族自治县勐坎镇水库公园南西边的佛殿山。山顶平地中央，有三座相依而立的用块石垒砌而成的方形凸形石塔，四周还有残留围墙。三佛祖佛房始建于清代同治末年至光绪初年（公元1874~1875年）。1998年被云南省人民政府公布为第五批省级文物保护单位。佛殿山佛房原建盖有土木结构佛房4幢，“三佛祖”大殿在正房中央。殿内有佛完、铜佛像，并有佛爷和尚念经。整个佛房占地面积为2500m$^2$，佛殿后立有块石方形凸字形佛塔。用河中石块分三层砌成凸字形。佛殿前有花台4座，花台前为400多平方米的大院，是举行佛事活动及信徒娱乐歌舞的场地。大院前正大门、大门外有天神祭祀台。现遗址尚存石塔及部分围墙残迹。佛殿山顶，在古木参天的林荫中，有佛庙遗址11处，佛塔11座。因年代久远，已经残缺不全。其中有两座佛塔保持较为完整，塔顶上长着缅树，堪称树包塔，颇有观赏价值。

名称：永增玉皇阁
级别：省级
评定年份：1998 年
类型：古建筑

永增玉皇阁（即二十村玉皇阁）位于弥城西北的新街镇永增大横箐口，居坝子中段的西山脚下，南与名闻全国的铁柱庙隔河相望。1983 年被弥渡县人民政府公布为县级第二批文物保护单位，1998 年被云南省人民政府公布为第五批省级文物保护单位。永增玉皇阁始建于清朝乾隆年间，是由三进院落组成的古建筑群，占地面积为 $3866m^2$，建筑面积为 $1400m^2$，是弥渡县坝区古建筑群中规模较大，保存最完整的一座。永增玉皇阁是以一祠两耳、一阁六厢三殿、山门暨内戏台组成的三进三院古建筑群，整座古建坐西朝东，最早仅建一龙祠及两耳房，至清光绪二年（公元 1876 年），由西壁二十个村庄集资扩建，光绪三年（公元 1877 年）竣工，故名“二十村玉皇阁”。现存山门、戏台、中殿、南北殿、玉皇阁、龙祠、厢房等建筑，建筑群落庞大，是研究我国滇西地区古建筑文化的实物资料，又是研究滇西地区民俗文化、经济社会发展的珍贵素材，具有较高的建筑艺术价值。

名称：指云寺
级别：省级
评定年份：1998 年
类型：古建筑

指云寺位于丽江古城西拉市坝西部山麓。建于清雍正五年（公元 1727 年），为丽江五大寺之一。1998 年被云南省人民政府公布为第五批省级文物保护单位。该寺原有 13 院，现存 1 个大院及 5 个小院。大院为二进院落，有山门、佛殿、配殿、僧堂、厨库、浴室、西静。佛殿平面呈长方形，阔五间，三重檐楼阁式建筑，正中为四方形钻尖顶阁。底层为法堂，上两层为藏经楼。六根高 12m 的通天京柱高耸其间，东南西北十二角雕龙画凤飞檐欲博九天。内外檐装修皆精工镂雕、彩绘。台基高达 2. 8m。殿宇巍峨、富丽、气势非凡。门窗雕刻精美，技法娴熟，三层透镂，在丽江古建筑中堪称一绝。殿中央塑有释迦牟尼佛像，两旁塑有多尊佛像，左边有座十五世东宝活佛的灵塔。

名称：上沧本主庙
级别：省级
评定年份：1998 年
类型：古建筑

上沧本主庙位于云南大理白族自治州宾川县城西鸡足山镇上沧村西。本主庙，明代建在村北的沙沟甸。清乾隆年间，被特大山洪冲毁后，迁建于现址，沿袭至今。1998 年被云南省人民政府公布为第五批省级文物保护单位。本主崇拜是白族独有的宗教信仰。上沧本主庙现存大殿、子孙殿、南北厢房等建筑。庙内供奉的本主雕像雕制于明代，整尊雕像由一整块木料雕刻而成，高约 1. 5m，雕刻工艺精湛，充分体现了当地白族人民的聪明才智。本主像是大理白族自治州现存时代较早，保存最为完好的木质雕像，对研究大理地区的古代雕刻艺术有着重要价值。

名称：云鹤楼
级别：省级
评定年份：1998 年
类型：古建筑

云鹤楼位于云南省大理白族自治州鹤庆县城中心，跨街而立，古称安丰楼，始建于明正德九年（公元 1514 年），据史料记载曾毁于兵火而经四次重建、重修，光绪二十七年（公元 1901 年）第四次重建后命名为“云鹤楼”。1998 年被云南省人民政府公布为第五批省级文物保护单位。云鹤楼属中国建筑体系中的木构架楼阁式建筑，明暗四层，高 30m，东西长 18.6m，南北宽 14m，通道拱门长 16m。外观三层重檐，内则为四层楼。四角梁柱直通屋顶，楼内四面架斗纵横交错，对缝对榫，外则四面出檐，飞阁，雄伟壮观。

名称：兔峨土司衙署
级别：省级
评定年份：1998 年
类型：古建筑

兔峨土司衙署位于云南省怒江傈僳族自治州兰坪白族普米族自治县兔峨乡街西，1922 年建成。1998 年被云南省人民政府公布为第五批省级文物保护单位。兔峨土司衙署为一进二堂三院的布局，梁柱结构，占地面积为 990m$^2$。其建筑形式为白族传统的庭院四合五天井，建筑群保存完好，工艺精细，彩绘生动艳丽。兔峨土司，白族，为明洪武十五年（公元 1382 年）授封的兰州土知州罗克后裔。清初裁州入丽江府，雍正年间降为土舍迁兔峨。民国以后，传至罗星，为最后一个土司，在兰坪已有 500 多年的统治历史。兔峨土司衙署为怒江傈僳族自治州境内保存最完整的土司衙署。

名称：叶枝土司衙署
级别：省级
评定年份：1998 年
类型：古建筑

叶枝土司衙署位于云南省迪庆藏族自治州维西傈僳族自治县城北的叶枝村，为历代纳西族世袭土司王氏官邸，自清乾隆年间始建，经历代王氏不断完善至清光绪年间形成现今规模。王氏土司府无疑反映了纳西土司贵族习俗与建筑风格，除少数房屋倒塌与重建外，其建筑规模布局还保存完整，记载了茶马古道的兴衰。1998 年被云南省人民政府公布为第五批省级文物保护单位。该建筑分南北两套二进大院，坐东向西。南为三方一照壁一院和三间两层斜楼一幢。北为大门、碉楼、会客厅、公堂、厢房，各为三开间楼四合院，还有黑神殿、经堂、监狱、马厩、后花园等。建筑主次分明，自成院落，门窗格扇做工精巧。土司府四周筑有高高的围墙，四角建有碉楼。现围墙已毁，碉楼仅存北向两座。整个建筑总面积为 33 500 多平方米，有大小近 200 间房舍。

名称：达摩祖师洞
级别：省级
评定年份：1998 年
类型：石窟寺及石刻

达摩祖师洞位于云南省迪庆藏族自治州维西傈僳族自治县塔城乡其宗村东面的高山山顶的巨型岩崖上，人称此山为阿海洛山，因达摩祖师洞，又称达摩山。此洞本为天生岩洞，藏传佛教传入迪庆后，民间传说达摩祖师在此山洞中面壁十年而成佛，在洞壁上留下面壁影像，留下顿足成洼圣迹，此洞由此便得名达摩祖师洞。大约在清初，信仰佛教的人们沿崖壁叠木为基，依洞筑成禅房数间，达摩祖师洞就成为佛教徒朝拜的圣地和修炼的场所。以达摩祖师洞及洞外经堂僧舍为中心，山下的来远寺和达摩寺恰好在其左右，形成三足鼎立、互为犄角之势。1998 年被云南省人民政府公布为第五批省级文物保护单位。

名称：通京桥
级别：省级
评定年份：1998 年

类型：其他

通京桥俗名大波罗桥，现名“解放桥”，位于云南省大理白族自治州云龙县城北长新乡大波罗村，横跨江上。桥始建于清乾隆四十一年（公元 1776 年），道光十五年（公元 1835 年）重建。通京桥建筑奇巧，雄伟壮观，是今大理白族自治州境内同类桥梁中跨度最大的古桥。1998 年被云南省人民政府公布为第五批省级文物保护单位。通京桥为伸臂式单孔木梁桥，全长 40m，宽 4m，净跨径 29m，高 12.5m。桥采用木方交错架叠，从两岸层层向河心挑出，中间用长 12m 的五根横梁衔接，上铺木板组成桥面。桥上瓦顶桥屋，桥内两侧平置两排木凳供人歇息。桥外两侧用高约 1m 的木板遮挡，以作为桥面的围栏。桥两端建有牌楼式桥亭，亭高 5m，通面阔 6m，内连一条长 5.5m 的石梯甬道。

名称：白崖城遗址及金殿窝遗址

级别：省级

评定年份：2003 年

类型：古遗址

白崖城，又谓彩云城，或文案洞城，俗称红岩古城。1979 年被弥渡县革命委员会公布为县级第一批重点文物保护单位；1988 年被大理白族自治州人民政府公布为大理白族自治州第一批州级文物保护单位；2003 年被云南省人民政府公布为第六批省级文物保护单位。遗址位于今弥渡红岩镇西北 2km 处，占地面积为 91 000$m^2$，传说中“白子国”所在城池古城村左前方。早期为时傍（部落）所踞，后阁罗凤杀了时傍，于唐天宝十一年（公元 752 年）重修“旧城”。旧城内有池，现存城基宽 12m 以上，城墙夯土层厚 8～10cm，遗址上出土大量有字瓦。金殿窝，位于白崖城东北，今古城村旁山坡上。为《蛮书》所载唐大历七年（公元 772 年）阁罗凤所筑的“新城”，“南诏亲属亦住此城傍”。今遗存夯土城墙，城周长 1700m，墙基宽 6m，顶宽 4m，还有“旗墩”“跑马场”“洗马塘”及金殿窝遗址。遗址上出土大量有字瓦，其字形、瓦质都与南诏时期所建造的其他遗址上出土的相同。

名称：董友弟墓石雕造像

级别：省级

评定年份：2003 年

类型：古墓葬

董友弟墓位于云南省大理白族自治州祥云县云南驿镇董营村后的香树地，2003 年被云南省人民政府公布为第六批省级文物保护单位。董友弟原籍是浙江省黄岩县。于明洪武十四年随大将军傅友德，副将军蓝玉征服云南，进入祥云。洪武二十一年，奉调定远，功绩赫赫加升武毅飞骑尉。后驻云川（祥云下川坝）承诏屯田于此，取名为董营。墓属明代砖石墓，封土堆前有石质瓦屋式墓阙，内镶一块础石，上刻有“明武略将军升授武毅飞骑尉始祖董公讳友弟之墓”的墓志碑。两侧镶有青石，上刻董友弟明初入滇有功授职等事迹。墓前立有石雕造像，系镇木质用，呈弧形排列，人像立守墓前，兽像以“忠、孝、节、义”为顺序，147 具，有持笏文臣两个，持瓜锤持钺斧武将各一个。其余有马两匹，羊两只，犬两条，虎两只，狮两只。

名称：光尊寺

级别：省级

评定年份：2003 年

类型：古建筑

光尊寺位于保山市隆阳区板桥镇东北部，距镇政府所在地 3km。在世科村后的五凤朝阳山，系天宝二年（公元 743 年）南诏王皮逻阁为祭祀佛教尊神而建。1984 年光尊寺被列为保山市重点文物保护单位；2003 年，又被云南省人民政府公布为第六批省级文物保护单位。光尊寺现存建筑多为清朝后期至民国初期重建。该寺坐东向西，依山建成七进五院，共有建筑物23幢，占地面积为9000m²。建筑物样式分为三类，其中由西至东分别为山门、过厅（附厢房）、文昌宫（北附翠微楼）、大宝殿（附厢房）、观音殿、斗老阁、瑶池楼，戏楼为抬梁架重檐歇山顶殿宇，其余建筑物均为穿斗架硬山顶平房。这些建筑物多数用材粗大，且不事雕琢粉饰，是保山现存规模最大的儒、佛、道三教合一的古建筑群。集中了保山乃至整个滇西汉族地区自元、明以来，保山儒教、佛教、道教三教合一宗教建筑的风格和特点。

名称：凤仪文庙
级别：省级
评定年份：2003年
类型：古建筑

凤仪文庙位于云南省大理白族自治州大理市凤仪镇西街凤山东麓，始建于明洪武十八年（公元1385年），2003年被云南省人民政府公布为第六批省级文物保护单位。凤仪文庙于明宣德十年（公元1453年）、明成化十一年（公元1475年）、清康熙十年（公元1671年）和清末多次重建。现存大成殿及两厢房、大成门、崇圣祠。凤仪文庙整体建筑群体量宏大、格局完整，做工精美，具有较高的建筑艺术价值。

名称：飞来寺
级别：省级
评定年份：2003年
类型：古建筑

飞来寺位于距云南省迪庆藏族自治州德钦县城8km处的滇藏公路沿线，最初建于明万历四十二年（公元1614年），距今已400多年的历史。2003年被云南省人民政府公布为第六批省级文物保护单位。飞来寺占地面积为1500m²，依正乙山山势拾级而建。全寺由子孙殿、关圣殿、海潮殿、两厢、两耳、四配殿组成。寺内的安排具有三教合一的特点。大殿海潮殿为单檐悬山顶，七檩抬梁式结构，通面阔三间，整座大梁，梁架规整，为较大圆木构成，檐头朴实疏朗，檐柱立于一巨大须弥座柱础上，座束腰处镌刻有人物、花卉及其他纹饰的浮雕图案。檐下木雕柔丽，清幽别致，殿前格扇齐备，棂花纹样精巧，雕工纯熟洗炼。

名称：白汉洛教堂
级别：省级
评定年份：2003年
类型：古建筑

白汉洛教堂位于云南省怒江傈僳族自治州贡山独龙族怒族自治县丙中洛乡白汉洛村，清光绪二十四年（公元1898年）由法国传教士任安守建，为中西结合的木构建筑，占地面积为454m²。2003年被云南省人民政府公布为第六批省级文物保护单位。教堂门为牌楼式样，用六抹格扇装置，二层明间用拱形窗，三层为钟楼。白汉洛教堂是怒江地区最古老的教堂。虽然20世纪70年代，白汉洛教堂内的许多文物被毁坏，但经法国传教士传播到民间的法国葡萄酒酿酒工艺得以保留。现在，“白汉洛”葡萄酒及利用法国葡萄酒酿酒工艺酿制的各种“白汉洛”野果酒仍广受欢迎。

名称：林街清真寺
级别：省级
评定年份：2003年
类型：古建筑

林街清真寺系回族伊斯兰教寺院，位于无量山西麓，澜沧江东畔的普洱市景东彝族自治县林街乡林街村回营中央。始建于清光绪二十年（公元 1894 年），总面积为 1337.7$m^2$，是由林街名人马玉堂率回民群众捐资建盖。建筑物由正殿、喧拜楼和两厢组成四合单院。1986 年景东彝族自治县人民政府把林街清真寺列为“县级文物保护单位”，2003 年被云南省人民政府列为第六批省级文物保护单位。清真寺大殿系歇山顶抬梁式结构，前檐下有斗拱，面阔 5 间 18m，进深 5 间 14.9m，高 16m，整个建筑用 36 棵圆柱支撑，明间檐柱下为鼓磴式大理石柱础，高 0.55m，直径 1.1m。大殿门窗多为透雕，工艺精细，墙上有鸟兽花卉壁画。

名称：大石寺
级别：省级
评定年份：2003 年
类型：古建筑

大石寺位于云南省普洱市景谷傣族彝族自治县景谷乡东北面文笔峰之巅，海拔 2277m，与景谷湖遥相呼应，是道教圣地，建于清咸丰六年（公元 1856 年）。大石寺建在螺蛳形盘旋的两个圆周高宽约 100m 的大砂石上，故得此名。1988 年，被景谷傣族彝族自治县人民政府公布为县级文物保护单位；2003 年，被云南省人民政府公布为第六批省级文物保护单位。大石寺包括三皇宫、天生寺、祖孙殿、杨四将军庙、玉皇阁五个宫庙殿阁，此外还有摸子洞、积米洞、一洞天、鹊桥石等奇景。

名称：芒中佛寺
级别：省级
评定年份：2003 年
类型：古建筑

芒中佛寺位于云南省普洱市孟连傣族拉祜族佤族自治县娜允镇东芒中村，始建于清光绪年间。1989 年被孟连傣族拉祜族佤族自治县人民政府公布为县级文物保护单位，2003 年被云南省人民政府公布为第六批省级文物保护单位。南传上座部佛教寺院，由大殿、僧房、佛塔等建筑组成。大殿三重檐歇山顶，挂瓦屋面，面阔 14m，进深 19m，墙体残存壁画 7$m^2$，绘孔雀、象、马、宝塔、花卉、人物等图像。佛塔为叠砌须弥座型，高 8m，占地 12$m^2$，僧房悬山顶木结构，长 14.8m，宽 9.7m。

名称：中城佛寺
级别：省级
评定年份：2003 年
类型：古建筑

中城佛寺位于云南省普洱市孟连傣族拉祜族佤族自治县城西侧的娜允古镇内，傣语称“佤岗”，是孟连傣族拉祜族佤族自治县城内历史悠久、规模较大的佛寺之一，寺内墙上精美的傣族民间金水壁画和金饰彩绘图案，是研究傣族历史、文化、宗教、信仰的珍贵实物资料。1989 年被孟连傣族拉祜族佤族自治县人民政府公布为县级文物保护单位，2003 年被云南省人民政府公布为第六批省级文物保护单位。中城佛寺在土司时期是娜允古城内居住在中城的官员专用的佛寺，始建于傣历 1272 年（1910 年），属南传上座部佛教寺院。中城佛寺坐南朝北，有山门、戒堂、大殿、僧房、后山门、围墙等，面积为 405.8$m^2$。

名称：曼阁佛寺
级别：省级
评定年份：2003 年
类型：古建筑

曼阁佛寺位于云南省西双版纳景洪澜沧江东岸曼阁寨，2003 年被云南省人民政府公布为第六批省级文物保护单位。曼阁佛寺约建于傣历960年（公元1598年），距今已有400多年的历史。佛寺坐西朝东，它由大殿、经堂、僧舍、鼓房、走廊及门亭等部分组成，四周围以短墙，形成一座东西向的长方形寺院。整个建筑长41.5m，宽31.5m，总面积约为1307m²。佛寺的主体建筑是一座无柱式重檐三坡面建筑。整个殿宇建筑以木架较高，故屋顶有较大的坡度，并微作曲面。平行列柱外侧直接置于围墙之上。殿面上层由三段相叠而成。正脊的桁架顶上层坡面，两侧在低于蜀柱顶部加桁条组成下坡面，形成重檐上层多坡面。整个梁架斗拱全部斗木相接，互相制约，彼此衔接，不用一钉一铆即构成为坚固的屋架结构。圆木柱上装饰有细致漂亮的雀替和挂落；天花板上绘着美丽的图案，这些都具有浓厚的傣家特点和很高的艺术价值。

名称：圆觉寺及双塔

级别：省级

评定年份：2003年

类型：古建筑

圆觉寺又名大寺，位于大理白族自治州巍山彝族回族自治县城东南灵应山，原为明成化年间（公元1465~1487年）蒙化土官左氏所建，明万历、天启、清康熙年间三次扩建、重修，成为今天规模较大的佛教寺院。2003年被云南省人民政府公布为第六批省级文物保护单位。圆觉寺依山势而建，由山门、弥勒殿、真如殿、大雄殿及两侧观音殿、伽蓝殿、文昌宫、三官殿、准提殿等建筑组成。寺内尚听月庵、系风亭、小桥、池塘等苑林，融寺院与园林于一体。寺前建有双塔，亦为明成化年间所建，直插蓝天，气势雄伟，前人曾概括为“浮屠削玉”一景。与圆觉寺相距1km的玄龙寺与圆觉寺合称为“大小寺”，是蒙化十六景之一。小寺玄龙寺建筑面积超过大寺圆觉寺300m²，是以“大寺不大，小寺不小”。

名称：东城门

级别：省级

评定年份：2003年

类型：古建筑

东城门位于云南省大理白族自治州祥云县，是明代洱海卫城的一部分。祥云县城明代称洱海卫城，始建于明洪武十五年（公元1382年），由洱海卫指挥周能始建。2003年被云南省人民政府公布为第六批省级文物保护单位。洱海卫城为正方形，周长2150m，城墙上砖下石，高7.7m，城外为护城河，宽13.3m，深6.7m，河边植有杨柳树。四城门建有楼堞，楼堞为两层重檐式歇山顶木结构建筑。城门上有吊桥，东城门称之为镇阳门，南城门称之为镇海门，西城门称之为清平门，北城门称之为仁和门。四周城墙上有垛口1530个。县城建设，西、南、北三处城门及城墙被毁，现仅存东城门。门洞高3.7m，下宽4.2m，进深24m。整个门洞部分已毁，但局部保留了当年的门洞及部分城墙。

名称：文峰寺

级别：省级

评定年份：2003年

类型：古建筑

文峰寺位于丽江坝子西南端的文笔峰下，始建于清雍正十一年（公元1733年），藏名桑纳迦卓林（意为秘密宗教机关和幸福乐园的喇嘛寺）。2003年被云南省人民政府公布为第六批省级文物保护单位。文峰寺的风景，被公认为丽江所有寺院之冠，现存主体建筑，大殿和两院僧房。大殿为三重檐楼阁式建筑，主体由门楼、大院、正殿组成，面阔22m，进深20m，顶层屋顶为四角攒尖顶，形如四方亭阁，位于大殿最高层，一、二层檐下均施异形斗拱，殿内空间宏敞，6根方形金柱雕有莲瓣及各种图案，承托着雕卷云纹样的大雀替。雀替柱身通体施贴金箔，给人以雍容华贵之感，覆斗式藻井绘有喇嘛教八宝和金刚座图样，具有强烈的地方特色。大殿下层，靠墙三面塑满佛像，中间摆一红铜香炉，两边整齐地铺着红色小圆地毯，是众僧诵经之地。二楼是藏经楼，上万卷经书藏于香樟箱内，由高僧保管。

名称：奔子栏佛塔殿壁画
级别：省级
评定年份：2003 年
类型：石窟寺及石刻

奔子栏佛塔殿壁画位于云南省迪庆藏族自治州德钦县，绘于清代，2003 年被云南省人民政府公布为第六批省级文物保护单位。从 17 世纪末到 19 世纪中期，奔子栏村民修建了 7 座佛塔和 6 座转经堂，这几座建筑都分布在 4.3km$^2$的范围内。其中，只有分别建于清康熙末年和光绪年间的曲登拥曲登、娘蓑曲登和刁木贡洞科在“文化大革命”中幸存下来，其内的清代壁画是目前云南省保存最完好的清代藏族宗教壁画，壁画面积为 217m$^2$。壁画的作者为当地民间工艺艺人，因此，壁画内容中不但反映了藏传佛教各种教派的题材，还表现了大量的世俗生活场景，是研究清代滇西北藏区社会历史、民族关系、文化交流和各种宗教传播的珍贵实物资料。

名称：苍山崖画
级别：省级
评定年份：2003 年
类型：石窟寺及石刻

苍山崖画地处云南省大理白族自治州漾濞彝族回族自治县苍山西镇金牛村东南方的点苍山半坡吃水箐，海拔 2070m。该地形略呈交椅状，中横一缓坡，绘有崖画的巨石卧于缓坡顶上。2003 年被云南省人民政府公布为第六批省级文物保护单位。巨石系花岗岩质，崖画长 5.6m，宽 4m，总面积为 22.4m$^2$。崖面分别以土黄色和赭红色线条绘制，其内容共分为五组。由于崖画风化剥落及岩浆淋覆，可以辨认清楚的图像有人物、动物、植物摸印等 200 多个，以及表意图像等，内容有放牧、采集（摘野果）、狩猎、舞蹈、房屋（干栏式）等，反映了先民生动而丰富的原始生活。崖画专家普遍认为该崖画系西汉之前作品，很可能是最古老的史前艺术。

名称：杨玉科家祠建筑群
级别：省级
评定年份：2003 年
类型：近现代重要史迹及其代表性建筑

杨玉科家祠建筑群位于云南省怒江傈僳族自治州兰坪白族普米族自治县营盘镇，2003 年被云南省人民政府公布为第六批省级文物保护单位。杨玉科（公元 1838～1885 年），清朝著名的爱国将领。宗祠建于同治十一年（公元 1873 年），与爵府同时落成，一进两院，由照壁两边大门进去，过院坝即到过道堂房，再由过道堂房进入过院坝即到宗祠。宗祠内供奉杨氏历代祖先牌位，占地面积为 826m$^2$。

名称：赵藩墓
级别：省级
评定年份：2003 年
类型：近现代重要史迹及其代表性建筑

赵藩墓位于云南省大理白族自治州剑川县金华山上，原墓碑及墓石已被毁坏，现存高约 1.5m，直径 2.5m 的荒冢，但根据残存在墓地碑文中的“向湖”“石禅老人”等记载可确定为大理赵藩墓。重新修复后为卷龛式门，碑中心刻赵藩之墓及其生卒年月，另有黎元洪所题“滇南一老”的石刻。2003 年，赵藩墓被云南省人民政府公布为第六批省级文物保护单位。赵藩（公元1851～1927年），字樾村，一字介庵，别号蝯仙，晚年号石禅老人，白族，云南省剑川县向湖村（又名水寨）北寨人，云南省近代历史上著名的学者、诗人和书法家。

名称：红太阳广场毛泽东塑像
级别：省级
评定年份：2003年
类型：近现代重要史迹及其代表性建筑

红太阳广场毛泽东塑像位于云南省丽江市古城区红太阳广场，建于1968年，2003年被云南省人民政府公布为第六批省级文物保护单位。塑像正方形台基高1.949m，寓意中华人民共和国于1949年成立。基底座高5.16m，纪念“五一六”通知。塑像全身高7.1m，寓意中国共产党7月1日成立。整座塑像总高12.26m，寓意毛泽东生于12月26日。塑像底座为毛泽东手书“中华人民共和国各民族团结起来”刻印。塑像后墙体上刻有毛泽东《满江红·和郭沫若同志》，墙体上方一字排开20面红旗。

名称：杨氏宗祠名人题刻
级别：省级
评定年份：2003年
类型：近现代重要史迹及其代表性建筑

杨氏宗祠位于云南大理白族自治州宾川县城东北的平川镇盘谷村。杨氏宗祠坐北朝南，背靠高大的北山，为四合院式土木结构建筑，占地面积为1380m$^2$。一进两院，前院由照壁、宗祠大门、厨房、杂物房组成；后院由过厅、东西厢房、祠堂组成。这种平面布局和内地祠堂的格局大体相同，但在建筑风格上又“同中有异”，具有大理白族特点。宾川杨氏宗祠最有文化艺术价值的是：保存有民国政要林森、蒋中正、于右任、谭延闿、胡汉民、鄭孝胥、朱培德、谷正伦、任可澄；学界名流蔡元培、章太炎、周钟岳、李根源、袁嘉谷；书法大家谭泽闿、陈荣昌、吴绍璘、伊立勋等50多人的题刻，匾、联、序、记、跋、诗歌、碑文80余通；集隶书、楷书、行书等多种字体和汉、满、蒙、藏民族文字于一堂。杨氏宗祠成为“云南省迄今民国时期名人题刻保存最多、最集中、最为完好的一处近现代史迹”，2003年被云南省人民政府公布为第六批省级文物保护单位。

名称：陶氏土司墓地
级别：省级
评定年份：2012年
类型：古墓葬

陶氏土司墓地位于云南省普洱市景东彝族自治县，1988～2003年，该处抢救性发掘了6座墓葬。2005年陶氏土司墓地被景东彝族自治县人民政府公布为县级文物保护单位，2012年经云南省人民政府批准为第七批省级文物保护单位。

在发掘的6座墓葬中，仅陶氏第九任知府陶金墓就出土金器512件，银器21件，铜器5件，计538件文物。这些文物造型别致、做工精巧，经鉴定有两件国家一级文物，若干件二级文物，从中可窥见明嘉靖年间景东陶氏土司生活的方方面面。傣族陶氏土知府是在土司政治制度下景东境内六家土官之一。

名称：景哈洞穴遗址
级别：省级
评定年份：2012年
类型：古遗址

景哈洞穴遗址位于云南省西双版纳傣族自治州景洪市景哈乡，2012 年经云南省人民政府批准为第七批省级文物保护单位。

名称：戈登遗址
级别：省级
评定年份：2012 年
类型：古遗址

云南戈登遗址位于云南省迪庆藏族自治州维西傈僳族自治县塔塔乡戈登村西，腊普河东岸崖下，距离河面约 50m。此遗址于 1958 年被发现，由云南省博物馆考古队清理发掘，被鉴定为新石器时期遗址。戈登新石器遗址的发现不仅把迪庆藏族自治州人类发展的历史推进了近千年。2012 年经云南省人民政府批准为第七批省级文物保护单位。

戈登遗址中出土的文物共有 60 件，其中能辨认器型的有石器 29 件、陶器 5 件、骨器 2 件。石器均为天然砾石磨制而成，多画体磨光，个别仅磨刃口，形体多变。器型主要有通体磨光石斧、长方单孔磨光石刀、石箭镞、石针、石锛、石凿、石锥、石锄、石球、团形穿孔石饰品等，以长条圆柱形石斧、长条单孔石刀为典型器。陶器多为夹砂灰陶，器型以罐为主，附有穿孔陶片和夹砂红色陶网坠。大至耳罐为陶器中的典型器。出土的陶器多有纹布，呈现绳纹、划划纹、素面纹等。出土的骨器仅有骨管和骨凿各 1 件。

名称：龙首关遗址
级别：省级
评定年份：2012 年
类型：古遗址

龙首关遗址位于云南省大理市喜洲上关村西侧，古称龙口城。唐开元二十六年（公元 738 年），南诏王皮逻阁在唐王朝的支持下，兼并了其他五诏，由蒙舍诏（今巍山）迁都太和城，建立南诏国后，为防御吐蕃南下侵扰，以龙首关，作为南诏太和城北面关隘。此后，历代统治者对龙口城都做了兴修加固。明洪武年间，大理卫指挥派周能在龙口城的基础上修筑龙首龙。龙口城城墙遗址至今犹存，依山势修筑南、北两道城墙，各长约 100m。南北相距 500m，在北城墙还筑有一道月牙形的城墙，成为上关城的瓮城，现残存的城墙底部宽约 15m，高约 5m，用土夯筑而成。2012 年经云南省人民政府批准为第七批省人民政府级文物保护单位。

名称：云龙盐井遗址
级别：省级
评定年份：2012 年
类型：古遗址

云龙盐井遗址位于云南省大理白族自治州云龙县诺邓村。该村最晚自唐懿宗咸通三年（公元 862 年）即存在于世。即这里最迟在唐朝就已经凿井制盐，是一个典型的以盐井为生存依托的村落。2012 年经云南省人民政府批准为第七批省人民政府级文物保护单位。

诺邓出产的盐，盐质非常好，古时在滇西久负盛名。正是由于有了优质的盐，诺邓很快成为被史家所称叹的“茶马古道”上联缀的一颗耀眼明珠。据有关史料记载，鼎盛时期诺邓村中常住户达 400 多户，近 3000 人，另有行商、工匠、杂艺等数千流动人口。当时的诺邓真可谓一个不能令人小觑的经济发展亮点，它的东边通向大理、昆明，南面直至保山、腾冲，西接六库、片马，北连兰坪、丽江。然而，随着经济社会的发展，诺邓盐井逐步衰落，退出历史。

名称：上城佛寺

级别：省级

评定年份：2012 年

类型：古建筑

上城佛寺，傣语名景儿，意为“龙城佛寺”，位于云南省普洱市孟连傣族拉祜族佤族自治县孟连镇。上城佛寺建于 1868 年，占地面积为 5000 多平方米。2012 年经云南省人民政府批准为第七批省级文物保护单位。

上城佛寺坐落在金山上，紧靠龙血树群落，是娜允傣族古城的一个重要组成部分。相传，寺内有一石洞与南垒河的龙潭相连，因龙潭中的龙经常沿此通道来佛寺听经布道，接受香火洗礼，又得名“龙缅寺”。佛寺由佛殿、僧房、大门、引廊、经亭、金塔、银塔组成，主体建筑佛殿为歇山顶三重檐外廊式土木结构，共有 56 棵圆柱呈 8 排对称排列，各柱、枋、梁、檐檩都有用金粉贴印的多种花卉、动物和人物图案，屋面是小挂瓦。佛龛上塑有释迦牟尼像，周围悬挂着教徒敬献的各式各样的幡，幡上记述着傣族的神话和传说故事，绘有生活图案，并通过民间剪纸、织锦、彩绘等民间艺术形式，把傣族的历史、建筑、生产、生活、宗教、信仰等生动形象地表现出来。

名称：整董傣族传统民居建筑群

级别：省级

评定年份：2012 年

类型：古建筑

整董傣族传统民居建筑群位于云南省普洱市江城哈尼族彝族自治县整董镇，2012 年经云南省人民政府批准为第七批省人民政府级文物保护单位。

整董傣族传统民居为傣族干栏式建筑（俗称“竹楼”），上下两层，以木或竹做桩、楼板、墙壁，房顶覆以茅草、瓦块，上层栖人，下层养家畜、堆放农具什物。整座建筑空间间架高大，且以竹或木做墙壁和楼板，利于保持居室干燥凉爽。傣族竹楼多为方形，分上下两层，上层为居住层，堂屋、卧室各一间，外有开放的前廊和晒台，楼下架空。堂屋中设火塘，供日常饮食、待客。火塘常年火不灭。卧室为一大通间，在楼面上铺垫、挂帐，席地而卧，家中数代同室而寝，睡觉位置按长幼次序排列，长辈靠里，晚辈靠外。傣族一般不欢迎外人进入卧室。屋顶为歇山式，脊短，坡陡，下有披屋面（即偏厦），有重檐屋顶遮阳挡雨。一般没有窗户，墙及楼板多缝隙，可以通风，达到了室内阴凉的效果。

名称：旧州三塔

级别：省级

评定年份：2012 年

类型：古建筑

旧州一塔、制风塔、象鼻塔通称为旧州三塔，位于云南省大理白族自治州洱源县。三塔远观如三足鼎立，其地居山麓，风景如画。三座塔于 1988 年被大理白族自治州人民政府公布为州级文物保护单位，2012 年经云南省人民政府批准为第七批省人民政府级文物保护单位。

旧州一塔位于旧州村北 1km 处。塔为密檐式十一级方形砖塔，铜质宝顶，石质基座，塔身最下层长宽各 2. 5m，全塔约高 15. 4m，每层出檐，结构以及窗洞、龛塔与大理弘圣寺塔相似。旧州一塔应为大理国时所建。

制风塔位于右所镇元井村西山麓，塔为十二级空心方形砖塔，每级四面皆有方孔，从塔顶倒数第三层挂有风铃四个。塔身最下层南面开有一门，第二层南面镶有清光绪十一年（公元 1891 年）的《重修制风塔碑》。塔身长宽各 2. 7m，塔高 17m 左右，塔座南面镶有两块石碑。为了镇风，建立此宝塔，名曰制风塔。

象鼻塔位于旧州村后的象鼻山上，建于光绪十三年（公元 1894 年），为八级方形实心砖塔，塔基部长宽各 4.2m，高约 12m，塔上嵌有一石碑。上刻“文光射斗”四字。

名称：金镑寺漂来阁
级别：省级
评定年份：2012 年
类型：古建筑

金镑寺（又名漂来阁），位于云南省大理白族自治州大理市双廊镇长育村北。1988 年大理白族自治州人民政府将其公布为重点文物保护单位，2012 年经云南省人民政府批准为第七批省级文物保护单位。

据明洪熙元年（公元 1425 年）《重建金镑寺碑》记载：“金镑寺为元大理第 8 代总管段信苴义所建”。到至正十年（公元 1350 年）已颓烂朽坏，到元宣光乙卯（公元 1375 年），由杨善重修殿院，后又毁。明永乐十三年（公元 1415 年）长育村信士杨海、杨嵩兄弟“起藩殿堂，竖立僧舍”，奉华严三圣及天神、土主。明洪熙年间已具有一进三院的规模。清代寺庙大部俱毁，仅第三院后殿幸存，此殿即留存至今的金镑寺漂来阁。漂来阁结构严谨，造型古朴，内外槽平面布置、斗拱形制皆具有宋代中原古建筑斗拱的特点，是大理洱海东岸最古老的木构建筑。

名称：日本四僧塔
级别：省级
评定年份：2012 年
类型：古建筑

日本四僧塔位于云南省大理白族自治州大理市大理古城西南天龙八部影视城内，属大理白族自治州第四批州级重点文物保护单位，2012 年经云南省人民政府批准为第七批省级文物保护单位。

日本四僧塔为石砌纺锤形塔波式空心石塔，是明代日本四位僧人的合葬墓塔。塔通高 5.3m，由塔基、塔身和塔刹三部分构成。塔形上部鼓圆，下部束收，呈纺锤状，造型如同大姚的白塔。据李元阳《大理府志》记载：“日本四僧塔在龙泉峰北涧之上。逯光古、斗南，其名，皆日本人，元末迁谪大理，皆能诗善书。卒，学佛化去，郡人伶而葬之。”

名称：永济桥
级别：省级
评定年份：2012 年
类型：古建筑

永济桥，又名巡检桥，位于云南省大理白族自治州巍山彝族回族自治县永建镇巡检村南巡检河上。始建于明代万历元年（公元 1573 年），历代曾多次维修。1987 年经巍山彝族回族自治县人民政府公布为文物保护单位，2012 年经云南省人民政府批准为第七批省级文物保护单位。

永济桥桥头山墙砌有明代著名学者李元阳撰《永济桥碑记》一通，桥为木构风雨桥，桥长 15.6m，宽 3.25m，高 6.9m。其结构为用直径 0.3m 的五根大圆木架于两岸，上面铺木板，再在两岸各安木斜撑两根以支木架，上建人字顶瓦屋三间。桥面两侧安木栏杆，并设长木板凳。永济桥用斜梁悬挂支撑中点的方法，解决了大跨径木桥受力问题，体现了我国古代的科学技术水平。

名称：凤羽古建筑群
级别：省级
评定年份：2012 年
类型：古建筑

风羽古建筑群位于云南省大理白族自治州洱源县，2012 年经云南省人民政府批准为第七批省人民政府级文物保护单位。风羽古镇是云南历史文化名镇之一，全镇人口近 97% 是白族，白族传统建筑群、古民居在这里保留完整。原来的街道都是由石头铺成，由于是茶马古道上的一个重镇，石头上留下了骡马踩出来的蹄印。在风羽坝子西面洱源鸟吊山麓的风羽帝释山中也存在风貌完好的古寺庙建筑群。风羽帝释山七寺四塔的历史，相传已越千年，于蒙氏土司时扩建。重建一新的风羽帝释山古寺建筑群，有一道用剑川石头加工建造而成的大石坊。从下到上有七座庙宇，分别为灵山寺、大觉寺、圣母寺、观音寺、九莲寺、睡佛寺、玉皇阁。七寺之间还有当地人称“虚空供养”“无量度人”“无量吉祥”“南无如意”四塔。寺内，佛、儒、道三教泥塑神灵俱全，形成了三教合流的宗教庙宇建筑群。

名称：虎头山道教建筑群

级别：省级

评定年份：2012 年

类型：古建筑

虎头山道教建筑群位于云南省大理白族自治州云龙县石门镇南，因山顶崛起一嵯峨巨石，如虎头而得名，是以道教为主的古建筑群。1987 年被云龙县人民政府公布为云龙县文物保护单位，2012 年经云南省人民政府批准为第七批省级文物保护单位。

虎头山道教建筑群以道教寺观建筑为主，由张仙祠、虎头寺、王母寺、老君殿等寺观及财神殿、弥勒殿、三宫殿、普陀岩等石观、石窟组成，其间以栈道、石牌坊、石亭、石桥串联，石壁有书刻、题字，形成一个依山附岩、布局巧妙的建筑群体。据《虎山碑记》载：“虎头寺原有一间山神庙，清道光年间陆续建老君殿和财神殿等寺观。清咸丰七年（公元 1857 年）又毁于兵燹，到光绪三十二年（公元 1906 年）修复并建了张仙祠、王母寺等。”

名称：天峰山玉皇阁老君殿建筑群

级别：省级

评定年份：2012 年

类型：古建筑

天峰山玉皇阁老君殿建筑群位于云南省大理白族自治州祥云县，是一座以道教为主教，三教合一的建筑群，其中尤以木雕刻著称，有“南来道教第一山”之称，是祥云县的道教名山和主要风景名胜之一，2012 年经云南省人民政府批准为第七批省人民政府人民政府级文物保护单位。

天峰山老君殿内一步一景，景中有景，景景有别，金碧辉煌的道院、阁楼、殿宇建筑，雕梁画栋，檐角飞空，错落有致，仿佛振翅欲飞的山鹰，宏伟壮观。金碧辉煌的老君殿、灵官殿、观音殿、药王殿、玉皇阁、三天门、功德坊等建筑物和古石雕、古碑，具文化艺术。那雕刻着龙凤、人物花鸟的圆形、方形石柱和石门、石窗上的石雕上百幅，其精湛的装饰雕刻技法，既有简练粗犷，又有精雕细刻，使整个殿宇更显庄重典雅而又富丽堂皇。

名称：老营李将军府

级别：省级

评定年份：2012 年

类型：古建筑

老营李将军府原称老营李家大院，位于云南省保山市隆阳区瓦窑镇老营村委会，包含老营原乡政府、李德民和李俊民院，为清代古建筑。2012 年经云南省人民政府批准为第七批省级文物保护单位。

名称：龙泉三圣宫
级别：省级
评定年份：2012 年
类型：古建筑

龙泉寺也叫三圣宫，位于云南省丽江市束河古镇。因寺旁有龙泉湖而得名，由明代土司木东建于隆庆年间，1983 年重修。2012 年经云南省人民政府批准为第七批省级文物保护单位。寺庙为四合院式小院，北面为主殿，里面供奉龙王。西殿供奉观音，南楼供奉皮匠祖师孙膑，东楼楼基直接入水，三面都有回廊，供游人凭栏远眺。古时一些文人墨客常在月明之夜来此登高赏月，后来便有了“龙门望月”之说。

名称：洛克故居
级别：省级
评定年份：2012 年
类型：古建筑

洛克故居位于云南省丽江市玉龙纳西族自治县白沙乡玉湖行政村雪嵩自然村，2012 年经云南省人民政府批准为第七批省级文物保护单位。雪嵩村地处丽江古城北、玉龙雪山南麓。纳西语叫“巫鲁肯”，意为雪山脚下的村子。1922 年，美籍奥地利人约瑟夫·洛克（1884 ~ 1962 年）以美国《国家地理杂志》的探险家、撰稿人、摄影家等身份，在玉龙山下一住 27 年，其中大部分时间住在玉湖雪嵩村。洛克旧居，现已重新修复，辟为“洛克旧居陈列馆”向游人开放，现有一院三房。坐西朝东的为当年美国国家地理学会中国云南探险队总部旧居，楼上是洛克起居室。坐南朝北的楼房为“洛克旧居陈列馆”，陈列着洛克当年拍摄的大量历史照片，以及洛克留在丽江的一批遗物。

名称：曼崩铜塔
级别：省级
评定年份：2012 年
类型：古建筑

曼崩铜塔位于云南省西双版纳傣族自治州勐腊县城南曼崩寨宽平的坝子上，是竹篱笆隔出的佛场中央耸立着闪耀金光的折角多边形塔，2012 年经云南省人民政府批准为第七批省级文物保护单位。曼崩塔浑身用铜皮包裹，因而又称为铜塔。此塔于乾隆五年（公元 1740 年）由塔木密拉建造。12 年后重修此塔，并用铜衣包裹塔身，费时整整 3 年，内塔为砖砌。塔高 11m，基形方座，边宽 5m，塔身为 3 层多边折角体相叠。第一层方形，四面砌出纵向双面坡之殿宇佛龛一座，第三层上作八角形，再上为仰莲及葫芦宝瓶。塔身与塔刹间用莲瓣雕刻过渡，塔刹由 5 个圆球体串连于刹杆上，刹杆分杈，杈枝上系击风铎，塔刹全部铜质。

名称：海云居
级别：省级
评定年份：2012 年
类型：古建筑

海云居，又名茶山寺，位于云南省大理白族自治州石伞山麓，为寺僧普联建于清康熙二十九年（公元 1689 年），2012 年经云南省人民政府批准为第七批省级文物保护单位。海云居为一进三院的佛教寺庙，坐南朝北。大殿分为三开间单檐歇山顶的建筑。大殿檐庑斗拱枋间雕刻的飞天、神兽，古朴典雅的格子门都是清康熙年间的剑川木雕，刀法的精美、构图的巧妙堪为后代工匠的楷模。殿内悬挂的铜钟为明代嘉靖二十二年（公元 1543 年）所铸造，系普联和尚于清康熙四十年（公元 1701 年）亲自从丽江购来寺中。

名称：北岳庙

级别：省级

评定年份：2012 年

类型：古建筑

北岳庙又名三朵阁，意为三朵之家，位于云南省丽江市，是玉龙山的山神庙，也是纳西族的第一个神庙。2012 年经云南省人民政府批准为第七批省级文物保护单位。对纳西人而言，丽江北岳庙是最重要的一个庙，供奉的是纳西族最大的保护神——三朵神。它始建于唐代，是丽江最早的庙宇，因南诏王曾封玉龙山为北岳，故在山脚下白沙村头立庙赐封。北岳庙景区现已被评定为国家 AA 级旅游景区。

北岳庙为三进院落，由山门、花厅、厢房、鼎亭、大殿、后殿组成，占地面积为 2329$m^2$。院内大门上方写着“恩溥三朵”四个大字，大殿正中供奉“三朵”神像，当地群众因此又把北岳庙称为“三朵阁”，意为三朵之家。庙内大殿右侧还有一棵圆柏，系建寺时所种，树龄已逾千年。

名称：回营清真寺

级别：省级

评定年份：2012 年

类型：古建筑

回营清真寺位于云南省大理白族自治州巍山彝族回族自治县大仓乡甸中街，总建筑面积为 1495$m^2$。2012 年经云南省人民政府批准为第七批省级文物保护单位。清真寺始建年代不详，原系民房建筑。1944 年新建礼拜殿 3 格，单檐歇山式，1981 年扩建为 5 格，建筑面积为 255$m^2$。1990 年新建宣礼楼，四角攒尖式建筑，建筑面积约 400$m^2$。两厢有民房 6 间（两方）。其中一方（3 间），原系咸丰同治事变（公元 1856～1873 年）后回双桥村（回族村）的三户回民的礼拜寺，后因回民绝嗣闲置，1951 年经云南省人民政府批准拆迁到这里。

名称：建塘阿布老屋

级别：省级

评定年份：2012 年

类型：古建筑

建塘阿布老屋原位于云南省迪庆藏族自治州香格里拉市建塘镇，2012 年经云南省人民政府批准为第七批省级文物保护单位。阿布老屋原为传统藏式木质民居，全宅外环土墙，在老屋前形成一个庭院。老屋一层是柴房、牲舍和杂物间；二层是主人居室；三层是顶仓，存放粮食和生活用品。阿布家族曾是茶马古道上的著名世家。从滇、藏、川、青和内地来的客商，马帮多在阿布家族名下的客栈下榻，转运和交易货物，阿布的家业几乎占了半个独克宗古镇。据传，阿布老屋始建于明代，后经多次修缮。2014 年 1 月 11 日独克宗古城大火，阿布老屋被焚毁。

名称：诗礼古墨水磨房

级别：省级

评定年份：2012 年

类型：其他

诗礼古墨水磨房位于云南省临沧市凤庆县诗礼乡古墨村，2012 年经云南省人民政府批准为第七批省级文物保护单位。诗礼古墨水磨房为石建房屋，水车、水磨、水碾等水力设施保留完整，在生产中仍有所应用。

名称：琼凤桥
级别：省级
评定年份：2012 年
类型：古建筑

琼凤桥位于云南省临沧市凤庆县三岔河镇顺甸河上，建成于 1925 年，为东西两片的木廊桥。2012 年经云南省人民政府批准为第七批省级文物保护单位。琼凤桥为 1925 年由邑人龚成龙、李桢、赵复增、赵复盛、西佛昌以及地方人士捐资创建，是乡民的图腾，寄托着他们美好的祈望。其主体为木质结构，有桥房、桥亭、扶栏。桥长 40m，宽 3.5m，是临沧市留存至今跨度最长的一座木廊桥。20 世纪 70 ~ 80 年代前是东西两岸的主要交通通道，至今仍在使用。

名称：南薰桥
级别：省级
评定年份：2012 年
类型：古建筑

南薰桥位于云南省大理白族自治州宾川县州城镇南门外离娄河（古名钟良溪）上，是一座单孔石拱牌楼式风雨桥。南薰桥始建于明嘉靖二十三年（公元 1544 年），由宾川知州朱官主持兴建。现存的桥梁为清光绪二十三年（公元 1897 年）九月黎元熙主持重修。1988 年大理白族自治州人民政府公布南薰桥为重点文物保护单位，2012 年经云南省人民政府批准为第七批省级文物保护单位。南熏桥桥长 15.6m，宽 5.16m，高 3m。条石为基，木瓦建牌楼；雕梁画栋，檐牙高啄；廊桥卧波，古朴坚美。桥两端为门亭，内立碑记；中为正亭，两侧设栏杆、坐方；桥头悬挂“南薰桥”金字红匾。结构精巧，工艺精湛，历经风雨数百载，仍巍然壮观。改革开放以来，省、州人民政府曾先后两次拨款维修，现保存完好。

名称：翁丁佤族传统民居建筑群
级别：省级
评定年份：2012 年
类型：古建筑

翁丁佤族传统民居建筑群位于云南省临沧市沧源佤族自治县勐角乡翁丁村。翁丁村原始佤族民居建筑风格和原始佤族风土人情，是迄今为止保存最为完好的原始群居村落。2006 年被审批为云南省第一批非物质文化遗产保护名录，2012 年经云南省人民政府批准为第七批省级文物保护单位。翁丁村主要古建筑有民居建筑（指传统的杆栏式楼房）、牛头寨门、剽牛桩、捏西栏（公房）、祭祀神林、神秘的寨桩（寨子的标记，从它的构造可以讲述司岗里传说）、古老的水碓、佤王府等。

名称：利克村传统民居建筑群
级别：省级
评定年份：2012 年
类型：古建筑

利克村传统民居建筑群位于云南省大理白族自治州巍山彝族回族自治县利克村，利克村因传统民居建筑群布局、三坊一照壁、四合五天井整体风貌保存完整，建筑工艺精湛，具有较高的艺术价值和科研价值，被评选入云南省第三次全国文物普查百大新发现之一，2012 年经云南省人民政府批准为第七批省级文物保护单位。该古民居群西南靠山，30 多院保存完好的明清时期的古民居掩映在绿树丛中，显得庄重典雅。这些古民居多为“三坊一照壁”“四合五天井”和“六合同春”等传统建筑格局，依地势呈南北走向三排，由约 1.5m 宽的小巷连贯在一起，房向大多为坐北朝南，大门向东开，所有院落整体呈“一”字排开，民居群规划整齐，气势宏伟，做工和用料讲究。据调查，该古民居群在布局上有很强的家族性，且均属郑氏家族。

名称：同乐傈僳族传统民居建筑群
级别：省级
评定年份：2012 年
类型：古建筑

同乐傈僳族传统民居建筑群位于云南省迪庆藏族自治州维西傈僳族自治县叶枝镇同乐村。同乐村为傈僳族传统村寨，其民居建筑古朴传统，2012 年经云南省人民政府批准为第七批省级文物保护单位。竹篾房，俗称“千脚落地房”，是傈僳族的基本住房形式之一。一般建于能躲避山洪和泥石流的山凹台地的向阳面偏坡上。木楞房又叫“圆木垒墙房”，形状像一个大木匣，长方形，是做工较为精细的住房。同乐传统民居以此两种形式为主。

名称：方国瑜故居
级别：省级
评定年份：2012 年
类型：近现代重要史迹及其代表性建筑

方国瑜故居位于云南省丽江市古城区五一街文治巷一所重点保护民居内，占地面积为 1320m$^2$，共 70 余间房。2012 年经云南省人民政府批准为第七批省级文物保护单位。

方国瑜（1903 ~ 1983 年），出生于原丽江纳西族自治县大研镇的书香世家，是我国当代著名的历史学家、教授，纳西族的杰出代表。撰写了《云南史料目录概说》《中国西南历史地理考释》《彝族史稿》《汉晋民族史》等大量传世之作，在中国民族、中国西南边疆史地、云南史料目录、东巴文化等方面取得了杰出成就。著名史学家徐中舒教授称他是“南中泰斗，滇史巨擘”。整个故居由“求学之路、困而好学斋、方氏家族、故居建筑、学术成果、社会活动、吊唁缅怀、方氏家塾”8 个部分组成。

名称：梁金山故居
级别：省级
评定年份：2012 年
类型：近现代重要史迹及其代表性建筑

梁金山故居坐落在云南省保山市隆阳区蒲缥镇方家寨村内，梁金山先生回国后就定居在此。2012 年经云南省人民政府批准为第七批省级文物保护单位。

梁金山（1884 ~ 1977 年），云南省保山市隆阳区人，爱国华侨。故居为 3 个横排封闭式的四合院，院落坐西向东，每院 4 幢房。建筑形式为穿斗式硬山顶楼房，房与房之间有回廊贯通，结构紧凑，布局协调，院内天井由石板镶嵌而成，院前有马厩和洗马池。站在中院楼上俯瞰，整个方家寨尽收眼底，据说，梁金山先生晚年茶余饭后经常坐在这里俯瞰方家寨。

名称：杨杰故居
级别：省级
评定年份：2012 年
类型：近现代重要史迹及其代表性建筑

杨杰故居位于云南省大理白族自治州大理市中和镇广武路，原为祖父杨宣建盖的一院“三方一照壁”大理白族民居建筑。2012 年经云南省人民政府批准为第七批省级文物保护单位。

杨杰（1889 ~ 1949 年），字耿光，原名锦昌，白族，大理人，我国著名的军事家和爱国将领，曾任国民党南京政府的第十八军军长，第一集团军总参谋长，海陆空总司令行营总参谋长，宁、镇、沪、松 4 路要塞总司令，陆军大学校长等要职。杨杰先生为人正直，主张积极抗战。故居多年来由于失修，大理杨杰故居前院的大门、两厢、后院主房已毁。现仅存大理杨杰故居前院两层楼房正屋及后院左右两厢楼房各一幢，并把大门改为后院出入。

名称：大理天主教堂
级别：省级
评定年份：2012 年
类型：近现代重要史迹及其代表性建筑

大理天主教堂位于大理白族自治州大理市下关一静谧的胡同里，建于 1927 年，2012 年经云南省人民政府批准为第七批省级文物保护单位。

天主教正式传入云南是在明末清初之际。1840 年，再次设立云南教区，主教公署设于昭通盐津县龙溪村，后于 1876 年迁至昆明华山东路设立主教公署，1936 年再迁至现地址。大理教区成立于 1929 年。教堂为一座古朴中融合着我国传统和白族建筑艺术风格的建筑——圣三堂，飞檐斗拱，彩绘娟秀。它以建筑结构造型的独特风格、雕刻艺术之精湛、中西建筑之交融而蜚声海内外。

名称：迪庆藏族自治州人民政府旧址
级别：省级
评定年份：2012 年
类型：近现代重要史迹及其代表性建筑

迪庆藏族自治州人民政府旧址位于云南省迪庆藏族自治州香格里拉市建塘镇文化路迪庆藏族自治州委党校院内，它是新中国成立初期，云南藏区重大历史事件和人民政权建设仅存的实物见证。2012 年，被云南省人民政府公布为第七批省级重点文物保护单位。

迪庆藏族自治州人民政府旧址占地面积为 11 272.8$m^2$，总建筑面积为 5078.7$m^2$，主体建筑面积为 3978$m^2$。现保存有政府办公大院、人民礼堂、大门。

## 2.4 中国传统村落

中国传统村落是保留了较大的历史沿革，即建筑环境、建筑风貌、村落选址未有大的变动，具有独特民俗民风，虽经历久远年代，但至今仍为人们服务的村落，具有突出的文明价值及传承的意义。

2012 年 4 月，由住房和城乡建设部、文化部、国家文物局、财政部联合启动了中国传统村落的调查。通过各省政府相关部门组织专家的调研与审评工作初步完成，全国汇总的数字表明中国现存的具有传统性质的村落近 12 000 个。同年 9 月，由住房和城乡建设部、文化部、国家文物局、财政部联合成立了由建筑学、民俗学、规划学、艺术学、遗产学、人类学等专家组成的专家委员会，评审并建立了《中国传统村落名录》。全国首批入选该名录的传统村落共 646 个，其中澜沧江中下游与大香格里拉地区共 41 个。

考察中，我们对区域内中国传统村落进行了考察和整理。

名称：电达村
所属地：青海省玉树藏族自治州玉树市仲达乡
评定年份：2012 年

电达村是青海省玉树藏族自治州玉树市仲达乡辖村，位于玉树市东北部，人口以藏族为主，占总人口的 99% 以上。电达村地处通天河西南岸沟谷地、山地，是传统牧区村落。农业上农牧结合，以牧业为主，牧业牧养藏系羊、牦牛、马等牲畜。农业以青稞、油菜、马铃薯种植为主。电达村是藏娘佛塔及桑周寺（北宋至清）所在地，藏式建筑典型，且具有大面积始刻于明代，延续至清代的藏传佛教石刻文物，与格鲁派教义相关。

标志性建筑参见 2.3.1 节藏娘佛塔及桑周寺。

名称：上盐井村

所属地：西藏自治区昌都市芒康县纳西民族乡

评定年份：2012 年

上盐井村是西藏自治区昌都市芒康县纳西民族乡下盐井村下辖自然村，位于林口乡东北边，海拔 1840m。上盐井村位于澜沧江西岸，以盐井盐田闻名，是世界文化遗产中国预备名录收录盐井古盐田中的核心村落。上盐井村是一个无论从文化上还是从地理物产上来讲都非常独特的地方。它位于沟通西藏和中原的茶马古道在西藏的第一站——盐井乡。澜沧江畔井里的卤盐水，为盐井的盐田提供了大量的盐巴（参见 2.1 节芒康盐井古盐田）。除了盐外，更罕有的要数在上盐井的西藏唯一一座天主教堂。

上盐井是西藏迄今唯一有天主教教堂和信徒的地方。纳西族和藏族的本土文化、纳西族的东巴教、藏族的藏传佛教和 19 世纪传入的天主教文化，和谐地共存在这个横断山的峡谷古村里。盐井天主教堂（图 2-21），是西方与藏族建筑艺术的罕见结合，其内部装饰是典型的哥特式高大拱顶，天花板上绘满了《圣经》题材的壁画，而外部则呈“梯”字形，是藏族民居常见式样，只有建筑外墙正中的大十字架提醒着人们这是一所教堂。

图 2-21　盐井天主教堂

提供：袁正

名称：板桥村

所属地：云南省保山市隆阳区板桥镇

评定年份：2012 年

板桥村隶属云南省保山市隆阳区板桥镇，全村面积为 2.5km$^2$，海拔 1650m。板桥村现保存有 180 余套传统民居，这些传统民居主要集中在板桥村青龙街街两侧，每一户老宅都有着上百年的历史，多数保留着前店后宅式的格局。这些民居大多是小面宽、大进深，双面飞檐，形式古朴，靠墙立柱。这种古老的层进式建筑甚至是大理古城的洋人街、丽江古城的四方街所不能比拟的。

板桥村至今还保留着许多历史遗迹：青龙街马蹄印、古道钉掌铺、万家祖祠、马家大院、万家大院等。漫步在青龙街，各种老式店铺鳞次栉比，古道风貌犹存。各行“堂”“店”“号”“记”悬挂街面，有所谓“万家的顶子、马家的银子、赵家的牌子、戈家的饼子、董家的包子、丁家的馆子”和“板桥米线”之说。传统工艺——栗炭土炉烤制的蛋糕，在滇西甚至云南都是“一绝”。丰富多彩的民俗文化、马帮文化及传统手工艺，共同构成板桥村文化的丰富内涵。

名称：大村

所属地：云南省大理白族自治州大理市太邑彝族乡

评定年份：2012 年

大村隶属于云南省大理市太邑彝族乡者么村委会，位于大理市者么山脉山腰中，是大理市唯一山地白族传统村落。大村面积为 2.61km$^2$，海拔 2400m。下辖 3 个村民小组。民族主要由白族、彝族、汉族构成，其中，白族占总人口的 98%。其产业主要以农业为主。

大村村内风光秀美，文化灿烂，民风纯朴，习俗浓郁，历史文化积淀深厚悠久，白族民族文化保存丰富真实，历史村落典型完整，是典型的山地白族民族自然村。农户住房主要以土木结构为主，始终延续着青瓦白墙的白族建设风格。村民信奉本主，本主庙位于村落北部，是宣传大理白族本主文化的重要场所，每当逢年过节，这里都会有村里组织的和自发前来的祭祀活动，祈祷风调雨顺，五谷丰登；祈祷身体健康，出入平安。

名称：喜洲村

所属地：云南省大理白族自治州大理市喜洲镇

评定年份：2012 年

喜洲村位于云南省大理白族自治州大理市以北喜洲镇政府所在地，辖 15 个村民小组和 7 个居民小组。村内人口以白族为主，有一个回族村民小组，还有汉族、彝族、纳西族等 5 个民族共同聚居，是中国西南多民族地区文化融合的一个核心。

喜洲是作为高原湖泊——洱海心腹地带的文化古村。这里气候宜人风景秀丽，苍山云弄诸峰如慈母怀抱，村口的千年古榕盘旋着一群群洁白的鹭鸶，海心亭、海舌诸景点依洱海成秀，花草秀美的民居庭院也让人流连不已。喜洲人热爱生活，情趣高尚，村民世代和睦相处，善良淳朴。宜人的气候和安宁祥和的生活情境使喜洲成为人们修身养性的绝佳所在。

参见 2. 3. 1 节喜洲白族古建筑群。

名称：周城村

所属地：云南省大理白族自治州大理市喜洲镇

评定年份：2012 年

周城村是位于苍山沧浪峰下的一个小村庄，是国内最大的白族聚居村，属云南省大理白族自治州大理市喜洲镇。村内粉墙青瓦，巷道幽深，南、北两个广场上，各生长着两棵高大的榕树（俗称大青树），南广场前有一巨大的照壁，嵌有“苍洱毓秀”四个大字；北广场，有一砖木结构的古戏台。这里是每日下午集市贸易的地方，每逢火把节竖起巨大的火把，成为庆祝演出活动的场所。此外，村里还有本主庙、文昌宫等古建筑。周城妇女服装服饰具有白族装饰的代表性，又是大理扎染、蜡染和织绣品的集散地，具有浓郁的民族风情。扎染制品是当地的传统工艺，有丰富多彩的民族节日，其中最著名的为“三月街”。被形象地喻为“一街赶千年，千年赶一街”。

白族房屋建筑多为“三坊一照壁”“四合五天井”封闭式庭院形式构建的白族民居。有独成一院，有一进数院，平面呈方形。造型为青瓦人字大屋顶，二层、重檐；主房东向或南向，三间或五间，土木砖石结构，木屋架用榫卯组合，一院或数院连接成一个整体。白族民居特别重视照壁、门窗花枋、山墙、门楼的装饰。大门座选用海东青山石精凿成芝麻花点、砌出棱角分明的基座、上架结构严谨、雕刻精细、斗拱出挑、飞檐翘角的木制门楼。

名称：剑川古城村

所属地：云南省大理白族自治州剑川县金华镇

评定年份：2012 年

剑川古城村隶属云南省大理白族自治州剑川县金华镇，始于元代至正末年（公元 1341 ~ 1370 年），为剑川古城所在地。原有古城墙巍峨壮观，古城墙、樵楼于 1952 年拆除。现四门护城河、壕桥犹存，古城墙基础四至清晰，明代建成的街巷道路走向不变，尺度不变，格局不变，历经沧桑，古貌依旧。古城的民居极富特色，尚保留明代建筑 40 余处，其中有 21 个院落保存完整，尚保留清代建筑 146 处，其余为民国至 20 世纪 60 年代土木结构建筑，古民居建筑的保留量占全城民居总数的 90% 以上。白族是村内主要民族，古城内白族居民占绝大多数，白语纯正，白族风习保留完整。

村内白族民居古朴典雅。城中西门、南门古巷通幽，古宅较多，还有西门明代昭宗祠古建筑，其牌坊造型独特，名扬三迤。现西门、南门、东门街道基本保留原貌，与两旁民居相衬得体。古城内民居小巧玲珑，布局严谨，可以完全看出明代初期、明代中后期、清代、民国及 20 世纪各个年代民居建筑结构的不同形式和发展特点，为现存云南白族民居中典型的活生生的建筑博物馆。道教盛行于元末明初，古城现存道教活动场所若干，剑川道教科仪内容丰富，在省内外影响较大。

参见 2. 3. 1 节西门街古建筑群。

名称：寺登村

所属地：云南省大理白族自治州剑川县沙溪镇

评定年份：2012 年

寺登村隶属于云南省大理白族自治州剑川县沙溪镇，其核心区域寺登街是茶马古道上唯一幸存的古集市，使这个连接西藏和南亚的集市，入选 2002 年值得关注的 101 个世界纪念性建筑遗产名录。寺登村因“寺登街”而闻名。在白族话中，寺登街的意思是“寺院所在地方的街”。寺院指兴教寺，是我国目前保存最完好、规模最大的佛教密宗“阿吒力”寺院，大殿有明代精美彩绘壁画。明代才子杨升庵、李元阳曾同游兴教寺，留下题写“海棠诗”的佳话。走在红砂石铺地的四方街，可以看到与兴教寺遥望相对的，是初建于 200 多年前飞檐翘角的魁阁带戏台。当年，魁阁、戏台、商铺连为一体，演戏、舞龙、耍狮、奏洞经古乐，做生意的讨价还价声与来往马帮的清脆铃声，勾勒出一幅热闹的山村“清明上河图”。

参见 2. 2 节云南剑川沙溪寺登街。

名称：大营庄村

所属地：云南省大理白族自治州祥云县禾甸镇

评定年份：2012 年

大营庄村地处云南省大理白族自治州祥云县禾甸镇东，面积为 52. 2$km^2$，海拔 2100m，全村以稻作生产为主要产业。到 2010 年年底，村内仍以户户居住土木结构房屋建筑为主，整个村落古朴而和谐。

名称：旧邑村

所属地：云南省大理白族自治州祥云县禾甸镇

评定年份：2012 年

旧邑村地处云南省大理白族自治州祥云县禾甸镇南，面积为 8. 27$km^2$，海拔 1980m，人口以白族为主。旧邑村以儒家文化立村。

名称：云南驿村

所属地：云南省大理白族自治州祥云县云南驿镇

评定年份：2012 年

云南驿村位于云南省大理白族自治州祥云县云南驿镇北部云南驿行政村，地处坝区，海拔 1980m，村舍围绕白马寺山麓沿昆畹公路两侧呈弧形分布。云南驿村，因地制宜，结合自然，打破构图方正、轴线分明的传统布局手法，整个村庄依山而建，结合地形自由布局，道路随着山势的曲直而布置，房屋就地势的高低而组合。建筑、山体、道路、农田有机结合，融为一体，形成了丰富和谐的街景空间。

参见 2. 3. 1 节云南驿古建筑群。

名称：曲硐村

所属地：云南省大理白族自治州永平县博南镇

评定年份：2012 年

曲硐村隶属云南省大理白族自治州永平县博南镇，位于永平县城南端，地处昆明至畹町和大理至保山的中间地段，是滇西最大的回族聚集村。古有南方丝绸之路博南古道由此穿越，是中国内地通往东南亚的重要交通门户和重要物资集散地。村内回族占全村总人口的 90%。依托优越的交通区位、良好的投资环境和当地回民善于经商的传统优势，曲硐已发展成为以泡核桃、野生食用菌和药材、皮张等交易为主的，辐射大理、保山、怒江、德宏、临沧等地（州/市）最重要的农产品集散地。

村内文物古迹众多，有清真古寺较为驰名，古村落规模宏大，土木结构为主的大量传统民居分布其中，原始的道路交通系统和古老水系设施保存完整。曲硐温泉历史悠久，平均水温 47 ~ 50℃，属碳酸矿泉水体。

名称：花桥村

所属地：云南省大理白族自治州永平县博南镇

评定年份：2012 年

花桥村隶属云南省大理白族自治州永平县博南镇，地处澜沧江东岸、横断山脉博南山东山坡中腰，西南丝绸之路博南古道穿村而过。全村辖 5 个自然村，居住有汉、彝、白、回、傈僳等民族。平均海拔 1950m。大花桥自然村背靠博南山原始森林，南临宝台山国家森林公园。有丰富多样的动、植物资源，气候润泽，植被良好，水资源充沛，是一个典型的原生态山村水乡。

花桥村作为西南丝绸之路上的千年古村落，是“蜀身毒道”上幸存下来的为数不多的遗迹。在千年不曾间断的传承、发展进程中，给后人留下了许多珍贵的物质文化遗产，拥有博南古道、大花桥古村落、古县衙、元梅、古税司等众多物质文化遗产和文物古迹，拥有古道文化、马帮文化、宗族谱牒文化、饮食文化等非物质文化遗产。这些厚重的不可多得和复制的遗产是花桥村独具魅力的文化优势。

名称：杉阳村

所属地：云南省大理白族自治州永平县杉阳镇

评定年份：2012 年

杉阳村位于云南省大理白族自治州永平县杉阳镇中部，博南山和澜沧江渡口之间，为兰津渡所在地，是“茶马古道”上的关隘。全村面积为 $18.92km^2$。村落具有传统建筑的特点。杉阳村总体形成山、水、人、文多元素交融的传统民居建筑群，以周围的自然山水、田园景观为背景，建筑独具特色、聚落井然有序，主要以“三坊一照壁”“四合五天井”“走马转角楼”为建筑主要样式，民居主房较高，耳房稍低，漏角和围墙则更低，屋面错落别致，形成生动活泼的建筑空间组织。兰津渡与霁虹桥是杉阳村的重要遗产和特色建筑（参见 2. 3. 3 节兰津渡与霁虹桥）。

名称：宝丰村

所属地：云南省大理白族自治州云龙县宝丰乡

评定年份：2012 年

宝丰村位于云南省大理白族自治州云龙县宝丰乡，地处沘江下游河谷地带，地势北高南低。宝丰，古称雒马、雒马井、金泉井、旧云龙，为云龙八大盐井之一，为云龙八井中最南端的一井。明崇祯二年（公元1629 年），宝丰因井而治，云龙州治迁至雒马井（今宝丰），宝丰成为云龙政治、经济、文化中心。清代，宝丰称为雒马里（也称禄里）。宝丰历史悠久，既是汉文化与西南各民族文化互通的桥梁和纽带，也是中国西南多民族地区文化融合的一个核心。

儒、释、道三教合流的传统信仰和白族的本主信仰与自然崇拜在仪式活动、价值理念方面互相融合。宝丰庙宇众多，建筑形式都是单檐歇山式木结构，院落简洁，具有浓郁的白族艺术特点。这些建筑主要分布于宝丰周边的山坡上，地势高于普通的民居建筑。宝丰建筑群落的时间跨度绵延近千年，除了典型的“三坊一照壁”和“四合五天井”外，不同历史时期和不同时代的风格也有差异，成为多样建筑风格的历史见证。而宝丰的人物与故事更是加重了它的历史厚重感。宝丰为人们穿越时空感受历史提供了一条罕见的建筑文化长廊和历史博物馆。

名称：师井村

所属地：云南省大理白族自治州云龙县检槽乡

评定年份：2012 年

师井村隶属云南省大理白族自治州云龙县检槽乡北部，师里河由北向南纵贯全境，形成高山峡谷与山间小盆地相间的地形地貌，面积为414.77km$^2$。师井村历史悠久，其早年为云龙五井之一，据清雍正《云龙州志》记载：“师井在石门正北，相距百里，产六井，俱出村沿溪一带，为正井，樽节井，公卤井，公费井，香火井，小井，一日之卤，十五户按数均分，用大灶一围，铜锅六七口日夜煎盐三斤八九两，每灶月出盐百余斤。”

村坐北朝南，南西北群山围绕，南北两山间有个大山坳，山坳东坡陡，山坳西平，陡坡处居住，平地为良田，村东无山靠，南边山脉不完整。为了自然村的风水，便修建了关帝圣君桥和望月桥。当时因盐矿的开发和白羊厂银子的开采，师井村十分繁华，人居360 户，居住房屋都采用古老的土木结构，大户人家建有四合五天井，三房一照壁，有古老的木雕，图案丰富。民国期间，盗匪两次放火烧村，古建筑全部被毁，现存很少，目前的建筑群95% 是土木结构，也有当代建筑。

名称：诺邓村

所属地：云南省大理白族自治州云龙县诺邓镇

评定年份：2012 年

诺邓村位于云南省大理白族自治州云龙县诺邓镇。这里矿藏丰富，盛产食盐。居民以白族为主。1996 年盐井被封，停止采卤煮盐。由于产业的变化，村民经济并不富裕，然而却保留了千年的文明传统，所以，民风古朴，民居依旧，是崇山峻岭中古老而优美的白族古村落。诺邓村历史上曾一度为滇西地区的盐米交易中心之一，古代诺邓与大理、保山、腾冲等地形成的“盐米互市”关系而开通的“盐米商道”，是“茶马古道”的组成部分，其东向大理，南至保山、腾冲直至缅甸北部的梅恩开江一带，西接六库片马，北连兰坪丽江。由于诺邓历史上盐业兴盛，并为古道要冲，旧时马铃声声不绝于耳，往来商贾多如行云。

诺邓古村坐落在崇山峻岭之中，自唐代盐井开发以来历千余年，古村风貌基本未变，特别是明清以来形成的山村建筑景观依旧，原生态保存完好，是目前云南省保存最完整的古代建筑群落。参见 2. 3. 1 节诺邓白族乡土建筑群。

名称：大东行政村

所属地：云南省丽江市古城区大东乡

评定年份：2012 年

大东村位于云南省丽江市古城区大东乡中部，总面积为66.7km$^2$。大东村居住着以纳西族为主的傈僳族、苗族、壮族、汉族等7个民族。大东村有丰富多彩的民族民间文化，积淀十分丰厚，如东巴文化、民间音乐舞蹈、特色器乐、民居建筑、民族服饰、饮食习俗、传统节庆、传统工艺以及众多的民族民间故事等。其中，独具特色的“热美蹉”乐舞已被列入国家级非物质文化遗产保护名录。参见 3.1.2 节纳西族热美蹉。

名称：贵峰村

所属地：云南省丽江市古城区金山乡

评定年份：2012 年

贵峰村地处丽江东坝子南部，东靠青山，西邻漾弓江，全村面积为30.65km$^2$，海拔2300m。人口以纳西族为主，有少数汉族、白族等其他民族。位于贵峰的革命旧址“开南研习所”已被列入革命传统教育基地、云南省青少年爱国主义教育基地。贵峰村还是纳西族东巴文化的发祥地之一，现有纳西文化传习馆，纳西古乐演习、东巴文化传承、民族民间歌舞依然是村民劳作之余的主要活动。

名称：漾西村

所属地：云南省丽江市古城区金山乡

评定年份：2012 年

漾西村位于云南省丽江市古城区金山乡，是丽江古城的南大门。全村面积为24.96km$^2$。人口以纳西族为主，有部分汉族、白族、藏族、彝族等民族。漾西社区背靠蛇山，漾弓江贯穿南北，形成独具特色的自然风光。深深沉淀的历史文化使漾西更具魅力：10 万年前“丽江人遗址”出土，并修建了“丽江人遗址”博物馆；明代木氏土司教习子孙的重点文物保护单位——万德宫至今仍保存完好；也是红军长征过丽江的第一村。

名称：西关村

所属地：云南省丽江市古城区七河镇

评定年份：2012 年

西关村位于云南省丽江市古城区七河镇正北方，平均海拔2200m。西关村观音峡景区是集山水、湖泊、峡谷、森林等自然景观和茶马古街，纳西村落、民俗、宗教风情等人文景观为一体的风景区，位于丽江坝子三大关隘的“玉龙关”关口处，是旧时茶马古道滇藏线通往丽江入藏的唯一关口和军事要塞；丽江木氏土司曾在此设有海关和兵营。公元1639 年1 月25 日，我国大旅行家徐霞客应木氏土司的邀请由此入关，并留下了“坞盘水曲，田畴环焉……为‘丽江第一钥匙’”的赞美之词，故有“丽江第一景”之称。

名称：白沙村

所属地：云南省丽江市玉龙纳西族自治县大研镇

评定年份：2012 年

白沙村位于云南省丽江市玉龙纳西族自治县大研镇，白沙古建筑群位于大研镇以北的白沙坝子，曾是木氏土司的发祥地及丽江的政治、经济和文化中心。在明、清时代木氏土司修筑了一些金碧辉煌的建筑物，至今犹存一部分。白沙有丽江最大的喇嘛寺——福国寺的旧址，有绘着精美壁画的大积宝宫、琉璃殿，有宏伟壮观的文昌宫、大定阁、金刚殿等古建筑，这是明代木氏土司兴盛一时的历史见证，也是欣赏技法精美，颇具民族特色的丽江壁画的地方。

名称：石头城村

所属地：云南省丽江市玉龙纳西族自治县宝山乡

评定年份：2012 年

石头城村位于云南省丽江市玉龙纳西族自治县宝山乡的一块独立的蘑菇状岩石上，三面均是悬崖绝壁，百余户纳西人家聚居在此。石头城建筑为典型的纳西族民居，多为两层木结构，以两面厦、骑楼厦等厦楼居多，因地势陡峭，依石而建，基础高，上垒土坯墙，注重门楼、外廊、门窗、隔扇、梁枋的装饰，具有很高的文化艺术价值。石头城内居民户数为 108 户，城外居民 110 户，全村居民依山而居层次分明，由于石头城受地理环境等因素的制约未通公路。

名称：桃花村

所属地：云南省丽江市玉龙纳西族自治县石头乡

评定年份：2012 年

桃花村属云南省丽江市玉龙纳西族自治县石头白族乡，面积为 94. 44$km^2$，地处坝区，全村以种植业生产为主要产业。到 2011 年年底，村内仍以土木结构房屋建筑为主。

名称：翁丁村

所属地：云南省临沧市沧源佤族自治县勐角民族乡

评定年份：2012 年

翁丁村位于云南省临沧市沧源佤族自治县勐角民族乡北部，是中国最后一个原始部落。翁丁，在佤语中的意思就是云雾缭绕的地方，又有高山白云湖之灵秀的意思。村内，一幢幢干栏式茅草房下世世代代繁衍生息着古朴、纯真、善良、热情、好客的阿佤人民，看着随处可见的牛头桩，听着浑厚的木鼓声。参见 2. 3. 3 节翁丁佤族传统民居建筑群。

翁丁至今仍传承着佤族部落的原始文化，是迄今为止保存最为完好的原始群居村落，寨里寨外的一切事物都是佤族历史文化的结晶，是原始阿佤山的缩影，记录着阿佤山的远古和现在。寨中的牛头、木鼓、寨桩、图腾柱、阿佤人民等都是佤族历史文化的见证和象征。它最为神秘的是由寨桩、寨心、司岗里组成的村寨心脏，最具吸引力的是男人剽牛时的彪悍，女人甩发时的激情。在这个云雾缭绕、鸟语杂蝉、曲径通幽的佤族村落，延续着远古的梳头恋情，飘逸着母性崇拜的婚嫁习俗，保留着古朴文明的殡葬方式，庄重神秘的祭祀活动，葫芦里走出的传说，风情万种的歌舞，独木成林的千年古树，汇集成独具特色的佤族文化。

名称：鲁史古集村

所属地：云南省临沧市凤庆县鲁史镇

评定年份：2012 年

鲁史镇古集村即鲁史古镇自然村，位于云南省临沧市凤庆县鲁史镇。滇西茶马古道由西南向东北贯穿鲁史镇全境，在鲁史街形成古驿站。鲁史古集村曾一度成为滇缅茶马古道的咽喉重镇，号称“茶马古道第一镇”，是当时通往蒙化（今巍山彝族回族自治县）、下关、昆明、丽江、西藏，到印度、缅甸的重要驿站。参见 2. 3. 1 节云南茶马道中的茶马古道鲁史段。

鲁史古集村马踏青石板留下脚窝，3m 多宽的青石古道，由东向西把古镇一分为二。1598 年设地方行政管理机构辟街场至今已有 400 多年的历史，是滇西片区保存较为完好的古建筑群之一，从整体上看，民居建筑风格受大理白族文化及江浙一带的影响，具有典型的南诏建筑风格。全村以“三街（上平街、下平街、楼梯街）七巷（曾家巷、黄家巷、十字巷、骆家巷、魁阁巷、董家巷、杨家巷）一广场（又称四方街）”为中心，呈圆状分布。古集村内的民宅建筑主要是以一颗印状般的四合院和一正一厢一照壁式的三合院为主，形成“四合五天井，三坊一照壁”的独特风格。楼层上下各三间房间，土木结构，屋顶用当地产的青瓦铺盖，墙体和椽柱相接处用麻布石或青石板密封以防火患。屋脊均向两头翘起，房檐设有勾头瓦，其上都雕刻有各种精美图案，或龙或凤，或狮或虎，栩栩如生，神气活现。临街和靠路的墙体还请文化人或者自己亲自提笔作画题诗，以示高雅。照壁是充分显示主人景况的窗口，是书香门第，还是豪门富宅，或者是普通人家，都可以从造型和上面的画面看出来。

名称：沿河村

所属地：云南省临沧市凤庆县鲁史镇

评定年份：2012 年

沿河村位于云南省临沧市凤庆县鲁史镇东南方。沿河村原是鲁史古镇的乡土建筑群——塘房石头寨所在，占地面积为 $2km^2$，历史上是茶马古道的必经之地，是承载滇西茶马古道 700 年历史的村庄。沿河村是金马驿站到鲁史驿站途中过往马帮歇息的地方，所以被称为“塘”。据本地居民介绍，清道光年间，有陶氏三兄弟从景东迁徙到此盖建。参见 2. 3. 1 节云南茶马古道中的茶马古道鲁史段。

沿河村石头寨，可以说这是一个用石头砌成的世界。房屋是石板房，道路是石头铺，塘基是石头砌，水渠是石头筑。石门墩、石院墙、石前檐、石鸡笼、石厕所、石畜圈不胜枚举。石槽、石盆、石凳、石桌、石碾、石磨、石臼琳琅满目。石台阶、石板路、石挡……甚至烤茶、烧肉的用具都是用石头制作而成。石头垒成的房子不能建得太高大。在村里，几乎每间屋子都一样大小，结构基本相同。每间屋子里都没有窗户，只有一个天井，是屋子采光的重要途径。村民搭建的石屋，大多是随意而为，有的石块横着叠砌，有的斜着堆砌，大石块和大石块之间用小石块补缝加固，连木质的梁柱也特别讲究自然，用在石屋里还是保持原来的形状，没有刻意修整过。沿河村的石屋显得硬朗，看上去厚实凝重，极具质朴之感。

名称：勐准组（村）

所属地：云南省临沧市临翔区博尚镇

评定年份：2012 年

勐准组隶属于云南省临沧市临翔区博尚镇大勐准委会，地处博尚镇东。“勐准村”始建于公元 1414 年，最早进入定居的俸氏是在明清初期，至今已有 600 多年的历史。村内俸姓由瑞丽搬迁而来，陶姓从江外逃难而来，杜姓、叶姓相继进入互相通婚繁衍后代形成村落。

勐准组主要的传统建筑为土木结构，青瓦屋面的汉式传统建筑，是博尚镇保留傣族习俗最完整的村落。物质文化遗产主要有大勐准佛寺、大玉地墓地、古水井和佛塔。其中大勐准佛寺属于重点文物保护单位，是大勐准村内主要的宗教建筑，始建于明代。现存的佛寺大殿主要构件为清中期遗存。

非物质文化遗产方面风俗礼仪保留较完整，不仅有民俗节日，更有声乐歌舞。大勐准至今仍有四大主要节日，一是傣族春节，即泼水节；二是关门节；三是点灯节；四是烧包节，类似汉族的清明节。傣族人民一向能歌善舞，在大勐准组许多傣族舞蹈及相关技艺都得已保留下来，有傣族文化传承人 3 人。

名称：碗窑村

所属地：云南省临沧市临翔区博尚镇

评定年份：2012 年

碗窑村位于云南省临沧市临翔区博尚镇西北方向，依山傍水，古树成群，保存大量的古龙窑、古民居，山水田园风光自然而生态，历史上曾有布朗族、傣族、拉祜族、汉族居住。1736 年湖南省长沙府贵东县邻里乡人罗文华、杨义远、邓成和三人带着一手制陶绝活来到此地，在这里安家落户，依靠本村优质陶泥建起了 3 条龙窑，从此龙窑制陶技艺在这里代代相传，以烧纸陶器为生繁衍后代形成村落。因为最初的陶产品以碗为主，碗窑地名也由此而来。

碗窑组内保留了大量的文化遗产，主要包括 3 处文物保护单位，即 10 座烧制土陶的龙窑，2 幢碗窑民国民居和传统民居建筑群。其中，村内60%的民居保留了传统的土木结构汉式建筑，建筑结构有单房、一正两厢和围院等多种形式，是一个古色古香的古村落格局。除此之外，碗窑还保留了众多特色古文化遗址，包括：古井1个、古桥1座、古河道1条、古门头1处以及1株古树名木和1片古树群。在非物质文化遗产方面则有传统制陶工艺、婚丧嫁娶习俗、民俗风情和历史文献。

名称：上永和村
所属地：云南省临沧市临翔区博尚镇
评定年份：2012年

上永和村隶属云南省临沧市临翔区博尚镇永和村委会。清朝年间，有唐氏家族搬迁而至，形成璇镑（原村名）村寨。1930年，改为永和。上永和村是一个人文气息较为浓郁的村落，自村落形成以来，前后涌现出不少文人志士，为村落增添了浓郁的文化底蕴和悠久的人文历史。此外，村内有保留完好的“节励霜筠”牌匾、古井、古树与传统风俗。

上永和村从村落选址、村落街巷、建筑布局、村落环境等都充分反映了山地村落的特点。以何家大院和康家大院为代表，村内保留了大量的汉式民居，照壁石虎、龙、凤、花、刻雕俱全，风格上既有雕梁画栋的细腻之美又兼具汉式建筑一贯的淳朴大气，是全镇古式艺雕保存最完整的地方，不仅充分体现了当时高超的建筑技艺，更展现了当地百姓生活生产习性和地域文化融合的特点。其中，何家宅瓦木三层楼为该村首屈一指，也是全镇木建筑高度之魁，至今袭居19代。

名称：东岗村
所属地：云南省临沧市临翔区平村乡
评定年份：2012年

东岗村位于云南省临沧市临翔区平村乡那玉村委会，地属山区。村寨有500余年的历史，目前，村寨整体面貌保留完好。

名称：勐旺大寨村
所属地：云南省临沧市临翔区章驮乡
评定年份：2012年

勐旺大寨村隶属云南省临沧市临翔区章驮乡勐旺村。村域面积为3.6km$^2$，海拔1700m。该村属于绝对贫困村，农民收入主要以种植业、养殖业为主。勐旺大寨村内80%的建筑为传统建筑（民居），分布非常集中，主要为土木结构、青瓦屋面的汉式建筑。村内主要居民为傣族，是十分典型的旱傣，服饰及傣族传统习俗保存较好。

勐旺塔（俗称白塔）位于勐旺村南500m处的忙公山顶上，海拔1666m，是勐旺大寨傣族进行宗教祭祀活动的中心点。参见2.3.1节勐旺塔及西北塔。

勐旺佛寺位于勐旺村大寨，勐旺佛寺内有大佛1尊，弥勒佛1尊，木材菩萨2尊。佛寺内建筑有大佛殿、禅房、伙房等。勐旺佛寺有大佛殿和禅房，主要活动有传经文和圣训、法会、开光、参拜礼仪、功课、礼佛、住持升座仪式等。传说，勐旺大寨所在地理山形，像一条龙，小摇献拢处（寨子正中）像一颗夜明珠，龙回头看着夜明珠，故用缅寺把龙压住，使居住群众平安无事。

名称：城子三寨村
所属地：云南省普洱市江城县整董镇
评定年份：2012年

城子三寨村系傣族村寨（三寨为：曼贺组、曼贺井组和曼乱宰组），平均海拔850m。曼贺、曼乱宰、曼贺井三个连片的寨子，寨子传统建筑保存相对完整，96%的建筑是传统的傣族建筑，寨子里，建筑规划有序，道路宽敞、畅通。传统傣族建筑物为木结构，砖墙维护，村落变化灵活，错落有致，建筑物下层空旷、通风好，冬暖夏凉。城子三寨虽经历百年沧桑，却依然保持着原始生态的自然资源和古朴的傣族文化特色，村庄内部规划有序，道路宽敞、畅通，居住条件良好，给水排水较科学合理，垃圾堆积规范，村内干净、整洁、空气新鲜，村庄四周青山环绕，风景秀丽。参见 2.3.3 节整董傣族传统民居建筑群。

织锦是三个村寨的家庭手工业，以家庭为单位编织和销售，代代相传。目前，三个寨子有 10 几个织锦能手，从棉花到织出一匹傣锦的数十道工序，她们都掌握得非常熟练，其中咪宰君于 2005 年被命名为省级非物质文化遗产代表性传承人。傣锦工艺精巧、图案别致、色彩艳丽，具有粗犷的质朴感和浓重的装饰性。它的图案有珍禽异兽、奇花异卉、几何图案等，每种图案的色彩、纹样都有具体的内容，展示了傣家人的智慧和对美好生活的向往、追求。

名称：三营村

所属地：云南省普洱市景东彝族自治县大街乡

评定年份：2012 年

三营村位于云南省普洱市景东彝族自治县大街乡，地处者干河岸的河谷与丘陵相间地带。传统村落东西宽约 600m，南北长约 2000m。古村历史悠久，旧时明朝朱元璋曾在此屯兵设营，定居后，又有汉族农民、商人陆续迁往屯区及其附近土地肥沃之处，带来了先进文化、先进生产技术、农作物的优良品种，促进了境内经济和文化的发展。古村内较有名的文物古迹建筑有三营黉学、杨家祠堂、杨营牌坊、罗家祠堂、观音寺、老君殿等。洞经音乐在古村内有着悠久的历史和广泛的群众基础，其源远流长，它随着明初明军屯军于大街而传入，在境内广泛而长期流传，有其长期流传的环境。

其中文庙是景东文化的代表，曾是明朝嘉靖初年创办的黉学校址，三营黉学位于者干河东岸的三营村上周田小组，至今已有 400 多年的历史。参见 2.3.1 节景东文庙。杨家祠堂位于杨营组，是家族成员进行教育、祭祖的活动场所，杨家祠堂坐东朝西，建筑有照壁、戏楼、正殿和后宫，建筑工艺古朴典雅，雄伟而大气。杨营牌坊建于清末，坐东朝西，为牌楼木牌坊，木构架古建筑。罗家祠堂建于清代，为三营罗氏家族供奉祖灵、颁布族规、管理族人社会活动的场所，坐东北向西南。三营观音寺建于明末清初，为当地祭拜观音的神圣殿堂，坐东北朝西南，保留有大殿、东厢房、院心、古井、西厢房基础。古村内民居仍保留传统的建筑风格，多属穿斗式三架梁悬山顶或硬山顶单檐或多檐一楼一底的土木结构建筑。大街镇属茶的古老产地，在明代，茶叶已经远销西藏、西北地区和蒙古等地，三营古村内就有相应的茶马古道，现今古村内仍有茶马古道遗迹可寻。

名称：清凉村

所属地：云南省普洱市景东彝族自治县文井镇

评定年份：2012 年

清凉村位于云南省普洱市景东彝族自治县文井镇，其中梁家组核心区为梁家大院古宅建址所在区域。村中道路至今仍留有石板与青砖原貌，百年榕树屹立古村入口，村中心有百年古井，古榕树在村内零星散落，汩汩无量山泉水从古村流过，古树、古井、古村落、山泉、青石板路组成了一幅传统气息浓郁、历史内蕴厚重的画卷。村内民族以汉族为主，建筑多为土木结构的传统民居，另有少量砖木结构的民房和混凝土楼房。

据传，梁氏先祖是梁康。从梁康于春秋初期在夏阳梁山立国创姓开始，迄今已 2800 多年，梁氏家族共繁衍 80 余代，散居全国各地人口累计达千万数。景东清凉梁姓族人是分布在西南边地的梁氏后人，源于梁胜。梁胜系江西省临江府新喻县（现新余市）一个普通农民，于明洪武十四年（公元 1381 年）应征入伍并被派往云南征战，公元 1382 年在大理战斗中离开明军，之后辗转到景东清凉响水定居，由此繁衍出响水梁氏一族。

梁家大院约建于清光绪中期，总占地面积为 600 多平方米，是景东彝族自治县内保存较完整的古建筑之一。其建筑具有典型的景东古民居特征，又广泛吸收了大理白族民居建筑风格和江南民居的特点；老宅保存有一定数量、装饰精美、艺术价值极高、富有地方特色的古建筑群、雕塑和彩绘。

名称：勐根村

所属地：云南省普洱市澜沧拉祜族自治县酒井哈尼族乡

评定年份：2012 年

勐根村隶属云南省普洱市澜沧拉祜族自治县酒井哈尼族乡，村内老达保寨是国家级非物质文化遗产保护名录《牡帕密帕》的传承基地之一。房屋仍然保留着拉祜族传统杆栏式建筑风格，拉祜文化底蕴深厚，有国家级《牡帕密帕》根古传承人 2 人，市级《牡帕密帕》根古传承人 1 人，拉祜芦笙舞市级传承人 1 人，拉祜摆舞市级传承人 1 人，民间文艺表演队 1 个，群众历来能歌善舞，擅长吉他弹唱、芦笙舞、摆舞、无伴奏和声演唱，常年开展拉祜族民间文化艺术传承、演出活动，多次参加央视、国家大剧院及全国性大型演出。这里自然风景秀丽、拉祜族特色民居建筑突出，是拉祜族原始文化保留和传承较为完整，拉祜文化底蕴十分丰富的村寨。

名称：那柯里村

所属地：云南省普洱市宁洱哈尼族彝族自治县同心乡

评定年份：2012 年

那柯里村位于云南省普洱市宁洱哈尼族彝族自治县同心乡西边，是古普洱府茶马古道上的重要驿站，也是宁洱哈尼族彝族自治县现存较为完好的古驿站之一。那柯里南接思茅区，是宁洱的南大门。“那柯里”为傣语发音，“那”为田，“柯”为桥，“里”为好，“那柯里”的意思是说该村小桥流水，沃土肥田，岁实年丰，是理想的人居之地。那柯里驿站具有深厚的普洱茶文化、茶马古道文化和马帮文化，山清水秀、风景优美，保存有较为完好的茶马古道遗址——那柯里段茶马古道、百年荣发马店、那柯里风雨桥，还有当年马帮用过的马灯、马饮水石槽等历史遗迹、遗物，具有悠久的历史痕迹和深厚的茶马古道文化。参见 2. 3. 1 节云南茶马古道。

名称：龙潭村

所属地：云南省普洱市思茅区龙潭傣族乡

评定年份：2012 年

龙潭村位于云南省普洱市思茅区龙潭傣族乡，因地下暗河从山脚涌出，形成天然湖泊（龙潭湖）而得名。龙潭村面积为 325. 65$km^2$，平均海拔 1403. 5m。龙潭村风景秀丽，傣族传统民居与傣族文化保存良好。

名称：洛特老寨村

所属地：云南省西双版纳傣族自治州景洪市基诺族乡

评定年份：2012 年

洛特老寨村位于云南省西双版纳傣族自治州景洪市基诺族乡，地处基诺山东南部，是典型的基诺民族山寨。20 世纪 50 年代初，洛特老寨村仍处于原始社会末期向阶级社会过渡的阶段。以洛特老寨为典型的村寨大量搜集了大量的基诺族文史资料，收录了基诺族各类民歌，并改良了基诺族民间乐器“奇科”；整理了基诺族民族民间舞蹈《大鼓舞》《蝈摇呐》《特懋妞》《遮科追》《竹竿舞》《织布舞》等十几个民间舞蹈。

古村为森林文化乡村。洛特——新奇而又独特的寨名，实为地名学瑰宝之一，本意是石头山脚的寨子。相距约 40km 的乡村小道，小道两旁树木郁郁葱葱，植被完整，进村四周被茂密的原始森林所包围。而基诺族发祥地洛特老寨寨子山头的“杰卓山”，保留了洛特老寨是土著民族的原始部落尚未迁徙的文化迹象。

地处山高 1400m 的洛特老寨，路途遥远，谷深、密林交错，气候宜人，季风频繁，日照光强，雨量充沛。登上“杰卓山”，感受雨林气候，穿梭在古茶树地下，遥望山脚，云雾沉睡在千山万水、一马平川之中，阳光照射下的茶嫩叶显得格外清透明亮。这里的人们喜欢用竹筒煮茶喝，煮出来的汤色陈黄色，喝起来苦涩后清香甘甜，沁入心脾，回味无穷，大自然馈赠的茶饮食文化也在这里颇有感受，如凉拌茶、蚂蚁蛋茶、臭菜汤茶、螃蟹凉拌茶等。

名称：曼春满村

所属地：云南省西双版纳傣族自治州景洪市勐罕镇

评定年份：2012 年

曼春满村隶属云南省西双版纳傣族自治州景洪市勐罕镇，“曼春满”意为春色花满园，是一个保持着傣家浓郁特色、民风淳朴、环境优美的典型坝区傣族村寨。曼春满村面积为 2.64km$^2$，海拔 519m。曼春满建村历史悠久，傣语中“曼”为村寨，“春满”为花园，即花园寨。寨内佛寺已有 1400 多年的历史，过去，西双版纳的最高统治者——召片领曾把这里定为专门为其栽花美化园林的村子，曼春满也因此而得名，从结构谨严、精巧的曼春满佛寺就可见一斑。据说召片领修其宫廷，都要从这里选派能工巧匠为其服务。该村与曼将、曼听、曼乍、曼嘎等傣族村寨鸡犬相闻，紧连勐罕镇中心，地理环境优越，村南紧靠澜沧江弯道的大沙滩，沿澜沧江亦可抵达寨子，村北是天然形成的龙得湖（当地人称为大鱼塘）。

在曼春满村小组至今还保持着傣族“杆栏”式传统民居建筑，全村居民住宅均为纯木制结构住房（傣制杆栏式民居）。曼春满村佛寺始建于佛历 1126 年（公元 583 年），距今已有 1400 多年的历史，是勐罕镇傣族民俗、宗教、教育、娱乐的重要活动聚会场所，是勐罕镇佛教、贝叶经文化的传承地，据载为傣勐巴拉纳西王国文化发祥地之一。

名称：易武乡村

所属地：云南省西双版纳傣族自治州勐腊县易武乡

评定年份：2012 年

易武乡村位于云南省西双版纳傣族自治州勐腊县易武乡，地处西双版纳六大古茶山之一易武古茶山中。勐腊县易武乡是构成大半部近代普洱茶史和现代普洱茶史的两翼之一。易武茶乡民族文化也成为西双版纳靓丽的地域名片。易武古茶山、古镇，曾是“镇越县”府所在地，植茶制茶易茶历史悠久，尤其在清朝后期成为六大茶山中最热闹繁华的茶马古镇和茶叶加工、集散中心。据史料记载，清嘉庆、道光年间，易武山每年产干茶 70 000 余担①。所产普洱茶就源源不断地由骡马队运出，经普洱、到下关、过丽江、进四川，到达康藏地区，部分运销印度、尼泊尔等国。易武古茶山海拔在 656 ~ 2023m。海拔差异大，形成了立体型气候，具有温湿、温暖型两种气候特点，十分适合茶树生长。

## 2.5 中国历史文化名城/村

1982 年，为了保护那些曾经是古代政治、经济、文化中心或近代革命运动和重大历史事件发生地的重要城市及其文物古迹免受破坏，“历史文化名城”的概念被正式提出。根据《中华人民共和国文物保护法》，“历史文化名城”是指保存文物特别丰富，具有重大历史文化价值和革命意义的城市。

中国历史文化名城的审批于 1982 年、1986 年和 1994 年分三批集中进行，三批之后不定时增补。截至 2015 年 10 月，全国 128 座城市经国务院审批被列为国家历史文化名城，其中，澜沧江中下游与大香格

① 1 担 = 50kg。

里拉地区的中国历史文化名城3座。历史文化名村的评选始于2003年，是由建设部和国家文物局共同组织评选的，指保存文物特别丰富，且具有重大历史价值或纪念意义的，能较完整地反映一些历史时期传统风貌和地方民族特色的村。2003年10月建设部和国家文物局共同发布《中国历史文化各镇（村）评选办法》，并同时公布第一批评选出的12个村落名单。此后，于2005年、2007年、2008年、2010年和2014年分5批公布了264个村落名单，中国历史文化名村总数达到276个。其中，澜沧江中下游与大香格里拉地区的中国历史文化名村6个。

考察中，我们对区域内的历史文化名城与历史文化名村进行了考察和整理。

## 2.5.1 历史文化名城

名称：大理市

所属地：云南省大理白族自治州

级别：国家级

评定年份：1982年

大理市，位于云南省西部，是大理白族自治州的州政府驻地。大理市地处云贵高原上的洱海平原，苍山之麓，洱海之滨，是古代南诏国和大理国的都城，作为古代云南地区的政治、经济和文化中心，时间长达500余年。

1982年，大理被中国政府列为第一批24个国家历史文化名城之一。大理市为中国首批十大魅力城市之首，是以白族为主体的少数民族聚居区，面积为1468km$^2$，全市人口61万人，其中白族占65%。下辖10个镇，1个民族乡，共有20个居委会，109个行政村。大理市人民政府驻下关镇。名胜古迹有巍山风景区、太和城遗址等。大理市是世界自然与文化双遗产预备项目云南大理苍山与南诏历史遗存的核心区域所在。

名称：丽江市

所属地：云南省丽江市

级别：国家级

评定年份：1986年

丽江市，云南省辖地级市，位于云南省西北部云贵高原与青藏高原的连接部位。北连迪庆藏族自治州，南接大理白族自治州，西邻怒江傈僳族自治州，东与四川凉山彝族自治州和攀枝花市接壤。辖古城区、玉龙纳西族自治县、永胜县、华坪县、宁蒗彝族自治县，共有69个乡（镇）、446个村民委员会，总人口为1 244 769人（第六次全国人口普查）。

丽江古城在南宋时期就初具规模，已有八九百年的历史。丽江宋为大理善巨郡地，开始建城，忽必烈南征大理，以革囊渡金沙江后在此驻兵操练，“阿营”遗址仍在，当时居民已有千余户，至元十三年改为丽江路，丽江之名始于此，以依傍于丽江（金沙江古名）湾而得名。明末已具规模，日渐繁荣，本地土司木氏所营造的宫室非常华美。丽江古城区是中国罕见的保存相当完好的少数民族古城，集中了纳西文化的精华，完整地保留了宋、元以来形成的历史风貌。丽江自古以来是丝绸之路和茶马古道的中转站，丽江有建于南宋的丽江古城，纳西族名称叫“巩本知”，“巩本”为仓廪，“知”即集市，丽江古城曾是仓廪集散之地。

丽江市于1986年被认定为国家历史文化名城；1997年12月，丽江古城申报世界文化遗产获成功。参见2.1节丽江古城。

名称：巍山彝族回族自治县

所属地：云南省大理白族自治州

级别：国家级

评定年份：1994 年

巍山彝族回族自治县位于云南省西部，在大理白族自治州南部。巍山彝族回族自治县北与大理市相连，东与弥渡县毗邻；南面与南涧、凤庆县相邻；西面与漾濞、昌宁县相邻，以漾濞江为界。巍山彝族回族自治县辖 6 乡 4 镇，面积为 2266km$^2$。

巍山彝族回族自治县于西汉元封二年（公元前 109 年）设邪龙县。唐朝，由彝族先民建立地方民族政权——南诏国，是中国历史上盛极一时的藩属国。宋元时期，由大理段氏白蛮统治者镇守。明代，洪武十五年（公元 1382 年），巍山为蒙化州，推行土司制度。直至清朝仍沿袭土司制度，直至光绪二十三年（公元 1897 年）。

巍山彝族回族自治县山龙山与图山南诏都城遗址、巍宝山道教宫观古建筑群、巍宝山长春洞古建筑等均是其历史文化的写照和证明。巍山彝族回族自治县是世界自然与文化双遗产预备项目云南大理苍山与南诏历史遗存的核心区域所在，1994 年被评为第三批中国历史文化名城。

参见 1. 6. 1 节巍宝山国家森林公园、2. 3. 1 节垅圩图山城址、2. 3. 3 节巍宝山古建筑群等。

## 2. 5. 2　历史文化名村

名称：诺邓村

所属地：云南省大理白族自治州云龙县诺邓镇

级别：国家级

评定年份：2007 年

参见 2. 4 节诺邓村。

名称：电达村

所属地：青海省玉树藏族自治州玉树市仲达乡

级别：国家级

评定年份：2010 年

参见 2. 4 节电达村。

名称：云南驿村

所属地：云南省大理白族自治州祥云县云南驿镇

级别：国家级

评定年份：2010 年

参见 2. 4 节云南驿村。

名称：文盛街村

所属地：云南省大理白族自治州弥渡县密祉镇

级别：国家级

评定年份：2014 年

弥渡县密祉镇文盛街村是国家级历史文化名村。位于弥渡县西南方向，坐落在被誉为“古滇瑰宝”“杜鹃世界”“妙香佛地”的太极山省级风景名胜区山麓下，自古处于昆明通往印度、缅甸的交通要塞，古称“六诏咽喉”。文盛街村民主要以种养殖、豆腐加工、外出务工为主要经济来源。

文盛街村保留了较为完整的明清汉族建筑群落，“三坊一照壁”“四合五天井”“走马转阁楼”“一颗印”等建筑形式在村落中依山布局。现遗存弥渡第五区区公所旧址、聂家马店、杨家客栈、尹宜公故居等20多项县级文物保护单位。文盛街古驿道是云南茶马古道入选国家级文物保护单位的重要组成部分。参见2.3.1节云南茶马古道。

文盛街村文化底蕴丰厚，沿街书法隽永的对联、农家院落里的花灯歌舞，民间艺人剪纸艺术、花灯扎制、刺绣、山歌小调演唱等在街头巷尾进行交汇相织。2014年拥有省级非物质文化遗产传承人1人，州级1人，县级20人。

名称：曲硐村
所属地：云南省大理白族自治州永平县博南镇
级别：国家级
评定年份：2014年
参见2.4节曲硐村。

名称：金鸡村
所属地：云南省保山市隆阳区金鸡乡
级别：国家级
评定年份：2014年

金鸡村位于云南省保山市隆阳区金鸡乡。金鸡村曾是西汉元封二年（公元前109年）设置的不韦县城；曾是抗日战争时期远征军诸多将领的军事指挥部；曾是中共地下党组织从事革命活动的地方、保山最早的革命根据地。这里人才辈出：三国时的吕凯、清末教育家廖鹤、民国时期的留美学者张鸿翼、云南护国军将领兰馨以及抗日将领孟葆初、教育家张笏等。

金鸡村依山傍水，农田肥沃，风光秀丽，是中国西南古丝绸之路出入保山的重要通道，村舍、田畴、集镇、街市……远古与现实，历史与当代，构成了金鸡村鲜活而美丽的风光。金鸡村位于云南省保山市隆阳区金鸡乡，坐落在保山坝东北角凤溪山下。金鸡村历来就是金鸡乡政治、经济、文化中心，这里历史悠久，地灵人杰，蕴含着丰厚的文化底蕴，是一个集古刹、古楼、古屋、古巷、古井、古树、古墓、古风、古韵于一体的古村落。位于金鸡村后高耸的宝鼎山巅、建于清代中叶的宝鼎寺，气势恢弘。位于集镇中部的四方街，不论古今都是金鸡村的地理中心。四方街南北两廊为清一色传统瓦屋建筑，两层结构，楼下为店铺，楼上为观戏包间，楼后为天井。两栏民居保存完好，浓郁的古镇风韵至今未减。走在古朴的四方街上，蓝天白云间鸽子飞过，哨音悠远，闭眼停驻，那绕梁三尺的地方戏曲仿佛还在耳边回荡、生旦净末丑的身影也浮现在眼前……除了宝鼎寺、四方街，金鸡村还拥有古戏台、文昌宫、金鸡寺、卧牛寺、插戟石、老澡堂、廖鹤墓、李家大院、树包泉、吕凯石表等丰富的传统文化遗产。

# 第3章　非物质文化类遗产[1]

澜沧江中下游是我国民族构成最为丰富的地区。大香格里拉地区则是以藏、羌民族为主，极具特色的民族聚居区域。在澜沧江中下游与大香格里拉区域内，丰富的民族构成与具有鲜明特色的民族文化多样性造就了区域内丰富的非物质文化遗产。

澜沧江流域非物质文化类遗产主要包括人类口述与非物质文化遗产、世界记忆遗产和民间文化艺术之乡。

## 3.1　非物质文化遗产

按照联合国教科文组织的定义，人类口述与非物质文化遗产指被各群体、团体、有时为个人所视为其文化遗产的各种实践、表演、表现形式、知识体系和技能及其有关的工具、实物、工艺品和文化场所。2003年，联合国教科文组织大会通过了《保护非物质文化遗产公约》，中国于2004年加入该公约。此后，联合国教科文组织建立了《人类非物质文化遗产代表作名录》。

加入《保护非物质文化遗产公约》后，我国开始建立4级（国家级、省级、市级、县级）非物质文化遗产保护体系，并于2006年认定了首批国家级非物质文化遗产。国家级非物质文化遗产分类包括民间文学、传统音乐、传统舞蹈、传统戏剧和曲艺、传统体育、游戏与杂技、传统美术、传统技艺、传统医药和民俗10类。各省、市、县在管理中又根据其自身特色与需求在国家分类的基础上增加了其他的保护类别。例如，云南省又开创性地评选了民族传统文化之乡等地域性项目（该项目并入3.3节介绍）。

2011年，《中华人民共和国非物质文化遗产法》颁布，非物质文化遗产的保护进入新的阶段。《中华人民共和国非物质文化遗产法》规定，非物质文化遗产指各族人民世代相传并视为其文化遗产组成部分的各种传统文化表现形式，以及与传统文化表现形式相关的实物和场所。包括：①传统口头文学以及作为其载体的语言；②传统美术、书法、音乐、舞蹈、戏剧、曲艺和杂技；③传统技艺、医药和历法；④传统礼仪、节庆等民俗；⑤传统体育和游艺；⑥其他非物质文化遗产。

澜沧江中下游与大香格里拉地区被列入《人类非物质文化遗产代表作名录》的非物质文化遗产项目有1项，为《格萨尔史诗》；受到国家法律保护的非物质文化遗产项目超过1000项，本章收录了其中的国家级项目36项（2014年7月第四批新入选项目5项未计算在内）。

考察中，我们对区域内各级非物质文化遗产项目进行了考察和整理。本节重点介绍世界级、国家级和省、自治区级非物质文化遗产的情况。其中，对于非物质文化遗产的分类按《中华人民共和国非物质文化遗产保护法》颁布前的10类进行划分。

### 3.1.1　人类非物质文化遗产代表作

名称：格萨尔史诗

级别：世界级

类别：民间文学

① 本章执笔者：袁正、何露、闵庆文、刘某承、白艳莹、焦雯珺、史媛媛。

影响区域：西藏自治区、青海省、四川省等

《格萨尔史诗》也称《格萨尔王传》，是一部由西藏人民集体创作，产生于公元前后至五六世纪，纪录西藏历经吐蕃王朝等时期的历史兴衰及生活于雪域高原的藏族人民之智慧与口传艺术，代表藏族的民间文化，也是藏族古代神话、传说、诗歌和谚语等民间文学的总和。该作品讲述了传说中的岭国国王格萨尔的故事，共100多万诗行、2000多万字。《格萨尔史诗》被称为当今世界仍被传唱的最后一部史诗，传播范围遍及西藏、四川、青海、甘肃、内蒙古等地。

《格萨尔史诗》的故事结构纵向概括了藏族社会发展史的两个重大的历史时期，横向包含了大大小小近百个部落、邦国和地区，纵横数千里，内涵广阔，结构宏伟。在格萨尔降生、格萨尔降伏妖魔和格萨尔返回天界3个部分中，第二部分内容最为丰富，篇幅也最为宏大。除著名的四大降魔史——《北方降魔》《霍岭大战》《保卫盐海》《门岭大战》外，还有18大宗、18中宗和18小宗，每个重要故事和每场战争均构成一部相对独立的史诗。

史诗从生成、基本定型到不断演进，包含了藏民族文化的全部原始内核，在不断演进中又融汇了不同时代藏民族关于历史、社会、自然、科学、宗教、道德、风俗、文化、艺术的全部知识，具有很高的学术价值、美学价值和欣赏价值，是研究古代藏族的社会历史、阶级关系、民族交往、道德观念、民风民俗、民间文化等问题的一部百科全书，被誉为“东方的荷马史诗”。

## 3.1.2 国家级非物质文化遗产

名称：康巴拉伊

级别：国家级

类别：民间文学

申报单位：青海省玉树藏族自治州

评定年份：2008年

“拉伊”是治多县境内藏族男女交流过程中产生的诗化的交际语言，发源于6世纪末吐蕃王朝南日松赞时期。2008年，康巴拉伊经国务院批准列入第二批国家级非物质文化遗产名录。

康巴拉伊分为祭歌、颂歌、引歌、启歌、竞歌、谜语歌、汇歌、恋歌、别离歌、贬歌、咒歌及吉祥祝福歌十二卷，每卷由一万首诗歌组成。其内容纷繁，结构紧凑，语言优美，为藏族民间诗歌的集大成，对研究藏族的历史、宗教信仰、风俗习惯、社会制度等具有一定的学术价值。目前，能够演唱全篇的艺人已很少，治多县人民政府已抢救收集整理《康巴拉伊》2400余首，但由于《康巴拉伊》内容浩繁，以口头传承为主，濒临消亡，亟待抢救和保护。

名称：弦子舞（玉树伊舞）

级别：国家级

类别：传统舞蹈

申报单位：青海省玉树藏族自治州

评定年份：2008年

玉树伊舞流传于青藏高原腹地青海省西南部的玉树藏族自治州一带，公元16世纪玉树“伊”在青藏地区非常盛行。“伊”既是各种歌舞的统称也可指区别于其他民间歌舞的单一的弦子舞。2008年，弦子舞（玉树伊舞）经国务院批准列入第二批国家级非物质文化遗产名录。

“伊”的舞蹈动作和技巧吸收了玉树地区农牧民游牧生活的养料，是从骑马、狩猎、赶羊、打场、挤奶、剪毛、打酥油等生产劳动姿态中吸取动作发展提炼而成，生活气息浓郁，是反映玉树藏族人民生活风貌的百科全书。最初的“伊”只是人们在喜庆婚嫁或生产劳动之余男女青年在宿营的草场围着篝火，自娱自乐的一种形式，后发展到在官方举办的赛马射箭等大型活动和节日庆典时的组织表演性演出。

“伊”的旋律、曲调相对其表演形式和内容较为规范，各有一定之规，尤其部分流传下来的古曲，有其固有的调式。“伊”的唱词有口口相传下来的固定唱词，但也可应情应景即兴创作。“伊”在为大型节庆组织演出时以“序舞”“正舞”“大圆舞”的程序演出。

名称：锅庄舞（玉树卓舞、囊谦卓干玛）

级别：国家级

类别：传统舞蹈

申报单位：青海省玉树藏族自治州

评定年份：2006 年

玉树民间舞蹈主要由“卓”“依”“热巴”“热依”和“国哇”等几大类组成，风格迥然，神韵各异，其中的“卓”舞最负盛名。在玉树藏语里，“卓”是舞、跳的意思，有的藏区也称“锅庄”，它是一种种类繁多，自娱性很强的民间舞蹈。在众多的“卓”舞中，最有影响的要数“求卓”。“求卓”亦称“切卓”，原是玉树地区民间求神、敬神、请神的舞蹈，因包含驱邪祈祥的寓意而被吸收到寺院舞蹈之中，并形成和延续到“羌姆”（藏传佛教各派寺院举行宗教祭祀活动即大法会上跳的宗教舞蹈）表演中。后来，它又从寺院流传到民间，经过历代传承，发展至今。2006 年，锅庄舞（玉树卓舞）经国务院批准列入第一批国家级非物质文化遗产名录。

锅庄舞是一种无伴奏的集体舞。锅庄舞有许多舞蹈名称，即曲牌和词牌，叨唠半步舞、六步舞、八步舞、索例哆、猴子舞、孔雀舞牧羊曲等。锅庄舞的舞步分“郭卓”（走舞）和“枯舞”（转舞）两大类。锅庄舞边舞边唱，多为问答对唱比赛。舞蹈时，一般男女各排半圆拉手成圈，有一人领头，分男女一问一答，反复对唱，无乐器伴奏。整个舞蹈由先慢后快的两段舞组成，基本动作有“悠颤跨腿”“趋步辗转”“跨腿踏步蹲”等，舞者手臂以撩、甩、晃为主变换舞姿，队形按顺时针行进，圆圈有大有小，偶尔变换“龙摆尾”图案。

玉树卓舞流传于青藏高原腹地青海省西南部的玉树藏族自治州一带。卓舞的历史渊源可以追溯到原始社会，玉树卓舞中至今还保留着很多远古时代的痕迹，随着藏族六大氏族的形成，玉树卓舞逐渐以部落、部族和区域文化的形态发展起来。玉树卓舞种类繁多，其内容以对家乡、自然风光等的歌颂为主，同时广泛反映社会生活的各个方面。完整的演出分祭奉神佛的序舞、表现广泛内容的正部、祝福吉祥的尾声三个部分。

其中，囊谦卓干玛为玉树依舞的一个分支，主要分布在香达镇、白扎乡、吉曲乡一带。

名称：藏族民歌（玉树民歌）

级别：国家级

类别：传统音乐

申报单位：青海省玉树藏族自治州

评定年份：2008 年

玉树民歌即山歌，它是在高山、原野传唱的歌。藏区民歌的分布情况，1915 年以前昌鲁主要流传在康巴藏区，尤以玉树最盛。2008 年，藏族民歌（玉树民歌）经国务院批准列入第二批国家级非物质文化遗产名录。

玉树是藏族民歌的盛产区，种类繁多，内容丰富。在玉树有三种类型可称之为传统意义上的民歌，即勒、拉伊、闯勒。例如，古莫即情卦、琼勒即酒歌、均勒即垒墙歌、呦啦即收割打场歌，以及婚礼曲、迎宾曲、挤奶曲、催眠曲等一般归为歌谣类。内容上，勒的外延比较宽泛，除涉及男女爱情之外，可广涉天上人间万事万物，无所不容，就勒歌而言，包括序歌、呼歌、颂歌、搭歌（即搭帐篷、桑歌灶、铺歌毯）、主体歌和最后的收场祝福歌。玉树藏族民歌一般为三段式，这是语言结构上的突出特点。勒和拉伊为四句三段式、三句三段式和二句三段式。由于勒和拉伊都有整齐的节奏，相同的音步，唱起来朗朗上口。1985年玉树藏族自治州群艺馆组织专门人员搜集整理近2000首藏族民歌，同年出版了收有1400多首民歌的《玉树民歌集》。

名称：玉树赛马会
级别：国家级
类别：游戏、传统体育与竞技
申报单位：青海省玉树藏族自治州
评定年份：2008年

玉树赛马会是青海规模最大的藏民族盛会。玉树人无论祭山敬神，迎宾送客，操办婚事，都离不开赛马。届时藏族群众身着鲜艳的民族服装，将各自的帐篷星罗棋布地扎在结古草原上，参加赛马、赛牦牛、藏式摔跤、马术、射箭、射击、民族歌舞、藏族服饰展示等极具有民族特色的活动。2008年，玉树赛马会经国务院批准列入第二批国家级非物质文化遗产名录。

在玉树藏族自治州这片广袤的草原上4000多年前就有人类的活动，主要为西羌地。隋朝为苏毗和多弥国的一部分，唐时为叶蕃所属，草原辽阔，牧草肥美，是青海省的主要畜牧业基地之一。加上它处于青海北部和西藏、四川的交汇处，为三省（自治区）商业贸易的重要集散地。盛夏的玉树草原，绿草如茵、百花盛开、牛肥马壮，到处呈现出欣欣向荣的兴旺景象。在这样的黄金季节，整个玉树地区从村到乡、从乡到县都会开展规模不等的赛马等文体活动。现在，玉树赛马会多在每年7月25日~8月1日的康巴艺术节上举行。

名称：藏族金属锻造技艺（藏刀锻制技艺）
级别：国家级
类别：传统技艺
申报单位：青海省玉树藏族自治州
评定年份：2008年

藏刀是所有西藏人的必备之物，是用以防身的利器，在狩猎、分割食物时也常常用到，藏刀同时还是一种装饰品。玉树藏刀锻制技术精巧，一般由白铜制成，也可以由白银制成，有普通的，亦有镶各色宝石的。藏刀的刀身是以好的钢材锻制而成，手工打制，磨后刀刃锋利，刀面寒光闪闪。2008年，藏族金属锻造技艺（藏刀锻制技艺）经国务院批准列入第二批国家级非物质文化遗产名录。

男式藏刀一般粗犷、锋利，女式藏刀则较秀气。从规格尺寸上分，藏刀大致分为长刀、短刀和小刀三种。从形状上讲，具有很强的地方特色，有牧区式、康巴式、后藏式等；用途也有很多种，如林区砍树有专门的砍树刀，屠夫用的屠宰刀等。

名称：藏族服饰
级别：国家级
类别：传统舞蹈
申报单位：青海省玉树藏族自治州
评定年份：2008年

藏族服装、服饰在其款式、结构形成和发展过程中，深受自然条件、劳动生产和文化交流的影响。目前，已发现的藏族服饰类型已有200多种，居中国少数民族之首。研究表明，早在公元前1世纪前后，西藏高原土著部落的服饰就已具有今天藏族肥腰、长袖、大襟、右衽长裙、束腰及以毛皮制衣的特征。藏族帽子种类繁多，主要有毡帽、皮帽、金丝花帽等。藏族男女通行的长筒靴、藏靴可分为“松巴”和“嘎洛”两大类。藏族发饰繁多，尤以妇女为最。中青年妇女喜用红绿丝线与头发混编。藏族佩饰主要有耳环、胸饰、腰饰和手饰。多以金、银、铜和珠宝、石器制成。耳饰，均为互环和耳坠。胸饰包括项链、护身盒“卡乌”。腰饰主件是一条丝绸或牛皮腰带，上面悬挂各种主人喜欢的饰品，男子有腰刀、打火镰、鼻烟壶等，妇女有银器、铜牌等。2008 年，藏族服饰经国务院批准列入第二批国家级非物质文化遗产名录。

名称：牙舟陶器烧制技艺

级别：国家级

类别：传统手工技艺

申报单位：青海省囊谦县

评定年份：2008 年

牙舟陶原料有黄泥、白泥、青色泥三种，在制作陶胚时多数采用快轮成形及手工捏法，系典型民族传统工艺，艺人可以根据生活经验和丰富的想象制作出实用的茶壶、盆、杯子、碟子等生活用品，如栩栩如生的马、牛各种工艺品，展现出民间艺人的独特魅力。尤其是使用本地的玻璃釉能自然流淌，在烧制过程中随着温度的变化而产生的自然裂纹（俗称窑变），保持着古朴、深厚迷离的独特风格，可称为陶制工艺品中的一枝独秀。2008 年，牙舟陶器烧制技艺经国务院批准列入第二批国家级非物质文化遗产名录。

牙舟陶的釉料就地取材。釉色以玻璃为基础，以黄白、褐色为基调色，几种颜色相互调配可以形成光泽莹润的色调。烧制牙舟陶使用的窑子叫阶梯窑，或爬坡窑、梭坡窑，多依山势而建，形成一圆弧形排列的窑洞，座座相连，将半成品堆放在窑子的泥板架上，泥板架共 7 层，每层可放 10 件，根据釉和泥土质量，将耐火差一点的先放进窑子，耐火强的后放（靠近火口），然后密封洞口，在第一个洞口点火遇热，温度达到 1000℃后，便可以依次添加柴火，温度均匀上升，至 20～24h 后，便可以冷却出窑。

名称：酥油花（强巴林寺酥油花）

级别：国家级

类别：传统手工技艺

申报单位：西藏自治区昌都市

评定年份：2011 年

酥油花是用酥油制作的一种特殊形式的雕塑艺术。辛饶弥沃如来佛祖创建了雍仲本教后改变了很多原始的信仰方式，包括改变了杀生祭神等，而采用糌粑和酥油捏成各种彩线花盘的形式来代替原始本教中要杀生祭祀的动物，减少了杀戮。这就是朵玛和酥油花的最初起源。2011 年，酥油花（强巴林寺酥油花）经国务院批准列入第三批国家级非物质文化遗产名录。

酥油花是雕塑艺术的一种特殊形式。藏语觉安钦巴，意为“十五供品”，亦称“酥油花”。它是以酥油为原料，以人物、花卉、飞禽、走兽、树木等人和事物为主题的一种高超的手工油塑艺术，具有悠久的历史。强巴林寺酥油花制作技艺精湛，内容以神仙、人物、花木、鸟兽等形象为主。每年藏历正月十五，强巴林寺都要举办酥油花灯节，传说是为了庆祝释迦牟尼与其他教派辩论的胜利。

名称：藏族雕版印刷技艺（波罗古泽刻版制作技艺）

级别：国家级

类别：传统手工技艺

申报单位：西藏自治区江达县

评定年份：2008 年

德格印经院建立于公元 1729 年。早在公元 1703 年，德格土司就已出资雕刻经板、印刷经书，是藏组雕版印刷的典型代表。2008 年，藏族雕版印刷技艺（波罗古泽刻版制作技艺）经国务院批准列入第二批国家级非物质文化遗产名录。

德格土司时期以藏纸印经，每年用藏纸约50万张。现在的印经工艺包括造纸、制版、印刷等程序，造纸以瑞香狼毒草的根做原料，制作技艺属于浇纸法系统，独具特色。所生产的藏纸不会被虫蛀，吸墨性很强，分量轻，韧性好，有独特的价值。1958年，停止生产藏纸。2000年，印经院请了一位80岁的老人教年轻人造藏纸，初步抢救了这门传统技艺。德格印经院的经版以红桦木为原料，经火熏、粪池、水煮、烘晒、刨光等工序后，可几百年不变形，最宜用来雕刻。印经院的经版文字雕刻很深，而且书法十分优美，适合反复印刷，在印制中形成了许多独特的技艺。

名称：藏族唐卡
级别：国家级
类别：传统手工技艺
申报单位：西藏自治区
评定年份：2006年

唐卡，也叫唐嘎、唐喀，系藏文音译，指用彩缎装裱后悬挂供奉的宗教卷轴画。唐卡是藏族文化中一种独具特色的绘画艺术形式，题材内容涉及藏族的历史、政治、文化和社会生活等诸多领域；传世唐卡大多是藏传佛教和本教作品。它是传统藏族绘画艺术的一种形式。2006年，藏族唐卡经国务院批准列入第一批国家级非物质文化遗产名录。

唐卡是藏族文化中一种独具特色的绘画艺术形式，用明亮的色彩描绘出神圣的佛的世界；颜料传统上是全部采用金、银、珍珠、玛瑙、珊瑚、松石、孔雀石、朱砂等珍贵的矿物宝石和藏红花、大黄、蓝靛等植物，以示其神圣。唐卡的绘制要求严苛，程序极为复杂，必须按照经书中的仪轨及上师的要求进行，包括绘前仪式、制作画布、构图起稿、着色染色、勾线定型、铺金描银、开眼、缝裱开光等一整套工艺程序。唐卡按其创作风格形成了众多画派。目前，西藏自治区勉唐画派、钦泽画派、噶玛嘎孜画派等已申报为国家级非物质文化遗产。

名称：井盐晒制技艺
级别：国家级
类别：传统手工技艺
申报单位：西藏自治区
评定年份：2008年

西藏自治区芒康县盐井盐田，东西两岸共有约3000块，蔚为壮观。盐井井盐晒制和售卖是当地居民的重要收入来源。2008年，井盐晒制技艺经国务院批准列入第二批国家级非物质文化遗产名录。

筑盐田的方法是用多根圆木柱作为支撑，呈网状排列，柱子的间距约1m，圆木柱的长度，则因山势和地形在1～6m。支撑的上面有两层，第一层用圆木密集排列，第二层就铺上木板，用黄泥或红泥夯实抹平，泥层约厚10cm，四壁稍高，高出13～18cm，形成一个长方形的浅槽。每个盐田的面积在6～10m$^2$，更大的面积，圆木就难以支撑。贮卤池为地坑式，有数百个，史籍中称为“盐窝”，每户人家都有一个，深度近1m，长宽则在数米以上。井盐生产的工艺顺序为：汲卤、背卤、晒盐、刮盐。晒盐的木架层层叠叠，最多达7～8层。

名称：芒康三弦舞
级别：国家级
类别：民间舞蹈
申报单位：西藏自治区
评定年份：2008年

三弦舞起源于芒康县曲孜卡乡达许村境内，据考证距今已有四五百年的历史，至今除在该乡境内广为流传外，在周边地区也较为知名。2008 年，芒康三弦舞经国务院批准列入第二批国家级非物质文化遗产名录。

三弦舞是以三弦琴为伴奏乐器，传说琴头是龙的头，琴身是龙的脊梁，琴弦是龙的筋；而现今的三弦琴是以纯木制成。三弦舞的表演是以男女聚集翩翩歌舞，歌词动听、节奏悠扬、时快时慢。音乐以淳朴明亮、唱腔奔放流畅为特点。不受人数、场地等限制，男女齐唱，边唱边跳，一般都在悠扬缓和的乐曲中开始，流畅欢快的中场表现，升腾热烈中结束，均以避灾祛祸、庆祝丰收、祝愿吉祥为主要内容。

名称：芒康弦子舞

级别：国家级

类别：民间舞蹈

申报单位：西藏自治区

评定年份：2006 年

芒康弦子舞是芒康当地的一种民间歌舞，它以弦子为伴奏乐器，男女聚集在一起，随着音乐翩翩起舞歌唱。2006 年，芒康弦子舞经国务院批准列入第一批国家级非物质文化遗产名录。

芒康弦子舞在藏语中又叫“蕃谐羌”，“蕃”藏语为藏族，“谐”为歌舞，“羌”为跳。弦子称为“比旺”，是一种当地老百姓自己发明的二胡，在史书中称为“胡琴”。昌都芒康县弦子舞历史悠久，据考证，唐朝时期芒康就已有弦子舞出现。芒康弦子舞按地区可分为：端庄稳重的盐井弦子舞（包括有上下盐井、曲孜卡、木许、玖龙等地）；潇洒飘逸的徐中弦子舞（包括徐中、格南西、麦巴、卡布等地）；动作难度较大而轻松舒展的索多西弦子舞（包括索多西、朱巴龙等地）；自由开放的曲邓弦子舞等。按地域分为：轻快流畅鲜艳的谷地弦子舞；粗犷质朴雄浑的半农半牧区山地弦子舞；古朴庄严的牧区高山弦子加锅庄舞（谐玛卓）等，都具有鲜明的地方特色和自己的特点。

名称：学羌

级别：国家级

类别：民间舞蹈

申报单位：四川省得荣县

评定年份：2008 年

学羌在藏语里是“一起跳”的意思，属于民间自娱性歌舞，主要流行于得荣县瓦卡镇（原子庚乡）一带。2008 年，学羌经国务院批准列入第二批国家级非物质文化遗产名录。

学羌舞蹈刚劲有力且古朴大方，其动作特点在于脚下的踏踩组合。舞蹈中常见的迸式踏点，可谓下步有力，踏脚清脆，当舞者俯身而变化踏点后，这一动作则显得柔韧、洒脱。学羌舞曲调较单一，其旋律结尾处多以不稳定的角音为主，每段曲子旋律结束后，伴以舞者的踏点而填补空白，给不稳定的余音造成稳定的结尾。学羌作为一种民俗性舞蹈，它与民众的民俗活动紧密相连。

名称：傈僳族阿尺木刮

申报单位：云南省维西傈僳族自治县

级别：国家级

类别：民间舞音乐

评定年份：2006 年

傈僳族阿尺木刮，意为“山羊的歌舞”或“学山羊叫的歌调”，流传于云南省迪庆藏族自治州维西傈僳族自治县叶枝镇的同乐、新乐一带，是当地传统的自娱性民间歌舞。2006 年，傈僳族阿尺木刮经国务院批准列入第一批国家级非物质文化遗产名录。

“阿尺木刮”不用乐器，自始至终踏歌起舞，乐歌以领唱和伴唱合成，每一乐曲开头，都有一个无唱词内容的起音，其音颤抖悠扬，宛如旷野里山羊的悠悠长鸣。每队1名领唱者，其余合唱，唱的内容十分丰富，可从远古洪荒的神话传说，唱到身边的生产生活，可承袭前人留下的唱词，也可即兴自编自唱。参舞者分为男女两队，如果男、女两队的领唱者旗鼓相当，往往一场“木刮”唱几天几夜尚不能绝。“阿尺木刮”舞蹈的跳法共有十多种，包括“左傈邓”（舞圆环）、“腊腊邓”（进退舞步）、“洒托闭”（三步跺脚）、“阿尺邓”（跳山羊）、“别别玛”（舞旋风）等，其中“玛夺担”（寻求爱侣）、“矣然邓”（迎宾客）等在特定场合才跳，不同的跳法还配有大圆圈、直纵队、半圆弧等不同的队形。“阿尺木刮”涉及傈僳族人民的婚丧嫁娶、节日喜庆、欢庆丰收、喜迎宾客等日常生活的方方面面。作为有较高艺术价值的民族歌舞，“阿尺木刮”载入了《中国民族民间舞蹈集成》。

名称：石宝山歌会
级别：国家级
类别：传统民俗
申报单位：云南省剑川县
评定年份：2008 年

剑川石宝山位于剑川县城西南的老君山系。这里是南诏大理石窟所在地，也是一年一度的白族万人歌会的活动场所。石宝山歌会是白族地区盛大的民族传统节日，会期于农历7月27日~8月1日举行，以参与人数众多，对歌随心所欲著称于世，被誉为“白族歌城”。歌会流行的剑川白族调被收入国际著名民歌歌目。2008年，石宝山歌会经国务院批准列入第二批国家级非物质文化遗产名录。

弹弦唱曲是白族青年以歌为媒，寻求伴侣的途径，歌会也是年轻人公开的社交场合。

名称：白族木雕
级别：国家级
类别：传统手工技艺
申报单位：云南省剑川县
评定年份：2011 年

剑川白族木雕技艺主要传承于大理白族自治州剑川县内，2011年，白族木雕经国务院批准列入第三批国家级非物质文化遗产名录。

剑川木雕有人物、动物、花卉三大类。人物多为神话传说、神仙圣人，有财神送宝、八仙庆寿、寿星献桃、福禄寿喜、二十四孝、牧牛图等。动物有孔雀开屏、喜鹊登梅、白鹤盘松、鲤鱼跳龙门，也有双凤朝阳、麒麟送子、飞龙揽云、百鸟朝凤等。花卉有写实的，云岭群芳图，打乱花序节令把云南八大名花和谐地雕刻在一起；荷花牡丹通过凸凸凹凹的雕刻手法，使之形神兼备，雕得“繁花四时香”。花卉也有含蓄抽象的。这些奇花异草大多跟动物联系在一起，赤虎观莲这一过梁木雕就别具风格。无论何类体裁都用虚实结合的手法，细腻精巧的刻工，穿插呼应，疏密得当的布局，以镂、透、衬、比的艺术技巧雕成。有平雕、浮雕、立雕、镂空雕。选材严格，多选用优质的青皮杂木为原料，上好木料是云南特有的滇楸，刀法明快锋利、打磨光滑、油漆明亮协调、对比强烈统一，形神兼备。

名称：藏族传统手工黑陶制作工艺（尼西黑陶烧制技艺）
级别：国家级
类别：传统手工技艺
申报单位：云南省香格里拉市
评定年份：2008 年

尼西黑陶烧制技艺是国家级非物质文化遗产，工艺已有上千年历史。尼西黑陶由云南省迪庆藏族自治州香格里拉市尼西乡汤堆都吉古村土陶山特有的红土与白土混合制作而成。2008年，藏族传统手工黑陶制作工艺（尼西黑陶烧制技艺）经国务院批准列入第二批国家级非物质文化遗产名录。

尼西黑陶的烧制经过备料、塑形、雕花、阴干、烧制等工序，形成陶器通体漆黑，光洁细腻的独特陶艺制品。“尼西黑陶”制品既是藏族群众喜欢的生活用品，也是各地游客争相购买的传统手工艺品。

名称：纳西族东巴造纸技艺

级别：国家级

类别：传统手工技艺

申报单位：云南省香格里拉市

评定年份：2006 年

纳西族东巴造纸的制作工艺独特，主要流传于迪庆藏族自治州香格里拉市三坝纳西族乡的白地村。2006 年，纳西族东巴造纸技艺经国务院批准列入第一批国家级非物质文化遗产名录。

白地，即白水台，是纳西族东巴文化的发祥地，被称为东巴文化的圣地。白地纸是东巴写经中最重要的用纸，在滇西北久负盛名。白地东巴纸色白质厚，不易遭虫蛀，可长期保存，据 20 世纪 40 年代的调查用它书写的东巴经典有 2000 多卷。白地东巴纸为弘扬东巴文化做出了卓著贡献，从工艺史角度来看，它又是研究我国手工造纸的难得实例。

名称：弥渡县花灯戏

级别：国家级

类别：传统戏剧

申报单位：云南省弥渡县

评定年份：2008 年

弥渡花灯以其群众性、广泛性、内容的丰富性、形式的多样性而闻名于世。弥渡因此被文化部授予全国花灯艺术之乡。2008 年，弥渡县花灯戏经国务院批准列入第二批国家级非物质文化遗产名录。

弥渡花灯的表演，有多种说法，如唱花灯、歪花灯、跳花灯、闹花灯，其本身就说明了它独有的特色。集体性歌舞是弥渡花灯小唱的基本样式，一般由对对男女角色持花扇、手巾等道具载歌载舞表演，同时有一丑角“打岔老”从中打趣，集体舞中的男角色通常称“鞑子”，女角色称“大理子婆”，这种表演形式因角色之故又称为“姑姑引鞑子”。其表演形式在中原一带早已有之，传入云南弥渡后，多作圆形的队伍，围成圈子表演，人们称之为簸箕灯。它是吸纳了当地土著民族彝族的打歌形式。

名称：彝族打歌

级别：国家级

类别：民间舞蹈

申报单位：云南省弥渡县

评定年份：2008 年

打歌是彝族男女在节庆或结婚时跳的一种自娱性舞蹈，有芦丝、笛子、三弦伴奏，边跳边唱。跳法有“直歌”“穿花”“啊妹跳”“倒置歌”“三摆手”“脚跳”“喂猪歌”“四摆手”等，各自有固定的伴奏舞曲，随意性大，其中比较典型的是孤儿舞和青年舞。1986 年，美国国际民间艺术组织曾把这种民间自娱性的歌舞列为最受欢迎的“全球十大民间舞蹈”之一。2008 年，彝族打歌经国务院批准列入第二批国家级非物质文化遗产名录。

弥渡县的彝族打歌与花灯戏相结合，形成了其特有的艺术表现形式，独具特色。

名称：纳西族热美蹉

级别：国家级

类别：传统舞蹈

申报单位：云南省丽江市古城区

评定年份：2008 年

纳西族热美蹉是产生于氏族社会时期的原始舞蹈音乐，广泛流行于纳西族民间，并被载录于纳西族东巴经书。热美蹉亦称“窝惹惹”。参舞者少则十余人，多则几百人手拉手围成圆圈，按顺时针方向踏歌，边唱边舞，男发出“窝热热”的声音，女的“哎嘿嘿”伴声颤音相应和。2008 年，纳西族热美蹉经国务院批准列入第二批国家级非物质文化遗产名录。

热美蹉是一种习俗歌舞。其音乐素材直接来源于自然界，音乐和舞蹈相结合，无乐器伴奏，无音阶、无音列法则。男声由“左罗巴”领唱，女声由“热勒美”领唱，多声部之间刚柔并济，形成富有原始艺术美感的不协和音程。纳西族热美蹉至今还存在于丽江大东、鸣音、大具、宝山等纳西族地区以及宁蒗金沙江畔纳西族村落的丧葬礼仪中。它靠纳西人世代口传心授传承，被誉为“活着的音乐化石”，对于研究原始音乐舞蹈具有重要的价值。

名称：纳西族白沙细乐

级别：国家级

类别：民间音乐

申报单位：云南省丽江市古城区

评定年份：2011 年

纳西族白沙细乐又名“崩时细哩”“别时细梨”“别时谢礼”。流传于丽江市古城区和玉龙纳西族自治县。被联合国教科文组织授予“全人类珍贵的文化遗产”桂冠的云南丽江纳西古乐（洞泾古乐、白沙细乐）是多元文化相融汇的艺术结晶。2011 年，纳西族白沙细乐经国务院批准列入第三批国家级非物质文化遗产名录。

白沙细乐是迄今仍然保留、传承于纳西族民间的大型丧葬歌舞、器乐组曲，其中包括舞曲、歌曲以及器乐曲牌三个部分。白沙细乐的乐队由纳西族乐器组合而成，从中也体现出多民族文化融合的现象。白沙细乐的音乐忧伤哀怨，悱恻缠绵，主要由《笃》《一封书》《三思吉》《阿丽哩格吉拍》《美命吾》《跺磋》《抗磋》《幕布》八个乐章组成。白沙细乐的曲调大多为羽调式，包括五声性的七声音阶、六声音阶，个别部分运用五声音阶。白沙细乐中也有节奏缓慢，风格柔婉，旋律清越流丽的曲调。

名称：怒族仙女节

级别：国家级

类别：传统民俗

申报单位：云南省贡山独龙族怒族自治县

评定年份：2006 年

怒族仙女节又称“鲜花节”，是云南省怒江傈僳族自治州贡山一带怒族人民的民间传统节日，主要流传于贡山独龙族怒族自治县丙中洛乡的怒族聚居区，每年农历 3 月 15 日举行，延续 3 天。节庆活动包括祭祀仙女洞并迎接圣水、歌舞求福、体育竞技等。2006 年，怒族仙女节经国务院批准列入第一批国家级非物质文化遗产名录。

怒族仙女节的起源，一种说法是源于原始崇拜，另一种说法是怒族早期母系氏族尊崇女性的一种遗俗，信奉仙女，以祈求安泰。节日这天一早，以各村寨为单位选择有钟乳石的山洞为仙女洞，怒族群众穿上盛装，带上早已准备好的祭品和野餐，手捧鲜花，前往村寨附近的溶洞去祭祀，朝拜他们的仙女——阿茸，并举行聚餐和各种娱乐活动。祭祀时，要点起松烟，并由主祭者念祝辞，还要打鼓诵经。随后大家磕头，以祈求仙女保佑。祭祀结束后，各家各户设宴饮酒，青年男女则身穿节日盛装，前往一个空旷的地方进行射箭比赛。

名称：普米族搓蹉

级别：国家级

类别：民间舞蹈

申报单位：云南省兰坪白族普米族自治县

评定年份：2008 年

“搓蹉”汉语意为跳舞，其伴奏乐器为“比柏”（四弦）和打击节奏的羊皮鼓，因此又叫“羊皮舞”和“四弦舞”。2008 年，普米族搓蹉经国务院批准列入第二批国家级非物质文化遗产名录。

“搓蹉”分为开放式和封闭式两种。开放式的“搓蹉”属自娱性舞蹈，不受时间、空间人物道具的限制，传播面较广，参与的人从几十人至上万人皆可。传袭至今的开放式“搓蹉”有 12 套舞步。“搓蹉”保留了古代的歌、舞、乐三位一体的特点，以四弦琴为伴奏，羊皮包作节奏型打击乐领舞，在四弦弹奏和羊皮包击打的引导下，人们围成一圈或数圈同舞，舞步变化丰富。有单圈队形、双圈队形。在舞曲的变换空挡进行歌唱，也是一领众合；唱罢则舞；舞罢则唱，有张有弛。以达到愉悦身心，活跃气氛的目的。

名称：傈僳族刀杆节

级别：国家级

类别：传统民俗

申报单位：云南省泸水县

评定年份：2006 年

傈僳族刀杆节，傈僳语叫“阿堂得”，意思是“爬刀节”，它是居住在云南省怒江傈僳族自治州泸水县境内的傈僳族以及彝族的传统节日，节期是每年正月十五日。2006 年，傈僳族刀杆节经国务院批准列入第一批国家级非物质文化遗产名录。

刀杆节这天，傈僳族村寨选择几名健壮男子表演“蹈火”仪式。仪式中，表演者赤裸双脚，跳到烧红的火炭堆里，蹦跳翻滚，展示各种绝技。第二天，人们把磨快的 36 把长刀，刀刃口向上分别用藤条横绑在两根 20 多米高的木杆上，组成一刀梯。表演者空手赤足，从快刀刃口攀上顶端，并在杆顶表演各种高难度动作。如今，这项惊险的传统祭奠仪式，已演变为傈僳族好汉表演绝技的体育活动。“上刀山，下火海”再现了山地民族翻山越岭的生活经历及攀藤附葛的艰苦卓绝精神，同时也是一种民间传统习俗活动。

刀杆节，相传是纪念对傈僳族重恩的明代汉族英雄——王骥。傈僳族人民把英雄献身的忌日定为自己民族的节日，并用上刀山、下火海等象征仪式，表达愿赴汤蹈火相报的感情。

名称：司岗里

级别：国家级

类别：民间文学

申报单位：云南省沧源佤族自治县、西盟佤族自治县

评定年份：2008 年

“司岗里”是佤族民间流传的古老传说，“司岗”是崖洞的意思，“里”是出来，“司岗里”就是从岩洞里出来，特指地理位置在沧源佤族自治县岳宋乡南锡河对面缅属岩城附近名巴格岱的地方。2008 年，司岗里经国务院批准列入第二批国家级非物质文化遗产名录。

相传，在人类远古的洪荒时期，只剩下一个佤族女人漂泊到司岗里的高峰上幸存下来。这个女人受精于日月，生下一男一女。一天，女人正坐在岩石上采用天上的彩云织布，突然一头牛跑来报信，说她的儿女双双掉进海里去了。那时候司岗里群山的周围是苍茫的大海。女人焦急万分，就请牛去救。牛会浮水，下到海里把兄妹俩托在脖子上送到了岸边。女人感激不尽，便立下规矩，把牛作为佤族永远的崇

拜。“司岗里”的传说是人类历史的源头。过去佤族每年都要到巴格岱“司岗里”处剽牛祭祀纪念“司岗里”。

还有一传说是远古的时候，人被囚禁在密闭的大山崖洞里出不来，万能的神灵莫伟委派小来雀凿开岩洞，老鼠引开守在洞口咬人的老虎，蜘蛛堵住不让人走出山洞的大树，人类得以走出山洞，到各地安居乐业、休养生息。

名称：沧源佤族木鼓舞

级别：国家级

类别：民间舞蹈

申报单位：云南省沧源佤族自治县

评定年份：2006 年

“木鼓”是佤族人民祖辈相传的“神器”，被视为本民族繁衍之源头。相传，开天辟地之初的洪水中，是“木依吉”神用一只木槽拯救了阿佤（佤族自称）人，才使佤族得到繁衍。从此，阿佤人便将“木槽”视为民族的母体，给予着最高的崇拜。阿佤人将“木槽”制作成形似女阴形式，并能安放神灵“木依吉”灵魂的“木鼓”。木鼓舞就是利用木鼓进行表演的舞蹈形式。2006 年，沧源佤族木鼓舞经国务院批准列入第一批国家级非物质文化遗产名录。

阿佤人认为，木鼓舞从“木鼓”的制作，以舞蹈形式表现，到最后以敲击“木鼓”来沟通神灵，能达到天赐福泽的目的，是祭祀活动中不可或缺的舞蹈。人们在 2m 多长的鼓身中间，凿制了扁长状的音孔，并在内腔中呈三角形的实心部分，两边各凿一个音腔，装置上能产生回响的鼓舌和鼓牙。而放置在木鼓房中一大一小、互为母子关系的两只木鼓，在祭祀性的木鼓舞中，要为舞蹈进行伴奏。

木鼓舞由四部分组成，舞蹈首先展现了，由巫师“魔巴”带领全村健壮剽悍的阿佤男子，以藤条捆绑已选择好的巨大树干后，在骑于树干“魔巴”的一路领唱下，拉木人边踏歌为节，边迎合高呼地拉木前进直达村寨的歌舞。这段古朴而粗犷的歌舞“拉木鼓”，气氛神圣庄严，舞步自然成韵，极具原始崇拜意味。

名称：布朗族蜂桶鼓舞

级别：国家级

类别：民间舞蹈

申报单位：云南省双江拉祜族佤族布朗族傣族自治县

评定年份：2008 年

蜂桶鼓舞是澜沧江中下游地区布朗族的群众性舞蹈。2008 年，布朗族蜂桶鼓舞经国务院批准列入第二批国家级非物质文化遗产名录。

蜂桶鼓舞分为三步和五步两种。演出时，由两名年轻男女双手各持一条“帕节”（即毛巾）在前面跳“帕节舞”引导，舞蹈动作主要是甩手巾。其后是蜂桶鼓队，一般为 4～6 只，后紧随 2 只象脚鼓，之后是 6 人敲打的大、中、小芒和镲，最后是跟着跳舞的人们和助兴的老幼。蜂桶鼓舞的节奏明快热烈，几种打击乐器相配合，高、中、低音融为一体，独具情趣。动作大方、潇洒、粗犷、活泼，舞姿轻盈、柔和、细腻。蜂桶鼓源于它的形状像民间养蜂的蜂桶而得名。

名称：拉祜族芦笙舞

级别：国家级

类别：民间舞蹈

申报单位：云南省澜沧拉祜族自治县

评定年份：2008 年

葫芦笙舞是拉祜族有代表性的一个舞种，主要流传于云南省澜沧拉祜族自治县的忙糯乡、勐勐镇、大文乡、勐库镇等拉祜村寨和普洱市澜沧拉祜族自治县木戛乡等拉祜族聚居区，是以吹葫芦笙为伴奏的民间舞蹈。2008 年，拉祜族芦笙舞经国务院批准列入第二批国家级非物质文化遗产名录。

葫芦笙舞是集宗教、礼仪、生活、娱乐、艺术为一体，生动地展现了拉祜族的精神风貌和“猎虎民族”的特点，是拉祜族灿烂文化的重要组成部分。在远古时代，拉祜族先民认为天神厄萨从葫芦里创造了拉祜族，并教会他们生产劳动，因此，拉祜族崇拜葫芦，把葫芦视作祖先诞生的母体象征。劳动丰收后要举行祭祀活动，酬谢神灵的恩赐。随着社会文明的发展，祭祀活动中歌舞的娱神成分逐渐减弱，娱人成分逐渐增多，最终形成独立于宗教祭祀活动之外的娱乐性舞蹈。而拉祜族的传统节日则为各种祭祀性舞蹈、娱乐性舞蹈提供了施展其艺术魅力的时空天地，成为传统舞蹈传承、流布的主要载体。

名称：牡帕密帕

级别：国家级

类别：民间文学

申报单位：云南省澜沧拉祜族自治县

评定年份：2008 年

《牡帕密帕》流传于普洱市澜沧拉祜族自治县，是拉祜族“波阔嘎阔”（一种民间演唱叙事古歌的形式）演唱的一部长篇创世史诗。《牡帕密帕》形成于拉祜族漫长的古代社会，拉祜族在长期游猎采集和迁徙过程中，产生了万物有灵信仰，出现了包括厄萨产生、造天地、造日月、物种的起源、人种由来等神话传说。2008 年，牡帕密帕经国务院批准列入第二批国家级非物质文化遗产名录。

《牡帕密帕》讲述拉祜族开天辟地的故事，记录了造天造地、创造万物、繁衍人类、制造工具、发展生产、分配制度等。整部长诗共 17 个或 19 个篇目，分为厄萨诞生、造天造地、造日月星辰、造山河湖泊、造万事万物、种葫芦育人、兄妹婚配繁衍后代（拉祜族祖先扎迪娜迪）、第一代人、民族的形成、分季节、兄妹分居、火的发现、造农具、盖房子、农耕生产、过年过节、种棉花、医药、结亲缘等。主要由歌手“嘎木科”演唱，伴有合唱和轮唱，通常在传统节日期间或宗教仪式上进行。旋律简单，只有一个调式，曲调通俗流畅，歌词格律固定，对偶句居多，易于上口和传唱。由于诗歌共 2300 余行，大约需要三天三夜才能唱完。曲目神话色彩浓郁，想象力丰富，堪称拉祜族的历史文化百科全书。

名称：普洱茶制作技艺（贡茶制作技艺、大益茶制作技艺）

级别：国家级

类别：传统手工技艺

申报单位：云南省宁洱哈尼族彝族自治县、勐海县

评定年份：2008 年

普洱茶是澜沧江中下游地区最具文化特色的茶产品，其制作工艺复杂，文化内涵深厚。2008 年，普洱茶制作技艺（贡茶制作技艺、大益茶制作技艺）入选第二批国家级非物质文化遗产名录。

它经过了千百年的实践而形成。其基本程序大体为：祭祀茶神、原料采选、杀青揉晒、蒸压成型等工序制成各种成品茶。普洱茶贡茶传统工艺具有浓厚的历史文化内涵和独特的生产工艺，较强的民俗性，工艺的独特性和产品的丰富、观赏性。贡茶从茶树的选种，茶园的管理，茶叶的采摘、萎凋、杀青、揉捻、晾晒、蒸制等一系列过程，以及贡茶的制作技艺都是十分微妙和精细的。全手工制作，而且全凭感觉和经验，没有任何参考数据和文字。因此，贡茶的制作工艺颇为费工、费时、费力，制作效率比现代制作技艺效率低。

云南勐海茶厂产制的“大益”牌普洱茶是云南传统名茶。作为普洱茶顶尖产品，如大益七子饼茶、勐海沱茶、普洱沱茶、普洱砖茶、女儿贡茶、宫廷普洱等，几十年来一直被业内推崇为经典普洱茶的代表，成为无数茶人竞相收藏的普洱茶珍品。大益茶制作技艺也是我国首个以品牌命名的非物质文化遗产。

名称：傣族象脚鼓舞

级别：国家级

类别：传统舞蹈

申报单位：云南省西双版纳自治州

评定年份：2008 年

在众多的傣族民间舞蹈中，“象脚鼓舞”是最具代表性的舞蹈之一。它是傣族舞蹈中流传最广、最有特色的一种群众性男子舞蹈。2008 年，傣族象脚鼓舞经国务院批准列入第二批国家级非物质文化遗产名录。

相传在远古时候的勐遮地区是一个碧波荡漾的美丽湖泊。可湖畔却盘踞着蟒魔和龟魔，它们四处造孽吞食人畜。后来一位傣族武士带着一群猎人来到湖边，消灭了吞噬人畜的蟒兽，取皮蒙在空心树和竹筒上敲击取乐，于是便形成了鼓。几年以后，有两位驯象人把鼓改成象脚腿的形状，自此以后傣族民间便有了象脚鼓。

象脚鼓分长象脚鼓、中象脚鼓、小象脚鼓三种。长象脚鼓舞蹈动作不多，以打法变化、鼓点丰富见长，有手一指打、二指打、三指打、掌打、拳打、肘打，甚至脚打、头打，多为一人表演，或为舞蹈伴奏。中象脚鼓一般用拳打，个别地区用槌打，它没有更多鼓点，一般一拍打一下，个别地区左手指加打弱拍，以鼓音长短、音色高低及舞蹈时鼓尾摆动大小为标准。据说鼓音长者，可打一槌鼓将衣服纽扣全部解开，再一槌鼓将纽扣全部扣好，鼓音仍不完。中象脚鼓舞步扎实稳重刚健，大动作及大舞姿较多。舞蹈时不限定人数，人少时对打，人多时围成圆圈打。小象脚鼓仅在西双版纳较多见，舞步灵活跳跃，以斗鼓、赛鼓为特点。

名称：基诺大鼓舞

级别：国家级

类别：民间舞蹈

申报单位：云南省景洪市

评定年份：2008 年

基诺族的创世神话传说让基诺人视之为其“根谱”，并以歌、舞、节庆祭仪等形式加以崇拜和纪念，其中最具特色的表现形式就是大鼓舞。基诺族《阿嫫尧白造天地》的神话传说中言：他们的祖先是从大鼓里出来的，因此，基诺族视大鼓为神物。基诺族的大鼓长约 1m，直径在 40 ~ 50cm，两面蒙有牛皮，平时禁止敲击，只有在过特懋克节和祭祀称为“铁罗嫫嫫”的神灵时，才能敲击大鼓和跳大鼓舞。2008 年，基诺大鼓舞入选第二批国家级非物质文化遗产名录。

跳大鼓舞有一套完整的仪式：舞前，寨老们要先杀一头乳猪、一只鸡，供于鼓前，由七位长老磕头拜祭，其中一人念诵祭词，祈祷大鼓给人们带来吉祥平安。祭毕，由一人双手执鼓槌边击边舞，另有若干击镲、伴舞伴歌者，跳大鼓舞时的唱词称“乌悠壳”，歌词多为基诺人的历史、道德和习惯等内容，舞蹈动作有“拜神灵”“欢乐跳”“过年调”等。大鼓是基诺族的礼器、重器和神物，只能挂在卓巴（寨老）家的神柱上，制造大鼓要遵循很严格的程序。

名称：布朗族民歌（布朗族弹唱）

级别：国家级

类别：民间音乐

申报单位：云南省西双版纳傣族自治州勐海县

评定年份：2006 年

勐海县布朗山乡、西定乡、勐满镇、打洛镇等地的布朗族民歌称为“布朗调”，即布朗族弹唱。2006 年，布朗族民歌（布朗族弹唱）入选第一批国家级非物质文化遗产名录。

布朗调有 5 种基本曲调："索""甚""拽""宰"和"团曼"。其中以"索"（布朗语称为"恩宋"）调最为丰富多彩，包括 5 个调子，有的欢快跳跃，有的舒缓深沉。"索"调因使用布朗族自制的四弦琴伴奏，故被称为"布朗弹唱"。"索"调多用来歌唱热烈的爱情，表达布朗族青年对美好爱情和未来生活的向往。布朗弹唱中的"索克里克罗"就是谈情说爱的唱调。过去，不会弹琴唱情歌，往往难寻配偶，所以布朗人还有"歌为媒"之说。

布朗弹唱一般为男女对唱，旋律清甜优美，歌词多反映男女相恋和爱慕之情，大多在劳作之余和喜庆佳节之际男女交往时进行。布朗弹唱旋律优美动听，歌词直抒胸臆，朴实明快，在布朗族地区具有广泛的群众基础和深厚的文化底蕴，有较高的艺术性。

## 3.1.3 省、自治区级非物质文化遗产

名称：格吉萨三扎
级别：省级
类别：民间音乐
申报单位：青海省杂多县

格吉萨三扎，又称百灵三部曲，是流传于澜沧江源头地区青海省杂多县的民间音乐形式，以歌颂高原，歌颂佛陀为主要内容。格吉萨三扎是青海省省级非物质文化遗产。

名称：疯装锅庄
级别：省级
类别：民间舞蹈
申报单位：四川省乡城县

疯装锅庄是产生并流传于甘孜藏族自治州乡城县藏民族祖辈口传的一种民间歌舞。具体表现形式为对歌对跳，对歌的两支队伍围站成一个大圈，人数多少没有限制，每边要有一名口才文思上乘的歌手，被称为"歌师"，由他即兴赋词，众人边舞边唱。疯装锅庄是四川省省级非物质文化遗产。

名称：藏族民间车模技艺
级别：省级
类别：传统手工技艺
申报单位：四川省得荣县

藏族车模技艺是生产并流传于藏族民间的一种制作各类木制生活用具的特殊工艺，距今已有千年的历史。其中，以甘孜藏族自治州得荣县的车模技艺最具代表性。得荣县的车模技艺主要流传于该县子庚乡境内，这里的木制品品种花样较多，有 50 余种，其中不乏传统与现代结合的民族手工艺术的精品，具有独特的艺术价值，其工艺独特、精美，具有一定的观赏性和实用性。藏族民间车模技艺是四川省省级非物质文化遗产。

名称：阿西土陶烧制工艺
级别：省级
类别：传统手工技艺
申报单位：四川省稻城县

阿西土陶以当地一种特殊的泥土做原料，在捏、捶、敲、打成锅、罐、盆、壶、瓶后，用碎瓷做出花纹来点缀，最后架起松柴火烧成黑色即可。制陶的工艺流程：采土、晒土、舂土、筛土、和泥晒土、羼料、制胚、镶瓷、阴干、磨光、烧制、焐熏、刷酸奶渣水等十几道工艺流程。阿西土陶在黑陶器物上，

采用各种形状的碎瓷片（通常将丢弃的瓷碗敲成各种图案的碎片，有圆形、长方形、三角形）镶嵌成各种图案。有些则在器壁上手工雕刻龙头、牛头等图案，显得朴实而别致。阿西土陶是四川省省级非物质文化遗产。

名称：纳西族东巴舞
级别：省级
类别：民间舞蹈
申报单位：云南省玉龙纳西族自治县、丽江市古城区

东巴舞是纳西族舞蹈，主要流传在丽江市古城区和玉龙纳西族自治县，有近100种套路。纳西族东巴舞蹈在质朴原始的舞蹈形象中，承载着历史的变迁和社会的变革，有着独特的生活气息和风格特点，是纳西族劳动人民智慧的结晶。《东巴舞谱》是用纳西象形文字系统、详尽记录和描述东巴舞蹈动作的一种典籍，迄今共发现6册，共记录了52种东巴舞的跳法及相关文化信息。纳西族东巴舞是云南省省级非物质文化遗产。

名称：白族唢呐
级别：省级
类别：民间音乐
申报单位：云南省洱源县

白族唢呐与汉族唢呐构造不同，背面无音孔，正面只有七孔，采用“借音”吹奏法。簧片短而较硬，低音浑厚、稳健，亦能跃上更高音区。音域宽广，乐曲结构较多地出现四度以上的跳进音程，具有明亮、粗犷、强烈的独特风格。白族唢呐吹打乐不仅用于婚丧嫁娶、喜庆节日、庙会等活动，还是传统白剧“吹吹腔”的主要伴奏乐器，有时也为民歌伴奏，甚至也用于生产劳动的伴奏，如“栽秧会”时，整个栽插活动都在唢呐伴奏中进行。民间流行着表现喜庆、祭祀、欢乐、哀伤等各种情调的丰富曲牌，如“栽秧调”“大摆队伍”“龙上天”“仙家乐”“蜜蜂过江”“哑子哭娘”“跌落泉”等，流行至今的达上百首之多。白族唢呐是云南省省级非物质文化遗产。

名称：白族吹吹腔
级别：省级
类别：民间音乐
申报单位：云南省大理市

吹吹腔又名吹腔，俗称“板凳戏”，是白族传统的戏剧，流行于大理、邓川、洱源、剑川、鹤庆、云龙等白族聚居县（市）。据大理当地老艺人回忆，白族吹吹腔能数出的剧目达300余本。内容少数是白族的，多数是汉族的。白族戏剧家杨明1961年著文指出，源起于“弋阳腔”中的“罗罗腔”，于清乾隆年间兴起，光绪年间盛行。白族吹吹腔是云南省省级非物质文化遗产。

名称：怒族民歌“哦得得”
级别：省级
类别：民间音乐
申报单位：云南省福贡县

怒族诗歌大部分为即兴编唱，具有浓厚的生活气息和民族特点，其曲调有一定格律，内容广泛，形式完整，以琵琶、笛子、口弦、葫芦笙等伴奏。流传较广的有《祭猎神调》和《瘟神歌》。此外，还有反映农业生产的收包谷调，反映男女爱情的求婚调《婚礼歌》和表示悼念死者的哀叹调等。在婚礼宴会上，老年人还会唱起《婚礼歌》。怒族民歌“哦得得”是云南省省级非物质文化遗产。

名称：傈僳族刮克舞

级别：省级

类别：民间舞蹈

申报单位：云南省福贡县、泸水县

刮克舞是傈僳族传统民间舞蹈。“刮克”可分“其本刮克”和“无伴奏踢踏刮克”两种。“其本刮克”是以类似琵琶的乐器“其奔”为伴奏的舞蹈；“无伴奏踢踏刮克”是以跺、擦舞步踏地为节的舞蹈。“刮克”舞有 70 多个套路，有一步跺、扭摆跳、撒荞舞、赶熊舞、围猎舞、刀舞、盔甲舞、砍火山舞、种谷舞、栽秧舞、破板子舞、背水舞、吸烟舞、摇篮舞、野鸡找食舞、豹子甩尾舞、麦叶长舞、射箭舞等，内容十分丰富，生产生活、自然生物无所不包。傈僳族刮克舞是云南省省级非物质文化遗产。

名称：独龙族语言

级别：省级

类别：濒危语言文字

申报单位：云南省贡山独龙族怒族自治县

独龙族分布在怒江傈僳族自治州贡山独龙族怒族自治县。新中国成立后定名为独龙族。独龙语属汉藏语系藏缅语族，语支未定。独龙语共有两种方言，一是独龙江的独龙方言，二是怒江丙中洛的怒族独龙语怒江方言，这两种方言有一定的差别，但能相互通话。独龙族历史上无文字，他们以刻木结绳方式记录事情和传递信息。20 世纪 50 年代初，缅甸日旺人白吉斗・蒂其枯和外国传教士莫尔斯创制了一种以日旺氏族的口语为语音特点的拉丁文拼音文字，命名为“日旺文”。20 世纪 80 年代初，在当地政府的领导下，云南省少数民族语文指导工作委员会派龙乘云先生协助贡山文化馆的独龙族干部木里门・约翰，一起创制独龙文字。他们在日旺文的基础上，结合独龙语言使用的实际情况，以独龙江方言为基础，草拟了一套独龙语拼音方案。独龙族语言是云南省省级非物质文化遗产。

名称：独龙族民歌

级别：省级

类别：民间音乐

申报单位：云南省贡山独龙族怒族自治县

独龙族是个喜歌乐舞的民族，无论是生产、收获、狩猎、建房、求婚、节庆，都喜欢通过歌舞来表达自己的感情，倾诉内心的喜怒哀乐。独龙语称歌谣为“曼殊”，大体可分为劳动歌、情歌、习俗歌和生活歌等。仅以习俗歌一类而言，所反映的社会生活内容很广泛。例如，反映婚姻习俗的有《劝嫁歌》《配亲歌》；反映宗教信仰的有《猎神歌》《剽牛歌》等。独龙族有本民族史诗的民歌《创世纪》。独龙族民歌是云南省省级非物质文化遗产。

名称：普米族四弦舞乐

级别：省级

类别：民间音乐

申报单位：云南省兰坪白族普米族自治县

普米族乐器四弦称为“比柏”，主要用作普米族集体歌舞“搓蹉”的伴奏，普遍流传于兰坪白族普米族自治县河西乡、通甸镇、金顶镇、啦井镇、石登乡、营盘镇等普米族地区。传统的四弦尺寸长度为 130cm，以核桃木或桦木为材料，琴箱制成圆形和六角形两种，蒙上加工过的羊皮或羊肚做成共鸣箱，用小羊肠做琴弦，现多改用金属琴弦。四弦音色柔和，定弦多样，和音丰富，节奏富于变化，有多种弹奏技巧和丰富的曲目。四弦曲目保存较多，除舞步 12 调外还有部分古老的曲目。除用于“搓蹉”伴奏外，四弦也在日常生活中作自娱性演奏，弹奏的乐曲已不受限制，以演奏者的弹奏技能任意发挥。普米族四弦舞乐是云南省省级非物质文化遗产。

名称：佤族甩发舞
级别：省级
类别：民间舞蹈
申报单位：云南省沧源佤族自治县

甩发舞是佤族妇女自娱性舞蹈。与其他舞蹈不同，剽牛祭祀、老人死后、盖新房、婚嫁喜庆都不跳此舞。而在其他时节，任何场合都可跳此舞。甩发舞原甩发形式比较单一，大多为前后甩，近年来已丰富为多种多样的甩法，有前后甩、左右甩、转甩、跪甩等。它潇洒健美，较好地表现了佤族妇女豪放、爽朗的性格。佤族甩发舞是云南省省级非物质文化遗产。

名称：凤庆滇剧
级别：省级
类别：曲艺
申报单位：云南省凤庆县

滇剧是云南省的汉族戏曲剧种之一，由丝弦（源于较早的秦腔）、襄阳（源于汉调襄河派）、胡琴（源于徽调）等声腔于明末至清乾隆年间先后传入云南而逐渐发展形成的，流行于云南 90 多个县（市）的广大地区和四川、贵州的部分地区。2008 年，滇剧经国务院批准列入第二批国家级非物质文化遗产名录。

临沧市凤庆县滇剧历史悠久，有史可考的最早传入时间为清光绪三十二年（公元 1906 年），刘金玉的“天庆班”到该地演出，受到当地群众的喜爱。凤庆滇剧具有地方特色，是云南省省级非物质文化遗产。

名称：傣绷文
级别：省级
类别：濒危语言文字
申报单位：云南省耿马傣族佤族自治县

傣绷文是居住在耿马傣族佤族自治县孟定镇的傣族（傣德人）使用的文字。孟定镇共有 2.6 万傣族人，包含“傣楞”和“傣德”两个支系，语言、生活习俗等与孟定傣德完全一样。傣绷文与缅文相似，缅甸北掸邦也使用此文字，有 19 个声母和 70 多个韵母，书写笔画大多呈圆形。傣绷文是云南省省级非物质文化遗产。

名称：傣族白象舞、马鹿舞
级别：省级
类别：民间舞蹈
申报单位：云南省耿马傣族佤族自治县、孟连傣族拉祜族佤族自治县

白象舞、马鹿舞是临沧市耿马傣族佤族自治县、普洱市孟连傣族拉祜族佤族自治县傣族民间用于喜庆祈福场合的道具舞。每逢泼水节等民间节庆活动，人们都要扎白象、马鹿跳舞，以祈求上苍保佑风调雨顺。傣族白象舞、马鹿舞是云南省省级非物质文化遗产。

白象舞道具造型分白牙白象和红牙白象两类，舞蹈意义相同。马鹿舞傣语原名“戛朵”，“戛”意为玩、耍，“朵”相传是一种形似马鹿的长体、长角的神秘野兽，“恩朵”即模仿这种野兽跳的舞。由于“恩朵”与马鹿舞形象、跳法近似，久而久之民间渐将两者合二为一，统称为马鹿舞。

名称：杀戏
级别：省级
类别：民间舞蹈
申报单位：云南省景东彝族自治县、镇沅彝族哈尼族拉祜族自治县

杀戏，又名“老砍刀戏”。明末清初由长江、黄河流域随汉人军队、移民、商人、家眷流入云南，进入哀牢山腹地的镇沅和景东大街乡、花山乡，和那里的民风、民俗、土语、民歌结合在一起，发展、演变、繁衍出独具地方特色的民族民间戏曲音乐舞蹈剧种——杀戏。杀戏多属记事性较强的短小历史性、战争性折子戏。主要剧目有大本戏、连台本戏、折子戏。有武戏和文戏之分。有酬神和娱人两种形式。除庙会外，一般不单独演出，只以民间要戏（花灯戏）同台竞技，混合表演。杀戏是云南省省级非物质文化遗产。

名称：陀螺
级别：省级
类别：传统体育、游戏与杂技
申报单位：云南省景谷傣族彝族自治县

陀螺是汉族民间最早的娱乐工具，也作陀罗，在我国最少有四五千年的历史。形状上半部分为圆形，下方尖锐。从前多用木头制成，现代多为塑料或铁制。玩时可用绳子缠绕，用力抽绳，使直立旋转，全国各地均有流传。

陀螺运动在我国西南少数民族中流传已久且开展非常普遍，云南少数民族中开展的陀螺项目大体有三种类型：一是以彝族为代表的用带棍的鞭索不停地抽打陀螺，彝族称之为“抽油”，也称之为“打得乐”。此类陀螺又分为平头、尖头、圆头和响翁 4 种。二是以佤族为代表的鸡枞陀螺，用硬木制成，头大身细形似野生鸡纵。三是以独龙族、布依族、傣族等民族为代表的陀螺，上平下尖。1995 年打陀螺被列为第五届全国民运会的正式比赛项目。陀螺是云南推向全国少数民族运动会的运动项目，也是云南省省级非物质文化遗产。

名称：拉祜族葫芦节
级别：省级
类别：传统民俗
申报单位：云南省澜沧拉祜族自治县

葫芦节，拉祜语称“阿朋阿隆尼”，时间在农历 10 月 15 ~ 17 日三天。传说，拉祜族是从葫芦里走出来的，故葫芦是拉祜族的吉祥物和生活伴侣。拉祜族用葫芦装水酒、装火药、储藏谷种、做芦笙。葫芦有许多优点，装水清凉，装酒不变味；装谷种装火药不易受潮。葫芦节期间，澜沧等地举行隆重的物资交流会，开展葫芦文化节活动，举行盛大的群众性芦笙舞比赛。拉祜族葫芦节是云南省省级非物质文化遗产。

名称：拉祜族葫芦笙制作工艺
级别：省级
类别：传统手工技艺
申报单位：云南省澜沧拉祜族自治县

拉祜族葫芦笙制作工艺在拉祜族聚居区十分普遍，普洱市澜沧拉祜族自治县木嘎乡南六村南嘎河寨是葫芦笙制作技艺水平较高的一个拉祜族村寨。拉祜族的日常生活、生产劳动、逢年过节、红白喜事等都离不开葫芦笙。南嘎河拉祜族的葫芦笙制作较精细，主要工具为 6 ~ 7 种大小不同的刻刀，原料包括坚竹、泡竹、空心竹、葫芦、酸蜂蜡和铅等。制作工艺十分精细考究，音管和葫芦的选择都非常认真。制

作过程主要有摘葫芦、修葫芦（修整外形和掏孔）、截竹管、安装簧片、粘管、调音6道工序，其中以调音最为关键。葫芦笙有大有小，有长有短，不同的葫芦笙发出的声音高低不同。葫芦笙小的如鸡蛋大小，大的可达到1m以上。拉祜族葫芦笙制作工艺是云南省省级非物质文化遗产。

名称：拉祜族竹编技艺

级别：省级

类别：传统手工技艺

申报单位：云南省澜沧拉祜族自治县

竹编工艺是我国历史悠久的传统工艺。在云南省普洱市澜沧拉祜族自治县境内竹子的品种繁多、数量众多，竹编是各少数民族生活中不可或缺的用具。拉祜族有着悠久的竹编历史，澜沧拉祜族自治县富邦乡佧朗村就是因为竹编工艺而声名远扬，被誉为拉祜族编织之乡。常见的竹编方法有：底编、篓底编、方形编、六角孔编、鸟巢编、菊底编、人字编、轮口编等。竹编的纹样多是通过传承而来，主要受传统民间的审美情趣影响，多以几何形为题材。拉祜族竹编技艺是云南省省级非物质文化遗产。

名称：根古

级别：省级

类别：民间文学

申报单位：云南省澜沧拉祜族自治县

拉祜族史诗《根古》主要流传于普洱市澜沧拉祜族自治县和其他拉祜族聚居地区，是描述拉祜族先民繁衍迁徙的叙事性史诗。《根古》主要叙述拉祜族先民于秦汉时期告别了他们繁殖生息的青藏高原以及“北基（极）南基（极）”后，为寻找新的地方，开始了由北向南的迁徙。这部迁徙史诗流传在云南省澜沧拉祜族自治县的拉祜族民间。全诗长约800余行，除歌头外，由七章组成，每章的章题均为拉祜人族体迁徙史上的重要地名。《根古》是云南省省级非物质文化遗产。

名称：傣族手工艺纸制造

级别：省级

类别：传统手工技艺

申报单位：云南省孟连傣族拉祜族佤族自治县

傣族手工造纸距今已有1000多年的历史，造纸原料为桑科植物构树的树皮，造纸工艺完整保留了造纸术发明初期的“浸泡、蒸发、捣浆、浇纸、晒纸”5步流程和11道工序。在造纸过程中不添加任何化学药剂，其纸张韧性强，而且久存不陈、防腐防蛀，除了作为佛教缅寺抄写之用外，还广泛用于民俗活动及日常生活。傣族手工艺纸制造是云南省省级非物质文化遗产。

名称：傣族孔雀舞

级别：省级

类别：民间舞蹈

申报单位：云南省孟连傣族拉祜族佤族自治县

傣族孔雀舞是我国傣族民间舞中最负盛名的传统表演性舞蹈，流布于云南省德宏傣族景颇族自治州的瑞丽、潞西及西双版纳、孟连、景谷、沧源等傣族聚居区，其中以云南西部瑞丽市的孔雀舞（傣语为“嘎洛勇”）最具代表性。相传1000多年前傣族领袖召麻栗杰数模仿孔雀的优美姿态而学舞，后经历代民间艺人加工成型，流传下来，形成孔雀舞。孔雀舞具有维系民族团结的意义，其代表性使它成为傣族最有文化认同感的舞蹈。傣族孔雀舞是云南省省级非物质文化遗产。

名称：宣抚司礼仪乐舞

级别：省级

类别：民间音乐

申报单位：云南省孟连傣族拉祜族佤族自治县

宣抚礼仪乐舞的称谓始见于明代，明册封孟连土司为“孟琏长官司”后。官府在举行各种岁时节庆活动，或是农历大年初一的守岁祭印庆典时，都要举行大规模的官方歌舞活动。《天籁之音民间器乐曲集》，其中有礼仪乐舞固定曲目“喃窝罕”（金色的莲花）、“偏卢刁”（第四曲）、“谢列卯”（沉醉）、“蚌丙”（温泉）、“所诗”（无词的乐曲）、“帕沙歪”、“咪寒批文”（风流寡妇）。其表演乐器有：傣族的三弦、多锣（类似于二胡）、嘎拉萨（钢片琴）、三角磬；舞蹈内容有：蜡条舞、长指甲舞、孔雀舞、马鹿舞、蝴蝶舞等傣族传统民间舞蹈。表演时唱诵的内容为节日的祝福歌曲、傣族的长篇叙事诗。宣抚司礼仪乐舞是云南省省级非物质文化遗产。

## 3.2 世界记忆遗产

世界记忆遗产（又称世界记忆工程或世界档案遗产），是联合国教科文组织于 1992 年启动的一个文献保护项目，其目的是通过国际合作与使用最佳技术手段抢救对世界范围内正在逐渐老化、损毁、消失的文献记录。

澜沧江中下游与大香格里拉地区共保存世界记忆遗产 1 项，为纳西东巴古籍文献，考察中对该项目进行了考察和整理。

名称：纳西东巴古籍文献

级别：世界级

评定年份：2003 年

保存地：主要为云南省社会科学院东巴文化研究所

《纳西东巴古籍》由东巴文字写成，以纳西族《东巴经》为主体，是纳西族的东巴教祭司使用的宗教典籍，世代传承下来的尚存 2 万余卷。东巴文字有 2000 多个字符，其源甚古，被称为“唯一活着的象形文字”。分别收藏于我国的丽江、昆明、北京、南京、台湾，以及美国、德国、西班牙等十多个国家。《东巴经》的内容涉及历史、哲学、社会、宗教、语言文字，以及音乐、美术、舞蹈等许多传统学科，被国内外学术界誉为“古代纳西族的百科全书”。它辐射、吸纳、整合了中华多民族文化和人类文明文化的众多层面。由此构建出它很高的历史文化价值和多学科学术开发价值。纳西东巴古籍文献于 2003 年入选世界记忆遗产。

《纳西东巴古籍译注全集》共 100 卷，每卷收录 10 来种东巴经典，囊括了中外现存的各类东巴古籍，具备完整性、权威性。全集 100 卷统一采用直观的四村照译注体例：古籍象形文原文、国际音标注纳西语音、汉文直译对注、汉语意译，四层次依序并排，具有严谨的科学性。千余种东巴古籍，在古代主要用于带有浓厚原始宗教色彩的纳西族东巴教仪式中。按其使用的属性，全集 100 卷以东巴教仪式诸类别顺序编卷，包括五大类：祈福类仪式，含祭天、祭祖、祭胜利神、祭星、祭畜神、祭村寨神、祭猎神、祭家神、祭署龙、求嗣、求寿 11 种仪式；鬼类（消灾）任免式，含小祭风、禳垛鬼、退送是非灾祸、除秽、祭呆鬼、祭端鬼、驱赶抠古、祭猛鬼恩鬼、祭蛇鬼、抵灾、捣毁鬼门、关死门 12 种仪式；丧葬类仪式，含开丧、超度亡灵、超度绝嗣者亡录等 6 种仪式；占卜类仪式，含 40 余种占卜书；其他类，含东巴舞谱、药书、杂言、字典等经卷。每种仪式又有内容不同、长短各异的多种经卷，均一一收全。

# 3.3　民间文化艺术之乡

中国民间文化艺术之乡是1987年文化部为推动民间文化艺术事业的繁荣发展、丰富活跃基层群众文化生活而设立的一个文化品牌项目。1987～2003年，文化部通过命名挂牌的方式，共在全国命名了486个中国民间艺术之乡和中国特色艺术之乡。2007～2008年，文化部颁布了《中国民间文化艺术之乡命名办法》，将名称统一为“中国民间文化艺术之乡”，并在全国范围内重新组织开展了命名工作。截止到2014年12月，全国共有963个县（市/区）、乡镇（街道）和社区被命名为“中国民间文化艺术之乡”。其中，澜沧江中下游与大香格里拉地区的中国民间文化艺术之乡9个。

云南省传统文化之乡是云南省在省级非物质文化遗产保护工作中独创的非物质文化遗产保护类别。其中，位于澜沧江中下游地区的云南省传统文化之乡有6个。

考察中，我们对区域内中国民间艺术之乡与云南省传统文化之乡进行了考察和整理。本节介绍其相关情况。

## 3.3.1　中国民间文化艺术之乡

名称：嘎玛乡

级别：国家级

民间文化艺术特征：金属锻造

所属地区：西藏自治区昌都市

嘎玛乡位于昌都县（现为昌都市）北部，扎曲河流域西部的广大地区。嘎玛，由于历史上曾左右过西藏政治、社会的噶玛噶举派在这里首建有嘎玛寺而得名。由于嘎玛寺坐落此地，代代流传下来专为寺院绘制唐卡画，制作佛像，制作金银器装饰的匠人传人有300多人，其中最具特色的是藏族金属锻造技艺。参见3.1.2节藏族金属锻造技艺。

嘎玛乡作为西藏著名的国家级民族民间文化之乡，吸引了众多人类学、民族学、艺术学、藏学等领域的学者前往进行学术研究。嘎玛民族手工业村位于昌都县嘎玛乡，嘎玛乡的瓦寨、比如、里妥三村是昌都县两大民族手工业生产集散地之一。其民族手工业生产历史源远流长，是全藏闻名的匠人之乡。几乎家家有工匠，户户有传人。拜师学艺，蔚然成风。人们从小就开始接受技艺的熏陶。男孩满七八岁，就开始学习民族手工业生产。不仅如此，当地艺人的豁达、仁爱之心令人钦佩。他们没有世俗的狭隘、自私。不仅对当地人毫无保留地传授技艺，而且对凡愿学艺的外来者，均热情接纳。三村主要生产唐卡画、佛教用具、生产、生活用品。

名称：维西傈僳族自治县

级别：国家级

民间文化艺术特征：叶枝傈僳族阿尺木刮歌舞

所属地区：云南省迪庆藏族自治州

迪庆藏族自治州维西傈僳族自治县叶枝镇是傈僳族聚居地，是傈僳族阿尺木刮的重要传承区。参见3.1.2节傈僳族阿尺木刮。

傈僳族歌舞阿尺木刮在叶枝有广泛的群众基础，2012年，全镇共有7支阿尺木刮歌舞表演队，人数达260多人，平均年龄22岁左右，年纪最大的68岁，最小的16岁。在同乐村的106户563人中，有400多人都参加跳阿尺木刮，有很多是全家人都跳。过去，村里的表演队只在春节、火把节、婚嫁、祭祀时跳。现在，只要有喜庆的事就跳，还把阿尺木刮用作迎宾接客的礼仪歌舞。

名称：大理市

级别：国家级

民间文化艺术特征：白族大本曲

所属地区：云南省大理白族自治州

大理白族大本曲是用汉文记录白族语言的唱本，因有一定人物、情节，所以又称为本子曲。它是大理白族特有的一种古老的民间曲艺，每逢节日，一人说唱，一人三弦伴奏，其唱词中大理白语、汉语混用，以大理白语为主，汉字白读，多为“三七一五”或“三五二七”“七七一六”的格式。

大理白族大本曲其唱腔有 3 腔、9 板、18 调。3 腔一般指大理南腔、北腔、海东腔 3 个艺术流派。9 板是基本唱腔，南北两派有所不同，一般指平板、高腔、黑净、提水、阴阳、大哭、小哭、边板、路路板。“18 调”（或 13 腔）是辅助唱腔，分别为螃蟹、老麻雀、新麻雀、花谱、家谱、起经大会、蜂采蜜、放羊、上坟、道情、祭奠、阴阳、琵琶、花子、拜佛、问魂、思乡岭、血湖池调等。

大理白族大本曲韵式主要分为“花上花”“油鲁油”“捞利捞”“翠幽幽”（一说，“翠茵茵”）四大韵，下又分若干小韵，唱腔悦耳动听，内容丰富。大理白族大本曲其唱本为汉字记白音，内容有移植外地剧目或新创作的大理民间故事，剧情生动，情节感人，大理白族大本曲是祖国民间音乐中的一朵奇葩。

名称：洱源县

级别：国家级

民间文化艺术特征：白族唢呐

所属地区：云南省大理白族自治州

白族唢呐既是白族生活须臾不离的艺术，又具有专业性很强的特点，因此不但有着众多的职业、半职业艺人，也有着相当数量的“ 专业户”以至“ 专业村”。这种现象在洱源各乡镇较为普遍，如右所镇的温水村、腊坪村，茨碧乡的松发村等都是颇有名气的唢呐之乡。历史上出现过许多知名的唢呐艺术大师如右所镇的李学昌、毕也发，苑碧的毛玉宝、毛厚银等。尤以花碧乡松发村的白族唢呐艺术的传承最为典型。松发村地处山区，全村都是彝族，但除了本民族语言他们还精通白语，掌握白族三弦、唢呐以及白族调、“吹吹腔”等全套白族艺术。特别是白族唢呐，全村 270 多人口中，平均 20 人中就有一位唢呐艺人。全村共有 20 多个唢呐吹打乐演奏班子，10 多位技艺精湛的乐手。据说民国初年这里就出了一位名叫毛凤银的大师，他亲自培养的高徒毛玉宝后来成了享誉全县、全州的唢呐高手。白族唢呐就是这样，作为一种职业代代传承下来。

参见 3. 1. 3 节白族唢呐、白族吹吹腔等。

名称：古城区大东乡

级别：国家级

民间文化艺术特征：纳西族热美蹉

所属地区：云南省丽江市

“热美蹉”亦称“窝惹惹”，是产生于氏族社会时期的原始舞蹈音乐，广泛流行于纳西族民间，并被载录于纳西族东巴经书。其音乐素材直接来源于自然界，音乐和舞蹈相结合，无乐器伴奏、无音阶、无音列法则。男声由“左罗巴”领唱，女声由“热勒美”领唱，多声部之间刚柔并济，形成富有原始艺术美感的不协和音程。

参见 3. 1. 2 节纳西族热美蹉。

名称：沧源佤族自治县

级别：国家级

民间文化艺术特征：佤族民俗

所属地区：云南省临沧市

沧源位于祖国的西南部，是全国两个佤族自治县之一，也是全国最大的佤族聚居地，据全国第六次人口普查，佤族人口 15.8 万人，占全国佤族总人口的 47%。这里被誉为“佤族歌舞之乡、佤文化的荟萃之地”。佤族与其他民族一样，在长期的社会实践中，演化出自己独特的语言表达、生活习惯、宗教信仰、生产方式等民族风俗，孕育出以司岗里文化、木鼓文化、歌舞文化、礼仪文化、饮食文化、建筑文化等为表现形式的佤族民俗文化。

在佤族潜意识中，神话传说主导着他们的信仰与追求，而且形成了许多生活的行为规范，从而支撑着某种很难改变的民族精神。司岗里传说就以佤民族文化的主流意识导向着本民族生存与发展的历史。司岗里文化涵盖了佤族的木鼓文化、剽牛文化、饮食文化、建筑文化、服饰文化、歌舞文化、酒文化等各类文化。参见 3.1.2 节司岗里。

名称：孟定镇

级别：国家级

民间文化艺术特征：傣族歌舞

所属地区：云南省耿马傣族自治县

傣族舞是傣族古老的民间舞，也是傣族人民最喜爱的舞蹈。傣族舞蹈种类繁多。代表性节目总的可分为自娱性、表演性和祭祀性三大类。自娱性的节目有“嘎光”“象脚鼓舞”“耶拉晖”和“喊半光”等，其中最具代表性的是“嘎光”和“象脚鼓舞”；表演性舞蹈有“孔雀舞”“大象舞”“鱼舞”“蝴蝶舞”“篾帽舞”等，最具代表性的是孔雀舞；傣族祭祀性的舞蹈只在民族杂居区流传着几个，有些祭祀舞蹈现已无人再跳如过去曾流传于德宏地区的“跳柳神”和曾流行于江城哈尼族彝族自治县的“贝马舞”。

傣族舞蹈的动作虽大多婀娜多姿，节奏较为平缓，但外柔内刚，充满着内在的力量。傣族的居住地大多与缅甸、老挝、越南等国接壤，傣族人民善于吸收来自四方的文化精华，并能将其融于本民族古老的文化中，经过长期发展，形成了傣族舞蹈品种繁多、形式多样的特点。

名称：威远镇

级别：国家级

民间文化艺术特征：白象舞、象脚鼓舞

所属地区：云南省景谷傣族彝族自治县

威远镇是景谷傣族彝族自治县县城所在地，傣族是当地重要的民族构成。威远镇傣族传统文化浓郁，是白象舞与象脚鼓舞的重要传承区。参见 3.1.2 节傣族象脚鼓舞，3.1.3 节傣族白象舞。

威远镇被评为全国民间艺术之乡后，在大寨挂牌成立了省级侨乡文化示范基地。镇上于 2000 年成立了勐卧群众艺术团，有 13 支演出队，业余演员 500 余人，各种演出服装 475 套，有龙灯 2 条，象脚鼓 90 筒，各种演出道具若干。每年镇上都要举办盛大的“泼水采花节”庆祝狂欢活动，具有浓郁的民族特色。

名称：嘎洒镇

级别：国家级

民间文化艺术特征：曼暖典傣族织锦

所属地区：云南省西双版纳傣族自治州景洪市

曼暖典是西双版纳傣族自治州景洪市嘎洒镇曼迈村民委员会所属的一个傣族自然村，织锦是村民日常生活中不可缺少的手工艺活动，它历史悠久，据村里老人说织锦有四五百年的历史。现在几乎每家都有织机，每户人家都有成年女子会织傣锦。

傣锦多以白色或浅色为底色，图案以动物、植物、建筑、人物等为主，动物类有孔雀、骏马、龙、凤、象、麒麟等，分别代表着吉祥、力量和丰收；宝塔、寺院、竹楼等寄寓对美好生活的追求。傣族织锦精细美观，色彩鲜明，栩栩如生。曼暖典傣锦线条宽窄错落，形态夸张简练，图案规范，质朴粗犷，富有装饰特色，民族色彩浓郁，有较高的艺术审美价值，在西双版纳傣族织锦中有一定的代表性，深受群众喜爱。

## 3. 3. 2　云南省传统文化之乡

名称：叶枝傈僳族阿尺木刮歌舞之乡
级别：省级
类别：民族民间传统文化之乡
申报单位：云南省维西傈僳族自治县
参见 3. 3. 1 节维西傈僳族自治县。

名称：香格里拉锅庄舞之乡
级别：省级
类别：民族民间传统文化之乡
申报单位：云南省香格里拉市

香格里拉锅庄有新、旧锅庄之分。旧锅庄“擦尼”多反映原始宗教内容，带有浓厚的祭祀性质，只能跳专门的动作和唱专用的歌词，多为宗教界人士和老年人喜爱。新锅庄“擦司”是随着时代发展不断吸纳新内容、新形式的歌舞，舞姿和歌词都比较灵活，具有浓郁的时代气息。

香格里拉锅庄舞的舞步分为三大类，即走舞、转舞、模拟动物舞。走舞动作简单，可吸收大量人员一起跳；转舞舞姿多样，种类繁多，常跳的有两步半舞、六步舞、八步舞、六步加拍、八步加拍等；模拟动物舞则模拟猴子、兔子、孔雀等的形态和动作，男女对歌对舞，先跳慢板，随后舞步逐渐加快，在热烈的快板中结束。锅庄舞的曲调多达上百种，歌词多达上千首，歌词均有一套严谨巧妙的比喻规律。锅庄舞的服饰是藏民的节日盛装，不同地域的服饰各有特点。

名称：大东纳西族热美蹉之乡
级别：省级
类别：民族民间传统文化之乡
申报单位：云南省丽江市古城区
参见 3. 3. 1 节古城区大东乡。

名称：拉祜族摆舞之乡
级别：省级
类别：民族民间传统文化之乡
申报单位：云南省澜沧拉祜族自治县

摆舞是普洱市澜沧拉祜族自治县拉祜族世代相传的集体舞蹈，极有特色，不受时间、地点、人数的限制，只要高兴，便相聚而舞，节日喜庆、婚丧嫁娶尤其盛行，深受群众喜爱。

摆舞以女性为主，以象脚鼓、铓、镲等为主要伴奏乐器，领舞者边敲奏乐器边起舞，众人或手拉手围圈而舞，或列队而跳。表演形式大体有两种：一种是步法型，强调脚的动作和踏、踢、跺、摆、划、小跳等步法，身段动作既热烈又灵活；另一种为摆手舞，以手臂和肩的上下摆动为主，模仿各种生产生活动作，小垫步配合双手摆动，形成摆肩和整个身段向上延伸起伏的动律，让人沉醉在幸福和欢乐之中。摆舞共有 86 种套路，主要靠父辈言传身教，年轻人耳濡目染，代代相传。

名称：佤族木鼓舞之乡

级别：省级

类别：民族民间传统文化之乡

申报单位：云南省西盟佤族自治县

木鼓舞，佤语称“各老代刻落”，是广泛流传于普洱市西盟佤族自治县佤族村寨的民间舞蹈，它与佤族拉木鼓的民俗活动密切相关。历史上，佤族把木鼓视为通天神器和山寨的保护神，也是佤族部落出征决战、召集成员、举行祭祀活动必不可少的器物。

在长期历史进程中，佤族形成了与木鼓有关的舞蹈，并根据形式与场地不同，分为拉木鼓舞、跳木鼓舞、祭木鼓舞等。鼓点有多套，敲法也有多种。击鼓者均为男性，每只木鼓由2~4人合敲，男女老少围着木鼓载歌载舞，半蹲半俯、送胯转身，时而抬起右腿成“三道弯”伸缩三次，时而抬起左腿，挥舞木槌自转一周。舞蹈动作粗犷有力，热情奔放，质朴而富有韧性，形象生动地表现出佤族热情豪放、粗犷剽悍的民族特征。

名称：曼暖典傣族织锦之乡

级别：省级

类别：民族民间传统文化之乡

申报单位：云南省景洪市

曼暖典是西双版纳傣族自治州景洪市嘎洒镇曼迈村民委员会所属的一个傣族自然村，织锦是村民日常生活中不可缺少的手工艺活动，它历史悠久，据村里老人说织锦有四五百年的历史。现在几乎每家都有织机，每户人家都有成年女子会织傣锦。

参见3.3.1节景洪市嘎洒镇。

# 第 4 章　生态文化旅游资源[①]

澜沧江中下游与大香格里地区丰富的自然与文化资源，是发展区域生态文化旅游的基底所在。这些旅游资源以独立或聚集的形态存在，构成区域内的旅游景点和旅游景区。

本章对于生态文化旅游资源的介绍在排除第 1 ~ 3 章介绍过的各类遗产的基础上，以聚集性旅游资源形成的各类景区为关注点，并以 A 级景区、中国优秀旅游城市、中国最具魅力休闲乡村和国家旅游线路为其代表。

## 4.1　A 级景区

依照《旅游景区质量等级的划分与评定》国家标准，我国的旅游景区质量等级划分为五级，从高到低依次为 AAAAA、AAAA、AAA、AA、A 级旅游景区。A 级景区级别划分是衡量景区质量的重要标志。

考察中，我们对区域内依据国家标准认定的 A 级景区进行了考察和整理。

名称：普达措国家公园
核心旅游资源类型：B 水域风光 BB 天然湖泊与池沼 BBA 观光游憩湖区
级别：AAAAA 级景区
所属行政地域：云南省迪庆藏族自治州香格里拉市
评定年份：2012 年
参见 1.4 节普达措国家公园。

名称：崇圣寺三塔文化旅游区
核心旅游资源类型：F 建筑与设施 FA 综合人文旅游地 FAC 宗教与祭祀活动场所
级别：AAAAA 级景区
所属行政地域：云南省大理白族自治州大理市
评定年份：2011 年

崇圣寺三塔文化旅游区位于中国云南省大理白族自治州境内大理古城北，是集苍洱风光、文物古迹、佛教文化、休闲度假为一体的国家 AAAAA 级景区。景区中的崇圣寺三塔是国务院首批公布的全国重点文物保护单位，为大理的标志和象征。参见 2.3.1 节崇圣寺三塔。

崇圣寺三塔文化旅游区由历史文化体验区和宗教文化观光区组成，主要景点包括崇圣寺三塔、南诏建极大钟（钟楼）、雨铜观音殿、段功墓、崇圣寺等。

南诏建极大钟为古代崇圣寺五大重器之一，原钟铸于公元 871 年，南诏建极十二年，故名南诏建极大钟。1997 年重铸的南诏建极大钟为典型的佛钟，钟体分为上、下两层，上层饰六幅波罗密图案，重 16.295t，为云南省第一大钟，中国近代所铸第四大钟。雨铜观音殿内供奉有雨铜观音、阿嵯耶观音、负石观音像、梵僧观音像、水月观音像。雨铜观音像原铸于南诏中兴二年（公元 899 年），造像精美，衣纹流畅，被誉为“如吴道子画”，为崇圣寺五大重器之一，在“文化大革命”期间被毁。1999 年根据清末

① 本章执笔者：何露、袁正、田密、张祖群、孙琨、王灵恩、赵贵根、曹智。

遗存照片精心重铸了雨铜观音像。段功墓位于崇圣寺三塔西，明代以后地方志称段平章墓，现仅有土丘，墓幢已毁。

宗教文化观光区即2005年恢复重建的崇圣寺古建筑群落，整体布局为主次三轴线，八台、九进、十一层次。建筑风格上集唐、宋、元、明、清历代建筑之精华，主中轴线上依次建有：山门、放生池、接引桥、天王殿、弥勒殿、十一面观音殿、大雄宝殿、阿嵯耶观音阁、山海大观石牌坊、望海楼。寺内617尊（件）佛像、法器均用青铜浇铸，用铜千余吨，其中599尊（件）佛像、法器贴金彩绘，创中国之最。

名称：丽江古城景区

核心旅游资源类型：F 建筑与设施 FA 综合人文旅游地 FAB 康体游乐休闲度假地

级别：AAAAA 级景区

所属行政地域：云南省丽江市

评定年份：2011 年

丽江古城位于中国西南部云南省的丽江市古城区。丽江古城又名“大研镇”，坐落在玉龙雪山下的丽江坝子中部，北依象山、金虹山、西枕狮子山，东南面临数十里的良田阔野。丽江古城始建于宋末元初（公元13世纪后期），距今大约有800年的历史，由大研古城（含黑龙潭景区）、白沙民居建筑群、束河民居建筑群三部分组成。1986年被国务院批准为中国历史文化名城，1997年成功申报联合国世界文化遗产，2011年被国家旅游局评定为国家AAAAA级景区。

参见2.1节丽江古镇。

名称：玉龙雪山景区

核心旅游资源类型：A 地文景观 AA 综合自然旅游地 AAG 垂直自然地带

级别：AAAAA 级景区

所属行政地域：云南省丽江市

评定年份：2007 年

玉龙雪山位于云南省丽江市玉龙纳西族自治县，是中国最南的雪山，也是横断山脉的沙鲁里山南段的名山，北半球最南的大雪山。山势走向由北向南，高山雪域风景位于海拔4000m以上。2007年被国家旅游局评定为国家AAAAA级景区。

玉龙雪山以险、奇、美、秀著称于世。清代纳西族学者木正源曾形象地归纳出玉龙十二景，即“三春烟笼”“六月云带”“晓前曙色”“螟后夕阳”“晴霞五色”“夜月双辉”“绿雪奇峰”“银灯炫焰”“玉湖倒影”“龙甲生云”“金沙壁流”“白泉玉液”。从不同的角度生动地描绘了雪山景色，体现了不同节令、不同时辰玉龙景致的变幻无常与千姿百态。

玉龙雪山是纳西族及丽江各民族心目中一座神圣的山，纳西族的保护神“三朵”就是玉龙雪山的化身，至今丽江还举行每年一度盛大的“三朵节”。唐朝南诏国异牟寻时代，南诏国主异牟寻封岳拜山，曾封赠玉龙雪山为北岳，元代初年，元世祖忽必烈到丽江时，曾封玉龙雪山为“大圣雪石北岳安邦景帝”。至今白沙村北北岳庙尚存，仍然庭院幽深，佛面生辉。拜山朝圣者不绝于途。玉龙雪山凭其迷人的景观、神秘的传说和至今尚是无人征服的处女峰而令人心驰神往。

参见1.2.2节玉龙雪山自然保护区、1.3.1节玉龙雪山风景名胜区、1.5.2节云南丽江玉龙雪山冰川国家地质公园。

名称：中国科学院西双版纳热带植物园

核心旅游资源类型：F 建筑与设施 FA 综合人文旅游地 FAD 园林游憩区域

级别：AAAAA 级景区

所属行政地域：云南省西双版纳傣族自治州勐腊县

评定年份：2011 年

中国科学院西双版纳热带植物园（简称版纳植物园）位于云南省西双版纳傣族自治州勐腊县勐仑镇，海拔 570m，年平均气温 21.4℃。由于流到这里的澜沧江支流——罗梭江刚好拐了一个弯，把陆地围成一个葫芦形的半岛，人们就把它叫作葫芦岛，植物园就建在岛上。

版纳植物园在我国著名植物学家蔡希陶教授的领导下于 1959 年创建，1996 年与原昆明生态研究所整合为中国科学院的独立研究机构。1998 年年底成为首批中国科学院知识创新工程试点单位之一。2011 年被认定为国家 AAAAA 级景区。

版纳植物园（图 4-1）是集科学研究、物种保存、科普教育和科技开发为一体的综合性研究机构和国内外知名景区。版纳植物园占地面积约 1125hm$^2$，收集活植物12 000多种，分布在棕榈园、榕树园、龙血树园、苏铁园、民族文化植物区、稀有濒危植物迁地保护区等 35 个专类园区。园区内保存有一片面积约 250hm$^2$ 的原始热带雨林，版纳植物园是我国面积最大、收集物种最丰富、植物专类园区最多的植物园，也是世界上户外保存植物种数和向公众展示的植物类群数最多的植物园。

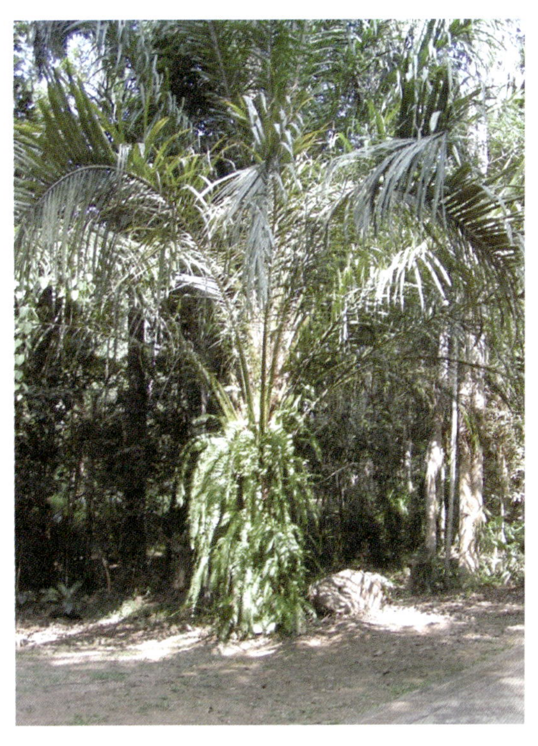

图 4-1　西双版纳热带植物园
提供：何露

名称：亚丁景区

核心旅游资源类型：A 地文景观 AA 综合自然旅游地 AAG 垂直自然地带

级别：AAAA 级景区

所属行政地域：四川省甘孜藏族自治州稻城县

评定年份：2009 年

亚丁景区位于四川省甘孜藏族自治州稻城县香格里拉镇亚丁村境内，主要由“仙乃日、央迈勇、夏诺多吉”三座神山和周围的河流、湖泊和高山草甸组成，它的景致保持着地球上近绝迹的纯粹，因其独特的地貌和原生态的自然风光，被誉为“中国香格里拉之魂”，被国际友人誉为“水蓝色星球上的最后一片净土”，是摄影爱好者的天堂。2009 年被国家旅游局评定为国家 AAAA 级景区。

亚丁，藏语意为“向阳之地”。保护区内的三座雪山：仙乃日、央迈勇、夏诺多吉，南北向分布，呈“品”字形排列，统称“念青贡嘎日松贡布”，意为：终年积雪不化的三座护法神山圣地。藏传佛教中称其为“三怙主雪山”，是藏民心中的神圣之地。

参见 1.3.2 节稻城亚丁风景名胜区。

名称：迪庆梅里雪山景区

核心旅游资源类型：A 地文景观 AA 综合自然旅游地 AAG 垂直自然地带

级别：AAAA 级景区

所属行政地域：云南省迪庆藏族自治州

评定年份：2012 年

梅里雪山是迪庆藏族自治州德钦县境内西部一座南北走向的庞大雪山群，全长有 150km。梅里雪山在藏区称“卡瓦格博雪山”。“梅里”一词为藏语汉译，意思是“药山”，因盛产各种名贵药材而得名。梅里雪山景区于2009年7月成立，并于同年10月正式开园。公园总面积为960km$^2$，地处滇、川、藏三省份结合部，是大香格里拉旅游区和三江并流世界自然遗产腹心地，是国家AAAA级景区。

参见1.3.1节三江并流风景名胜区，1.3.2节梅里雪山（西坡）风景名胜区，1.4节香格里拉梅里雪山国家公园。

名称：香格里拉大峡谷·巴拉格宗

核心旅游资源类型：A地文景观 AA综合自然旅游地 AAG垂直自然地带

级别：AAAA级景区

所属行政地域：云南省迪庆藏族自治州香格里拉市

评定年份：2009年

香格里拉大峡谷也叫“巴拉格宗”，公园位于香格里拉市西北部80km处，因峡谷一头名“香格”，另一头名“里拉”，故名香格里拉大峡谷。

峡谷中间的岗曲河是被新造山运动挤压在海拔仅1000余米的谷底，而两岸对峙的则是高达4000～5000m的壮丽峰峦，峡谷尽头海拔5545m的巴拉格宗雪山是康巴地区的三大神山之一。格宗雪山，位于云南省迪庆藏族自治州香格里拉市和四川省甘孜藏族自治州得荣县交界，海拔5306m，是云南省第十一高峰、香格里拉市第一高峰，目前无攀登记录。格宗雪山大致呈东南西北走向，山脊呈排牙状，西南侧三条横向小山梁分别连接巴拉格宗雪山的格宗奔松峰。格宗奔松峰呈金字塔状，西南向的山体受气候影响，风蚀、雪蚀严重，积雪较少，山槽多为碎石；东北侧山体4500m以上可见积雪，向上多为雪岩或冰岩混合，4600m处有一鞍部，较为平缓。雪山主峰为锥体，坡度较大，攀爬难度较高。万壑绝壁，绿草葱茏，繁花如织，传说为仙人遗田。

香格里拉大峡谷由尼西巴拉格宗峡谷与格咱碧融峡谷两段景区构成。峡谷景观植被保存完好，每个象形岩，每处河滩溶洞，都会引人进入联想意境，因而出现了很多传奇故事。一棵有着千年树龄的菩提树，它穿越千年时光，在巴拉格宗这片神奇的土地上，傍倚峭壁，栉风沐雨1000多年而依旧郁郁葱葱，生机勃勃，仿佛在与历史对话。

名称：香格里拉蓝月山谷

核心旅游资源类型：A地文景观 AA综合自然旅游地 AAG垂直自然地带

级别：AAAA级景区

所属行政地域：云南省迪庆藏族自治州香格里拉市

评定年份：2009年

蓝月山谷景区（又称石卡雪山景区）位于云南省迪庆藏族自治州香格里拉市西南部。景区汇集了雪山、峡谷、森林、湖泊、花海、草甸等香格里拉特色的自然景观和生物及民俗宗教文化，综合体现了雪域高原特有的自然美景和民族风情。很多美妙的民间传说和动人故事，让景区颇具《消失的地平线》一书中所描述的香格里拉神韵。2009年被国家旅游局认定为国家AAAA级景区。

在石卡雪山主峰背后是被世人称之为蓝月山谷的峡谷。这是一个以险而著称的峡谷，当地人称之为死亡峡谷。而在距亚拉青波牧场6km处的西南面为灵犀湖。这是一个充满灵性的湖，它深藏于蓝月山谷景区半山腰的原始森林中。湖的西面是一座小山，犹如一尊坐佛，当地群众称是强巴佛的化身。湖的四周树木葱茏，杜鹃锦簇，湖水碧绿如玉，生态植被保护得极其完好，呈现出一派幽静神秘的景象。山脚下一个恬静的小山村“布伦”，它历史悠久，是唐代茶马古道最重要的一个中转站。村外的大草甸与国家一级保护禽类黑颈鹤栖身地——纳帕海景区连成一体，每年的冬季，黑颈鹤、斑头雁、黄鸭等珍禽就在草甸上越冬。

名称：松赞林寺

核心旅游资源类型：F 建筑与设施 FA 综合人文旅游地 FAC 宗教与祭祀活动场所

级别：AAAA 级景区

所属行政地域：云南省迪庆藏族自治州香格里拉市

评定年份：2009 年

参见 2.3.3 节归化寺。

名称：鸡足山景区

核心旅游资源类型：F 建筑与设施 FA 综合人文旅游地 FAC 宗教与祭祀活动场所

级别：AAAA 级景区

所属行政地域：云南省大理白族自治州宾川县

评定年份：2003 年

鸡足山位于云南省大理白族自治州宾川县城西的炼洞区内。因山势前列三峰，后带一岭，形似鸡足而得名。鸡足山气势磅礴，方圆百里，最高峰为天柱峰，海拔 3240m。登临其山，可东观日出，南瞰浮云，西望苍山、洱海，北眺玉龙雪山，人称“绝顶四观”。山上松林茂密，修竹丛生，蜀汉时始建小庵，唐代扩建，兴盛于明清。有大小寺宇百余座，著名的是明代增建的悉檀寺、石钟寺，昆明金殿搬迁到此改称金顶寺。后来多数寺宇被毁，现仅存清代的祝圣寺、金顶寺大门和楞严塔。山间云雾飘飘，溪水琮琮，为我国佛教名山之一。鸡足山景区于 2003 年被国家旅游局评定为 AAAA 级景区。

国内佛教界认为，鸡足山是佛教禅宗的发源地。因 2000 多年前释迦牟尼大弟子迦叶入定鸡足山华首门，而奠定了它在佛教界的崇高地位（迦叶入定还有一种说法是在印度，在印度也有鸡足山）。鸡足山千百年的历史积淀了无穷的文化内涵，明神宗颁藏经到山，赐紫衣圆顶；光绪、慈禧敕封“护国祝圣禅寺”，赐銮驾、紫衣、玉印等珍贵文物。吴道子的《瘦马》；李霞的《十八罗汉过江图》；徐霞客的《鸡足山志》；屈尔泰的《墨龙》；徐悲鸿的《鸡·竹·山》《奔马》；杨升庵、李元阳、李贽、董其昌、孙中山、梁启超、袁嘉谷、赵藩、赵朴初等留下的大量诗文画卷，都是我国宝贵的文化遗产。

名称：鹤庆新华白族旅游村

核心旅游资源类型：F 建筑与设施 FD 居住地与社区 FDC 特色社区

级别：AAAA 级景区

所属行政地域：云南省大理白族自治州鹤庆县

评定年份：2009 年

鹤庆新华白族旅游村地处云南省西北部大理白族自治州鹤庆县草海镇，坐落在鹤庆县城北凤凰山下，包括南翼、北翼、纲常河 3 个自然村。鹤庆新华白族是大理白族自治州白族的一个较为古老的分支，白族人口占总人口的 98.5%，是一个典型的白族聚居村寨。被中国村社发展促进会命名为“中国民俗文化村”，并被国家旅游局评定为 AAAA 级景区。

新华村历史悠久，是历史上著名的茶马古道的必经之地，至今还保存着类似“古长城”的石城墙和石寨古遗迹。村民除具有白族的民俗民风外，还有 1000 多年的民族工艺品的生产历史。早在唐代南诏国时期，新华人即以门扣、手镯、锅、勺、瓢等铜制民族手工艺品制作为主，手艺以家传为主。现在，基本上形成“一家一店、一户一品、前店后坊”的生产格局，所生产的九龙系列手工艺品包括九龙喷雾火锅、九龙壶酒具、九龙泼水桶、九龙奖杯等；藏区佛事、生活用品有各式法号、净水碗、净水壶、佛箱、青稞盒、喇嘛寺屋顶铜饰品、铜佛、敬酒壶、敬酒碗、银包木碗和藏刀；传统民族饰品、饰物类有各式手镯、百家锁、戒指、耳环、三须和银腰带；装饰工艺品及生活用品有龙凤工艺装饰品、十八般兵器、布达拉宫（浮雕）和名片盒等。同时新华村兼有优美的自然景观，周围山水交相辉映，地下泉水储量丰富，无严冬和酷暑，四季如春。

名称：南诏风情岛

核心旅游资源类型：A 地文景观 AE 岛礁 AEA 岛区

级别：AAAA 级景区

所属行政地域：云南省大理白族自治州大理市

评定年份：2001 年

大理南诏风情岛是洱海三岛之一，位于大理国家级风景名胜区的黄金地段——洱源县东南端的双廊乡境内。该岛四面环水，东靠著名佛教圣地鸡足山，北接石宝山，南连大理，西对苍山洱海，因占据着得天独厚的旅游资源，故素有“大理风光在苍洱，苍洱风光在双廊”之美誉。大理南诏风情岛被国家旅游局认定为 AAAA 级景区，被列为云南省 25 个旅游精品项目之一，并是 99 昆明世界园艺博览会定点接待单位。

岛上风光旖旎，海天一色；千年古榕枝繁叶茂，幽穴古洞盘曲交错；岛屿四围水清沙白，苍洱百里壮景尽收眼底。岛上由沙壹母群雕码头、海景别墅、云南福星——阿嵯耶观音广场、南诏避暑行宫、白族本主文化艺术广场、海滩综合游乐园、太湖石景群落及渔家傲别景等组成，与别具特色的园林艺术融为一体，使人在亲近大自然的过程中寻回那份极其珍贵的原始的朴拙之美。

名称：束河古镇

核心旅游资源类型：F 建筑与设施 FD 居住地与社区 FDC 特色社区

级别：AAAA 级景区

所属行政地域：云南省丽江市

评定年份：2005 年

束河古镇位于云南省丽江市丽江古城北，处于丽江所有景区的核心部位，是游览丽江古城、玉龙雪山、泸沽湖、长江第一湾和三江并流风景区的枢纽点。束河，纳西语称“绍坞”，因村后聚宝山形如堆垒之高峰，以山名村，流传变异而成，意为“高峰之下的村寨”。束河古镇是纳西先民在丽江坝子中最早的聚居地之一，是茶马古道上保存完好的重要集镇，也是纳西先民从农耕文明向商业文明过渡的活标本，是对外开放和马帮活动形成的集镇建设典范。束河是世界文化遗产丽江古城的重要组成部分，于 2005 年入选 CCTV“中国魅力名镇”，并被国家旅游局评定为国家 AAAA 级景区。

束河，又名龙泉村，早在明代，就已是丽江的重要集镇了。束河古镇依山傍水，民居房舍错落有致，面临田园阡陌；北瞰玉龙，东南瞻象山、文笔，四时风光变幻，尤其村头两处泉源，其中一潭水，称为“九鼎龙潭”，又称“龙泉”。束河古镇在历史上以“束河八景”而著名，它们是“烟柳平桥、夜市萤火、断碑敲音、西山红叶、鱼水亲人、龙门望月、雪山倒映、石莲夜读”。九鼎龙潭边有清代建筑“三圣宫”，绿树掩映、花木扶疏、飞檐翘角，登临其上，令人心旷神怡。

名称：丽江黑龙潭公园

核心旅游资源类型：F 建筑与设施 FA 综合人文旅游地 FAD 园林游憩区域

级别：AAAA 级景区

所属行政地域：云南省丽江市

评定年份：2009 年

丽江黑龙潭又名玉泉公园，位于云南省丽江市丽江古城北象山脚下，是 AAAA 级景区。从古城四方街沿经纬纵横的玉河溯流而上，约行 1km 有一处晶莹清澈的泉潭，即为闻名中外的黑龙潭。潭水从石缝间涌涌喷出，依山斛清泉汇成 4 万 $m^2$ 的潭面。四周山清水秀，柳暗花明。依山傍水造型优美的古建筑点缀其间。其流韵溢彩，常引人驻足流连。

丽江黑龙潭始建于乾隆二年（公元 1737 年），其后乾隆六十年、光绪十八年均有重修记载。旧名玉泉龙王庙，因获清嘉庆、光绪两朝皇帝敕封“龙神”而得名，后改称黑龙潭。一文亭、得月楼分别屹立内外潭心，四面临水，有桥与岸上相连。远处玉龙雪山倒遇潭中。象山半壁也映入水中，使黑龙潭山中有水，水中有山，山水相映。

名称：玉水寨风景区

核心旅游资源类型：F 建筑与设施 FA 综合人文旅游地 FAE 文化活动场所

级别：AAAA 级景区

所属行政地域：云南省丽江市

评定年份：2006 年

玉水寨风景区位于丽江古城北 12km 处，玉龙雪山山下，海拔 2500m。玉水寨是丽江古城河水主要源头之一，更是丽江东巴文化的传承圣地和白沙细乐传承基地及勒巴舞的传承基地，是以纳西民族文化为核心与自然景观完美融合的风景名胜。2006 年被国家旅游局评定为国家 AAAA 级景区。

丽江玉水寨景区作为丽江主要的旅游景区之一，是以纳西族文化为内核，融自然景观为一体的文化风景旅游区。玉水寨是东巴文化传承基地，它保留了纳西族传统古朴的风貌，东巴村完全按纳西族的传统生活方式建成，从建筑设施，到生活中的每个细节，都能感受到传统的纳西民族文化。玉水寨与周围优美的自然景观交相辉映，真正体现了“人与自然和谐发展”这一纳西族传统理念。美国大自然保护协会将玉水寨指定为东巴文化传承基地和白沙细乐传承基地及勒巴舞的传承基地，进行纳西民族古文化的挖掘、整理、传承、研究、展示等工作。

玉水寨有众多富有民族、地方特色的景观，如神龙三叠水瀑布群、三文鱼养殖生态观光、古树和玉龙雪山最大的神泉、东巴壁画廊、东巴始祖庙、白沙细乐展示、纳西族古建筑和传统生活展示、东巴祭祀活动、传统祭祀场、东巴舞展示、纳西族传统水车、水碓、水磨房、高山草甸风光等。

名称：西双版纳望天树景区

核心旅游资源类型：C 生物景观 CA 树木 CAA 林地

级别：AAAA 级景区

所属行政地域：云南省西双版纳傣族自治州景洪市

评定年份：暂缺

西双版纳热带雨林国家公园·望天树景区，位于云南省西双版纳傣族自治州勐腊县国家级自然保护区，是地球北纬 21°上的唯一绿洲，也是中国唯一被世界公认的热带雨林。这里层叠茂密的原始热带雨林中，密集生存着代表东南亚热带雨林的标志性树种——望天树，在它们达 70 ~ 100m 的参天巨干上，一条 36m 高的树冠走廊凌空蜿蜒数百米。

参见 1. 6. 1 节西双版纳国家森林公园、1. 4 节西双版纳国家公园。

名称：西双版纳傣族园

核心旅游资源类型：F 建筑与设施 FA 综合人文旅游地 FAD 园林游憩区域

级别：AAAA 级景区

所属行政地域：云南省西双版纳傣族自治州景洪市

评定年份：2001 年

西双版纳傣族园位于景洪市勐罕镇，景区内的五个傣族村寨，曼将、曼春满、曼听、曼乍、曼嘎，同属于勐罕镇（橄榄坝）曼听办事处。这里的傣族村民都以农耕为业，创造和丰富了灿烂的贝叶文化。景区内杆栏式竹楼群古朴、雅致、壮观，村民纯情、朴实、好客，民风民俗独特而浓烈，热带田园风光旖旎迷人，村民与自然和谐相处，完美融合，仿佛人间仙境、世外桃源。傣族园于 2001 年被国家旅游局评定为 AAAA 级景区。

西双版纳有 13 个民族，傣族为主体民族，占全州总人口的 35%。傣族园作为代表西双版纳傣族文化的主体景区，在保留原有杆栏式建筑风格和自然风光的基础上，通过服务设施的完善和民族活动的开展，向游客展示原汁原味的傣民族文化，把傣族园建成杆栏式建筑典范之园，礼仪、习俗文明之园，佛教气息浓郁之园，傣家生活温馨之园。

塔包树、公主井、孔雀坟寨心、母子岛等与相伴的一个个优美传说，令人大开眼界又回味无穷。曼春满佛寺、曼听佛寺已有1000多年的历史，积淀了丰富、厚重的南传上座部佛教文化，佛寺中保存有著名壁画《如爹米转世》和《释迦牟尼的故事》。

傣族园是西双版纳傣民族的缩影，浓缩了傣民族文化的精华，展现了典型的热带田园风光。

名称：西双版纳原始森林公园

核心旅游资源类型：F 建筑与设施 FA 综合人文旅游地 FAD 园林游憩区域

级别：AAAA 级景区

所属行政地域：云南省西双版纳自治州景洪市

评定年份：2001 年

西双版纳原始森林公园位于云南省西双版纳自治州景洪市以东、澜沧江以北，是离景洪市最近的一块原始森林。园内有北回归线以南保存最完好的热带沟谷雨林、孔雀繁殖基地、猴子驯养基地、大型民族风情演艺场、爱伲寨、九龙飞瀑、曼双龙白塔、百米花岗岩浮雕、金湖传说、民族风味烧烤场十大景区50多个景点，突出体现了“原始森林、野生动物、民俗风情”三大主题特色。原始森林公园于2001年被国家旅游局评定为AAAA级景区。

该园在莱阳河两岸，已开辟了6个西双版纳旅游景区：即公园接待区、野外游憩区、西双版纳观光游览区、森林保护区、花果林木区及中心游憩区。

公园融汇了独特的原始森林自然风光和迷人的民族风情。园内峡谷幽深、鸟鸣山涧、林木葱茂、湖水清澈，品种繁多的热带植物遮天蔽日，有北回归线以南保存最完好的热带沟谷雨林，森林覆盖率超过98%。四薮木根、独树成林、老茎生花、植物绞杀等奇观异景随处可见，使游客真切感受到大自然的神秘。爱伲寨的抢亲、泼水节的欢畅、各民族的歌舞表演，任游客亲自参与，使游客置身于浓郁的民族风情中流连忘返。“空中花园”烘托起傣族村寨，孔雀公主颂扬着“金湖传说”；“独木成林”，一如孔雀彩屏，“九龙飞瀑”，流畅九隆和风。孔雀开屏迎宾，猴子与人嬉戏。园内还有黑熊、蟒蛇、蜥蜴、穿山甲等珍稀动物。

名称：景洪曼听公园

核心旅游资源类型：F 建筑与设施 FA 综合人文旅游地 FAD 园林游憩区域

级别：AAAA 级景区

所属行政地域：云南省西双版纳自治州景洪市

评定年份：2009 年

曼听公园位于西双版纳傣族自治州首府景洪市东南，处于澜沧江与流沙河汇合的三角地带，占地面积为26.7$hm^2$。曼听公园有保存完好的500多株古铁刀木林及植被，园内有山丘和河道，又有民族特色浓郁的人文景观，是个天然的村寨式公园，以前是傣王御花园，已有1300多年的历史。景区集中体现了“傣王室文化、佛教文化、傣民俗文化”三大主题特色。曼听公园是西双版纳最古老的公园，傣族习惯把它叫作“春欢”，意为“灵魂之园”，过去是西双版纳傣王的御花园，传说傣王妃来游玩时，这里的美丽景色吸引了王妃的灵魂，因而得名。2009年，曼听公园被国家旅游局评定为AAAA级景区。

园内既有地造天成的自然景观，又有人工培育的奇花异卉和园林建筑。游园的客人既可观赏古朴的自然景色，又可鉴赏具有浓郁民族特点的人文景观。园内划分为民族文化广场、热带兰圃、孔雀园、放生湖、佛教文化区、植物纪念区、傣族文化茶园等八个景区。

名称：西双版纳热带花卉园

核心旅游资源类型：F 建筑与设施 FA 综合人文旅游地 FAD 园林游憩区域

级别：AAAA 级景区

所属行政地域：云南省西双版纳傣族自治州景洪市

评定年份：2005 年

西双版纳热带花卉园位于景洪市城西的云南省热带作物科学研究所内，占地面积为 $120hm^2$，是西双版纳风景名胜区之一。2005 年 12 月被国家旅游局评为 AAAA 级景区，2003 年分别通过 ISO9001 与 ISO14001 国际管理体系认证，是全国科普教育基地、全国爱国主义教育基地及云南省文明风景旅游区，同时也是农业部景洪橡胶树种质资源圃、云南省最重要的“热带作物种质资源库”和热带生物资源应用研发基地。热带花卉园保存热带花卉 100 多个种 300 多个品种，以及 600 多个热带经济植物种类的近 7000 份种质，是集科研、科普、爱国主义教育、旅游观光、休闲度假等多功能为一体的主题植物公园。

整个景区依据“科研的内容、园林的外貌”规划原则，通过独特的创意与新颖的园林布局，把与人类生活息息相关的热带花卉、热带植物进行分类展示；并运用多种科普形式，为游客展示热带花卉和植物。热带花卉园主要体现了热带植物花卉、热带橡胶、热带水果及周总理纪念碑群文物区四大主题。目前开放的景点有叶子花园、稀树草坪区、周总理纪念碑、热带棕榈区、空中花园、观鱼、热带水果种质园、五树六花园、科技陈列馆、巴西橡胶种质资源库等景点。

名称：勐泐文化园

核心旅游资源类型：F 建筑与设施 FA 综合人文旅游地 FAE 文化活动场所

级别：AAAA 级景区

所属行政地域：云南省西双版纳傣族自治州景洪市

评定年份：2009 年

西双版纳勐泐文化园位于云南省西双版纳傣族自治州景洪市东郊，澜沧江和流沙河交汇处，景洪至橄榄坝公路旁。西双版纳勐泐文化园坐落在傣王宫遗址范围内，拥有反映西双版纳历史文化的勐泐博物馆、傣王宫遗址和遗物以及来自热带雨林中的珍稀奇特的猿猴。勐泐文化园已被国家旅游局评定为国家 AAAA 级景区。

西双版纳勐泐文化园勐泐博物馆展示出 1000 余件反映西双版纳历史文化的精品文物，有代表土司政权的大小土司头人印章 51 枚、土司头人和官府其他政务用品 100 余件、傣王王室的独特银质手工艺品 150 余件、做工精细并且图案鲜明的织锦 200 余条、古老的民族服饰 100 余套，还有宗教物品、民族生产生活用品、民族乐器等。国家一级文物 3 件，国家二级文物 2 件，国家三级文物 41 件，文物年代最早的为东周时期。这千余件珍贵的文物集中展示了西双版纳悠久的人文历史和灿烂的民族文化。景区内的塔庄慕、塔庄董、圣泉是傣王宫遗留下来的文物古迹，在傣族人民心目中享有盛名，闻名于东南亚各国。塔庄慕、塔庄董都是景洪坝区有名的“九塔十二城”古迹中的“九塔”之一，塔庄慕位居九塔之首。据史料记载，塔庄慕始建于公元 388 年，距今已有 1600 余年的历史。西双版纳勐泐文化园内塔庄慕、塔庄董、圣泉都是南传上座部佛教信徒心目中的圣物。每年有大量本地傣族、泰国傣族、老挝老挝族、缅甸掸族等不同民族的佛教信徒慕名而来，前来朝拜。圣泉位于勐泐文化园山顶，是西双版纳第一泉。泉水冰凉甘甜，一年四季水位如一，久旱不枯，久涝不溢。西双版纳勐泐文化园傣王宫遗址、古战壕、神树都具有数百年的历史，展现出西双版纳傣族悠远漫长的历史文化。

名称：西双版纳野象谷景区

核心旅游资源类型：F 建筑与设施 FA 综合人文旅游地 FAH 动物与植物展示地

级别：AAAA 级景区

所属行政地域：云南省西双版纳傣族自治州景洪市

评定年份：2005 年

野象谷位于云南省西双版纳傣族自治州景洪市以北的三岔河河谷内，总面积约 370hm$^2$，建筑面积超过 2800m$^2$，水域面积为 8000m$^2$，为低山浅丘宽谷地貌，海拔在 747～1055m。野象谷景区于 2005 年被国家旅游局评定为 AAAA 级景区。

园内有动物观赏区，原始森林探险旅游区和接待中心等。区内沟河纵横，森林茂密，一片热带雨林风光，亚洲野象、野牛、绿孔雀、猕猴等保护动物都在此栖息。景区处于勐养自然保护区东西两片区的结合部，自然成为各种动物的通道。到这里活动的野象比较频繁，成为西双版纳唯一可以观赏到野象的地方。1990 年开始，以此地为中心修建了这座以观赏野象和游赏热带雨林为主要内容的森林公园。1996 年对外开放至今，后又建有观象架走廊、树上旅馆、高空索道、步行游道等设施以及人工蝴蝶养殖园、网笼百鸟园等，是西双版纳旅游景点的佼佼者。野象谷有我国第一所驯象学校，游人可观看大象表演节目。这里野象大约有 50 群，300～350 只。平均 4.4 天有一群野象出没、漫步、洗澡、嬉戏。

名称：属都湖旅游景区

核心旅游资源类型：B 水域风光 BB 天然湖泊与池沼 BBA 观光游憩湖区

级别：AAA 级景区

所属行政地域：云南省迪庆藏族自治州香格里拉市

评定年份：2005 年

属都湖旅游景区位于云南省迪庆藏族自治州香格里拉市东北方，距市 35km。属都湖海拔 3705m，积水面积 15km$^2$，是香格里拉市最大的湖泊之一。属都湖藏语叫作“属都措”，“属”汉语意思为奶子，“都”意为汇集，属都湖即汇集奶子之意。属都湖旅游景区是普达措国家公园的重要组成部分。2005 年被评定为国家 AAA 级景区。

属都湖四周青山郁郁，原始森林遮天蔽日。湖东面成片的白桦林，秋天一片金黄。山中云杉、冷杉高大粗壮，直指云霄，树冠浓绿缜密，可遮风避雨。林中栖息着麝、熊、豹、金猫、毛冠鹿、藏马鸡等多种珍禽异兽。湖中盛产“属都裂腹鱼”，鱼身金黄，腹部有一条裂纹图片香格里拉硕都湖，鱼肉细腻鲜美。湖上还栖息着大量的野鸭、水葫芦、黄鸭等飞禽。

名称：霞给藏族文化旅游生态村

核心旅游资源类型：F 建筑与设施 FD 居住地与社区 FDC 特色社区

级别：AAA 级景区

所属行政地域：云南省迪庆藏族自治州香格里拉市

评定年份：2005 年

霞给藏族文化旅游生态村位于香格里拉市建塘镇红坡村委会次之项组，处于属都湖、碧塔海及白水台旅游东环线上，是通往香格里拉各主要景区的必经之地，同时也是香格里拉文化走廊的第一站。霞给藏族文化旅游生态村是国家 AAA 级景区，全国农业旅游示范点。

霞给村依山傍水，风光如画，民风民俗浓郁，是典型的藏族村落。旅游生态村的周围是天然原始森林，风景如画，将霞给村包围在大山的怀抱中，双桥河弯弯曲曲宛如一条玉带自村中流过。村内的噶丹·德吉林寺是藏区目前唯一一座集中供奉藏传佛教八大始祖佛像的寺庙，于 2005 年 5 月由迪庆藏区宗教领袖崩主·鲁茸江参活佛率诸多活佛高僧举行了开光仪式并赐予寺名的。寺庙收藏并开放展示宝贵的《甘珠尔》《丹珠尔》《密宗集》等经书宝典，寺庙设有印经院，在很大程度上积极地传承和发扬藏族佛教文化的精髓。

名称：天龙八部影视城

核心旅游资源类型：F 建筑与设施 FA 综合人文旅游地 FAE 文化活动场所

级别：AAA 级景区

所属行政地域：云南省大理白族自治州

评定年份：2008 年

云南天龙八部影视城位于云南省大理白族自治州，背靠苍山，东临洱海，是大理省级旅游度假区为《天龙八部》影视剧拍摄投资兴建的一个大型影视拍摄基地。工程占地面积为 51.3hm$^2$，总建筑面积为 2.5 万 m$^2$，共由 146 个单体建筑构成。现已被评定为国家 AAA 级景区。

根据《天龙八部》剧组的设计和构想，影视城按照“大理特点、宋代特色、艺术要求”三结合的原则进行规划、设计。整个天龙八部影视城由三大片区组成：第一部分为大理国，包括大理街、大理皇宫、镇南王府；第二部分是辽国，包括辽城门和大小辽街；第三部分是西夏王宫和女真部落。大理天龙八部影视城总投资 1.1 亿元。二期工程将根据金庸先生的《天龙八部》扩充内容，建设以展示远古时期大理白族人民生产生活方式的《白族农庄》、《天龙八部》中描写的聚贤庄、信阳城马夫人家、无量山石洞房、西夏石窟，大碾房，以及木、铁古桥及客寨、茶花园等其他配套建设项目，总建筑面积将达 4 万 m$^2$。

名称：大理蝴蝶泉公园

核心旅游资源类型：F 建筑与设施 FA 综合人文旅游地 FAD 园林游憩区域

级别：AAA 级景区

所属行政地域：云南省大理白族自治州

评定年份：2001 年

蝴蝶泉位于云南省大理白族自治州大理市苍山云弄峰下，泉水清澈如镜。每年到蝴蝶会时，成千上万的蝴蝶从四面八方飞来，在泉边漫天飞舞。无数蝴蝶还钩足连须，首尾相衔，一串串地从大合欢树上垂挂至水面。五彩斑斓，蔚为奇观。蝴蝶泉现已被评为国家 AAA 级景区。

每年农历三四月，云弄峰山上各种奇花异草竞相开放，泉边的合欢树散发出一种淡雅的清香，诱使成千上万的蝴蝶前来聚会。这些蝴蝶大的如掌，小的如蜂，它们或翩舞于色彩斑斓的山茶、杜鹃等花草间，或嬉戏于花枝招展的游人头顶。

名称：满贤林千狮山景区

核心旅游资源类型：F 建筑与设施 FA 综合人文旅游地 FAD 园林游憩区域

级别：AAA 级景区

所属行政地域：云南省大理白族自治州剑川县

评定年份：2002 年

满贤林千狮山风景旅游区位于云南省大理白族自治州剑川县。千狮山雕塑着 3000 多只千姿百态、栩栩如生的石狮，是国家 AAA 级景区。

满贤林原名跻歇岭，又名“买闲林”，始建于明代，由迎仙桥、延青塔、意翠屏、大雄宝殿、仙人登天、仙人下棋、佛柏比高、观音岩、飞来石等数十处景点组成。剑川石雕历史悠久，底蕴深厚，尤擅雕刻石狮。民间至今仍流散有从唐宋至元明清的历代石狮。许多民居老屋前，都有一对生龙活虎、栩栩如生的石狮。近年来，满贤林增加了近 3000 只石狮，这些狮子不但吸收了中原狮纹，而且继承和发展了白族民间狮纹，运用精湛的剑川石雕工艺于摩崖绝壁上精雕细刻，栩栩如生，集中展现了我国魏、晋、南北朝、隋、唐、宋、元、明、清多个朝代石雕狮子的艺术风格。最大的狮王高 25m，正面宽 12m，侧面宽 15m。

名称：丽江观音峡景区

核心旅游资源类型：A 地文景观 AC 地质地貌过程形迹 ACG 峡谷段落

级别：AAA 级景区

所属行政地域：云南省丽江市

评定年份：暂缺

云南丽江观音峡景区位于丽江市东南七河乡，占地面积为10km$^2$，是一个融山水、湖泊、峡谷、瀑布、森林等自然景观和纳西村落、茶马古街、民俗风情、宗教寺庙、名胜古迹等人文景观为一体的综合景区，被誉为丽江第一景。

景区由黄龙谭和观音峡两大景点组成，二者由385m的隧道连接，有电动小火车载客运行。观音峡景区是丽江坝子六大关隘之一的玉龙关的入口，是历史上茶马古道滇藏线从丽江入藏的唯一关口和军事要塞。区内，木家别院是当年木土司在此设的查税所；古街上还分布着许多古旧作坊和店铺，有木匠铺、皮匠铺、铜铁铺、银铺、客栈、酒馆、卖店；各种展现东巴文字的作品、木刻、木雕、根雕、刺绣、书画等工艺品是当地主要的旅游纪念品。在这里还可以见到东巴文字墙、壁画和奇异的图腾柱。

名称：东巴谷生态民族村

核心旅游资源类型：F 建筑与设施 FD 居住地与社区 FDC 特色社区

级别：AAA 级景区

所属行政地域：云南省丽江市

评定年份：2005 年

东巴谷生态民族村位于云南省丽江市玉龙纳西族自治县白沙乡。景区占地面积为173.3hm$^2$，海拔2700m左右，是一个生态与文化并存、人与自然和谐相处，活生生地展示原始生态、民俗文化的AAA级精品旅游景区。

东巴谷生态民族村的现有景点分为民族文化和原始自然生态两大部分，拥有雪山胜景、原生态民族院、匠人街、民族歌舞、特技绝活、徒步穿越大峡谷六大展示主题。此外，东巴谷还是一个自然生态大峡谷，是由远古造山运动时期撕裂而成的一个断裂谷。谷长9km，宽十几米至几十米，深几米至几十米，里面峭壁悬崖鬼斧神工，山洞林立森然如梦，再加以各种钟乳、枯藤、怪树、奇石、珍禽、鸣鸟、飞瀑，构成了可以寻幽探圣的自然美景。

名称：白沙壁画景区

核心旅游资源类型：F 建筑与设施 FA 综合人文旅游地 FAE 文化活动场所

级别：AAA 级景区

所属行政地域：云南省丽江市

评定年份：2008 年

白沙地处云南省丽江市北，是纳西族在丽江坝的最初聚居地，也是丽江木氏土司的发祥地，为纳西族最早的政治中心。明朝时期，丽江木氏土司正值鼎盛之时，政局稳定，经济繁荣，为显其富有，所以他大建宫室，建成了一批颇具规模的建筑群，如现存的白沙琉璃殿、大宝积宫和大定阁等庙宇均为该时期所建。其中所藏的明代壁画，是极为珍贵的文物。白沙壁画景区现已被评定为国家AAA级景区。

丽江壁画分布于漾西之万德宫、大研镇皈依堂、寒潭寺、束河大觉宫、崖脚村木氏故宅、芝山福国寺、白沙琉璃殿、大宝积宫、护法堂、大定阁、雪松村之雪松庵等处。大宝积宫现存壁画28幅，是丽江壁画收藏最多的地方。壁画融汉、藏、纳西文化于一体，众教合一，展示了藏传佛教和儒、道等生活故事。白沙壁画对各种宗教文化和艺术流派兼收并蓄，独树一帜。绘画布局周密，用笔严谨，色彩富丽，造型准确，人物形象逼真，明显吸取了东巴画粗犷、色彩对比强烈、线条均匀、笔法洗练等特点。

名称：丽江文笔山景区

核心旅游资源类型：F 建筑与设施 FA 综合人文旅游地 FAC 宗教与祭祀活动场所

级别：AAA 级景区

所属行政地域：云南省丽江市

评定年份：2008 年

丽江文笔山景区位于云南省丽江坝子西南的文笔山，土语称之为“抚鲁纳”，意为“黑银石山”，海拔 4350m。文笔山形如一支巨笔直指云霄，挺拔俊秀，故名。文笔山脚依傍文笔海，宛如一池荡漾碧墨，山水相映，现已被评定为国家 AAA 级景区。

文笔山文峰寺是中国滇西北噶玛噶举派十三大藏传佛教寺院的最高学府，凡要取得“都巴”学位的喇嘛，必须在离寺不远的静坐堂日夜静坐三年三月三日三时三刻，才有资格主持法事。

名称：沧源司岗里崖画谷

核心旅游资源类型：F 建筑与设施 FC 景观建筑与附属型建筑 FCG 摩崖字画

级别：AAA 级景区

所属行政地域：云南省临沧市沧源佤族自治县

评定年份：暂缺

沧源司岗里崖画谷位于云南省临沧市沧源佤族自治县勐省、勐来两乡。司岗里崖画谷以其独特的喀斯特地形地貌与沧源崖画闻名。这里还有连片的侏罗纪时期植物群林：桫椤林和壮美的千米天然彩壁国画长廊。

司岗里崖画谷的崖画是佤族先辈们的作品，绘制于各个人迹罕至的岩溶峭壁上，至今发现 15 个分布点、1000 多个图案，画面内容丰富，多为狩猎、舞蹈、战争、采集、放牧、建筑和宗教祭祀等活动。

名称：勐景来旅游景区

核心旅游资源类型：F 建筑与设施 FA 综合人文旅游地 FAB 康体游乐休闲度假地

级别：AAA 级景区

所属行政地域：云南省西双版纳傣族自治州勐海县

评定年份：2005 年

勐景来位于云南省西双版纳傣族自治州勐海县境内，是集少数民族宗教文化、农耕文化和边境探险为主题的 AAA 级综合性生态旅游景区。景区距打洛口岸约 5km，东临缅甸，占地面积为 5. 6km$^2$。

“勐景来”是傣语，“勐”是村寨，“景来”是龙的影子。勐景来旅游景区以孔雀为主题，把历史传说和现实结合起来，景区内具有孔雀之乡观光区，开展边境探密、跨境漂流探险。孔雀之乡观光区放养了上千只孔雀，将孔雀、傣王宫、白塔、神泉、缅寺、傣寨与田野风光有机结合，全方位地展现了傣族人民的生活。

名称：曼迈桑康景区

核心旅游资源类型：B 水域风光 BB 天然湖泊与池沼 BBA 观光游憩湖区

级别：AAA 级景区

所属行政地域：云南省西双版纳傣族自治州景洪市

评定年份：2008 年

曼迈桑康傣语为“节日的寨子”，位于云南省西双版纳傣族自治州景洪市，由金湖、银湖组成。现已被评定为国家 AAA 级景区。

曼迈桑康景区以传承傣族历史空间为背景，以鲜活浓郁的民族气息和风俗为展示内容，以 500 名原生态的表演队伍，为游客再现西双版纳泼水节民俗文化。曼迈桑康全方位演绎傣民族节庆活动，是目前西双版纳唯一在水上展演傣乡民俗风情的景区。园内的主要活动有：观赏洒拉比英（姊妹湖中的姐姐湖）美景浮桥戏鱼和吊桥观湖，随后大型傣民族的民俗历史画卷在清澈如镜的湖面上倾情展演。登岸进入表演场后，丢包传情、拴线祝福和傣家少女迎宾敬酒等互动节目，将活动推向高潮。此外，游客还能品尝到傣家最为有名的烤鱼、毫诺索（年糕）、糯米饭和糯香茶。

名称：昌都县嘎玛特色文化走廊景区
核心旅游资源类型：F 建筑与设施 FD 居住地与社区 FDC 特色社区
级别：AA 级景区
所属行政地域：西藏自治区昌都市卡若区
评定年份：暂缺
参见 3.3.1 节嘎玛乡。

名称：尼果寺景区
核心旅游资源类型：F 建筑与设施 FA 综合人文旅游地 FAC 宗教与祭祀活动场所
级别：AA 级景区
所属行政地域：西藏自治区芒康县
评定年份：暂缺
“尼果”藏语就是“神山之冠”的意思。尼果寺位于芒康县宗西乡境内海拔 4250m，系红教宁玛教派。该寺有九层（每层有 4m）多高的莲花生大师的佛像和他的灵塔。尼果寺景区现已被评定为国家 AA 级景区。

由于尼果寺是藏传佛教著名派系红教高僧修炼之地，宗教遗迹遗存较多，有很多自然形成的高僧佛像、大师宝座、经文、白度母、莲花生大师佛像、脚印、过去佛的神马、梅里雪山十四岁时候的脚印等佛像法印集聚此地。这里野生动物繁多，除了鹿、獐、熊、豹以外，还有几千只岩羊、雪鸡、雉鸠、血雉、藏马鸡等国家一二级保护动物。

名称：莽措湖景区
核心旅游资源类型：B 水域风光 BB 天然湖泊与池沼 BBA 观光游憩湖区
级别：AA 级景区
所属行政地域：西藏自治区芒康县
评定年份：暂缺
莽措湖景区位于芒康中部莽岭乡境内，是 AA 级景区。湖面海拔 4313m，水域面积超过 20km$^2$。莽措湖属高原温带半湿润气候，4 月气温较低，夏秋平均气温 8～15.4℃，早晚凉、午间热，10 月下旬后下雪，可观赏雪景。堆确岛、堆房岛是莽措湖上两个有个性特色的岛屿。湖周绿草茵茵，远处雪峰重叠，宛如画境。湖中的草鱼悠然自得，成群翔游。黑鹳、白鹳、水鸭、黄鸭等飞鸟聚集。参见 1.2.3 节莽措湖自然保护区。

名称：美玉草原景区
核心旅游资源类型：C 生物景观 CB 草原与草地 CBA 草地
级别：AA 级景区
所属行政地域：西藏自治区昌都市左贡县
评定年份：暂缺
美玉草原位于西藏自治区昌都市左贡县美玉乡。美玉乡地处于他念他翁山西北部，处于玉曲河支流开曲河流域，平均海拔 4200m 以上，是左贡县唯一的纯牧业乡。景区草地面积为 6666.7hm$^2$，于 2011 年被评定为国家 AA 级景区。

美玉草原一望无垠，夏季碧草如茵，野花遍地，牛肥马壮，羊儿成群，黄羊（俗称白屁股）追逐玩耍，野兔、高原旱獭（俗称雪猪）掘穴而居、随处可见；盘羊、狗熊、雪豹、人熊、狼、獐子、鹿等国家野生保护动物分布其间。云白风青，鸟而成群结队展翅而过（主要栖息于卡扎村的湿地上），开曲河水流平缓、清澈见底，点缀其间的湖泊湿地（在日雪村境内，共有 4 面），像一面面镜子在阳光的普照下，波光粼粼，闪闪发光，温泉（在日雪村境内，就有 7 眼），水温恒定，常年保持在 60～70℃，色黄，蒸气腾腾，据说有极佳的康疗效果。

名称：香格里拉依拉草原
核心旅游资源类型：C 生物景观 CB 草原与草地 CBA 草地
级别：AA 级景区
所属行政地域：云南省迪庆藏族自治州
评定年份：暂缺

依拉草原位于云南省迪庆藏族自治州香格里拉市西北，总面积为 13km$^2$，是迪庆香格里拉最大最美的草原，为国家 AA 级景区。依拉藏语意为“豹山”，因传说中依拉草原门户内北边坐落的豹山是一座“神山”而得名。成群的牛羊随草海起伏，如在海中沉浮。西面的石卡、叶卡、辛苦雅拉三大雪山俏然挺立。雪山、草原、牛羊组成了大西南的塞北风光。国家一级保护动物珍稀飞禽黑颈鹤，每年 9 月至次年 3 月，在此栖半年左右。

名称：迪庆藏族自治州博物馆
核心旅游资源类型：F 建筑与设施 FB 单体活动场馆 FBC 展示演示场馆
级别：AA 级景区
所属行政地域：云南省迪庆藏族自治州
评定年份：暂缺

迪庆藏族自治州民族博物馆是地州级地志类综合博物馆，国家 AA 级景区，作为建州四十周年的献礼于 1997 年 9 月建成开馆，位于香格里拉市建塘镇逸夫小学旁，总占地面积为 2338m$^2$，是展示迪庆藏族自治州的社会历史、民族文化和自然资源的窗口。迪庆藏族自治州博物馆被云南省委省政府列为“云南省科普教育基地”和“云南省爱国主义教育基地”。2007 年，博物馆从原址搬迁到香格里拉市省级历史文化名城独克宗古城月光广场旁，占地面积为 3239m$^2$，建筑面积为 5420m$^2$。新馆与迪庆藏族自治州国家级重点文物保护单位中心镇公堂相对应，周围为保留完整的古民居，成为博物馆动态展示的内容。

名称：迪庆藏经堂景区
核心旅游资源类型：F 建筑与设施 FA 综合人文旅游地 FAC 宗教与祭祀活动场所
级别：AA 级景区
所属行政地域：云南省迪庆藏族自治州
评定年份：暂缺
参见 2. 3. 1 节中心镇公堂。

名称：迪庆藏族自治州民族服饰展演中心
核心旅游资源类型：F 建筑与设施 FA 综合人文旅游地 FAE 文化活动场所
级别：AA 级景区
所属行政地域：云南省迪庆藏族自治州
评定年份：2002 年

迪庆藏族自治州民族服饰展演中心坐落在香格里拉市旅游中心区的繁华地段，是一个属于迪庆藏族自治州群众艺术馆的民间艺术传习馆，2002 年被国家旅游局评定为 AA 级人文景点，大厅可同时容纳游客 300 余人，室内装饰以华丽而不失厚重的藏族传统壁画为主。中心展演内容为最具迪庆香格里拉地域特色的民族民间传统歌舞、宗教服饰、藏家婚礼、尼西情舞、塔城热巴等。游客可坐在舒适的藏式席位上一边品尝藏家风味美食，一边观看赏心悦目的表演，还有机会参与到节目当中，亲身感受一下藏家弦子舞和其他香格里拉世居民族的风俗风情，加深对香格里拉民族文化的了解。

名称：迪庆天生桥景区

核心旅游资源类型：B 水域风光 BD 泉 BDB 地热与温泉

级别：AA 级景区

所属行政地域：云南省迪庆藏族自治州

评定年份：2001 年

迪庆天生桥景区位于云南省迪庆藏族自治州香格里拉市东南，是国家 AA 级景区。呈东西流向的属都岗河从此穿越地下溶洞，形成一座天然的石灰岩桥梁，即为天生桥。桥高 60m，宽 10m，长约 200m，桥面平坦笔直，颇似人工造就。步临桥上，奇中有险，两边峭壁如刀劈斧削。下至桥底，只见河水自南而北从洞中翻涌而出，洞中有一温泉，从岩壁中喷涌而出，与河水混为一流，冷热交替，雾气漫漫。沿属都岗河北上，在距天生桥东南 5km 处，即是遍地热气蒸腾的下给温泉，这里地势资源丰富，在近 $1km^2$ 内分布着 20 余处温泉，有的在沼泽中，有的在岩脚下，有的在岩洞中，水流四季不断，最高水温 69℃。

名称：洱海公园

核心旅游资源类型：F 建筑与设施 FA 综合人文旅游地 FAD 园林游憩区域

级别：AA 级景区

所属行政地域：云南省大理白族自治州大理市

评定年份：1998 年

洱海公园位于云南省大理白族自治州大理市洱海南端，是游览苍山洱海风景区的第一站，国家 AA 级景区。公园内有一座椭圆形的小山，因山的形状而被当地人叫作“团山”，古称“灯笼山”，唐代称“息龙山”。古时，洱海水位高，它只是水里的一个岛，形似躺在海里歇息的一条龙，故名“息龙山”。团山山脉东西长 3000m，南北窄处仅 400m 左右，东西走向。山顶处海拔 2049m，山下海面海拔 1974m，是观赏苍山洱海景色的最佳位置，可以看到洱海西岸连绵的点苍山和整个洱海。洱海公园由山顶游览区、植物园、动物园、海滨游览区、儿童游乐园、情人湖游览区六大区域组成，还建有宾馆，集游乐吃住为一体，是赏景休闲的胜地。

名称：大理天镜阁景区

核心旅游资源类型：F 建筑与设施 FC 景观建筑与附属型建筑 FCC 楼阁

级别：AA 级景区

所属行政地域：云南省大理白族自治州大理市

评定年份：2001 年

大理天镜阁坐落在大理市洱海东岸、金梭岛北面的罗荃半岛上，是国家 AA 级景区。罗荃半岛是玉案山向南延伸的余脉。南诏晚期，这里曾经是洱海边庄严肃穆的佛教圣地。

罗荃半岛上在南诏时就修建了成三足鼎立的一寺一阁和一塔——罗荃寺、观音阁、罗荃塔。观音阁，也叫天镜阁，是过去洱海四大名阁之一。天镜阁不远处的海上有一块暗礁，民间称它为定海桩。现在这块礁石已露出水面，被船家当作航标。

名称：河赕古道・武庙会景区

核心旅游资源类型：F 建筑与设施 FD 居住地与社区 FDH 特色市场

级别：AA 级景区

所属行政地域：云南省大理白族自治州

评定年份：2011 年

河赕古道・武庙会景区位于云南省大理白族自治州大理市，按照单层铺面、多层铺面及三房一照壁式院落建设，是新建设的城市传统文化展示街区，被评为国家 AA 级景区。河赕古道・武庙会景区共分四大主题区：风情餐饮区，总面积约 $2890m^2$，以白族民居庭院为建筑特色；武庙文化区，武庙会的旅游中轴线，总面积约 $5945m^2$；古玩字画区，总面积约 $1200m^2$；情景体验区，总面积约 $7271m^2$。

名称：大理南国城

核心旅游资源类型：F 建筑与设施 FD 居住地与社区 FDG 特色店铺

级别：AA 级景区

所属行政地域：云南省大理白族自治州

评定年份：2008 年

大理南国城位于云南省大理白族自治州大理古城，作为大理白族自治州政府的重点招商引资项目，总建筑面积 9 万 $m^2$，总投资 2 亿多元，为国家 AA 级景区。其中的大理石博物馆和大理石工艺品拍卖中心在全国独一无二；数百家商铺各具特色；七个文化广场风格各异；五星级产权式酒店、别墅式旅游酒店等，都具有鲜明的民族特色和古城韵味。

名称：东巴王国景区

核心旅游资源类型：F 建筑与设施 FA 综合人文旅游地 FAE 文化活动场所

级别：AA 级景区

所属行政地域：云南省丽江市

评定年份：暂缺

东巴王国景区位于云南省丽江市，是国家 AA 级景区，是丽江大玉龙旅游景区的主要景观之一，与玉水寨、玉峰寺、玉柱擎天、东巴万神园、东巴谷并称为“三玉三东”。东巴王国景区以“东巴古籍文献”为基础，将东巴经典和形式多样的东巴艺术铭刻在大自然的石木中，由东巴文化和古代纳西先民村落两大部分组成，细分为“象形文字广场”“五谷桥”“门户区・法杖”“神路图”“纳西文化图腾广场”和“纳西先民古村落”几个小部分。东巴象形文字墙长 99m，高 4.9m，东巴文单字为 1400 多个字，分为 18 个类别。

名称：东巴万神园景区

核心旅游资源类型：F 建筑与设施 FA 综合人文旅游地 FAE 文化活动场所

级别：AA 级景区

所属行政地域：云南省丽江市

评定年份：暂缺

东巴万神园位于云南省丽江市，是国家 AA 级景区，是丽江大玉龙旅游景区的主要景观之一。东巴万神园根据纳西先民朴素的人与自然的哲学理念，对人生和世界的精彩想象，严格按照先民天地神灵观念中阴阳相应、有黑就有白、有神就有鬼而列阵布的。东巴万神园是以弘扬和展现纳西族古老神奇的东巴文化，再现人与自然和谐发展为主题的人文、自然旅游景点。东巴万神园周围青松绿草环抱，正门两个巨型图腾柱与雪山主峰形成一条主轴线。轴线中依次排列分布着三个巨型法杖，神图路，两道神门，以及三个东巴至尊神。轴线两边广阔的区域，左为神域，右为鬼域，分别雕有 300 多尊自然神、护法神、家畜神及各类风流鬼等巨型木雕。园内的雕塑和建筑强调崇尚自然、敬畏自然、人与自然和谐发展，这是东巴万神园的主题所在。

名称：丽江玉峰寺

核心旅游资源类型：F 建筑与设施 FA 综合人文旅游地 FAC 宗教与祭祀活动场所

级别：AA 级景区

所属行政地域：云南省丽江市

评定年份：暂缺

丽江玉峰寺位于云南省丽江盆地北端玉龙雪山南麓，是丽江城郊五大喇嘛寺之一，为玉龙纳西族自治县白沙乡境内著名的文物旅游景点和游览胜地，为国家 AA 级景区。丽江玉峰寺建于清康熙三十九年（公元 1770 年），属藏传佛教噶举派寺院，藏语名“扎西却品林”，意为“吉祥弘法寺”。原有公房 3 大院、僧侣住房 6 院，“文化大革命”中多遭损毁。1980 年以后，修复残存的大殿院及僧侣住房 2 院，在大殿中塑佛像。大殿院坐西朝东，由门楼、正殿、左右厢房组成四合院，布局对称和谐，明显不同于藏区碉房式寺院建筑。庭院内外种有山茶、樱花、含笑（十里香）、山玉兰（夜荷花）等名贵花木，尤以“万朵山茶”驰名中外。这株山茶具有古树不高、一树两品、花开万朵等特点。此树是在建寺时栽种，树龄已有 300 多年，它以红花油茶为砧木，狮子头茶种为接穗，由于嫁接后原树侧枝没有剪除，于是形成单瓣红花油茶和多瓣狮子头并杂开花的奇观。

名称：北岳庙

核心旅游资源类型：F 建筑与设施 FA 综合人文旅游地 FAC 宗教与祭祀活动场所

级别：AA 级景区

所属行政地域：云南省丽江市

评定年份：暂缺

参见 2. 3. 3 节北岳庙。

名称：玉柱擎天风景区

核心旅游资源类型：F 建筑与设施 FA 综合人文旅游地 FAB 康体游乐休闲度假地

级别：AA 级景区

所属行政地域：云南省丽江市

评定年份：暂缺

玉柱擎天风景区位于云南省丽江市玉龙雪山主峰南麓巫鲁肯（白沙玉湖村），是国家 AA 级景区。玉柱擎天海拔 2800m 左右，主要景点有巨石壁字、太子洞、观音岩、雪松庵、千年古树、上下深潭瀑布、美籍奥地利学者洛克旧居（是他居住和生活 27 年之久的地方）及高山蚂蝗坝、仙迹崖、杜鹃山、木天王牧场、万花园、岩碰岩、三思水、风光旖、秀甲一方。其中，玉湖倒影为玉龙雪山十二影之首。

玉柱擎天风景区是丽江历代土司消夏避暑的夏宫所在地。清朝雍正年间（公元 1723 年）丽江第一任流官知府题写的“玉柱擎天”四字竖刻在悬崖上，是丽江最早汉文摩崖石刻，其左下横刻“玉壁金川”四字，则是丽江郡丞聂瑞于 1725 年所题。

名称：北庙湖旅游度假区

核心旅游资源类型：F 建筑与设施 FG 水工建筑 FGA 水库观光游憩区段

级别：AA 级景区

所属行政地域：云南省保山市隆阳区

评定年份：2001 年

北庙湖位于云南省保山市保山坝北庙村附近，现已被评为国家 AA 级景区，并于 2006 年正式成为第六批国家级水利风景区。参见 1. 8 节北庙湖水利风景区。

北庙湖是保山具有吸引力的风景旅游区，登上大坝，可览湖光山色，浩淼波光；回首可一眼看到辽阔的保山坝。湖的四周广植云南松、思茅松、果松，建有茶园、葡萄园、果园、花圃园，种茶花、杜鹃、兰花、月季、荷花等各类花卉近百个品种；水库下面栽有大量垂柳，并修建了人工湖、沙滩、旅游池，湖上有快艇、游船，大坝旁有风味小吃、歌舞文化娱乐等服务，是保山较大的休闲度假、观光游乐的地方。

名称：保山龙王塘公园

核心旅游资源类型：B 水域风光 BB 天然湖泊与池沼 BBC 潭池

级别：AA 级景区

所属行政地域：云南省保山市隆阳区

评定年份：2001 年

龙王塘又名玉泉，位于保山市北板桥乡郎义村龙溪山麓。明嘉靖年间（公元 1522 ~ 1566 年）永昌知府严时泰以当地水泉灌溉农田，经长期培修而成为保山一景，现已被评定为国家 AA 级景区。龙王塘公园有秋水洞、龙王庙、公主泉等景以及广阔的水面，总面积为 0.83$km^2$。龙王塘，设有门墙，横额书“龙王胜景”四字，横额左右绘有山水小品，每图之间空隙处题有诗句。入门，绕山而行，山路右侧，有一龟状土丘，名为“龟山”。龙王塘是农民自己兴办的公园，也是保山第一座农民公园。

名称：太保山森林公园

核心旅游资源类型：C 生物景观 CA 树木 CAA 林地

级别：AA 级景区

所属行政地域：云南省保山市隆阳区

评定年份：2001 年

太保山位于云南省保山市隆阳区城西，或称太保山公园。太保山海拔 2257.3m，明代以前，因山上多松而称为松山，明嘉靖后易名为太保山。明洪武年间，太保山一度被城墙圈到了古城之内，成为一座城内的山，今天，已经成为保山的城市森林公园，为国家 AA 级景区。景区内森林覆盖面积达 90%，长满了松、杉、栗等多种参天大树，环境优美，空气清新。沿着 700 余级台阶登上山顶观城亭，保山城及保山坝尽收眼底，令人心旷神怡。

名称：鸡飞温泉旅游度假区

核心旅游资源类型：B 水域风光 BD 泉 BDB 地热与温泉

级别：AA 级景区

所属行政地域：云南省保山市昌宁县

评定年份：2004 年

鸡飞温泉旧称“石溜温泉”，位于云南省保山市昌宁县，国家 AA 级景区。整个景点的奇石异峰有十二属相二十四景观。其中公塔母塔最为著名，公塔由两巨石相叠而成，形象魁伟，如顶天立地的男子汉；母塔玲珑俊秀，塔身有泉水凝结的丝网纹络，如少女披法出浴，被称为“天下第一自然偶塔”。鸡飞温泉内，大小石锅悬于数米高的岩石顶端，锅内水沸如汤，常年不固；仙人洞洞束腰阔，池中如掌宽，一石将池水一分为二，一热泉如沸，一寒泉冽肤，十分奇妙。大小泉华状如石塔、石笋、石桌、石凳、石牛、石硅、石狮、石虎，无不惟妙惟肖，栩栩如生。

名称：临沧五老山森林公园

核心旅游资源类型：A 地文景观 AA 综合自然旅游地 AAA 山丘型旅游地

级别：AA 级景区

所属行政地域：云南省临沧市临翔区

评定年份：2001 年

五老山国家森林公园位于云南省临沧市临翔区城郊，其风光在历史上曾为缅宁十佳之一，传说因为酷似五位仙人座以论道而得名。景区内山川壮观、奇石林立、密林入海、流泉飞瀑、湖光山色、鸟语花香、天象奇景可谓美不胜收。主要景点有五老飞瀑、情人谷、鹿恋湖、金竹林大叠水、五峰亭等，集雄、险、奇、秀、幽诸美学特征为一体，是大自然赋予的极佳旅游地。

参见 1.6.1 节五老山国家森林公园。

名称：伊日峡谷景区

核心旅游资源类型：A 地文景观 AC 地质地貌过程形迹 ACG 峡谷段落

级别：AA 级景区

所属行政地域：西藏自治区类乌齐县

评定年份：2011 年

伊日峡谷位于西藏自治区昌都市类乌齐县境内，长约 10km，海拔 3520m，于 2011 年被评为国家 AA 级景区。伊日峡谷风景秀丽，周边森林维持原始状态。区内植被茂盛，高山的形状奇特各异，山石造型奇特美观。伊日神山是藏东重要神山，海拔 5700m。伊日温泉含有十分丰富的矿物质和微生物，能治疗多种疾病。这里也是茶马古道的路经之地，是查杰玛大殿创始人桑杰翁大师的修行之处。

伊日神山呈高山风景，山脚是茂密的原始森林，山腰是草地，山顶由岩石组成，山势陡峭，气势宏伟。在夏季降雨量大时，会形成从山顶飞泻而下的高达七八十米的瀑布，景色十分壮观。

名称：卡瓦嘎布雪山（北坡）景区

核心旅游资源类型：A 地文景观 AA 综合自然旅游地 AAA 山丘型旅游地

级别：AA 级景区

所属行政地域：西藏自治区左贡县

评定年份：2011 年

卡瓦嘎布雪山（北坡）景区位于西藏自治区昌都市左贡县境内，于 2011 年被评定为国家 AA 级景区。

名称：上关花天龙洞景区

核心旅游资源类型：A 地文景观

级别：AA 级景区

所属行政地域：云南省大理白族自治州大理市

评定年份：2005 年

天龙洞位于云南省大理市，属于新开发的溶洞，紧邻蝴蝶泉。走入洞内，石花、石笋、石柱、石台等，形态各异，如狮蹲、虎踞、猿攀，姿态万千，栩栩如生。继续往里走，洞境险峻幽深，怪石嶙峋，令人目不暇接。上关花天龙洞景区于 2005 年被评定为国家 AA 级景区。

名称：漾濞石门关

核心旅游资源类型：A 地文景观 AC 地质地貌过程形迹 ACE 奇特与象形山石

级别：AA 级景区

所属行政地域：云南省大理白族自治州漾濞彝族自治县

评定年份：2001 年

漾濞石门关位于云南大理白族自治州漾濞彝族自治县大理苍山背后的江边。因两座高数百米的断崖峡谷，形如两扇巨大的石门，清流飞瀑，奔泻而出而得名。周围巉岩壁立，峡谷深邃，谷地溪流湍急。漾濞石门关也叫“大理苍山石门关”，是苍山国家地质公园、国家级自然保护区、国家级风景名胜区苍洱景区的重要组成部分。景区规划面积为 28.2km$^2$。景区于 2001 年被评定为国家 AA 级景区。著名景观有雾锁石门、福国晚钟、澄明虚谷、崖涧幽兰、霞客忘归、碧潭溅玉、万卷天书、凌云栈道、玉皇涌翠、苍山夕照等多个景点。

名称：临沧茶文化风情园

核心旅游资源类型：F 建筑与设施 FA 综合人文旅游地 FAE 文化活动场所

级别：AA 级景区

所属行政地域：云南省临沧市临翔区

评定年份：2001 年

临沧茶文化风情园位于临翔区城郊，占地面积为 110hm$^2$，是云南省 25 个旅游精品工程之一，是集旅游、休闲、娱乐为一体的 AA 级综合性人文旅游景区。

茶文化风景园以滇茶文化及少数民族茶文化为主，兼顾中国及世界茶文化，展现了古老的茶道、茶艺、茶经、茶礼、茶俗、茶歌、茶舞等茶文化精华，展现了滇茶文化及少数民族茶文化，乃至中国以及世界茶文化。游览临沧茶文化风情园不仅能使你了解源远流长、博大精深的中国茶文化，还可亲自体验采茶、制茶的乐趣，领略多姿多彩的民族风情，临沧茶文化风景园是集旅游、休闲、娱乐为一体的综合性人文旅游景区。

名称：永德忙海湖景区

核心旅游资源类型：F 建筑与设施 FG 水工建筑 FGA 水库观光游憩区段

级别：AA 级景区

所属行政地域：云南省临沧市

评定年份：暂缺

忙海湖景区位于云南省临沧市永德县德党镇明朗村境内，是国家 AA 级景区。库容量为 3240 万 m$^3$。开展水上游船观湖、湖仙岛休闲、金龙寺朝拜、忙海湖 358 级台阶健身、大岩子溶洞观光、钓鱼、射箭竞技系列活动。景区以水域风光资源为主体，周边是 1966.7hm$^2$的生态林区，境内植被茂密、景色秀美，珍稀动植物种类繁多，奇花异草丰富。以初步形成了山清水秀、鸟语花香、高峡平湖、一望无际的休闲旅游景观。

名称：漫湾百里长湖景区

核心旅游资源类型：F 建筑与设施 FG 水工建筑 FGA 水库观光游憩区段

级别：AA 级景区

所属行政地域：云南省临沧市云县

评定年份：2001 年

漫湾百里长湖景区即为澜沧江流经临沧市境内 200 多公里河段，为国家 AA 级景区。在此段流域上建成的三座百万级千瓦大电站——漫湾、大朝山、小湾电站——亚洲最高坝电站。沿线依次分布着澜沧江大峡谷，云海山庄，忙怀、曼志新石器遗址，朝山寺，滇缅铁路遗址，民族风情村，电站景观等众多景点。高山峡谷、江水湖湾、电站水坝、历史遗址等各类旅游资源以澜沧江为纽带联成一线，形成了集工业考察、历史文化考察、探险观光、水上娱乐、生态旅游、民俗旅游、休闲度假等为一体的多功能旅游带。填补了云南省水电工业旅游的空白，也因此被誉为“亚洲最具特色的水电基地”。

名称：梅子湖公园

核心旅游资源类型：F 建筑与设施 FG 水工建筑 FGA 水库观光游憩区段

级别：AA 级景区

所属行政地域：云南省普洱市思茅区

评定年份：暂缺

梅子湖公园位于云南省普洱市市区东南的梅子河，属国家 AA 级景区，并于 2003 年 10 月被水利部批准为第三批国家水利风景区。参见 1.8 节梅子湖水利风景区。

湖水清澈如镜，波光潋滟。泛舟湖上，蓝天白云，青山绿树，倒映水中，野鸭鹭鸶展翅腾飞，使人似坠如诗如画之境。湖畔有亭台楼阁，游人可小憩品尝当地生产的普洱茶，还可品尝用湖水烹煮湖中之鱼做成的酸辣鱼、砂锅鱼等。湖四周遍种梅子，点缀亭、台、楼、阁及旅游接待设施等。园内建有种鱼池和小规模禽兽饲养园，餐饮和综合娱乐服务设施完善。

名称：澜沧拉祜风情旅游区

核心旅游资源类型：F 建筑与设施 FA 综合人文旅游地 FAB 康体游乐休闲度假地

级别：AA 级景区

所属行政地域：云南省普洱市澜沧拉祜族自治县

评定年份：暂缺

澜沧拉祜风情旅游区位于云南省普洱市澜沧拉祜族自治县。澜沧自古以来就有拉祜山乡，边疆宝地的美称。这里地域广阔，山川秀丽，物产丰富，地处北回归线以南，气候适宜，土地肥沃，具有浓郁的民族风情和迷人的亚热带风光。规划建设中的拉祜山庄，以开发利用地热自由，集吃、住、娱乐为一体，是极富民族特色和地方风情的旅游度假区，为国家 AA 级景区。

名称：西盟佤族生态旅游区

核心旅游资源类型：F 建筑与设施 FA 综合人文旅游地 FAB 康体游乐休闲度假地

级别：AA 级景区

所属行政地域：云南省普洱市西盟佤族自治县

评定年份：暂缺

西盟佤族自治县位于云南省西南部、普洱市西部。西盟是一个以佤族为主，拉祜族、傣族等少数民族聚居的边疆民族自治县，其中佤族占 67.7%。佤族素有“东方印第安人”之称，历尽千百年沧桑历练而成的阿佤文化，传承奔放的阿佤豪情和原始公平的价值理念。西盟佤族自治县旅游景区众多，有勐梭龙潭-龙摩爷景区、里坎瀑布景区、木依吉神谷景区、佤山榕树王、爬街生态自然民俗村、佤山云海、佤山天池、三佛祖佛房遗址、国门第一寨——勐卡镇娜妥坝等景点；还有木鼓节、新米节、剽牛、祭祀朝拜等丰富多彩的节庆活动。

名称：勐外土司避暑山寨

核心旅游资源类型：F 建筑与设施 FA 综合人文旅游地 FAB 康体游乐休闲度假地

级别：AA 级景区

所属行政地域：云南省普洱市孟连傣族拉祜族佤族自治县

评定年份：2001 年

勐外土司避暑山寨位于普洱市孟连傣族拉祜族佤族自治县娜允镇，是国家 AA 级景区。“勐外”在傣语的意思是容易上天的地方，孟连傣族将勐外视为水之源，由此勐外也成为傣族水文化氛围最为浓郁的地方。孟连第七任土司刀派约死后就被葬在了勐外的竜山，现有刀派约墓。自他之后，历代土司也不乏在夏季坝子闷热难当之时去勐外避暑者，土司避暑山寨由此得名。勐外寨边南咤河畔有一棵大白椿树，与土司刀派约墓遥遥相对，树下有一神龛，经常有傣族民众来这里“赕”，祈求树神保佑。勐外寨中有一个同时喷涌着两个泉眼的水井，名为夫妻井，传说刀派约夫妇死后，难忘夫妻深情，就各化为了一个泉眼，相依相伴。

名称：景东文庙
核心旅游资源类型：F 建筑与设施 FA 综合人文旅游地 FAC 宗教与祭祀活动场所
级别：AA 级景区
所属行政地域：云南省普洱市景东彝族自治县
评定年份：暂缺
参见 2. 3. 1 节景东文庙。

名称：茶马古道旅游区
核心旅游资源类型：E 遗址遗迹 EB 社会经济文化活动遗址遗迹 EBE 交通遗迹
级别：AA 级景区
所属行政地域：云南省普洱市宁洱哈尼族彝族自治县
评定年份：暂缺
参见 2. 3. 1 节云南茶马古道。

名称：景谷佛迹仙踪·芒玉峡谷康体旅游区
核心旅游资源类型：A 地文景观 AC 地质地貌过程形迹 ACG 峡谷段落
级别：AA 级景区
所属行政地域：云南省普洱市景谷傣族彝族自治县
评定年份：2006 年

芒玉峡谷位于云南省景谷傣族彝族自治县城北，属无量山山系，为典型丹霞地貌，与喜马拉雅断裂带属于同种地质结构系。这里曾是茶马古道马帮必经之处，芒玉峡谷上方还留有一段清末时期的茶马古道旧石桥——芒玉茶马古桥，古桥周围仍有许多古茶树。芒玉峡谷是 2005 年开工建设的，2006 年与芒朵佛迹园、勐卧总佛寺一起整合后，被评为“佛迹仙踪·芒玉峡谷康体旅游区”AA 级景区。

名称：西双版纳雨林谷
核心旅游资源类型：C 生物景观 CA 树木 CAA 林地
级别：A 级景区
所属行政地域：云南省西双版纳傣族自治州勐腊县
评定年份：2003 年

西双版纳雨林谷位于西双版纳国家级自然保护区内，2003 年经国家旅游总局评定为国家 AA 级景区。在全球热带雨林剧减的背景下，这片热带雨林得以完整保存下来，是中国政府几十年致力保护的结果。景区占地面积为 89$hm^2$，保持着最原始的热带沟谷雨林奇观，是踏入西双版纳勐腊县这片绿洲的第一扇绿色门户。景区内随处可以看见热带雨林丰富的生物多样性和千姿百态的自然奇观。游道两旁生长着数十种珍稀濒危植物和近百种国家级保护植物。为了使游客能够从不同角度观赏热带雨林，了解原始热带雨林的多层次生态系统，景区内还利用专门的工具和设备，架设了高 10m，全长 300m 的中国第二条“树冠空中走廊”。

名称：西双版纳猴山景区
核心旅游资源类型：C 生物景观 CD 野生动物栖息地 CDB 陆地动物栖息地
级别：AA 级景区
所属行政地域：云南省西双版纳傣族自治州
评定年份：暂缺

西双版纳猴山位于云南省西双版纳傣族自治州景洪市，是中国实验动物云南灵长类中心的科研和试验基地，拥有14种国家一类、二类珍稀灵长类动物。它是一处集科研、休闲度假的旅游景区。景区有国家一类保护动物红面猴、长臂猿的放养园，还有一个亚洲最大的猕猴养殖场，饲养了4000多只恒河猴和食蟹猴。

名称：临沧西门公园
核心旅游资源类型：F 建筑与设施 FA 综合人文旅游地 FAD 园林游憩区域
级别：A 级景区
所属行政地域：云南省临沧市临翔区
评定年份：2001 年

临沧西门公园位于云南省临沧市临翔区，占地面积为3.8hm²，是临沧市首创的综合性公园，A级景区。公园内设动物园、花卉观赏区、人工湖、茶室及游乐场等景点，园内均为仿古园林建筑。植物生长茂盛、绿荫如荫、松青竹翠、鸟语花香、空气清新，是休闲、观赏、文化娱乐和社会活动的场所。

名称：凤庆凤山公园
核心旅游资源类型：F 建筑与设施 FA 综合人文旅游地 FAD 园林游憩区域
级别：A 级景区
所属行政地域：云南省临沧市凤庆县
评定年份：2001 年

凤山公园位于云南省临沧市凤庆县，A级景区，其主要景点包括文庙、烈士陵园、凤山公园三部分。

文庙古建筑是凤庆历史文化的一个缩影，也是凤庆文化发展的见证。参见2.3.3节凤庆文庙。烈士陵园位于凤山，陵园内筑有烈士墓16冢，正中有方形烈士纪念塔一座，上刻有征粮剿匪中英勇牺牲的46位烈士的英名及“你们活在我们的记忆中，我们活在你们的事业中”等题词，背面是《修建烈士碑志》。凤山公园内森林茂密，古树参天，天高云低，烟雾弥漫，是过去顺宁十景中的“凤岫凝烟”景观。公园包括大门、登山石阶、凉亭、茶花女塑像和金凤凰腾飞的雕塑等景点。

名称：小黑江森林公园
核心旅游资源类型：F 建筑与设施 FA 综合人文旅游地 FAD 园林游憩区域
级别：A 级景区
所属行政地域：云南省普洱市宁洱哈尼族彝族自治县
评定年份：2001 年

小黑江森林公园位于云南省宁洱哈尼族彝族自治县与景谷傣族彝族自治县交界处，A级景区，经营面积为6245hm²。小黑江流域是典型的南亚热带季风湿润型气候，原始阔叶林中分布有高大挺拔的思茅松、水冬瓜、红毛等树种；林中兰草遍布，沿岸森林茂密，有各种珍稀动物生活其间，野生菌类、山珍甚多；沿江岸有上万亩的橘子、芒果、西番莲、菠萝、香蕉、荔枝等果园。山林中已建有普贤寺、观林亭、茶圣庙、美国松林地、悦心亭、曲径通幽处等景点供人游览，交通食宿已初具规模，具有浓厚的旅游文化氛围。

名称：景真八角亭
核心旅游资源类型：F 建筑与设施 FC 景观建筑与附属型建筑 FCB 塔形建筑物
级别：A 级景区
所属行政地域：云南省西双版纳傣族自治州勐海县
评定年份：2001 年

参见 2.3.1 节景真八角亭。

名称：打洛独树成林景区

核心旅游资源类型：C 生物景观 CA 树木 CAC 独树

级别：A 级景区

所属行政地域：云南省西双版纳傣族自治州勐海县

评定年份：2001 年

西双版纳打洛独树成林的景观在西双版纳的热带雨林中随处可见。大榕树除主干外，还从枝干上生出许多柱根插入土中，支柱根又变成了另一棵树，形成树生树，根连根的壮观景象。最著名的是在打洛镇南打洛边贸开发区内的一棵大榕树，树龄 900 多年，树高约 70m，占地面积为 $120m^2$，有 21 个根立于地面，枝叶茂盛，是云南省 A 级景区。

## 4.2 中国优秀旅游城市

为促进旅游业的发展，1995 年，国家旅游局发出《关于开展创建和评选中国优秀旅游城市活动的通知》。1998 年，国家旅游局出台了《中国优秀旅游城市检查标准（试行)》和《中国优秀旅游城市验收办法》。2003 年，国家旅游局颁布了修订后的《中国优秀旅游城市检查标准》。截止到 2010 年年末，全国共 337 个城市通过了中国优秀旅游城市的验收，其中澜沧江中下游与大香格里拉地区的中国优秀旅游城市 4 个。

考察中，我们对区域内这 4 个城市进行了考察和整理。

名称：大理市

大理市位于中国云南省西部，是大理白族自治州的州政府驻地。参见 2.5.1 节大理市。

全市列为接待的旅游景区（点）有 100 多处。崇圣寺三塔文化旅游区为国家 5A 级旅游景区（点），南诏风情岛为国家 4A 级旅游景区（点），蝴蝶泉公园、天龙八部影视城为国家 3A 级旅游景区（点），洱海公园、罗荃半岛旅游区、上关花景区和南国城为国家 2A 级旅游景区（点）。崇圣寺三塔、太和城遗址（含南诏德化碑）、喜洲白族古建筑群等 5 处为国家级重点文物保护单位；周保中故居、杜文秀帅府等 11 处省级重点文物保护单位；还有州、市级重点文物保护单位 66 处。大理古城“洋人街”和“大理风光一日游”被国家旅游局列入精品旅游线。

名称：丽江市

丽江市位于云南省西北部，是著名的历史文化名城，也是著名的旅游城市。参见 2.5.1 节丽江市。

丽江是纳西族的家园，曾是我国唯一的一个纳西族自治县（现改为市），同时还居住着白族、彝族、傈僳族、普米族等少数民族。纳西族人民长期以来创造并延续保持下来的东巴文化，是世界民族文化的一枝璀璨的奇葩，是人类共同的文化遗产。纳西族东巴文化的主要记载符号“东巴文”，共 1400 多个单字，被誉为世界上唯一保留完整的“活着的象形文字”，卷帙浩繁且内容丰富的东巴经书、舞谱、绘画、祭祀仪式都充分展示着纳西族东巴文化的神奇异彩。

丽江，历史文化遗存众多。较著名的有丽江七大寺即文峰寺、福国寺、普济寺、玉峰寺、指云寺、兴化寺、灵照寺及北岳庙、白沙古建筑群、三圣宫、龙泉寺等。从中可见中原文化和地方民族文化的结合以及藏族文化的特征影响。

丽江同时荣戴国家级丽江玉龙雪山风景名胜区桂冠。景区内含有建于南宋的丽江古城及众多的古建寺观；有海拔 5596m 雄秀的玉龙雪山；有世界著名的最深最险的虎跳峡；有号称“万里长江第一湾”的石鼓；高山植被、丹霞地貌奇观为主的老君山、黎明等一带大面积的地质景观。

名称：保山市

保山市隆阳区位于中国西南部，东北边隔澜沧江与大理相望，南边和保山市的施甸、龙陵县相连，西边以高黎贡山脊与腾冲县为界，北边顺怒江而上与怒江傈僳族自治州毗邻。

保山，古称永昌，开发甚早。因此隆阳古就是通商要塞，为“殊方异域”聚散之地，“南方丝绸之路”横贯全境，至今留有诸多胜迹；隆阳山川壮丽、风景优美，它神奇的魅力吸引着八方来宾。曾令中外旅行家徐霞客、马可·波罗和大批文人墨士所倾倒而吟咏的“内八景”“外八景”经修葺一新，可供观赏游乐的有：明月太保、龙泉雁塔、西山晚翠、梨花香雪、农民公园龙王塘、千里古道飞长虹、千姿百态金姆洞、金鸡卧牛寺，唐代古刹云岩卧佛寺。雄踞区境西部的高黎贡山，从海拔3780m的主峰顺山下至海拔900m的山麓，形成独特的立体气候，完整的寒带、温带、亚热带生态体系。100多万亩浩瀚的原始森林中，有似剑刺空的山峰，如线如带的大小瀑布，清如明镜的温泉。

保山，历史文化沉积深厚，历史遗存众多，有崎岖磅礴的丝绸古道，有第二次世界大战期间驰名中外的滇缅公路、松山战役遗址，还有众多的寺宇观客，如古刹梨花坞、古建筑群玉皇阁、全国最大的玉佛瞻仰地卧佛寺等。

古代驰名中外的保山出产的“桐华布”“永子”（围棋子）等也是保山历史文化的见证。

名称：景洪市

景洪市是西双版纳傣族自治州的政治、经济、文化中心。境内有173.55万亩自然保护区，蕴藏着丰富的自然资源。历代土司以此为中心，统治西双版纳700余年。浓郁的民族风情，神奇的传说，古老的南传上座部佛教，典型的热带风光，吸引着无数中外游客。景洪市于1999年被国家命名为中国优秀旅游城市。

景洪拥有享誉全球的大面积的热带雨林，是国家重点风景名胜区、国家级生态示范区、国家生物圈保护区和中国最美的热带雨林，被誉为“动植物王国”“地球腰带上的一颗绿宝石”。

景洪，是澜沧江–湄公河中国境内一座充满诱惑和魅力的国际生态旅游城市。它与老挝、缅甸、泰国、越南、柬埔寨一水相依，山水相连，民族同宗，文化同源，友好往来的历史久远，具有独特的区位优势。

景洪，拥有着绚丽多姿的民族文化和丰富的人文资源。居住着傣族、哈尼族、基诺族、布朗族等13个民族，有着独具魅力的贝叶文化、雨林文化、宗教文化。傣族的“泼水节”、哈尼族的“嘎汤帕节”、拉祜族的“拉祜扩节”、基诺族的“特懋克节”、瑶族的“盘王节”等透射出独特而醉人的各民族风情。以傣族贝叶文化为代表的民族文化，有着丰富的内涵。

景洪市境内还建有西双版纳傣族园、热带花卉园、民族风情园、曼景兰旅游村、小街温泉、曼听公园、曼飞龙佛塔等著名景点。

## 4.3 中国最有魅力休闲乡村

中国最有魅力休闲乡村为农业部在全国范围开展的中国最有魅力休闲乡村推荐活动。2010年起，农业部每年认定10个魅力乡村推荐给社会大众，不仅有利于丰富休闲农业发展类型，培育休闲农业知名品牌，带动全面发展，而且有利于促进新农村建设和生态文明建设。

云南省普洱市澜沧拉祜族自治县惠民乡芒景村于2015年被推荐为2014年中国最有魅力休闲乡村。考察中，我们对该村进行了重点考察。

名称：云南省普洱市澜沧拉祜族自治县惠民乡芒景村

惠民乡芒景村（图4-2）面积为89.58$km^2$，位于云南省普洱市澜沧拉祜族自治县惠民乡南部，是“千年万亩古茶园”中的著名村庄，境内最高海拔1700m，平均海拔1275m。属亚热带气候，主要经济作物为茶叶。

图 4-2　云南省普洱市澜沧拉祜族自治县惠民乡芒景村
提供：袁正

澜沧是茶树的原产地之一，也是云南大叶种茶的主要原产地。惠民乡境内分布在芒景村、景迈村辖区内的“千年万亩古茶园”，则是澜沧拉祜族自治县境内最大的人工栽培型古茶园，也是目前已知的人工栽培型最大古茶园。

芒景作为目前世界上保存最完好的大面积人工栽培型古茶林，是我国源远流长的茶文化的瑰宝，被先后至此考察的国内外专家学者称之为“茶树自然博物馆”，系“中国民间文化遗产旅游示范区”之一的景迈芒景 4A 级景区。芒景村作为这一景区的核心地带，作为普洱茶文化遗产的重要发源地之一和世界古茶的发源地，景区所展示的神秘的民间故事、古茶文化、布朗族山寨文化和帕哎冷文化，以及翁基布朗古寨、柏树神、巢蜂等景点有丰富的旅游开发资源，利用得天独厚的生态生物资源为芒景村休闲农业产业发展创造条件。

## 4.4　国家旅游线路

中国国家旅游线路是依托品牌线路，连接重要旅游区（点）的旅游产品组合，不是主题类旅游产品组合，而是具有品牌化的航线、交通、河流、海岸等线路作支撑的旅游线路。国家旅游线路覆盖主要旅游地区和各省区市，充分体现了中国自然和文化的典型景观，具有国家层面的代表性和权威性。2009 年，国家旅游局官方网公布了拟定国家旅游线路的相关信息。

澜沧江中下游与大香格里拉地区有国家旅游线路 1 条，为中国“香格里拉”国家旅游线路。考察中，我们对该线路进行了考察和整理。

名称：中国“香格里拉”国家旅游线路

中国“香格里拉”国家旅游线路作为首批12条中国国家旅游线路之一，以川滇藏民族文化和特色景观为内涵，形成了从昆明经大理、丽江至迪庆的核心旅游线路，并辐射至四川甘孜及西藏等地，是中国目前热点的旅游线路之一，在海内外旅游市场中深受欢迎（图4-3）。

图4-2　香格里拉县郊

提供：袁正

# 第 5 章　民族生态文化[①]

澜沧江中下游与大香格里地区分布有全国 55 个民族，其中世居民族 24 个。该地区因其经纬度跨度大，生态环境复杂多样，而造就了多姿多彩的民族及其文化。明显的垂直高差变化，也对不同民族的文化特质及其聚集性造成影响。

民族生态文化以各民族非物质文化遗产为代表。此外，还有许多未列入非物质文化遗产项目的生态文化特质也具有地域和民族特色，并一同构成了特定群体的文化特征。

## 5.1　不同区域生态文化

### 5.1.1　澜沧江上游与大香格里拉生态文化

该区域包括澜沧江的上游以及广义的大香格里拉地区，它们属于青藏高原地区及其过渡地带。青藏高原有“世界屋脊”之称，平均海拔在 4500m 以上。该区域包括西藏、青海、四川和云南四个省级行政单位，分布的人口中藏族占大多数，生活的藏族被称为游牧民族，主要以游牧生活为主。这是为了适应干旱和半干旱生态环境的一种生产生活方式。在长期与恶劣生存环境的斗争中，藏族人民得出了一套与环境和谐相处的生态文化——游牧文化。游牧文化就是指从事游牧生产、逐水草而居的人们，包括游牧部落、游牧民族和游牧族群共同创造的文化（吴团英，2006）。他们逐草而居，大半年全靠积雪来解决人和牲畜的饮用水问题，夏天则迁移到固定的湖边或是河岸生活。同时，游牧民为了保护干旱地区的植被，不论冬夏，至多两周就要搬家，避免人和牲畜过分践踏蒙古包附近的草皮，游牧民族的周期性迁徙活动不但满足了牲畜觅食的多样性和足够的食物量，而且也保存了地表植被的覆盖面。他们懂得草原生态系统稳定性弱，容易遭到破坏，具有保护植被和水源的生态意识。这样的游牧方式与草原生态存在着和谐的共生关系，辽阔的草原是藏民们游牧文化诞生的摇篮，游牧文化是以草原生态环境为自然背景并以游牧生产为社会物质基础而产生的。对于游牧生活来说，牲畜在经济学的意义上具有很强的包容性，它既是生产资料又可以充当生活资料。也就是说，游牧民的生产、生活资料都是来自牲畜及其附属品。在游牧民的生产系统中，牲畜生产一方面是产品生产，另一方面又是生活物资的生产（贺卫光，2001）。澜沧江上游地段属于独立的高寒气候区域，地势由西北向东南倾斜，海拔从 5000m 以上递减到 4000m 左右。太阳照射强烈，夏季凉爽，其他季节较为寒冷干燥，日照时数长，气温日差较大而年温差较小。这里降水季节分配不均，雨季和旱季差异十分明显，大部分地区终年积雪，因此上游河段主要靠雪水来补给，区内广泛分布有湖泊、湿地、河流、冰川、冻土等自然资源。

自然环境是一个民族文化产生的前提，该区域特殊的地理和生态环境是形成典型藏族文化的重要原因。藏族游牧文化是在游牧生产的基础上形成，包括游牧生活方式及其与游牧生活相适应的文学、艺术、宗教、哲学、风俗、习惯等构成的游牧文化的具体要素（吴团英，2006），且在游牧生产中，来源于游牧牲畜所产生的生活物资，在加工过程中注入了符合游动生活方式的特征以及适应环境的功能，这些都体现在藏民的衣、食、住、行等方面。例如，天葬、神山崇拜的风俗，藏靴和藏袍的穿着、蒙古包使用等

① 本章执笔者：崔明昆、高函、韩汉白、杨索、余有勇。

都是适应自然环境的表现。

天葬是蒙古族、藏族等少数民族的一种传统丧葬方式，它是指将人死后的尸体转移到指定的地点让鹰或是其他一些鸟类、兽类吞食，认为以这种方式可以有助于灵魂的转世。而从另一方面来说，自然地理环境是藏族天葬形成的重要原因。该地区的高海拔、低气温，使植物的生长受到了限制，尤其是高大的植物更是稀少。生长周期长，很难长得茂盛，即使是在整个青藏高原地区，可利用的林业资源也是非常有限的。藏族是一个信仰佛教的民族，林业资源（燃料）的有限极大地阻碍了佛教所推崇的火葬。至于土葬，由于地冻如石，想要挖掘坟穴，则必须先用火烧，对于以牛粪、羊粪为燃料的广大牧区，选择土葬是很奢侈的。土葬则地冻难挖，火葬则乏柴薪，水葬则污及饮水（乌云巴图，1999）。因此，天葬就成为藏人与自然环境和谐相处的一种方式，极大地节约了土地资源和林业资源，这样既满足了藏民的生活需求，又有效兼顾了资源的合理利用。

作为青藏高原的主人，藏族人将自己生活的这块土地早已神圣化。它处于地球最高点，巍巍雪山直入蓝天，绵绵白云环绕着高峰，皑皑白雪融化的雪水孕育了华夏人的生命，滋养着藏民族赖以生存的草原，高耸的山峰同时也阻隔了藏民族与外界的沟通交往；同时，藏族自古以来都生活在恶劣的自然环境中，直到现在仍然放牧于高山，生活起居和生活劳动等各方面都与深山峡谷、雪域冰川结下了不解之缘，高山为他们提供了栖身之所和生产资料，他们对山有着强烈的依赖；然而高原上的风霜雪雨等自然现象也让藏民们把山联系在一起，认为雪山有超自然的作用。经过长期历史的积淀，藏族对高山的崇拜逐渐成为藏族精神文化的重要内容。追溯藏文化的发展历史，藏族的神山崇拜经历了自然—神灵—动物—祖先—英雄—菩萨崇拜的各个阶段。这说明藏族的神山崇拜是一个动态的概念，并随着时代和观念的变化而变化（阿旺加措，2011）。藏族神山崇拜具有引人向善和维持社会的道德功能以及加强部落内部凝聚力的政治功能。而在神山众多的文化功能中，最突出和对人类社会最有益的是具有生态保护功能。神山寄托着牧民对生活的无限向往，他们给每一座山都赋予了神圣的理念，山皆变成了神山，生活在神山周围的每一个人都要保护神山，崇拜神山，禁止在神山上乱砍滥挖，破坏森林，打猎杀生，甚至不能破坏山上的一草一木。

在地冻山寒的草原地区，藏靴和藏袍应运而生。澜沧江上游地形为高原山川类型，气温低，空气稀薄，四季不分明，且多风雪天气。以牧业为主的藏民，游牧的生产方式和高寒的地理环境决定了藏靴具有保暖御寒和放牧行走时不粘沙土、省劲的作用，尤其是满足了夜间护理牲畜时穿着方便的基本要求。除了藏靴，藏袍也是藏民们平日的衣着，更是区别于其他民族的明显特征。这里的气候多变，即使是在一天内，也经常有风雨雪晴的变化，藏民常用“一山有四季，十里不同天”来形容气候变化（沈飚，2012）。藏袍的作用就解决了这个气候多变的问题。藏袍的质地好，有较强的防寒作用；袍袖宽敞，白天干活或是气温升高就可方便地褪去一只或两只袖子，调节体温；而且藏袍腰襟宽大，白天可以当衣穿，晚上可以当被子。至于长期在外以牧游为生的藏民，民居则是搭建和搬迁都很方便的蒙古包，蒙古包呈圆形，有大有小，室内空气流通，采光条件好，冬暖夏凉，不怕风吹雨打，非常适合于经常转场放牧的民族居住和使用。

澜沧江上游生活的藏民进行农业生产主要是草原游牧生活。而在长期的游牧生活中，也逐渐形成了一种以游牧为基础的“农牧分营”类型的农业文化，“农牧分营”，是指一个民族内部，一部分人口在一个区域从事农耕经济，而另一部分人口则在另一个地区从事畜牧业生产即游牧经济（贺卫光，2001）。这种农牧分营的经济区域格局使其当地有了农业区和畜牧业区的划分，极大地弥补了游牧民族对农产品需求的不足。

## 5.1.2 澜沧江中游生态文化

从迪庆藏族自治州的德钦县到大理白族自治州的云龙县旧州镇属于澜沧江流域的中游地段，江水流经维西傈僳族自治县（迪庆藏族自治州）、兰坪白族普米族县（怒江傈僳族自治州）、云龙县（大理白族自治州)。

属于滇西北的中游地区，是青藏高原的南延部分，地处横断山脉腹地，是云南省地势和纬度最高的区域。该流域受到三江并流区环境和青藏高原隆起所带来的影响，致使地貌复杂多样，山脉、河流、坝子及丘陵低山交错分布（明庆忠等，2006)。地理环境的多样使流域呈立体气候类型，光热充足，干湿季节明显，森林草场资源丰富，适宜农林牧业的综合发展（杨丽，2001)，致使中游农业发展主要以林地和草地为主，耕地较少。经过草地和山地文化的融合，澜沧江中游的农业生产主要以半农半牧的模式进行(付保红和王庆庆，2003)。半农半牧也称农牧兼营类型，其农业发展模式不同于流域上游中提到的农牧分营，半农半牧一般是指同一个地区的人口同时经营种植业和畜牧业，具体体现在同一户定居的人家，在从事种植业的同时，又放养了一定数量的牲畜，或是同一户型原来主要从事畜牧业生产的人家，抽出一部分劳动力在农业区发展农耕经济（贺卫光，2001)。耕地主要指坡旱地，作物主要以青稞、小麦、玉米和甘蔗为主，极少数坝子地区也有种植水稻。放牧的牲畜主要以鸡、牛、羊、猪等经驯化的家禽家畜为主。半农半牧的生计文化适应了当地的特殊地理环境也满足了人们自给自足的生活需求，这是由游牧生活到流域下游种植水稻业的过渡阶段。但是照目前的形势看来，半农半牧的落后生产力状况依旧无法满足人们日益追求的物质文明。

对于澜沧江流域中游而言，受大气降水和地形地貌以及海拔的影响，滇西北的降雨量少东南部多，且高山多河谷少，致使这里的生计农业主要靠传统的山地农业为主，主要有山地旱作农业、采集狩猎农业和部分刀耕火种农业，以及山地梯田稻作农业。前三种的农业不仅耕作形式粗放而且技术要求含量较低，出产量较少，只能养活少量的人口，适用于地广人稀的地方。而梯田稻作农业是一种精耕细作农业，其产量是前三种的好几倍，且可以吸收大量的劳动力，是人口密集的山区在传统条件下最富有成效的农业生产方式，可以养活大量的人口。梯田稻作农业如今已发展成享誉中外的梯田文化。梯田稻作农业是由人工开垦修筑而成的梯级水平稻田，它巧妙地利用了特殊自然环境下的水资源循环系统以及森林资源储水蓄水的功能，将平原地区的稻作农业技术移植到高海拔山地地区。山地梯田稻作农业属于复合的湿地生态系统，包括水源、沟渠、鱼塘、生活污水和河流几部分。梯田湿地生态系统在景观上呈现“森林—村庄—梯田—河流”的垂直结构。位于村庄上方的森林中的水源水质很好，用作饮用水，当水流经过村庄供人们利用后，成为生活污水排入村庄下方的梯田，经人们利用后的水，水质急剧下降。污水进入梯田后，污染物被稀释，沉降以及经土壤、农作物的吸附、吸收和降解，水体不断得到净化，水质在到达山脚河谷前已恢复为较好的状态。且由于梯田沿着等高线分布，有高出水平面的田埂，能保持水土。因而由梯田形成的这样一个自净系统具有天然的环境保护功能，它是生态效益、经济效益和社会效益结合得最好的传统山地农业。

独特的地理环境成为孕育、吸纳、保存和发展多种民族传统文化的好场所。是云南全民族构成较为复杂、少数民族分布最集中的地区，也是我国民族文化特色最鲜明的主要分布区。处于该流域的怒江傈僳族自治州、迪庆藏族自治州和大理白族自治州均为少数民族自治州，其中部分地区则是中国独有的少数民族——纳西族生存发展的起源地（黄文雯，2007)。

### 5.1.3　澜沧江下游生态文化

澜沧江流域的下游是指从大理云龙县旧州镇至西双版纳傣族自治州流出国境这一河段。在流域区内由上而下，海拔逐渐降低，由中、低山、丘陵地貌组合而成。山区降水的时空分布复杂，在山区的许多河谷、盆地，出现夜雨量和昼雨量相均衡的状况，因此澜沧江下游靠降水补给为主。这种降水分配的特点对热带地区农业生产起到了关键作用。下游地区出现了浅山、平坝的地貌和充沛的降雨量，这正是流域内农业发展主要靠种植业水稻作物的重要原因。同时，在落后的高寒山区，部分少数民族还延续着刀耕火种的种植方法，也称为轮垦种植系统，该耕作方式常出现在交通落后的少数民族、边远的穷山区。位于澜沧江流域下游的西双版纳、普洱、临沧、保山等州市，刀耕火种的耕作方式还相当突出（孙瑞，

2004）。调查表明，个别村寨的轮垦种植面积占总面积的50%左右。刀耕火种，经济效益低，年产量不稳定，是一种自给性的自然农业，它只能满足人们最低限度的食物需要，没有剩余的产品进行交换，所以只能靠捕鱼和狩猎补充营养。而现今，刀耕火种的耕作方式随着人口的增加轮歇年限不断缩减，造成森林覆盖率低，水土流失，破坏了生态平衡，改变了人和自然和谐相处的生态文明。

下游流域中特别是平坝地区，降雨量充沛，加之水利条件好，稻作农业发展较快。尤其是位于流域出境处的西双版纳傣族自治州，那里被称为云南的“鱼米之乡”。西双版纳在纬度上属于亚热带，特殊的地质和独特的地形、地貌，加之气候受季风影响，使这里的地理环境非常适合水稻作物的发展，一年可两熟或三熟，且这里交通便利，有利于与外界进行物质交换。西双版纳独特的地理环境孕育了傣族、汉族、哈尼族、拉祜族、彝族、瑶族、苗族等13个世居民族，其中，傣族占总人口的比例最多。生活在西双版纳的傣族具有悠久的历史，在长期与自然相处的过程中，他们逐渐形成了以尊重自然、保护自然为前提，人与自然和谐共生为主要内容的一种生态文化。西双版纳属于低海拔，高气温，多雨水，湿度大的地区，这里森林茂密，竹林如海，所以傣族人喜欢利用竹子来搭建竹楼作为住房。竹楼是西双版纳傣族千百年来为适应当地气候和自然条件而创建的一种民居建筑。傣族居住在坝区，高温多雨，空气湿润，容易滋生病菌。而竹楼分上下两层，上层住人，下层饲养牲口和堆放杂物。傣族竹楼呈“人”字形，有遮风挡雨、散热透气的优点。主楼一般离地三四米，这样，不但有效防止潮湿、疾病的发生，还可以防止毒蛇猛兽的攻击（陈小华，2012）。此外，竹楼建筑在一定程度上还具有抵御地震和较小洪水来袭的作用。因此，修建竹楼是傣族人民适应当地生态环境的有效措施。

体现傣族传统文化的基本表现形式不仅有居民建筑——竹楼，还有傣族的神山森林文化、文身、图腾和佛教文化等方面。在傣族的生态文明中，神山森林文化是一种敬畏生命的生态伦理观，也是人类成长中的童年文化——原始宗教和图腾文化的延续和发展。图腾文化产生于原始公社时期，这与当时的狩猎、采集经济密切相关。在当时食物紧缺的生活条件下，凡是能给人类生存提供衣食住行的动植物和能够获取自然资源的山林，都在人类祖先的头脑中占有重要地位，也成为当时人类崇拜的偶像。除此之外，文身也是傣族传统文化和生活习俗之一。在过去，文身是傣族实现民族认同的最直观标志，也是区别于其他民族最明显的外部标志（刘军，2008），但随着现代文明的进步与傣族文化的冲突，文身在傣族的民族文化中日渐衰退。傣族村寨中的生态文化虽从主观上来说，是迎合了他们本民族的传统生活习惯，但它却从客观上不自觉地保护了当地的生态文明。它是人与自然调适的结果，更是人与自然和谐的典范。

以上就澜沧江流域民族生态文化的情况做了概述，现分别对该区域主要世居少数民族及其生态文化做具体的论述和分析。

## 5.2 主要世居少数民族及其生态文化

### 5.2.1 藏族

藏族自称为“博巴”，而“藏族”则是他称。藏族自古繁衍生息于青藏高原。根据2001年第五次全国人口普查统计资料显示，国内藏族人口为500余万人，分布于青藏高原及其相邻地区，即在青海、西藏、甘肃、四川、云南各省（自治区）。

#### 5.2.1.1 生态环境与族源

藏族居住地青藏高原主要包括西藏自治区和青海省的全部、四川省西部、新疆维吾尔自治区南部，以及甘肃、云南的一部分。整个青藏高原还包括不丹、尼泊尔、印度、巴基斯坦、阿富汗、塔吉克斯坦、吉尔吉斯斯坦的部分，总面积为250万$km^2$。平均海拔4500m，最高处达8848m，山峦重叠，巍峨雄伟。边缘高山环绕，峡谷深切；纵横延展的巨大山系，构成了高原地貌的骨架；可直接利用的土地较少，约

86%的土地地处海拔3000m以上的地带，约3/4的土地是丘陵、山地、沙漠、戈壁和荒漠，只有1%的土地为种植业可耕地（洛桑·灵智多杰，1996）。气候干燥寒冷，空气稀薄，气压低而氧气少，生物生长艰难。在高原腹地广阔地域，受大陆性寒旱化的高原气候控制，植物种类减少，高寒草甸与草原草层低矮，结构简单，草群稀疏，生长期短促，生物生产量低，其生存极为脆弱。据记载在20世纪50年代以前，青藏高原还是绿草茵茵、江河纵横、湖泊密布、百鸟欢腾、百兽遍野、珍稀野生动植物随处可见的生物多样性最丰富的野生世界。近几十年来，由于人们对大自然的掠夺式索取和破坏，加之全球气温升高、气候干旱等因素，该区草原严重退化，生态环境十分脆弱。主要表现在：雪线上升、冰川退缩，每年冰雪线平均后退2～6m；江河流径量明显减少，雅鲁藏布江、金沙江、澜沧江、大渡河、雅砻江等自20世纪50～90年代各河流径量减少15.0%，尤其是雅鲁藏布江减少26.6%；湖泊水位下降与湖面面积缩小，如青海湖下降3.35m，藏区其他湖水面积不断萎缩，有些已经干枯消失；森林面积与草原面积锐减，植被破坏；草地沙化、盐化、钙化趋势加快，特别是沙化更为严重，若不进行有效遏制，有可能成为远程传输沙尘的沙尘源之一，进而影响全球气候。近百年来，青藏高原生态环境一直处于退化状态（鄂义太和乌图，2002）。

关于藏族的起源也有多种说法。典型的有所谓“羌源说”、“南来说”、“猕猴变人说”等（周毓华等，2005）。

“羌源说”主要依据古代汉文史料《新唐书》的记载，认为吐蕃是羌人的后代，《新唐书》明确提出“吐蕃本西羌属”，为“发羌”的后裔，同时指出其族属，认为“吐蕃”的“蕃”与发羌的“发”有关，“蕃、发声近，故其子孙曰吐蕃”。

“南来说”认为藏族来源于印度的释迦牟王系。在佛教传入吐蕃后，一些佛教徒为了扩大佛教的影响，把吐蕃王室的始祖聂赫赞普的出生附会为印度王室血统，说他是从印度逃难至吐蕃的一位王子，被当地人奉为首领。然而，从人种学、语言学等方面考察，“南来说”只是部分佛教徒、别有用心的政客以及出自宗教心理和政治目的的附会之谈，毫无事实根据和科学根据，纯粹为主观臆造。

“猕猴变人说”（或称“土著说”），这是流行西藏民间，并为不少藏族学家认同的具有普遍性的说法。著于14世纪的佛教史籍如《红史》《西藏王统记》以及一些本教史籍如《雍仲本目录》均对此有记载。如《西藏王统记》里记，一个被观世音菩萨派到西藏雪域修行的猕猴正在一块黑色岩石上修法时，受到一个岩魔女的挑逗，并要求结为夫妻。猕猴说：“我是受观世音菩萨点化的修法者，与你成亲，就会破了我的戒行。”岩魔女说，如果不和她结婚，她就会嫁给魔鬼，每日伤害生灵数万，每夜吞食生灵数千，还要生产无数魔子魔孙，危害众生。猕猴两难，遂请之于观世音菩萨，获准与岩魔女结为了连理。

猕猴与岩魔女婚后生下六个小猴，他们被父猴送到众鸟群集、果木丰茂的森林里，以食野果为生。

三年后，父猴前去探望，发现它们已经繁衍至500只，树上果实已尽，他们面黄肌瘦，举手哀号，情状悲惨。父猴于是请求观世音菩萨救助。观世音菩萨答应抚养众猴，遂将天生五谷种子撒到地上，使那里长出不种自生的谷物。猴子们不仅可以不受饥饿之苦，而且因为食物结构的变化，身上的毛脱了，尾巴也变短了，慢慢也懂得使用语言，遂变成了人，开始了新的生活。

这则故事虽然具有浓厚的神话色彩，但是它却揭示了人类是猿（猴）由森林来到平原，食五谷、脱毛发，学会使用语言的演化过程，反映了古代藏族人民对本民族来源的一定看法。“猕猴变人”的传说和其他远古时代流传下来的传说一样不容忽视，为研究藏族族源和古代藏人的生活状况提供了有价值的线索。

#### 5.2.1.2　生态文化

藏族主要聚居在西藏自治区及青海海北、海南、黄南、果洛、玉树等藏族自治州和海西蒙古族藏族自治州、海东地区。甘肃的甘南藏族自治州和天祝藏族自治县、四川阿坝藏族羌族自治州、甘孜藏族自治州和木里藏族自治县以及云南迪庆藏族自治州和新疆维吾尔自治区。另外，尼泊尔、巴基斯坦、印度、不丹等国境内也有藏族分布。藏族是居住在青藏高原地区最古老的民族，在长期的磨合过程中，藏族人民创造了与高原的自然生态和谐相处的方式，并发展成为独特的民族生态文化。他们对宗教有着极其神圣的信仰及自然崇拜，也形成了与高原生态环境相适应并独具特色的饮食文化、婚丧习俗、服饰文化、民族礼仪、民族禁忌等。

**（1）宗教生态文化观**

青藏高原被藏族称呼为拥有十万雪山，十万湖泊的“雪域圣地”。在这样充满神秘色彩的高山峻岭之间，天地与人世间高深莫测的变化，使他们感到天地间有超乎人类的精灵存在，宗教观念遂得以产生（马春辉，2010）。宗教信仰向劳动、生息于青藏高原上的人们提供了一种有秩序的宇宙模式。宗教也教给世世代代生活在高原上的人们与异常严酷、险恶的大自然进行搏斗的勇气和信心。同时，向人们提供了一种在人为努力无济于事时可以求助的力量，给人心灵上的慰藉与安抚。原始宗教本教和佛教本土化后的藏传佛教成为生活在高原上藏民族的精神信仰。本教是藏区的原始宗教，在佛教传入藏区之前长期占据统治地位，随着佛教在公元7世纪传入藏区后，逐渐失去了在藏区政治生活中的统治地位，但至今仍然活跃在藏区民间社会，在民间有广泛的信仰基础。佛教传入藏区据藏文文献记载是在第八代藏王拉托日宁赞时，也就是公元7世纪左右。佛教在传入藏区后，与本教经历了艰难而曲折的斗争，最终在统治者的扶植下，吸纳本教和融汇藏区本土文化，使自己的教义渗透到人们的思想意识里，时至今日，成为高原藏区绝大多数民众的精神信仰，藏传佛教的六字真言也响彻整个青藏高原。不论是本教还是佛教，他们所推崇的观念里都散发着浓厚的生态观念，成为早期青藏高原地区藏民族们保护生态环境的强大思想力量。

a. 自然宗教观

本教，也称之为本波教，是青藏高原藏区的原始宗教，形成于何时至今尚无定论。一般认为本教是佛教传入西藏以前就已经在藏区本土广为流传的一种古老宗教或民间固有的土著宗教。本教的发展阶段简单地划分为两个阶段。第一个阶段是本教的原始形态，有人称之为笃本；第二个阶段是受佛教影响后的中晚期本教。其中，晚期的本教又经历了恰本、觉本阶段。原始形态本教主体上有两个特点。一是用鲜血祭祀，用动物的鲜血向超自然力量表达虔诚的信念表示敬畏、感恩和祈求。因为用鲜血祭祀要杀死大量的动物，这样的祭祀方式在之后的宗教仪式发展中被淘汰。二是崇拜大自然，天、地、山川、日月、星辰等都是崇拜的对象。本教发展的中晚期先后分为：恰本、觉本。恰本的特点是重鬼右巫，鬼魂崇拜尤其突出。遇到困难时，请本教巫师祓魔法，驱鬼神很盛行，另外本教巫师还为生者除灾、死者安葬、上观星象、下降地魔、纳祥求福、祷神乞药、增益福运、兴旺人财、占卜善恶休咎等。觉本，经过和佛教之间的斗争与吸收，许多佛教典籍被本教徒引用而形成了自己的理论体系。主要有“三界”伦理观、天神伦理观、卵生世界的善恶伦理观、猕猴变人传说中的善恶观等。在主流意识影响之下，本教渐渐趋向佛教，但几千年来形成的精神信仰，却深深地根植在藏区传统文化之中。

在生产力水平低下的情况下，藏族先民对生存状态与自然环境的思考，往往带上一层神秘色彩。自然界中的瞬息万变、神秘莫测让人们对自然环境中的一切心存敬畏和感激之情。而这种感情往往通过对自然万物的神化而表达出来。本教是以万物有灵为核心信仰内容的古老宗教。它所崇拜的对象包括天、地、日、月、星辰、雷电、冰雹、山川甚至土石、草木、禽兽包括一切万物在内。万物有灵，给藏族先民一个可以向外体察世间万物的窗口。面对自然为他们提供生活资料、生活充满风和日暖时，很容易给自然赋予灵魂，加倍地感激自然，引起对自然的崇拜。当大自然抛却亲和的一面，给人们带来灾难时，他们就将对自然的恐惧转化为对自然的敬畏和行为上的禁忌。在这样的宗教观念影响下，藏民们形成了原始的生态观念。万物有灵，是藏先民们形成的对自然的崇拜，包括动物崇拜、植物崇拜、土地崇拜等，这种强大的思想内在力量驱动着藏先民们热爱大自然、保护大自然，这便是原始本教在无形中使藏先民们在无意识的状态下形成的环保理念。青藏高原地区的很多地方都那么美丽、神秘，一些原生态景观得以保存跟藏先民们在宗教影响下形成的环保理念有着不可分割的关系。此外，本教观念中所推崇的“天神伦理观”“卵生世界的善恶伦理观”“猕猴变人传说中的善恶观”等为藏先民们注入了一股强大的人文关怀力量，使得藏民族一直都那么淳朴善良，热情大方。

b. 人为宗教观

佛教自公元 7 世纪传入吐蕃，雪域高原便成了圣洁的佛教领地，六字真言响彻藏区的各个角落，形成了以藏传佛教为中心内容的生态文化，影响着藏区社会生活的方方面面。甚至有人把藏族生态文化简单地概述成藏传佛教的文化。众所周知，宗教伦理观念往往能反映出一个民族在特定时期的认识水平和思维能力，是影响整个社会精神文化生活的以及人们价值趋向的核心力量。佛教传入藏区，藏民族在短短的几百年时间内，就能够以本教的思维水平，全面地吸收发展了近千年的佛教，根据自身的文化特点和需要，兼容并蓄、灵活应用，创造了文化史上的奇迹。佛教中的六道轮回、缘起性空、因果报应等基本思想，成为藏民族行动的标尺，成为他们评判一切社会现象和自然现象的标尺。不论是缘起性空、六道轮回还是因果报应的现世伦理观，早已经渗透到高原藏族每一个人的骨髓中。面对高原极其艰难的生存环境和极其残酷的自然环境，藏民在宗教精神的鼓励下，往往表现出的不是悲观厌世，而是以“暇满难得”的积极人生态度与残酷的自然环境搏斗。他们在有限的生命里，不是出世、逃避，而是倍加珍惜现世的生活，重视短暂的生命里所做的善果。积德行善、利己利他；消解现世生活中的心态失衡或报复社会、报复他人的可悲行为。以众生平等来缝合个人生活在社会中紧张的矛盾冲突。

基于佛教慈悲的伦理观念，佛教教诲人们慈悲为怀，严禁杀生。无端杀害动物，损伤植物都被视为“造孽”，在佛教徒看来，造下这样的孽是会有果报的，这样的思想源于佛教“因果报应”的观念。因为佛教的慈悲观对藏民族的深刻影响，再加之本教自然崇拜观念的影响，大自然在藏民族的心中有着至高无上的地位。他们严禁杀生，在举行宗教祭祀活动时，还要买好多鱼组织民众进行“放生”。就算是藏民族们偏爱吃的牛羊肉，也有专门的师傅宰杀；对于家里的马、驴、狗等动物，他们更是友好对待，因为佛教中“六道轮回”的观念深入人心，人们相信，人和其他所有的动植物都在轮回，说不定自己的下辈子就轮回为其他动植物了。受佛教人世间一切事物都有灵魂、灵气，且一切有生命的事物都是平等的等观念影响，藏民族热爱自然，热爱他们的土地。他们不上山打猎，不放火烧林，在春季植物生长时，还严禁到外踏青，他们认为这样会惊扰到动植物生长的灵魂，招致果报。对于土地，藏民族也是极其尊敬的，他们禁忌随地大小便，禁忌乱泼脏水，他们认为这样会触怒地神，地神报应人们时农作物就会收成不好。正是因为种种佛教观念的影响，使人们形成了朴素的生态观，这种强烈的宗教观念，潜移默化地演变为人们行为的约束力量，为生态环境的保护发挥了重大积极作用。如今，生活在高原上的藏族绝大多数信仰藏传佛教，藏传佛教渗透在人们活动的各个领域，一切生态文化现象都深深地烙上了佛教的印记，反过来佛教也养护着高原生态文化而独具特色。藏传佛教的观念对高原藏民的行为方式和思维模式有规范和指导意义，使不同层面上的人有了自己的精神家园和为终极目标奋斗的快乐。

**（2）神山圣湖崇拜**

在上述生态观的指导下，藏族形成了一系列的生态实践活动，如神山圣湖崇拜，主要包括以下几种类型。

雪山崇拜：在宗教观的指导下，藏区的许多山脉便被赋予了神性而成为藏族人民家家户户村村寨寨都崇拜的神山。每一座寺庙及其周围地区亦被赋予了神性而成为必须保护的地方。神山上的一草一木一鸟一兽均不能砍伐和猎取，以寺庙为中心方圆 10 多公里只要能听见寺庙钟鼓声的地方也不能砍一棵树打一只鸟，否则便会受到神灵的惩罚。其中，著名的雪上崇拜如下。

“三怙主雪山”崇拜：位于大香格里拉地区的四川稻城亚丁自然保护区的稻城神峰即亚丁三雪山（仙乃日、夏诺多吉、央迈勇）是藏族供奉朝神之圣地。史料记载，稻城神峰在世界佛教 24 圣地中排名第 11 位，佛名“三怙主”，为藏区所有藏民信仰。仙乃日：藏语意为“观世音菩萨”，是“三怙主”雪山的北峰，佛位排在第二位。仙乃日是四川第五大山峰，海拔为 6032m。山峰周围是冰蚀峰林地貌，冰川和冰川遗迹及高山湖泊遍及山野，整个雪山是个环型冰斗下斜造型。央迈勇：藏语意为“文殊菩萨”，为“三怙主”雪山的南峰，海拔为 5958m，在佛教中排在三大雪山之首。夏诺多吉，意为“金刚手菩萨”，是“三怙主”雪山的东峰，海拔为 5958m，在“三怙主雪山”佛位第三。夏诺多吉山峰耸立在天地之间，是佛教中除暴安良的神圣。

藏民都相信，敬奉朝拜“三怙主雪山”，能实现今生来世之事业。因此，村民严格遵守神山禁忌，将“三怙主雪山”及其周边区域看作是神圣之地，除放牧和采集虫草之外，一般不轻易动用其内储藏的各种生物资源，尤其是对其中一些被认为是圣境中最神圣的地域———如冲古寺庙所在地，可同时看到三座雪山的洛绒牛场，以及被拟人化了的观世音菩萨仙乃日山峰的“心脏”等地带，更是自觉遵循传统规范，不在其内实施任何经济生产行为，以免触犯神灵。据说，以前“三怙主雪山”境内的牛奶海（湖泊）那一带也有牧场，但后来村民自己放弃了利用那个牧场，是因村民认为那是神山，不方便砍柴火，而放牧的牧民又不可能不用柴火，所以大家经讨论后就决定不再将那里当牧场。

梅里雪山崇拜：位于云南香格里拉市的梅里雪山在藏文经典中称其“绒真卡瓦嘎波”，在藏族语意里，所谓卡瓦嘎波，不单指最高的山峰，而是统指耸立的数座雪峰。在藏传佛教里绒真卡瓦嘎波圣山传说是噶举派的保护神。元代噶玛举派黑帽系第三世活佛让迥多杰曾来到绒真卡瓦嘎波脚下，对雪山开光，作圣地加持，从此以此为该教派一修行圣地。

岗仁波钦山崇拜：位于西藏普兰县的岗仁波钦山传说被印度教视为大自在天居住的圣地，佛教视为胜乐金刚圣地加以朝拜。曾有止贡·觉巴吉登松更等修行师及僧侣络绎不绝地前来圣地朝拜和闭关修行，成为塔波噶举派的静修处。尊者米拉日巴与本教教徒纳若本琼在冈底斯斗法并取胜的传说故事，更为圣山蒙上了神秘的面纱，增加了山佛的神圣感，每年都吸引着成千上万的国内外虔诚信徒前往朝拜，尤其是在米拉日巴战胜外道徒的纪念年——马年，朝圣者最多。信徒们深信，能到“圣地”取得“圣水”，撮得“神土”，便积无量功德。

雅拉香波山崇拜：位于西藏琼结县的雅拉香波山又称“斯巴大神雅拉香波”。雅拉香波山是一座古老的圣山，在公元八九世纪的敦煌古藏文手写卷中多次提到雅拉香波，说“雅拉香波乃最高之神”，为当地及其附近的藏民所崇拜。

念青唐古拉山崇拜：位于西藏当雄县的念青唐古拉山传说被印度教视为大自在天居住的圣地，佛教视为胜乐金刚圣地加以朝拜。

长寿五姊妹山崇拜：位于西藏定日县的长寿五姊妹山据传是藏传佛教噶举派所供奉之五尊护法女神而成为藏民的崇拜对象。传说珠穆朗玛雪峰脚下有5个冰雪湖，每个湖各有不同的颜色，与5位女神的身色相一致。

十二丹玛山崇拜：分布于藏区各地的土地神，藏语称“丹玛久妮”。据传十二丹玛原都是本教神祇，被莲花生大士收伏后，曾立誓要永远保佑藏地，不受异教侵扰。

工布本日山崇拜：位于西藏工布地区的工布本日山系西藏工布地区的一座大山。据传敦巴辛绕早年曾驾临此地，故在本教徒中有很高的声誉。

泽当公保山崇拜：位于西藏泽当县的泽当公保山是藏族人类起源神话故事中所说的“神猴静修的地方”，因而也是信徒和游人朝拜的圣地。

阿尼玛卿山崇拜：位于青海省果洛藏族自治州的阿尼玛卿雪山是整个藏区四大神山之一。它的主峰高6282m，连绵400多公里；主峰及周围山峰全为冰雪覆盖，如水晶宝塔，法幢宝顶，光芒四射，兀然挺立。而山下则松柏苍苍。作为全藏区的神山，它历来受全藏人的崇敬。雪山主峰周围的大小山峰，都是阿尼玛卿山神的亲属，因而也成为神山备受崇拜。

年保叶什则山崇拜：位于青海班玛县与久治县之间的年保叶什则山又名果洛山。该山系巴颜喀拉山向东之延伸，被当地藏族人民奉为“神山”，被认为是果洛三大部落的发祥地。传说年保叶什则有九个山峰排列。此山周围分布着《格萨尔王传》中记载的很多古迹。

贡嘎圣山崇拜：位于四川康定县的贡嘎圣山为四川省第一高峰，有“蜀山之王”的美称，贡嘎雪山是修行的圣地，千百年来，无数高僧大德曾在山里闭关修行，留下了大大小小的闭关修行洞数百个。人们对他的供养长年不断，每当藏历牛年为“朝圣”年。

跑马山崇拜：位于四川康定县的跑马山藏名为“拉母则”，意为仙女山，是康定人心中的圣山，旧时因明政土司每年农历四月八日释迦牟尼诞生时在山上跑马而得名跑马山。

墨尔多神山崇拜：位于四川丹巴县的墨尔多山其全称为“玛曲十贝嘉摩墨尔多”，墨尔多山位于大渡河之源，大小金川之间。神山周围簇拥着群山峰，当地藏族说有 62 座神山是墨尔多神山的属神，诸山脉绵延数百公里。山上林木花鸟都为藏族人精心保护。墨尔多山是雍仲本教十三座著名圣地之一，又是藏域四大伏藏之地。每当藏历马年为“朝圣”年。

岗波圣山崇拜：位于四川理塘县岗波圣山又称格聂圣山，康南第一高峰，四川省第三高峰。岗波圣山是千百年来朝圣者朝圣的地方。第一世大宝法王圣地修建寺后，历任大宝法王及西藏的高僧大德们赴岗波圣山修用神通，在石头上留下很多的手、脚印，并开启过对当时佛法和众生有利益的伏藏法。每当藏历马年为“朝圣年”。

东谷圣山崇拜：东谷圣山位于四川甘孜县境内，1986 年十世班禅大师亲临东谷圣山，为保护生态环境，细心管理圣地圣湖的生灵万物做了重要讲话。大师撰诗赞颂东谷圣山，每逢藏历鸡年为该山的“圣”年。

色忠日圣山崇拜：位于四川色达县的色忠日圣山，白若杂纳大师亲临该山，对圣山开光，做圣地加持，从此许多先大德们开示此圣山，并成为大伏藏师们掘伏藏的主要地，也成为格萨尔王修行圣地。常年有络绎不绝的信徒前来“朝圣”。

拉布桑神山崇拜：位于青海大通回族土族自治县拉布桑神山是祁连山峰主要山峰，拉布桑神山是本地区的神山，每年吉日，周围藏族民众进山诵经祭祀。每年都有一批牛羊被放到神山放生，放生的牛羊从此成为神牛神羊，谁也不能侵犯。神山上的草木鸟虫自然也是神圣不可侵犯的。

李恰如山崇拜：位于青海河南蒙古族自治县的李恰如山藏族称为龙女山，该山山顶积雪如砌，耀日生辉，山麓松柏苍翠，云雾缭绕。山间有一天池，清澈晶莹。藏人认为是龙女显人形后在此洗浴，山在云中似现似隐，宛如仙女行走，又似蛟龙游动。人们对此神山恭恭敬敬，倍加崇拜和爱护。

噶丹旦松神山崇拜：位于云南香格里拉县建塘镇红坡村的噶丹（dgav-ldan-bstan-srung）旦松神山，其特质为武将形象，手持长矛、利剑，腰挎弓箭，坐骑一头花牦牛，显得威风凛凛。在神山顶端有一座小圣殿或神庙，里面供奉着该神山的塑像和壁画并设有祭坛，主要供人们向神山膜拜和祭祀之用；此外，在神山周围的村落也设有祭坛。藏历每月十日和十五日，是对神山供奉朝拜的小型祭祀日，其祭祀形式可根据每人的时间和条件或在村落祭坛向神山祭祀、赞美和祷告；藏历五月十日，则是神山最隆重的祭祀日，周围的村民男子都要上山去举行盛大的神山祭祀活动，主要用糌粑和香木煨桑，以及插旗杆、撒风马，并高呼神山之名和诵唱神山赞美词；特别是此次祭祀神山时必须邀请僧侣在祭神坛前念诵神山经文，并向神山祈祷其子民和平、安康和幸福，以及祈求神山给予农业丰登、畜牧兴旺。此次祭祀神山的活动需要持续两天多时间，故人们在神山祭坛周围搭棚留住。这种祭祀神山的活动代代相传，从未间断，而且每次祭祀活动，就神山本身而言，使神山在人们心目中的形象焕然一新，更加神圣、亲近，而对广大民众来说，则可使他们得到一次心灵上的安慰和行为上的矫正。特别是藏族居民通过神山崇拜，确立了神圣的神山区域或领地概念，并在这一区域内既不敢打猎，又畏惧随意砍伐树木。毫无疑问，神山崇拜在人们保护生态环境中起到一种威慑作用（尕藏加，2005）。

捷姆（rje-mo）神山崇拜：位于云南香格里拉县红坡村次迟顶村的捷姆神山虽然离村落很近，但由于神山崇拜的缘故，村民不敢在神山区域内伐木打猎，故至今捷姆神山境内的自然环境处于良好状态，不仅山上的树木郁郁葱葱，而且林中出没不少野生动物。由于神山崇拜在藏族居民中具有根深蒂固的文化基因，人们虽在远离神山的建塘镇盖房，但其大门也要朝向自己家族的神山方位，以此表示对神山的崇敬或得到神山的保佑。由此可见，神山崇拜在藏族居民的生活习俗中占有重要地位，尤其在同周围生态环境处于一种协调和谐的状态方面发挥着重要作用。

纳木错圣湖崇拜：位于西藏当雄县的纳木错圣湖地处念青唐古拉山山脚下，海拔为 4718m。纳木错圣湖与念青唐古拉神山是一种“夫妻关系”。藏语“纳木”是天女的意思，所以该湖的名字是“天湖”之意，蒙古语则称其为格里海，是西藏第二大的湖泊，我国第三大咸水湖，也是世界上海拔最高的大湖，是西藏的三大圣湖之一。传说它的水源是天宫御厨里的琼浆玉液，因此，它还被宫神女当作一面绝妙的宝镜。每当藏历羊年，成百上千信徒前来“朝圣”磕长头转山转湖。

色林错神湖崇拜：位于西藏班戈县与申扎县交界处的色林错是西藏第一大湖，又称为“魔鬼湖”。因为是魔鬼湖，人们对它小心翼翼，不敢触犯。但实际上仍成为崇拜的神湖。因为人们总认为这湖不仅仅是湖，而是有生命的神湖。

**（3）生计方式**

藏族为适应青藏高原的生态环境创造了富含民族内涵的生态智慧和生态文化知识。各具特色的民族传统文化，使青藏高原成为一个世所罕见的多民族、多语言、多文字、多种宗教信仰、多种生产生活方式和多种风俗习惯并存的多元文化汇聚地。

对一个民族生计方式的研究就是对这个民族社会经济发展水平的研究。因此，我国民族学工作者近几年提出的用体现谋生手段的“生计方式”这一概念来替代“社会经济发展水平”，并认为“生计方式”不仅能明确地标示出人类社会经济活动的方向，同时也能容纳社会经济的发展水平这一含义（林耀华，1997）。因此，本书使用生计方式这一概念来说明其中的生态文化或生态智慧。

青藏高原海拔高、气温低、温差大而降雨少，冻土常年不化，植被类型以干旱半干旱草甸化草原为主。藏族的游牧民族发展至今，其经济方式已经不仅仅局限于草原放牧，还涉及农牧业、畜牧业方面。在高寒缺氧的雪山草原或高山峡谷，自然环境严酷，为适应这样的生存环境，生长于高海拔地区的居民早在历史上就形成了以农牧为主兼营商业的生产生活方式。

在青藏高原的澜沧江源头地区，由于气候严寒，这一地区土壤成土过程缓慢，发育不良。地下存在的永久冻土层成为植物生长的关键性限制因素，与上面的泥炭层和腐殖质层一起构成了该地区生态系统的脆弱环节。泥炭层是地表和地下永冻层之间良好的绝热层，但泥炭层自身缺氧，气温又偏低，肥分无法为植物，特别是高等植物的根系所吸收，很难支持植物的正常生长。腐殖质层是在土壤表面由植物的残株或者牛羊的粪便堆积而成的处于半降解状态的一层有机物结构，其一方面可以保护地下的永冻层不受扰动；另一方面，在缓慢降解的过程中还能散发出生物能，提高土温，支持植物根系正常生长，而缓慢降解游离出来的肥分在其间也能被植物所利用，为植物生长创造有利环境。而腐殖质层一旦被破坏，泥炭层就会露出地面，形成当地常见的生态灾难——黑土滩，导致数年甚至数十年间牧草无法正常生长，使草甸退化为荒漠。藏族居民经过长期生产生活经验的积累，深切地认识到泥炭层和腐殖质层对草原的特殊价值。因而，他们在生产生活过程中，绝不轻易扰动泥炭层和腐殖质层，做到生态环境的精心维护与高效利用的相互兼容。凭借长期形成的与当地生态环境相适应的传统生计，藏民能够在不断地从自然界中获取生存、发展所需的物质与能量的同时，精心地维护草原生态系统的多样性。

就生计方式而言澜沧江源头地区的藏民传统生计中保持着尽量“不动土”的习惯。例如，绝不轻易挖地取土，不打井取水，也不焚烧草原。在海拔3500m以上的区段，一般都不种植庄稼，因为海拔越高的地区，腐殖质层就越薄，被破坏之后的地表也越难修复。一些藏民即使是在采蘑菇、采草药时留下脚印，也会回身将其填好，就像爱护自己的孩子一样细心呵护着脆弱的草原表层。在一些地区，至今还保留着“动土先请神”的习俗。春耕前一天，每户带来一对耕牛，由该户主妇向天敬酒一次，在耕牛脑门上抹三道酥油，以示吉祥。除了祈愿纳吉之外，这一农耕礼仪同时也表达出人们对不得不动土的敬畏和歉疚之情。由于藏族居民主要的耕作对象不是一般意义上的土壤，而是大风吹来的沙土和地表腐殖质的混合物，因而在耕作过程中，他们尤其重视“耱”这一环节。耕翻之后，迅速耱平，以便压实风化壳，可谓是地道的“不动土”耕作。而在畜牧业生产中，藏族居民通过“多畜并放”、“转场浅牧”和保护野生动物的多样性等措施，精心地维护着草原生态系统和牧场的可持续发展。尽管三江源地区气候寒冷，野生植物种类相对较少，但牧草的构成仍然具有一定的多样化水平。据果洛藏族自治州草原水利工作队印发的《天然草场考察报告》的有关记载，玛多地区植物种类约为140种，牧草类占30～40种，其中包括藏蒿草、粗喙苔草、短蒿草、长花野青茅、早熟禾、紫花针茅、紫羊茅、风毛菊等优良牧草。藏族居民放牧的畜种有牦牛、黄牛、犏牛、绵羊、山羊、盘羊、驴、马、骡子等。传统藏族牧民大多采取多畜种放牧的方式，既可以充分开发牧区生产力，提高载畜量，又有利于草原的可持续利用。首先，不同的牲畜对牧草的采食各有偏好。例如，牛喜食高大的、多汁的、适口性较好的草类，羊则爱吃短小的、含盐量高的、有气味的各种植物。多畜种放牧可以立体利用草场空间，连续利用植物生长时间，使各种不同类型的牧草都得到采食，以保证草场的各类牧草得到均衡消费，实现草原的综合利用，提高载畜量。其次，多种牲畜混合放牧还可以控制那些在单种动物生存条件下极力滋生的不适物种，降低灾害风险。如果在牧场上实行单一畜种的专业化放牧，如仅放牧牛群而不搭配放牧羊群，那么草场上牛偏爱的牧草会越来越少，而牛不喜食的灌木和某些杂草往往会大量生长，使牧场植物结构发生变化，牧草质量下降，而多畜种混牧则可以避免这种情况的发生（邵侃和田红，2011）。

澜沧江源地区的草场可以分为两种，一种是牧草较为丰富的冬季牧场，主要分布在河谷滩涂地带。这一地区由于水源丰富，牧草较高，产草量也比高海拔地区多出 3 ~ 5 倍，所产之草是牲畜度过漫长冬季的饲料来源。另一种是分布在高海拔地带的夏季牧场，一般在海拔 4500m 以上。这一地区气候严寒，牧草低矮且产草量低，只有在盛夏时节才能加以利用。生活在三江源区域的藏族居民都有自己的草场，各村的草场连成一片，并远离村落位置。从海拔 3900m 的坡脚开始，一直到海拔 4500m 的区域，整个山都是草场，当地藏族居民称其为“德青卡”。在“德青卡”，除了草本植物外，还可能长出一些针叶树。在海拔 4360 ~ 4500m 的一小片区域，生长着高 40cm 左右的灌木，当地人称其为“湿热”，主要用来引火和做扫把。五六月份时，草甸上还会有少量的冬虫夏草生长。牧草长得最好的区段显然莫过于黄河的河谷盆地一带，因为这里海拔稍低，而温度又略高，更为关键的是这儿有着更为丰厚的腐殖质层，因此单位面积的产草量较其他地方要高得多。藏族牧民的放牧策略是紧跟季节转场，而不是随着青草走。一般情况下，气候回暖后冬季牧场肯定先返青，其他地方随着海拔的升高而依次返青。按照常理，藏族牧民应当是哪儿有青草，就把牲畜往哪儿赶，然而他们却不会贪恋冬季牧场，一旦返青就要转场。随着返青区段的不断爬升，牲畜也不断地往高海拔区段赶，到了深秋就差不多到了最高的海拔区段。这样一来，海拔较低的地方的牧草就得到了更为充分地生长和积累，以便使牲畜能够更好地过冬。不过于贪恋优质草，而是抓紧消费劣质草，这正是藏族传统文化适应环境的最精巧手段之一。因为如果不争取多消费劣质牧草，优质牧草的积累量就会减少，冬天牲畜就难以过冬，严重的话可能还会导致牲畜大批死亡。从这一策略出发，藏族牧民的放牧就成了极为艰辛的劳动，每天要走几十公里，但也只有这样才能使草原产草量逐年递升，在经济获得发展的同时，草原也得到了很好地维护。除了及时转场之外，藏族牧民还注意实施“浅牧”。浅牧就是在放牧的过程中驱赶牲畜快速移动，务必使牲畜像偷吃东西一样大口吃食，迅速走开。这样一来，牲畜仅将牧草最鲜嫩的部分取食，从而使得当年长出的牧草至少有 30% 以上得以保留，以便给地表留下更多的植物残株，进而保证地表腐殖质层的逐年累积。同时，在快速移动的过程当中，牲畜的粪便会遍撒于草原之上，这也就成为草原腐殖质层加厚的有机物来源之一（罗康隆和杨曾辉，2011）。另外，澜沧江源地区野生动物众多，主要有野牛、野驴、黄羊、石羊、白唇鹿、狼、红狐、雪豹、旱獭及各种鸟类等，而藏传佛教信徒素来有不随便杀生，甚至连植物也不随意损毁的禁忌，这种禁忌行为在很大程度上维护了当地的生物多样性和生态系统的平衡。正是多种野生动物的存在，与当地生息的人类、牲畜和植物一起构成了完整的食物链条。野生动物可以采食牲畜不喜食的牧草，其排泄出的粪便可以加厚草原的腐殖质层，野生动物同时还可以成为一些牧草的“天然播种机”。一些看似有害的动物，如鼠、兔等，在腐殖质层里面打洞时也会把有机质带到地底下，可以加厚腐殖质层和提高土温。而这些动物的天敌（如沙狐、鹰、乌鸦等）的存在，有效地制约着各个种群的数量，保持着草原生物链和生态系统的平衡（邵侃和田红，2011）。

生活在滇西北迪庆高原的藏族，通过对多年农业实践经验的总结，形成了一套适应当地气候和土壤情况的轮作制度。例如，在江边河谷区水田中，实行稻谷→蚕豆→小麦（油菜）→稻谷→小麦三年六熟制，或稻谷→小麦→玉米→蚕豆（油菜）两年四熟制；在旱地实行玉米→绿肥（小麦）→玉米→豌豆（春马铃薯）→玉米三年五熟制。高寒地区熟地实行马铃薯（荞子、蔓菁）→青稞（马铃薯）→青稞（春小麦）→荞子（蔓菁）三年轮作制；瘦地（低湿地）实行春小麦→蔓菁→青稞→荞子五年轮作制；二荒地实行荞子→马铃薯→青稞→青稞四年轮作制；半山区实行小麦（豌豆）→玉米→青稞两年三熟制，或小麦→玉米→豌豆→青稞（马铃薯）两年四熟制。这种轮作制度既保证了农业品种和粮食作物的多样化，又有效地保持了地力，使农业在不盲目扩大耕地的条件下实现了可持续发展。在畜牧业方面，藏族居民饲养的牲畜主要有牦牛、犏牛、黄牛、马、山羊、绵羊、骡子等。根据迪庆高原天然草场因海拔高低不同而分为寒、温、热三带的实际情况，藏族居民为适应这种环境，创造了牲畜随季节变化而上下迁徙，独具特色的立体畜牧业。每年4～5月，当位于海拔3500～3800m的亚高山草甸草场因气温升高、降雨较多而春草萌发时，牧民们便将牲畜赶到此类“过渡性牧场”就食，藏民称之为“西巩”，意为“春秋牧场”。6月以后，位于海拔3800～4600m的高寒层草甸牧草返青，气候转暖，牧民们便将牲畜迁往此类草场就食。此类草场青草萌发迟、枯萎早，但牧草品质高，适口性好，生命力强且耐牧，藏民称之为“日巩”，意为“热季牧场”。9月底以后，热季牧场青草枯萎，牧民们又将牲畜赶下来到春秋牧场进行“过渡性放牧”。10月底以后，春秋牧场青草枯萎，牧民又将牲畜迁往海拔3500m以下的冷季牧场过冬，藏语称之为“格巩”，牧期为11月至翌年3月。一些分布在海拔3000m以上的藏族村寨，常将牲畜迁回村寨周围的零星牧场和收割完毕的农田中就食。这种牲畜春季由低至高过渡，秋季由高至低过渡的轮牧制，既有效地利用了不同海拔、不同类型的各种草场，又有效地避免了大量牲畜集中于同一牧场而必然造成的过牧和滥牧现象，保证了畜牧业的可持续发展（郭家骥，2006）。

在澜沧江河谷地区的藏族也能种植水稻，他们经过多年经验总结，按照海拔高度的变化，形成了一系列适应当地气候、土壤的轮作制度：江边河谷地区实行两年四熟制，旱地实行三年五熟制，高寒熟地实行三年轮作制，低湿地实行五年轮作制，二荒地实行四年轮作制，半山区实行两年三熟制或两年四熟制。这种轮作制度既保证了农业品种和粮食作物的多样化，又有效地保持了地力，使农业在盲目扩大耕地的条件下实现了可持续发展（郭家骥，2006）。

**（4）丧葬**

由于干旱寒冷的气候条件，以及宗教信仰对藏民族的深刻影响，青藏高原地区的藏民族形成了独特并极具民族色彩的丧葬习俗。藏区，人死后的埋葬方法是多种多样的，丧葬的方式与死者的经济社会地位、宗教信仰、当地的地域环境、历史文化因素等有关。

塔葬。塔葬被藏族视为最高等级的葬俗，只有大活佛和极个别贵族才能享此殊荣，将肉身经过防腐处理保存在金银塔内，受人供养。塔葬体现和表达了活佛、高僧大德者内心最真实的情绪向往，即灵魂不灭，法身永在，佛无处不有无时不在。从塔的表面来看，除了金银塔，灵塔种类还有很多，有金灵塔、银灵塔、铜灵塔、木灵塔、泥灵塔，这些不同等级的灵塔主要是根据死者生前地位高低不同而选用的。

天葬。天葬是藏区最普遍的一种葬俗，也是藏文化中最为流行的一种丧葬。天葬的过程由天葬师主持，在天葬台上来完成。天葬台大多设在距离寺院不远的山岗上。主要过程是：藏人死后，停尸三天，然后由家人送往天葬台。在天葬台，天葬师在处理进行碎尸过程中还要为死者诵经，经过处理的尸体最后被秃鹫所食。

水葬，可以分为两个地域来说。一是在藏文化的腹心地区，盛行天葬的地带，水葬只用于鳏寡孤独及乞丐等经济地位低下者。作为天葬的辅助仪式，水葬葬仪也较为简单和原始，将死者尸体背到河边，肢解后投入水中，或者用白布包裹，将整尸投放河里。二是在藏文化边远区，特别是藏南深山峡谷缺乏老鹰的地带，水葬成为当地人的主要丧葬方式，那里的人认为水葬不比天葬逊色，天葬将尸体喂“神鹰”，而水葬则是喂“神鱼”。因而当地藏族仍保留着不吃鱼的习惯。

火葬也是藏区较早产生的一种葬俗。一般认为火葬在藏区属较高等级的葬式，一般只用于高僧活佛和贵族。但在森林树木众多的西藏东部、东南部，火葬十分流行，是当地占主导地位的丧葬习俗，火葬敛尸过程中的仪式大致与天葬、水葬相同。值得一提的是焚尸后对遗骨的处理，普通人的骨灰一般是带到高山上随风飘洒，或撒进江河让流水带向远方；高僧大德的骨灰则要做特殊处理，一般是与土掺拌，制成各式各样的“擦擦”，存放到佛塔的瓶肚里或基座顶部，保存供奉起来。

土葬本来是藏族原始固有的葬俗。但在盛行天葬以后，藏族人民则改变了认识，认为土葬是最坏的一种葬法。按藏族人的风俗，那些有重大罪恶之人及受刑而死的囚犯是不能天葬的，只能埋入地下，这样他们的灵魂就不能转世。患有麻风、炭疽、天花等传染病患者的尸体，西藏和平解放前法律不允许他们天葬或水葬，只允许挖坑埋进土里，意思是灭其根种。这与汉族的入土为安观念是截然相反的。但在四川、青海等部分藏族地区，仍流行土葬。有些地区长期保存着极古老的丧葬习俗，藏东和甘南藏区就流行有诸如穴葬、寄棺葬、楼葬、平台葬、室内葬、树葬等鲜为人知的特殊葬俗。

青藏高原地区藏族丧葬习俗源于历史，宗教和藏族文化传统，并受地理等其他因素的影响。该地区的气候仍然寒冷，土壤层薄，不适于土葬，而天葬、火葬或水葬不占用土地，这是对高原生态环境的一种适应。

**（5）婚姻与家庭**

独特的地理环境、恶劣的生存条件以及与外界的相对隔绝，再加之社会、历史等因素，青藏高原地区的藏民族形成了独特的婚姻制度。

一夫一妻是现阶段青藏高原地区藏民族主导的婚姻制度，同时，历史上也出现过一夫多妻和一妻多夫的现象。一夫一妻的家庭有三种形式：一是娶妻，女方到男方家里居住；二是入赘，男方到女方家订立门户，继承家业，若果女方家有姐妹数人，一般是招长女婿；三是男女双方都离开各自的家，另立新家。

在一夫多妻制度中，诸妻的家庭地位和社会地位都是平等的，以姐妹相称。唯一的丈夫成为家庭的顶梁柱，决定家中的大事。他对各个妻子的劳务安排、穿着服饰、性生活等都必须一视同仁，这样才能使各个妻子之间和睦相处，家庭才能团结、幸福。

一妻多夫是一个妻子同属多个丈夫，这多个丈夫一般是兄弟几人，这样的制度即兄弟共妻。这一制度是藏族婚姻制度中的一种特殊形式。在一妻多夫的大家庭中，平时妻子独居一室，她掌握着与哪个丈夫同居的主动权。只要她把哪个丈夫的信物挂在卧室外，就表示当晚愿意与哪个丈夫同居，其他丈夫就得回避。她掌握一个大家庭的收支，维持诸位丈夫之间的和睦，保证家庭的稳定，从而赢得全家人的尊重。在一妻多夫的家庭中，妻子的地位一般比较高。除了兄弟共妻制度外，藏民族也有非兄弟共妻的现象。兄弟共妻家庭中，长兄为家长，所生子女以家长为父，其他诸位均为叔。非兄弟共妻的家庭中，以第一任丈夫为家长，其余诸位为叔。藏民历史上这种一妻多夫婚姻存在的另一个原因是，这样的制度保证和巩固了一个大家庭的财产不外流，避免分家造成的家庭矛盾和财产纠纷，并减少了娶多个妻子会增加的家庭负担等。

以现在的视角来看，无疑，一夫多妻和一妻多夫都是不太进步、不太文明的婚姻制度，可是把时间、空间重返当时的境地，我们也就理解了。青藏高原地区地理环境复杂，气候恶劣，生存条件比较贫瘠，而且人烟稀少这就注定了社会生产力会很低，再加上与外界的相对封闭，外来文化还没有进入之时，藏民们为了留住一个家庭中微薄的财产，必然接受一妻多夫的制度。在青藏高原那么辽阔的土地上，人烟那么稀少，如果一个家庭有一夫多妻或者一妻多夫的话，是不是会增添一些生气，注入一些活力，人们便不那么孤单，而且新的婚姻组合，必然会有小生命的诞生，这也成了一个大家庭欢乐的组成部分。随着社会的发展，青藏高原地区的藏民们也在外来文化的感染下扩宽了视野，而且，随着社会生产力的提高，不再像以前那样，想要“守住”一个家庭的共同财产。更重要的是，外来的文明、法律等外在力要求人们以更科学的理念来思考婚姻制度，所以，现在青藏高原地区的藏民族们最最普遍的婚姻制度变成了一夫一妻制。这既是经济、政治、文化发展的外在表现，也是人们内在情感的需求。

**（6）饮食**

饮食是一个地区的地域、经济、人文的外在表现形式。青藏高原地区海拔高，气候寒冷，空气干燥，昼夜温差较大，地广人稀，水多草丰，牛羊成群，明显的季节变化等自然条件，促成了独特的游牧文化，加上浓重的宗教观念和历史因素，使得青藏高原地区的藏民形成了颇为丰富并与本民族文化及地域相适应的饮食文化。

青稞，属禾本科大麦属，具有耐寒性，抗旱性强，日平均气温稳定在0℃，耕作层土壤解冻时，即可播种。只要能发芽生长，苗期就不易受低温影响，在最暖月均温不足10℃，日均温≥5℃延续日数100天的高寒地区就能正常生长。但它的单位面积产量不高，由于青稞的耐寒特点，在作物播种面积中的比重随着海拔逐渐升高而增大，所以在全世界几乎只有青藏高原才有种植（南文渊，2003）。青稞理所当然成了当地居民的主食之一。糌粑是青藏高原藏民的传统食物之一，形似炒面，原料以青稞为主。做法是选好青稞或豌豆、燕麦后淘净，晾干，炒熟，磨成面粉，磨好后称为糌粑面，磨得越细越好。吃糌粑时，根据各自爱好，还可以放些奶渣或白糖，然后加酥油茶或清茶，中指按逆时针方向反复揉拌均匀，再用手捏成团状，直接用手往口里送。也有用青稞酒调糌粑的，做出的“粑”甘甜醇香，别有风味。而且，高原地区沸点较低，一些食物不易煮熟，糌粑不用煮，藏民族的游牧生活又便于携带，也是它盛传的原因。青稞发酵后还可以酿成度数较低的青稞酒，酸甜可口、老少皆宜，是节庆必备的饮品。青稞酒中的上品又是敬神和祭祀中不可缺少的用品。唱祝酒歌也是藏族人民最有意义的普遍习俗，谁来敬酒，谁就唱歌，歌词也是有敬酒人即兴编的。在严寒的高原气候中，酒可以使人的体温提高，而且，高原辽阔，藏族人民在这样的自然环境中，借着酒对人的兴奋作用，唱酒歌，跳藏舞，形成了一种温暖、热情、乐观的生活酒文化。青稞既是藏民族盛传食物的主要原料，也是酒文化的来源品，而且受本教观念自然崇拜的影响，藏民族对青稞有着深厚神圣的感情。

酥油是从牛、羊、牦牛奶中提炼出来的油脂，富含脂肪、蛋白质、维生素等。它不但是藏族人民一日三餐不可或缺的食品，还被用来敬神、供佛，寺院里点的酥油灯就是用酥油做的燃料，寺庙里供奉的酥油花也是用酥油制作的。酥油茶是藏族人民酷爱的一种饮品，几乎天天食用。酥油茶的制作方法是：把乳酪搅拌后倒入竹桶，次日浮起的黄油即为酥油。接着将茶叶放入锅内，加水煮沸，将茶叶滤除，再把茶水倒入长形竹筒，加入食盐和酥油，搅拌至乳状，再倒入锅内或茶壶里放在火炉上烧热，即成为清香可口的酥油茶。酥油茶之所以这么受宠，主要原因是在气候严寒干燥的高原，酥油茶的高热量可以让人们御寒，还可以消除一些牛羊肉的油腻及膻味；同时，茶叶作为外来文化传入的一个实体表现，也丰富了藏人祭祀、待客、婚嫁等的仪式。与南方人对茶的精细相比，青藏高原地区的藏民族的确是粗糙了很多，这与他们豪放不羁的民族性格有很大的关系。同时我也在想，辽阔的地域和稀少的人烟是不是也是促成高原藏人如此豪迈的原因之一。

青藏高原地区牧草丰富，牛羊成群，蔬菜瓜果的种类较为单一。这样的条件促成了传统高原藏民们对肉类食品的偏爱。牛羊肉和牦牛肉是高原藏民最普遍的肉类，其中手抓羊肉色、香、味、形俱全。手抓羊肉一般选用膘肥肉嫩的大羯羊，就地宰杀，剥皮入锅，开锅后立即捞出。火候以开锅肉为宜，肉赤膘白，肥而不膻，吃起来又鲜又嫩，十分可口。餐具只用藏刀，将羊肉割下后手抓食用，所以称为手抓羊肉。食用时十分有趣，羊尾和胸叉是献给最珍贵的客人；未来女婿第一次登门，未来的岳父、岳母一定要敬一段羊脖子，颈椎骨节相连的羊脖子很难将肉吃尽，但藏族青年不会被难倒，能吃得好像骨头上从来没长肉似的，只有这样才被认为是有本领的好女婿，所以在草原上流传着“羊脖子考女婿”的习俗（李双剑，1997）。为了适应游牧生活，以及充分利用高原严寒干燥的气候，藏族人民中还盛行风干肉、血肠等美味。他们一般选择在秋末冬初时制作，先选肥壮的牛羊、牦牛宰杀后，把肉切成条状，挂在避光通风阴凉干燥的地方，等肉风干后就成了容易携带的美食，这为藏民族长期的游牧生活提供了很大的便利。同样，在宰杀牛羊后，将它们的肠子洗净，再把动物的心、肺等剁碎，再加入动物的血液灌入肠子，然后风干，这就是高原藏族人民特有的血肠。其他辅食主要以奶制品为主，如奶酪、奶渣、酸奶等。传统的藏民族都钟爱食肉，同时，由于传统宗教观念的影响，藏民们对肉类的选择又有一些禁忌。他们忌吃奇蹄类动物的肉，如马、驴、骡等，甚至连这些动物的奶都很少喝；有爪类动物的肉他们也禁食，如猫、狗、狼、狐狸等。鹰、喜鹊、鸡等飞禽的肉和蛋他们也禁食，认为吃了这些东西会败兴。不吃飞禽跟传统本教鸟类崇拜有很大的关系，此外，高原藏人的天葬习俗，逝去的人的肉体由秃鹫等鸟类食用，这也是高原藏民禁食飞禽的一个重大原因。鱼类，也是传统禁忌肉类之一。在传统本教万物有灵的信仰中，鱼虾蟹类等都是龙神的化身，而龙神是人们极其崇拜的，所以传统藏民都不食鱼虾等水生动物；另外一个原因，跟鸟类一样与藏民族的水葬有关，他么认为逝去的人的肉体有一部分是被水里的鱼吃了，所以他们不吃水生动物。狗、马等在藏人的眼里都是很有灵性的动物，所以他们从来都不会对这些动物有杀念，更别提食用了。

**（7）禁忌**

民族禁忌既是一个民族长期的民族文化积淀，同时这也与地域的自然条件、宗教影响有很大的关系。

神山禁忌：禁止在神山上挖掘、砍伐树木、打猎、喧闹等。

神湖的禁忌：禁止将污秽之物扔到湖（泉、河）里，禁止在湖（泉）边堆脏物和大小便，禁止捕捞水中动物（鱼、青蛙等）。

土地的禁忌：在牧区，严守“不动土”的原则，严禁在草地挖掘，以免使草原土地肤肌受伤；禁止夏季举家搬迁，另觅草场，以避免对秋冬季草地的破坏；在农业区，禁止随意挖掘土地。动土须先祈求土地神。不能在田野赤身裸体，禁止在地里烧骨头、破布等有恶臭之物，以保持土地的纯洁性。

野生动物禁忌：禁止惊吓、捕捉飞禽。严禁拆毁鸟窝，严禁食用鸟类肉、禽蛋；禁止打猎，尤其坚决禁止猎捕神兽（兔、虎、熊、野牦牛等）、鸟类及狗等。

家畜禁忌：禁止侵犯“神牛”与“神羊”（即专门放生的牛羊），神牛、羊只能任其自然死亡；禁止陌生人进入牛羊群或牛羊圈，禁忌外人清点牛羊数；禁忌牲畜生病时，外人来串门做客；禁忌食用一切爪类动物肉（包括狗、猫等）；禁忌食用奇蹄类动物肉（驴、马、骡等）；禁止在宗教节日（正月十五、五月十五、六月六日、九月二十二等）宰杀牛羊；同时每月十五、三十日也视为禁止杀生的日子；禁止捕捞水中任何动物；禁食用鱼、蛙等水中动物；禁止故意踩死打死虫类。

#### 5.2.1.3　藏族生态文化对环境的影响

青藏高原地域辽阔，地理生态环境复杂多样，藏族人民在长期的对环境的适应和改造中，创造出了独具特色的民族生态文化。他们对宗教有着高度的信仰，在最开始的本教信仰中，万物有灵的观念促成了藏民族对自然的崇拜，这也是藏民族最开始的朴素的生态环保意识；随着佛教“因果报应”“六道轮回”等观念的感染，人们有了“放生”、禁止“杀生”的习俗，这便是藏民族生态观的进步与延续。独特的丧葬习俗和婚姻制度以及游牧文化是对青藏高原独特生态环境的适应。这种生态环境与民族文化相互融入，既对生态环境有保护作用，又有利于可持续发展；同时，适应于生态环境的民族文化才能持续流传。神秘的雪域高原及其传统的宗教文化，熏陶了人们对自然的崇拜，这在某种程度上就极大的以宗教、文化的意识形态推动人们对生态环境的保护。

由于青藏高原生态环境的脆弱性以及人们对资源的不合理开发与利用，造成了该地区的环境退化。因此，深入挖掘藏族生态文化，使其在藏区的生态环境保护中发挥作用具有十分重要的意义。

藏族生态文化中崇尚自然、敬畏生命的思想对培育藏区生态意识文明具有感召作用。在生态文明建设过程中，正是通过生态意识的支撑，使人们的生态文明观念逐渐被强化，从而能够从根本上遏制环境恶化的趋势。藏族生态文化中有效保护、节制利用自然的宝贵经验对藏区生态文明行为建设具有启迪作用。生态文明不仅是一种思想和观念，同时也是一种行为的结果。可以说，生态行为才是真正的生态文明。因此，藏区的社会经济发展中，应该借助藏族生态文化中的生态观以加强其生态文明建设。

### 5.2.2　纳西族

纳西族主要分布在大香格里拉地区，即滇、川、藏交界的横断山脉，具体讲主要聚于云南省丽江市古城区、玉龙纳西族自治县、维西傈僳族自治县、香格里拉（中甸）、宁蒗彝族自治县、永胜县及四川省盐源县、木里藏族自治县和西藏自治区芒康县盐井镇等。

纳西族的居住地横断山区面向云贵高原，背靠青藏高原，境内六江南流，八山对峙，形成了特殊的生态环境条件。纳西族一般都住在北纬30°以南地区，历史上为学佛经、经商或军事活动，纳西族也曾到昌都、德格地区。横断山区自西向东依次排列着大体南北走向的怒江、澜沧江、金沙江、无量河、雅砻江、安宁河等几条深切的大河，江河之间从西到东又高耸着高黎贡山、碧落雪山、梅里雪山、白茫雪山、哈巴雪山、玉龙雪山、绵绵山、贡嘎岭等名山雪峰，山体与峡谷并列，顶峰海拔常在5000m以上，个别甚至超过6000m。这种独特的地貌结构使得其他自然地理因素，如气候、植被、土壤乃至整个自然综合体都呈现出了明显的垂直分布（郭大烈，1994）。

#### 5.2.2.1 族源

纳西族先民在其生存和发展过程中，有自己古老的人类起源与迁徙的记载与传说，在整个纳西族分布地区又有许多旧石器、新石器和金属时代初期的考古发现，同时汉文献中也有许多记载，特别是晋《华阳国志》中第一次促到“摩沙夷”以来，其史籍历历可考。从各方面推断，纳西族的族源是多元的，川西至滇西北金沙江流域是其主要活动的历史舞台。

纳西族古老传说认为“人类的原始竟是卵生，卵生于天，孵化于地，于‘海子’中化育，遂成为远古的人类”。古代纳西族先民认为，最初的生命是由声音和气体震蒸发酝酿，相互感应化为白露，白露落入海水中产生的。他们认为，人的产生是漫长的过程，从无形的声、气，到有形的露水，从无生命的露水到有生命的蛋，从动物到人类（郭大烈，1994）。另外，纳西族的先民认为一切自然物也同人类存在血缘关系，产生了某种动物植物或神鬼化身成为某部族的祖先，或者人与某种动物或神鬼交媾而产生某祖先的传说。在《崇忍利恩和高勒趣的故事》中，说高勒趣的妻子金命金珠，曾与野猫及山骡交媾。在《解秽》类经书中，则有妥构故汝为其父与绵羊所生，妥麻古温为其母与山羊所生之说法。宁范地区传说中则有天女柴红古吉美的大姐木默甲子美，因曹德鲁若没有选中她作伴侣而怀恨在心，曾指使一只公猴欺骗柴红吉吉美并与之同居，生下半猴半人二男二女。曹德鲁若遇难得救回来后，砍死了公猴，但不忍杀死二男二女，又觉全身长毛难看，就用开水烫毛，二男二女怕烫便双手把头，所以头上和腋下毛没有烫着，身上汗毛也没有烫绰，以后二男二女互相婚配，繁衍后代。

上述传说仅仅反映了纳西族关于人类及民族的起源。而纳西族的族源在学术界有不同的看法。多数学者认为纳西族源于羌，如章太炎、任乃强、方国瑜等。方国瑜说道：“纳西族渊源于远古时期居住在我国西北河湟地带的羌人，向南迁徙至岷江上游，又西南至雅砻江流域，又西迁至金沙江上游东西地带。”近年史学界提出了一些例证，汪宁生说：纳西族东巴送除恶鬼（“斗”Dter）和祭龙用的木牌（“可标”Ko—byu)，与21世纪初在西北出土的“人面形木牌”相似。因此，对纳西族渊源于羌人之说也增添了一条新的证据。李绍明说：“纳西族源出于古代羌人，还可以从藏汉的传说中得到证实。他列举了著名藏族史诗《格萨尔王传》中黑羌部‘萨当王’之说及元明时期藏汉族称纳西族木氏土司为‘萨当汗’。又据郭大烈的调查，“现今康南的藏民，仍称巴塘南部白松乡一带的纳西族为‘羌巴’，‘羌’为族称，‘巴’系人之意，故羌巴即羌人”。当然，也有的学者对上述观点提出异议，如江应良认为纳西族来源于西藏。另外，有的学者则不同意纳西族源于羌说，如马长寿、蒙默、刘尧汉等（郭大烈，1994）。因此，有学者指出，纳西族的来源应该是多元的（郭大烈，1994）。

#### 5.2.2.2 生态文化

作为一个分布在大香格里拉地区的族群，纳西族在适应环境的过程中，形成了特征明显的历史与文化，主要表现如下：

1）东巴文化是纳西族的东巴教徒传承下来的，用象形文字或用图画文字记录下来的纳西族古代文化，它的内涵十分丰富：是世界上唯一活着的象形文字，按文字系谱来说，它的出现应是原始社会晚期的一次飞跃。原始社会也“由于文字的发明及其应用于文献记录而过渡到文明时代”；百科全书式的东巴经书：古代经书包罗万象，不管从哪一个角度窥测，宗教、哲学、天文、文学，都会从中看到各自在原始社会的影子；古老的舞谱，古老的舞蹈，东巴试图用象形文字记录下来，同时用羊和牛叫声以区分高、低音。这无疑又是人类艺术起源史上不可多得的一页。

2）古老的婚姻制度、亲属制度和氏族制度的遗存。

婚姻制度：滇川交界泸沽湖地区，主要是云南西部，在民主改革前，有一种暮合晨离的对偶婚形态，与之相应的是世系按母方计算的家庭，并与土司家庭父子、子孙相传世系同时存在。而这些地区是封建领主经济，土司制度长达 700 年。

亲属制度：泸沽湖畔没有姻亲的单系亲属制，基本称谓只有 15 种，除男子对姊妹子女称甥外，对女子来说，从自己一支、姊妹亲友、母之姊妹之女旁支的上、下、同辈称呼都是相同的。在东部金沙江河谷，虽然一夫一妻制家庭已经确立，仍然有许多古代亲属制的遗留，如人们对父、伯、叔、姑姨父通称“阿波”（父亲）。

氏族制度：氏族制度是古代社会最基本的组织。西部纳西族古有梅、禾、树、叶四支，后又演变成为“普笃”“古许”“古哉”“古珊”“阮可”“刁”等不同祭天群，一直延续到新中国成立前。东部纳西族有阿、喇、八、已、郎、葛、伍等姓氏土官，分据各地，想必由古代部落演化而来。永宁纳西族传说古代有西、胡、牙、峨、布、搓六。“尔”（氏族），下又分为“斯日”（家族）、亚斯日（小家族）100 多个，有共同的经济生活遗迹、共同始祖、共同送魂路线和墓地等，这些同地缘村落交错的血缘集团遗存是十分明显的。

纳西族地区在许多相关文化圈交接点上地位特殊。纳西族虽是人口较少的民族，但在经济、文化上对中华民族也做出了应有的贡献，同时，还起到一些其他民族不能替代的作用，就是滇、川、藏交界地区诸民族之间的桥梁作用。在历史文化上纳西族也有特殊的地位和作用，唐代，纳西族地区是吐蕃、南诏和唐王朝逐鹿之地，明代又是藏族文化南传，云南汉文化北传的交汇地。从宗教学来讲，东巴教正处于自发多神教与人为一神教过渡中；从文字学来说，东巴字正从图画文字向象形文字转变之中；从语言学来说，纳西语正在羌语支与彝语文分界点上，具有双向相似性；从现实来说，纳西族木氏土司热衷于学习汉文化，从明代以来，就成为开放的民族，促进了经济文化的发展，至今仍有现实意义（郭大烈，1994）。

**（1）自然生态观**

a. 人与自然是同父异母兄弟的生态观

在纳西族东巴教中，其生态文化异常丰富，最重要的就是体现了人与大自然同体合一的思想，认为大自然和人是同出一源的，有共同的出处来历。东巴教认为大自然界的日月星辰、山川草木、鸟兽虫鱼以及人的生命最初皆起源于蛋卵，将大自然和人视为有生命血缘关系的物质实体。这是纳西先民自然观和生态观最原初的思想根源之一。继而，东巴教认为人类与大自然是“同父异母的兄弟”。

纳西族先民在长期的生产生活实践中，通过总结人与自然关系正反两方面的经验教训，从自然崇拜意识中概括出一个代表整个自然界的超自然神“署”，并形成了大规模的“署古”仪式。“署古”是纳西族独特而优秀的传统习俗，“署”是个大自然的总称；“古”是祭和调整、交流的意思。

东巴经神话《署的来历》说道，人类与大自然“署”原是同父异母的兄弟，人类掌管的是盘田种庄稼、放牧家畜等；而他的兄弟“署”则司掌着山川峡谷、井泉溪流、树木花草和所有的野生动物。人与自然这两兄弟最初各司其职，和睦相处。但后来人类日益变得贪婪起来，开始向大自然兄弟“署”巧取豪夺，在山上乱砍滥伐，滥捕野兽，污染河流水源。其对自然界种种恶劣的行为冒犯了“署”，结果人类与自然这两兄弟闹翻了脸，人类遭到大自然的报复，灾难频繁。后来，人类意识到是自己虐待自然这个兄弟而遭了灭顶之灾，便请东巴教祖师东巴世罗请大鹏鸟等神灵调解。最后人类与自然两兄弟约法三章：人类可以适当开垦一些山地，砍伐一些木料和柴薪，但不可过量；在家畜不足食用的情况下，人类可以适当狩猎一些野兽，但不可过多；人类不能污染泉溪河湖。在此前提下，人类与自然这两兄弟又重续旧好（杨福泉，2008）。

b. 对自然界“署”、“欠债”和“还债”的生态观

东巴文化中所反映人与自然观的又一观念是人对大自然的敬畏之情，除了反映在各种礼俗中外，还有向自然“欠债”与“还债”的观念。东巴教认为，人们为了自己的生存，使用大自然所拥有的物质，

如伐木、割草、摘花、炸石头、淘金、打猎、捕鱼、汲水、取高岩上的野蜂蜜，甚至使用一些树枝和石头等用于祭祀礼仪，都是取自大自然，是欠了大自然的债。如东巴经《超度放牧牦牛、马和绵羊的人·燃灯和迎接畜神》中说："死者上去时，偿还曾抚育他（她）的树木、流水、山谷、道路、桥梁、田坝、沟渠等的欠债。""你曾去放牧绵羊的牧场上，你曾骑着马跑的地方，用脚踩过的地方，用手折过青枝的地方，用锄挖过土块的地方，扛着利斧砍过柴的地方，用木桶提过水的山谷里，这些地方你都要一一偿还木头和流水的欠债。除此之外，你曾走过的大路小路，跨过的大桥小桥，横穿过的大坝小坝，翻越过的高坡低谷，跨越过的大沟小沟，横穿过的大小森林地带，放牧过的大小牧场、横渡过的黄绿湖海，坐过的高崖低崖，也都一一去偿还它们的欠债。"

显然，纳西人把自然视为人一生赖以生存的恩惠之源，是大自然抚育了人类，人的一生欠着大自然很多债。这些债要通过举行祭祀大自然神灵的仪式来"还债"。从这种敬畏自然，感恩自然的传统思想中，可以领会到为什么纳西人过去盖一幢房子、劈一块石头、砍一棵树，都要举行一个向自然种种精灵告罪的仪式之风俗的意义（杨福泉，2008）。

c. 向大自然还债——祭"署"仪式

由于人类这些活动欠了"署"的债，人类不仅要对"署"的给予怀有感恩之心还要具有"还债"之行。因此，人类在开荒、伐木、打猎时，要归还"署"的东西，方式之一就是祭"署"，请东巴祭司举行祭祀仪式，把面粉、酥油、松柏、天香献给"署"，以表达人类对"署"的感恩和敬畏。在纳西族传统习俗中，祭天是最重要的传统祭祀仪式，而祭祀"署"与祭天并列，祭祀"署"的东巴经典达37种之多，可见"署"对于纳西族日常生活的重要性。

过去，纳西族每年农历二月以村寨为单位，全民参加祭"署"，祭祀"署"属于大型的祭祀仪式，是纳西古老村寨最大的活动之一，一般要持续很多天。在祭"署"的仪式上，东巴首先讲述祭祀"署"的来历，讲述"署"与人类纠纷产生的根源，讲述人与"署"之战，最后强调祭祀"署"的意义和作用。东巴在诵读《压呆鬼·开坛经》时说："我们住在村子里，不曾让山林受到损坏；住在大地上，不曾让青草受到损坏。住在水边，不曾让水塘受到损坏。……即使打猎，也不射杀大雪山上松林里的小红虎，本不会放狗打猎，即使去打猎，也不对白云深处的小白鹤下扣子，不会撬石头，就不会撬大石头堆，不会砍树，就不去砍大的树木。不会引水，就不去捅黄海的海底。放牧不让'里美斯汝'（'署'的一种）的正在吃草的鹿和山毛驴受到惊吓。种庄稼不去破坏'署'神里美肯术的大河大源水，到白云缭绕的雪山上，也不曾折断攀满青藤的树枝，来到松树林，不曾划开杉树来做盖房顶的房板，不曾砍大青沟的青竹，不曾获取过多的山货。"

显然，在神圣、庄严、肃穆的气氛中，东巴、参与者以虔诚态度诵读上述以禁令形式向"署"的表白，以及祭祀经文的内容都充分体现了祭祀者对"署"的毕恭毕敬、唯恐得罪的敬畏心态，映衬出"署"的神圣和崇高。通过祭祀，使每个人对署都有着无比敬畏之情。祭祀仪式是纳西族人向"署"表明自己的心迹，说明了纳西先民对自然的态度由"崇忍利恩"时代对自然傲慢无礼、狂尊自大到小心谨慎、毕恭毕敬、诚惶诚恐的转变，由理所当然地向自然获取资源向还债意识的转变，标志着纳西族对自然的尊严和权利的认识上升到了理性的高度。

纳西族人修建房屋，劈树砍伐时，都要举行向自然神灵谢罪以祈求得到"署"的宽恕的仪式。据介绍，丽江塔城东巴和顺东到自留山上砍伐建房木材上山前要先择日子举行"偿树债"，砍树时，总是战战兢兢，砍完后要用树枝盖住树桩。

基于对"署"的上述认识，纳西族在向大自然获取资源时，形成了保护大自然，不无故伤害生命和破坏"署"的原则。根据东巴神话，山上的树木属于"署"的财产，人类在必要时，要经过东巴祭祀"署"，与"署"沟通得到"署"的同意后才能适当砍伐，不能乱砍滥伐。在纳西人眼中，野生动物是"署"的财产，不能无辜伤害自然生命。因此，人类为了生存，打猎要适度。打猎时，如果打幼兽、孕兽就是伤及无辜生命，就会遭到"署"的惩罚（吉凯，2012）。

**（2）民间禁忌和乡规民约相结合的生态保护体系**

民间禁忌和乡规民约也深刻反映了纳西人的生态观和自然道德观。“长期以来，东巴教这种将人与自然视为兄弟的观念成为一种纳西人与大自然相处的准则，并由此产生出种种有益于自然生态环境和人们日常生活的禁律，它或以习惯法的形式，或以乡规民约的方式，规范和制约着人们开发利用自然界的生产活动。”从纳西族生活和生产方式的禁忌中可以看出，纳西族对于周围的生态环境十分爱护，尤其对于村寨周围的大树奉若神明，严禁砍伐。“纳西族社会普遍祭祀神树神林。通常每个村落都有自己的神山神树。尤其是松、柏、栗树在纳西族原始崇拜中占有很特殊的地位，大而年代久远的栗树多被崇拜为神树。上述三种树有人认为可能是纳西族的‘图腾’。神山中的大栗树不得任意砍伐和践踏，据说只要动它的一片叶子，都会给人招来莫大的灾难。”这种对树木的崇拜，进而制定具体的禁忌措施而加以维护的传统，客观上保护了自然生态环境。

要使自然生态环境能够得到有效的保护，使保护自然生态相关的社会秩序和社会公德得到维护，离不开民族社区内部自身的调节作用。长期以来纳西族先民制定了一系列行之有效的措施，以乡规民约的方式对自然生态进行保护。这些禁忌包括：不能砍伐水源林，不能污染水源，不能在饮用水沟上游洗涤脏物，不能倒脏物于水沟中，不能砍伐和放牧过度而使山上露红土，不能叫自己的牲畜毁坏别人的庄稼，不能随意砍大树和幼树，连被风刮倒的大树也不能随意砍回家。这些禁忌习俗客观上对保护村子的生态环境起了相当大的作用。

过去，丽江龙泉各村每年“封山”的习俗，一般是从清明到雨季结束的九月份，当地民众认为这一时期是树木的生长发育期，不宜砍伐和割绿叶垫畜圈。如砍伐，会导致暴雨冰雹。村民在此期间只允许找一些枯枝败叶。各村集体林中的野生经济林木，如结松子的白松林，在果子尚未成熟期间禁止采集，何时采集，由村中统一安排。这一习俗在街尾、松云村等一直保持至今。

过去，丽江市金山乡一带的村民护林爱山的意识是很强的，立夏之后决不砍伐任何一棵树。一年中，全村有统一外出集体林修枝打杈的一天，各户能砍多少量的枝杈有统一规定，砍好后要先堆放在一起，由村中长老等过目验收，证明确实没有过量砍伐后才能各自把这些树枝背回家。

利用民间禁忌和乡规民约结合而成的文化体系来保护生态环境也是纳西族生态文化的重要价值之一，它是传统文化与自然环境相互作用、和谐发展的结果，迄今仍然发挥着重要作用，而且还通过村民大会公推德高望重的老人组成“老民会”，督促乡规民约的实施。“‘老民会’负责制定全村的村规民约，并负责评判事端，调解民事纠纷，监督选出或由‘老民会’指定的管山员或看苗员看管好公山和田地，如有乱砍滥伐、破坏庄稼等违反村规民约者，由‘老民会’依村规民约惩罚。”这种成文或不成文的乡规民约，很多村寨都有，最为普遍的一项是巡山护林，各村的护林员，威望足以慑服民众，一般人不敢以身试法，乱砍山林。

纳西族社区依靠民间禁忌和乡规民约治理村寨，保护生态，往往能起到切实的作用。这些乡规民约和民间禁忌，久而久之便自然内化为纳西人心目中根深蒂固的环境保护意识和生态道德。这种道德观念已经渗透进了纳西族社会生活的方方面面，纳西人节约用水，不会轻易砍树，捕到小鱼就放生等，都是一种维护生态的自觉行为。纳西族民间善待自然的传统习惯法已升华为一种道德观念，在纳西人的观念中，保持水源河流清洁、爱护山林是每个人都必须履行的社会公德（和晓花，2007）。

### 5.2.2.3　纳西族生态文化对环境的影响

纳西族在长期适应自然生态环境的过程中，懂得自然对于人类的意义，认识到离开了大自然，他们便无法生存。因此，其生态文化中充满了对自然的亲善，他们热爱自然，保护自然，使得大部分纳西族地区山常绿，水常流，从而营造出一种绿色的、和谐的、诗意化的生存环境。纳西族营造了一幅“家家门前绕水流，户户屋后垂杨柳”与人自然高度和谐的景观，体现出了一种人与自然环境之间的和谐关系。纳西族的生态文化是一种保护自然、热爱自然、合理利用自然的文化。这种文化对人的行为有着巨大的内在约束力。如果没有文化的内在约束力，仅靠法律等有形制度的外在约束，实现不了生态系统的可持续发展。纳西族生态文化价值内涵，对于当前保护生态环境，促进生态平衡，促进人和自然的和谐发展具有重要的现实意义和理论意义（和晓花，2007）。

## 5.2.3 白族

白族是大香格里拉地区的一个少数民族，主要分布在云南省大理白族自治州，丽江、碧江、保山、南华、元江、昆明、安宁等地和贵州毕节、四川凉山、湖南桑植县等地亦有分布。白语属汉藏语系藏缅语族。

### 5.2.3.1 族源与生态环境

白族是一个历史悠久的民族，也是自古以来就居住在以洱海为中心的土著居民之一。主要有三个支系，都崇尚白色，故自称“白”“白人”“白子”等。三个支系即他称的“民家”“那马”“勒墨”三大部分，其中民家人约占95%，那马人约占3.5%，勒墨人约占1.5%。实际上，由于白族长期与许多民族毗邻而居，其他民族对白族的称呼除民家等三个他称外，据调查，有14个民族对白族的称呼多达60多种，可以概括为四类：一是带白字的他称，约有12个，如白尼、白衣、白特、那白、白蛮、拜、乓章等。二是带虎字的他称，约有22个，如那马、勒墨、拉哺、娄哺、娄本、娄比、农比、洛罗、阿罗、罗直、腊本、腊扒等，都含有虎意，是对以虎为图腾的白人的称谓。三是带鸡字的他称，约有6个，如阿盖、盖侯、腊盖、洛盖、盖特扒、勒季等，是对以金鸡为图腾的白人的称谓。

关于白族的族源，学术界有不同的看法，归结起来主要有以下几种意见。

1）源于氐羌：通过和其他藏缅语族民族的语言和文化比较，认为白族和彝族、傈僳族等藏缅语族民族一样，都属于原来分布于今青海、甘肃等地的古氐羌族群的一支，后南迁至洱海地区。

2）源于土著：根据洱海地区的考古材料，可知洱海地区在旧石器时期就有人类分布，从而认为现在的白族应该是土著居民。

3）源于汉族移民：根据相关的历史记载、考古材料，可知白族地区早在旧石器时代就和中原地区有了文化上的联系。加上白语和汉语之间的密切关系，部分学者认为白族和汉族在族源上有密切关系。

4）源于多源：通过多年的研究，又综合各方面的材料看，现在人们已倾向于认为，白族是一个多源同流的民族共同体。也就是说，白族是洱海地区的土著居民，融合了南下的氐羌族群的一支，同时又融合了各个时期（尤其是明代以来）大量的汉族移民而形成的。族源上的多源同流，是白族文化多元性的重要基础。

大理是白族文化的发源地，因此，通过理解大理白族的生态环境，为理解白族的生态文化提供了重要的途径。文化生态环境是不同文化区的自然地理环境和物质文化景观以及它们的分布规律。地处大香格里拉的大理，属青藏高原的南延部分，高山南北纵列，怒江、澜沧江天然通道，是古代氐羌南下和濮越北上的走廊。金沙江沿川滇边境通向华中，密切了古代南中与巴蜀的联系。《史记·五帝本纪》说，黄帝子“青阳降居江水……其二曰昌意，降居若水”。考古发掘也证明，与以黄帝为代表的仰韶文化相似的文物，在大理地区的文化遗址中常有发现。距今4000年的洱海东金沙江边宾川县白羊村新石器文化遗址中的房屋建筑形式、陶器和葬俗等，都带有黄河流域新石器文化的一些特征。与此同时，广东、广西沿海地区的古越文化也沿江西经贵州到达滇西地区。《史记·西南夷列传》说：“南越以财物役属夜郎，西至同师（今保山）。”从1986年在滇西保山市塘子沟发掘距今7000年的旧石器文化遗址来看，云南与东南沿海以至东南亚的文化联系已经很早了（赵寅松，2002）。

白族居住地的自然环境和近年考古发掘的大量资料表明，白族不仅是洱海地区的土著居民，而且是这一带种植水稻的古老民族。白族先民居住地区虽然地处横断山脉，但这里分布着许多小湖泊、小盆地，气候夏凉冬温，雨量充沛，森林茂密，禽兽众多，盛产鱼虾。平地可以种植谷物，饲养牲畜，山区可以采集、狩猎。这里还有很多盐泉供人食用，多种金属矿藏供人制作用具。这些有利的地理条件，成为古人类最理想、最美好的生息繁衍之地。

研究表明，在以洱海为中心的 200km 范围内，已经发现或发掘出新石器、金石和青铜器遗址八九十处，其中宾川白羊村、剑川海门口、祥云大波那三个遗址出土的文物最为典型，它表明同一类型的三个发展阶段。这三个遗址所在地，都是现在白族的主要聚居区。在白羊村出土文物 516 件，除大量手制陶器和部分石器外，还有猪、狗、牛、羊以及其他野兽的骨、角、牙器和蚌器，土坑墓 34 座，屋基 11 座，屋基内发现 23 个窖穴内有稻谷遗迹。这说明，这里的居民当时已开始经营农业，并已形成长期定居的村寨。经测定，该遗址距今约 4000 年，相当于夏王朝的早期。海门口遗址出土文物近 1000 件，其中陶器 475 件、石器 169 件、铜器 14 件，其他骨角器六七十件。出土文物中不仅陶器最多，而且还有制陶工具。陶器中又有不少陶网坠，还出土有铜钓钩，说明这里的居民以捕鱼为生。铜器虽只十余件，却同时出土有麻石制作的铜范，其形状和花纹与斧完全相同。可见当时他们已能自己冶炼制造铜器了。值得注意的是，在这个遗址的四个地点发现了谷物，有稻穗、麦穗、稗穗，尖芒仍然存在，颗粒形象不乱。房屋为干栏式，4/5 建在水上，出人的大门设在陆地一边。这样的水上住宅，既卫生，又便于防卫。在水上掘出柱桩 224 根，沿水流的一面略排成“一”字。这无疑是一个水寨遗址，而这样的水寨，在海门口遗址所在地的剑湖周围和洱海的东面都有发现。该遗址距今约 3200 年，相当于商王朝后期。大波那出土一具以楠木为外椁的铜棺。棺重达 300 多千克。棺的两边和头尾各有一块为底部，棺盖为两块屋脊式的“人”字形，棺底铸有 12 支小垫脚，其形状似今日怒江地区白族（包括傈僳族、怒族）干栏式住房。棺上饰有鱼鹰、燕、虎、豹、鹿、马以及三角形图案等纹饰。随葬品 90 多件，绝大多数系青铜器，其中有锄、锌、矛、剑、钱、尊、杯、勺、豆、斧、匕、杖等器物，有铜鼓、钟、葫芦笙等乐器，还有房屋、牛、马、羊、猪、鸡等模型以及其他饰物。该墓葬距今约 2400 年，相当于战国中期。大波那出土的文物表明，当时白族先民已经跨入有“常处”、有“君长”的家长制社会。白语称大头人、大家长为“大波”，墓主人显然是当时“君长”式的人物，而铜鼓、铜杖则是行使其权力的象征（詹承绪和张旭，1996）。

#### 5.2.3.2　白族的社会经济及其发展

早在秦汉时期，白族地区就与内地关系密切，先进的生产技术和工具传入白族地区，促进了白族的经济发展。蜀汉时，洱海地区“土地有稻田牲畜”，不仅种植水稻、麦、粟、豆等，而且经营葱、韭、蒜等蔬菜以及桃、李、梅、苹果等园艺。唐代，白族先民修建了能够灌溉数万顷良田的高河水利工程和邓川罗时江分水工程。与此同时，冶铁、炼钢技术有了长足发展。自南诏以后，除少数地区仍以畜牧业或渔业为主外，大多数白族地区的稻作农耕文化已成相当规模。普遍使用扶犁和牛耕。坝区注重精耕细作，一般要耕耙两三追才进行栽种。山区人少地多，耕作较粗放，广种薄收。至 20 世纪 50 年代初，大多数白族地区已经进入封建地主经济的社会发展阶段，经济发展水平相对云南其他民族要高。但是白族内部发展极不平衡，怒江白族“勒墨”支系还处在父系家庭公社末期向阶级社会过渡的阶段，即家长奴隶制阶段。澜沧江畔兰坪白族普米族自治县兔峨地区的那马白族处在封建领主统治之下，土地、山林全归领主所有。农奴没有土地所有权，有的甚至沦为奴隶，丧失了人身自由。近代以来，大理、鹤庆等地的商业资本发展起来。由地主直接经营商业，逐步形成规模。先后出现了一些大商行，分为鹤庆、喜洲、腾冲等商帮。这些商行从印度、缅甸、越南等地贩运洋货进来，从国内贩卖黄金、白银、石磺、黄丝、猪鬃及其他农副产品出去，逐渐从销售外国商品和收购原料中发展起来。新中国成立后，白族地区与其他少数民族地区一样，在政治、经济和文化各方面都得到了迅猛发展。特别是大理白族自治州的旅游业，经过 20 年的开发，这里已经成为中外闻名的旅游胜地（杨圣敏和丁宏，2008）。

#### 5.2.3.3　生态文化

白族的生态文化内容丰富，主要表现在白族对自然的认知以及人与自然的关系上。

**（1）自然宗教观**

白族的自然宗教观主要包括三大原始宗教观，即天地观、生死观和灵魂观（张笑，2011）。

a. 白族的天地观

在白族地区，有许多关于“天母地公”的传说，还有许多受“天母地公”观念影响后产生出的生活习俗。“天母地公”即认为天是“母”的，地是“公”的，这与华夏文化意识中的“天公地母”这一观念正好相反。以剑川、兰坪、云龙、洱源、鹤庆、丽江、大理等白族聚居区的人们对天地的白话称谓为例，白语称天为“哼嫫卡”［heinmoxka］，其含意即“天母”。称地为“己波戛”［Jit bot ga］，意即“地公”。除此之外，白族创世纪神话传说中，也充满了“天母”创造世界的不少美妙的神奇的说法。

白族创世神话传说的“人类和万物的起源”讲道：远古时候，大金龙吞食了坠海的太阳，太阳灼伤大金龙的脏腑，哽住大金龙的喉咙，大金龙拼命吐出已经变成肉球的太阳，肉球撞裂成两大块肉，先落地的一半变成了劳泰，是人类最早的女人；后落地的一半变成了劳谷，是人类最早的男人。劳泰和劳谷在洱海边结为夫妻，生出了十个姑娘和十个儿子。这十个姑娘和十个儿子，分别找到了火种，学会了起房盖屋，学会了狩猎农耕养殖，学会了行船捕鱼，学会了农耕种植，还学会了识别草药治病，学会了唱曲打歌。十个女儿与十个儿子结成夫妻，休养生息，生儿育女，繁衍出勤劳勇敢的民族——白族。这一神话传说突出了劳泰（女性）为先，十对儿女中，女儿为先的“天母”观念，传达了女性在前，男性附后的原始母系宗教观念信息。

白族“开天辟地”传说又讲道：远古时，天上和地下都一样，有山有水，有平坝、有山川。那时，天上的水直冲到地上，沙土山石直掉到地上，生活在地上的人们不得安宁，是白族的老祖母（佛教进入后，将白族老祖母改释成了“观音”）用一块蓝布将天地隔开，蒙住了地，挡住了天，从此天上的水和沙土山石就再也不会直落到地上了。冲在蓝布上的水从布缝眼里往地上淌，就变成了雨，白族老祖母还在蓝布四周钻了几个洞，洞口便吹来了风。

另一个关于“日月”的传说，讲到了远古时一个善良的白族老婆婆，生了一个儿子，儿子做了大官后对老人不孝，结果气灭了天灯，老婆婆的儿子受到“五牛分尸”的惩罚。老婆婆拿出了几乎饿死也舍不得吃，想留给儿子的两个饼子，结果一个饼子变成了太阳，一个饼子变成了月亮。白族“盘古、盘生”传说进一步讲道：盘古、盘生两兄弟都是男性，是父系，他们创造了地上的山川树木，江河湖泊，创造了人世上的动物植物。这些神话传说更加丰富了白族“天母地公”神话传说的内容，使“天母地公”这一传统的原始宗教观牢牢地在白族族群中扎下了根。

另外，在白族的生活习俗中也处处表现出“天母地公”的观念。

受神话传说的影响，至今在白族人的生活习俗中，存在着一系列对“天母”祭祀的活动。在剑川，对“天母”的祭祀一是每年农历的除夕、春节；二是清明节，七月的祭祖；三是八月十五对天母的拜祭。每年除夕，在每家每户年饭之前，爷爷、奶奶与父母亲，都要率领儿孙们，将煮熟的猪头、全鸡、生鱼和其他牲礼恭恭敬敬地摆放在庭院中心的桌子上，然后点燃香烛，燃放鞭炮，虔诚地祭拜“天母”。叩拜完毕，再把牲礼端到大门口再次仰天跪拜，向“天母”祈求、祷告。祭天完毕才能回到厨房里破开猪头，切开鸡身，再做年饭需要食用的各种菜肴。待菜肴做齐之后，才将一桌年饭用托盘捧到祖宗牌位面前，祭拜祖宗神灵。祭拜完毕，一家人才可以团坐在一起，开始吃年饭。正月初一清晨，一开大门，就必须在门口竖一对1m多长的粗香，对天母祷告、点好香，燃放鞭炮。

清明上坟，祖父母先遥对天母行祭拜礼，然后再至本山后土、各个墓冢前祭拜。清明节晚饭，先至大门外空旷处对天母祭拜，然后到楼上祖宗牌位前祭拜。七月祭祖时，先要把做好的菜肴、茶、酒摆至庭院中间，向天母祭拜，再至大门外向天母祭拜，然后才将菜肴捧至祖宗牌位前叩拜。八月十五日夜，先要把月饼、水果、茶水、酒水摆放至庭院中心，对着天母、月亮瞌头，焚烧元宝、香火。八月十六日，为白族人到野外向“天母”拜祭的日子。当天，剑川古城周围的妇女们，都要背上祭“天母”的祭品，到白语称之为“廿处”（即很高的地方）的象鼻山坪场上去祭“天母”。这时的祭品只能用“素祭”，一般用香油烤成的月饼、五色米干、爆米花、椿干、清茶等素品。祭祀的人们在坪场上朝着东方的蓝天，摆好各种祭祀品，一边瞌头，一边祷告，祈求“天母”保佑儿孙四季平安，保佑当年风调雨顺，保佑全家万事如意。剑川古城以外，四乡八寨的村民，以白族妇女为主，都到各村寨约定俗成指定的高坡坪场上，对天母实行拜祭。

随着佛教、道教的传入，白族“天母地公”崇拜文化中，也融入了许多诸如“日神、月神、风神、雨神”之类的佛道宗教文化，使白族母系神灵和父系神灵的宗教观进一步得到完善与充实。祭“天母”习俗是白族人群保留的最原始的一种宗教理念形式，这一传统习俗使白族人群至今仍然牢固地树立着“天母地公”这一个与华夏文化的“天公地母”观念截然相反的原始宗教观。

白族人对“地公”的崇拜对象相当广泛，这是受后来进入白族地区的诸多人为宗教文化的影响所致。“地公”崇拜均有固定的场所、位置，其神灵或神祇包括原始的山石、树木、山神、水神、猎神、木神，还包括华夏文化和佛、道文化流入的各类神灵的化身以及包括白族各村寨“本主”神在内的各种神灵。在白族人的心目中，这些神祇都是大地万物的护佑之神，都有各自具体的鲜明形象，许多村寨都专门为之立庙塑像。在祭祀这些神时，白族人群不分男女，都在庙宇或实地用猪头、公鸡、血、酒等荤品进行“血祭”。在祭祀这些神时，祭“猎神”和“木神”时不准女性参加祭祀。

祭祀“猎神”和“木神”的活动仍然保留着原始崇拜的特殊手段，一般表现都相当神秘，有各自单独的一些祭祀禁忌，还有一些口授心传的独特咒语，给人一种神秘莫测的感觉。白族人群浓厚的“天母地公”观念形成了区域性的一种独特宗教理念。因此，在白族木雕、石雕、建筑的工艺流程中，很自然地形成了对庙宇、戏台、亭榭、楼阁的挑檐出角的装饰部位，对家庭祖宗牌楼挑檐的装饰部位都是“凤在上，龙在下”的独特雕刻装饰排列形式。

除此之外，在生活习俗中，出嫁后出生的小孩，都称男女双方的父母为“爷爷、奶奶”。不像华夏文化中男性家中的孙子们必须称儿媳的父母为“外公、外婆”。在家庭社会成员中，母亲去世后，必须要做一台白族人称之为“舍神”（超度）的法事，这是白族女性一生中最高的礼遇。而父亲就没有享受“舍神”礼遇的资格。这一习俗，至今依然存在，但是，即使在封建社会时代，男人的官做得再大，拥有的资产再多，逝世后如要做法事，也只能做一般的道场或法事，绝不可能享受“舍神”礼遇。

白族“天母”观念的体现，莫过于剑川石宝山石钟寺石窟中的“阿央白”雕塑了。在石钟寺区的第八窟中，一座被白族人称之为“阿央白”的女性生殖器石雕，置于石雕拱洞中央的莲花宝座上，“阿央白”石雕洞左壁线刻为东方毗卢遮那佛，拱洞右壁线刻为西方阿弥陀佛，依照左右佛像的排列，中央莲花宝座上的“阿央白”的位置正是“大日如来”的位置。“阿央白”的雕塑位置说明南诏、大理国时期，白族佛教密宗对于母性的尊重已达到了至高无上的地步。这实际上就是白族佛教密宗借助白族“天母地公”这一白族人群的原始宗教观念作为基础支撑，才可能创作出了“阿央白”这一神圣的崇拜物。因此，我们可以这么说：石钟寺“阿央白”的塑造是白族佛教密宗尊重母性神圣思想的经典体现，但“阿央白”的形成和“阿央白”雕塑的永远存在，则完全得益和依赖于白族人群“天母地公”原始宗教观念的全部支撑。

b. 白族的“己弄吾”与生死观

在白族的语言中，有一种“己弄吾”的表述，对此，人们有不同的解释，但通常的解释是：白族人认为，人被“己弄吾”打发出来，是“己弄吾”让他到世上做他应该去做的事，去完成个人应该完成的事务。当一个人“亚苦”（死亡）即回归到“己弄吾”所主宰的那个世界里之后，就在“叽司”（棺材）里安安稳稳地睡觉、做梦。由此可见，“己弄吾”的观念与白族的生死观密切相关。白族的这一“己弄吾”的观念就是古代白族人一直遗传至今的生死观。古代白族人的生死观相当朴素简单，却给我们讲清了一个道理，这就是说：每个人都会有生、有死。而死，其实就是回家。同时也告诉我们：“白族人心目中就是有一个“己弄吾”，这个“己弄吾”就是白族人心目中那一位在另一个世界里主宰人类生生死死的王者。这位王者，才是佛教进入白族地区之前，由白族人自己塑造出来的真正的白族人心目中的一位上帝。从“己弄吾”理念的存在到白族人的生死观，说明了一点，即白族人所希冀的“己弄吾”所主宰的那一个世界，并没有“地狱”那样的黑暗，也没有“天堂”那样的辉煌。在白族人的心目中，“己弄吾”所主宰的那个地方应该是一个平等、和谐，充满自由与阳光的世界，这反映了白族人乐观的生死观。

c. 白族的灵魂观

白族人称人的魂魄为“完乃、幡乃”。数千年来，由于受自然崇拜和原始宗教思想的深刻影响，白族人群的思维理念中，存在着人身上有“完乃”和“幡乃”的灵魂观念。按照这种观念，白族人认为“完乃”是主宰人的精神思维，包括人的智慧的“灵”。这种“灵”白天附于健康人的身体，与人一道生存、生活，主宰人的头脑、智慧；夜晚，这种“灵”与人的睡梦同在，往往以“梦”显“灵”。在白族人的心目中，“完乃”是永生的，人在世时，“完乃”一直与人同在，一旦人逝去，“完乃”便附着于逝者的骨质上，转变为逝者的灵魂，永远在冥冥中享受后辈的祭祀，为后辈荫福避灾。因此埋葬逝者时要将头朝内，脚朝外，表现出站立姿势，接受叩拜。在白族人的心目中，“幡乃”又是主宰人的气血，包括人的活体的“灵”，它主宰着人的生命力，伴随着人健康的一生。人活着时，由于有着“幡乃”的支持，气血足，人就不会受鬼邪侵害，就不会得病。生活中，白族人认为“幡乃”和人体一道兴衰，“幡乃”不能永生，一旦人逝后七天，“幡乃”也就会随着逝者死去，不复存在。白族人群系统的“灵魂”观念还认为，人的“完乃、幡乃”之外还有一个可以游离的细小的合成体，这一合成体，白族人称之为“幡买之呆”，白族人认为健在的人的“幡买之呆”主宰人的欲望，存在于人的心中，表现个人的意念。由于“幡买之呆”能够游离开人体，因此，往往在一个人受到惊吓时，会造成病患，会造成“幡买之呆”的游离，尤其是小孩子气血不足，容易受惊，最容易失去“幡买之呆”。因此，一旦大人受到惊吓，精神恍惚，或小孩子跌倒受惊，发烧惊厥，就一定要招魂叫魄，严重的则需要请“朵兮薄”（神职人员）帮忙，祈祷求告，务必把“幡买之呆”找回来，转危为安。由于白族人认为“完乃”不死，便又产生了人逝去后逝者的灵魂会分成两类的理念。其中一类是生前的英雄豪杰，或寿终正寝的逝者，这一类型的逝者，其“完乃”已变成灵魂，会安静地附着于逝者的骨质之上，庇护人类，不会伤害任何人。一类则是生前作恶多端的坏人、恶人，或死于非命者，这种类型的逝者，其“完乃”将变作孤魂野鬼，常常在夜晚于荒郊野外作祟，或附着于精神萎靡不振、身体衰弱、经常患病的人身上，向人们索取财物或索命。由此，白族人对待逝者的“灵魂”或“恶魂”采取了两种截然不同的祭祀方式。对于“灵魂”，人们往往虔诚地敬以丰盛的牺牲，诵以美妙的祈祷词汇，以求善良的“灵魂”护佑活人，荫福后代儿孙。而对于作祟不止，阴魂不散的“恶魂”则打发残羹，请其不再骚扰。如再“纠缠不休”，则以荆棘刺条鞭挞，用桃弓柳箭追逐，以严厉辞藻呵责，以强硬手段驱逐之，使其不敢再来。白族人群的“灵魂”观所体现出的各种安抚形式，归纳起来其实际效果就是三种。一是维护生者魂魄的安稳、镇定，以求生者健康安宁。二是慰藉逝者灵魂的安宁，以求其逝后的安息。三则抵制恶魂的干扰，驱逐鬼魂的纠缠。这是居住于洱海流域的白族原始先民至今寻求心灵平衡的一种方式方法，表达了白族人群对平安生存的企望，靠着这种方法，在那种缺医少药的年代，这种形式却也曾经唤醒过许许多多白族人继续生存的希望。即使到了现代科学相当发达的年代，这种简单的方法依然在发挥着作用。

（2）白族的人为宗教观

白族传统社会是一个具有多元宗教信仰的社会，人们普遍信仰佛教，然而，在白族的民间社会中，主要持有佛教密宗和本主崇拜的宗教观。

a. 佛教密宗

佛教传入白族地区的时间，史学界一般认为在南诏时期。然而，佛教从传入到兴盛这个过程从南诏中期开始至大理国有几百年。在元以前，白族所信仰的佛教主要是密宗阿吒力教（Acalay）。白族地区现遗存的典型的佛教密宗遗迹主要为石窟和梵文碑。

密宗是在公元8世纪传入南诏的，因为当时南诏与吐蕃结盟，密宗从此传入。到公元9世纪中叶，密宗在白族地区已经很盛行。在整个南诏大理国的几百年间，密宗被奉为国教，上至帝王将相、达官贵人，下至民间百姓都信仰之。至今，白族民间多数人仍信仰佛教，每月初一、十五时斋，不杀生，而且还保存着相当数量的阿吒尼乐舞及以佛教密宗为题材的民间故事等。而最具典型的密宗遗存便是剑川石钟山石窟。其中，尤以第六窟明王堂最有特点，也是密宗石雕造像保存最完好的遗存。白族地区的梵文碑刻、砖刻、火葬墓群都是佛教密宗在该地区的历史遗存。现该地区还保存着大量的梵文火葬墓碑，主要分布在宾川县、剑川沙溪鳌峰山、洱源凤羽狮山、云龙顺荡莲花山等地。白族地区存在的梵文碑，不仅省外没有，据说连梵文的出产地印度，现在也没有梵文了，其价值不言而喻（杨国才，2004）。

b. 本主崇拜

本主崇拜是白族特有的土生土长的宗教，它起源于原始崇拜，形成于南诏大理国，盛行于元明清时期，一直沿袭到现在，是白族人民特有的宗教信仰。这种由原始宗教的自然崇拜和图腾崇拜发展而来的祖先英雄崇拜，是白族人民在长期的社会生活中产生、发展而自成体系的。至今在白族聚居区，几乎村村有本主，用泥塑或木雕成偶像供奉于本主庙内，本主庙成为白族村落的象征和民族特有文化的标志。每年在本主寿诞之日举行的迎接本主和本主庙会，是白族最盛大的宗教节日，届时人们身着盛装，置备丰盛食物，宴请亲朋好友，唱大本曲，演奏洞经古乐、歌舞、耍龙、耍狮子、更换对联等，以示与本主同乐，歌颂本主功绩。本主节日和庙会成为白族民族民间歌舞音乐的传播地和传承场。在白族人的观念里，本主就是掌管本境之主，人的生老病死均离不开本主。本主是白族人民意识的载体，精神的支柱，使神助凡人，追求现世的幸福和真善美，战胜假恶丑。于是，本主均有神话故事伴随，这些神话故事又世代相传，长期在白族人的社会生活中起到调节、规范人们行为的作用，从而形成牢固而有力的白族民族传统和民族精神文化（杨国才，2004）。

围绕着本土崇拜，白族形成了“绕三灵”的歌舞崇祀活动。“绕三灵”所蕴含的是白族的独特的农耕祭祀，本主信仰和生殖崇拜的民族文化特性（王炜，2006）。

每年夏历四月二十三日至二十五日，大理、洱源、宾川、巍山等地的白族民众，男女老少，身着盛装，从四面八方成群结队地来到苍山洱海之间，参加狂欢节日“绕三灵”。在大理有句俗语：“三日逛北，四日逛南，五日返家园。”这句话的意思是，绕三灵要过三天，以史城喜洲为界，二十三日过节的人们向北顺着苍山之麓聚集到苍山五台峰下的神都（庆洞庄的本主庙圣源寺），在这里祈祷或者赛歌，通宵达旦；二十四日，像长蛇阵的人流从神都启程，经过喜洲镇的街道，向南绕到洱海边的村庄，当晚又在这里的本主庙祈祷、赛歌；第三天，人群再继续沿着洱海前进，绕到大理崇圣寺东面的马久邑本主庙，经过祈祷后，各自归家，节日就此结束。

农耕祭祀——浓郁的农耕文化特征追根溯源，“绕三灵”是白族古代社会农业发展到一定阶段的产物。白族先民繁衍生息于土地肥沃，气候适宜于农作物生长的洱海之滨，远在3000多年前，这里就有了水稻种植技术，是亚洲最早的水稻发源地之一。农业生产自古以来重“节令”。祈雨，是农耕民族在每年春天最关心的事情。在每年水稻移栽前的农历四月二十三至二十五日，居住于大理洱海周围的白族群众身着节日盛装，携带简单的行李和炊具，以村社为单位组成队伍，自发地参加到“绕三灵”的活动中来。在长达三天的时间里，他们祭拜神灵，载歌载舞，将那独具民族特色的歌舞艺术和古老的祭祀活动从大理古城开始，经庆洞、喜洲、河涘城等地，一直延续到马久邑，“绕三灵”的队伍到哪里，哪里就成了狂欢的海洋。白族人民就是通过这种以歌舞娱神的形式，把对丰收的渴望，寄托在了对山川和神灵的祈求上。人们手执象征土地和本主的柳树枝，额头上贴着太阳膏，以虔诚的祭祀表达着对土地、阳光和雨水的感激之情，从而体现了白族文化中浓郁的农耕文化特征。此外，从“绕三灵”的装扮上分析，他们注重脸部装饰，用麦穗做眉毛和八字胡，用篾圈做成眼镜架。走在最前面的领队老人还一手执牦牛尾，一手执树枝以及树枝上的葫芦。其实麦穗、篾圈、牦牛尾、树枝和葫芦都是农耕文化的特征，它们集中体现了古往今来广大白族农耕民众对自然力的深刻崇拜和对神灵护佑的热切企盼。

c. 本主信仰——本主崇拜的宗教文化

在“绕三灵”的崇祀活动中，另一个重要的白族文化表现形式就是“本主信仰”。本主是白族“本境土主”或“本境福主”的简称，是白族村社的保护神。大理白族全民信仰本主，每个白族村寨都有自己的本主神和本主庙。按民间传说，“本主”是各朝代的民族英雄和对国家、人民的有功之臣，白族人民为纪念其丰功伟绩而遵奉他们为本村之主。在洱海区域，庆洞村“神都”中的“中央皇帝”被尊为各村本主之首，因此，各村“绕三灵”的队伍到达这里后，都要将象征本村本主的柳枝供于“中央皇帝”之前，以此祈求本主赐予全村风调雨顺，人寿年丰。其宗教文化的色彩十分浓厚。同时，在白族的本主崇拜中，湖塘、水洼、泉眼等都是"龙"的象征。中华民族自古崇信龙与降雨有密切关系，白族人民对龙的崇拜隐含着对降雨的需求。"绕三灵"的"仙都"，就供奉着斩蟒英雄段赤城，据说能保佑风调雨顺。

d. 生殖崇拜——人性关怀的真实写照

"绕三灵"还蕴含着浓烈的原始生殖巫术和崇拜的因素。在白族民间文化中长期保留着原始生殖崇拜内容，尤其是女阴崇拜。大理庆洞村后有个山箐，其山形酷似女阴，大理白族称之为"上沟"，即"和女子相交的山箐"，每年春天，洱海边的白族先民都要到庆洞村后的"上沟"去"拐上览"（又叫"绕三灵"），即狂欢野合，因为对于笃信万物有神的原始人来说，这是神灵给予的昭示，他们相信顺从神灵的昭示会得到祥和平安。因此，有学者认为，理白族的"绕三灵"是中国古代原始生殖崇拜的孑遗和历史见证，也是白族先民在母系氏族时代氏族之间群婚制度的遗存。"绕三灵"这个民俗节庆被称为"白族的情人节"。这里的"情人"指的是婚前的恋人，它是白族婚姻家庭关系以外存在的另一种男女双方之间的关系。历史上白族与其他少数民族一样，男女青年在婚前的交往，相恋是十分自由的。但不同的是，早在1000多年前，大理地区就进入封建社会，受汉族封建文化的影响，白族民众的婚姻也受到了封建礼教的限制，广大青年男女失去了婚姻自主权，往往情投意合的恋人不能结合为夫妻。而"绕三灵"借用神明（本主）的感召，允许情人相会三天，这样就为不能成为夫妻的情人提供了三天公开相处的时间，并为社会、家庭所默许，而不受道德的谴责。所以，那些有情人就借这个机会来满足他们的愿望，有些老年人也由年轻的晚辈搀扶着来"绕三灵"，白族情感歌中就有这样的歌词译意："我牙已脱落了，唱不成歌了，但我要来与你默默地坐一会；我走不动了，也要请人扶持，拄着拐杖来与你最后见一面，我们都要把双方深深地记在心中，相约下世再做夫妻。"从这些歌中，让人体会到什么是刻骨铭心的爱，也深深感悟到了人性之美。于是，一年一度的"绕三灵"，历经风雨不衰。人们迸发出极大的热情参与"绕三灵"，和情侣公开约会，并非是世人眼中的风流低俗之举，而是对神的献祭，也是对纯真美好爱情的追求和对封建包办婚姻的抗议。而从"绕三灵"的活动形式中，通过表象我们不仅能感悟到白族文化丰富的内涵，更能体会到白族社会的确是非常注重人性，尊重生命自由的，尤其体现了对女性命运的关怀和宽容。

另外，"绕三灵"在艺术方面还深刻体现了白族精神文化的特征，反映了白族人民在长期的农耕生活中所培养的人与自然的特殊感情，也反映了白族多元开放的宗教与博大的文化胸怀，体现了白族广大民众对美好生活的向往。"绕三灵"的音乐歌舞充分地反映了白族人民的艺术个性和精神个性，是白族民间艺人创造才华的生动展现，因而具有独特的不可替代的艺术价值。

#### 5.2.3.4 白族生态文化对环境资源的影响

白族的生态文化无论是自然宗教观还是人为宗教观，都表现出了"万物有灵"对它的影响，形成了以崇尚自然的生态文化特点。自然宗教观主要表现在对祖先的崇信，对自然物的崇拜。崇拜天、崇拜地、崇拜水、崇拜石、崇拜动物、崇拜生殖器等。认为宗教观的"本主"文化中有一系列的禁忌与习俗，从另一方面折射出人与自然的和谐；这些禁忌与习俗包含着这样一种意义，对与人们有关系的自然物，成为白族人民受尊敬的神圣物，不许随便使用或破坏，遵守这些禁忌，它给人们带来幸福。例如，对植物的爱护，他们把本主庙会的大青树奉为"神树"，把花椒树奉为"花椒娘娘"，把木兰花奉为"龙女"等，风水树被视为神树，严禁砍伐，以求得人与自然的和谐、风调雨顺、人宅平安、生产发展。在本主的崇拜中，大自然中的自然物成为人们信奉的本主，深切体现了人与自然的和谐关系。这些都在客观上保护了白族地区的生态环境。

### 5.2.4 傈僳族

傈僳族自称"傈僳扒"，因此，傈僳族既是他称也是自称。傈僳族主要聚居在云南省西北部怒江傈僳族自治州泸水、福贡、贡山、兰坪4县及迪庆藏族自治州维西傈僳族自治县，其余分布在丽江、德宏、楚雄、保山、大理、临沧、普洱等州（市）以及四川省的凉山彝族自治州和攀枝花市，全国其他地区也有零星分布。他们多数与汉、白、彝、纳西等民族相杂居，形成大分散、小聚居的特点。

傈僳族语言属汉藏语系藏缅语族彝语支。傈僳族是语言比较统一的民族，内部没有语支，分怒江、禄劝两个方言。怒江方言又分为两个土语。各种方言、土语的语法差别不大，词汇也基本相同。因此，傈僳族不论居住在雅砻江流域还是分布于金沙江、怒江、澜沧江流域，使用的语言大体相同，相互可以对话。历史上傈僳族没有创立文字，只能口耳相传、刻木记事。20 世纪初，维西傈僳族青年旺忍波创制了共有 1030 个字的象形文字，这是傈僳族历史上的第一种文字；20 世纪 20 年代初，英国人傅里叶和克伦族青年巴东以英文字母为基础创制出第二种文字，即老傈僳文；1913 年，英国传教士王慧仁根据云南省武定、禄劝两县自称傈坡［Li phoj］、他称傈僳［Li su］人的语言，以武定县滔谷村语音为基础创制出了一种“格框式”的拼音文字；第四种文字是 20 世纪 50 年代由中央民族学院和中国社会科学院语言研究所以汉语拼音字母为基础创制，并经国务院批准使用的新傈僳文。目前，怒江傈僳族自治州境内各民族通用傈僳语和老傈僳文。

### 5.2.4.1 生态环境与族源

傈僳族的主要居住地——怒江地区峰峦重叠，百川汇流，境内自西向东分布着担当力卡山、高黎贡山、碧罗雪山、云岭，海拔均在 4000m 以上。独龙江、怒江、澜沧江分流其间，形成南北走向的闻名于世的高山峡谷区。河谷和山巅相差达 3000m，气温悬殊。从山脚到山顶分属热带、温带、寒带气候，垂直分布明显。河谷两岸年均温 17～21℃，年均降雨量为 2500mm。这种南北走向的横断山脉，有利于南北不同的野生动植物相互渗透，有利于一些古老的动物和植物的繁衍化。各种林木及植物多达数百种，珍稀树种有秃杉、黄衫、红豆杉等，经济林木有油桐、漆树、核桃、板栗等。原始森林中栖息着虎、豹、熊、马鹿、孔雀、鹦鹉、犀牛、野牛、水獭、飞鼠、獐、麝、大灵猫、小熊猫、金猫、猕猴，以及稀有的白尾梢红雉、灰斑角雉、环颈雉等珍禽异兽。另外，傈僳族的主要居住地还是著名的世界自然遗产“三江并流”的核心区。

考古学的资料表明，傈僳族人民生活的地域，远在新石器时代就有人类活动，而怒江的原始文化至少可以追溯到青铜时代。然而，傈僳族的族源以及洪荒时代的社会历史，则可以从神话传说、史诗中找到线索。傈僳族的《创世纪》《天、地、人的形成》《石月亮》和《尼莫祭歌》等史诗与神话传说，反映了傈僳族的形成过程，可以看出他们的先民经历了洪荒原始时代。传说在洪荒时代，有天没有地，天的四边没有柱子托着，像一块浮云在天空漂移。天神木布帕勤劳能干，力大无穷，他想捏个地球把天支撑起来。经过努力，它在天底捏了一个地球以及花草昆虫、禽兽等。在他捏造的过程中，把还没有捏完的泥土地挖扔到已造出的平地上，砸在地里的泥土陷出峡谷深涧，堆在地表面上的土地成了崇山峻岭。后来天神又捏了一对猕猴，地球才开始有了人。突然有一天洪水来袭，所有的人都在洪水中丧生，只有两个失去父母的兄妹藏进葫芦里得以存活。洪水过后，兄妹成婚生下五男五女，兄弟姐妹逐渐长大成人，分成五对去谋生。一对往北走，成了藏族人；一对往南走，成了白族人；一对往西走，成了景颇族人；一对往怒江走，成了怒族人；一对留在父母身边，就是傈僳族人。

傈僳族人民是我国西南地区的古老民族之一。据文献记载，是古羌人的后裔之一。羌最早见于甲骨文，至少在公元前 16 世纪至公元前 12 世纪的商朝时，就已出现了。甲骨文中的羌字，为牧羊人的意思。《卜辞》中大量“伐羌”“征羌”的记录，不仅说明羌人经常和殷人发生战争，而且证明羌人部落是庞大的，是有一定组织力量的。殷人对羌人采取奴役政策，所以羌人参加了武王伐纣。后来羌人的社会不断在我国西部获得发展，其后代的一部分，在西南发展成为彝语族的彝、纳西、拉祜和傈僳等民族。而这些地区正是傈僳族散居的地方。历史上，居住在丽江、维西、大理以及怒江等地的部分傈僳族人民，较早走向定居，社会经济较发达，被称为“熟傈僳”。而部分人过着迁徙不定的狩猎和采集生活，被称为“生傈僳”。熟傈僳，多系散布在县城周围和澜沧江以东半山区地带，住居房屋，结成村落。他们除有自己的头人外，在一些地区还受纳西族或白族头人的控制，按期“纳粮交差”。在生产上除从事狩猎和采集外，已相对定居，并有比较固定的农耕地；“生傈僳”，是指居住在“琅沧江外”（今澜沧江），或高寒山区的傈僳族。他们“岩居穴处”，或在密箐里“架木为巢”，经常迁徙，用刀耕火种的办法种青稞、苦荞，靠短刀和药弩四出追猎野兽。女子多从事采集和织麻（王恒杰，2005）。

#### 5.2.4.2 傈僳族的生态文化

傈僳族的生态文化丰富多彩，不仅反映在其生产生活中，也体现在其历法、节日和图腾崇拜中（常远歧，1994）。

**（1）刀耕火种**

新中国成立前，傈僳族在许多地方盛行刀耕火种的农业生产形式。耕地除少数园子地和牛犁地固定外，大多数是轮歇地，三五年轮种一次。一般是二三月砍树，四五月烧山播种，十月收苞谷，六七月收洋芋、豌豆。有的地方稍早，有七八月就收苞谷的。刀耕火种的方法是先将树枝砍下，晒干，然后放火烧光，利用木柴烧下的灰作肥料，除此之外，不再施肥。苞谷实行用棍点种，行距稠密而且株数多，因而产量也就不高，一般亩产苞谷300斤左右，只相当于籽种的10倍。

**（2）熏天求雨**

熏天是傈僳族遇到干旱，用烟来熏天，向天求雨的活动。农历四五月天还不下雨，就由全村每家出一个人背上刀斧上山顶，宰猪或宰羊，乞求上天饶恕，赶快下雨。大家动手砍树枝柴草，堆起来，越多越好，然后点着让烟直冲云霄，一两天后才能熄灭。据说，这种做法的目的是用烟熏上天，使它流泪而下雨。认为雨是上天落的泪，当上天睁眼看见人间苦难，看见人类种田受苦时痛苦地流泪，于是地上就下雨。天旱不下雨是因为老天爷睡着了，因此采用这种办法。但又觉得这种做法，虽是出于无奈，但毕竟是不恭敬之举，所以在熏烟之前用猪、羊作祭品。有时“秋天”之后，碰上下了雨。人们感到很灵验。若还不下雨，就认为是惹恼了上天，那就再去宰猪杀羊请求恕罪，有时又下个没完，大家就认为得罪了上天，就要祭祀。

**（3）狩猎**

傈僳族成年男子，一般是左佩砍刀，右挎弩弓。傈僳族居住的高山峡谷区，漫山遍谷都是茫茫原始森林，各种飞禽猛兽出没林间。傈僳人世代与险峻的大自然和凶猛野兽搏斗，从事农业生产和狩猎活动，因此砍刀和弩弓便成为他们日常生活的必需品。按传统习俗，男子死去，他生前所使用的砍刀、弩弓还要作为主要随葬品，悬挂在墓旁。

傈僳族的砍刀又叫长刀、背刀、挎刀等，一般是一寸宽，一尺多长，齐头，锋利，不仅能用来砍伐小树，甚至还可以砍伐很粗高的大树，并可将很粗的圆木削成很薄的木板。他们居住的竹篾房用的宽大木板，就是用砍刀劈成的。砍刀是傈僳族人民刀耕火种进行农业生产的主要工具，同时也是他们用以自卫和捕杀野物的重要武器，因此，砍刀是过去傈僳族人民的“万能工具”。

弓箭是傈僳族狩猎用的主要工具。弩箭分无毒的普通箭和箭头有毒药的毒箭两种。前一种一般用来射杀飞鸟和山鼠，后一种专门用来射杀野兽。毒箭分红、白、黑三种，白的毒性最剧烈，一年内有效，但是红、黑两种有效期可达三年。毒药是用一种草乌野生植物的根茎泡制而成。在箭头尖端刻成小沟，把毒药涂在上面即成了毒箭。箭射入肌体，一接触到血液，就会很快流遍全身，血管在几分钟内硬化而倒毙。

狩猎时，猎人带着猎网（黄麻织成），另外还带一只机警灵活的猎犬。傈僳族猎人们箭法准，百米之内，箭不虚发。同时，有丰富的狩猎经验，熟知各种野兽的生活规律和习性。他们根据不同情况采取不同的猎捕方法。野牛喜欢吃碱，成群觅食，随季节游动，在北风呼啸、大雪纷飞的寒冬，成群地由北向南，在气候温和、植物茂盛的原始森林里越冬；在烈日炎炎，酷暑逼人的盛夏，它们又从多牛虻、蚊虫地带向北移动，在多碱场、气候凉爽的高黎贡山林里避暑度夏。野牛嗅觉特别灵敏，能在较远的地方闻出随风飘去的人体散发出来的气味，常在猎人到达之前逃得无影无踪。猎人们根据这一特点，采用燃香或者抓把泥土掷在空中测量风向的办法进行逆风猎捕，以及利用野牛到碱场吃碱时伏击围猎。熊是耐寒动物，以植物和果实为食，主要分布在海拔 2500～4000m 的高山密林里，冬天钻进树洞或岩穴过冬，夏天到竹林庄稼地里觅食。猎人冬季猎熊是找到它的窝穴堵打，夏季则趁它到地里吃青苞谷时围猎。老虎则喜欢生活在山坳林间和河谷地带的灌木丛中，猎人们利用"虎哨"模拟野兽的叫声，进行诱捕或支网围捕。有的动物昼伏夜出，猎人们按野兽夜间活动的规律，利用地形，用支地弩、下脖扣、脚扣，挖陷阱、插竹签方法捕捉。傈僳族猎人善于用猎犬追捕野兽，驯养、使用猎犬有独到之处。在狗群当中选那腰长、腿长、嘴尖、尾短、耳朵直立、牙齿锐利、性情勇猛、嗅觉听觉视觉灵敏、体质健壮的，从幼小时就进行训练。长到一岁时，带到村外平坦的地方跟着老猎犬学追捕野鸡、猫、兔、麂等较小的动物，还练习追击、拦截、围困野兽的本领。捕到活兽，猎人就把它拴起来让小猎犬与它厮打，还让小猎犬舔生血、食生肉，培养它们的嗜好。经猎人的辛勤驯教，成熟的猎犬会发出各种信号，与猎人配合得有条不紊。它们熟悉当地的地理环境，能辨认猎人守候猎物的位置，发现野兽便能发出短促紧张的叫声，预示野兽出现。在离猎人较远的地方追击野兽时，聪明机灵的猎犬为了省力，偶尔才发出断断续续的叫声。老练的猎人便能根据猎犬发出信号的地点，估计野兽的位置和到达的时间，如果野兽向猎人守候的相反方向逃窜，动作敏捷、行动迅速的猎犬就会找捷径拦截，或把它围困起来，发出恐吓野兽的狂吠声，直到主人赶到把野兽猎获为止。

猎人一般是不随便放出猎犬的，因为它性勇好斗，有时凶恶的猛兽往往会把它咬成重伤，甚至致死，所以一旦发现猛兽的行踪，猎人就把猎犬随时带在身边，不让它们任意出击。

过去，傈僳族的猎人信奉多神，猎神、山神是他们崇拜的主要对象，在每一个猎人家里以及每处猎场都设有猎神、山神的神位。在出猎前，推荐有经验有威望的老猎人主持祭祀猎神仪式，祈求猎神显灵，以获得更多的猎物，然后用竹签卜卦，选择出猎的时间以及猎人、猎犬的凶吉。到了狩猎地点，又向山神礼仪祭祀，祈求庇佑，恩赐猎物。归途中，每到一处丫口、岔道都要用牛角鸣号、抬猎神归神位。祭山神，有一个有趣的传说：

远古的时候有两兄弟，哥哥叫阿的，弟弟叫阿甲买。那时候，地上所有四脚动物，都归他们统管。阿的和阿甲买兄弟两个，天天在山上放牧，父亲按时给他们去送饭。因为父亲特别偏爱弟弟阿甲买，送饭时给阿甲买米饭吃，给阿的吃的却是掺着野菜的苞谷饭。后来，这事被阿甲买发觉了，他心里很过意不去，就背着父亲和哥哥，悄悄地把父亲送给他的米饭换给哥哥吃，自己吃父亲送给哥哥的野菜苞谷饭。日子一长，这事也被哥哥知道了，弟弟的一片好心使他很受感动。可他一想到同是骨肉兄弟，父亲却这样两般对待，心里很悲伤。于是，他就决心留在山上，不愿再回去。弟弟阿甲买再三劝他回去，他始终不肯。这样，兄弟两个就只好分手了。这天，两人把放牧的四脚动物，一分为二，每人分管一部分。弟弟阿甲买分得牛、羊、猪、狗等，由他带回家去饲养；哥哥阿的分得虎、豹、狼、鹿、麂子、岩羊、野牛等，由他赶到深山里去放牧。但四脚的动物很多，分个没完，哥哥阿的分得不耐烦了，对弟弟说："阿弟，我们不必再细分了，你分得少一点，管起来省力一些，余下来的就都归我管，往后你要吃的，就上山来杀我的野物吧！"他一说完这话，摇身一变，变成了一个白胡银鬓的山神，赶着他分得的动物进深山去了。这样，他分得的动物留在山上，也就变成了野物。弟弟阿甲买把分得的动物赶回家里，圈养起来，就变成了家畜。但因为他分得动物少，不够吃，后来他就照哥哥说的话，常常上山去杀哥哥的动物吃。据说从此以后傈僳人就上山打猎捕杀野物了。因为山上的野物都是哥哥山神的，由他统管。为了多猎获野物，猎人出猎之前就要祭祀哥哥——山神，求他多赐给猎物。这就是打猎祭山神的由来。在出猎和狩猎归来经过山口要鸣号，则是向人们报捷，让人们从鸣牛角号的次数知道了捕获物的数目和雌雄之别。后来猎物也由原来的家族分配原则，逐渐改为参与狩猎的人平均分配。在野外的分配猎物时，过路人碰上也享有参加分配的权利，五脏分给狗吃，兽头属于主要猎获者，这是供奉神的主要祭品，也是擅长狩猎和富有的象征。在神位的周围悬挂的猎物头骨越多，越能显示猎人的威望，受到人们的尊敬。

**（4）鱼坝**

每年的秋末冬初，因雨水稀少，河水下降时，傈僳族人民以村寨为单位支鱼坝。每家出人，在河岸上砍树，做吸筒、鱼帘，筑坝捕鱼。

吸筒是用四五围粗的大树做成的，一般都有四五米长。制作方法是，先把树锯成两半，挖去树心，再用竹篾箍起来，把四五个吸筒拿到河水有落差的地方并排放好，用石头砌成小堤坝，左右两边用捆成捆的树枝堵住水，用石头压好，让水全部从吸筒里流过。吸筒吸力很大，离吸筒几米远的鱼都会被吸进吸筒，吸筒流水的出口处，用整棵竹子排列起来做竹筚，吸筒里流出的水和鱼经过竹筚滤过，大点的鱼留住了，小的就从竹筚缝处掉了下去。鱼坝修好后全村人轮流可以在这儿来抓鱼。早晨和傍晚鱼最爱出来游动，这时抓到的鱼也最多，小雨过后，鱼就更多了，一个人站在那里抓不过来，一天可以抓到300～400斤，小的一斤上下，大的有十几斤甚至更大的鲇鱼，胡须就有筷子那么粗，一个人很难把它从筚子上抓起来。

用鱼坝抓鱼期间，河岸边搭个小棚，供看守鱼坝人休息。每天早晨交换班，值班的人带着自己的鱼篓和炊具。守坝的人只从家里带米、盐、酒之类的东西，再带来两个半大的孩子，大人只是过一会过去看一下，上来大鱼帮忙抓一下，其余的让孩子们去练着抓鱼，大人就做饭、喝酒、抽烟，也可以睡觉。有时人们还请远地的亲戚来一起抓鱼，除了就地吃好以外，还叫他们带走一些。因此守鱼坝的日子也是招待亲朋好友的机会。捕到的鱼，七天以后才能赶集时出卖，留不住时就请大家吃掉。

鱼坝在秋末冬初支起来以后，一直可以用到第二年春末夏初，下大雨河水猛涨，洪水冲走为止。

除用支鱼坝的方法捕鱼外，人们还有用鱼钩、“倒须笼”等工具捕鱼。鱼钩钓鱼，是在铁钩上从尾部钓上一条三四两重的活鱼或更大的鱼去引诱大鱼上钩。“倒须笼”是用石头压入河底，笼内挂上一个布包着的油渣，让鱼为吃到鱼饵而进入笼内，进去就出不来了。

**（5）关狼圈**

傈僳族生活的山区中，不时有狼闯入村寨，咬猪叼鸡，有时用撵山的办法也很难把狼撵出来，在生产劳动与野兽斗争过程中，傈僳族人民发明了一种捕狼的方法——“关狼圈”。“关狼圈”是用木头搭起来的，是傈僳语称作“垛板圈”的一种四方形的简易房子。四面都是用碗口粗的木头搭成，分成大小两间，中间也是用木头隔开，两边有相反方向的门。

“关狼圈”要放在离村寨较远而且是狼经常出没的山头上。在小间里关上一只老羊或病羊，把门锁好，因为这只羊因离开了羊群而日夜不停地咩咩叫；大间的门是上下能滑动的活动门。把活动门吊起来，然后在靠里外间隔断的地面上安装好机关。当狼听到羊的叫声就会闻声而来，但始终只能看见羊而吃不到羊，在垛板圈四周转来转去，最后只好进入大间奔羊而去。有时狼刚一钻进大间因碰到了活动门的机关，门就砸下来，把它关在里面。就是一下子碰不到机关，因为狼总是够不到羊而性急，转来转去时也一定会碰到机关，自己入圈套，再无法脱身。在没关到狼之前，猎人要每天抽空去看一下，并给羊送去一些青草和水，看到已圈住了狼，就用事先放在垛板圈上的长砍刀把狼刺死，开门拖出狼，然后再把门吊上去安好机关，准备继续关狼。

“关狼圈”的办法省事又省力，有时一次还可以关住好几只。但是不管关上几只，猎人们只要狼皮，从不食用狼肉。过一个时期“关狼圈”里的羊要换一只，因为时间一长，羊就习惯独处而不再叫，影响关狼的效果。有时，为了多捉一些狼，猎人们在几个山头都放置“关狼圈”，这样猎人就辛苦了，要从这个山头跑到那个山头给羊送草送水。

除用“关狼圈”外，也有用炸雷炸狼的。自己动手做带有引线的雷，涂上羊油，放在山上，引线的另一头拴在木桩上。狼嗅到羊油味就奔炸雷而去，只要咬起炸雷拉动了引线就会粉身碎骨。

**（6）关门抓猴**

当苞谷成熟时，山上猴子常常成群结伙地来摘苞谷吃。赶猴靠人力是不切实际的，所以傈僳族总结出赶猴的办法是，逮一只猴子，给它穿上红衣服，或者缠上红布，再给猴子戴上铜铃铛，然后把它放了。猴子是合群的动物，见了猴群就追随，而猴群见了异己就逃，这在客观上就起到了驱猴保护庄稼的作用。

驱赶猴群的那只猴子是要经过一番训练的。关门抓猴是过去傈僳族常用的一种捕猴的方法，即在家里关门捉猴。傈僳族的好猎手用“下扣子”的办法设法抓到一只小猴，然后进行驯养，开始时，要用绳子把它拴住，而且要使它多和家里人在一起，让它不怕人。第二步要用草烟烟雾喷它。每天晚上定时给它喷烟，使它上烟瘾。这样经过一段时间，到了喷烟时间，它就自动到原来每天喷烟的老地方等着人给它喷烟。如果它闻不着烟味，就表现烦躁不安。到了这个程度，就用不着再拴了，即使是到外面，和猴群玩了一天，到喷烟时就回来了。这样当苞谷成熟时，就可以给它穿上红衣服放到地头来驱赶前来吃苞谷的猴群。

猎人们还用这只驯养的猴来抓别的猴。方法是，白天放出这只猴，它到了猴群里可以带引好几只猴来到主人家，这时主人就可以关上门捉猴。在捉别的猴时，要把那只驯养的小猴用布盖住抱在怀里，否则，它会因看到人捕猎它的同类而被惊吓乱蹦乱跳而死，或者别的猴跑出去通报了猴群，以后小猴再出去找它们时，就会被咬死。

**（7）抬蜂、养蜂**

每年农历三四月，万物复苏，蜜蜂这时也四处奔波建窝筑巢。黄栗树的树浆是蜜蜂筑巢的材料。小伙子和男孩子到这时找来一根 2m 长的竹竿，尖上串上蚂蚱或青蛙肉带在身边，到黄栗树下引诱蜜蜂过来吃食。当蜜蜂咬下一团食物之后就飞起来在竹竿四周转，越飞越高，然后照直朝一个方向飞回它的蜂巢，下面的人看清蜜蜂飞走的路线。第二次再咬食时，将带白鸡毛的头发套在它的腰间，等它飞起来时，底下几个人像接力赛那样传递情况，一个接一个地注视蜜蜂的去向，就这样找到了蜂巢。

晚上把蜂巢取下来，放在离家不远的地方进行人工养殖。到火把节时再烧蜂，把蜂蛹烤干之后油炸着吃，这是一种上等的下酒菜。有的蜂繁殖较快，到火把节时，蜂窝直径可达 1 ~ 1.5m，蜂蛹有四五斤。有时，蜂巢较大或是蜂巢边树枝太大不好砍时，到了晚上用火烧，蜜蜂翅膀被烧掉，就一个个掉在地上，大家把带有蜂蛹的蜂盘取下来带走就可以了。

傈僳族地区没有蔗糖，他们主要是以蜂蜜代替白糖，所以家家都有养蜂的习俗。家庭养蜂多数是由野蜂移养的。关于家蜂的来源，相传括地之子括不兴，人很笨，不会农业劳动，括地叫他到山上觅食，他发现一个洞中有野蜂，取出来用手沾了一舔，发现很甜，就把野蜂窝取下来拿回家养，后来就成了现在家养的家蜂。现在一年中 8 月、11 月取蜜，每窝蜂可以产 20 多斤蜂蜜。11 月的蜂蜜质量最好。傈僳族人养蜂方法比较简便，砍一段木头把里面挖空，作蜂桶，放在屋外，夏天喂一次蜂蜜，其余时间任其自然采蜜，不加过问，到时取蜜。

**（8）打野鸡**

过去傈僳人的家里差不多都养着一种叫作“油子”的野鸡。它是自幼时抓来养大的，专门用来诱捕野鸡。据说一只好的“油子”能换三头黄牛。喂养“油子”是要非常精心的，什么时候喂水，什么时候喂食都有规定，每天还要喂几个蚂蚱。平时雌雄放在一个笼子里。开春以后把它们分开，还要用山草做的蓑衣盖上，不让它看到外面，雄性野鸡笼里放一只叽叽叫个不停的小家鸡。一旦拿出小家鸡，打开蓑衣之后，主人吹起哨，雄性野鸡就红着脸啼叫做好决斗的准备。每天如此进行训练，两年后的春天到了交配期，只要一取出那只小家鸡，雄性野鸡一听到哨声它就怒发冲冠，红着脸啼叫，以为另有雄鸡要强占雌鸡。到了这时，猎人就可以带着这只雄性野鸡作“油子”，到山上去捉野鸡了。

开春时节，山里的雌雄野鸡是形影不离的，猎人把油子的一只脚拴在草丛或灌木丛中，在周围二三米远的地方支上一圈马尾帘，猎人把那只小家鸡揣在怀里头顶着蓑衣躲在一边吹响哨子。当油子听到哨声就啼叫，而且越叫越响，这时附近的野雄鸡跟着鸣叫，同时会慢慢移到这边，当它看到油子时，就确认它是来抢占领地和它的配偶，就表现得怒不可遏，红着脸低着头伸长脖颈，斜拖着翅膀就冲了过来，准备决一死战，可是还不等它靠近油子，它的头就钻进了马尾帘而被勒住。就在它拼命挣扎的时候，猎人手疾眼快地将它抓住。就势拿出刀，一刀把它的头砍成两半，把它摆放在油子面前，叫油子吃野鸡的脑子。这种打野鸡的方法时间虽然短暂，但场面较紧张，猎人动作极迅速敏捷。当野鸡被马尾帘勒住，猎人如果动作跟不上，野鸡在里面扑腾太厉害，就会把油子吓得再也不叫了，以后也就无法再引诱其他野鸡上钩了。一只好“油子”的标准是：声音洪亮，听到哨声就啼叫，看见野雄鸡过来不仅不惧怕反而能越叫越厉害，有一股拼命的劲头，而且当野鸡被勒住看其挣扎拼搏不害怕。那种听到哨声没什么反应，见了野鸡就惧怕而不鸣叫的就起不到“油子”的作用。一般健壮机敏的猎人，在几个山头进行捕捉，一个早晨就能打回四五只野鸡。野鸡肉鲜，可口，皮毛可以出售。

**（9）自然历法**

傈僳族群众在长期同自然斗争和艰苦的生产劳动过程中，创造和积累了一些适应于当地环境和气候的农业科学知识，特别是别具一格的自然历法，是很富有民族和地区特色的。许多傈僳族分布的山区，气候异常复杂。例如，怒江、碧江、福贡、贡山、泸水地区，尤其是碧罗雪山、高黎贡山，一东一西，雄峙怒江两岸，怒江、澜沧江、独龙河在山谷中奔腾而过，两岸峭壁千仞，怪峰嶙峋，从河谷到山巅，垂直落差4000多米，形成了热、温、寒三种不同的气候。午时在江边挥汗如雨，可是在山巅上，早晚仍是数九寒天，而山腰却是温和宜人。长期以来，傈僳人民非常熟悉根据地形分布的海拔高度和时序，科学地掌握生产节令和安排作物品种。他们根据山花开放、山鸟鸣啭、大雪纷飞的这种自然现象变化规律创造了“自然历法”，并将其作为判断生产节令的物候。

傈僳族人民已习惯于把一年四季划分为：花开月（3月）、鸟叫月（4月）、烧火山月（5月）、饥饿月（6月）、采集月（7月、8月）、收获月（9月、10月）、煮酒月（11月）、狩猎月（12月）、过年月（1月）、盖房月（2月）十个季节。这充分反映了傈僳族的智慧。

自然历法既是傈僳族人民认识自然的产物，又是他们生产实践的结晶。就其思维方面而言，自然历法的出现说明了傈僳人民在认识自然的过程中，有着朴素的唯物主义的认识过程。他们能从四季循环变化中，掌握这种演变过程的本质是地球的运动，并将这种认识推广到对宇宙的认识，得出了星座每十二年变化一次、六十年为一甲子的认识。可见他们在认识自然和宇宙方面，曾做过可贵的探索。从他们生产实践方面而言，自然历法的形成，说明了他们已经能够按照自然的运动规律，合理安排生产。这种历法，实际是生产力一定发展水平的生动体现。因此，这个历法，对研究傈僳族思想史、科技史具有重要的参考价值。

在汉代，白族进入怒江地区以后，大部分傈僳族虽已采用与汉族相同的历法（夏历），但习惯上仍然没有放弃自己的自然历法称谓。现在的人们还能听到傈僳族的“收获月”“过年月”的说法，可见傈僳族人民对有自己民族特色的风俗习惯有着很深的民族感情。

**（10）“阔什节”**

“阔”是年，“什”是“新”的意思，即是“新年”。因此，“阔时节”就是过年时节，即“过年月”，限定在阳历十二月到一月。怒江地区的傈僳族在新中国前主要以对物候的观察来决定过年的时间，因此没有统一、确定的日期，但一般都是在夏历十二月初五到次年正月初十这段时间内，也就是在樱花、桃花盛开季节。相传，在古时，人们遭到特大洪水的袭击。洪水退后，人畜伤亡殆尽，地上的五谷也全被毁灭，留下的只有兄妹二人，为了繁衍后代，延续人类，兄妹只好按天意结为夫妻。兄妹成家后，开始开渠引水，拓荒开田，但是到了播种时，他们却无处寻找粮种。这时一只黄狗向玉帝讨来五谷良种献给兄妹二人。后人为感谢狗造福人类，不忘记兄妹二人的艰辛创业，就把阳历每年十二月到来年一月定为“阔什节”。在这期间，人们酿酒、宰鸡杀猪、舂粑粑，按习惯，无论谁家舂出的第一块粑粑，必须先送给狗吃，然后人们才边品味节日的佳肴，边集聚在一起，载歌载舞，欢度节日。因为“阔什节”是傈僳族最主要的节日，所以人们从很早就开始进行筹备。三十日（蛇日）是除夕，晚上全家人无论有什么事都要回到自己家里。从除夕开始，禁止到别人家去，即使是分了家的父子兄弟家也不能来往，直到初三后才解除限制。据说这样做是为了祛病，除夕全家要守夜不睡觉。初一鸡鸣时，各家由年长的男子主持各种祭祀。祭品是饭一碗、肉一块、天雄米饼两块，为祈求来年风调雨顺和粮食丰收，每一家都要舂出籼米粑来放一点在桃树、梨树上。有的地方在全家人吃饭前先盛一小碗肉让狗先吃，是对狗给人世间带来谷种的回敬，并希望给主人带来更多的好处。也有给耕牛喂食盐，以表示对耕牛一年辛勤劳动的回敬。然后祭门、房梁和三脚架，最后祭死去的祖父母、父母、兄弟及未出嫁就过世的姐妹。初三这一天举行山神祭，每个家庭出三根柴，一块天雄米饼，少量杵酒、肉和饭。祭祀时烧起柴火，祈求增产丰收。青年们举行射天雄米饼的竞赛游戏，以弩弓射中者，可以得饼。到了初七这天女子过节，不背水不做饭，这种习惯是从原始宗教上说的女子魂分七缕、轮回七次有关。初九是男子的节日，男子不背水做饭。在初一、二、三、五、七、九、十三各天，每家必须吃干饭，认为这样可以不生病，天也不旱。到十三日，年节才算结束。

维西傈僳族群众在年节里还举行“扎布奔活动”。“扎布奔”是“射粑粑”的意思，是春节期间传统的射箭活动。大年三十这一天，全家老少吃完团圆饭，带着箭包，去“扎布奔”。活动开始，人们将自己带来的粑粑用一枝箭穿起来，支放在小山坡上，大家在一条划定的线外，向这些粑粑射箭。射中粑粑归自己，射不中，箭归粑粑的主人。弩弓是青年贴身之宝，世世代代都是做工精细，而且每年要专门核准，所以，在百米以外也能一发命中。举行“扎布奔”一直进行到黄昏才结束。第二天，也就是初一这天再换一个地方再进行比赛。初三和正月十五再分别举行。维西傈僳族县“扎布奔”用的油炸籼米粑粑的制作方法很特殊，油中放着红茜草根，炸出来的粑粑是红红的，放在山坡上显得格外鲜艳。

**（11）“除牛刑”**

武定、禄劝一带的傈僳族群众每年大年初一要除牛刑。据说牛原来是天神，因犯法而被罚到地下为人们服苦役的。因此每年之始，人们要祷告上帝，说牛在过去的一年里为人耕地，给人们带来了吃和穿，祈求上帝减免牛的罪，让其将来仍然回到天上去。故而叫作“除牛刑”，即替牛赎罪之意。初一的早晨，在人们吃饭之前用三十晚上煮好的肉汤、肥肉、盐拌米饭先喂牛，至少要喂用以耕地的牛。早饭后各家（当然是有牛的）安排未婚的男或女去放牛。这一天，全村的牛都被赶到同一个方向的山上去放牧。牛放牧出去之后，几位热心的中老年男人就在村口的空地（或广场）上搬石头架上几口大铁锅烧上水，并不断地大声喊叫“‘除牛刑’了，‘除牛刑’了!”大家听到喊声之后就由各家的主人把米、酒、肉、菜等物陆续送到广场上来，把肉切成几大块放到大铁锅里去煮。各家的中老年人也陆续来到广场上，妇女们就洗菜、淘米准备做饭；而男人则杀鸡做鸡。这一天各家有什么拿什么，拿多拿少完全自愿，没有的也可以什么都不拿。这一天的清早，全村善跑、枪法好的青壮年男子汉带上狗上山打猎。下午三四点钟各家牛的主人在前排，其他的在后排，一齐跪下磕头祈求上帝，叙述牛一年的辛苦，请求上帝饶恕牛一年的过错。祈祷完之后各家把牛赶回家关好，喂上草。随后，人们才开始喝酒吃菜。在吃喝的过程中大家互相敬酒、传菜，互相祝贺。

**（12）火把节**

傈僳族的火把节在农历的六月二十四。传说古时，云南维西等傈僳族地区石头多、树多、野兽多，而人少、地少、粮食少。人们主要是打猎捕鱼，另外经过刀耕火种种点玉米、荞麦和麻。有一年天大旱，种下的庄稼全枯死了，只得把小猪赶到山上，小猪吃什么野菜，人们就捡什么野菜来充饥，这样的情况下，大鬼主（古代彝族奴隶主）还一个劲地逼债，要粮要兽皮和各种东西。在这危难时候，蜀汉的丞相诸葛亮带着兵马来到维西。诸葛亮把兵拉成大包围圈，往灌木丛里放火箭打在那里躲藏的大鬼主，箭头上的火，把树棵子全引着了，致使大鬼主跑出来投降。后来，诸葛亮又叫兵士们帮傈僳族开水田，使大家能吃到大米。用火来烧山上搬不动的石头，再往上泼冷水，使石头自己碎裂。用小块石头垒石埂，平土修渠，把泉水引到田里。诸葛亮还从四川调来大批稻种，人们高举火把驱赶在运种路上的游荡鬼，到森林沼泽地去迎接运送稻种的汉兵。各村各寨的男女老少，每人都举着一束火把出发，从远处看，山坡上就像有无数弯弯曲曲的火龙在游荡，把山坡照得通红，把游荡鬼、毒气和毒蛇猛兽也赶跑了。人们把一袋袋的稻种、棉种迎回了村寨，男女老幼人人喜笑颜开，举起火把，纵情地跳舞。而这天正好是农历六月二十四，后来大家就忘不了这个欢乐的日子，每逢这个日子就举行纪念活动。天黑之后，年轻人和孩子每人点燃一个火把，把火把插到田里驱逐害虫，人人手持火把围村寨山坡绕行，千百支火炬如同一条巨大的游龙，将满山遍野照得如同白昼，大家饮酒歌舞，彻夜不眠。

**（13）尝新节**

农历九月和十月，怒江地区的傈僳族过收获节，傈僳语叫“杂息杂”，意思是新米节，是傈僳族人民传统的庆丰收节，又是祭狗节日。

传说古时候，天底下黄谷堆积如山，遍地都是粮食。播下一种谷物能长出三种不同的粮食来，人们吃不完，用不尽，日子过得很富足。有一天被天王看到，便产生了坏心。将全部粮食收回天上去，连种子也未留下一颗。正在这关键时刻，通人性的狗窜过河，追到天边咬下三颗种子；主人小心翼翼地播种到地里，一颗发十颗，一蓬发一蓬，种子终于留下来了。人们为了表示不忘狗的功绩，每年农历十月下旬，当玉米熟、稻谷黄的时候，背着背篓到田里拔来金黄饱满的谷穗过“新米节”。家家户户煮酒尝新，男女老幼聚集在村寨广场，高烧篝火：老人弹琵琶、月琴，边喝边跳，讲述远古的历史；青年男女则围成圆圈跳集体舞，欢悦到天明。这个节日里，把米煮好，首先让狗来品尝，然后人们才开始享受，认为这样才能求得来年人畜兴旺，五谷丰登。

**（14）图腾崇拜与禁忌**

从前，傈僳族的每个部落、氏族都有自己的图腾崇拜。怒江地区过去有虎、羊、蜂、鼠、猴、熊、雀、竹、荞菜、谷子等十几个氏族，以他们的图腾为他们的氏族名称。而且在这方面有很多历史的传说故事。他们中自称是“括扒”人，即荞麦人；自称是“拉扒”，即虎人，等等。傈僳人认为上述的动植物是他们自己的始祖。除去这些图腾崇拜以外，还有一些和他们基本经济活动农业生产有关的自然崇拜。他们认为有一种代表自然现象的神灵存在，它是自然的主宰，也是村寨社会经济活动的主宰。与生态文化相关的禁忌有：禁止吃水牛肉、狗肉、猫肉和马肉；家里的孩子死得多，大人便不吃羊肉、葱和蒜，认为这样才不触犯鬼神；平时切菜板不能刮洗，否则就认为是把福气刮走了；八月间不上山砍树，不丢石头进水塘，不织麻布，怕触犯了神龙王引起灾祸。

### 5.2.4.3 傈僳族生态文化对环境资源的影响

综上所述，傈僳族在长期适应自然的过程中，形成了一套与自然环境相协调的民族生态文化，这一文化在傈僳人维护着居住区域的自然环境，其中包括保护原始森林、珍稀名贵动植物以及建设民族地区的和谐生态环境具有十分重要的现实意义。主要表现如下。

**（1）崇拜自然与保护自然的生态观**

由于信仰万物有灵，在傈僳人的观念中，大自然并不是一个纯粹的物质世界，而是充满神灵的世界，日、月、山、川、河、流、树木等，都是人们的崇拜对象。山有山灵，树有树鬼，水有水神。除此之外，傈僳族还有祖先崇拜的传统，并往往表现为宗族林崇拜的形式。这些宗族林是同一家族共同祭祀祖先的场所。这种万物有灵观使得傈僳族形成了崇尚自然、尊重自然、保护自然的生态观，正是在这一生态观的支配下，傈僳族经过千年的生存环境得到了保护。

**（2）适度向自然索取的生计方式**

傈僳族的生计方式主要表现在傈僳的采集狩猎：傈僳族依赖于大自然的恩赐，在高山密林中从事采集狩猎活动。这一生计方式体现出了人与自然和谐相处的生态实践及其有效的生存发展模式。傈僳族人很少出现偷砍、盗伐的现象，对林中产品的摘采，通常有选择地进行，并注意保护植物资源。例如，130年前，傈僳族为了持续利用云南黄连，以原始宗教信仰为基础，逐渐形成了对云南黄连种植的禁忌崇拜，通过习惯法、头人调解等来规范对云南黄连的种植与管理，形成了一套行之有效，并且具有一定科学意义的种植、抚育和采收的黄连混农林可持续利用种植系统（黄骥和龙春林，2006）。因此，傈族地区形成了一种以生态禁忌为主的采集规则。就狩猎而言，傈僳族世代保持着一种适度狩猎、理智利用野生动物的古老规则：每年立秋后，猎户便选吉日到山神庙中祭祀山神，祈求山神开山供猎户狩猎。祭祀后猎人便在山上有规律地放置许多捕兽扣，第二天一早便去转山，如果一只动物也没有捕到，需要15天后再去祭祀山神。如果第二次仍然没有捕到，说明今年山神动怒，不宜狩猎，要尽快转向别的营生。傈僳族的这一狩猎做法与种群生态学的原理相吻合：如果连续两次没有捕到动物，说明该地区内的动物种群数量很少，当年不捕猎才能有利于动物种群恢复（艾怀森，1999）。

另外，傈僳族各氏族的图腾崇拜与其传统狩猎的生计方式相融合，发展成为对各自图腾物的禁忌风俗。例如，虎氏族成员不能猎杀虎，熊氏族成员不能猎杀熊，这在一定程度上保护了动物资源。

## 5.2.5　拉祜族

拉祜族是澜沧江古老民族之一。“拉祜”在民族语言中，“拉”为虎，“祜”为将肉烤香的意思。因此，历史上拉祜族被称作“猎虎的民族”。

拉祜族有自称和他称两种称谓。澜沧江流域的拉祜族有三种自称，即拉祜纳、拉祜西和拉祜普。这里的“纳”“西”和“普”分别为“黑”“黄”“白”之意，所以中国境内拉祜族的支系分为黑拉祜、黄拉祜和白拉祜三种。在缅甸东部、泰国北部和老挝西北部，除了有上述中国境内的拉祜族三种支系以外，还有自称拉祜尼（红拉祜）、拉祜散莱和拉祜朋比利（葫芦拉祜）的支系。

### 5.2.5.1　生态环境与族源

拉祜族先民居住在莽莽山林中，兼营原始迁徙农业和山区放畜牧业，并辅以狩猎采集业来维持生活。而今，拉祜族大多居住在澜沧江流域海拔1000m以上道路崎岖的山地，位于北回归线以南，气候受亚热带季风影响，有雨季和旱季之分；雨季雨热同期，常常连日降雨，时而倾盆大雨，时而细雨绵绵，万木峥嵘繁茂；旱季雨水虽很少，但仍有良好的自然生态，溪水在山箐中清清流淌。典型的生计模式是农耕、家畜饲养、狩猎采集和捕鱼的组合。21世纪之初，拉祜族已越来越多地从事集约农业（有灌溉的水稻种植），但是种旱稻、小麦和荞麦的刀耕火种仍在不同程度地延续，在缅甸和泰国尤其如此。

秦统一六国时发动了大规模的征服兼并邻近氐羌部落的战争，居住在甘青高原亡的一部分氐羌部落被征服而与之融合，另一部分则向西部和西南地区流徙而进入西藏及四川、云南。进入四川、云南的这部分氐羌部落，后来发展成了众多少数民族群体，拉祜族就是其中之一。作为古羌人族系，拉祜族先民曾辗转于祖国西北地区的黄土高原、青海湖地带，后在南下途中经江河纵横的四川省西南部来到云南，并逐渐在今天的澜沧江、元江及红河下游两岸的山林地带居住繁衍，走得最远的已跨越国界进入东南亚各国。

拉祜族先民在甘肃、青海一带生存活动时，过着“迁徙往来无常处”的游牧生活. 其早期聚居中心是河湟地区。公元7世纪以后，拉祜族先民离开青海地区并穿越横断山脉，流徙在今凉山地区的冕宁、西吕、德昌、盐边、盐源地带。最迟到战国时代拉祜族先民已迁入云南境内，经过长期的不断迁徙、繁衍生活在广大山区，与其他彝语文族体形成了汉代的昆明人。

此后，昆明人由一个初步进入文明的族属集团先后孕育出拉祜、纳西等单一族群。至唐代，史籍上出现了“锅锉蛮”的记载，这表明拉祜族不仅成为单一族群，而且形成了一支不可忽视的政治力量。

唐以后，拉祜族先民仍然不断迁徙。一支通过哀牢山西侧和无量山东侧南下，进入澜沧江以东的景东、镇沅、景谷、思茅（今普洱）等地，一部分远大墨江、元江、新平等地。另一支通过向西而行，通过大理洱源、漾濞、巍山等地，定居于南涧。这部分定居于南涧的拉祜族先民，又有一支辗转至勐缅密缅（今临沧），并在之后与其他民族的斗争中退至双江、耿马、澜沧、沧源山区，后迁徙至孟连、西盟、勐海等地。

到清后期，各族人民反清斗争激烈，拉祜族先民再次被迫走上迁徙之路，有的隐入澜沧拉祜族自治县的群山之中，有的沿把边江、元江南下，到达红河哈尼族彝族自治州的绿春、金平一带的原始森林中，有的跨越国界到达越南、老挝等东南亚国家。最终形成整个民族大跨度分散居住的格局（李进参，2002）。

### 5.2.5.2　拉祜族的生态文化

**（1）葫芦崇拜**

葫芦在拉祜族历史上占有重要地位，至今还流传着各种各样的葫芦神话传说，这些传说以民间文学的形式构成了葫芦文化的组成部分，连新生的后代对葫芦也有着特殊感情。拉祜族的葫芦文化包含了人类起源、爱情婚配、娱乐活动等诸多内容。

1）拉祜族葫芦神话的人类起源说。

拉祜族史诗《牡帕密帕》叙述说，人类最早的祖先是从葫芦里孕育出来的，拉祜族就是葫芦人的子孙后代。造物主厄萨创造天地和动植物后，便在他的水池旁种下一粒葫芦籽，厄萨白天黑夜地守护着。葫芦几天后发芽了，一天天长大并结出了一颗葫芦，不久从葫芦里发出了人的声音。厄萨听到葫芦里的声音，非常高兴，找小米雀、尖嘴老鼠来帮忙。葫芦被咬开后从里面出来两个人，一个男的名字叫扎迪，一个女的名叫娜迪。在厄萨的授意下，扎迪和娜迪婚配后生育后代，从此世上就有了人类。

2）拉祜族葫芦传说的爱情婚配故事。

传说人类始祖的后代扎果和娜依兄妹俩常外出打猎，他们打得的猎物一向平均分配。一次哥哥扎果打到一头野猪，因故没有分给妹妹娜依一份，于是兄妹反目，妹妹娜依带着99个女子“奥者奥卡”迁到河的下游，哥哥扎果带着33个男子“奥者奥卡”迁到河的上游。当时正处于血族班辈群婚制末期，拉祜族通行双系大家庭公社的两性“奥者奥卡”制度，这种“奥者奥卡”实际上是按父系和母系划分的两个不同性别集团，两个集团中包括血缘近亲的同胞兄弟姐妹，所以扎果和娜依他们虽分居两地，但彼此仍然时刻想念着。最后，妹妹娜依吹着四孔箫，哥哥扎果吹着葫芦笙，双方重归于好并生育子女。后开始向一夫一妻制对偶家庭过渡。

3）拉祜族葫芦传说中的家庭。

传说中有一对夫妇生了五个儿子，一年春天儿子们出门去了，一个进森林打猎，一个上山挖草药，一个下河抓鱼虾，一个下箐采野菜，一个去找盐巴、辣子。他们去了很久，快过年了尚未归来，夫妇俩就下河边、上高山到处去喊儿子们，喊哑了嗓子也没有一点回音。于是夫妇俩想出一个办法，用葫芦和五支竹管做成葫芦笙在高山上吹，以催促儿子们速速归家。五个儿子听到葫芦笙的声音，犹如听到父母的亲切呼唤，带着各自找到的东西回来了，一家人又团聚了。

4）拉祜族葫芦神话中的葫芦笙起源说。

传说天神厄萨教会拉祜族种植谷物以后，整个民族从半饥半饱的游猎采集生活中解脱出来，有了比较稳定的衣食来源。为了答谢厄萨的教授恩德，拉祜族准备举行盛大隆重的庆典，便派代表去邀请厄萨。代表们到了厄萨住地，发现其房门紧紧关闭着，他们未见着厄萨就返回来了。拉祜族又派得力的五兄弟去请，可天神厄萨仍然关着门沉睡不起，他们使劲叫喊也唤不醒他。于是五个兄弟每人拿起一根竹管用力吹，五根竹管发出不同的音响，合在一起形成一股强大的共鸣声。厄萨被惊醒，来参加了庆典。自此，用五根竹管制成的葫芦笙便流传起来，相关的音乐舞蹈亦得到丰富和发展（李进参，2002）。

**（2）祭竜仪式**

临沧坝子的拉祜族先民每年的农历正月第一个属猪日举行祭竜仪式。“竜”拉祜语为“ha yiel”，意为“村寨保护神”。拉祜族先民认为只有虔诚祭“竜”才会求得“竜”庇佑全寨人在新的一年里风调雨顺，五谷丰登，六畜兴旺。“竜”被供奉在村寨附近的山林中，这片山林因此而得名“竜林”。这片林被设为神圣的神林，那里的一草一木、一鸟一兽都不得砍伐和猎取，平时任何人不得随便进入，不得在林里放牧，山上的果子等不得采摘，更不准发生在林内大小便的不敬行为。拉祜族先民年复一年敬奉着神，守护着林，山上草木茂盛，古树参天。拉祜族人认为，热爱自然就是敬仰天神，顺从天神意志的体现。“竜林”不仅是天神和祖先神灵居住的家园，还是村寨重要的水源地。拉祜族传统的原始宗教信仰在崇敬神祇、宽慰灵魂的同时，客观上也沿袭了保护自然、善待自然的淳朴意识，净化了他们赖以生存的水源，也保护了村寨周边的生态环境。随着佛教传入拉祜族地区，佛教逐渐与拉祜族原始宗教相结合。这种宗教的相互渗透和融合在拉祜族村寨祭祀文化中的体现就是村寨神舍，拉祜语称“ha yiel”（神和佛的住房）。神舍内靠墙是祭祀天神“厄萨”的神龛。神龛是用木板或竹笆搭成，左边有个小水槽盛水，称“木鱼水缸”，一只雕刻的木鸟即生命鸟（拉祜语称 co ha ngat）正在饮水。从这里可以透视拉祜族先民对生命之水的重视，他们认识到水对人类的生存和繁衍有着特殊的意义。有的村寨未建立神舍前，在寨子上方或寨旁的树林中选一块石头或一棵树为寨神的标志，视为神圣之地。这片树林所有林木都严加保护，禁止任何人砍伐，郁郁葱葱，林木繁茂。拉祜族信仰原始宗教和佛教，同样以宗教仪式作为载体敬奉一方神灵，守护一方水土，通过灵魂与自然的交流诠释着朴素的生态保护理念（杨云燕，2012）。

（3）土著节

拉祜族地区每逢农历二月初八为土著节，村民聚集到一起杀猪、杀鸡献龙，祭祀土地，并在过往的路口进行邀龙活动。这一天还要洗水井。这是稻作文化在祭祀仪式中的体现，因为对于农耕民族来说，拉祜族人生存离不开土地，在没有水利设施的条件下，农耕生产更依赖水。他们认为龙是司水的神灵，敬献好龙神，才会风调雨顺，庄稼丰收。拉祜族先民信仰万物有灵的原始宗教，他们认为山有山神、树有树神、水有水神、谷有谷神，各种东西都和人一样有灵魂，人类都不能随便冒犯这些神灵，否则就会遭到惩罚。有的地区的拉祜族在大年初五（有的是初四）这天全寨男子要祭祀猎神，举行狩猎仪式（政协澜沧拉祜族自治县委员会，2003）。拉祜族人认为山上的猎物都是山神饲养的，要打猎就要先敬献山神。如果得不到山神的允许，是不能打猎的，否则会遭到山神的惩罚。

（4）火把节

拉祜族火把节的时间为拉祜年的六月二十四开始，到六月二十八结束，共五天。火把节源于拉祜族的古老民族传说。拉祜族的传统节日“火把节”，传说就是为纪念一位名叫“扎努扎别”的英雄而形成的。拉祜族最有代表性之一的神话传说《扎努扎别》，塑造了一位敢于向天神厄萨至高无上权威挑战，并与之进行不屈不挠斗争的巨人扎努扎别的英雄形象。传说古代有个巨人，名叫扎努扎别。他站起来像座高山，四肢像丘陵。他力大无穷，干起活来无人能比。他为人公道，见义勇为，所以人们都佩服他。他很勤劳，常常带领群众不分昼夜地开荒种地，年年获得好收成。向来唯我独尊的天神厄萨对扎努扎别在群众中越来越高的威信感到不安和气愤，就企图利用自己的权威，强迫扎努扎别和群众向其进献礼品。遭到扎努扎别和群众拒绝后，厄萨就千方百计地惩罚扎努扎别。厄萨先在天上挂起九个太阳，企图把所有的人都晒死。扎努扎别便教人们用七口锅当斗笠，挡住太阳的光，从此人们学会了戴斗笠。厄萨一计不成，又生一计。他收起所有太阳和星宿，使大地一片漆黑，让人们分不清昼夜，无法进行生产耕作，打算饿死扎努扎别和群众。扎努扎别并不向厄萨低头屈服。他用蜂蜡把松明粘在水牛角上，点着松明在火光下耕作。后来，厄萨又想出种种阴谋诡计，但都被扎努扎别一一识破和挫败。最后，厄莎用毒药涂在牛屎虫的角上，使扎努扎别被刺中毒身亡。扎努扎别虽然死了，但人们永远缅怀他，每年举行火把节来纪念这位民族英雄（张晓松和李根，2002）。火把节之夜，拉祜族山寨中立三丈三尺高的大松明火把。人们围聚在火把周围，由卡些点燃火把，众人向火把洒缅香，火把越烧越旺。其间，还要举行祭神驱鬼活动，以祝来年丰收，人畜平安。拉祜族火把节的熊熊篝火，象征着拉祜族青年男女燃烧着的爱情火焰。火把节期间，在熊熊的篝火旁，拉祜族青年男女，双双对对互诉衷肠。男青年吹起芦笙，女孩子弹动口弦，笙弦相应，传递爱情，传递心声。在一些拉祜族村寨，火把节期间，每当夕阳西下，夜幕降临时，拉祜族青年男女穿上自己最喜爱的衣服，配上最漂亮的装饰，成群结队，围绕着篝火，在悠扬的芦笙曲中，翩翩起舞。这一激动人心的场面令拉祜族青年男女如痴如醉，沉浸在欢乐与爱情之中。

（5）扩塔节

拉祜族最隆重的节日扩塔节，也就是年节，在年节期间，拉祜族男女老少都要欢跳芦笙舞，有若干男性吹奏芦笙，其他人携手成圈合着芦笙节奏起舞。芦笙舞的动作包含四类，模拟动物舞是其中之一。模拟动物舞不仅模拟的动物种类繁多，如斗鸡舞、黄鼠狼掏蜂蜜舞、猴子舞、老鹰舞、孔雀舞、斑鸠舞、白鹇舞、斑鸠捡谷子等，现已收集到 70 多套路（政协澜沧拉祜族自治县委员会，2003）。拉祜族史诗中说道，古时候拉祜族不会跳舞，但逢年过节或捕获猎物等心里高兴时，为了抒发喜庆心情就模仿野鸭和大鹅的动作跳舞。拉祜族先民长期的游猎生活，居于深山老林中，与各种动物朝夕相处，对它们的体态特征、生活习性都非常了解，所以创造的动物舞蹈能做到惟妙惟肖。拉祜族模拟动物舞不仅表现出拉祜族人民细心观察生活的能力和富于创造的精神，同时也展现了热爱动物、敬畏动物、热爱大自然的内心世界（杨云燕，2012）。

（6）村规民约

澜沧拉祜族自治县木戛乡邦利和竹塘乡茨竹河两地拉祜族的习惯法中规定有禁止砍伐风景林和水源

林，违者罚款（政协澜沧拉祜族自治县委员会，2003）。拉祜族过渡到农耕社会后，村寨间、农户间出现水利纠纷时，拉祜族依照传统的“平等互利”观念自制刻木分水法，称“水平”。根据各寨用水量在水平上刻出大小不同的刻度，依此确定进水的多少和所承担的义务。水平做好后择吉日安放，之后人人自觉遵守，不得私自变更，这样管理水资源既保证了各农户的农业生产又避免了因水资源分配不均而造成的用水纷争（杨云燕，2012）。

**（7）建“竹楼”**

拉祜族的村寨一般建在近水源的山风和缓坡上，坐落在树林绿竹之中，寨子四周栽有很厚的荆棘条做寨墙，用于防范外来侵袭。各家的房前屋后空地种植芭蕉和竹林。拉祜族传统的建筑风格有两种，一种是落地式茅屋，一种为“干栏式”竹楼，俗称“掌楼”（政协澜沧拉祜族自治县委员会，2003）。拉祜族传统住房都是用木桩杈、竹子和茅草建成。结构简易，不用一颗钉子和一件铁器。栗树做柱子，松树做房梁，竹子做椽子，竹条做压条，树条做墙桩，青藤夹茅草，茅草盖房头，篾笆拦墙边，芦苇编篾笆，房子要背北，房门要向南（娜朵，1996）。拉祜族的建筑材料都是直接取自大自然，原生态的建筑风格让拉祜族村寨散发着浓浓的原始古朴的气息，蕴含着拉祜族人热爱自然、追求生态的生存智慧。

**（8）火起源传说与火崇拜**

拉祜族先民将火的发现与使用附上神秘的光环。拉祜族创世纪神话史诗《牡帕密帕》中，有天神厄萨开天辟地、创万物的传说。其中有神取火种的内容。拉祜族《飞烙送火》传说中也讲道：火种是被称作飞烙的一种会飞的老鼠带给人间的。另外，《毛猴子截木取火》传说，讲的是猴子捅朽木而得火种。《木缸造火》则是讲木缸在石头上转动摩擦而得火种。这些传说，或是拉祜族先民对获取天然火的朦胧记忆，或是人工取火的历史追记。

拉祜族的火崇拜表现在祭火神上。拉祜族认为，火是神圣的，火种是由火神掌握着，要使火趋利避害，就必须祭祀火神。因而，每当拉祜族有人迁居新居时，总要进行火神祭祀仪式。拉祜人迁居时，首先是火塘安放。在拉祜族家庭，为了保护火种以保证取暖、炊事、照明和聚会等日常生活的进行，无论春夏秋冬、白天黑夜，火塘里的火要燃烧不熄。拉祜人认为，火塘是火神住的地方，是神圣的场所。燃烧不熄的火象征着火神与人同在，造福于人和保护人。因而，拉祜人规定，人们不能从火塘上跨过；不许将口痰吐到火塘里；不许随便移动和敲击火塘里的铁三脚架和锅庄石等，否则就会惹怒火神，降下灾难。拉祜族还认为，房子失火是人们得罪火神所致，因此必须做斋还愿，求得火神宽恕（张晓松和李根，2002）。

**（9）火葬**

火葬习俗源于对火的重视和敬畏。拉祜族先民认为火葬能使人升天，并使祖先的亡灵保佑子孙后代。因而，拉祜族在火葬时，要进行一系列的宗教仪式。临沧南美乡拉祜族一直实行火葬且火化仪式简单朴实，不立碑、不起坟、不举行扫墓祭拜活动，体现了拉祜族人自觉协调人与自然环境的意识和能力，以确保一个和谐的生存环境。公共火葬地周围的山林被视为神圣的地方，除了火化外，树不能随便砍，土不能随便动，不能把不干净的东西带入其中，更不准牛等牲畜进入，违者将受到严厉惩罚。南美乡拉祜族以火葬为唯一形式的葬俗既保护了树林又净化了水源，不仅占地极少，还大大节约了丧葬的成本。拉祜族传统的火葬可以最大限度地减少细菌的传播，净化生存环境。拉祜族的丧葬习俗坚持不乱砍伐森林、决不污染水源、极少占地等行为规则，蕴涵了卓越的生态环保意识。相对于强调入土为安的土葬占地情形来说，拉祜族人的火葬习俗在直接安抚好死者的同时，又间接地为生者提供了广阔的生存空间。不难看出，南美拉祜族的丧葬习俗拥有与自然环境产生平衡的能动力，客观上达到了维持生态平衡的作用。目前，南美乡拉祜族山区的生态环境还处于良性循环之中，这除了拉祜族人根深蒂固热爱山林、保护山林的生态环保意识外，也与拉祜族的传统火葬习俗有很大关系（杨云燕，2012）。

#### 5.2.5.3 拉祜族生态文化对环境资源的影响

拉祜族的生态文化是在泛灵论意识的影响下形成的，这一生态文化的特点就是敬畏自然、尊重自然，爱护自然。因此，拉祜族人从不乱砍滥伐森林、不乱捕乱杀野生动物，使得其山寨周围的森林树木、动物鸟类得以保护，生态平衡得以维护，自然环境得到美化。拉祜族人在虔诚地对大自然的祭祀仪式中演绎着对神灵的敬畏，也强化着对美好生活的憧憬，他们对大自然的善待换来宁静祥和的山寨人文环境，更无声地传递着他们朴素而真实的生态文化观。拉祜族朴素的生态文化折射出拉祜族人的生存智慧和哲学，成就了人与自然的和谐。

## 5.2.6 傣族

傣族主要聚居于云南省西双版纳傣族自治州、德宏傣族景颇族自治州、孟连傣族拉祜族佤族自治县、景谷傣族彝族自治县、耿马傣族佤族自治县，以及景东、思茅、普洱、江城、镇沅、墨江、澜沧、双江、镇康、腾冲、龙陵、沧源、元江、新平、金平、元阳、河口、文山、大姚等地区。

汉朝以来的史书称傣族先民为“滇越”、“掸”；唐朝以来的史书称傣族先民为“黑齿”“金齿”“银齿”“绣脚”“白衣”“百夷”“摆夷”，但均属他称；从古至今，傣族一直自称为“傣”。“傣" 有两个含义：一是“谷仓”，古时傣族自称“滚傣”，意为“谷仓人”，见面则以“毫丁傣”（意为谷满仓）相同候祝福；二是，“傣”即傣语中的“犁”的谐音，傣族自称“滚傣”，意即“犁田的人”。两种解释都说明傣族的族称与水稻有密切关系，傣族自古善植水稻，是一个水稻民族。

傣族有本民族的语言和文字。傣语属汉藏语系壮侗语族壮傣语，方言以支系划分。居住在西双版纳地区的傣族属傣泐支系，讲傣泐方言；居住在德宏地区的傣族属傣那支系，讲傣那方言；居住在景谷、双江、耿马等地区的傣族，是傣泐与傣那两个支系的结合部，故通用两种方言。傣文属拼音文字，主要有西傣文和德傣文两种。西傣文又称傣泐文，主要通用于西双版纳地区；德傣文又称傣那文，主要通用于德宏地区。此外，还有傣绷文和傣雅文两种，为较为古老的文字，但不普及，未能通用于社会。

### 5.2.6.1 傣族的居住环境与族源

傣族分布区位于东经97°～102°，北纬21°～25°，约10万$km^2$的土地上。傣族人大多在澜沧江、怒江、金沙江、红河流域的河谷平坝地区傍水而居。平坝环山群绕，在整个云贵高原上地势较低，平均海拔在500～1300m。气候属热带、亚热带，气温较高，终下无雪，霜期短，年平均温度在21℃左右。降雨量充沛，年均降雨量在1000～1700mm。多集在5～9月，因而全年无四季之分，只有明显的旱季和雨季。

傣族地区河流纵横，支流交错，水流平缓。澜沧江流过沧源、澜沧，从孟连到达西双版纳，纵横版纳南北，遍流各地。这些河流冲积成许多平坝，大都土地肥沃，灌溉便利，适应于种植水稻和多种经济作物，也适于热带植物的生长。因此，傣族自古以来就是农业民族，傣族先民很早就开始种植稻谷，绝大多数傣族地区盛产稻谷，还可以一年两熟或三熟。此外，澜沧江流域还盛产甘蔗、茶、咖啡、橡胶、香蕉等经济作物（刀承华和蔡荣男，2005）。

傣族历史悠久，人民勤劳。大量的考古新发现，证实了早在4000多年前，傣族先民便在云南的澜沧江流域、金沙江流域、怒江流域、瑞丽江流域、威远江流域和元江流域一带生息繁衍，并创造了光辉灿烂的古代文化和现代文明。在傣族聚居的西双版纳、德宏、景谷、孟连、临沧、元江、新平等地区，先后发现和出土了数百件新石器时期文化遗址的文物，为复原傣族古代文化面貌，研究傣族远古时期的历史，提供了丰富而有力的实物证据。

西双版纳的新石器时代文化遗址，主要分布在澜沧江下游景洪市，其新石器时代文化遗址所反映的社会生活状况，以渔猎为主。遗址中的有肩石斧，以及石网坠的制作方法、形体特征，与我国台湾省大岔坑文化和福建省一些新石器遗址中出土的同类器物相似，表明澜沧江流域的傣族先民与我国沿海地区的先民，有较多的渊源关系。

德宏位于澜沧江和伊洛瓦底江上游，瑞丽江、盈江直贯全境，是远古人类活动的主要地区之一。1984年年底，在瑞丽市弄岛镇的南姑河畔，发现了一颗古人类牙齿化石，经有关专家鉴定，是一颗青年人的右上门牙，地质构造介于晚更新世晚期，时间距今1万年以上。德宏地区的新石器文化遗址，分布广，种类多，文化层厚，说明了远在新石器时代，古人类便在这块富饶的土地上生息繁衍，并创造了灿烂的新石器文化。

澜沧江中游地区新石器时代文化遗址：澜沧江中游泛指云县、临沧、双江、景东、景谷、镇沅一带。这一地区也是傣族先民生息繁衍之地。近数十年来，文物工作者也在这一地区发现了十多处新石器时代的文化遗址，其中以云县忙怀的遗址最为著名。跟忙怀同类型的新石器文化遗址，在澜沧江中下游及其支流地区分布极广，景东、景谷、镇沅、澜沧、孟连等县已发现十多处。这些地方，都是傣族生息繁衍之地。"忙怀"的"忙"即傣话中的"寨"，西双版纳地区译为"曼"，景谷、双江地区译为"蛮"，德宏地区译为"芒"，临沧、云县地区译为"忙"，虽然由于发音的不同而译音有所区别，但其内容都是一样的，说明了都是傣族先民居住过的地名。因而，这些文化遗址，无疑是新石器时代傣族先民与其他少数民族先民共同创造的古代文化，为我们研究傣族的古代社会提供了丰富的实物证据。

大量的考古资料和历史文献证实，傣族是古越人的后裔（岩峰，1999）。古越人是我国东南和南部古代民族的总称，因部落众多，地域宽广，又有"百越"之称。而百越"不是单一民族的族称，而是多个民族的泛称"（蒋炳钊等，1988）。

远在新石器时代，这个被称为"各有种姓"的族群便已经有了自己的共同文化特征。在浙江、福建、广东、江西出土的印纹陶器，有肩石斧等古越人共同文化的典型器物，在今傣族聚居的河谷平坝，均有这类文化遗物的发现和出土。考古学者在云南全省考古发掘中，发现"滇池、滇东北、滇东南和西双版纳等地方出土文物有印纹陶、有肩石斧等器物，其年代在3000～4000年前，认定这些新石器文化与我国东南沿海地区关系密切。这些文化的主人，均以古代百越先民为主。考古学者研究成果表明，云南的百越先民及百越部族的文化特征是：除种植稻谷和喜食异物是新石器时代遗留下来以外，在青铜时代产生的共同文化有使用青铜农具、精于纺织、居住杆栏、铜鼓文化、以图代文、文身、习水操舟、贵重海贝、崇拜孔雀等特征（岩峰，1999）。

### 5.2.6.2 傣族生态文化

#### （1）傣族的自然生态观

自然生态观是人们对人与自然生态环境的关系的看法或理解，其作用就是处理人与自然之间的关系。因而，由于自然环境对不同的民族有着各种不同的影响和作用，因而人们对人与自然的关系会有不同的理解。但是，对于许多的原住民来讲，由于普遍信仰"万物有灵"，在看待人与自然的关系问题上，往往把自然界看作是神的体现。因而，人们将自然界当神来崇拜，把自然界视为神圣不可侵犯。这种把自然神化了的生态观，往往会以各种方式进行祈祷和献祭，以祈求自然的赐福，并安抚主宰自然力的神以实现降雨与驱逐旱灾，消灭地震，结束瘟疫和洪水等灾害。

傣族居住的低地坝区属热带雨林和季雨林区。这里河流纵横交错、土壤肥沃，适宜水稻的种植。作为"百越"民族的傣族是最早培植水稻的民族之一。水稻的种植，不仅是一个稻与水的关系，或人与稻田的关系，而是一个涉及人、水、田、林、气候与植被等的复杂关系。当地傣族在长期与大自然相处的过程中，认识到人是自然界的产物，是大自然的后代，这正如傣族的谚语说到的："森林是父亲，大地是母亲，天地间谷子是至高无上的"。在看待人与自然的关系上，他们认为人与自然是和谐共处的关系，并将这种关系按其重要性排列如下：森林—水—水田—粮—人，而且进一步解释道："有了森林才有水，有了水才会有田，有了田才会有粮食，有了粮食才会有人的生命"。因此，人们要能很好地生存，就必须尊重自然，保护好森林和水源（郭家骥，2009）。郭家骥教授对西双版纳景洪市勐罕镇曼远村的田野调查资料也进一步证实了这一生态观。在曼远村，通晓本民族历史文化而又充当着沟通人神联系中介角色的祭师"波章"老人对调查者讲了两个观点：

傣族最尊重的有5样东西，一是佛，即菩萨；二是经书；三是佛爷；四是佛塔；五是大青树。大青树在所有傣族地区都是神树，没有人敢砍，人一旦触犯了大青树，非死即病（郭家骥，2001）。

傣族的这一自然生态观对人与自然关系的认识包含有许多生态学的原理。生态系统生态学理论认为，生态系统是在一定的空间和时间范围内，由生物的和非生物的成分构成并不断进行着物质循环和能量流动的功能单位。生物成分包括生产者（主要指绿色植物）、消费者（主要指以其他生物为食的各种动物）和分解者（主要是菌类以及一些原生动物）；非生物成分包括无机物、有机化合物和气候因素等。物质循环和能量是生态系统的两大功能：生产者（绿色植物）从土壤中获取氮、磷、钾等矿物元素，在阳光的作用下将二氧化碳和水等无机物合成为有机物；动物以植物为食用（食草动物以绿色植物为食物，而肉食性动物又以食草动物为食物），各种动植物的残体则是菌类的营养来源，它们将有机物分解为可供植物生长所需要的无机物（营养物质）。植物所固定的能量通过一系列的取食和被取食的关系在生态系统中传递，这就是食物链。食物链是生态系统营养结构的形象体现，通过食物链和食物网把生物与非生物、生产者与消费者、消费者与消费者连成一个整体，反映了生态系统中各生物有机体之间的营养位置和相互关系；各生物成分间通过食物网发生直接和间接的联系，保持着生态系统结构和功能的稳定性。

在傣族的这一生态观中把人看成是自然界中的一员，是自然的产物。从生态系统生态学的角度来讲，人属于生态系统中的消费者，是生态系统的组成成分之一。同样，人也只是生态系统营养结构，即食物链中的一个环节。人是异养生物，自身不能制造养料，必须以植物或其他动物才能生存。因此，人为了能生存，就必须种田栽稻谷，而种田需要水，并认识到森林与水的关系。为了与自然和谐相处，人在自然生态系统中的位置不仅不是“主人”而是“仆人”。大自然中山林、河流、动物、植物、田地和稻米等不仅仅是生态系统的构成要素，还是“有灵之物”，如寨神、勐神、水神、谷神、树神等，并形成了丰富的鬼神崇拜文化。这种鬼神文化的加入，使得傣族的人类生态系统中多了一个成分，起到了协调人与其他成分关系的作用，以确保生态系统的平衡和人类繁衍生息。也就是说，人只要通过祭祀神灵，才能在神灵的保佑下获得生存。如果自认为是自然的主人，可以凌驾于自然之上，肆意地践踏和破坏自然，将会触犯神灵，受到神灵的惩罚，最终遭到大自然的报复。

这种朴实的生态观，再加上西双版纳傣族信奉小乘佛教，造就了傣族热爱自然、保护森林、保护动物、爱惜粮食的美德，维护当地的生态环境。然而，随着市场经济对傣族传统自然生态观的冲击，尤其是橡胶树的大量种植，造成了大量热带雨林的消失，生态环境有进一步退化的趋势。

**（2）竹楼**

澜沧江流域傣族生活的环境主要是炎热多雨雾、日照时间长的热带、亚热带雨林气候。为了适应当地炎热、潮湿、多雨的生态环境，傣族就地取材，以竹为建筑材料，建成了“干栏式”的民居。“干栏式”竹楼高出于地面，其底部安置在以竹木为立柱的底架之上。竹楼分上下两层，以木竹做桩柱、楼板、墙壁，房顶覆以茅草、瓦块。竹楼一般分两层，上层住人，下层养家畜。竹楼间架高大，利于疏导雨水和遮阻风雨，并保持居室干燥凉爽。这种干栏式的竹楼，与热带、亚热带茂密的竹林和香蕉、椰子林交相掩映，形成了极具观赏性的村落景观。傣族干栏式建筑，与其地理环境、生态环境相适应，这是因为傣族一般居住在海拔较低坝区，竹楼依水而建，其环境中气温高、雨水多、湿度大，粮食和物品极易霉变腐蚀和遭虫蛀；而临江河，水患频发。因此，竹楼高建，既可以做到通风好，保持凉爽，又能避湿防霉变。另外，高建的竹楼还具防洪抗洪功能。

**（3）稻作技术**

傣族的稻作技术可以归纳为“黑纳”技术和“教秧”技术（白兴发，2003）。

a.“黑纳”技术

经过长期的水稻耕作，傣族人民总结了一套适合当地自然条件、气象特点的整田技术“黑纳”。它包括五道工序：一为“胎纳”，即犁田；二为“告纳”，即用手耖耙把田泥抄成一堆一堆的；三为“坟纳”，即沤晒半月后，由耖耙把堆起来的推下去，把下面的田泥翻上来堆起；四为“德纳”，即把田泥耙平；五为“控播”，即在耖耙下面装上 2m 长的大竹筒，把田泥再平整一次。这五道工序加起来叫“黑纳”即种田。通过堆、翻等二三道工序，杂草沤烂，增加土壤肥力，促进土壤泥化，再通过栽秧前的耙匀整平，使表土肥分布均匀，充分做到田平泥化。

b. “教秧”技术

“教秧”傣语称“嘎展姆”，“嘎”为稻种，“展姆”为培养，故“嘎展姆”即培育壮秧之意。傣族栽“教秧”具有省水、省田、省种及分蘖力强、抗肥力、抗倒伏、抗病虫害、延长秧龄期、减缓旱情，不晚节令，从而达到增产增收的效益，因而世代相传和普及开来，是投入最少而收获最大的丰产措施。

**（4）水文化与水利灌溉**

傣族是一个爱水的民族，在适应环境的过程中创造了丰富多彩的水文化。傣族生产生活及习俗离不开水，与其生态环境及民族特点密切相关。傣族谚语说，“建寨要有林和箐，建勐要有河与沟”。傣族傍水而居，没有住在高山上的傣寨；傣族楼居，以避频繁的水患，不住土墙房；傣族从事水稻农业，非常重视环境保护，不从事刀耕火种农业；傣族不分男女，均习水性，常在水中，故有文身之俗；傣族水稻农作物、牲畜、家禽离不开水，赕佛也要滴水，过节也要泼水，婴儿呱呱坠地就以水浴身，接受水的洗礼，一生终结则行水葬；傣族音乐、舞蹈、文学、艺术多以水为题材进行创作。所以傣族非常崇拜水，并像保护生命一样保护水资源，寨神林、勐神林不仅被视为祖先神灵居住的家园，而且被视为水源林，世代传承，不准砍伐。总之，傣族的水崇拜与图腾信仰以及民族节日等文化艺术，都和水发生密不可分的关系。

泼水节是傣族中盛行的节庆活动。每年傣历6月（公历4月）中旬，傣家人都要欢度傣历新年，即泼水节。据有关专家考证，泼水节最初起源于印度，曾经是婆罗门教的一种宗教仪式。脱胎于婆罗门教的印度佛教传入东南亚和我国傣族地区后，其宗教神话习俗便与傣族传统的水崇拜信仰结合起来，形成了傣族自己的神话传说与泼水节习俗。传说，远古时代，人间的风雨晴阴，冷热季节都由天神“捧麻点腊”掌管。但捧麻点腊无视天规，乱行风雨，乱施冷热，使人间雨旱不分，冷热混淆，灾难无边。创世神英叭派遣“英达提拉”神来接替捧麻点腊的职务，但恶神捧麻点腊本领高强，拒不交出权力。善神英达提拉通过恶神的七个女儿了解到恶神的致命弱点，七姐妹为消除恶神带给人间的灾难，决定大义灭亲。乘恶神熟睡之际，七姐妹用恶神的头发拴住他的脖子，勒下了恶神的头颅。但恶神的头落地后滚到哪里，哪里就燃起熊熊大火。姑娘们情急生智，她们把恶神的头抱起来，火就熄灭了。就这样，七个姑娘轮流抱着恶神的头，每人抱一年，一年一换，从此傣家人才有了幸福的生活。从此，傣族人民便把消除灾难获得幸福的这一天定为全年之首——新年。过新年时，人们为了怀念和感谢杀死恶神的七姐妹，都要泼水为她们洗去身上的污血，扑灭身上的火焰。久而久之，便形成了泼水节的习俗。

在云南西双版纳的曼远村，泼水节的头一天，全村人要挑清水到寺庙中为佛像洗浴。泼水节当天，家家户户都要在一张小篾桌上放上两碗肉，两包用芭蕉叶包着的剁生，半斤糯米饭，当年的少许谷种，以及一些瓜果蔬菜、花生玉米等，送到佛寺中赕佛。同时，每家都要背一背河沙，提一瓶清水，在佛寺旁边垒起一个沙堆。沙堆上插一根树枝，用一根棉线一头拴在树枝上，一头拴到佛寺中，并在沙堆前平一个沙台，供上竹笋、肉、饭等祭品。全村人先集中到佛寺拜佛，然后围坐在沙堆周围听佛爷念经，人们一边听经一边将清水滴洒在沙堆和树枝上。赕佛仪式结束后，前来参与本村过节的基诺族、哈尼族朋友和外村的傣族朋友纷纷上去抢走祭祀供品，本村人则家家户户争着去抢下一段棉线，接下来便是人们相互泼水祝福。当地人认为，新年这天浴佛、赕佛、堆沙滴水和相互泼水，能够助天降雨，求得风调雨顺、五谷丰登。泼水节的神话传说和泼水节习俗说明，西双版纳傣族的“赕新年”，实质上是一个助天降雨、祈求丰收的水崇拜仪式和农耕礼仪（郭家骥，2009）。

祭水神是傣族稻作农耕过程中的一项重要内容。在一年一度放水犁田栽秧时，都要举行放水仪式祭祀水神，祈求风调雨顺、稻谷丰收。祭祀时要置备丰盛的祭品，诵读祭文，然后从每条大手沟的水头寨放下一个挂黄布的竹筏，漂到沟尾后，再把黄布拿到放水处祭祀。除了由各条水沟和各村社分别祭祀外，还要由水利总管“召龙帕萨”亲自主持举行对各条水沟与渠道的总祭祀。有一份《杀鸡祭水神祷词》反映了这一祭祀情况，现抄录如下：“今年是吉祥的年份，本官奉议事庭和内外官员之总首领松笛翁帕丙召（召片领）之命令，赐为各大小水渠沟洫之总管。我带来鸡、筷、酒、槟榔、花束和蜡条，供献于境边渠道四周之男女神祇，请尊贵的神灵用膳。用膳之后，敬求神明在上保佑并护卫各条水沟渠道，勿使崩溃或漏水，要让水均匀地流下来，并祈望雨水调顺，好使各地庄稼繁茂壮实，不要让害虫咬噬，不要使作物受损。让地气熏得粮食饱满，保各方粮食丰收。请接受我的请求吧”（郭家骥，1998）。

当然，水在傣族生活中最重要的仍是灌溉。水利灌溉在傣族历史上产生过积极作用：傣族在刀耕火种的基础上，实现了种植旱稻向栽培水稻的发展，是水利灌溉起着关键性作用，犁耕农业，兴建堤坝，为母系制向父系制过渡奠定了物质基础；水利灌溉为主的公共事务，是家族公社变为农村公社的决定性条件；水利灌溉是早期国家形成的经济及政治条件；经营水利是傣族土司政权求得稳定的一项重要社会事业，因而水利灌溉在历史上曾是推动社会发展的动力，不断促进社会生产力向前发展（马曜，1989）。

西双版纳傣族地区，其水利灌溉是依靠众多的天然河流和人工挖掘的河道，并形成具有悠久历史和特点的管理系统，每个村社有运水员（傣语称“板闷”）一人，专门负责管理本村寨水沟和分水。为能精确地处理水的渗透数量，各村的管水员都有一个木质圆锥形的分水器，按照度数给水。“每年傣历五六月（相当于农历二三月）修理水沟一次，完工后用猪、鸡祭水神，举行开水仪式。同时进行对各村寨修理水沟的工程检查，从水头寨放下一筏子，筏上放着黄布，‘板闷’敲着锣鼓随着筏子顺流而下，在哪里搁浅或遇阻拦，就责令该段所属寨负责修整，还要加以处罚。筏子流到水尾寨后，把黄布取下，拿到水头寨去祭白塔”。（江应梁，1983）傣族最懂得和谐天人的道理，最懂得水涸人枯的道理。保持生态平衡，保护森林水源，保护水利设施，以及将管理水利设施与管理水利周边森林一体化，是傣族的传统经验，包括召片领的森林、水利管理系统及有关水规林法，是傣族几百年上千年逐步积累起来的，是宝贵的精神财富和民族遗产（白兴发，2003）。

**（5）龙林**

傣族地区大小不等的自然勐（坝子），每勐均有“垄社勐”即勐神林；傣族的每个村寨都有“龙社曼”即寨神林，即“龙林”。“龙林”即是寨神（氏族祖先）、勐神（部落祖先）居住的地方。龙林的一切动植物、土地、水源都是神圣不可侵犯的，严禁砍伐、采集、狩猎、开垦，即使是被风吹下的枯树枝、干树叶，熟透的果子也不能拣，让其腐烂。为了乞求寨神、勐神保护村民的人畜平安，五谷丰产，每年还要以猪、牛作牺牲，定期祭祀。西双版纳借助“神”的力量保护大量的“龙林”。表面看，“龙林”是原始宗教祖先崇拜的产物，实质是傣族人民纯朴的自然生态观。

“龙林”是傣族地区水利灌溉事业的基础建设，“龙林”是保持人与自然和谐关系的一种文化。学者们认为，“龙林”具有七种功能：傣族传统的自然保护区；用之不竭的绿色水库；植物多样性的储存库；地方性小气候的空调器；农村病虫害之天敌的繁殖基地；预防风火寒流的自然屏障；傣族传统农业生态系统良性循环的首要环节（高立士，1992）。

傣族传统农业生态系统由“龙林”“坟林”“佛寺园林”“竹楼庭园林”“人工薪炭林”“经济植物种植园林”“菜园”“鱼塘”“水稻田”组成。“龙林”是在整个农业生态系统中，地理位置最高，占地面积最大，功能最多的一环。只有“龙林”所有的功能得到充分发挥，才能启动整个系统的正常运转，良性互动循环。由于崇拜水，保持水源，重视水利灌溉和生态环境的保护，形成了傣族的“龙林”文化。而从文化现象来说，傣族呈现出了历史上“森林农耕文化”的特色，在那里，他们早有“森林—水—水田—粮—人”的森林自然生态观，这种观念在他们的民俗和宗教中都有所反映。在其民俗生活中表现为三个层次：第一是村落庭院资源层次，在这里，傣族营造了一个个丰富多样的小生境，主要由妇女经营，种植有果树、香料、经济作物，最外围往往是椰树和槟榔、菩提树，中间有香蕉、芭蕉、柚子、菠萝蜜树，里层则有菠萝、西瓜、石榴、香橼、茶叶、花卉、药材等。在商品市场的情况下可以通过交换补贴家用，也是妇女“私房钱”的来源，同时又是傣族妇女地位的经济前提。第二是田野资源层次。这里可以满足以稻为主的粮食作物的需求；以铁刀木（黑心树）为首的薪炭烧柴需求；以水牛为首的家畜牧养需求；以竹笋、青苔为首的菜蔬需求；以榕树（大青树）下的民俗、宗教集会需求；以菩提、贝叶树簇拥的寺院宗教核心的需求。第三是山地森林资源层次。狩猎需求、木材建材需求、物种交换需求、森林绿地保护涵养需求等。这里是傣族和山地民族交换信息物流、共生相处的地带。

之所以说傣族具有“森林农耕民”文化的特色，就在于他们不仅从事稻作农耕，而且是在森林生态的涵养下获取丰厚的收成，并且他们经过自己的实践经验，有意识地去维护这种森林生态。例如，傣族不滥伐森林，以速成树栽培来代替薪炭林。又如，通过狩猎和采集来维持动、植物蛋白质吸收和维生素摄取的平衡，而不必为此需要花费人力去饲养家猪和独植蔬菜等，都显示出这是一个自律特征较浓的社会，都表现出傣族社会的独特性（白兴发，2003）。

**（6）佛教植物**

傣族是一个全民信仰佛教的民族，因而，傣族也把菩提树当成“佛树”。在佛教的经书中有一本《二十八代佛出世记》说：佛教共有28代佛主，每一代5000年，释迦牟尼是第28代佛，每一代佛均有一种“成佛树”。这28代佛树菩提树受到傣族人民的崇敬，除了种于佛寺院内外，村寨中、竹楼庭院中和寨子附近也有栽种。把种植佛树看成是一种善举，认为能获得佛的庇护。他们认为砍伐佛树是对佛的不敬，在过去法典中曾有“砍伐菩提树，子女罚为寺奴”的条文。在佛门弟子心中，菩提树是至高无上的圣树，备受崇敬。不论菩提树长在哪里，都会得到人们的精心呵护。菩提树代表神圣、吉祥和高尚。

贝叶棕是傣族文化的载体，贝叶经是“贝叶文化”中最古老、最核心的部分，誉为“运载傣族历史文化的神舟”，是傣族文化的根源所在，傣文贝叶经（坦兰）是我国最珍贵的文化遗产之一。贝叶棕是傣族地区最富有特色的地方园林树种，贝叶棕硕大的叶片和具有图案式的茎秆与小乘佛教的寺庙建筑构成组合，形成令人艳羡的傣族地区人文景观。1000多年来，傣族佛教人士孜孜不倦地用铁笔将本民族发展的历史刻写在贝叶上，汇集成浩瀚的贝叶典籍，创造了博大精深的“贝叶文化”，是傣族人民的“百科全书”。傣族对贝叶棕十分崇拜，建寺庙必须种植贝叶棕，而且都种植在寺庙的中心显眼处。它们除了被栽种于佛寺庭院中外，还逐步被栽种到村寨中、竹楼庭园和村寨附近。

大青树也被傣族视为神树，人们不但不敢砍伐，还要栽于村寨中和附近，希望它庇护村舍的安宁。栽种树时还要举行一定的仪式，唱《栽树歌》：“这是为了人们做好事，供过路人乘凉，祈求神灵保佑。请路神、地神不要惊慌，不要误解圣洁的树，栽在寨子边，种在水井旁，种树是积德，植树祈平安。吉祥的树，在露水的哺育下快成长，在阳光的爱抚下快粗壮”（尹绍亭等，2003）。在欢快的歌声中，表现出傣族人民种植大青树的目的及对大青树的崇敬之情。在傣族村寨，树干粗大、树冠宽广、枝叶繁盛的大青树到处可见。大青树已成为傣族民族文化特征之一（刘荣昆，2009）。

**（7）象征“圆满、吉祥”的五树六花**

傣族“五树六花”作为“圆满、吉祥”的象征。“五树”是指菩提树、铁刀木、贝叶棕、大青树、槟榔树。菩提树是佛主释迦牟尼的成佛树，是傣族心目中最神圣的佛教植物；傣族群众为了保护森林，方便生活，各家各户都在寨子四周种植薪炭林——铁刀木（俗称黑心树）。铁刀木树种繁殖和栽培容易，管理粗放，生长快，“铁刀木萌生能力极强，越砍越发，一棵树砍掉主干留下树桩，一年后便会萌发出数十根枝丫，三年后这些枝丫便可长到5cm粗，这时又可以砍伐了。一棵铁刀木每隔三年砍伐一次，可以长期受益”（郭家骥，1998）；贝叶棕是贝叶经的载体，为此傣族特别崇拜贝叶棕；同样，大青树也是傣族心目中的神圣之树；傣家人喜欢嚼食槟榔，种植槟榔树既可满足饮食的需要，又可美化环境。“六花”是：睡莲、文殊兰、黄姜花、黄缅桂、地涌金莲和鸡蛋花。傣族之所以确定“五树六花”为佛教文化的象征物和代表物，其中一个重要原因是与信仰南传上座部佛教有密切关系。按佛教教规，一定要在寺庙周围环境中种植“五树六花”（何瑞华，2004）。

### 5.2.6.3 傣族生态文化对环境资源的影响

傣族在对生态环境的适应过程中，通过对生态规律的不断探索和总结，形成了傣族的生态观。这集中表现在其生活方式和宗教文化上。傣族很早就注意水和森林的关系，在其创世史诗及小乘佛教经典中反复强调这样的古训：“有林才有水，有水才有田，有田才有粮，有粮才有人”。在傣族的宗教文化中，其崇拜对象都为生活中十分重要的生态对象：森林与水。傣族虽全民信仰小乘佛教，但其宗教文化又具有浓厚的原始宗教色彩，都有神林、神树崇拜，这或许是他们已总结了森林和水源的关系。傣族一般以村寨周围的大榕树为神树，不准砍伐。在“神”的监督和保护下，许多村寨周围的树木及其附近的山林得以保存下来，不仅保障了水源，也对众多的野生动物起到了保护的作用。水更是傣族生态中最有代表性的自然物，生活、生产中一刻也离不开水，所以傣族敬水拜水，把它作为吉祥的象征，甚至把“泼水节”作为隆重年节的代名词。正因如此，傣族十分珍惜水资源，除在灌溉中合理利用、分配水源，形成一整套水利管理制度外，在生活中也对水形成了一些良好的习惯，如不在河中解大小便，在水井旁或水井上筑塔，加以神圣的氛围，并有一系列对水井的乡规民约。傣族的生存、发展及文化形成与森林生态有着密不可分的联系。森林生态的意识渗透了傣族文化的各个方面。傣族人民从自身的社会实践中深深感受到森林所赋予他们的恩惠，因此他们相信森林是有灵的，他们祭拜各种神灵叫作“赕”，通过宗教生活而达到社会秩序的规范。纳傣族也存在着对山、水、田等的崇拜和祭祀活动。进山打猎，事前要进行祭祀，求得山神保佑，猎获动物以后，要当场举行仪式，以感谢山神的恩赐，然后才能分食。每年春耕、播种、栽秧、收割、进仓，每一环节都举行一定的祭祀活动。这一切表现了傣族人民对自然的敬畏与崇尚，并希望通过这些仪式与自然进行交换，以换取自然的恩惠，避免洪水、野兽等自然灾害。这种与自然高度和谐的生态文化，长期以来换来了傣族地区的青山绿水。

# 下　篇
# 专题研究

# 第6章 澜沧江流域旅游资源空间分异与开发模式[①]

## 6.1 引　言

流域属于一种典型的自然区域，是一条河流（或水系）的集水区域，是一个从源头到河口的完整、独立、自成系统的水文单元。它是区域的一种特殊类型，流域内各自然要素的相互关联极为密切，地区间相互影响显著，特别是上下游间的相互关系密不可分（陈湘满，2003）。同时，流域又是组织和管理国民经济的重要单元形式，具有整体性与关联性、区段性与差异性、开放性和耗散性等特点，流域开发应遵循系统开发、综合开发、立体网络开发、分区开发等原则（张文合，1991）。流域旅游资源是流域自然演化和人类活动相互作用的结果，从流域角度分析旅游资源空间分异特征，能够更系统地解析旅游资源的自然特征和变化规律，克服单纯从行政地域上研究的缺陷，有效地避免流域内部旅游产业结构趋同、产品重复建设、过度竞争等问题（何丽红和刘顺伶，2007）。

防洪、灌溉、发电、航运、土地利用与综合管理是国内外学者流域研究关注的重点领域（丁为民，1996；顾世祥，2010；苏明中，2006；杨侃等，2003；Farley et al.，2012；Schmidt and Morrison，2012）。在流域旅游研究方面，国内外学者做了大量实证研究，主要集中在特定流域内旅游资源保护、开发、效益与可持续发展等方面（何丽红，2008；刘蕊，2010；陶少华，2007；Cihar and Stankova，2006；Patterson，

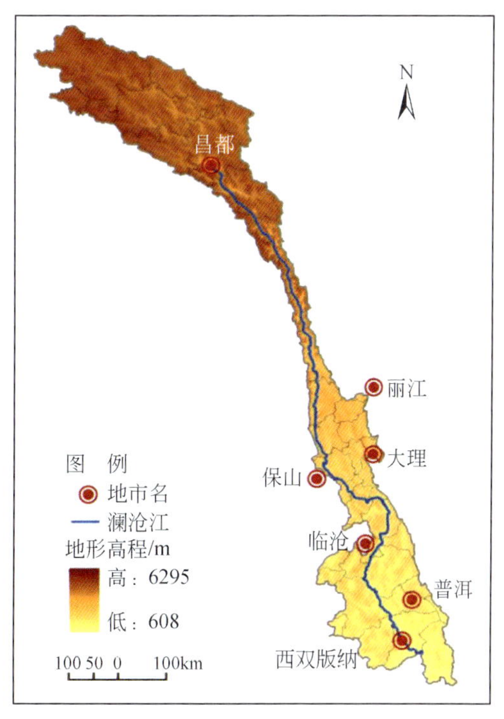


图6-1　澜沧江流域的空间概况

① 本章执笔者：王灵恩、何露、成升魁、闵庆文、徐增让、袁正。

2003）。在分析澜沧江流域旅游资源各基本类型的空间分异特征的基础上，从空间、产品、管理等方面提出澜沧江旅游开发模式，对于澜沧江流域旅游资源合理开发和可持续发展具有指导意义，亦可为我国流域旅游资源的开发和保护提供借鉴（王灵恩等，2012）。

本章使用的澜沧江流域旅游资源数据、行政区划矢量数据、土地利用图、自然地貌图等数据来源于科学技术部基础工作专项“澜沧江中下游与大香格里拉地区科学考察”项目所建“澜沧江中下游与大香格里拉地区资源环境基础数据库”。图 6-1 为澜沧江流域的空间概况。

通过实地调研，采用 GPS（全球定位系统）对澜沧江流域主要旅游资源的空间属性进行定位，并结合当地资料、地形图与部分网络资料，利用 GIS 空间技术，依据国家标准《旅游资源分类、调查与评价》（GB/T 18972—2003）中旅游资源基本类型分析澜沧江流域旅游资源空间分异特征，对旅游资源的空间分异进行分析。在国家标准中，旅游资源分为八大主类：地文景观、水域风光、生物景观、天象与气候景观、遗址遗迹、建筑设施、旅游商品和人文活动类。由于遗址遗迹类旅游资源与建筑设施类分布特征相似度较高，同时旅游商品的空间分异特征多从属于人文活动，所以本章中将这四类分别并为两类进行分析。

## 6.2 澜沧江流域旅游资源空间分异特征分析

### 6.2.1 旅游资源各基本类型空间分异特征

**（1）地文景观**

地文景观类旅游资源是指经长期地质作用和地理过程形成并在地表面或在浅地表存留下来的各种景观（尹泽生，2006）。澜沧江流域地文景观上中下游迥异：上游属海拔在 4000 ~ 4500m 的青藏高原区，山地海拔可达 5500 ~ 6000m，流域内除高大险峻的雪峰外，地势相对平缓，河谷平浅。地貌景观以高寒草甸为主，高山雪峰与古冰川侵蚀景观明显，源头三江源自然保护区湿地景观广泛分布；中游属横断山脉高山峡谷区，三江并流、河谷深切于横断山脉之间，山高谷深，流域狭窄，形成陡峻的峡谷段落景观，同时褶皱与断层景观显著，大型山体滑坡与泥石流堆积景观较多；下游功果桥至景云桥段为中山宽谷区，为青藏高原向云贵高原的过渡带，地形破碎（何大明，1995）。功果桥至南阿河口段为云贵高原与中南半岛低山丘陵过渡地带，地貌破碎，地势逐渐趋平缓，河道呈束放状，两岸山体景观以南北向为主。在地文景观数量和开发程度上，受自然区位和社会经济水平制约，上游和中游可供旅游开发的地文景观数量较少，开发深度不够，但旅游资源单体体量较大，视觉震撼；开发强度较弱，大地景观原始，受人类影响较少（表 6-1）。下游人口稠密，经济相对发达，旅游发展较早，景点数量和开发程度远超过中上游。

**表 6-1 澜沧江流域主要地文景观旅游资源及其分异特征**

| 区段 | 地貌类型 | 空间分异特征 | 主要地文景观资源点 |
|---|---|---|---|
| 上游 | 河源区以河谷平原、高山和冰川为主；杂多至昌都段为青藏高原向横断山脉的过渡类型 | 基本类型以谷地型旅游地、滩地型旅游地、冰川堆积体、冰川侵蚀遗迹为主；环境脆弱、生态承载力较低；景观原始，受人类影响较少 | 三江源保护区、伊日峡谷景区、卡瓦嘎布雪山、然察大峡谷、乌然村峡谷、谷布神山、玉龙黎明-老君山国家地质公园、梅里雪山景区等 |
| 中游 | 高山与峡谷相间，地形起伏大，流域狭窄 | 旅游资源垂直景观显著；主要类型有峡谷段落、垂直自然地带、断层景观、褶曲景观、节理景观、地层剖面等 | 白马雪山、三江并流风景名胜区、普达措国家公园、香格里拉依拉草原、玉龙雪山、丽江观音峡、丽江文笔山、上关花天龙洞、南诏风情岛、漾濞石门关、虎跳峡、玉柱擎天等 |

续表

| 区段 | 地貌类型 | 空间分异特征 | 主要地文景观资源点 |
|---|---|---|---|
| 下游 | 青藏高原向中南半岛丘陵的过渡带。该区域地形破碎，河谷切割强烈 | 独峰、峰丛、石林、岩石洞与岩穴、岸滩等旅游资源类型众多；开发强度较高 | 昆明石林、九乡风、昆明青龙峡、景谷佛迹仙踪芒玉峡谷、苍山国家地质公园、弥渡太极山、沧源佤山、兰坪罗古箐、鹤庆县黄龙等 |

**（2）水域风光**

水域风光类旅游资源是指水体及其所依存的地表环境下构成的景观或现象（尹泽生，2006）。水是流域的血液，丰富的水资源、多样的水分布条件是澜沧江流域旅游开发的重要载体和优势。澜沧江源头位于三江源保护区，区内河流密布、湖泊沼泽众多，雪峰平均海拔 5700m，最高达 5876m，雪峰之间多为第四纪山岳冰川，面积在 $1km^2$ 以上的冰川 20 多个，最大的冰川是色的日冰川；湿地总面积达 7.33 万 $km^2$，占保护区总面积的 24%，有“中华水塔”之称。从源头至昌都段，澜沧江干流长 565.4km，青海省境内杂多、囊谦段河谷宽广，下蚀作用微弱，多河岛、漫滩景观。出青海省至中游河段河流深切形成“V”字形峡谷，水系较为发育、水流湍急。下游由于大型电站开发形成较多大型人工湖泊，旅游开发潜力巨大，如小湾电站、曼湾电站、糯扎渡水电站等；由于地质结构复杂，流域内温泉资源众多，尤其是中下游温泉旅游资源丰富、开发条件优越；澜沧江流域内瀑布总体数量较少，较为著名的有位于下游普洱市河段的大中河瀑布、南帕河瀑布等；下游由于河道较宽、水流平缓，夏季温度较高，适宜开发漂流河段较多。详见表 6-2。

**表 6-2　澜沧江流域主要水域旅游资源及其分异特征**

| 区段 | 主要水域风光点 | 空间分异特征 |
|---|---|---|
| 上游 | 拉赛贡玛冰川、吉富山冰川、澜沧江源头、果宗木扎湿地保护区、当曲上游湿地保护区、芒康县莽措湖景区、昌都三色湖景区、莽措湖、昌都嘎玛乡湿地等 | 基本类型有冰川观光地、常年积雪地、沼泽与湿地等；资源单体面积较大、分布稀疏 |
| 中游 | 若巴温泉、美玉温泉、玉水寨、黑龙潭、腾冲热海、蝴蝶泉、属都湖、拉市海高原湿地、镇沅湾河、莽措湖、盐井温泉、吉唐温泉、然乌湖等 | 以悬瀑、跌水、地热与温泉等水域旅游资源类型为主，温泉地热资源较多；开发程度低 |
| 下游 | 保山白庙湖、普洱梅子湖、云县漫湾百里长湖、昆明岩泉风景区、景谷威远江、耿马南汀河、剑川剑湖风景名胜区、洱源西湖风景名胜区 | 观光游憩湖区类旅游资源较多、旅游资源单体广布，开发条件优越 |

**（3）生物景观**

以生物群体构成的旅游景观，个别的具有珍稀品种和奇异形态个体归为生物景观类旅游资源（尹泽生，2006），主要包括树木、草原与草地、花卉地和野生动物栖息 4 类。澜沧江流域内生物资源丰富，仅云南省境内就建有 6 个国家级自然保护区、18 个省级自然保护区、5 个国家级森林公园以及众多的风景名胜区（田里和陈彤，1999）。流域内植被变化多样，一方面，从源头至下游随着纬度变化，气候地形条件迥异，植被呈现纬度地带性分布。澜沧江上游植被以高寒草甸为主，主要生物景观为草地，低海拔山谷阴坡针叶林稀疏分布。中游干旱河谷以河谷旱生灌丛和稀树景观为主，峡谷上部由于水分较多，林线以下分布有冷杉、云杉等针叶林景观。下游由于地势相对平坦、气候适宜、降水较多由针阔混交林向热带雨林景观过渡，花卉地和古树名木类资源单体在下游分布较多。另一方面，在流域内某些大型旅游资源单体垂直海拔高度跨越大，从山脚至山顶，温度水分、土壤成分等差异较大，植被表现出明显的垂直地带性特征。澜沧江流域是重要的野生动物栖息地，上游三江源保护区内国家重点保护动物 69 种，国家一级重点保护动物藏有羚羊、牦牛、雪豹等 16 种，二级 53 种；中游三江并流区被称为“世界基因库”，77 种国家重点保护动物，34 种国家级保护植物，下游热带雨林更是热带动植物的天堂（表 6-3）。丰富的动植物资源为开发观光和专题生态旅游创造了优越的条件。

**表 6-3　澜沧江流域主要生物景观类旅游资源及其分异特征**

| 区段 | 流域代表性生物景观类旅游资源 | 空间分异特征 |
| --- | --- | --- |
| 上游 | 美玉草原景区、杂纳荣草原、西藏然乌湖国家森公园、隆宝自然保护区、尼果寺自然保护区、多拉自然保护区、芒康滇金丝猴自然保护区、柴维自然保护区、嘎玛自然保护区、约巴自然保护区、类乌齐马鹿自然保护区、德登自然保护区、邓柯自然保护区、生达自然保护区、哈加自然保护区、拉妥湿地自然保护区等 | 基本类型有草地、高寒动物栖息地等，主要为各类保护区；保护区面积广阔，地广人稀；近些年湿地面积退化严重 |
| 中游 | 昌宁澜沧江自然保护区、莱阳河自然保护区、糯扎渡自然保护区、普洱松山自然保护区、普达措国家森林公园、三江并流保护区 | 各类保护区人为干扰较少，保护较好；资源交通可达性较弱 |
| 下游 | 德党后山水源林、牛倮河保护区、无量山保护区、西双版纳热带植物园、西双版纳原始森林公园、版纳野象谷景区、版纳热带花卉园、昆明世界园艺博览园、西山森林公园、保山太保山森林公园、临沧茶文化风情园、临沧五老山森林公园、打洛独树成林、西双版纳雨林谷、思茅小黑江森林公园、巍宝山国家森林公园、东山国家森林公园、来凤山国家森林公园、龙泉国家森林公园、莱阳河国家森林公园、鲁布格国家森林公园、珠江源国家森林公园、五峰山国家森林公园、钟灵山国家森林公园、灵宝山国家森林公园、铜锣坝国家森林公园、小白龙国家森林公园、五老山国家森林公园、畹町国家森林公园、飞来寺国家森林公园、圭山国家森林公园等 | 林地、花卉地、独树、丛树等生物景观类旅游资源分布广泛；森林公园众多，版纳热带雨林景观独特；普洱、临沧茶园景观富集；人口较为密集，开发程度较高 |

**（4）天象与气候景观**

澜沧江流域具有独特的气候特点和地理条件，从南到北跨越高原寒带、高原亚温带、亚热带、边缘热带等多个气候带。中上游夏季凉爽，适合开展避暑度假旅游；下游气候四季宜人，避寒旅游旺盛。同时由于地形复杂、气象多变，流域内云雾、云霞、彩虹、佛光等天气现象丰富，云雾多发区、光环现象观察地、极端与特殊气候显示地等类型的旅游资源众多，代表性的有玉带云、海盖云、鸡足山云霞、点苍山云霞、鸡足山金顶佛光、橄榄坝烟雨等，为澜沧江旅游资源的开发增添了许多亮点。

**（5）遗址遗迹与建筑设施**

澜沧江流域是我国继黄河、长江流域第三大文明发祥地，有“东方多瑙河”“文化走廊”等美誉，旧石器时代便有人类的文明足迹，秦汉时期就在流域内设立郡县，遗址遗迹与建筑设施旅游资源丰富，主要类型包括古人类活动遗址、古城、古塔、古墓、碑碣、摩崖字画、石窟等。史前人类活动场所主要以上游的卡诺遗址和中下游的景洪橄榄坝、沧源农克硝洞、兰坪玉水坪、象鼻洞等新旧石器遗址为代表，具有重要的科学研究和考古价值，另外茶马古道及其遗迹、傣王宫遗址等是流域内顶级遗址遗迹类旅游资源；中下游分布有丽江、大理、巍山等古城；建筑设施类以宗教祭祀场所和特色居住地与社区为主。澜沧江流域大部分为佛教信仰区，另有一些地方教和少数民族远古宗教分布，上游藏区以藏传佛教和本教为主，寺庙众多、等级较高，著名的有黄教古刹强巴林寺、噶玛噶举派祖寺、嘎玛寺、查杰玛大殿、本教祖寺孜珠寺等。居民居住地以藏式建筑和藏包为主。下游南传上座部佛教，寺庙建筑具有傣式风格，佛塔、碑林众多。边境口岸和通道是澜沧江下游旅游资源的重要特色，主要有景洪港、思茅港水运口岸及磨憨、打洛、片马等陆运口岸，中老边境、中缅边境风光亦是优越的旅游资源。其他如桥、社会与商贸活动场所、动植物展示地等旅游资源基本类型在流域内广泛分布。

**（6）人文活动**

旅游商品主要取决于地方自然地理环境和民俗特色。澜沧江上游以高寒气候为主，为藏区，野生动植物特产丰富，主要有冬虫夏草、知母、贝母、大黄、胡黄连、红景天、当归、党参、三七，藏药有珍珠七十丸、二十丸、常觉等，野生动物药材麝香、鹿茸、牛黄、雪蛙也有一定产量。中下游较有代表性的有茶叶、甘蔗、橡胶、紫胶、中药材、芳香油料等。澜沧江流域复杂的地质地貌构造，孕育了丰富的矿产和动植物资源，随着对矿产资源和动植物资源的开发利用以及加工技术的不断改进，许多以矿产资源和动植物资源为原料加工出产的工艺品、纪念品不断被开发出来，从而形成了琳琅满目的旅游工艺品。

中甸以上藏区手工艺品以佛教饰品为主，目前仅昌都市从事手工业的民间专业艺人有1000多人，其生产出的产品年产值达230万元（张敏和马守春，2006），产品主要有唐卡、佛像，各类佛教、生产、生活用品，金、银、铜、铁、木器等。中下游有白族、彝族、回族、傣族、傈僳族、普米族、阿昌族、哈尼族、布朗族、基诺族、佤族、独龙族等20多个少数民族，少数民族人口占该区人口总数的20.5%，多民族混居使该地区节日、服饰、宗教、婚俗、戏剧、舞蹈等民俗活动丰富（表6-4）。

**表 6-4 澜沧江流域人文活动类旅游资源及其分异特征**

| 区段 | 流域代表性人文活动旅游资源 | 主要居住少数民族 | 空间分异特征及自然环境驱动背景 |
|---|---|---|---|
| 源头至迪庆段 | 锅庄舞、玉树安冲藏刀锻制技艺、当吉仁赛马会、玉树赛马会、弦子舞（玉树依舞）、藏族服饰、康巴拉伊、藏族婚宴十八说、青海下弦、格萨（斯）尔、藏族唐卡、藏历年、井盐晒制技艺、民间藏酒酿造技艺、纳西族东巴舞等；藏医药、牦牛肉、藏族服饰等相关旅游商品 | 语系上本区系藏缅语族藏语支，属大藏区，另有门巴族、珞巴族、回族等少数民族 | 高原气候和高寒环境是藏族民俗文化形成的主要自然背景，藏袍、藏包、藏医药、饮食习惯等都是在藏族长期适应环境中形成的。同时，西藏藏族和中甸藏族在饮食、民俗等方面亦存在差异；属藏传佛教覆盖区 |
| 丽江至临沧段 | 沧源佤族木鼓舞、白族扎染、白族民居彩绘、黑茶制作技艺、滇剧、苗族服饰制作工艺、傈僳族刮克舞、怒族民歌“哦得得”、怒族仙女节、剑川木雕、彝族打歌、基诺大鼓舞、普米族四弦舞乐、拉祜族芦笙舞、傈僳族刀杆节、普洱茶制作技艺（大益茶制作技艺）、彝族打歌、傈僳族阿尺木刮、哈尼族服饰制作技艺、杀戏；木雕、普洱茶等 | 纳西族、白族、哈尼族、普米族、彝族、苗族、傈僳族、拉祜族、佤族、布朗族、瑶族等，其中彝族、哈尼族、白族、壮族、苗族人口过百万 | 该区段人文活动旅游资源主要为数量众多的高山少数民族民俗文化活动，少数民族众多、民俗活动丰富，活动类型较之上游更具开放性，主要围绕高山生活生产方式，如种茶、采茶、制茶等展开 |
| 西双版纳段 | 傣族白象舞、马鹿舞、傣族（傣楞）服饰制作工艺、傣族特色食品制造工艺、泼水节、傣族、纳西族手工造纸技艺、傣族手工艺纸制造、傣族马鹿舞、贝叶经制作技艺、傣医药（睡药疗法）、傣族象脚鼓舞、傣族章哈等 | 语系上属壮侗语族傣语支，主要为傣族聚居区，另有布朗族、彝族、基诺族、瑶族等少数民族 | 下游西双版纳热带、亚热带自然环境造就了傣族泼水节、竹楼、贝叶经、傣族特色食品等具有鲜明热带风情和吸引力的人文活动类旅游资源 |

## 6.2.2 澜沧江流域旅游资源空间分异综合特征分析

**（1）纬度地带性分异**

受地形地貌影响，我国多数大江大河以自西向东流向为主，如长江、黄河、龙江、珠江等，流域空间差异多表现为经度地带性（干湿地带性），纬度地带性不明显。澜沧江流域从北纬21°~34°，南北横跨13个纬度，依次从热带、温带逐渐过渡。同时从地形地貌上，下游往上游从中南半岛低山丘陵向青藏高原过渡，海拔从下游勐腊县流入老挝海拔几百米至源头杂多县拉赛贡玛山海拔5167m，相对高差达4000多米。海拔差异极大地加速了纬度效应，使得同一纬度区段内自然差异增大，气候类型更加丰富，流域内旅游资源，特别是自然旅游资源（包括地文景观类、生物景观类、天象与气候景观类）从南至北纬度地带性差异显著。从下游的勐腊县热带雨林至中游普洱茶园、横断山脉高山景观至三江源头高寒草甸形象地表现了这一规律，如图6-2所示。

**（2）垂直地带性分异**

在流域局部某些大型旅游资源单体内，随着海拔的升高，温度、降水、土壤组分等条件逐渐变化，而产生“一山有四季”的垂直气候，致使自然旅游资源，尤其是生物景观，呈现出明显的垂直地带性。该空间分异特征在澜沧江中游横断山脉区域高山峡谷表现充分，尤其以高海拔雪山最为典型，如玉龙雪

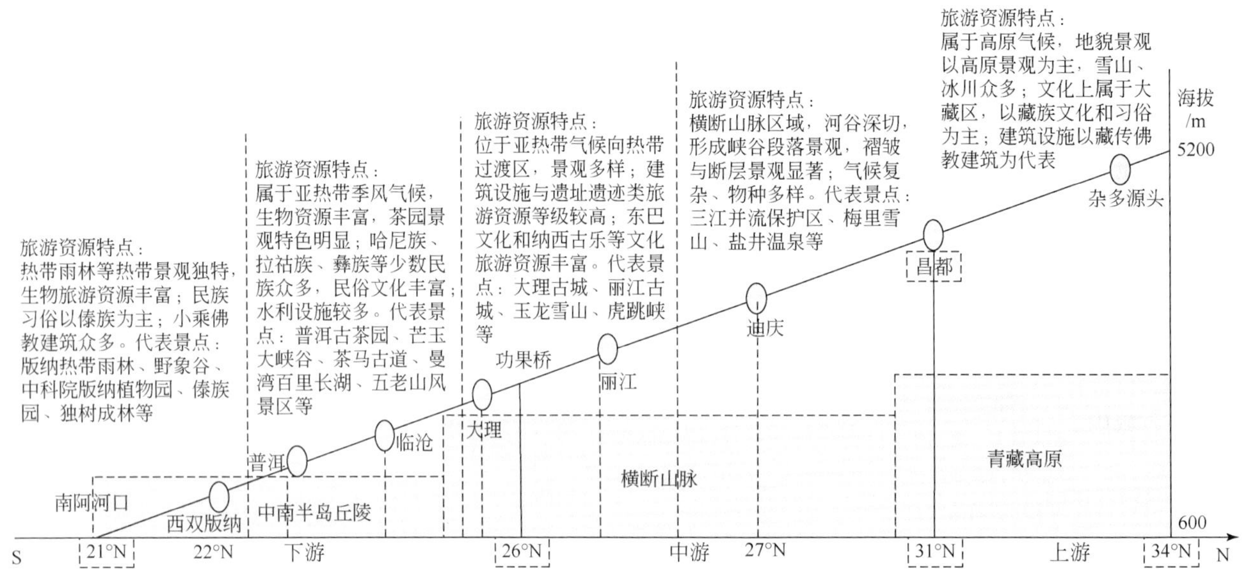


图 6-2　澜沧江流域旅游资源纬度地带性分异特征

山、梅里雪山、临沧大雪山等。以丽江玉龙雪山为例，景区面积为 415km²，主峰扇子陡海拔在 5596m，冰川面积约 12km²，是亚欧大陆距离赤道最近的现代冰川雪山。从山脚河谷到主峰随着海拔的递增，由森林、灌木、草原，向古冰川、雪山不断演替，具备了亚热带、温带到寒带完整的 7 条垂直自然景观带，垂直地带性明显，如图 6-3 所示。

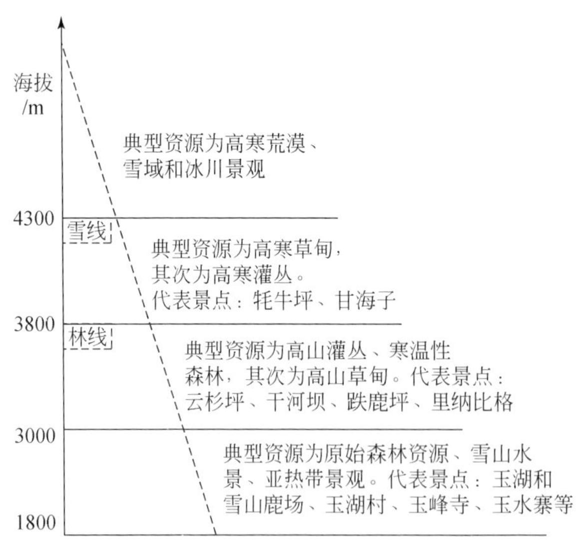


图 6-3　澜沧江流域旅游资源单体垂直地带性分异示意图（玉龙雪山）

**（3）沿河流水系分布**

澜沧江水系主要由干流和众多的支流组成，流域面积大于 1000km² 的支流有 41 条，较大的支流多分布在上游和下游，主要有：子曲、昂曲、盖曲、金河、漾濞江、西洱河、罗闸河、小黑江、威远江、南班河、南拉河等。在澜沧江流域自古人类便逐水草、沿河而居，因此很多人文旅游资源，如建筑设施、遗址遗迹、人文活动等多沿干流和支流水系集聚分布。另外，由于水系构造地貌多变、气候多样，致使沿岸地文景观和天象气候类旅游资源同样较为丰富。例如，著名的版纳野象谷、曼飞龙佛塔、梅里雪山、芒康盐井、强巴林寺等旅游资源都是沿干流沿岸分布。

### (4) 沿交通干线分布

旅游资源沿以 G214 为主线的交通干线分布是澜沧江流域旅游资源分布的另一大特点。G214 纵贯整个澜沧江流域，G214 全程 3542km，纵跨青海、西藏、云南，起于青海省西宁市柴达木路与小桥大街交叉点，跨越共和、玛多、玉树和囊谦后，进入西藏类乌齐、昌都、芒康，再连接云南省香格里拉、丽江、大理、临沧、普洱、景洪等州（市），最后止于勐腊县磨憨镇，与国际公路连接至东南亚国家，玉树至勐腊段为整个澜沧江流域。从类型上，G214 沿线分布着澜沧江流域地文、水域、生物、建筑、民俗等所有的旅游资源类型；从资源等级上，G214 连接了从“西南敦煌”剑川石宝山石窟文化遗产、世界建筑遗产剑川寺街、世界文化遗产丽江古城、中国历史文化名城大理古城、世界自然遗产地三江并流保护区、三江源保护区等最顶级的旅游资源。区域内各省道周边同样聚集着丰富的旅游资源。以 A 级景区为例，G214 10km 范围内分布着 48.5% 的景区，流域内所有 A 级景区均分布于 G214 70km 范围内（表 6-5，图 6-4）。同时，流域内 83.8% 的旅游资源分布于各地区省道 50km 范围内。沿交通干线分布使得澜沧江流域旅游资源可达性强、贯通度高，综合开发潜力增加。

**表 6-5 基于 buffer 工具分析的澜沧江流域 A 级景区沿 G214 分布状况**

| 项目 | 10km | | 20km | | 50km | |
|---|---|---|---|---|---|---|
| | 个数 | 占全流域总数的百分比/% | 个数 | 占全流域总数的百分比/% | 个数 | 占全流域总数的百分比/% |
| AAAAA | 2 | 50.0 | 2 | 50.0 | 4 | 100.0 |
| AAAA | 6 | 42.9 | 8 | 57.1 | 13 | 92.9 |
| AAA | 2 | 22.2 | 5 | 55.6 | 9 | 100.0 |
| AA | 19 | 54.3 | 27 | 77.1 | 33 | 94.3 |
| A | 4 | 66.7 | 4 | 66.7 | 6 | 100.0 |
| 总数 | 33 | 48.5 | 46 | 67.6 | 65 | 95.6 |

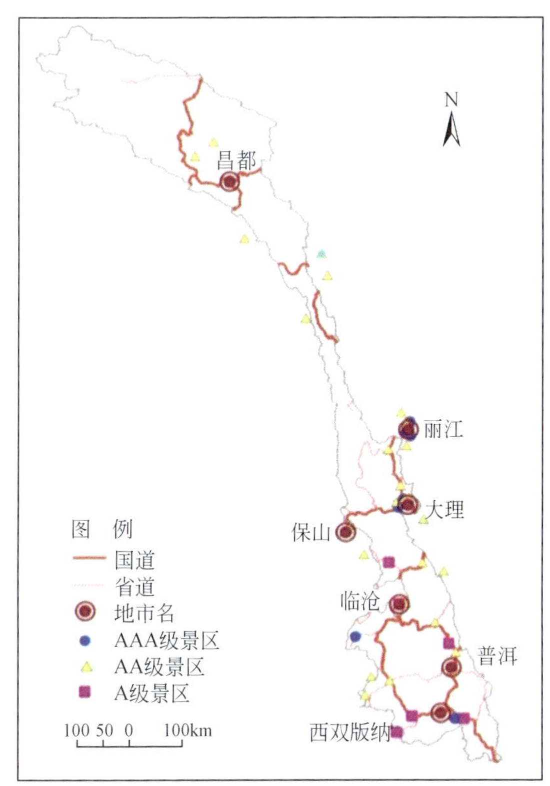

图 6-4 澜沧江流域 A 级景区沿公路分布示意图

**(5) 围绕城镇集聚分布**

澜沧江流域人文旅游资源以建筑设施类资源单体数量最多，主要有旅游城镇、旅游村落、宗教寺院、各民族特色民居等，尤其是各种宗教活动场所，它们大多分布在城镇及其周边地区，呈现面状集聚与点状散布的空间特征。面状集聚的人文旅游资源主要有旅游城镇（如丽江古城、大理古城、易武镇、勐仑镇、盐井镇、香格里拉等）与旅游村落（如版纳傣族村寨曼丹、曼龙勒、曼岗那村、拉布村等）；宗教寺院及其活动场所（如康巴寺、强巴林寺、诸国寺、盐井天主教堂、曼飞龙佛塔等）多呈点状散布。在A级景区中，36.8%分布于距离中心城市20km范围内，63.2%分布在50km范围内，中心城市100km范围内则包括了85.3%的A级景区（表6-6）。

**表6-6　基于buffer工具分析的澜沧江流域A级景区围绕主要中心城镇分布状况**

| 项目 | 20km | | 50km | | 100km | |
|---|---|---|---|---|---|---|
| | 个数 | 占全流域总数的百分比/% | 个数 | 占全流域总数的百分比/% | 个数 | 占全流域总数的百分比/% |
| AAAAA | 1 | 25.0 | 3 | 75.0 | 4 | 100.0 |
| AAAA | 3 | 21.4 | 10 | 71.4 | 13 | 92.9 |
| AAA | 6 | 66.7 | 7 | 77.8 | 8 | 88.9 |
| AA | 14 | 40.0 | 20 | 57.1 | 27 | 77.1 |
| A | 1 | 16.7 | 3 | 50.0 | 6 | 100.0 |
| 总数 | 25 | 36.8 | 43 | 63.2 | 58 | 85.3 |

# 6.3　澜沧江流域旅游资源开发模式

基于澜沧江流域旅游资源空间分异特征与规律，并结合流域内社会经济条件和客源市场对旅游产品的需求，从旅游的空间发展模式、产品开发模式和管理的区域联动模式三个方面分析澜沧江流域旅游资源开发模式（图6-5）。另外，由于澜沧江流域生态环境具有易损性、脆弱性、修复能力差等特点，旅游资源的开发利用应以生态效益为第一效益，始终坚持“保护性开发，在开发中保护”的首要原则。

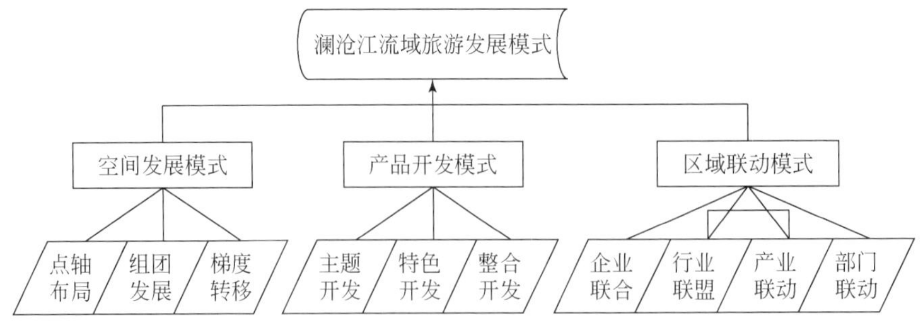


图6-5　澜沧江流域旅游发展模式框架

## 6.3.1　空间发展模式

在区域开发的初期，社会经济客体发自一个或若干个扩散源，沿着若干线状基础设施（束）（也称扩散通道）渐次扩散社会经济“流”，在距中心不同距离的位置形成强度不同的新集聚（陆大道，2002），形成“点-轴”系统。“点-轴”系统是社会经济发展的基本空间规律，按照“点-轴”系统布局开发澜沧江旅游资源，有利于澜沧江流域旅游要素的合理流动和集聚优化，进而促进流域旅游的快速发展。“点”

是指流域内旅游流集聚辐射与依托的中心点，主要指各级旅游地；“线”则是指旅游要素在各“点”间流动的路线和途径，表现为各类交通线路。按照资源品位、基础设施、社会经济状况、空间协调、旅游发展基础等条件因素将澜沧江流域内的旅游发展中心分为三级。一级点为流域内核心旅游地和旅游要素集散地，决定了整个流域的旅游资源开发空间格局，对整个流域的旅游发展起到主体带动作用，主要包括昌都、丽江、大理、保山、临沧、普洱、西双版纳等；次级点主要是在支流或小流域内具有重要地位的旅游地，对一级中心点起到分流和烘托的作用，包括杂多、类乌齐、察雅、盐井、海西、兰坪、云龙、云县、凤庆、景谷、勐海、澜沧、勐腊等；三级中心点主要指地方特色旅游小镇和旅游地，是澜沧江流域的基本旅游单元。整个流域以 G214 为主轴连接各级中心点，修缮现有地方省道和各级旅游道路，作为流域旅游发展次轴（图 6-6）。

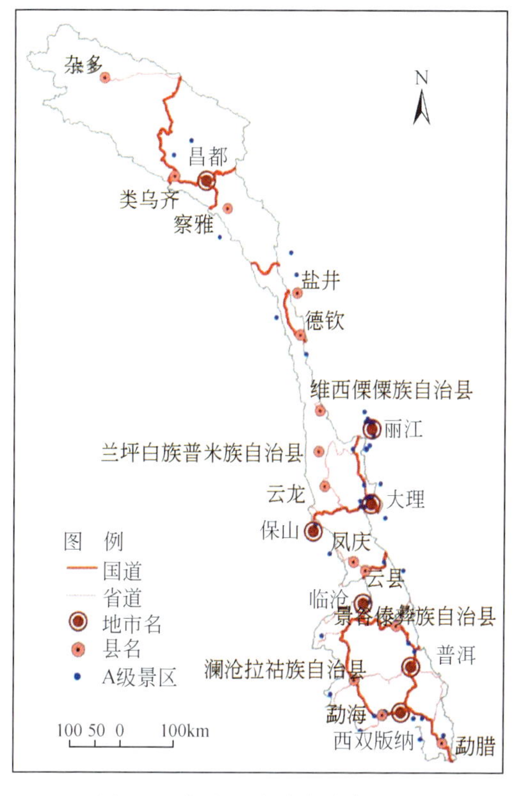

图 6-6　澜沧江流域旅游资源“点-轴”开发模式示意图

在开发时序上，确定梯度转移开发模式。综合开发旅游发展条件优越的一级旅游点，加强昌都、保山、临沧等旅游中心城市的基础设施与旅游服务设施建设，增强其接待功能和旅游辐射能力；优先开发城镇周围旅游景点和沿交通干线分布的旅游资源，城镇周边旅游资源开发应体现地方特色和当地居民休闲旅游需求，交通沿线旅游资源开发应完善沿线观景台、旅游厕所、客栈、交通安全标识等旅游服务设施；对于环境敏感或暂时不具备开发条件的旅游资源进行严格保护。

## 6.3.2　产品开发模式

如何将多样、分散的旅游资源整合成有机的系统，转化成适应市场需求的旅游产品是实现流域旅游协调发展的关键。澜沧江流域旅游资源类型多样，多数旅游资源都具有深度开发价值，目前流域内旅游资源开发仍以项目带动型为主，即旅游规划和管理围绕现有旅游项目开展，地方旅游发展状况往往取决于几个景区或项目的建设与经营状况，致使地区旅游发展弹性增加，同时导致产品缺乏特色和竞争力，地域形象不鲜明。主题开发、特色开发、产品整合开发是澜沧江流域旅游产品开发的重要方向和模式：①以避暑、避寒、探险、科考、漂流、寻源等为主题，充分体现地域特色、资源特色（表 6-7）。②系统开发澜沧江流域内分散的旅游资源，形成整体合力。依托大型旅游企业，打破资源分布区域限制，促进产品整合。③各主题旅游产品之间不仅仅是线路的连接或旅游体验的重复，应依据各资源品位与特色确定其在主题系统中的位置和角色，实现功能上的互补、递进，扬长补短、错位发展。同时，流域内旅游资源主题开发不能企图用某一主题网罗流域内所有同类旅游资源，应结合客源市场需求选择互补性较强的旅游资源，优化组合，精品打造。

**表 6-7　澜沧江流域主题旅游产品开发主要类型**

| 项目 | 资源分布 | 开发现状 | 开发类型 |
| --- | --- | --- | --- |
| 科考旅游 | 三江源、三江并流保护区、下游热带雨林区、流域内冰川雪山等 | 中下游部分资源初步开发，多数处于未开发状态 | 以高原湿地科考、横断峡谷科考、热带雨林科考、三江并流科考等为主题进行产品设计和开发，秉持可持续理念，发展生态旅游 |

续表

| 项目 | 资源分布 | 开发现状 | 开发类型 |
|---|---|---|---|
| 探险旅游 | 源头无人区、三江并流区、热带雨林等 | 目前旅游活动处于自组织状态 | 在三江源保护区、梅里雪山、三江并流区、版纳热带雨林区等地配套户外探险营地，为探险者提供专业户外指导和服务 |
| 避暑度假 | 中上游地区旅游资源丰富，配套设施较好的城镇和旅游景区 | 上游地区初步开发，中游地区发展迅速 | 依托主要城镇（类乌齐、察雅、昌都、临沧、丽江等）和景点基础设施进行特色避暑度假旅游开发，面向东南沿海客源市场 |
| 避寒旅游 | 以下游西双版纳为主 | 较为成熟 | 杜绝过度开发和无序开发，加强规范与管理，整体格调突显热带风光 |
| 澜沧漂流 | 中下游较缓河段和威远江、小黑江等支流河段 | 下游景洪至橄榄坝段开发较好，其他河段开发程度较低 | 大众漂流主要针对当地居民和区域性游客，同时为少数专业漂流爱好者提供相应设备和服务 |
| 澜沧江寻源游 | 澜沧江源头 | 未开发，少数活动为自组织 | 结合科普教育，设计源头考察路线，在莫云乡等源头地区配套相应的住宿、餐饮设施 |
| 温泉旅游 | 分散分布于澜沧江沿岸，昌都、察雅、盐井、普洱、临沧等地分布广泛 | 下游地区开发程度较高，中上游多数尚未开发 | 结合温泉功能差异和文化底蕴的不同，如昌都市温泉的佛文化、中游盐井温泉的传教士文化和下游温泉茶文化进行特色开发 |
| 民族风情游 | 全流域，尤其是下游少数民族分布众多 | 下游开发较为成熟 | 进一步开发中上游民俗旅游资源，上游藏族，中游以白族、傈僳族、普米族、阿昌族、哈尼族、布朗族、基诺族等为主 |

## 6.3.3 区域联动模式

行政分割一直是阻碍区域开发的重要限制因素，对流域旅游开发亦然，行政区划往往限制了流域内旅游要素的自由流动，进而阻碍了流域旅游的健康发展。虽然澜沧江流域旅游资源“一衣带水”，却横跨青海、西藏、云南三个省份，十多个地级市，给流域综合管理和开发带来极大难度。澜沧江流域旅游资源的开发与管理需要打破流域内行政区划的限制，由国家行政管理部门牵头，成立流域旅游资源综合开发委员会，实现跨区域综合管理。早在1997年，由孙鸿烈院士牵头的中国科学院、中国工程院6个学部共12位院士及6位专家组成的澜沧江考察组在对云南6个地（州）、11个县进行了考察后就向有关部门提出建议：将澜沧江流域综合开发和参与大湄公河次区域国际合作正式列入国家中长期计划，作为加快西部发展的优先开发重点区域之一，并组成“国家澜沧江流域开发及大湄公河次区域国际合作领导小组”，由国务院副总理牵头，国家计划委员会、国家科学技术委员会、外交部、经贸部等和云南省领导参加，负责组织计划的实施（澜沧江地区考察组等，1997）。可见，流域综合开发已经引起学术界的重视。对于澜沧江流域近期旅游发展而言：①应当由国家旅游局牵头做好澜沧江流域旅游开发与发展规划，确定好澜沧江流域旅游发展总体定位和功能分区，统筹流域旅游资源开发和管理；②流域内部各地方针对跨区域的旅游资源单体开发，如源头三江源保护区、云南百里长湖景区等，构建跨县域合作机制，优化旅游开发和投资环境；③加强流域内旅游合作与交流，通过流域旅游产品产销会、流域旅游研讨会等商业与学术活动增进对澜沧江流域的归属感和品牌认同感；④对外统一招商引资，采取统一的客源市场营销策略，形成整体营力。

# 第7章 大香格里拉地区旅游供需比较分析[①]

## 7.1 引 言

英国作家James Hilton在1933年发表的著作《消失的地平线》中以喜马拉雅以东藏汉交界区为原型创建了"Shangri-la"（香格里拉）一词，其寓意为一片拥有雪山、冰川、峡谷、森林、湖泊及纯净空气的乐园净土（徐柯健，2008）。我国川西南、滇西北、藏东南地区的地理及文化场景与"香格里拉"非常相似，三省（自治区）曾均想争夺"香格里拉"品牌。为协调各方利益，分享"香格里拉"品牌价值，"大香格里拉"的概念逐渐被各方各界所认可。2002年开始，川、滇、藏三省（自治区）合力打造"香格里拉生态旅游区"。该区自然与文化多样性突出（徐柯健和张百平，2008），旅游资源丰富，旅游业发展潜力较大，被国家确定为重点旅游开发区域（杨小明，2013）。

与大香格里拉地区旅游发展相对应，学者进行了相关研究。已有研究成果主要涉及旅游可持续发展（Morais et al.，2006），旅游对地方自然及文化的影响（李鹏和杨桂华，2007；Hillman，2003；Wang，2007）、社区参与（郭文，2010）、区域旅游合作（黄文和王挺之，2008）、旅游发展模式（徐柯健，2008）等。本章在借鉴已有研究成果的基础上，对大香格里拉地区旅游供需状况进行对比性分析，以期对该地区旅游发展条件形成较为科学的判断。旅游供需研究主要涉及旅游供需平衡（赵全鹏，2000；Albalate and Bel，2010；Niu，1996）、供需指标测算（Formica and Uysal，2006）、旅游供需发展演变态势（郑志刚，2002）、供需主体调查（黄燕玲等，2010）等。通过指数测算法对大香格里拉地区旅游供需状况进行定量评价，并从区域内外部两个角度对相应评价值进行对比，能为大香格里拉地区旅游发展提供研究支撑（孙琨等，2014）。

本研究区为川、滇、藏三省（自治区）2004年发布的《旅游合作宣言》中所划定的大香格里拉地区。根据该《宣言》，大香格里拉地区涵盖川西南、滇西北、藏东南9个地（州/市），下面将其简称为9州（市），分别为四川省的甘孜藏族自治州、凉山彝族自治州、攀枝花市，云南省的迪庆藏族自治州、大理白族自治州、怒江傈僳族自治州、丽江市，西藏自治区的昌都市[②]、林芝地区，如图7-1所示；共有82个县（区），地域面积达60余万平方公里，总人口约1200万人。大香格里拉地区为横断山系的主体部分，众多高山与峡谷相间排列，雅鲁藏布江、怒江、澜沧江、金沙江、雅砻江五江并行流淌。区域内湖泊众多、森林茂密、草地连片分布，具有突出的生物、景观多样性；有藏族、纳西族、白族、彝族、傈僳族、怒族等30多个少数民族，是中国最独特的民族演变大走廊；有母系文化、藏传佛教文化、茶马古道文化、康巴文化等丰富的文化现象。该区旅游价值突出，是国家旅游局重点向外国人推介的中国旅游地之一。重要旅游资源包括玉龙雪山、洱海、怒江大峡谷、梅里雪山、普达措国家公园、亚丁国家级自然保护区、雅鲁藏布江大峡谷、南迦巴瓦峰、大黑山森林公园等。自2002年川、滇、藏三省（自治区）联合开发"香格里拉生态旅游区"以来，区内加大了旅游投资力度，旅游基础及服务设施被逐步配套完善，旅游产业在地方社会经济发展及居民生活改善方面发挥了重要作用。

---

① 本章执笔者：孙琨、闵庆文、成升魁、徐增让、张爱平。

② 2014年10月，国务院批复撤销昌都地区和昌都县，设立地级昌都市和卡若区，以原昌都地区的行政区域为昌都市的行政区域。因为本书研究数据来源都在此之前，故本部分仍采用昌都地区说法。

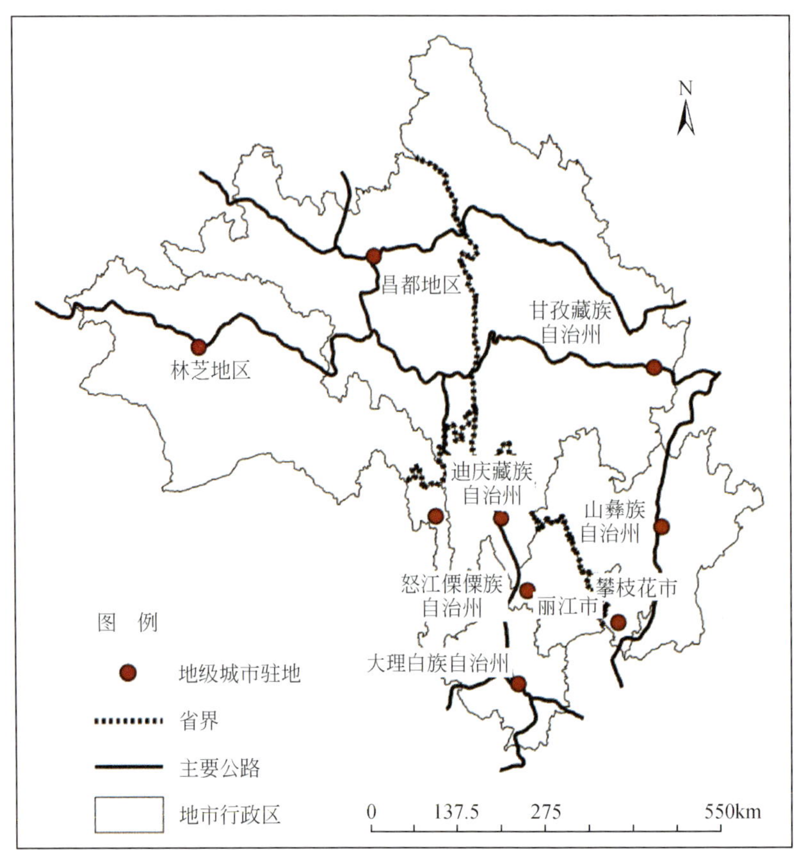


图 7-1　大香格里拉地区范围

# 7.2　旅游供给状况评价

## 7.2.1　评价依据

根据旅游供给评价的相关研究成果（保继刚和梁增贤，2011；余洁，2002），区域旅游供给状况取决于区域向旅游者提供旅游资源、旅游设施和旅游服务的能力，其中旅游资源是决定区域旅游供给水平的关键性因素（Marcouiller and Prey，2005）。当前，依托旅游资源而形成的景区是旅游供给载体的主要构成部分，景区的数量、重要性及服务水平共同影响区域的旅游供给（Formica and Uysal，2006）。在我国，景区的重要性及服务水平可通过景区 A 级分类进行体现（Li and Dewar，2003）。各类 A 级景区不仅能体现出旅游资源之间的差异，而且也能反映出旅游设施及旅游服务方面的不同。本研究在借鉴已有研究成果的基础上，以便于地域单元之间比较为出发点，根据区域的旅游景区数量及级别来评价旅游供给状况，并通过国家旅游局官方网站（http://www.cnta.gov.cn）、中国景点网（http://www.cssn.com.cn）统计截至 2011 年年底包括大香格里拉地区 9 州（市）在内的中国内地 333 个地级行政区划单位的各类 A 级景区及一般性景区数量。

在衡量旅游供给状况过程中，以全国各类景区的平均旅游供给能力作为对不同级别景区进行赋分的依据。按照供给强制需求理论（余洁，2002），并根据国家旅游局发布的《2011 年中国旅游景区发展报告》，2011 年平均每家 5A、4A 级景区分别向 392.20 万人次、84.92 万人次的游客提供了旅游供给。2011 年所有 3A、2A、1A 级景区共向 8.13 亿人次的游客提供了旅游供给，同年 3A、2A、1A 级景区的数量分别为 1840 家、1661 家、128 家，设平均每家 3A、2A、1A 级景区所服务的游客分别为 $x$ 万人次、$y$ 万人次、$z$ 万人次，则可得到式（7-1）；以国家《A 级景区评定标准》中规定的 3A、2A、1A 级景区最低服务能力限额（分别为30万人次、10万人次、3万人次）为衡量各类景区旅游供给能力的参照依据，可得到式（7-2）和式（7-3）：

$$1840x+1661y+128z=81300 \tag{7-1}$$

$$x/y\approx 3 \tag{7-2}$$

$$x/z\approx 10 \tag{7-3}$$

利用式（7-1）~式（7-3）进行计算，可得到2011年平均每家3A、2A、1A级景区约分别向33.78万人次、11.26万人次、3.38万人次的游客提供了旅游供给，这反映出各类景区旅游供给能力的差异。在旅游业实际运营中，部分非A级景区的旅游供给能力也达到或超过了1A或2A级景区，因此为了便于分析，将2A级及其以下景区全部看作一般性景区，并将平均每家1A与2A级景区旅游供给能力的平均值作为一般性景区的平均旅游供给能力。据此可得到平均每家5A、4A、3A、一般性景区的旅游供给能力比值约为392.20∶84.92∶33.78∶7.32。根据便于计算及就近取整的原则，将上述比值修正为400∶80∶32∶8。以此为依据确定5A、4A、3A、一般性景区的赋分标准分别为：50分、10分、4分、1分。

### 7.2.2 评价方法

根据对中国内地333个地级行政区划单位的各类A级景区及一般性景区数量的统计，以及上面所确定的各类景区的赋分标准，计算各地级行政区划单位的旅游供给状况分值及各单位旅游供给状况的平均分值，并分别采用式（7-4）和式（7-5）计算大香格里拉地区各州（市）的旅游供给状况指数及旅游供给状况人均指数。

$$Y_i=\frac{50x_{i5}+10x_{i4}+4x_{i3}+x_i}{\left(\sum_{k=1}^{333}50x_{k5}+10x_{k4}+4x_{k3}+x_k\right)/333} \tag{7-4}$$

$$Y'_i=\frac{(50x_{i5}+10x_{i4}+4x_{i3}+x_i)/P_i}{\left\{\sum_{k=1}^{333}(50x_{k5}+10x_{k4}+4x_{k3}+x_k)/P_k\right\}/333} \tag{7-5}$$

式中，$Y_i$为大香格里拉地区第$i$个州（市）的旅游供给状况指数；$x_{i5}$、$x_{i4}$、$x_{i3}$、$x_i$分别为大香格里拉地区第$i$个州（市）的5A、4A、3A级景区及一般性景区的数量；$x_{k5}$、$x_{k4}$、$x_{k3}$、$x_k$分别为中国内地333个地级行政区划单位中第$k$个单位的5A、4A、3A级景区及一般性景区的数量；$Y'_i$为大香格里拉地区第$i$个州（市）的旅游供给状况人均指数；$P_i$为大香格里拉地区第$i$个州（市）的人口数量；$P_k$为中国内地333个地级行政区划单位中第$k$个单位的人口数量。

### 7.2.3 评价结果

中国内地333个地级行政区划单位旅游供给状况评价值的平均值为150.93。大香格里拉地区9州（市）的旅游供给状况评价值、旅游供给指数及旅游供给人均指数如表7-1所示，9州（市）旅游供给指数的平均值为0.86。

**表7-1 大香格里拉地区9州（市）旅游供给指数**

| 项目 | 全国平均 | 大香格里拉地区平均 | 丽江 | 大理 | 迪庆 | 甘孜 | 林芝 | 凉山 | 攀枝花 | 昌都 | 怒江 |
|---|---|---|---|---|---|---|---|---|---|---|---|
| 旅游供给状况评价值 | 150.93 | 129.78 | 306 | 213 | 160 | 158 | 99 | 86 | 55 | 49 | 42 |
| 旅游供给指数 | 1.00 | 0.86 | 2.03 | 1.41 | 1.06 | 1.05 | 0.66 | 0.57 | 0.36 | 0.32 | 0.28 |
| 旅游供给人均指数 | 1.00 | 2.82 | 3.95 | 0.96 | 6.69 | 2.47 | 7.84 | 0.31 | 0.74 | 1.18 | 1.24 |

注：由于大香格里拉地区各州（市）的相关指数是相对于全国平均水平而计算得出的。因此，中国内地各地级行政区划单位相应指数平均值的计算结果均为1.00

# 7.3 旅游需求状况评价

## 7.3.1 对比区域选择

在中国内地的27个省（自治区）中各选择一个在旅游方面较具代表性的地级行政区划单位（简称为地市）作为分析国内重要旅游地市旅游需求平均状况的样本区域，分别为：承德、晋中、呼伦贝尔、葫芦岛、延边、黑河、扬州、舟山、黄山、南平、九江、泰安、洛阳、十堰、张家界、韶关、桂林、三亚、乐山、遵义、迪庆、林芝、渭南、天水、玉树、中卫、阿勒泰。

从客源市场的人口规模［由于当前我国城镇人口的平均旅游需求大于农村人口，并考虑到各省（自治区）城镇化水平对旅游需求的影响，在计算时取城镇人口规模数值］、客源市场消费能力、待评价区离客源市场的距离三个角度对各代表性对比区域旅游的市场条件进行评价。相关数据通过查询各省（自治区）2011年国民经济和社会发展统计公报，以及查询百度电子地图获取。采用式（7-6）计算各区域的旅游市场优越度。

$$A_k\left(\sum_{j=1}^{31}\frac{C_jE_j}{D_{kj}}\right)/31 \tag{7-6}$$

式中，$A_k$为27个代表性地市中第$k$个地市相对于全国旅游市场的平均市场优越度；$C_j$为中国内地31个省份中第$j$个省份的城镇人口数量与31个省份城镇人口数量平均值的比值；$E_j$为第$j$个省份城镇人口的消费能力指数，为该省份城镇居民人均可支配收入与31个省份城镇居民人均可支配收入平均值的比值；$D_{kj}$为第$k$个待评价地市相对于第$j$个省份的最短公路交通距离（按待评价地市行政中心与第$j$个省份行政中心的最短公路交通距离来计算）与上述27个代表性地市分别相对于31个省份的平均最短公路交通距离平均值的比值。

## 7.3.2 评价方法

1）计算大香格里拉地区各州（市）旅游的市场优越度指数。对上述27个较具代表性地市分别相对于全国旅游市场的平均市场优越度评价值取平均，并采用式（7-7）~式（7-9）计算大香格里拉地区各州（市）旅游的市场优越度指数。

$$M_i=\left(\sum_{j=1}^{31}\frac{C_jE_j}{D_{ij}}\right)/31 \tag{7-7}$$

$$m=\left(\sum_{k=1}^{27}A_k\right)/27 \tag{7-8}$$

$$Q_i=M_i/m \tag{7-9}$$

式中，$M_i$为大香格里拉地区第$i$个州（市）相对于全国旅游市场的平均市场优越度；$C_j$、$E_j$的含义与其在式（7-6）中的含义相同；$D_{ij}$为大香格里拉地区第$i$个待评价州（市）相对于第$j$个省份的最短公路交通距离与上述27个代表性地市分别相对于31个省份的平均最短公路交通距离平均值的比值；$m$为27个较具代表性地市分别相对于全国旅游市场的平均市场优越度的平均值；$A_k$的含义与其在式（7-6）中的含义相同；$Q_i$为大香格里拉地区第$i$个州（市）旅游的市场优越度指数。

2）调查测算大香格里拉地区各州（市）旅游的市场偏好指数。本研究以“百度关注度（百度搜索量）”为依据对27个代表性地市及大香格里拉地区各州（市）旅游的市场偏好状况进行评价。针对每个地（州/市），分别以“地区名+旅游”及该地区“著名旅游景点名称”为关键词在百度指数中进行检索，并将对比时间宽度设为1年（2011年5月1日~2012年4月30日），记录“地区名+旅游”、该地区“著名旅游景点名称”这两个关键词的百度关注度近似值，并将其中的最高值作为所对应地（州/市）旅游的市场偏好状况评价值。采用式（7-10）计算大香格里拉地区各州（市）旅游的市场偏好指数。

$$F_i = B_i / b \tag{7-10}$$

式中，$F_i$为大香格里拉地区第 $i$ 个州（市）旅游的市场偏好指数；$B_i$为大香格里拉地区第 $i$ 个州（市）旅游的百度关注度；$b$ 为 27 个代表性地市旅游的百度关注度平均值。

3）以各地（州/市）2011 年国民经济和社会发展统计公报，以及相应省份 2012 年统计年鉴为人口数据来源，采用式（7-11）和式（7-12）计算大香格里拉地区各州（市）的旅游市场需求指数及旅游市场需求人均指数。

$$T_i = Q_i \times F_i \tag{7-11}$$

$$T'_i = R'_i / r' \tag{7-12}$$

式中，$T_i$为大香格里拉地区第 $i$ 个州（市）的旅游市场需求指数；$T'_i$为大香格里拉地区第 $i$ 个州（市）的旅游市场需求人均指数；$R'_i$为大香格里拉地区第 $i$ 个州（市）的旅游市场需求指数与该州（市）人口数量的比值；$r'$为 27 个代表性地市的旅游市场需求指数与各自人口数量比值的平均值。

### 7.3.3 评价结果

经计算得出 27 个较具代表性地级行政区划单位的旅游市场优越度平均值为 1.89，大香格里拉地区 9 州（市）的旅游市场优越度、旅游市场优越度指数、旅游市场偏好指数、旅游市场需求指数及旅游市场需求人均指数的计算结果如表 7-2 所示。

**表 7-2 大香格里拉地区 9 州（市）旅游市场需求指数**

| 项目 | 全国代表性地市平均 | 大香格里拉地区平均 | 丽江 | 大理 | 凉山 | 迪庆 | 甘孜 | 攀枝花 | 林芝 | 怒江 | 昌都 |
|---|---|---|---|---|---|---|---|---|---|---|---|
| 旅游市场优越度 | 1.89 | 0.9965 | 0.94 | 1.06 | 1.28 | 0.87 | 1.25 | 1.23 | 0.65 | 0.94 | 0.75 |
| 旅游市场优越度指数 | 1.00 | 0.53 | 0.50 | 0.56 | 0.67 | 0.46 | 0.66 | 0.65 | 0.34 | 0.50 | 0.40 |
| 旅游市场偏好指数 | 1.00 | 0.68 | 2.48 | 1.10 | 0.63 | 0.67 | 0.43 | 0.24 | 0.27 | 0.17 | 0.11 |
| 旅游市场需求指数 | 1.00 | 0.36 | 1.23 | 0.62 | 0.43 | 0.31 | 0.28 | 0.16 | 0.09 | 0.08 | 0.04 |
| 旅游市场需求人均指数 | 1.00 | 0.68 | 1.92 | 0.34 | 0.19 | 1.57 | 0.54 | 0.26 | 0.88 | 0.30 | 0.12 |

注：由于大香格里拉地区各州（市）的相关指数是相对于全国较具代表性地市的平均水平而计算得出的。因此，全国代表性地市相应指数平均值的计算结果均为 1.00

## 7.4 旅游供需比较分析与相关建议

### 7.4.1 与区域外部旅游供需状况的比较分析

#### 7.4.1.1 旅游供给状况比较

表 7-1 显示大香格里拉地区各州（市）旅游供给指数的平均值为 0.86，其整体旅游供给状况低于全国平均水平。怒江、昌都、攀枝花等地旅游供给指数过低，拉低了整个大香格里拉地区的旅游供给指数。但大香格里拉地区各州（市）旅游供给人均指数的平均值为 2.82，反映出该区居民人均分摊的旅游供给额度远高于全国平均水平。整个大香格里拉地区旅游发展状况虽仍低于全国地级行政区划单位的平均水平，但旅游业对当地居民所产生的人均效益远高于国内其他大部分地区，旅游产业可产生更为显著的富民效应。

#### 7.4.1.2 旅游需求状况比较

表7-2显示大香格里拉地区各州（市）旅游市场需求指数的平均值仅为0.36，远低于全国较具代表性地市的平均水平；其中旅游市场优越度指数的平均值为0.53，旅游市场偏好指数的平均值为0.68。大香格里拉地区的旅游市场偏好指数高于旅游市场优越度指数，反映出虽然该区的区位交通条件受到一定限制，但仍有较多游客对该地区给予关注，体现出该区旅游资源的优质性。同时，大香格里拉地区的旅游市场需求指数（0.36）、旅游市场需求人均指数（0.68）偏低，反映出受距离、交通、气候等因素影响，“大香格里拉”旅游品牌的品牌价值尚未充分释放，整个大香格里拉地区还存在较大的旅游发展空间。

#### 7.4.1.3 旅游供需状况综合比较

大香格里拉地区旅游供给的当地居民人均分摊额度远高于国内其他地区的平均水平，而旅游需求的人均分摊额度远低于国内其他较具代表性区域的平均水平；区域整体旅游供给指数远高于旅游需求指数。这反映出整个大香格里拉地区的旅游需求远滞后于旅游供给，同时也体现出整个大香格里拉地区旅游资源的“未充分利用”特征。大香格里拉地区的旅游资源相对丰富，但距离主要客源市场较远，区域可进入性较差，导致整个区域旅游供需之间的显著差异。远高于旅游需求的旅游供给、较少的区域人口数量使大香格里拉地区的原生态氛围得以保持，维系了“原生、自然、和谐、宁静”等“香格里拉”旅游品牌内涵的基本要素。

### 7.4.2 区域内部旅游供需状况的比较分析

表7-3反映了大香格里拉地区各州（市）旅游供给指数及旅游需求指数的对比状况。各州（市）自身的旅游供给指数与旅游需求指数之间存在一定的一致性。丽江、大理的旅游供给与需求指数均较高，怒江、昌都、攀枝花、林芝的旅游供给与需求指数均较低，反映出各州（市）自身旅游供需的大致平衡关系。但各州（市）之间旅游供给与各州（市）之间旅游需求的不平衡现象突出，不同州（市）之间旅游供给指数最大值与最小值之间的差距达1.75，市场需求指数最大值与最小值之间的差距为1.19。分别将旅游供给指数高于及低于大香格里拉地区9州（市）旅游供给指数平均值的州（市）划分为旅游供给指数较高及较低的地级区域单元，并依据同样方法按照旅游需求指数平均值将9州（市）划分为旅游需求指数较高及较低的地级区域单元。据此可区分出以下四类区域单元，如图7-2所示。

**表7-3 大香格里拉地区9州（市）旅游供需状况对比**

| 州（市）名称 | 丽江 | 大理 | 迪庆 | 甘孜 | 林芝 | 凉山 | 攀枝花 | 昌都 | 怒江 |
|---|---|---|---|---|---|---|---|---|---|
| 旅游供给指数 | 2.03 | 1.41 | 1.06 | 1.05 | 0.66 | 0.57 | 0.36 | 0.32 | 0.28 |
| 旅游市场需求指数 | 1.23 | 0.62 | 0.31 | 0.28 | 0.09 | 0.43 | 0.16 | 0.04 | 0.08 |
| 年游客量/万人次 | 1184.05 | 1545 | 817.6 | 440 | 182 | 2201.7 | 755.48 | 44.42 | 173.44 |

四类区域单元如下：①供需双高型。包括丽江、大理，两个区的旅游供给指数及旅游需求指数均较高。如表7-3所示，其游客接待量（2011年数据）也较多，旅游业发展程度较高。②供低需高型。只有凉山，该类地级区域的可进入性相对较好，虽也拥有市场感兴趣的优质旅游资源，但旅游资源总量较少。在旅游需求的推动下，其可实现一定规模的游客接待量。③供需双低型。包括攀枝花、怒江、昌都、林芝4个地区，如表7-3所示，供需双低型地级区域数量最多，对大香格里拉地区的整体旅游发展水平造成了限制。在该类区域中，林芝与昌都的区位交通条件较差，其旅游需求指数处于非常低的水平，其游客接待量也很少。怒江、攀枝花的旅游资源竞争力相对较弱，并同时受其他地级区域的形象屏蔽。④供高

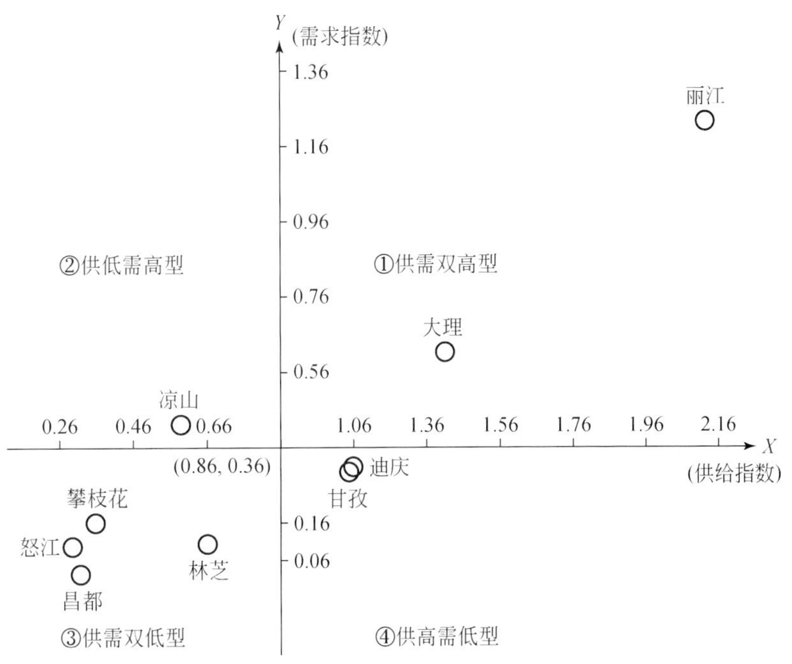


图 7-2　大香格里拉地区各州（市）类型划分

需低型。包括甘孜、迪庆两个地区，受可进入性等因素影响，其旅游需求指数仍较低；但其拥有独特、丰富的旅游资源，自然环境原生性突出，是“香格里拉”旅游品牌的重要支撑。

## 7.4.3　旅游供需基本特征及对区域旅游的影响

### 7.4.3.1　大香格里拉地区旅游供需基本特征

大香格里拉地区旅游供需基本特征如下：①大香格里拉地区旅游供给仍低于全国平均水平，但区域居民人均分摊的旅游供给额度远高于全国平均水平。②区域旅游需求远低于全国代表性地区的平均水平。③区域旅游供需之间差异显著，旅游需求远滞后于旅游供给。④区域内部各州（市）之间的旅游供需状况差异较大；根据旅游供需特征，可将大香格里拉地区各州（市）划分为四种类型，其中丽江、大理属于供需双高型，凉山属于供低需高型，攀枝花、怒江、昌都、林芝属于供需双低型，迪庆、甘孜属于供高需低型。

### 7.4.3.2　供需特征对区域旅游的影响

供需特征对区域旅游的影响如下：①大香格里拉地区旅游需求远滞后于旅游供给的特征为维护“香格里拉”原生态的旅游品牌内涵创造了条件。②区域居民人均分摊的旅游供给额度远超全国平均水平，为旅游富民及旅游业支柱产业地位的形成奠定了基础。③区域内部各州（市）之间的旅游供给及旅游需求差异显著，影响了整个大香格里拉地区旅游业的协同及整体发展。

## 7.4.4　关于区域旅游发展的几点建议

### 7.4.4.1　维护和提升香格里拉的旅游品牌价值

第一，作为供高需低型地级区域，迪庆及甘孜是“香格里拉”旅游品牌的重要支撑。针对该类区域单元应采取慎重型开发策略，旅游开发需以生态原生性为导向确定开发规模和开发方式。

第二，作为供需双高型地级区域，丽江及大理的旅游业相对比较成熟，作为大香格里拉旅游区的组成部分，其旅游开发应以维护“香格里拉”品牌为目标，将产业升级作为旅游业进一步发展的方向，控制量的扩张、注重质的提升、减少生态干扰，以体现“香格里拉”旅游品牌内涵。

第三，利用区内旅游供给人均指数高的优势，使旅游业切实成为当地居民传统生计的替代产业，促进大香格里拉地区的生态保护。

#### 7.4.4.2 有针对性地改善旅游供给状况

第一，作为供低需高型区域单元，凉山的传统旅游资源条件较为有限，但可顺应市场需求挖掘与“香格里拉”品牌内涵相一致的休闲资源，以休闲度假为导向进行旅游二次创业。或在“香格里拉”品牌框架内对相对平淡的旅游资源进行创意性开发利用，以提升旅游供给水平。

第二，对于攀枝花、怒江、昌都、林芝这几个供需双低型区域单元，需重点进行旅游供给档次的提升而非旅游供给规模的扩张，如积极创建4A、5A级旅游景区等。通过旅游供给档次的提升在一定程度上刺激旅游市场需求。

#### 7.4.4.3 有针对性地改善旅游需求状况

第一，对于供高需低型区域单元迪庆及甘孜，可在维护“香格里拉”旅游品牌内涵的前提下改善区域单元的可进入性，提升交通方式的多元化、便捷化程度。

第二，对于怒江、昌都等供需双低型区域单元，可在改善可进入性的同时，加大旅游营销宣传力度，提升旅游市场对该类区域单元的关注度。

第三，对于少部分受到形象屏蔽的供需双低型区域单元，如怒江与攀枝花，应深度挖掘其自身的个性化自然、文化资源，形成既具有“香格里拉”品牌共性，又具有易被市场识别的鲜明个性的旅游产品，以克服其所受到的形象屏蔽，提升其市场需求状况。

# 第8章　澜沧江流域民俗旅游资源开发潜力评价[①]

## 8.1 引　　言

旅游资源是衡量某一地区旅游发展潜力必须考虑的因素，科学地评价旅游资源是合理开发利用旅游资源、挖掘潜力、促进旅游健康发展的前提（孙业红等，2010）。国内外研究者对旅游资源评价进行了大量的研究，旅游资源视觉质量评价、旅游资源的人类文化遗产价值和货币价值评价是国外旅游资源评价的主要研究领域（Bishop and Hulse，1994；Buhyoff et al.，1984；Clamp，1976；Saito，1997）；对旅游资源的评价国内也开展了较为系统的理论探索和实证研究（戴尔阜等，2001；邓俊国，2004；范保宁，2001；郭来喜等，2000）。随着国内旅游开发及研究的深入，旅游资源的评价研究和需求在以往的旅游地综合评价近乎一统天下的局面中，出现了对旅游地单项旅游资源因子专项评价的需求（张捷，1998），随着旅游市场的逐渐成熟，旅游产业分工的细化和客源市场需求的专业化使区域单类旅游资源的评价和开发成为趋势。

民俗旅游资源是指能吸引旅游者，具有一定旅游功能和旅游价值的民族民间物质的、制度的和精神的习俗（陈烈和黄海，1995）。民俗旅游资源是人文旅游资源的重要组成部分，一般包含民族风情、民族建筑、社会风尚、传统节庆、特种工艺等内容（唐勇，2007）。与其他类型的旅游资源相比，民族性、地域性、民间性、时空混容性（陶思炎，1997）、传承性和群体性是民俗旅游资源的基本特征。

我国幅员辽阔，历史悠久，民族众多，各民族在长期的生产和生活中形成了丰富的民俗文化资源。随着我国旅游业的发展，民俗旅游成为我国，尤其是边远和民族地区旅游产业的重要领域和范畴。如何定量、科学地评价民俗旅游资源开发潜力对保障民俗旅游的健康发展具有重要意义。国内一些研究者针对民俗资源评价进行了探索（黄亮等，2007；库瑞和陈锋仪，2009；王昕和杨永丰，2008），但多是针对民俗文化资源本身的评价，缺乏对区域民俗旅游资源开发潜力综合评价的研究。本章在借鉴前人旅游资源评价方法的基础上，结合民俗旅游资源特征和区域旅游发展的适宜性，对澜沧江流域民俗旅游资源潜力进行了实证研究，以期为澜沧江流域和其他地区民俗旅游资源的保护和可持续发展提供依据（王灵恩等，2013）。

澜沧江起源于我国青海省玉树藏族自治州，经西藏、云南，在云南省勐腊县流入缅甸，流域面积为164 766km$^2$，包括青海省的4个县、西藏自治区的10个县和云南省的39个县（市）（刘纪平等，2008）。流域内自然与人文旅游资源丰富，多民族聚居，形成了丰富多彩的民俗旅游资源，见表8-1。

**表8-1　澜沧江流域民俗旅游资源类型与分布**

| 区段 | 流域代表性民俗旅游资源 | 主要居住少数民族 |
|---|---|---|
| 源头至迪庆段 | 锅庄舞、玉树赛马会、藏族服饰、康巴拉伊、藏族婚宴十八说、青海下弦、格萨（斯）尔、藏族唐卡、藏历年、井盐晒制技艺、民间藏酒酿造技艺；藏医药、藏族服饰等 | 语系上本区系藏缅语族藏语支，属大藏区，另有门巴族、珞巴族、回族等少数民族 |

① 本章执笔者：王灵恩、成升魁、唐承财、徐增让。

续表

| 区段 | 流域代表性民俗旅游资源 | 主要居住少数民族 |
|---|---|---|
| 丽江至临沧段 | 沧源佤族木鼓舞、白族扎染、黑茶制作技艺、滇剧、苗族服饰制作工艺、怒族民歌“哦得得”、剑川木雕、彝族打歌、基诺大鼓舞、普米族四弦舞乐、拉祜族芦笙舞、普洱茶制作技艺、哈尼族服饰制作技艺、杀戏等 | 民族众多，其中彝族、哈尼族、白族、壮族、苗族人口过百万 |
| 西双版纳段 | 傣族白象舞、马鹿舞、泼水节、纳西族手工造纸技艺、傣族手工艺纸制造、贝叶经制作技艺、傣医药、傣族象脚鼓舞、傣族章哈等 | 主要为傣族聚居区，另有布朗族、彝族、基诺族、瑶族等少数民族 |

# 8.2 评价的思路与方法

## 8.2.1 指标构建与权重确定

区域民俗旅游资源潜力评价指标体系包括内在的衡量民俗本身资源特征的指标体系和衡量外部区域旅游发展适宜性的指标体系两部分，依据特殊性和普遍性相结合、定量和定性相结合、动态和静态相结合的原则，参考已有研究成果（王世金和赵井东，2011；王书华和毛汉英，2001；赵艳霞等，2007），确定采用18项具体评价指标作为对系统分解层的具体阐述，指标的选择着重考虑了民俗旅游资源与其他类型旅游资源的区别，各指标的含义及计算方法见表8-2。

**表8-2 民俗旅游资源开发潜力评价指标体系层次框架**

| 目标层（A） | 分解层（B） | 指标层（C） | 含义 | 计算方法 |
|---|---|---|---|---|
| 民俗旅游资源开发潜力评估（P） | 民俗旅游资源特性指标（F） | 多样性（R1） | 不同民俗旅游资源的多样性，也是民俗资源保持旅游吸引力的重要因素 | $R1=-\sum_{i=1}^{n}S_i\ln(S_i)$，$S_i$ 是民俗类型单体 $i$ 所占比例，$n$ 为民俗类型数 |
| | | 优越度（R2） | 此类资源类型在总资源中的支配程度，与区域内优良资源单体数量成正比 | $R2=N/N_T$，$N$ 是区域内优良资源个数，$N_T$ 是所在较大区域优良资源总个数 |
| | | 原真性（R3） | 地道性，即保持原有性质和特征的程度 | 通过与其他同尺度区域比较得到 |
| | | 知名度（R4） | 被本地居民和外界所知晓的程度 | 通过问卷、访谈和网络手段得到 |
| | | 年代值（R5） | 起源和流传的时间 | 按照流传朝代或时间进行评价 |
| | | 参与性（R6） | 接受当地民众和游客参与其中的可能性和吸引力 | 通过问卷访谈与其他民俗进行比较获得 |
| | | 艺术性（R7） | 对音乐、文学、诗歌等艺术形式表达的典型性 | 通过问卷访谈与其他民俗进行比较获得 |
| 民俗旅游资源开发潜力评估（P） | 民俗旅游资源特性指标（F） | 规模度（R8） | 资源单体数量，其值越大表明区域内民俗资源规模越大 | 通过民俗普查、民俗志、遗产名录获得遗产实际数量 |
| | | 美感度（R9） | 给游客带来的视觉、听觉、味觉或嗅觉美感程度 | 通过与其他同尺度区域比较得到 |
| | | 奇特度（R10） | 旅游资源的稀有性 | 通过与其他同尺度区域比较得到 |

续表

| 目标层（A） | 分解层（B） | 指标层（C） | 含义 | 计算方法 |
|---|---|---|---|---|
| 民俗旅游资源开发潜力评估（P） | 区域旅游发展适宜性指标（C） | 社会保障度（R11） | 支持力度和旅游协作潜力 | 有无专项民俗旅游发展与保护规划或相关专项政策、措施 |
| | | 经济支持度（R12） | 当地经济实力和发展水平能够反映对民俗旅游开发与发展的支持能力 | 区域 GDP 总量、第三产业在区域社会经济中的地位 |
| | | 交通通达度（R13） | 从较高等级行政点出发到目的地的时间 | 在 ArcGIS 支持下，从各县级驻地按照时间递增建立缓冲区 |
| | | 交通辐射度（R14） | 从现状道路出发到民俗所在地的方便程度 | 以现状道路为中心，在 ArcGIS 支持下按照距离递增建立缓冲区 |
| | | 客源市场潜力（R15） | 指客源市场的开拓潜力和潜在的客源市场规模 | 通过评价区域到不同规模（50 万、100 万）城市的距离获得 |
| | | 环境容量（R16） | 环境容量是民俗旅游开展的本底条件，与环境质量成正比 | 用区域内植被覆盖率表示 |
| | | 适游期（R17） | 区域内各种类型和形式的民俗资源可供旅游的时间限制，限制越少，适游期越长 | 通常用适游季节的数量多少表达，如全年适游，可用 1 表达，若仅春夏季适游，则可用 0.5 表达 |
| | | 海拔高度（R18） | 海拔决定民俗旅游地景观分布的高度上限以及气压等旅游适宜度 | 基于 DEM 数据，按照海拔等级得到 |

德尔菲法和层次分析法（AHP）是指标权重确定较为常用和成熟的方法，本章在综合文献的基础上（陈梅花和石培基，2009；吴秀芹等，2010），采取相关领域专家意见征询和层次分析法相结合的方法对评价体系权重进行了赋值。邀请具有民俗、旅游、地理、资源、生态等学科背景的专家 20 名，对目标层、分解层和指标层相对于上一层重要性程度进行判断和打分，构造判断矩阵主要运用 1-9 标度法获得，计算过程借助软件 yaahp 0. 5. 1 实现。

运用上述方法，可求得目标层、分解层和指标层各层因子权重。从分解层 B 相对于目标层 A 的权重看，民俗旅游资源特性指标为 0. 67，略高于区域旅游发展适宜性指标的 0. 33。指标层 C 中，民俗旅游资源的参与性（R6）和知名度（R4）权重最高，其次为民俗所在地的客源市场潜力（R15）和民俗资源的美感度（R9）；在分解层 F 中，权重最高指标为 R4 知名度，权重值为 0. 2366，其次为 R5 参与性和 R9 美感度指标，分别为 0. 2285 和 0. 1412，年代值 R5 和规模度 R8 两项指标权重相对较低，分别为 0. 0343 和 0. 021；在分解层 C 中，权重最高的指标为 R15 客源市场潜力指标，为 0. 2966。

## 8. 2. 2 评价模型

为有效避免原始数据的量纲差异，对原始数据进行 Z-Scores 标准化变换，得到相应评分值，无量纲化后各变量平均值为 0，标准差为 1。

民俗旅游资源综合评价模型包括两部分，一是民俗旅游资源特征评价模型；二是区域旅游发展适宜性评价模型，两个模型均采用指标得分的加权求和方式得到，计算公式如下：

$$F = \sum_{i=1}^{m} P_i X_i \tag{8-1}$$

$$C = \sum_{j=1}^{n} Q_i Y_i \tag{8-2}$$

$$P = W_1F + W_2C \tag{8-3}$$

式中，$F$ 为民俗旅游资源特征指数；$X_i$为第 $i$ 个指标的标准化数值；$P_i$ 为第 $i$ 个指标的权重；$m$ 为指标个数（$m=10$）；$C$ 为区域旅游发展适宜性指数；$Y_i$为第 $i$ 个指标的标准化数值；$Q_i$为第 $i$ 个指标的权重；$n$ 为指标个数（$n=8$）；$P$ 为区域民俗旅游资源潜力指数；$W_1$、$W_2$分别为民俗旅游资源特征指数和区域旅游发展适宜性指数的权重。

### 8.2.3 数据来源与界定

使用的澜沧江流域民俗旅游资源数据、行政区划矢量数据、自然地貌图等数据来源于本项目所建“澜沧江中下游与大香格里拉地区资源环境基础数据库”。数据库通过 2009 年、2010 年和 2011 年课题组三年大规模实地野外考察与室内资料收集综合获得。为了方便数据处理，增加评价结果的实际指导意义，这里以澜沧江流域内地级市（州/地区）为单元进行民俗旅游资源评价，共包括玉树藏族自治州、那曲地区、昌都市、迪庆藏族自治州、怒江傈僳族自治州、丽江市、大理白族自治州、保山市、临沧市、普洱市和西双版纳傣族自治州共 11 个行政单元。评价结果通过 ArcGIS 9.3 进行分析与处理。

## 8.3 资源特征与发展适宜性评价

### 8.3.1 民俗旅游资源特征评价

如图8-1 所示，澜沧江流域民俗旅游资源特征指标评价得分最高的是西双版纳傣族自治州，为0.743，其次为大理白族自治州、普洱市和丽江市，分别为 0.694、0.674 和 0.667，那曲地区、昌都市和玉树藏族自治州得分较低，分别为 0.323、0.447 和 0.567。云南西双版纳主要为傣族聚居区，热带、亚热带的自然环境造就了傣族泼水节、竹楼、贝叶经、傣族特色食品等具有鲜明热带风情和较高吸引力的民俗旅游资源，傣族白象舞、傣族特色食品制造工艺、泼水节等民俗活动参与性强、知名度和美感度高，是其民俗旅游资源开发的绝对优势；那曲地区、昌都市和玉树藏族自治州属于典型的高原气候和高寒环境，属藏传佛教覆盖区。该地区是藏族民俗文化的主要集聚地，藏袍、藏包、藏医药、饮食习惯等都是在藏族长期适应环境的过程中形成的，具有较高的奇特度和原真性，但其规模度较低，藏餐等民俗资源美感度往往被多数外地游客评价不高；澜沧江中游的迪庆藏族自治州、怒江傈僳族自治州、保山市和临沧市区域民俗旅游资源主要为数量众多的高山少数民族民俗文化活动，少数民族众多。该地区民俗活动丰富，民俗活动类型较之上游更具开放性，主要围绕高山生活生产方式，如种茶、采茶、制茶等，民俗旅游资源参与性强、多样性高、规模度大是该区域的主要优势。

### 8.3.2 区域旅游发展适宜性评价

澜沧江流域旅游发展适宜性指数较高的是大理白族自治州、西双版纳和普洱市，分别为 0.613、0.559 和0.551，怒江傈僳族自治州（0.382）、昌都市（0.373）、玉树藏族自治州（0.249）和那曲地区（0.187）适宜性相对较低（图8-2）。国家高速公路 G56 和 G8511 极大地增加了大理白族自治州、普洱市和西双版纳的交通辐射度与客源市场潜力；城市人口规模和经济发展水平直接决定了区域旅游发展的本地客源市场潜力和经济支持力度。澜沧江流域人口总量最大的地级市（州）是大理白族自治州，2010 年总人口为351 万人，GDP 总量为474.87 亿元，其次为普洱市，2010 年人口和经济总量分别为259 万人和247.3 亿元，最低的是玉树藏族自治州，人口仅27 万人，GDP 总量为31.9 亿元（2010 年）；澜沧江流域从北纬 21°~34°，南北横跨13 个纬度，依次从热带、温带过渡，上下游海拔高差4000m 以上，受气候、自然环境影响，环境容量和适游期指标由下游向上游呈递减趋势。

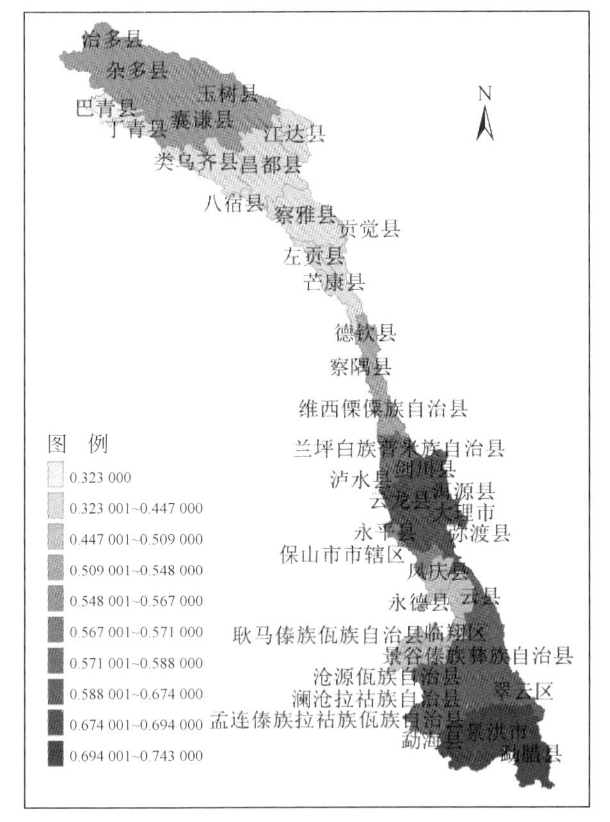


图 8-1 澜沧江流域民俗旅游资源特征指标评价结果

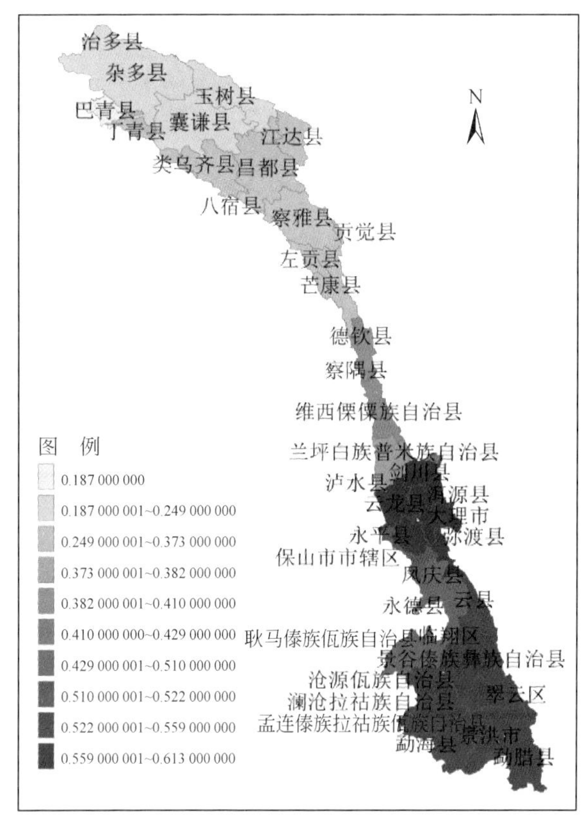


图 8-2 澜沧江流域旅游发展适宜性评价

## 8.4 综合评价结果与开发潜力分区

### 8.4.1 综合评价结果

综合指标评价显示，澜沧江流域民俗旅游资源综合评价指数在 0.281 ~ 0.809，总体评价结果呈正态分布。下游的西双版纳傣族自治州民俗旅游资源开发最早，社会经济条件和市场发育成熟，资源禀赋突出，综合开发潜力最高，评价指数为 0.809；其次为中游的大理白族自治州、普洱市和丽江市，依托历史文化名城大理古城、全球重要农业文化遗产普洱古茶园和世界文化遗产丽江古城等世界知名的旅游资源和客源市场，使该地区丰富的高山民俗旅游资源具有较高的开发潜力，其综合评价指数分别为 0.709、0.662、0.601；综合指数最低的那曲地区、玉树藏族自治州和昌都市位于青藏高原腹地，经济基础落后，受气候、环境等自然条件限制严重，综合指数评价得分较低，分别为 0.281、0.461 和 0.426。另外，迪庆藏族自治州（0.503）、怒江傈僳族自治州（0.523）、保山市（0.583）和临沧市（0.537）等地区综合潜力评价指数居中，交通条件的改善、民俗旅游资源的整合与提升是目前该区域民俗旅游发展亟待解决的问题。总体上，澜沧江流域从上游至下游其民俗旅游资源开发潜力呈递增趋势（图 8-3）。

### 8.4.2 民俗旅游资源开发潜力分区

为反映区域民俗资源的潜力价值差异，依据综合潜力指数，在此将澜沧江流域划分为 5 个等级功能

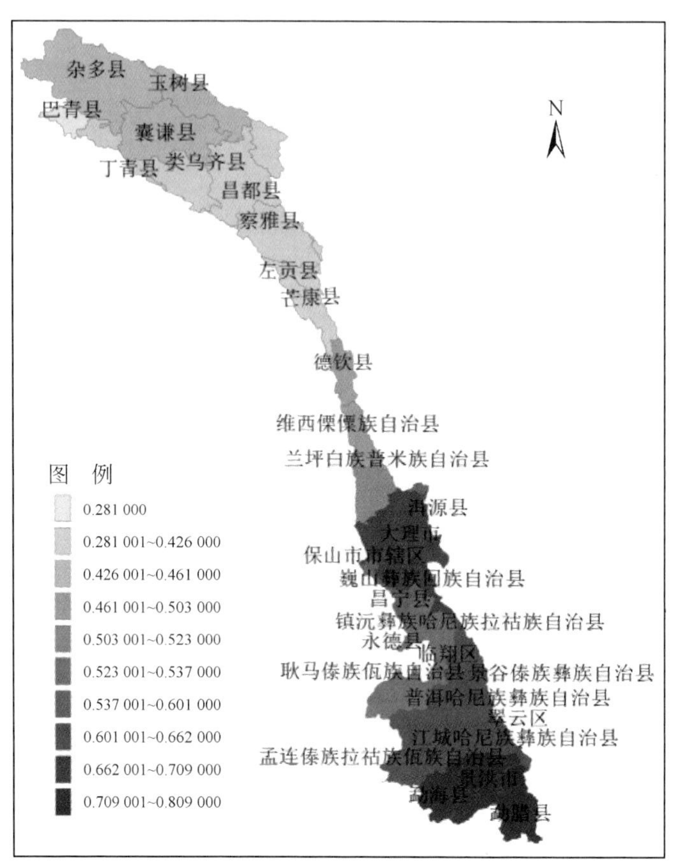


图 8-3 澜沧江流域民俗旅游资源开发潜力综合评价

区：优先开发区、重点潜力区、普通潜力区、有条件开发区和后备潜力区，不同的功能分区定位不同，应采取相应的开发战略和措施，详见表 8-3。

**表 8-3 澜沧江流域民俗旅游资源开发潜力综合指数分区**

| 开发潜力 | 范围 | 区域 | 发展定位 | 发展策略 |
|---|---|---|---|---|
| 优先开发区 | Ⅰ级：≥0.80 | 西双版纳傣族自治州 | 引擎带动作用；由地方旅游发展的优势领域和旅游产业的支柱组成 | 一方面，规范与整顿民俗旅游市场，深入挖掘民俗旅游资源，提升现有民俗旅游产品的内涵及其品位；开展市场营销，打造民俗旅游品牌 |
| 重点潜力区 | Ⅱ级：0.60～0.80 | 丽江市、大理白族自治州、普洱市 | 区域旅游发展的关键领域和旅游产业链延伸的重要组成部分 | 市场营销力度的进一步加强，确立区域旅游发展政府主导地位，优化与整合民俗旅游资源和线路，实现该区民俗旅游的跨越式发展 |
| 普通潜力区 | Ⅲ级：0.50～0.60 | 迪庆藏族自治州、怒江傈僳族自治州、保山市、临沧市 | 地方旅游发展和旅游产业的有机组成部分 | 区域基础设施的改善和民俗旅游产品的开发，开发适应客源市场需求的民俗旅游产品；积极开展市场营销，开拓周边客源市场 |
| 有条件开发区 | Ⅳ级：0.30～0.50 | 玉树藏族自治州、昌都市 | 具有高原特色的专题民俗生态旅游区 | 改善交通基础设施，增加可进入性；挖掘与改造民俗旅游产品；将民俗旅游与生态旅游结合，避免生态破坏 |
| 后备潜力区 | Ⅴ级：<0.30 | 那曲地区 | 以民俗旅游资源的普查、挖掘和保护为主 | 适度开展深度民俗体验和民俗考察等旅游形式 |

# 第9章 迪庆藏族自治州区域旅游发展条件的实证分析[①]

## 9.1 引 言

《中国旅游业“十二五”发展规划纲要》指出：到“十二五”末把香格里拉旅游区建成我国西南地区的旅游中心、世界一流的生态旅游区，世界知名的具有强吸引力的一流精品生态旅游区。大香格里拉生态旅游区主要包括云南迪庆藏族自治州、西藏昌都市、四川甘孜藏族自治州和青海玉树藏族自治州等地区，根据大香格里拉旅游区规划，迪庆藏族自治州属于香格里拉旅游区的核心重点区域。因此，选择迪庆藏族自治州作为实证研究区域具有重要的现实意义。

迪庆藏族自治州（简称迪庆州）位于云南省西北部滇、藏、川三省（自治区）交界处，总面积为23 870km$^2$。全州辖香格里拉市、德钦县、维西傈僳族自治县三县（市）。境内最高海拔为梅里雪山主峰卡瓦格博峰，海拔6740m，同时也是云南省最高的山峰，最低海拔为澜沧江河谷，海拔1480m，平均海拔3380m，是云南省海拔最高和唯一的藏族自治州。境内有藏族、傈僳族、纳西族、汉族、白族、回族、彝族、苗族、普米族9个千人以上的民族和其他少数民族16种。截至2015年年底全州共有37.2万余人。

迪庆地处青藏高原东南缘，横断山腹地，系云贵高原向青藏高原的过渡带，这里地貌独特：有古高原面，也有大山、大川、大峡，是世界著名景观三江并流的腹心地带。迪庆有梅里雪山、白茫雪山（又称白马雪山）和哈巴、巴拉更宗等北半球纬度最低的雪山群，并拥有明永恰、斯恰等罕见的低海拔（海拔2700m）现代冰川。神女千湖山、碧塔海、属都湖、纳帕海、天鹅湖等高山湖泊是亚洲大陆最纯净的淡水湖泊群，大小中甸、属都湖等秀丽草甸占全州土地面积的1/5。迪庆拥有上百种珍稀树种，数百种中药材，有许多种珍禽异兽，被誉为我国第二珍兽的滇金丝猴就占世界总量的58%。

迪庆的主要旅游景点有：香格里拉、三江并流、虎跳峡、长江第一湾、梅里雪山、哈巴雪山、白茫雪山、碧塔海、纳帕海、属都湖、明永冰川、松赞林寺、东竹林寺、小中甸草原、月亮湾大峡谷、白水台、寿国寺、茨中天主教堂、飞来寺国家森林公园。香格里拉之旅呈现给世人的是人与自然和谐的一幅画卷。

G214纵穿迪庆州全境，中甸机场也已开通，将来丽香铁路的修建通车，将给游客带来更多的快捷。近年来州政府加大了对旅游设施的投入，加大了对旅游服务行业的管理，旅游业发展势头迅猛，2009年实现游客接待量约500万人次，实现旅游收入49.84亿元。

## 9.2 内部条件分析

### 9.2.1 内部支撑条件及其影响

#### 9.2.1.1 内部支撑条件同全国平均水平的比较

表9-1和表9-2反映了迪庆州旅游发展条件同全国平均情况的比较。

---

① 本章执笔者：孙琨、成升魁、闵庆文。

**表 9-1　迪庆州旅游发展条件与全国区域平均水平的比较**

| 全国地区平均市场条件 | 人口数量/万人 | GDP/亿元 | 人均 GDP/元 | 城镇人口数量/万人 | 全国地区平均资源条件 | 全国地区平均游客接待量/万人次 |
|---|---|---|---|---|---|---|
| | 389.152 4 | 1 090.154 | 26 551.62 | 179.102 4 | 123.441 2 | 1 180.417 |
| 迪庆州市场条件 | 人口数量/万人 | GDP/亿元 | 人均 GDP/元 | 城镇人口数量/万人 | 迪庆州资源条件 | 迪庆州游客接待量/万人次 |
| | 37.9 | 63.656 | 16 480.0 | 4.7 | 86.0 | 499.606 1 |

资料来源：《2010 年中国统计年鉴》、2010 年各省统计年鉴、2009 年各地区国民经济及社会发展统计公报；中国景点网（http://www.cssn.com.cn）、国家旅游局官方网站（http://www.cnta.gov.cn）

**表 9-2　迪庆州旅游发展条件与全国地级市平均水平的比较**

| 全国地级市的平均市场条件 | 人口数量/万人 | GDP/亿元 | 人均 GDP/元 | 城镇人口数量/万人 | 全国地级市的平均资源条件 | 全国地级市的平均游客接待量/万人次 |
|---|---|---|---|---|---|---|
| | 345.277 8 | 786.053 | 24 300.37 | 140.291 1 | 94.882 35 | 872.342 9 |
| 迪庆州市场条件 | 人口数量/万人 | GDP/亿元 | 人均 GDP/元 | 城镇人口数量/万人 | 迪庆州资源条件 | 迪庆州游客接待量/万人次 |
| | 37.9 | 63.656 | 16 480.0 | 4.7 | 86.0 | 499.606 1 |

资料来源：同表 9-1

通过比较，可以得出如下一些结论。

1）迪庆州的自身市场条件远远落后于全国平均水平。

迪庆的 GDP、总人口均不到全国地区及地级市平均水平的 1/10，人均 GDP 同全国平均水平相比仍然有不小的差距。这说明迪庆发展旅游业的自身市场条件远远落后于全国平均水平，属于市场条件非常有限的区域。

迪庆的旅游客源主要依赖于从外部输入，由于旅游业在迪庆国民经济体系中所占的比例很大，这就使得迪庆的经济对外部客源产生了很强的依赖性，也将使迪庆的经济体系变得相对比较脆弱。

2）迪庆的资源条件稍落后于全国平均水平。

从表 9-1 和表 9-2 可以看出，按照本章的评价方法，迪庆的旅游资源总体得分值也同样仍然低于全国各地区及地级市的平均水平。导致迪庆资源总体得分值低的原因是迪庆的 A 级景区建设还相对落后。迪庆旅游资源最大的优势在于其特有性，是其他大部分地区的旅游资源所无法替代的，其特有性主要表现在独特的自然生态条件及人文环境。虽然旅游资源总体水平跟全国平均水平接近，但独特鲜明的特色仍然能使其在全国的旅游业中占据重要地位。

3）迪庆的人均旅游资源拥有量及人均游客接待量远高于全国平均水平。

从表 9-3 可以看出，虽然迪庆的资源得分、总人口、GDP、人均 GDP、总游客、旅游收入等项指标均低于全国地区的平均水平，也低于全国地级市的平均水平，但迪庆的人均资源得分及人均游客量却高出全国平均水平很多。旅游收入是迪庆的支柱产业，旅游业收入占到了 GDP 比例的 78.2958%，高出全国平均水平 7 倍以上，但尽管如此，迪庆的人均 GDP 还与全国平均水平有很大的差距。

**表 9-3　迪庆人均资源禀赋与全国平均水平比较**

| 项目 | GDP/亿元 | 人均 GDP/元 | 资源得分/分 | 总游客/万人 | 旅游收入/亿元 | 旅游收入占 GDP 比例/% | 总人口/万人 | 人均资源得分/(分/万人) | 人均游客量/(万人次/万人) |
|---|---|---|---|---|---|---|---|---|---|
| 全国各平均 | 1 090.154 | 26 551.62 | 123.441 2 | 1 180.417 | 107.072 7 | 9.311 7 | 389.152 4 | 0.432 9 | 2.980 7 |
| 全国地级市平均 | 786.053 | 24 300.37 | 94.882 35 | 872.342 9 | 68.371 2 | 9.144 3 | 345.277 8 | 0.418 7 | 2.794 6 |
| 迪庆 | 63.656 | 16 480.0 | 86.0 | 499.606 1 | 49.84 | 78.295 8 | 37.9 | 2.269 1 | 13.182 2 |

资料来源：同表 9-1

由此可以得出：第一，旅游业在迪庆的经济体系中极其重要；第二，迪庆的人均旅游资源拥有情况非常优越；第三，迪庆仍然属于经济落后地区。

旅游业对于迪庆而言很重要，它是迪庆国民经济的主要组成部分，但同其他区域一样，迪庆的旅游发展空间同样受诸多条件的约束。

本章首先分析了区域自身条件作用下旅游业的作用空间，但迪庆属于目的地型旅游区域，其客源主要来自于外部。但根据上述分析，就全国平均水平而言，区域内部的市场条件对区域旅游业将发挥主要的作用，而迪庆客源局限于外部客源，就旅游业发展的一般规律来看，迪庆旅游业整体发展水平短期内很难跻身到国内旅游整体发达区域中。

### 9.2.1.2　内部支撑条件同云南其他地区的比较

为了分析迪庆旅游发展空间的挖掘利用情况，本章对迪庆近年来旅游业的发展状况同云南省内大理、丽江、昆明进行了比较，见表 9-4。迪庆、大理、丽江、昆明这四个地区均属于云南比较重要的旅游目的地，但其区位条件、市场条件各不相同：迪庆最为偏远，丽江次之；昆明的市场条件最好，大理次之。

**表 9-4　迪庆近年来旅游情况同云南部分地区比较**

| 区域 | 项目 | 2004 年 | 2005 年 | 2006 年 | 2007 年 | 2008 年 | 2009 年 |
|---|---|---|---|---|---|---|---|
| 迪庆 | GDP/亿元 | 19.73 | 27.99 | 34.89 | 44.03 | 55.68 | 62.26 |
| | GDP 增幅/% | 44.23 | 41.87 | 24.65 | 26.20 | 26.46 | 11.82 |
| | 游客量/万人次 | 194.71 | 264.44 | 330.85 | 381.72 | 362.92 | 526.11 |
| | 游客量增幅/% | 16.68 | 35.81 | 25.11 | 15.38 | -4.90 | 44.97 |
| | 旅游收入/亿元 | 13.33 | 20.08 | 26.6 | 32.37 | 33.52 | 54.45 |
| | 旅游收入增幅/% | 30.18 | 50.64 | 32.47 | 21.69 | 3.55 | 62.44 |
| 丽江 | GDP/亿元 | 50.38 | 60.33 | 70.17 | 84.82 | 101.1 | 117.44 |
| | GDP 增幅/% | 21.66 | 19.75 | 16.31 | 20.88 | 19.19 | 16.16 |
| | 游客量/万人次 | 360.18 | 404.23 | 460.09 | 530.93 | 625.49 | 758.14 |
| | 游客量增幅/% | 19.47 | 12.23 | 13.82 | 15.40 | 17.81 | 21.21 |
| | 旅游收入/亿元 | 31.76 | 38.58 | 46.29 | 58.24 | 69.54 | 88.66 |
| | 旅游收入增幅/% | 32.11 | 21.47 | 19.98 | 25.81 | 19.40 | 27.49 |
| 大理 | GDP/亿元 | 201.24 | 235.18 | 275.28 | 322.03 | 371.7 | 406.8 |
| | GDP 增幅/% | 14.67 | 16.87 | 17.05 | 16.98 | 15.42 | 9.44 |
| | 游客量/万人次 | 605 | 665.91 | 786.56 | 894 | 921.6 | 1141.22 |
| | 游客量增幅/% | 7.27 | 10.07 | 18.12 | 13.66 | 3.09 | 23.83 |
| | 旅游收入/亿元 | 33.15 | 49.06 | 57.2 | 66.2 | 73.18 | 92.26 |
| | 旅游收入增幅/% | 17.24 | 13.60 | 15.60 | 15 | 10.48 | 26.07 |
| 昆明 | GDP/亿元 | 942.14 | 1062.34 | 1203.14 | 1393.69 | 1605.39 | 1808.65 |
| | GDP 增幅/% | 12.00 | 12.76 | 13.25 | 15.84 | 15.19 | 12.66 |
| | 游客量/万人次 | 1757.09 | 2040.74 | 2239.87 | 2508.31 | 2733.64 | 3115.02 |
| | 游客量增幅/% | 10.40 | 16.14 | 9.76 | 11.98 | 8.98 | 13.95 |
| | 旅游收入/亿元 | 137.5 | 138.45 | 156.37 | 168.92 | 197.12 | 226.34 |
| | 旅游收入增幅/% | 16.10 | 0.69 | 12.94 | 8.03 | 16.69 | 14.82 |

资料来源：2009 年迪庆、丽江、大理、昆明国民经济及社会发展统计公报

**(1) 旅游业实际发展状况比较**

根据表 9-4 的数据，可以计算出云南迪庆、丽江、大理、昆明这四个地区 2004 ~ 2009 年 GDP 年增

幅、游客量年增幅、旅游收入年增幅的平均值，见表9-5和图9-1～图9-4。

表9-5　迪庆同其他几个地区2004～2009年旅游业年平均增幅　（单位:%）

| 地区 | 迪庆 | 丽江 | 大理 | 昆明 |
|---|---|---|---|---|
| GDP年平均增幅 | 29.21 | 18.99 | 15.07 | 13.62 |
| 游客量年平均增幅 | 22.18 | 16.66 | 12.67 | 11.87 |
| 旅游收入年平均增幅 | 33.50 | 24.38 | 16.00 | 11.55 |

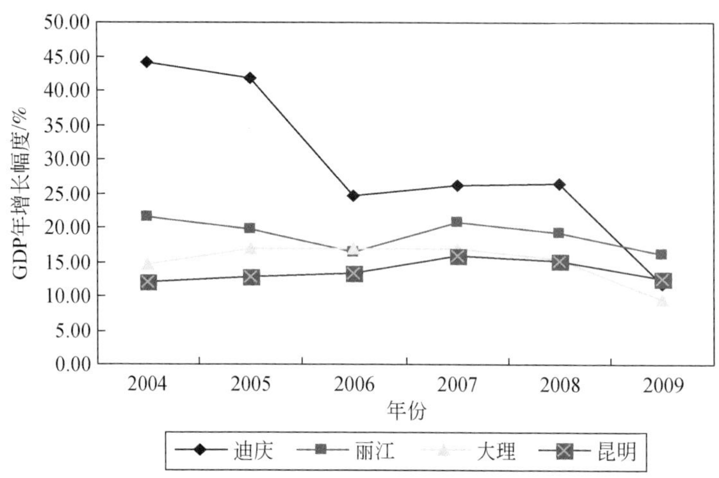


图9-1　迪庆等区域GDP年增长幅度

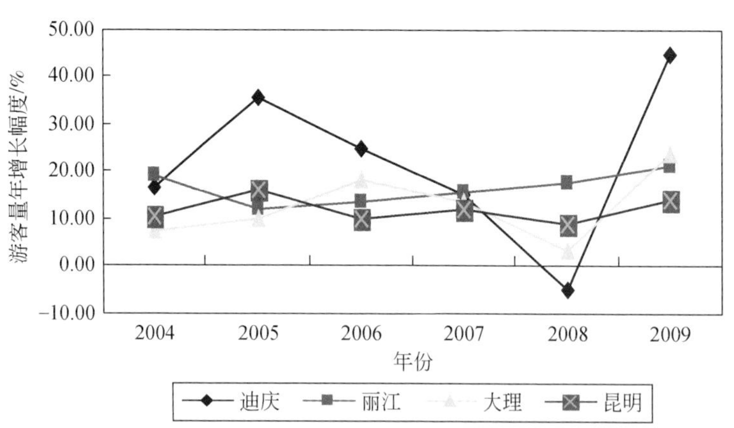


图9-2　迪庆等区域游客量年增长幅度

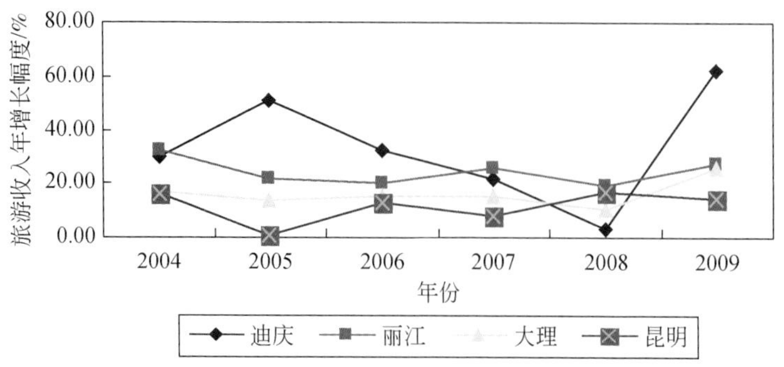


图9-3　迪庆等区域旅游收入年增长幅度

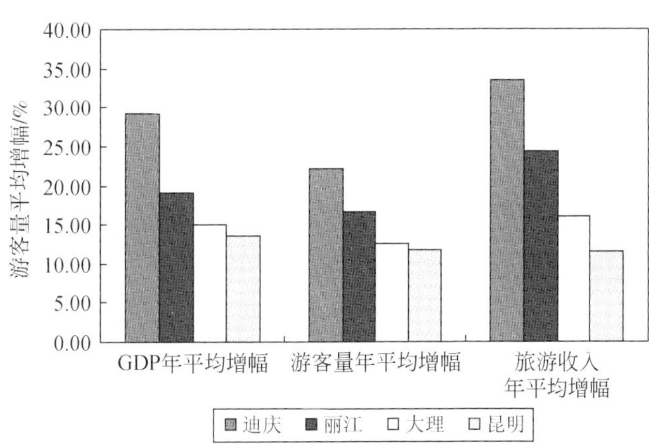


图 9-4　迪庆等区域近年来游客量平均增幅

根据以上分析可以发现，2004～2009 年，GDP 年平均增幅、游客量年平均增幅、旅游收入年平均增幅这三项指标均最高的是迪庆，其次是丽江，再次是大理，最后是昆明。三项指标均在这四个区域之间均呈现有规律的梯度性递减。这从一个侧面反映出迪庆近年来旅游业发展速度较快。

**（2）区域内部市场条件比较**

但从市场条件方面来衡量，从迪庆、到丽江、到大理、再到昆明，这四个区域的市场条件是递增的，见表 9-6。

**表 9-6　2009 年迪庆同其他几个地区的市场条件**

| 地区 | 迪庆 | 丽江 | 大理 | 昆明 |
|---|---|---|---|---|
| GDP/亿元 | 63.656 | 120.67 | 404.50 | 1837.46 |
| 总人口/万人 | 37.9 | 122.6 | 350.8 | 628 |
| 城镇人口/万人 | 4.7 | 17.1 | 42.5 | 257.4 |

从表 9-6 可以看出，昆明的市场条件优于大理，大理的市场条件优于丽江，丽江的市场条件优于迪庆，从迪庆到丽江，四个区域的市场条件的各项指标均呈现梯度型的递增。

**（3）比较分析结论**

区域内部市场条件较优越的区域对旅游发展空间的挖掘利用程度较高，迪庆属于市场偏远区，其旅游发展空间还有较大的挖掘利用潜力。

旅游业从根本上说是市场和需求诱导的，市场条件相对发达区较旺盛的旅游需求形成得较早，在旅游需求的诱导下，旅游业开发时期也比较早，旅游业已经经历了相对较长的发展阶段，在这一时间相对长的发展过程中，旅游业发展空间的挖掘利用要比那些市场条件非优区早，旅游发展空间的挖掘利用程度也相对较高。由于 GDP 的增长能为区域旅游业创造新的发展空间，到最后阶段，市场条件优越区的旅游业发展速度基本上接近区域 GDP 的增长速度。

从表 9-7 可以看出，虽然有微小的波动，但总体上看，越是市场条件优越的区域，其旅游业各项指标的增幅同 GDP 增幅的差距越小。

**表 9-7　迪庆等几个区域旅游业增长同 GDP 涨幅的差距**　（单位:%）

| 地区 | 迪庆 | 丽江 | 大理 | 昆明 |
|---|---|---|---|---|
| 游客量年平均增幅与GDP 涨幅的差距 | -7.03 | -2.33 | -2.40 | -1.75 |
| 旅游收入年平均增幅与GDP 涨幅的差距 | 4.29 | 5.39 | 0.93 | -2.07 |

### 9.2.2 内部约束条件

迪庆州的生态系统比较脆弱，其原生态的自然及人文环境是旅游吸引力的重要源泉。因此，保护生态环境是发展旅游的重要任务之一，而对区域旅游承载力做出正确判断是进行生态环境管理的重要前提。

#### 9.2.2.1 生态系统生产力对旅游承载力的影响

**（1）迪庆州的生态系统**

迪庆州全州平均海拔在3300m以上，州府所在地香格里拉市海拔3280m，德钦县城海拔3400m，维西县城海拔2320m。全州境内海拔超过4000m的山峰有百余个，其中最著名的有梅里雪山、白马雪山、哈巴雪山和巴拉格宗雪山。全州以高山峡谷为主要地质地貌特征，山间谷地处是平缓的草甸，雪线之下是莽莽的林海。在植被区划上，迪庆州的植被属于青藏高原高寒植被类型，在有限的区域内，呈现出多个由热带向北寒带过渡的植物分布带谱。从总体情况来看，海拔范围在2000～2600m的植被为稀疏的河谷灌丛，在河岸、箐口等地，可见有常绿阔叶林生长；海拔2700～3000m范围属于温性常绿针叶林带，分布着众多的松纯林和杉类混生的针叶林；海拔3200～4000m范围属于寒温性针叶林带，生境特点为寒冷潮湿，植被类型大体由高山松林向冷杉林过渡，其中大果红杉林的分布比较多；树线以上到夏季雪线，属于高寒灌丛，大块的草甸向流石滩更替。

根据相关研究结论，生物生产力与海拔梯度呈负相关关系（刘兴良等，2005），基于中国1006块样地的资料得出，云冷杉林生产力具有经向、纬向和垂直向的变化，随纬度和海拔的增加呈明显的递减趋势（冯宗炜等，1997）。关于Luquillo山地的相关研究表明，Luquillo山地的生产力随着海拔的增加而下降（Waide et al.，1998）。2000～2004年江河源地区陆地植被平均年NPP为82.04 g C/$m^2$，相当于同期全国陆地植被年NPP的23%（郭晓寅等，2006）。

**（2）高海拔地区生态系统与旅游承载力的关系**

迪庆州的平均海拔在3300m以上，根据以上相关研究结论，其植被的生产力应该低于低海拔地区的植被生产力，这也就奠定了迪庆州生产系统的相对脆弱性。由于植被的生产力低，生态系统较为脆弱，迪庆州的游客承载力也就会相应减少。但目前仍然缺乏迪庆州具体景区植被生产力的数据，因此，无法准确地估计有关景区旅游承载力的确切数值。但从总体来看，如果以低海拔旅游区域为确定迪庆州旅游承载力的参照区域，则应该考虑高海拔地区生物生产力低、生态系统比较脆弱这一因素。

**（3）生态系统生产力影响下旅游承载力的具体计算**

在考虑生物生产力的条件下，本章选取迪庆州梅里雪山景区所在区域对其旅游承载力进行尝试性的计算。梅里雪山景区位于迪庆藏族自治州德钦县境西部，拥有三个中国“最美”的称号：梅里雪山是中国最美的十大名山之一，澜沧江梅里大峡谷是中国最美的峡谷之一，白马雪山高山杜鹃林是中国最美的森林之一。梅里雪山还是中国最值得外国人去的50个地方之一，梅里雪山转经线路，也被选为全球50条精品生态线路之一。梅里雪山主峰卡瓦格博峰海拔6740m，明永冰川从海拔6740m的卡瓦格博峰往下呈弧形一直延伸到2660m的森林地带。梅里雪山国家公园规划面积约961.281$km^2$。

梅里雪山所在区域的主要植被类型有灌丛、草丛、草甸、针叶林、阔叶林、高山植被。分布在游客主要活动区域范围内的天然植被类型主要是灌丛、针叶林、阔叶林、草丛、草甸。利用ArcGIS软件，可以统计出灌丛、针叶林、阔叶林、草丛、草甸的比例分别为65.78%、28.66%、2.06%、0.39%、3.11%。草丛和草甸可以合并为一个大类，通称为草地，所占比例为3.5%。根据《风景名胜区规划规范》，针叶林地、阔叶林地的游客人均用地参考指标是一个范围，而且这个范围的跨度比较大，这可能是由于在制定标准时充分考虑到了不同地区相同植被类型生产力的不同，但标准的跨度比较大，这就有可能会使旅游开发经营者多少感到有点无所适从，并加大了旅游开发经营过程中的随意性。本章在计算梅里雪山所在区域旅游承载力标准时，先是以《风景名胜区规划规范》中的最小标准为参考对象，然后再根据区域自身的具体实际情况，对旅游区域的人均用地指标进行有根据的调整。针叶林地、阔叶林地游客人均用地指标的最小参考标准分别为每人 $3300m^2$、$2500m^2$。规范中没有直接针对天然灌丛和草地的人均用地参考标准，但可以根据灌丛及温带草原的净生产力和针叶林净生产力的比较大致估算出灌丛及草地的游客人均用地指标：

灌丛的人均用地指标=针叶林人均用地指标÷(灌丛净生产力÷针叶林净生产力)=3300÷(700÷800)≈3770（$m^2$）。

草地的人均用地指标=针叶林人均用地指标÷(草地净生产力÷针叶林净生产力)= 3300÷(600÷800) = 4400（$m^2$）。

本章的分析结果与《风景名胜区规划规范》中所给定的参考标准有所不同。规范中，疏林草地游客人均用地的最小参考标准为 $400m^2$，草地公园游客人均用地指标的最小参考标准为 $140m^2$。本章认为作为高寒地区，迪庆藏族自治州草地的生物生产力比针叶林、阔叶林低，因而其生态脆弱性要更强，因此其游客承载力要比针叶林地和阔叶林地小，游客人均占地面积要比针叶林地和阔叶林地大。

根据梅里雪山所在区域几种植被类型所占的比例（表9-8），以及不同植被类型地块中游客人均用地指标的参考标准，可以估算出整个梅里雪山景区的人均用地标准约为 $3600m^2$，计算过程如图9-5所示。

**表9-8 梅里雪山不同植被类型的比例及游客人均用地标准**

| 植被类型 | 所占比例/% | 游客人均用地标准/$m^2$ |
|---|---|---|
| 灌丛 | 65.78 | 3770 |
| 针叶林 | 28.66 | 3300 |
| 阔叶林 | 2.06 | 2500 |
| 草地 | 3.5 | 4400 |

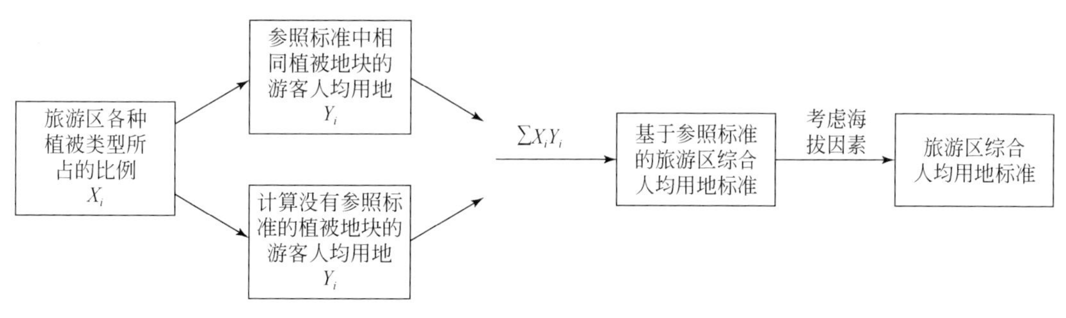


图9-5 基于生物生产力的游客用地标准计算过程

但在选取参照标准时，选用了《风景名胜区规划规范》中各种植被类型区域游客人均用地的最小标准。由于梅里雪山属于青藏高原东部地区，气候相对比较温凉，植物每年的生长季节短，生物生产力相对较低，生态系统抗干扰能力也相对较弱，因此梅里雪山景区需要更为严格的游客承载力标准。如果以作物的生长季为参照标准，梅里雪山地区每年作物的生长季大约只有5个月（5~10月），而我国东中部许多地区作物的生长季能达到9个月，作物的生长季反映了当地的气候条件，对其他植物的生产力同样有影响。一般情况下，生长季短的区域，即使在相同的生长季节，其日均气温也要比生长季长的区域低，会影响到生物量的生产；同时游客的出游在时间上具有集中性特征，主要集中在节假日，受植物生长期的影响很小，因此不管是气候条件较好的区域还是气候条件较差的区域，游客的出行一般都会集中在某一个或某几个时间段内。据此可以近似地认为梅里雪山景区的游客承载力应该是气候条件较好的参考区域的5/9，而梅里雪山的人均用地指标应该是气候条件较好的参考区域的9/5倍。据此可以估算出梅里雪山景区的游客人均用地标准大约应该达到6480m²的水平。

### 9.2.2.2 地质地貌对旅游承载力的影响

**（1）地质地貌特征**

迪庆地处青藏高原的南延部分横断山脉南段，是云南省海拔最高的地方。其地质地貌特征为群山集结，山势高峻，峡谷陡深，森林密布，江河奔流（图9-6）。迪庆藏族自治州范围内有三山两江：主要的三条山脉为怒山山脉、云岭山脉和贡嘎（大雪山）山脉；澜沧江、金沙江从西藏进入迪庆后，在全州境内流经长度分别为320km和430km，两江沿线有东西走向的近百条支流汇入江中。金沙江、澜沧江和流经怒江傈僳族自治州的怒江，形成了闻名于世的滇西北“三江并流”奇观，三江在滇西北横断山脉中剧烈切割，并流数百公里，形成世界最深最险的峡谷群。许多峡谷的相对高度都在3500～4000m，两岸悬崖峭壁林立，谷底水流湍急。在迪庆的山涧坝地，高山湖泊星罗棋布，这些大多由冰川地质作用形成的冰成湖是目前亚洲大陆内自然生态保护得最好的湖泊群。迪庆诸多的湖泊四周及雪山峡谷、高原平坝中，镶嵌分布着众多的高山草甸，其总面积达650多万亩，占迪庆土地总面积的1/5。三大山脉的主峰梅里雪山、白茫雪山、哈巴雪山同其他雪山一起构成了北半球纬度最低的雪山群，在迪庆连绵的雪山群中，分布有众多冰川。

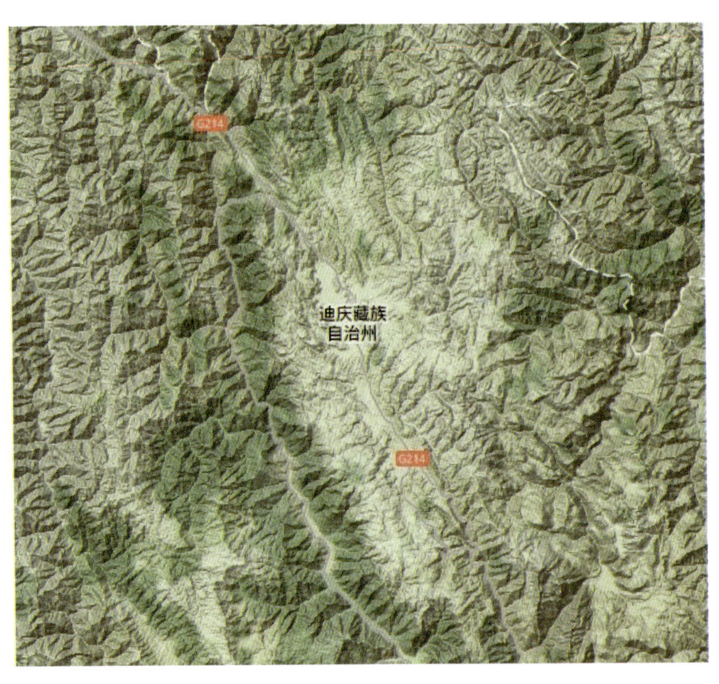


图9-6 迪庆州所在区域地质地貌示意图

**（2）地质地貌对旅游承载力的影响**

除了普达措国家公园等少数旅游景区之外，迪庆的许多景区都分布在陡峭险峻的高山峡谷之中，如梅里雪山、虎跳峡、巴拉格宗大峡谷等，这些景区的地质地貌条件十分复杂，地形起伏剧烈、坡度大、陡坡多、平地少，甚至有些险峻的地质地貌存在着安全隐患。这些景区复杂的地质地貌条件构成了对景区游客承载力的约束，主要表现在以下几个方面。

第一，陡峭的地形使游客的活动空间受限。

一些景区夹掖在群山峡谷之中，悬崖峭壁及陡峻的坡地多，平坦的土地少，大部分陡峭的坡地不适宜游客在上面活动，还有一些悬崖峭壁人类根本无法轻易到达，这就使得景区中间真正可供游客活动的空间较少，虽然整个景区的面积很大，但适宜进行旅游活动的空间却很少。在一些陡峭险峻的地段，游客量太多就会为客流的周转、疏散造成困难，甚至会带来一些安全隐患。在迪庆州的许多景区，陡峭险峻的地形使景区的游客容量受到了一定限制。

第二，复杂的地质地貌为基础设施的建设造成了困难。

由于地形复杂，陡峭的坡地多，适宜建设的平地少，这就使得一些景区的基础设施建设土地紧张，如虎跳峡等根本无法建造太多的旅游设施。另外，复杂陡峭的地质地貌为建设工程施工造成了困难，增加了旅游基础设施建设的成本。还有，某些地段的基础设施建设可能会完全切断景区的游览通道，使景区的旅游活动无法正常进行，这也为景区基础设施的建设造成了难度，如 2010 年由于进入梅里雪山景区的道路在提升改造，致使绝大多数游客无法进入梅里雪山景区旅游。复杂的地质地貌特征对基础设施建设所造成的瓶颈最终会影响到旅游景区的服务能力及游客承载力。

第三，复杂的地质地貌对生态环境的保护形成了挑战。

由于地质地貌条件复杂，在旅游开发建设过程中，对地表的改造强度就大，修路建房需要在坡体上开出平地，需要切坡或奠基，对地表面积的影响面大。坡体上施工过程中产生的流石、浮土会影响到坡下方很大范围内植物的生长（图 9-7）。另外在坡体上施工，容易改变坡体的应力结构，进而容易诱发泥石流、滑坡、崩塌等生态灾害。由于坡体的立体性，坡体上施工造成的地表裸露可能影响到谷底范围内许多位置游客的景观视觉效果，削弱景区的整体自然生态魅力。由于在复杂地质地貌条件下，景区的开发建设对地表和生态的干扰程度强烈，所以就不得不减少相关的开发建设行为以降低对自然生态环境、景区景观视线轮廓的干扰，这也会在一定程度上影响到景区的游客承载能力。

图 9-7　景区建设中复杂的地质地貌对生态环境保护的挑战

**（3）地质地貌影响下游客承载力的具体计算**

仍然以迪庆州梅里雪山所在的区域为例，来分析地质地貌影响下游客承载力的具体计算问题。

梅里雪山是一座北南走向的庞大雪山群体，北段称梅里雪山，中段称太子雪山，南段称碧罗雪山，平均海拔在 6000m 以上的便有 13 座，称“太子十三峰”。主峰卡瓦格博峰，海拔 6740m。梅里雪山地势陡峭、雪峰高耸、河流深切、坡度较大（图 9-8）。游客在梅里雪山的旅游活动主要集中在沟谷地区，在沟谷地带，平均每 100m 上升 36m，平均坡度约为 22°。

考虑到坡度的因素，梅里雪山的游客承载力应为参照区域的游客承载力乘以 22°角的余弦值。游客的人均用地面积应为参照区域的游客承载力除以 22°角的余弦值。在考虑生态系统生产力的条件下，参照《风景名胜区规划规范》中的标准，计算得出梅里雪山游客人均用地标准应为 $6480\text{m}^2$，如果再考虑到坡度因素对游客承载力及游客人均用地标准的影响，梅里雪山景区游客的人均用地标准应为 $6480\text{m}^2 \div \cos 22° \approx 6990\text{m}^2$。

图 9-8 梅里雪山所在区域地质地貌特征示意图

### 9.2.2.3 旅游活动对环境的干扰程度及对游客承载力的影响

**(1) 实施低碳旅游的重要性及条件**

迪庆州要想追求旅游发展空间的持续平稳增长，保护现有的自然及人文生态特色至关重要；同时迪庆州人均游客接待量很高，人均旅游资源拥有量也比较高，因而旅游经济发展对自然环境条件的压力相对不是太大，因而迪庆州具有实施低碳旅游策略的基础条件。低碳旅游策略的实施，有助于迪庆州自然生态环境的保护，降低旅游活动对自然生态所造成的干扰。同时，实施低碳旅游概念，与迪庆州自身的地域文化及藏传佛教文化是相吻合的。因此，迪庆州低碳生态旅游策略的实施具有环境基础、资源基础、社会经济基础及人文基础。

**(2) 控制旅游活动对环境所造成的干扰**

要实施低碳生态旅游理念，就必须控制旅游活动对自然生态及人文生态环境的干扰程度。参照现代城镇居民生活对自然环境的干扰指标，迪庆州在旅游业开发运营过程中，与旅游经营有关的污水排放量一定不能超过每人每天320L，并将与旅游有关的生活垃圾制造量控制在每人每天0.71kg以内，人均每天的生活二氧化硫排放量不得超过7.15g，人均每天的生活烟尘排放量不得超过4.99g。

**(3) 基于旅游活动造成生态干扰控制的区域旅游承载力估算**

环境目标指数与环境管理指数均是根据实际需要人为设定的。仍然以梅里雪山为例，假如设定梅里雪山景区的环境目标指数为0.8，而设定梅里雪山景区的环境管理指数为0.9，则在考虑生物生产力因素、地质地貌因素的前提下估算出的梅里雪山景区的人均用地标准，可以在此基础上增加旅游活动生态干扰控制因素对梅里雪山景区旅游承载力的影响，并最终计算出梅里雪山景区的游客人均用地指标为：$(6690\times0.9)\div0.8\approx7520$ ($m^2$)。最后可以根据梅里雪山景区的游客人均用地指标及景区面积计算得出游客承载力数值。

## 9.2.3 内部条件对旅游业的影响

### 9.2.3.1 内部条件作用下的旅游业发展空间

**(1) 作为市场偏远区，迪庆的旅游发展空间还没有被充分挖掘利用**

根据以上分析可以看出，在云南迪庆、丽江、大理、昆明这四个区域中，迪庆的年平均游客量、旅游收入、GDP的增幅是最高的，而且同其他区域的差距比较明显，见表9-9。

**表 9-9 迪庆近年来各项指标的平均增幅同其他区域之间的差距** (单位:%)

| 地区 | 丽江 | 大理 | 昆明 |
|---|---|---|---|
| 迪庆 GDP 年平均增幅同其他区域的差距 | 10.22 | 14.14 | 15.59 |
| 迪庆游客量年平均增幅同其他区域的差距 | 5.52 | 9.51 | 10.31 |
| 迪庆旅游收入年平均增幅同其他区域的差距 | 9.12 | 17.50 | 21.95 |

这反映出迪庆州还有较大的旅游发展空间可以利用。从市场条件方面来看，迪庆州不占据太多的优势，这也使得迪庆州的旅游业开发相对较晚，旅游业的发展空间还没有被充分地挖掘利用，还有相对较多的旅游业发展余地。

**（2）市场条件是迪庆旅游业发展空间的主要制约因素**

区域内部的市场条件对区域旅游业的发展空间有着主要的影响，迪庆州区域内部的市场条件基础非常有限，其游客主要来自于区域外部，且主要是纯旅游游客，不像其他市场条件较好的区域内部游客及来自于外部的机会游客占据一定的比重，这就使得迪庆州的客源来源受到了一定的限制。

迪庆州的旅游资源条件相对较好，如果不考虑景点数量、基础配套等因素，仅从旅游资源的特有性、观赏游憩使用价值等方面考虑，迪庆的旅游资源完全可以同国内其他区域的一些优质旅游资源相媲美，但由于市场条件有限，迪庆州的旅游发展空间受到一定限制，远不及那些既有较好的资源条件，又有较好的市场条件的区域。

**（3）近些年是迪庆旅游的快速发展期，经过快速发展期后，其旅游业增速将减缓**

任何一个区域，无论其旅游发展的基础条件多么好，但都会有一个一定规模的旅游业发展空间，当旅游业发展空间被充分挖掘利用之后，其旅游业发展便会进入一个相对平稳期。

由于还有较大的旅游业发展空间没有被充分利用，迪庆州近年来旅游业的发展速度比较快，而且这样快的旅游发展速度还会保持一段时间，但也终归有一天，它的旅游发展空间的被利用程度会达到饱和，达到饱和后，旅游业的发展速度会逐渐减缓，最终达到一个相对平稳的水平。

### 9.2.3.2 内部条件作用下的旅游业特征

作为一个拥有特色旅游资源、市场条件十分薄弱的旅游目的地，迪庆的旅游业有其自身的一些特征。

**（1）旅游业的产业优势明显**

尽管迪庆州的旅游资源总体得分值稍落后于全国平均水平，但其人均资源拥有量远远高于全国平均水平，迪庆州人均旅游资源得分值是全国地区平均水平的5.24倍，是全国地级市平均水平的5.42倍，这就意味着对于迪庆州的每一个居民来说，其拥有的旅游资源非常丰富，发展、参与旅游业是其非常理性的选择，这也就使得对于迪庆州区域内部而言，旅游业的产业优势非常明显。

迪庆以“人类的最后一块净土”为其重要特点，其原始圣洁的生态人文环境令许多外部游客向往，特色性的资源优势同样也奠定了迪庆的旅游产业优势。

**（2）旅游业的重要性突出**

尽管迪庆州的旅游发展条件要低于全国地区的平均水平，也低于全国地级市的平均水平，但迪庆州居民的人均游客接待量也远远高于全国地区的平均水平，也高于全国地级市的平均水平。同时迪庆州地处偏远，生态环境也相对比较脆弱，其他现代化的产业形态比较缺乏。这就意味着：迪庆州的大部分人都会同旅游业发生关系；旅游业是否存在、发展状况如何关系到大部分人的生计。旅游业在迪庆州是极其重要的。

**（3）旅游业发展潜力仍比较大**

迪庆州旅游业发展空间还没有被完全开发利用，这就使得迪庆州的旅游业仍具有比较大的发展潜力。同时迪庆州的许多旅游资源还处在待开发阶段，这一点迪庆州也同其他市场条件较好的区域不同。市场条件较好的区域，在市场的推动下，旅游业开发得较早，因此大部分有价值的旅游资源均已经被开发利用；迪庆属于相对偏远的地区，其旅游业发展起步晚，同时相对有限的市场条件导致迪庆州的游客量相对较少，使得开发一些禀赋排名相对靠后的旅游资源的动力不足，这就使得迪庆州还有许多待开发的旅游资源，等这些旅游资源完全被开发利用之后，迪庆州的旅游发展空间还会进一步扩大。因此，这里总结出了迪庆州旅游发展潜力还很大的两点原因：第一，现有的旅游发展空间还没有被完全开发利用；第二，一些有价值的旅游资源还没有得到开发。据此，可以得出，迪庆州的旅游业发展潜力还很大。

**(4) 旅游业的波动较大**

从迪庆、丽江、大理、昆明近年来游客量及旅游收入的年增长幅度可以看出，丽江、大理、昆明这几个区域旅游业态的发展变化相对比较平缓，而迪庆州旅游业发展变化的波动幅度比较大。特别是当有不可预测的内外部因素对旅游业产生影响时，旅游业会出现很大的波动。

迪庆州旅游业波动性大的重要原因是其对外界的依赖性较大，旅游收入由区域内部消费者创造的很小，因此，一旦外部情况出现变化，或消费者前往迪庆进行旅游消费的信心受到动摇，旅游业便会受到巨大的影响。

**(5) 以旅游业为主体的国民经济体系相对比较脆弱**

旅游业在迪庆州的国民经济中占据了很大的份额，如 2009 年，旅游收入占 GDP 的比重达到了 78.2958%。由于旅游业的波动性，也会导致整个国民经济的不稳定。产业的单一性导致了迪庆州的产业依赖性，而同时也使以旅游业为主体的国民经济体系变得相对比较脆弱。

**(6) 当地居民从旅游业中受惠的比例较高**

迪庆州的人均游客接待量远远高于全国地区的平均水平，是全国地区平均水平的 4.42 倍，也同样远远高于全国地级市的平均水平，是全国地级市平均水平的 4.72 倍。这就使得迪庆州的全部居民有更多的机会从事旅游经营或在旅游服务企业从业，从而从旅游业中受益。由此可以推断出迪庆州内部居民的旅游参与比例高，居民从旅游中受益的面比较广。

### 9.2.3.3 内部条件作用下的旅游业发展途径

**(1) 集中模式与全面模式**

集中模式。这里所讲的集中模式是指集中开发少数几个旅游吸引物，集中有限的人力、物力、财力将其打造成精品型的旅游吸引物。

全面模式。这里所说的全面模式是指对区域内有一定开发价值的旅游资源进行全面开发，以求达到对旅游资源的充分利用。

1）全面模式适合于市场条件优越的区域。

如果区域的市场条件十分优越，市场需求比较旺盛，这时资源极容易成为制约区域旅游发展空间扩充的主要因素。在这种情况下，适宜进行全面化的旅游开发模式，以达到旅游发展空间的最大化。实际上，在旅游资源优越区，在市场的推动下，只要有一定价值的旅游资源都会被开发利用。

2）作为市场条件非常薄弱的区域，迪庆州更适合采取集中模式。

迪庆州的市场条件非常有限，在当前阶段下，市场条件是制约旅游业发展的主要因素。但同时迪庆还拥有许多未被开发利用的旅游资源。迪庆的旅游消费者主要是外部游客，大部分是冲香格里拉原始圣洁的旅游资源而来的。由于市场是旅游业的主要制约条件，在现有旅游吸引物的游客接待量还没有达到饱和时，开发新的旅游吸引物可以增大游客在目的地所获得的旅游效用，但迪庆的自然旅游资源雷同性较强，旅游吸引物太多未必会使游客的旅游效用上升，在市场条件一定的情况下，雷同性的旅游吸引物太多可能会导致各个旅游吸引物对有限的旅游客源的争夺，从而发生恶性竞争，如打价格战等，甚至会出现劣币驱逐良币的现象，这势必会影响到目的地的整体旅游服务质量及整体旅游形象，最终影响到游客的旅游效用，对景区的长远发展产生不利影响。

因此，作为市场条件非常欠缺的偏远区，迪庆州适于采用集中型的旅游开发模式，即集中人力、物力、财力集中打造几个核心的旅游吸引物，在现有旅游吸引物的客源没有饱和时，尽量不去开发更多的雷同型旅游吸引物。但那些差异化的旅游吸引物的确能延伸旅游者在目的地的旅游效用，也能扩大目的地的旅游经济效益，因此新增旅游吸引物必须要在旅游吸引点上和现有的旅游吸引物有差异。

另外，那种遍地开花式的全面化旅游开发模式，会使迪庆州整体的原生态自然人文气息受到削弱，而这正是迪庆州独特的吸引点所在。一旦整体的原生态自然人文气息受到破坏，迪庆的整体旅游吸引力便会受到影响。全面化的旅游开发模式能够迎合开发商对经济利益的追求，但对迪庆旅游业循序渐进的良性推进不利。从政府的宏观层面，应谋求旅游业的长期发展和旅游吸引力的长期保持，因此，应该将那些开发时机条件还不成熟的旅游资源暂时封存起来，等将来条件成熟后再进行开发。

综上所述，在市场条件非常有限，原生态的自然人文氛围需要极力保护的情况下，全面化的旅游开发会对迪庆州造成一些不利的负面影响，迪庆州更适合采取集中的旅游开发模式，保持旅游吸引物精品化、特色化的基本特征有利于持续不断地吸引外部客源的进入，而全面化的开发模式不利于迪庆州旅游业长久、持续的发展。

**（2）开放模式与保护模式**

开放模式。这里所说的开放模式是指对旅游资源进行开放性的开发，从生态环境、人文特色的保护方面不设定条件，旅游开发者可根据自己的意愿随意进行旅游开发。

保护模式。这里所说的保护模式是指在旅游开发中设定许多保护性的条件对原生态气息浓厚的自然、人文环境进行保护，以使旅游吸引物具有某种期望的特色。

1）迪庆的核心旅游吸引物适于采用保护性开发模式。

作为比较偏远的旅游目的地，迪庆州无疑属于资源导向性的旅游目的地。在现有资源条件下迪庆的旅游业能得以快速发展，这说明迪庆州现有的资源条件能够对外部客源产生较大的吸引力。特色性旅游资源是迪庆州旅游业得以存在的前提条件，而原生态的自然及人文环境是迪庆州特色旅游资源的重要表现。对特色的保护是迪庆州旅游发展过程中一项非常重要的任务，因此迪庆州不宜采用开放性的旅游开发模式，而应当采用保护性的开发模式，在旅游开发过程中规定一些必要的自然生态及人文保护的硬性条件，以求达到延续特色的目的。在具体的旅游开发及运营实践中，对这些保护性的条件进行严格的贯彻执行。

那些市场条件充分而优越的区域，由于旅游消费需求的经常化、随意化、规模化，部分旅游吸引物可以采取开放性的开发策略。但迪庆州的客源主要为外部客源，而地域特色构成了对外部游客的主要旅游吸引力，因此，迪庆州更适合采取保护性的旅游开发模式，尤其是那些核心的旅游吸引物，更应该采取保护性的旅游开发模式。

2）一些配套性的服务设施可以采用开放性开发模式。

那些配套性的服务设施，虽说也可以构成旅游吸引物，但毕竟不属于核心旅游吸引物。迪庆州部分配套性的服务设施，可以采取开放性的开发模式，以调动市场经营的活力和创造力，并很好地满足旅游消费者多元化、个性化的生活及休闲需求。

**（3）全民受益模式与小众受益模式**

全民受益模式。这里所说的全民受益模式是指区域的全体居民均能从旅游业发展中受益，从而更加支持拥护旅游业的发展。

小众受益模式。这里所说的小众受益模式是指仅一部分参与旅游业的区域居民能从旅游业中受益，而其他居民不能从旅游业中受益。

1）人均资源得分及游客接待量为实现全民受益模式创造了条件。

迪庆州的人均旅游资源拥有量及人均游客接待量均高出全国平均水平许多，旅游业能够惠及到更多的区域居民。迪庆州 2009 年实现旅游收入 49.84 亿元，按迪庆州的所有人口平均，人均旅游收入为13 150元。同时，近年来迪庆州的旅游业在快速发展，这为实施全民受益的旅游业发展模式奠定了基础条件。

2）全民受益模式符合迪庆州的现实情况。

迪庆州地处偏远、人口数量少、自然生态环境相对脆弱，现有的业态形式比较单一，除了旅游业之外，以第一产业农牧业为主，现代工商业存在与发展的条件不是十分充分。据此推断，旅游业应该是当地政府以及当地民众发展经济、提高收入水平的期望所在，因此让旅游业惠及区域的大部分民众是迪庆州旅游业发展的社会责任所在。

但现实情况是，旅游资源的分布存在地域不平衡，当地居民在资金状况、旅游经营能力、旅游从业能力方面存在着很大的差异，因此并不是所有人都能从旅游业中直接受益。迪庆州由于特殊的区位条件、自然条件、文化条件，区域居民的创收来源十分有限，对于一些贫困居民，旅游业还担负着旅游扶贫的重担和责任，因而在鼓励能者、鼓励多劳的同时，也要以转移支付等形式，让全体居民均能从旅游业中得到不同程度的受益，从而更好地体现迪庆州旅游业的社会经济地位和作用。

3）全民受益模式有利于旅游资源特色的保持。

在经济利益的驱动下，理性的经济人都会选择从事经济回报更高的产业，因而不能排除迪庆其他产业产生及发展的可能，也不能排除其中一些产业会对自然生态环境造成严重的破坏。另外，当地的农牧民为了追求更多的经济利益，会扩大牲畜量，利用更多的土地资源，从而对自然生态产生压力，造成自然生态的破坏。

让全体居民从旅游业中得到不同程度的受益，一方面，会增强当地居民珍惜地方的生态及人文特色，从而减少那些不经意的甚至故意性的对自然生态不友好的行为，增强传承地方传统文化的积极性。另一方面，也会减轻当地居民对其他产业的迫切追求，有助于地方生态保护及旅游特色吸引力的保存。

## 9.3 外部条件及其影响

### 9.3.1 外部发展条件

#### 9.3.1.1 迪庆在大香格里拉范围内的市场优越度对比

旅游意义上的大香格里拉包括云南的丽江、迪庆，四川的甘孜、阿坝，西藏的昌都、林芝，青海的玉树及果洛部分区域，以及甘肃甘南的部分区域。在大香格里拉地区，旅游资源有一定的相似性，在自然景观上表现为雪山、森林、草原，在生产方式上表现出以牧业为主，在文化上表现出了浓厚的藏传佛教文化氛围。在大香格里拉地区，自然及人文旅游资源相得益彰，和谐是该旅游区的精髓所在，也是外部游客对香格里拉地区向往的主要原因之一。

大香格里拉地区的旅游资源在全国乃至全世界都是非常独特的，作为一个区域整体，大香格里拉地区的旅游资源是垄断性的。但整个大香格里拉地区的市场优越度是比较低的，如在选定的 27 个区域中，市场优越度排在最后 6 位的地区中，属于大香格里拉地区的就有 3 个，分别为迪庆、玉树、昌都。为了具体分析大香格里拉地区的市场优越度，分别计算了大香格里拉地区主要涉及的几个主要地级市的旅游市场优越度，见表 9-10 和图 9-9。

**表 9-10 大香格里拉主要地区的旅游市场优越度**

| 地区 | 迪庆 | 丽江 | 昌都 | 玉树 | 林芝 | 阿坝 | 甘孜 |
|---|---|---|---|---|---|---|---|
| 市场优越度 | 0.9032 | 0.9761 | 0.7858 | 0.8419 | 0.6704 | 1.3145 | 1.3331 |

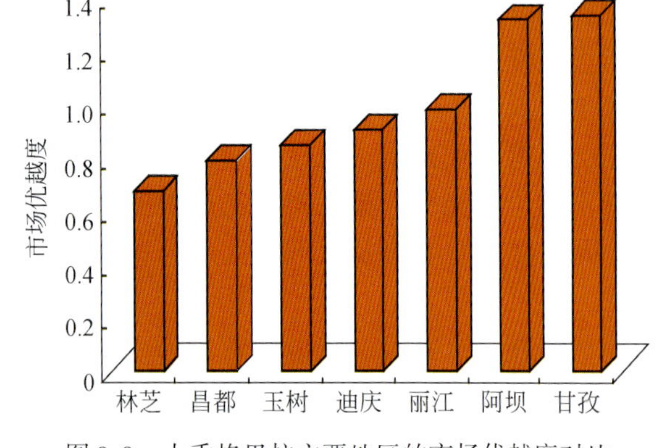


图 9-9 大香格里拉主要地区的市场优越度对比

从中国内地各个省份所选择出的 27 个地级市的旅游市场优越度的平均水平为 1.9183，这一平均水平虽然不能准确地反映全国各地级市旅游市场优越度的平均状况，但至少也能对全国地级市的平均状况做出近似的描述。从表 9-10 可以看出，大香格里拉地区的市场优越度普遍偏低，其中市场优越度最高的是甘孜地区，为 1.3331，但也比所选定的 27 个地级市市场优越度的平均水平低 0.5852。因此，市场优越度低是大香格里拉地区旅游业的一个共同特征。也可能正是由于市场优越度比较低，才使大香格里拉地区保留了比较独特优越的旅游资源。在大香格里拉地区，迪庆州的市场优越度居于中间，优于昌都、玉树和林芝，但不及丽江、阿坝和甘孜。

#### 9.3.1.2　迪庆州属于偏远型旅游目的地

在所选定的全国27个地级市中间，迪庆州的市场优越度为0.9032，排在选定区域中的倒数第六位，优于呼伦贝尔、黑河、玉树、昌都、阿勒泰这几个地级市。这反映出，迪庆州旅游业发展的外部市场条件处于比较弱势的地位，外部市场条件构成了迪庆州旅游发展空间的主要制约因素。迪庆州距离国内主要客源市场远，经济基础也相对落后，但拥有相对较好的旅游资源，属于偏远型旅游目的地。偏远型旅游目的地也包含了迪庆州自身的市场条件比较有限这层含义。

### 9.3.2　外部条件对旅游业的影响

#### 9.3.2.1　外部市场条件作用下迪庆同大香格里拉其他地区的旅游业对比

从上述分析可以看出，在市场优越度方面，在整个大香格里拉地区范围内，迪庆州是具有一定优势的。为了分析在市场优越度作用下，迪庆旅游业同大香格里拉其他地区旅游业的差异，对林芝、昌都、玉树、迪庆、丽江、阿坝、甘孜这几个区域的市场优越度同旅游业发展之间的作用关系进行了对比性分析，在分析过程中，仍然用2009年各个地方的游客接待量作为旅游业发展状况的衡量指标，见表9-11和图9-10。

**表 9-11　大香格里拉主要地区的市场优越度及旅游业状况**

| 地区 | 迪庆 | 丽江 | 昌都 | 玉树 | 林芝 | 阿坝 | 甘孜 |
|---|---|---|---|---|---|---|---|
| 市场优越度 | 0.9032 | 0.9761 | 0.7858 | 0.8419 | 0.6704 | 1.3145 | 1.3331 |
| 游客接待量 | 499.6061 | 758.1375 | 31.22 | 12.5 | 110 | 513.52 | 270.03 |

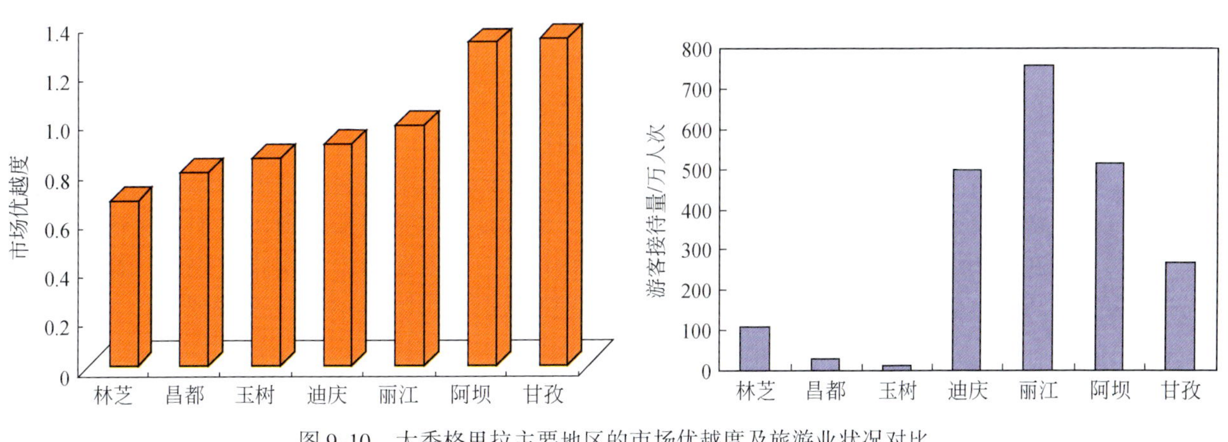


图 9-10　大香格里拉主要地区的市场优越度及旅游业状况对比

针对大香格里拉主要地区市场优越度同旅游业发展状况相互作用的分析表明：从总体上看，游客接待量少的区域市场优越度低，如林芝、昌都、玉树这三个地区的游客接待量比较少，其市场优越度也比较低；而游客接待量多的地区，其市场优越度也相对较高。但游客接待量的具体变化并不与市场优越度的变化趋势相一致，这可能是多种因素对目的地区域旅游业产生作用的结果，如林芝的市场优越度比昌都低，但其游客接待量比昌都高，这可能主要由于林芝的旅游资源状况比昌都的旅游资源状况优越，在本章对中国内地的地级市所进行的旅游资源评分中，林芝地区的旅游资源分值为99分，而昌都市的旅游资源分值为49分。

迪庆州在大香格里拉范围内也并不能算作旅游市场优越度高的区域，本章分析的结论认为，迪庆州的市场优越度状况及所拥有的旅游资源状况在大香格里拉范围内均处于中间水平。同样，其游客接待人次也基本上处于中间水平。

#### 9.3.2.2 外部市场条件作用下迪庆州旅游发展空间的动态变化

在一定的社会经济条件下，目的地区域的旅游发展空间是基本确定的，也不容易被轻易改变。大香格里拉作为偏远型旅游目的地，市场优越度低是其旅游业发展空间的首要制约因素，而市场优越度的提升有赖于整个社会经济的缓慢发展，这就意味着对于大香格里拉地区而言，急于求成的旅游开发方式是不能取得很好效果的。相对于市场条件而言，大香格里拉地区的旅游资源是富裕的，在将来市场条件被逐渐改善后，由于资源条件充分、独有性强、吸引力大，香格里拉的旅游发展空间会逐步扩展，而且扩展余地很大。但如果由于过度开发或开发不慎，造成资源条件的退化，在将来市场条件改善后，其旅游发展空间的扩展余地就会相对变小。所以整个大香格里拉地区旅游发展面临的现状是，当前条件受限，但未来潜力巨大，在当前条件受限的情况下，不能急于求成破坏了资源而影响到未来旅游业的发展潜力。作为大香格里拉的核心区域，迪庆州所面临的情况也是相同的。虽然在现阶段的当前条件下，迪庆州的市场优越度比较薄弱，但跟全国其他区域一样，其市场优越度在日益得到提升和改善。

市场优越度是一个时空概念，在当前条件下，它是大香格里拉地区旅游业发展的重要制约因素。在区域旅游发展中同样存在着木桶效应，即桶的容量最终是受那块最短的木板所制约，如果把区域的旅游发展空间也看作是一个木桶，其大小也最终受最差的那个条件制约，对于偏远型目的地区域而言，在当前条件下市场优越度无疑就是那块最短的木板。但随着整个社会旅游市场条件的改善，外部市场条件对旅游业发展的制约作用也在日益变小。但从另外一个方面来看，大香格里拉地区所拥有的旅游资源是独有性的，因此，随着整个社会旅游市场条件的改善和旅游市场优越度的整体提升，大香格里拉地区独特的旅游资源优势对旅游业的积极作用将会日益显现，而市场优越度的消极影响将会日渐减小。由此看来，对于大香格里拉地区旅游业的长远发展而言，只要能继续保持现有的资源特色和优势，在将来市场条件日益成熟时，大香格里拉地区的旅游发展空间会不断的扩展。这就需要大香格里拉地区处理好当前和长远的关系。现实存在的情况往往是：市场优越度高的地区，由于旅游市场需求旺盛，旅游资源被开发利用的程度高，从而使资源的特色出现不同程度的退化。如果某一个区域是区域休闲旅游型区域，由于其旅游业态的区域内部休闲娱乐性，旅游资源的退化对区域旅游业的负面影响作用不是十分明显。但如果该区域是目的地型旅游区域，则情况就会变得比较严重，自然生态人文旅游资源的退化会使目的地的旅游吸引力下降，使目的地区域的旅游发展空间可能反而出现下降或保持在一个固定的水平停滞不前。对于大香格里拉地区而言，留得青山在，不怕没柴烧，保持现有的资源特色很重要。但在旅游开发实践过程中，需要找到协调现在与将来矛盾的有效途径，大香格里拉地区旅游度假权的实行可能是一种有益的探索。

#### 9.3.2.3 外部市场条件作用下迪庆在大香格里拉范围内的旅游发展空间分析

在整个大香格里拉地区，迪庆州的旅游资源具有一定的代表性，香格里拉的元素在这里基本上都可以找到；而且迪庆州的气候条件和大香格里拉的其他地区相比，也具有一定的相对优势，其海拔不是太高，空气氧含量也比较适宜。另外，在整个大香格里拉地区，迪庆州的市场优越度不算很低，基本上居于中间水平。这些条件的具备就使得迪庆州成为整个大香格里拉地区旅游开发的重点区域，拥有较好的旅游业发展空间，但这也对迪庆州旅游的发展提出了挑战。就大香格里拉范围而言，迪庆州的市场优越度优于大香格里拉范围内的其他一些区域，这也就意味着其资源特色被同质化的可能性更大，如果资源被同化，其旅游发展空间便会缩小，那么市场优越度更低的其他地区在将来有可能就要代替迪庆州的地位，这恰恰是迪庆州旅游发展过程中需要警惕的事情。

# 9.4　内外部条件综合分析

## 9.4.1　内外部条件的综合判断

### 9.4.1.1　内部资源条件

内部资源条件包括旅游资源的吸引力条件以及承载力条件。9.2 节和 9.3 节对迪庆州的内部资源条件及外部市场条件均已做过相关分析。但对于一个具体区域来说，仅仅知道区域的整体资源状况是远远不够的，还需要对具体旅游吸引物的禀赋状况进行判断，以指导区域的旅游业开发实践。对具体旅游吸引物的评价是对区域整体旅游资源分值判断方法的一种有益补充。

为了反映旅游吸引物被市场所认可的程度，需要对区域旅游吸引物的市场价值进行评价。对旅游资源进行基于市场价值的评价，其目的是衡量旅游资源开发的客源市场潜力。市场是由旅游消费者构成的，为了反映旅游资源的市场认可程度以及旅游消费者对该旅游资源的消费偏好程度，旅游资源市场价值的评价主体也应该是旅游消费者。为了使市场消费主体对旅游资源市场价值的评价结果客观公正，可以将被评价的旅游资源同“标杆型旅游资源”进行比较。这里所说的“标杆型旅游资源”是指被消费者所公认的吸引力很强、知名度很高、年游客接待量大，且相当一部分旅游消费者都曾访问过的旅游资源，如九寨沟、黄山、北京故宫等。对旅游资源进行比较性评价时，可以请被调查的市场消费主体将被评价的旅游资源与“标杆型旅游资源”进行对比，然后给出一个对比性的评价分值。采用这种方法对迪庆州的 15 个旅游资源点进行了一次试评价，评价时，首先调查了 48 名来迪庆旅游的游客，通过初步调查咨询，确认其中 13 位以前曾访问过九寨沟及北京故宫这两个旅游资源点，然后请这 13 位游客将其访问过的迪庆的旅游资源点同九寨沟及北京故宫这两个资源点进行比较，比较的唯一尺度是游客在各个资源点所获得的旅游效用的多少，并采用百分制，根据其所获得旅游效用的多少进行主观评价打分。13 名被调查者全部访问过普达措国家公园、松赞林寺，而 13 名被调查者中没有一人访问过千湖山、赤土仙人洞这两个旅游资源点。为了对迪庆的 15 个主要旅游景点进行一次全面的评价，又请迪庆州的 13 名旅游从业者对这 15 个旅游景点进行比较性评分，这 13 名旅游从业者包括旅游局工作人员、景区工作人员、导游。由于旅游资源点的评价主体各不相同，为了便于比较，需要对各个评价主体的评分结果进行一致化处理。在所有评价中，九寨沟的评价分值最高，所以将九寨沟的市场评价分值设为 100 分，并采取如下方法对原始评价分值进行一致化处理（图 9-11）。

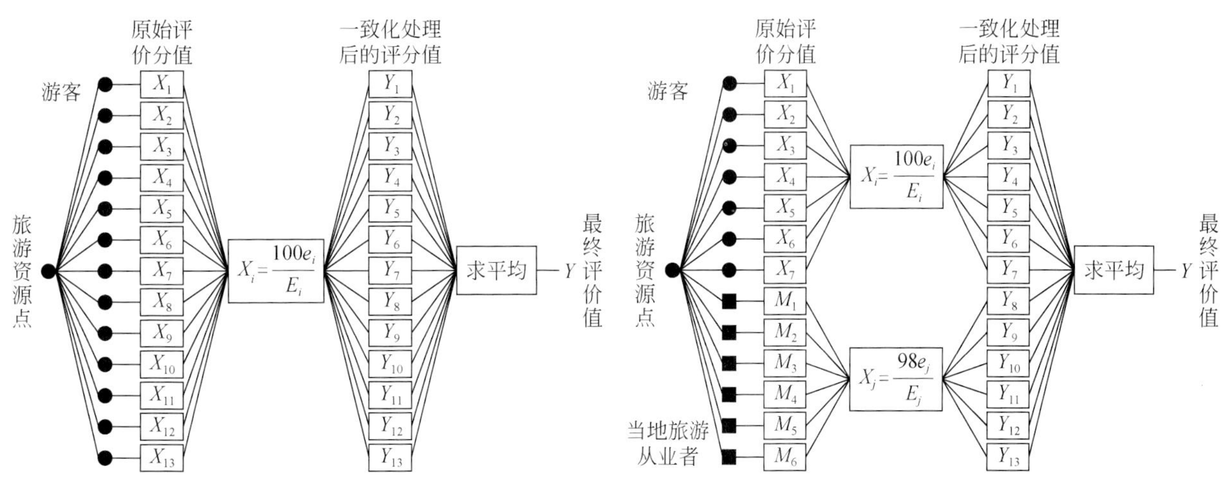


图 9-11　旅游资源点评价值一致化处理流程

$$X_i = \frac{100e_i}{E_i} \tag{9-1}$$

式中，$X_i$表示第 $i$ 个旅游资源点经过标准化处理后的市场评价值；$e_i$表示某市场主体对第 $i$ 个旅游资源点的原始评价分值，$E_i$表示某市场主体对九寨沟的评价分值。

一致化处理之后，将 13 名市场主体对某一资源点的标准化评价分值进行平均和四舍五入，求得该资源点的最终市场评价分值。评价结果显示：普达措国家公园的市场评价分值最高。由于当地旅游工作人员常常对本地的旅游资源比较热爱，因此其评价分值可能并不能真实地反映旅游资源的市场价值，但地方旅游工作者就本地旅游资源的比较评价却能够反映出这些旅游资源点的优劣；另外，当地旅游工作者仅仅对当地的 15 个主要旅游资源点进行比较评分。因此，针对那些游客评价分值缺失或到访过的游客较少的旅游资源点，需要参照游客对普达措国家公园的评价分值，将地方旅游从业者对旅游资源点的比较评价分值进行一致化处理，以得到迪庆州 15 个主要旅游资源点的全面评价分值。处理方法为：$X_j = 98e_j/E_j$（式中，98 为游客对普达措国家公园的平均评价分值，$X_j$表示第 $j$ 个旅游资源点经过标准化处理后的市场评价值，$e_j$表示某市场主体对第 $j$ 个旅游资源点的原始评价分值，$E_j$表示某当地旅游从业者对普达措国家公园的评价分值）。然后，对评价游客不足 13 位的旅游资源点，从当地旅游从业人员的调查数据中任选几份以凑足 13 份调查数据，然后重新求平均值并四舍五入，对于游客评价分值缺失的旅游资源点，直接用针对当地旅游从业者的调查数据求平均来近似地形成该旅游资源点的市场评价分值。

最终得到的评价结果如表 9-12 所示，通过与标杆型旅游吸引物的对比，可以判断出区域内部的旅游资源禀赋状况。

**表 9-12　迪庆州部分旅游吸引物的对比性评价**

| 旅游吸引物 | 评分值 | 旅游吸引物 | 评分值 |
|---|---|---|---|
| 巴拉格宗 | 96 | 白水台 | 93 |
| 普达措 | 98 | 独克宗古镇 | 90 |
| 松赞林寺 | 90 | 千湖山 | 82 |
| 石卡雪山 | 90 | 赤土仙人洞 | 75 |
| 尼汝 | 85 | 纳帕海 | 70 |
| 中心镇公堂 | 70 | 大宝寺 | 88 |
| 鸡公石 | 60 | 哈巴雪山自然保护区 | 96 |
| 虎跳峡 | 93 | 九寨沟 | 100 |

### 9.4.1.2　潜在市场条件

9.3 节用市场优越度的概念描述了迪庆州的潜在市场条件。在实际工作中，也可以通过实际调查获得关于区域潜在市场条件的评价。在此针对北京市的 455 名潜在旅游消费者进行了与迪庆州旅游有关的一些调查。

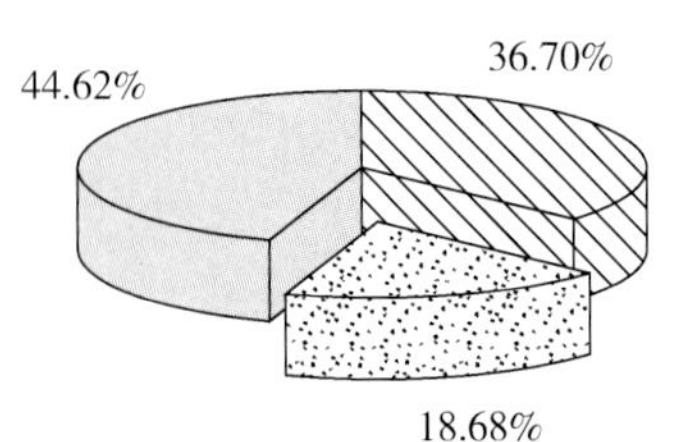


图 9-12　针对被调查对象所进行的与迪庆州旅游有关的调查

**(1) 潜在市场条件调查研究**

a. 是否曾经前往迪庆进行旅游消费的调查

首先调查了这 455 名调查对象去过迪庆州旅游的比例，455 名被调查对象中只有 85 名曾经去过云南迪庆州，占被调查对象的 18.68%，如图 9-12 所示。

由于北京市居民的收入水平较高，因而出游能力较高，出游半径较大，跟国内其他地区相比，北京属于比较成熟的旅游客源市场。其他国内大部分地区居民的出游能力、出游频率及出游半径均不及北京市的水平，因而对于其他地区的旅游客源市场个体来说，曾经进入迪庆州旅游的比例应该还要低于 18.68% 的水平。目的型游客在目的地的旅游消费大部分呈一次性消费的特点，如针对去过迪庆州的 85 名被调查者询问其是否有去迪庆州旅游的计划时，有 72 名表示没有再去迪庆州旅游的计划，占到了 85% 的比例，而这些不想再去迪庆旅游的调查对象所反馈的原因中，有 70%（50 名被调查者）的原因是“已经去过，不想再去”。由此可以看出，作为目的地型旅游区域，其外来游客在迪庆州的旅游消费大部分具有单次消费的特征，这一点与市场依附型旅游区域是不同的，如在 2010 年北京香山红叶节期间所调查的 100 名游客中，至少有 45 名游客不止一次来香山旅游。

b. 是否有去迪庆州旅游的计划的调查

本研究就未到访过迪庆州的 370 名调查对象进行了“是否有前往迪庆州旅游的计划”的调查，其中 203 人表示有去迪庆州旅游的想法，占未到访过迪庆的调查对象的 54.86%，占所有调查对象的 44.62%，另外 167 人表示没有去迪庆州旅游的想法，占未到访过迪庆的调查对象的 45.14%，占所有调查对象的 36.70%。

c. 阻碍被调查者去迪庆旅游的主要因素的调查

关于阻碍调查对象去迪庆旅游的主要因素的调查表明：阻碍调查对象去迪庆州旅游的最主要原因是“路途遥远”“费用昂贵”“没有时间”这三项。其次是“气候”“安全”“找不到同行者”“饮食不习惯”等（图 9-13）。

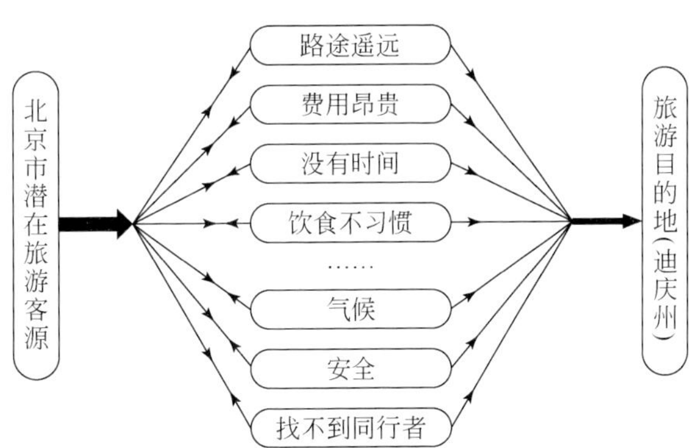


图 9-13　阻碍北京市潜在游客进入迪庆州旅游的因素

在阻碍北京市潜在游客进入迪庆的主要因素中，最主要的还是与迪庆州市场条件相关的因素，如路途遥远、费用昂贵、没有足够的时间等均反映出迪庆州相对于北京市潜在客源的市场优越度很低。而气候、安全、饮食不习惯这几个因素与迪庆州的自身条件有关，找不到同行者则属于潜在旅游消费者的自身原因。

**（2）调查所反映出的迪庆旅游的市场条件**

a. 潜在市场规模巨大

调查显示，在未曾到访过迪庆州的被调查对象中，打算将来某个时候到迪庆州旅游的人数比例为 54.86%，占所有调查对象的 44.62%。这反映出在外部潜在客源市场上，有相当比例的一部分有可能会进入迪庆州旅游。如果这一潜在市场能变成现实市场，则会为迪庆州带来数量相当可观的现实客源。

b. 潜在客源变为现实客源的阻力较大

想要进入迪庆州旅游的人以及已经去迪庆州旅游过的人总共占被调查对象的 63.3%，但在这部分市场个体中间，有去迪庆州旅游的想法但由于各种阻力的存在未能实现的占 70.5%。这说明由于路途遥远、费用昂贵等各种阻力的存在，在有意愿的潜在客源中，只有一小部分能够实现进入迪庆州进行旅游消费的愿望。这仍然反映出市场优越度低是迪庆旅游的主要制约因素。

c. 大部分游客都具有单次消费的特征

调查显示，大部分到访过迪庆州的被调查者在迪庆州进行了一次旅游消费之后，均表示不再打算去迪庆州旅游。这反映出作为目的地型旅游区域，迪庆州旅游的回头客很少，迪庆州需要不断地吸引新的游客进入以保证其客源能够源源不断。这与迪庆州纯观光属性的旅游特点有着密不可分的关系。迪庆州作为旅游目的地的这种特点，反映出迪庆州对外部游客的消费取向有很大的依赖性，一旦外部游客的旅游消费取向发生变化，或出现新的更值得游客访问的旅游目的地，迪庆的游客量便要受到严重的影响。

### 9.4.1.3 支持保障条件

支持保障条件的衡量可以采取以下办法：询问游客对目的地的食宿接待及交通条件是否满意；向旅游接待运营商了解旅游设施或设备是否能够满足旅游接待的需要；了解当地居民对待游客及旅游开发运营者的态度，当地的政策是否有利于旅游业的发展；了解游客进入景区旅游的渠道是否畅通，旅游业的发展是否对地方的自然生态环境造成了破坏，从业人员的素质是否符合要求，是否进行了有效的市场营销；了解当地的传统文化是否因旅游业开发而受到改变等方面的内容。

以云南迪庆州为例，为了对迪庆州旅游发展的支持保障条件进行一些不完全的评价和衡量，作者随机调查了30名当地社区居民、30名来迪庆州旅游的游客、20名迪庆州的旅游接待经营者，调查结果见表9-13。

**表9-13 迪庆旅游接待服务调查**

<table>
<tr><td colspan="2">是否评星</td><td colspan="3">服务态度</td><td colspan="3">硬件设施</td><td colspan="3" rowspan="2">平均住宿接待能力</td><td colspan="2" rowspan="2">平均餐饮接待能力</td></tr>
<tr><td>是</td><td>否</td><td>好</td><td>一般</td><td>差</td><td>好</td><td>一般</td><td>差</td></tr>
<tr><td>30%</td><td>70%</td><td>75%</td><td>20%</td><td>5%</td><td>70%</td><td>30%</td><td>0</td><td colspan="3">63 人/天</td><td colspan="2">112 人/次</td></tr>
<tr><td colspan="4">顾客来自旅行社的比例</td><td colspan="3">顾客为散客的比例</td><td colspan="4">平均入住率</td><td colspan="2">有无餐饮</td></tr>
<tr><td colspan="4">48.5%</td><td colspan="3">51.5%</td><td colspan="2">（淡）45%</td><td>（旺）87%</td><td>（黄金周）100%</td><td>（有）75%</td><td>（无）25%</td></tr>
</table>

**（1）接待保障条件调查分析**

一些区域的旅游业呈明显的季节性，迪庆表现得尤为明显，迪庆旅游黄金周期间的住宿设施保障显得比较紧张，旅游旺季的住宿设施保障能够满足要求。旅游团队的人数一般为30人左右，迪庆的平均接待规模也能满足团队接待的需要。住宿餐饮接待的服务状况及硬件设施状况均较好。但没有评星的住宿服务设施的比例占到70%，反映出住宿餐饮接待服务方面的规范化管理水平还有待加强。根据游客来源可以大概计算出迪庆游客的散团比例分别为51.5%和48.5%，根据全国平均散团比大约为6∶4的现状，说明游客进入迪庆旅游的组织渠道是相对比较畅通的。来自对目的地食宿服务设施的实地调查分析结果表明，迪庆州的食宿保障条件良好，能够满足旅游业发展的需要。

**（2）其他保障条件调查分析**

同样以迪庆州为例，对当地居民对待旅游业的态度以及游客对目的地支持保障条件的感知进行了调查，如表9-14和表9-15所示。

**表9-14 社区居民对旅游业的态度及感知**

<table>
<tr><td colspan="3">对管理政策是否满意</td><td colspan="3">旅游是否造成环境退化的感知</td><td colspan="3">旅游是否造成当地文化改变</td></tr>
<tr><td>满意</td><td>一般</td><td>不满意</td><td>退化</td><td>没退化</td><td>改善</td><td>改变</td><td>没改变</td><td>被保护</td></tr>
<tr><td>56.67%</td><td>23.33%</td><td>20%</td><td>33.33%</td><td>43.33%</td><td>23.33%</td><td>40%</td><td>36.67%</td><td>23.33%</td></tr>
<tr><td colspan="3">是否希望跟游客交流</td><td colspan="3">是否支持旅游业的发展</td><td colspan="3">对游客是否友好的感知</td></tr>
<tr><td>希望</td><td>不希望</td><td>无所谓</td><td>支持</td><td>不支持</td><td>无所谓</td><td>友好</td><td>一般</td><td>不友好</td></tr>
<tr><td>86.67%</td><td>3.33%</td><td>10%</td><td>100%</td><td>0</td><td>0</td><td>83.33%</td><td>16.67%</td><td>0</td></tr>
</table>

**表 9-15　游客对迪庆旅游支持保障条件的感知**

| 对进入交通条件的感知 | | | 对旅游服务的感知 | | | 对基础设施的感知 | | |
|---|---|---|---|---|---|---|---|---|
| 好 | 一般 | 差 | 好 | 一般 | 差 | 好 | 一般 | 差 |
| 20% | 53.33% | 26.67% | 30% | 63.33% | 6.67% | 30% | 63.33% | 6.67% |

| 对当地居民是否热情友好的感知 | | | | 是否愿意介绍目的地给朋友 | |
|---|---|---|---|---|---|
| 很热情友好 | 热情友好 | 一般 | 不友好 | 会 | 不会 |
| 23.33% | 26.67% | 50% | 0 | 70% | 30% |

第一，政策保障。从对居民的调查可以看出，居民对政府出台的管理政策基本上是满意的，这从侧面反映出政策的正面效应相对比较明显。

第二，环境保护与治理。虽然只有 33.33% 的居民认为旅游造成了当地生态环境的退化，这说明旅游造成的生态环境退化虽然不严重，但是却的确存在，在日后旅游业的进一步发展中，环境治理方面的措施必须得到强化；但同时也有 23.33% 的居民认为旅游促进了环境保护，改善了部分地方的生态环境条件，这说明在某些局部地块，旅游开发起到了保护和改善生态环境的作用。

第三，社会文化条件的改变与同化。40% 的当地居民认为旅游开发对当地文化造成了冲击，这说明旅游开发使当地的社会文化条件发生了一定的改变。

第四，当地居民的友好程度。调查结果显示：当地居民非常支持旅游业的发展，大部分对游客的态度友好，并希望同游客之间进行交流。

第五，游客的感知。尽管对目的地旅游体验的过高期望可能会影响游客对目的地旅游服务及基础服务设施方面的感知，但同样也能从一个侧面反映出景区的服务、设施、社区居民态度方面的状况。分别有 30% 的游客对目的地的旅游服务及设施持肯定态度，有 63.33% 的游客认为景区的服务及设施状况一般，但认为景区服务及设施状况差的游客比例很少，这说明迪庆在旅游设施和服务方面虽然有很大的改进提升空间，但作为一种旅游业发展的支持保障条件，其基本上能满足旅游业发展的需要。游客对当地居民态度的感知也基本上是肯定的，没有游客认为当地社区居民的态度不友好。总体上看，游客对迪庆旅游的感知积极肯定，并有 70% 的被调查游客表示愿意将迪庆州作为旅游目的地介绍给自己的亲朋好友。

### 9.4.1.4　社会文化条件

社会文化条件对区域旅游业发展的影响作用较小，但其同样客观存在和不能被忽视。尤其对于一些偏远型景区，社会文化本身就是一种旅游资源。可以采取以下途径对社会文化条件进行判断和衡量：实地观察、体验和感受；针对当地居民或外来游客进行调查；通过推理判断，梳理当地社会文化中对旅游业发展具有积极意义或消极意义的成分。

同样以迪庆州为例，通过以下途径对案例地旅游发展过程中的社会文化条件进行衡量和判断。

第一，通过实际调查了解，判断利益相关者经济利益诉求对旅游发展的影响。利益相关者的经济利益诉求是客观存在的，如果对这种经济利益诉求无视或处理不当，必然会影响到旅游业的健康有序发展。作者调查了解到，在梅里雪山景区，为了追求更大的经济利益，曾经有一段时间，马帮经营者经常发生打架斗殴事件，使游客受到惊吓，影响到游客的旅游效用，对景区旅游业的正常有序发展构成了威胁，后来成立了马帮管理委员会，并在马帮运营者中实行了轮换制的运营方式，使景区的旅游业得以有序进行，也在一定程度上促进了旅游业的发展。另外，作者也在迪庆通过实际调查了解到，政府派出的景区经营管理机构，或通过招商进入的旅游业经营者常常会发生跟当地社区居民争夺利益的现象，引起当地社区居民的不满，部分居民甚至会采取过激的对抗措施，这同样影响到了旅游业的正常有序运营。除此之外，利益相关者对经济利益的无节制追求，还会造成目的地自然生态环境的退化和破坏，进而影响到目的地旅游业的可持续发展。

第二，通过实际调查及推理判断，衡量地方传统文化对旅游业发展的影响。

首先通过对30名游客的初步调查，发现游客对当地的地域文化比较感兴趣，如表9-16所示。

**表9-16　游客对迪庆地域文化感兴趣的程度**

| 是否愿意体验当地生活方式 | | | | 是否对当地文化感兴趣 | | | 喜欢的居住方式 | | |
|---|---|---|---|---|---|---|---|---|---|
| 非常愿意 | 愿意 | 不愿意 | 无所谓 | 感兴趣 | 没兴趣 | 无所谓 | 星级宾馆 | 民居接待 | 一般招待所 |
| 33.33% | 33.33% | 10% | 23.33% | 83.33% | 0 | 16.67% | 16.67% | 60% | 23.33% |

上述调查研究表明，大部分游客对当地的文化感兴趣，约有66.67%被调查者愿意体验当地的生活方式，60%的被调查者愿意选择民居接待户住宿，选择民居住宿的部分原因是想接近当地居民的生活，了解和体验当地的文化。这反映出地域文化虽然不能构成主要的旅游吸引物，但对增加迪庆作为旅游目的地的魅力发挥了一定的作用。

其次，通过观察对文化条件的重要性进行概念性判断。

地域文化对保存完好的自然生态环境发挥作用。当地的藏民族尊重自然、保护自然、主张万物有灵的理念，这种文化传统是较为原始的自然生态环境得以保存的一个重要因素。例如，当地人认为山有山神，过度的砍伐树木或破坏山上的其他植被会引起山神的不满。藏马鸡、雪鸡等野生动物作为一种生命存在形式，跟人是平等的，因此当地的寺庙僧人会对受伤的藏马鸡进行医治，然后放生。当地人有自己心目中的神山、圣湖，神山上及圣湖周围的树木也是不能随便砍伐的。当地居民的这些文化传统有效地保护了当地的生态。

传统文化提供了独特的地域性人文背景。当地居民热情、纯朴、好客的传统，民族服饰、歌舞、风俗习惯、语言、饮食习惯、社交礼仪、生产方式，以及在蓝天白云下游动的牛羊群，古朴沧桑或气势恢宏的寺庙，随风飘动的经幡，凝聚当地居民宗教崇拜情结的嘛呢石堆，点缀居所的风马旗等形成了独特的人文氛围和背景，也为旅游业的开展提供了一个独特的氛围和空间。

文化为自然旅游资源赋予了特种属性。独特的地域文化使这里的山成为神山，湖成为圣湖，从而为特定的自然旅游吸引物赋予了一定的神奇和灵性。这里的许多雪峰和湖泊海子都有许多神话传说故事，有些神话传说栩栩如生，引人入胜，使这里的自然景观打上了深深的文化烙印，也增加了自然景观的旅游价值。也正是由于神山、圣湖的文化属性，才使得这里的山水为具有朝圣情结的游客所向往，并使这里的山水有了纯洁无瑕的形象内核。

最后，通过问卷调查，对社会文化的作用进行量化判断。

1）调查分析步骤一。

迪庆地区的社会文化比较特殊，从主观概念上判断，其对迪庆的旅游业有非常重要的意义，为了进一步分析地方文化对旅游业作用的大小，作者又在案例区进行了100份有效的问卷调查。问卷调查的题目是“您认为构成迪庆旅游吸引力的要素有哪些，同时请您判断该要素的重要程度。”所提供的要素选项有自然景观、原生态环境、风土人情、宗教信仰、神话传说，对应于各要素的重要性选项为：很重要、重要、一般、不重要、很不重要。并对重要性进行了赋值，赋值方法为“很重要”为5，重要、一般、不重要、很不重要的赋值分别为4、3、2、1。在问卷中对各要素进行了简要的描述：自然景观包括：高原草地、湖泊、雪山、森林、溪流、高山、峡谷等；原生态环境指这里的生态环境受人类的破坏较少、原生型较好、野生动植物数量多、人与自然的关系相对较融洽等；风土人情指这里的建筑风格、风俗习惯、民族歌舞、语言、生产生活方式等；宗教信仰要素包括区域内分布的宗教寺院、当地居民的宗教情结、宗教氛围、风马旗及嘛呢堆等宗教设施、僧人的服饰及行为举止、宗教节庆活动等；神话传说指与当地人文、自然、历史等有关的在民间广泛流传或有文字记载，在当地居民心目中认知度较高的一些虚幻、夸大或与真实历史有关的一些传说故事。问卷调查结果如表9-17所示。

**表 9-17 迪庆旅游文化因素的重要性比较**

| 类别 | 吸引要素 | 入选次数 | 重要性调查结果 | | | | | 总值 | |
|---|---|---|---|---|---|---|---|---|---|
| | | | 很重要 | 重要 | 一般 | 不重要 | 很不重要 | | |
| 自然吸引物 | 自然景观 | 100 | 78 | 22 | | | | 478 | 886 |
| | 原生态环境 | 96 | 52 | 16 | 28 | | | 408 | |
| 社会文化 | 风土人情 | 86 | 25 | 32 | 18 | 10 | | 327 | 817 |
| | 宗教信仰 | 89 | 30 | 28 | 17 | 14 | | 341 | |
| | 神话传说 | 53 | | 8 | 29 | 14 | 2 | 149 | |

尽管上述调查对迪庆旅游发展过程中文化的作用进行了分析，但作者仍然认为该调查并没有显示出地方文化在生态环境保护方面的重要作用。为了间接地反映人文传统在维护自然生态方面的作用，进一步的调查研究是必要的。

2）调查分析步骤二。

为了进一步得出当地人文传统在生态环境保护方面的作用，又对当地的 30 位社区居民进行了有效的调查。有一半的被调查对象是当地从事旅游工作的藏族干部，其他被调查对象的文化程度也相对较高，对旅游及自然生态保护有较为深刻的认识，因此调查结果可以在一定程度上反映实际情况。调查题目是“您认为当地的藏传佛教文化对当地生态环境保护所起到的作用如何?”有 5 个选项可供选择，分别是作用非常大、作用很大、有一定的作用、作用较小、作用很小。调查选项的赋值情况是“作用非常大为 5，其次依次分别为 4、3、2、1”。经过逻辑判断，设定 5 的寓意为人文传统对当前自然生态环境的保持起到了 50% 的作用，4、3、2、1 的寓意分别指人文传统对当前自然生态环境的保持起到了 40%、30%、20%、10% 的作用。调查结果如表 9-18 所示。

**表 9-18 迪庆文化对生态保护的作用调查**

| 选项 | 作用非常大 | 作用很大 | 有一定的作用 | 作用较小 | 作用很小 | 总计 |
|---|---|---|---|---|---|---|
| 被选次数 | 8 | 9 | 6 | 5 | 2 | 30 |
| 赋值累计 | 40 | 36 | 18 | 10 | 2 | 106 |
| 选该项者占全部调查对象的百分比/% | 26. 67 | 30. 00 | 20. 00 | 16. 67 | 6. 66 | 100 |
| 占全部赋值的百分比/% | 37. 74 | 33. 96 | 16. 98 | 9. 43 | 1. 89 | 100 |
| 文化对生态的保护作用总计 | 26. 67×50% +30. 00×40% +20. 00×30% +16. 67×20% +6. 66×10% =35. 34% | | | | | |

3）调查结论如下：

在迪庆的自然生态环境保持方面，人文因素占到了 35. 34% 的作用，由于原生态环境对游客的旅游吸引作用值为 408，人文因素对生态环境保持所起的作用占 35. 34%，所以在生态环境的总作用值中，有 144 个值来自于迪庆的文化因素。

针对游客的调查表明，人文传统对游客的吸引值为 817；针对目的地居民的调查间接显示出：通过对生态保护施加影响，人文传统间接地对游客产生了 144 个吸引值，因此人文传统的吸引值总计为 961，超过了纯自然景观环境的吸引值 886。

## 9. 4. 2 内外部条件作用下迪庆旅游的竞争优势

### 9. 4. 2. 1 迪庆州旅游所具有的竞争优势

在一定的社会经济条件下，目的地区域的旅游发展空间具有一定的确定性，整个大香格里拉地区的市场优越度低，这就从一个方面决定了大香格里拉地区旅游业发展空间的总体格局。整个大香格里拉地区拥有着非常独有性的旅游资源，但在大香格里拉地区范围之内，旅游资源却存在着比较明显的同质性。因此，在旅游业发展空间既定的情况下，大香格里拉内部各区域之间就存在争夺客源的竞争，这种竞争可能会造成整个大香格里拉内部各地区之间客流量分配的变化。来自大香格里拉范围内其他地区的竞争是迪庆州在旅游业发展过程中必须要面对的。在这种竞争格局中：相对那些市场优越度更低的地区，迪庆州拥有一定的市场优越度优势；相对于那些旅游资源条件略差的地区，迪庆州拥有一定的资源优势；但同样也有一些市场条件及资源条件比迪庆州优越的区域。虽然差异化竞争会使大香格里拉区域的整体旅游业出现 1+1>2 的协同效应，但在大香格里拉地区，旅游产品的差异化是有一定难度的。

在大香格里拉区域范围内，迪庆州的市场优越度处于中间偏下的水平，林芝、昌都、玉树、阿坝、甘孜、迪庆、丽江这几个区域市场优越度的平均水平为 0.975，迪庆的市场优越度为 0.9032，略低于大香格里拉地区的平均水平，但要低于从各个省份所选定的 27 个地级市的平均水平（1.9183）许多。因此，作为一个目的地型旅游区域，有限的外部市场条件对迪庆州的旅游发展空间形成了很大的约束。但迪庆州的旅游业发展也存在着一些优势，跟大香格里拉范围内的其他区域相比，这些优势是比较明显的。本章在实际调查研究的基础上，认为迪庆州在旅游发展过程中另外还存在着如下一些方面的优势。

第一，迪庆州的生态承载力相对较好，迪庆州由于其所处的经纬度及海拔条件，使其跟比其更西或更北的区域相比，有较好的生态恢复能力，这也就会使其有一个相对更高的游客承载能力，而关于游客承载能力这一个约束区域旅游业发展的条件因素，9.4.1 节尚未对其进行分析和探讨。

第二，迪庆州的文化优势比较明显。大香格里拉其他地区的文化以藏羌文化为主，而迪庆州除了藏羌文化之外，还兼具了比较有特色的纳西族文化、傈僳族文化。

第三，迪庆州发展旅游经济的压力较小。本章对阿坝、甘孜、丽江、迪庆、昌都、林芝、玉树这几个地区当前的人均游客接待量进行了计算，迪庆州的人均游客接待量水平是最高的，如表 9-19 和图 9-14 所示。

**表 9-19　大香格里拉主要地区的人均游客接待量**

| 地区 | 迪庆 | 丽江 | 昌都 | 玉树 | 林芝 | 阿坝 | 甘孜 |
|---|---|---|---|---|---|---|---|
| 人均游客接待量/(人次/人) | 13.1822 | 6.1838 | 0.4865 | 0.3499 | 7.8571 | 5.6307 | 2.6604 |
| 人均旅游资源得分 | 2.2691 | 1.6313 | 0.7635 | 1.4275 | 7.0714 | 2.6754 | 1.3596 |

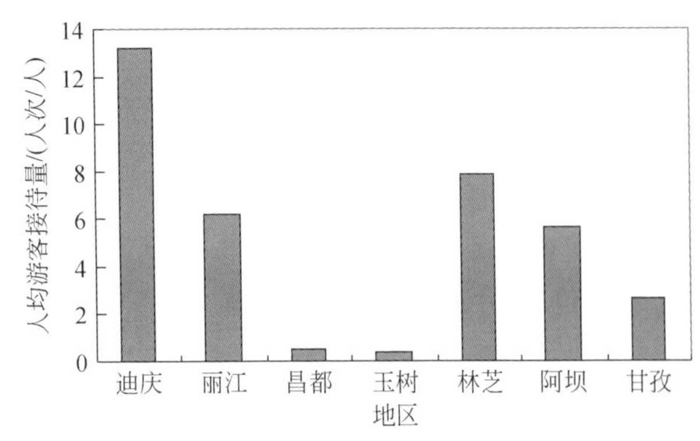


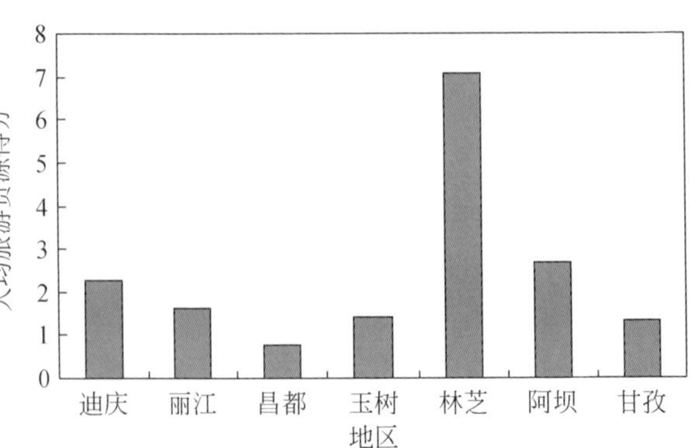


图 9-14　大香格里拉主要地区的人均游客接待量同人均资源得分对比

从表 9-19 可以看出，在大香格里拉范围内，迪庆州的人均游客接待量远远超过了其他地区，这就使迪庆州发展旅游经济的压力并不会像其他区域那样大，因此，较轻的旅游经济发展压力有助于原生态环境的保护。

#### 9.4.2.2 迪庆州旅游竞争优势的进一步塑造

旅游业发展会在一定程度上造成生态环境的退化，而生态特色是大香格里拉地区很重要的一项旅游特色。如果因生态环境退化而造成旅游资源吸引力的下降，则将来区域的市场优越度改善所造成的区域旅游发展空间的扩展，也会被因旅游资源吸引力下降所造成的旅游发展空间的萎缩所抵消。因此保持迪庆州的原生态特征，进而保持旅游资源的生态魅力有助于将来区域旅游发展空间的逐步扩大。

低碳旅游是最近这几年兴起的一个时髦概念，低碳旅游理念有助于目的地区域生态环境的保持。迪庆州的人均旅游资源得分值较高，人均游客量在整个大香格里拉地区占据着绝对性的优势，因此，迪庆州适度的旅游发展规模就能保证当地居民切实从旅游业中受惠。在香格里拉地区旅游经济对生态环境的压力就不会有其他区域那么大。因而，迪庆州具有实施低碳旅游策略的优越条件。

低碳旅游策略的实行，有助于迪庆旅游竞争优势的进一步塑造。大香格里拉地区的资源雷同性较强，实施低碳旅游首先有助于从旅游经营形式上使迪庆州与其他区域相区别。另外，当其他一些市场优越度高的区域由于过度开发旅游而造成负面影响时，低碳旅游模式将使迪庆州在原生态生境的保护方面胜于其他区域，从而使迪庆州的旅游资源吸引力优势增强，在市场条件缓慢改变的情况下，其旅游发展空间会日益扩大。

## 9.5 旅游发展的若干建议

第一，打造高品质国家级旅游度假区。

由于受州内人口数量及经济发展水平的限制，迪庆州自身旅游客源产出能力较弱；虽然同国内其他地级市相比，迪庆州的旅游景区数量也较少，但其原生态优势明显，且这种原生态优势在国内已形成品牌。在当前生态度假旅游日益发展壮大的形势下，迪庆州适宜以效益较好、附加值较高、客流规模较小的生态度假为主要旅游方式，以区域外生态度假人群为目标客源，打造 2～3 个知名的高品质国家旅游度假区，提高生态旅游度假接待水平，实现旅游业态由以观光旅游为主向观光、度假两轮驱动的格局转变；且调查表明，到迪庆旅游的重复性游客很少，而通过度假旅游方式可延长游客在迪庆州的停留时间，可充分挖掘出单位游客的价值。

第二，加大实施旅游扶贫战略的力度。

《国务院关于促进旅游业改革发展的若干意见》（国发〔2014〕31）提出加强旅游精准扶贫，扎实推进旅游富民工程。迪庆州人均 GDP 较低，而人均旅游资源拥有量和人均游客接待量优势十分显著，为实施旅游富民工程奠定了很好的条件。因此，应发挥好这一优势，将生态旅游资源作为州域的核心资源加以利用和保护，并循序渐进地将其转化为高品质旅游产品。

第三，发挥后发性优势发展全域旅游。

近年来，同云南其他部分地区相比，迪庆州的旅游业后发优势明显，其旅游增长势头强劲；同时，随着私人交通工具的普及，自驾游已成为旅游市场的主力军，而全域旅游、大空间尺度旅游非常符合自驾游客的需求。迪庆州地广人少，处处是优质的生态环境，步步有可游赏的美景，非常具备发展大尺度空间全域旅游的条件。因此，迪庆州可顺势而为，根据新的旅游市场特征及自身基础条件发挥好后发优势，保护好州域原生的全域自然风光，并据点集中设自驾游服务节点，打造能引领自驾旅游市场潮流的全域旅游目的地。

第四，发展低空观光以减少地貌干扰。

迪庆州多为高山峡谷区域，生态系统脆弱；发展旅游业必须修建旅游道路，而修建旅游交通会对地貌、生态及景观视线造成很多干扰，同时高山峡谷区域直线距离很短、实际道路很长的景点间翻山公路极大地增加了旅游交通和时间成本。而低空观光旅游能很好地应对这些问题。2015 年，迪庆州已成功进行了超低空观光旅游尝试；随着相关政策的放开及低空旅游的逐渐兴起，迪庆州完全可依托大尺度地域空间、处处是景、山地及峡谷景观奇特的优势，发展低空观光旅游，除必要的自驾游道路之外，能不修路的地方则不修路，而依托空中旅游交通方式，从而可以很好地保护州域生态环境和景观轮廓，同时也可通过新型观光旅游方式引爆市场。

第五，发展专项旅游以减少市场波动。

分析表明，由于距离主要客源市场较远，迪庆州旅游业的波动性较大；跟常规性观光旅游、度假旅游等旅游形态相比，与休闲度假相结合的修学旅游、宗教朝圣旅游、养生旅游、节事旅游的客源则具有相对稳定的特点。因此，迪庆州在大力发展生态度假、全域自驾、低空观光旅游的同时，需重视对修学旅游、朝圣旅游、养生旅游、节事旅游客源的培育或引导，使其成为对冲迪庆州旅游市场波动的重要力量之一。

第六，提高迪庆旅游软硬件服务质量。

分析表明，大部分游客认为迪庆州旅游服务及设施状况一般，在一定程度上影响了迪庆州旅游的美誉度。因此，应按照较高水准对旅游服务人员进行培训和激励，尤其需提高分散的乡村、牧场旅游服务点的服务质量，并通过引导措施提升旅游客栈、宾馆、民宿的格调、品位和特色；需按照较高水平配置旅游服务硬件设施，尤其需加大高科技含量、高服务性能旅游设施的配置力度。

第七，切实建设好迪庆五大国家公园。

迪庆州地广人少、景观优美的现状特征也非常适合建造国家公园。事实上，早在国家 2015 年正式启动实施国家公园试点工作之前，迪庆州就筹划打造普达措、梅里雪山、香格里拉大峡谷、虎跳峡、滇金丝猴等国家公园。在国家实施建设国家公园战略之际，迪庆州应利用好政府的支持、社会的关注，切实打造好上述五大国家公园，以通过国家公园的社会关注度优势及品牌优势，在一定程度上克服迪庆州旅游的市场规模劣势，并为迪庆州资源、环境的保护注入更多的内外部动力，将迪庆州打造成为国民的生态旅游大公园。

# 第 10 章　独克宗古城文化遗产保护研究[①]

## 10.1 引　　言

中国古城在保护过程中出现的问题具有广泛性、趋同性，它们大都存在古屋民居缺乏有效保护的意识、游客接待出现周期性超载、古城搬迁走入误区、商业化倾向严重等困难和问题。独克宗是茶马古道上一个典型的古城，“藏团”“汉团”和“客商”是影响独克宗古城文化特质的三个主要族群。在文化发展过程中，独克宗古城产生了重要的文化变迁，这为文化遗产保护提供了良好的学术解剖标本。回到应用实际，本案例研究提醒我们，古城旅游发展应坚持“保护第一”的原则，坚持遗产本体保护与风貌保护两者的有机结合，从消极保护转化到积极保护，化解旅游开发与古城保护的二元悖论，实现古城的可持续发展。

作为世界遗产的平遥古城保护是学术界的一个经典，其得失对于我们更好地研究独克宗古城有着十分重要的启示。表 10-1 为平遥和独克宗进行横向的对比。

**表 10-1　独克宗与平遥古城情况对比**

| 项目 | 独克宗古城 | 平遥古城 |
| --- | --- | --- |
| 地理特点 | 位于滇西北，云贵高原与青藏高原的交界处，海拔较高，地势较为崎岖，有明显的高原气候特点 | 位于山西，气候为大陆性季风气候，夏季多暴雨，整个城市坐落在一个相对平坦的地形单元内 |
| 营建时期 | 最早追溯至唐代（公元 676 ~ 679 年），几经战火，现在遗存多为清代建筑 | 我国保存最完好的明清时代县城 |
| 建筑特色 | 以藏传佛教中理想城“香巴拉”为蓝本。<br>具有典型的藏式风格，兼具汉、白等民族的特色，有明显的藏传佛教特点；闪片房是典型的高寒坝区的传统藏式民居 | 山西民居特点是外墙高，有很强的防御性；房屋多采用单坡顶，雨水可流向院内，有“肥水不流外人田”的习俗寓意；院子呈东西窄、南北长的纵长方形；平遥城内用砖砌成窑洞式的房子，称独立式窑洞。具有很明显的北方民居风格。城墙保存完整，有各种射台、炮楼、瓮城等防御设施 |
| 民族 | 藏族、汉族、纳西族、白族等 | 以汉族为主 |
| 宗教 | 以藏传佛教为主 | 大乘佛教 |
| 特色文化 | 汉、纳西、白、藏文化等互相融合，该地文化呈多元和谐共存的局面。中甸位于茶马古道的枢纽地段，在该地形成了独特的马帮文化；献哈达、敬酒敬茶、跳锅庄舞都是独克宗的传统民俗 | 平遥古城民俗民风特色鲜明，集票号文化、建筑文化、饮食文化、民居文化、佛教文化、吏治文化于一体，特别是平遥牛肉享誉世界 |
| 农业文化 | 独克宗处于农耕文化与畜牧文化的过渡区域；藏区特色作物和牲畜，如青稞和牦牛都在此地有广泛的分布 | 主要以农耕文化为主 |

通过对独克宗古城与平遥古城的对比，我们对二者在地理上、文化上、宗教上的差异有了了解，这些对我们因地制宜地解决独克宗的古城保护问题有着积极的指导意义。作者认为，独克宗古城保护有着

① 本章执笔者：张祖群、闵庆文。

许多客观上的制约因素：

1）相比于平遥，独克宗位于边疆地区，经济欠发达。作者认为这是独克宗古城旅游开发中最大的卖点，同时也是最大的制约。独克宗的地理位置好比一把“双刃剑”。一方面，根据旅游心理学中旅游者的“猎奇”心理，独克宗独特的自然风光与人文风情对旅游者有着非凡的吸引力；另一方面，由于交通通达性低、海拔高等问题，又成为制约独克宗发展旅游业的重要因素。

2）独克宗地区居民文化水平较我国中东部地区有很大的差距。独克宗地处边疆，人民的文化水平较低，对古城保护的概念比较淡薄。原著居民主要为藏族同胞，不善经商，多将古城民居出租给外来商户经营，自己收取房租。

## 10.2 独克宗古城的营建

独克宗规模并不是很大，但是有中国现存最大的、保存最好的藏民居群。它是茶马古道的枢纽。(图10-1)。

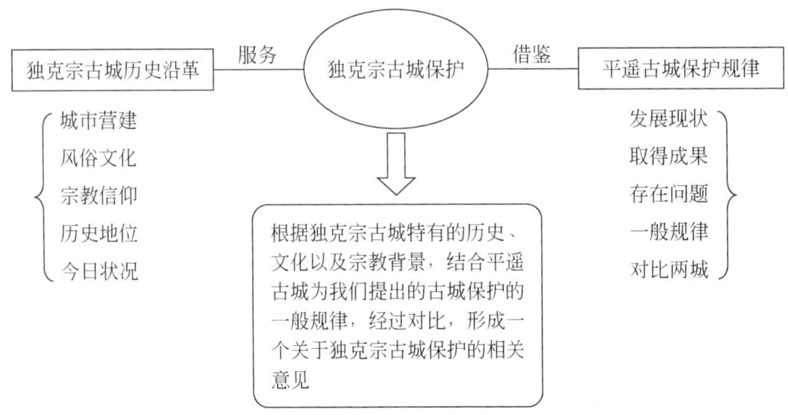


图10-1　独克宗古城文化遗产簇研究思路

作为历史上的“边缘地带”或者“中间地带”，独克宗古城在很长一段时间处于不同的文化、族群交汇之处。在理解这个地方的文化变迁之前，有必要对这片地区的生态环境与历史沿革做一个简要的介绍。群山（玉龙雪山、哈巴雪山、白茫雪山以及卡瓦格博雪山）环抱中甸古城，人们置身于此，往往感到一种神秘的宗教力量，使人忘记所谓“尘世”的喧嚣。当然，所谓神秘之城“香巴拉”只不过是人们在宗教力量驱使下的一种“牵强附会”，但我们有理由相信，置身滇西北，置身于雪山与佛寺之间，人们总能找到心灵中的神圣，总能找到我们心中的日月。

独克宗古城，屡建屡毁，屡毁屡建，其营建史，也可以说是各方政治势力在这片土地上相互角逐的历史（表10-2）。

**表10-2　独克宗古城历史上几次大规模的营建事件**

| 历史时期 | 历史上的古城 | 历史状况 |
|---|---|---|
| 唐仪凤、调露年间（公元676~679年） | 铁桥东城 | 吐蕃占领中甸后，在今古城的大龟山上设立寨堡，名“朵克宗”（又写作独克宗），即历史上著名的铁桥东城，这是香格里拉第一座古城 |
| 明弘治六年（公元1499年） | 大当香各寨 | 在建塘古城重建了一座石城，这是在古城建立的第二座城堡。至清初，石城已被损坏 |
| 雍正二年（公元1724年） | 百鸡寺东面山腰土城 | 同治二年（公元1863年），回民起义，攻陷中甸，焚毁殆尽 |
| 民国十年（公元1921年） | 在旧城之东筑建新城 | 保留至今 |

最早的古城是唐、吐蕃国强调中央集权意识形态的重要工具。唐朝仪凤、调露年间（公元676～679年），吐蕃在维西其宗设神川都督府（苏郎甲楚，2007）。

明代，丽江木氏土司势力逐步进入中甸全境并进行全面经营，直至嘉靖三十三年（公元1554年）全部占领中甸。时至明弘治十二年（公元1499年），在建塘古城重建了一座石城，称之为“大当香各寨”，这是在古城建立的第二座城堡。至清初，石城已被损坏（苏郎甲楚，2007）。雍正二年（公元1724年），云贵总督令驻兵中甸，在百鸡寺东面山腰修筑土城一座。乾隆二十四年（公元1759年）进一步重修。咸丰三年（公元1853年）丽江军民府重修四城门楼。同治二年（公元1863年），中甸古城在回民起义中焚毁殆尽。民国初年，又屡遭土匪抢劫烧杀。民国十年（公元1921年），因嫌旧城狭隘，又经常缺水，故在旧城之东筑建新城，形成新城与旧城的连环套格局。尽管在不同的历史时期，不同的政治力量进入古城，企图将古城纳入自己的版图，并在城中建立代表政治势力的机构和城堡，但最终主导这个古城的还是这里的居民。虽然帝国势力在历史的长河中会出现断代，但是不同的族群在这里聚集、生活、贸易，整个古城的社会进程并没有中断。

以滇西北香格里拉1981～2010年气象数据为基础，以十年为一阶段划分比较，发现：香格里拉冬季温度低，降水量少，但蒸发量大，空气很干燥，可燃物特别容易着火。风速大，有利于火灾扩散，但不利于灭火，要加强冬季火灾的预防。非常不幸的是，2014年1月11日1时中甸古城发生大火，根据官方的统计报道，共造成引燃可燃物引发火灾，造成烧损、拆除房屋面积59 980.66m$^2$，烧损（含拆除）房屋直接损失8983.93万元（不含室内物品和装饰费用），无人员伤亡。同时，政府部门对这次重大火灾事故的原因、事故性质及责任认定进行了相关阐释（邱然，2014）。在这次大火中，媒体以“爱心式动员”、“思考式动员”和“排怒式动员”三种舆论动员形式影响着事态的走势和进程，搭建了媒体、公众、政府三者之间的信息通路，在应对危机中起到了良好的作用和效果（鹿瑛，2015）。“1·11香格里拉火灾事故”之后，学术界都在反思：古建基础资料收集困难、文物的推测修复和文物频频遭改动等（曹易和翟辉，2015）。如何保护以木质结构为主要本体的古城古镇古村、建筑单体，如何保护好遗产本体的脆弱性、遗产环境风貌的历史性，是摆在我们面前的一个迫切需要引起高度重视的问题。

## 10.3 独克宗古城的文化变迁

广义的文化包括物质文化、制度文化和心理文化三个方面；狭义的文化指心理文化。作者根据H. H. Stern广义文化分类的内容，将分别从显性文化和隐性文化，并选取有代表性的特征表现，对独克宗古城的文化变迁进行分析。显性文化主要是物质文化，是一种可见的文化表现形式；隐性文化是不可见的，是制度文化和心理文化的集合（表10-3）。

**表10-3 广义文化的分类**

| | |
|---|---|
| 物质文化技术系统<br>文化适应的结果 | 1）工具：①调节温度（居所、衣服）；②供应食物水（采集、渔猎）；③交通，物体的运输；④通信、消息的传递<br>2）技术：①运用能量的技术；②获食技术<br>3）医疗技术<br>4）器具的制作技术（编织、冶金、制陶） |
| 制度文化<br>社会系统：政治制度<br>社会制度<br>亲属制度<br>文化适应的机制 | 1）人的类别：社会、亲属、性别、年龄、职业等角色<br>2）群体的类别：居住群体、亲属群体、等级群体<br>3）社会组织 |
| 心理文化<br>观念系统<br>文化适应的策略 | 1）信念系统：宇宙观、权威观、财产观、文化内涵<br>2）价值系统：估价、道德、审美、文化精神<br>3）宗教系统 |

文化变迁就是指由于族群社会内部的发展或由于不同族群之间的接触而引起的一个族群文化的改变。由文化发展导致的文化变迁，至少有传播、涵化两种表现形式。当两种或两种以上的不同文化在接触过程中，相互采借、接受对方的文化特质，经历混乱阶段、适应阶段、平衡阶段三个阶段，从而使文化相似性不断增加，最后达成涵化的目的（李安民，1988；周云水和魏乐平，2009）。以川滇藏交界地区的独龙族为例，他们信仰万物有灵，认为人死亡魂仍在，幻化成色彩艳丽的蝴蝶。他们出生时把整个脸庞纹刺成张开翅膀的蝴蝶形状，实际是映射自己的来世。当然也有一种说法认为文面是为了躲避仇家和敌人的掳掠。文面本身成为独龙族妇女的一种阴影或创伤。随着旅游业大发展，有的独龙族将文面看作赚钱利用的文化资本。今天，独龙族少女与青年妇女很少文面了，只有在年老的妇人中还能见到这种习俗。游客惊羡的同时，有文面的独龙妇女失去了她原先"无奈和伤感"的民族记忆，在街头骄傲地展示自己民族的民俗旅游资本（曾红，2004）。文化变迁是一种必然，我们没有必要以现代人的审美眼光去批判独龙族妇女的文面，也没有必要刻意以强制性的政策让独龙族妇女全部恢复文面。对于文化变迁本民族才是主体，是主人，外来他者不要为其做主，让独龙族自己决定吧！

## 10.3.1 显性文化的变迁和留存

### 10.3.1.1 民居建筑

民居建筑是古城各个族群文化获得整合的最为直接可观的外在文化形态，且体现了不同阶段的历史沉积与叠压，是外来文化与地方传统的复合体。古城中最早的民居形式是井干式木楞房，出现在吐蕃占领中甸之前。随着各方政治势力的影响以及不同族群的进入，民居的形式也受到汉文化、纳西文化的影响，建筑风格也出现多元化。表 10-4 简单分析了古城早期的民居风格，并与现代建筑风格进行比较。

**表 10-4 独克宗古城民居形式的变化**

| 时期 | 建筑风格 | 对现代建筑的影响 |
|---|---|---|
| 吐蕃占领中甸之前 | 井干式木楞房（全部用圆木垒叠成井字形墙） | 藏房建筑中的闪片（土掌平顶覆以木片，压上石头，土墙逐渐向上收分，墙上仅留 1～2 个小窗） |
| 明天启三年<br>（公元 1623 年） | 甲夏寺<br>丽江木氏土司派来了大批的内地工匠协助建寺，汉代建筑工艺流入 | 现代藏民居带有汉的痕迹<br>中间柱梁纵横排列、不出头、柱梁间不用榫卯的结构改造为楼层用榫卯穿斗式结构；将一面围墙打开，大插出头，插头雕刻龙凤头，大插雕刻藏式吉祥八宝；将前楹辟为走廊，加置护栏；前檐按汉式结构加构子贤枋，雕饰串枝莲或万不断；将由独木梯从内上楼改为宽大的木梯从前廊上楼 |

资料来源：杨若愚，2009

现代独克宗古城中的民居，大致分为三种形式。第一，宽大的藏族碉房。土木结构，木板盖项；大多数楼房坐西朝东，楼房前檐双层斗拱，两层防雀板绘有各种图案，再下面是龙头雕梁，极为壮观。楼房内深四楹，中柱周围四楹为堂屋，每方都有 8m 左右，很显宽大。楼顶房板下面储藏饲草。天井宽大，左右两方或一方筑有土掌，以作晒台。左前方围墙角顶部砌烧香台，每逢初一、十五或节庆，必以松柏焚烧天香。屋顶插有风马旗，随风飘扬。第二，外来客商和当地汉族的住房，多为两层楼房。除少数瓦房外，多数为木板顶盖。房与房相连组成街道，是古城的老城区。第三，现代修建的居民住宅和机关单位的办公大楼和商店。20 世纪 80 年代后，外来人口猛增，原来古城的大多数农田已征用盖房。单位盖的房子，多数为钢筋水泥平顶大楼房。居民住宅一般都是砖木结构的两层瓦房，外加一层平顶灶房，建筑风格为仿纳西族的三坊一照壁。这种房子大多数是城镇人口和半城镇人口家庭所盖。近年来新增许多藏汉结合的钢混楼房以及主要以石料和木材为主的藏式楼房（中甸县中心镇志编写领导小组）。1.6$km^2$ 的独克宗古城有中 1000 多幢井然有序的古民居。古城的所有古民居建筑布局都是从山脚的藏公堂开始，按

“八瓣莲花”风格放射状展开，体现“香巴拉王国”的八瓣莲花格局（段兆顺，2011）。

2014 年 1 月 11 日凌晨独克宗古城大火使得一半以上的古民居与建筑毁于一旦，这警示了传统民居建筑防火的重要性。除了火灾等意外情况，传统民居建筑面临的潜在威胁还有修复不当、过度经济开发等。当地老百姓自主保护修缮是延续老建筑生命力的重要一步，只有民众形成保护意识，这些文化遗产才能得到真正的保护。无独有偶，2015 年 1 月 3 日凌晨 2 时 49 分，云南省级文物保护单位拱辰楼因为电线引发火灾，拱辰楼建筑城台上的木构建筑基本烧毁（765.62$m^2$ 古建受损）。媒体与学术界讨论“如何把握文物建筑的保护与利用之间的度”成为焦点。文物安全必须保证，任何可能对文物造成损害的利用都绝对不允许。一些地方政府将“合理利用”错误地理解为“充分利用”，忽略了文化遗产本身的脆弱性和不可再生性（李韵，2015）。

#### 10.3.1.2 服饰

独克宗古城居民的服饰也随着时代的变化而变化。据有关藏史记载，古时藏族先民过着“食不种谷、着树叶衣”的原始生活。清光绪《中甸县志》有以下记载：

言语服饰俱与丽江县民相同……居处沿江山头，打牲为食……无姓氏，无村屯，依山傍水零星散处，以耕种牧放为生。帽用羊毛，染黄色，狐皮镶边，上缀红缨，时有戴毡帽者如斗笠之状；身穿牛羊毛布衣。妇女辫发为绺，素织毛布作短衣，穿百褶裙。男女俱穿皮靴……咸习藏经，不识汉语。惟近城市者渐能通晓。其婚姻多无媒妁，丧葬尽投水中（中甸县志编纂委员会办公室，1990）。

随着生产力的发展，传统服饰的社会变迁呈现三个主要特点：一是服装的演变。为满足日常生活的需要，由隆重向简洁转变。二是配饰的演变。主要由于生产力发展，配饰制作的原材料开始多样化，配上形式简易的服装，服饰倍显多元化。可以是一套华丽高贵的服饰，更可以配置一套汉化、简化后轻便、价廉物美的服饰（王丽萍，2009）。三是近年来迪庆妇女喜穿现代女式藏装者居多。

#### 10.3.1.3 交通、运输工具

历史上，马帮一直是中甸当地及通往外界的运输主力，村村寨寨都有马帮。在茶马互市的年代，赶马人都是清一色的藏族小伙子，西藏芒康、云南香格里拉则提供最好的马脚子。

### 10.3.2 隐性文化的变迁和留存

#### 10.3.2.1 语言

从古至今，独克宗古城的居民以藏民为主，该地区藏语属康方言，“康”是藏语音译，含义是边界或边远，是以卫藏为中心地区而言的。独克宗古城在历史上不断有不同的民族迁入与迁出，各民族间相互影响，其中汉语与纳西语的影响最大，形成具有地方特色的中心镇方言，藏语称作“宗格”。中甸藏语里有向其他民族借来的词汇，有的在早期借用的词汇已藏化，还不断构造出新的词汇，发展了自己的语言，如向汉族借用“茶”“桌子”“尺子”等。同时，由于汉族和纳西族说藏语，以及近代藏族青年从小就说汉语的多，因而把藏语特有的个别发音部位丢了（中甸县中心镇志编写领导小组）。

#### 10.3.2.2 婚礼丧葬

现在古城中年轻人的婚礼和传统的藏族婚礼相比之前已有了很大变异，但仍保留了藏族婚礼的一些习俗。迪庆藏族很少有塔葬，天葬、水葬也不普遍，多采用棺木土葬，棺木入土前，一定要请喇嘛念经超度亡灵。

#### 10.3.2.3 宗教信仰

宗教文化是藏民的精神支柱，在独克宗古城影响最大的主要是本教和藏传佛教。本教是藏区古老的原始宗教创始人郭巴兴饶，年代待考。本教教徒称郭巴，一代传一代，以家传为主。迪庆地区最早传入的是黑本，公元13世纪前后，白本传入迪庆，相继建立了很多本教寺庙，如中甸县的东旺、格咱、小中甸和中心镇等地都建有本教寺庙。直到清康熙十三年（公元1674年）为止，为迪庆地区本教兴盛时期。公元1674年，因中甸发生以噶举教僧侣和丽江木氏土司势力相勾结的反黄教（即格鲁派）叛乱，迪庆地区的郭巴教徒也参与了叛乱，后被蒙藏大军镇压，本教寺院被摧毁，房屋财产土地被没收，很多居家黑本郭巴被镇压。原自此，迪庆地区只有少数白本郭巴流传至今（中甸县中心镇志编写领导小组）。至今日，独克宗古城保留了藏民信仰的“白本”、彝族信仰的“毕摩”（当地藏族称为“黑本”）、纳西族信仰的“东巴”（当地藏族称为“花本”）三者的遗留。佛教最初传入中甸，是在佛史上的“前弘期”，公元8世纪至9世纪中叶，在这一时期传入中甸的佛教是后来在喇嘛教兴起时的宁玛派（意为旧派）。古城松银巴家就是世代宁玛派“仓巴”。在长期的教派争辩中，宁玛派仓巴吸收了很多本教郭巴祭祀的经典，形成了佛本糅杂的宁玛派，流传至今，仓巴在中甸的影响很大。公元11世纪中叶以后，喇嘛教内形成噶当派、萨迦派、宁玛派等等诸多派系。公元12世纪以后这些教派先后传入到中甸，在中甸建立了很多小寺，据传先后建立了33个寺庙。公元13～14世纪在中甸喇嘛教派中噶举派的噶玛噶举占统治地位。噶玛派的黑帽系、红帽系活佛在中甸影响极深。公元15世纪宗喀巴创建格鲁派以后，格鲁派在藏族社会中占据了绝对优势地位。清康熙十八年（公元1679年）驻中甸蒙古兵用武力将中甸大大小小30多个本教、红教、白教寺庙废除，合并建立黄教寺庙松赞林寺。自此，黄教在中甸占据了绝对优势地位。朵克宗在松赞林寺有朵克康参（分寺），历代都有黄教喇嘛，直至解放前“藏团”密参（喇嘛的基层组织）内有黄教喇嘛15名（王恒杰，1995）。

从以上分析可以看出，独克宗古城的传统文化在各方面都已经经历或正在经历着变迁，这里已不再是一个封闭的传统社会。作者还想说明现代旅游业的发展对当地文化的冲击与影响。为了满足游客的猎奇心理，当地“土著”会展现出在某种程度上“被加工过”的或“二手”的文化现象，使之更易被游客理解和接受。虽然“任何一种文化都处于一种恒常的变迁之中”（美克莱德·伍兹，1989），但关键是如何在文化变迁中保住文化的“根”，因为任何一个国家失去文化的“根”，那么这个国家就失去了它的民族性（张晓萍，2003）。作者认为：独克宗古城如何应对在旅游业冲击的大背景下保护自己的“根”，如何权衡真实性和经济利益的问题值得重点探讨。

### 10.3.3 独克宗古城的三种主要族群

独克宗古城境内居住着藏族、汉族、纳西族、彝族、白族、苗族、傈僳族等十几个民族的人们。其中，藏民为原始性“土著”，迁徙汉人为“后土著”，两者构成古城社会生活场景的固定性主体。活跃在此地的流动商人也形成第三种势力。“藏团”、“汉团”和“客商”并称为独克宗古城“三行”。

1）关于迪庆境内的藏民，长期以来普遍认同“北来说”，认为居住于迪庆州区域的藏民是唐初随松赞干布的征讨迁入迪庆州境内的。迪庆地方文化的核心主要是康巴藏文化，时至今日，藏民在古城中依然占据重要地位。

2）汉籍的成分主要是绿营兵后裔，到中甸做生意的汉人，这里“汉”的成分并不能保证“纯粹”，“自归化以来，间有汉籍杂处其中，言语服饰俱与丽江县民同”（中甸县志编纂委员会办公室，1990）。相比于外来做生意的白族、纳西族等，汉族在中心镇定居下来，与藏人通婚，最终其自身和后代中的大多数都变成了藏族。生活在独克宗古城的汉人最终融入到“土著”藏人中去，是古城这一地区历史发展的必然结果。文化（习俗）难以维护、传承，导致“汉人”身份的丧失，“汉人落于蛮者，日久亦化为蛮”。在此的流官和驻军及其家眷无法再返回“故土”（杨若愚，2009），因为种种原因，都促使着汉人在这片美丽的土地上停驻。

3）较之其他两个团，“客商”始终是处于游移状态的一个群体。他们一方面为了自身的利益需要，运用各种方式参与到地方事务中来；另一方面，一旦地方社会条件不安稳又能马上离开。“客商”依凭着对地方贸易的贡献与补充，进入到地方事务中，与“藏团”、“汉团”相互交往纠缠，对古城的社会进步与变迁也做出了极大贡献。

清代中后期以后，中甸改土归流，随着多元文化的传播开来，中甸终究发展成为与丽江相呼应的滇藏商贸交流的前哨站。传统集会集市贸易依附于宗教活动，这与滇西北地区细碎性、迟滞性和零散性商品经济发展相适应。同时商品经济发展的迟滞性，使社会经济发展突出了多元民族文化传播交融的依附性、交错性特征（周智生和缪坤和，2006）。今天，独克宗古城里的绝大多数居民都是藏族，兼有少部分的纳西族、白族和回族。古城的民族构成，实际上是一个在历史长河中不同人群不断聚散和流动的结果，渐渐涵盖了“族群”、“社团”、“基层社会组织”等多种要素，最终形成以藏为主体、“三行”并立的格局。

通过以上对独克宗古城的简单介绍来看，在历史的长河中，古城的文化变迁是一个不可逆的过程。从古城内部来看，不同族群的人在这里生活，相互涵化；从古城外部来看，整个社会政治变革科技进步都在影响着这个小城的面貌。而这些影响我们从今天的文化事项中多少能窥见一二。

## 10.4　独克宗古城保护性开发建议

保护古城的文物及其传统文化是发展旅游的前提和基础，旅游发展与古城保护不是化解不了的二元悖论：旅游业的发展不是阻碍了古城保护，而是促进了文物古迹的修复和古城环境的改善；旅游发展使当地传统文化得以发扬光大，加深了当地居民对古城的了解；旅游发展提高了当地居民保护古城的意识，从而促进了古城的保护；旅游业的发展为保护古城提供了经济保证，为古城的修复和保护提供了资金来源。为了避免城市建设对旧城的破坏，现代城市的发展应该另辟新区，鼓励旧城内部分居民和企事业单位搬迁出旧城。

在世界全球化的潮流中，人类在加强沟通、相互影响的过程中逐渐融为一体。全球经济得到了全面快速的发展。然而在全球化的强势驱动下，各个国家、地区、民族特有的文化却正面临着巨大的威胁，在全球化的过程中保护好各自的文化已经变得刻不容缓。古城保护关乎文化传承，特别是伴随着西部大开发的步伐，独克宗古城这个绽放在茶马古道上的美丽的八瓣莲花必将在未来绽放异彩。古城的开发与保护不是一对不可调和的矛盾，不能将保护作为阻挡古城开发的借口，也不能因为开发而大肆破坏古城原有的面貌。以古城保护为代表的遗产保护都应该遵循一个黄金法则，即旅游开发与保护的有机统一；经济效益与社会效益、学术价值的有机统一；开发保护与提高当地人民生活水平的有机统一。作者认为，独克宗古城的保护仍处于起步阶段，古城的保护要吸取国内外的各种经验和教训，坚持以人为本，坚持科学发展观。保护资源的原真性是一个重要的课题。

对此，建议：①开辟古城保护资金募集的多种渠道，一方面加强政府投入，另一方面加大民间资金的投入。②由当地政府带头，对古城基础设施进行大规模的修理，秉承修旧如旧的原则，鼓励居民在古城内居住，提高人民的生活水平。③对古城内的古迹、非物质文化、民俗进行普查、登记。④对古城进行精细的旅游策划与开发，把握好商业化与原真性的协调。⑤加强对当地居民文物保护知识的教育，提高居民的文物保护意识。

# 第11章　大香格里拉地区旅游合作研究[①]

## 11.1 引　言

1992年，涂人猛给区域旅游下了最早的中国化定义："以区域作为相对独立单位，接待旅游者、组织安排旅游活动的一种方式。它以客源集中城市或风景旅游点为依托，根据旅游资源、旅游景点和设施建设以及旅游商品生产供应，以期取得最理想的经济效益。（涂人猛，1992）"在他看来，区域旅游指的是一个独立地区，依靠自身特有旅游资源，发展旅游业实现经济效益。郑耀星（1999）认为区域旅游是旅游地域空间关系密切的地方跨行政区的旅游。其关键是跨行政区的区域合作与可操作性，他将区域旅游合作作为旅游业可持续发展的重要问题来对待。作者认为，区域旅游是地方旅游的发展结果，如今的区域旅游不单是独立地区的一特定区域，而应该包含不同省市间跨行政区域的旅游合作。

何小东（2008）对区域旅游合作的定义最为全面，他认为区域旅游合作包括不同利益主体在旅游资源开发、产品创新、市场促销、旅游行业管理等方面展开合作。既有不同级别行政区域之间的合作，也包括同一行政区域内部地区与地区之间的合作；既包括政府之间的合作，也包括企业之间的合作；既可以是单层次的合作，也可以是多层次的合作；既包括管理方面的合作，也包括市场营销、产品开发等方面的合作。而政府之间的区域旅游合作应该成为转型期的研究重点（何小东，2008）。根据其定义，区域旅游合作有这样几个内涵：第一，区域旅游的区域范围指的是要跨越不同行政区域，这个区域可以是跨省级的，也可以是跨级市县的。第二，区域旅游合作的主体主要是政府，而其他合作主体地位是互相对等的。第三，区域旅游合作的对象是资金、信息、技术、人力等各个旅游经济要素，这些要素通过合作这一经济行为，在地区之间发生位移与组合，实现要素间的重新配置与整体创新，属于区域经济合作的范畴。

从1933年英国作家詹姆斯·希尔顿发表小说《消失的地平线》开始，小说中以喜马拉雅以东藏汉交界区域为原型创建的Shangri-la（香格里拉）这个词成为优美、和谐、令人神往的人间天堂与世外桃源。在我国，2001年云南省率先将迪庆藏族自治州下属的中甸县改名为香格里拉县。2014年12月16日，《民政部关于同意云南省撤销香格里拉县设立县级香格里拉市的批复》（民函［2014］375号）：经国务院批准，同意撤销香格里拉县，设立县级香格里拉市，以原香格里拉县的行政区域为香格里拉市的行政区域，香格里拉市人民政府驻建塘镇金沙路22号。2002年四川省将甘孜藏族自治州下属的稻城县的日瓦乡改名为香格里拉乡，西藏的墨脱地区被越来越多的背包客认为是真正的香格里拉。但是，似乎尘埃并未落定，质疑和反对的声音从来没有停止过。国内川滇藏三地的争夺，以唯一性排斥其他相邻省份，造成了旅游资源的浪费，并不利于地区香格里拉旅游的长远发展。经过多方协调，川滇藏三方达成了共识，并划出了一个"大香格里拉"的范围，大香格里拉区域的界定旨在改变"香格里拉"地域模糊状况，把"香格里拉"作为一个跨越行政区划的旅游品牌，因而区域合作是必要的。三地的合作在达成共识的基础上，对整体框架、确定规划香格里拉范围、旅游项目规划、协作开发等方面要有一致性愿景。"大香格里拉"地理范围指东经94°~102°，北纬26°~34°所涵盖区域，南北直线距离1100km，东西宽1000km，总面积近100万$km^2$。西起西藏林芝，东到四川泸定，南从云南丽江一线，向北达四川石渠县最北端。包括云南丽江市、迪庆州及怒江州，四川甘孜州、凉山州及阿坝州一部分，西藏林芝及昌都市，以及青海玉树及

① 本章执笔者：张祖群、闵庆文。

果洛州一部分（李伟和周智生，2006）。中国'99 生态环境游推出的"香格里拉探秘游"精品线路首次涵盖包括了大理、丽江、迪庆三个地级市（州）的旅游景区（表 11-1）。

**表 11-1　大香格里拉地区行政范围表**

| 省区 | 地州 | 县区 |
|---|---|---|
| 云南省 | 丽江市 | 古城区、玉龙县、永胜县、华平县、宁蒗县 |
| | 迪庆州 | 香格里拉市、维西县、德钦县 |
| | 大理州 | 鹤庆县、剑川县、洱源县、宾川县、漾濞县、大理市、永平县、祥云县、弥渡县、巍山县、南涧县、云龙县 |
| | 怒江州 | 兰坪县、泸水县、福贡县、贡山县 |
| 四川省 | 甘孜州 | 康定县、丹巴县、炉霍县、九龙县、甘孜县、雅江县、新龙县、道孚县、白玉县、理塘县、德格县、乡城县、石渠县、稻城县、色达县、巴塘县、泸定县、德荣县 |
| | 凉山州 | 西昌市、美姑县、昭觉县、金阳县、甘洛县、布拖县、雷波县、普格县、宁南县、喜德县、会东县、越西县、会理县、盐源县、德昌县、冕宁县、木里县 |
| | 攀枝花市 | 东区、西区、仁和区、米易县、盐边县 |
| 西藏自治区 | 昌都市 | 芒康县、左贡县、八宿县、洛隆县、边坝县、丁青县、类乌齐县、昌都市、贡觉县、江达县、察雅县 |
| | 林芝地区 | 察隅县、墨脱县、米林县、波密县、朗县、林芝县、工布江达县 |

注：表中地（州）名、县（区）名为简称

川滇藏交界区域地处于青藏高原东缘，境内的主要山脉如沙鲁里山脉、大雪山脉和邓峡山脉均呈南北走向，流经境内长江水系的几条支、干流金沙江、雅碧江、大渡河顺山脉走向自北而南穿越该区域，从而形成一条连接西北、西南的天然通道。于是产生了以高山深谷相间、河流平行排列为地貌特征的滇川藏交接地。滇川藏交界地带是我国地理地势上第一阶梯向第二阶梯的过渡地带，属于高山深谷地貌的横断山系，构成繁复多样性的自然地理环境。邓峡山脉、大渡河谷地、大雪山、雅碧江谷地、沙鲁里山脉、金沙江谷地、芒康山—云岭、澜沧江谷地、他念他翁山脉—怒山山脉、怒江峡谷、念青唐古拉山脉—伯舒拉岭—高黎贡山脉、雅鲁藏布江峡谷、喜马拉雅山脉呈现南北向，构成特殊的高山峡谷景观（苟雪芽，2007）。

## 11.2　旅游合作的意义

### 11.2.1　区域合作的必要性

三省（自治区）在旅游资源上有很多重合的地方，资源具有区位的边缘性，范围的交界性，组成的多民族性，相邻各省份具有趋同性，游客不愿在同样的"地域品牌"上进行同样的旅游消费，如游客到了"云南的泸沽湖"就不会再到四川。同理，游客能在迪庆香格里拉获得旅游满足感，也不会到四川或西藏追求同样的消费感受。滇西北项目区发展旅游业主要有远离中心城市、偏离交通干线（铁路及省际干道）、经济基础薄弱等制约因素（徐旌等，2002）。云南省内来自保山、西双版纳等滇西南地州与滇西北竞争，四川省的甘孜、凉山和西藏自治区的昌都、林芝等也与滇西北竞争，最后形成对滇西北的"合围"（袁锋等，2009）。滇西北县域旅游经济同质性和替代性现象十分突出（张建雄，2005）。地方政府因为各自不同的经济利益导向，容易陷入"囚徒困境"（prisoner's dilemma）和"斗鸡博弈"（chicken game）（罗富民和郑元同，2008）。香格里拉的旅游发展缺乏专业策划、营销、包装等人才才是最根本、最重要的制约因素。

各区域的个性化和差异化发展趋势也是区域合作过程中博弈的结果。因为虽然是区域合作，但是各方决策还是以自己一方的现实利益为基本出发点；即便是为互惠互利目的而采取的一些措施，也常常因为实施过程的不确定性而达不到预期效果，造成利益分配不均；最重要的一点是，合作并不意味着后顾无忧，因为在博弈关系中，较弱的一方还是有可能通过博弈策略后发制胜的，但是如果较弱的一方长期处于被动地位，最终将丧失继续博弈的能力而被迫出局。所以川滇藏三省（自治区）在充分利用区域合作的便利条件下，仍然不会放弃自身的差异化品牌战略。大香格里拉旅游名牌符号已经初步形成，而基于名牌成长路径的更进一步的品牌传播和更深层次的成长循环的进行，取决于川滇藏三地的差异化品牌发展和区域内的竞争合作关系。

川滇藏三省（自治区）在旅游资源特色和旅游发展模式上有很大的相似性：在自然景观、气候环境、宗教信仰、语言文化、民俗风情等方面似乎都有着千丝万缕的联系，具有很强的可替代性。由于高度可替代性导致的制约性，在没有引进有效的利益均衡机制的情况下很容易导致恶性竞争，川滇藏三省（自治区）十分明确这一点，面对有限的客源市场，区域合作是比竞争更具战略意义的选择。对于香格里拉这个旅游品牌，任何一个省份单独开发都不可能比合作开发更好、更充分地展示其品牌内涵。区域合作的优势主要体现在三个方面：①可以优势互补，产生“1+1+1>3”的协同效应；②有利于整合单个旅游资源，降低宣传成本，推进区域旅游整合营销，共享文化品牌，加深符号的文化再生产；③产生强有力的品牌符号感召力，最大限度地利用和发掘香格里拉旅游品牌的潜在价值。在三地品牌竞争阶段香格里拉品牌符号传播的基础上，三地的区域合作汇聚了三地原有的品牌推广成果，使得香格里拉的品牌符号形象、符号内涵更加明晰和多样化，而且使得原有的、分散的客源市场也联系起来，形成更加广阔的品牌符号传递网络，品牌符号的传播途径也更加多样和便捷。

## 11.2.2 各地旅游的定位差异

区域旅游发展的高级形态是区域旅游合作，不同的地方对于旅游的定位差异很大。

**（1）迪庆旅游**

迪庆州黄政红州长于2007年提出“一个集散中心（迪庆州旅游集散中心）、五大国家公园（普达措国家公园、梅里雪山国家公园、虎跳峡国家公园、巴拉格宗国家公园、滇金丝猴国家公园）、一条精品环线（金沙江旅游带和澜沧江河谷观光区）”的布局，将迪庆建设成为“生态最好、环境最优、和谐发展、世人向往”的世界级精品生态旅游区和中国藏区最具特色的国际旅游目的地。迪庆进一步提出了“生态立州、文化兴州、产业强州、和谐安州”的“四州”战略，怒江提出了“生态立州、科教兴州、矿电强州、文旅活州”的发展思路，丽江提出了“文化立市、旅游强市、水能富市、和谐兴市、人才推动和全面开放”六大战略（和芳，2011）。2015年，云南省以德钦为龙头，坚定不移地助推葡萄产业发展，完善五大体系，实施四大工程，迪庆州以葡萄串起大香格里拉文化产业发展新格局。

**（2）香格里拉旅游**

把虎跳峡、属都湖、碧塔海、白水台、千湖山等自然景区，以及松赞林寺、大千世界、下给村等文化景点纳入香格里拉国家公园体系建设，抓好景区景点基础设施、服务接待设施的建设及环境保护治理，抓好建塘旅游小镇的建设。把香格里拉建成“中国香格里拉生态旅游区”的核心区和国际生态文化旅游胜地（秦光荣，2006）。甚至，有旅行社打出把香格里拉建成“天人合一，世外桃源”的国际生态文化旅游胜地的广告。

**（3）丽江旅游**

丽江作为滇西北多民族聚居、多元文化交融、传统文化资源丰富、人文和自然景观独特的典型，通过综合性的城市文化营销措施，打造“丽江国际旅游文化名城”的品牌形象。丽江被国际组织评为“中国最令人向往的10个小城市之首”和“地球上最值得光顾的100个小城市之一”。在联合国2005年全球人居环境论坛中被评为“全球最佳人居环境优秀城市”（白长虹，2007）。

**（4）乡城旅游**

乡城县旅游业自1996年开始提出，2000年正式列为支柱产业予以加强及成立旅游部门至今，虽在大张旗鼓地开展，但前期仍带有一定的盲目探索性，没有明确、科学、能够实现的目标与方向，在开发景区景点时也未能有效地解决生态文明观与产业文明观的矛盾，生搬硬套经济发达地区的模式，未能经济、生动、有效地体现乡城生态文化旅游的优势及特点。为此，乡城当政者认为，一定要发挥乡城在香格里拉与稻城亚丁、得荣太阳谷之间的“中转站”与“休整地”不可替代的连接作用，建设“中国西部香巴拉生态文化观光旅游目的地”。乡城县理清了该县旅游在川、滇、藏“中国香格里拉生态旅游区”的发展思路，确立了全县旅游产业“一个旅游支撑中心，两个优先开发片区，六条旅游线路”（简称一二六系统）的发展布局。力推“成都-康定-乡城-香格里拉-昆明”黄金旅游往返线路，邀请成都、重庆两地的10家旅行社进乡城县各景区（点）踏线，同时，将特别邀请云南迪庆、丽江以及昆明等地的10家旅社踏线。

**（5）稻城旅游**

2011年，时任四川省委书记刘奇葆在考察亚丁景区之后，指示“将稻城亚丁打造成为金沙江流域大香格里拉国际精品旅游核心区”并“构建‘北有九寨黄龙、南有稻城亚丁’的四川旅游发展新格局”。

**（6）凉山与攀枝花旅游**

四川省把旅游作为凉山首位产业来抓，大力打造大香格里拉旅游目的地和国际康养基地。2015年11月，第六届四川国际自驾游交易博览会在四川省攀枝花市召开，极大地推动了自驾游跨越发展，开启大香格里拉旅游联合推广新时代。

# 11.3 旅游合作举措

## 11.3.1 大香格里拉线路开发

大香格里拉地区旅游资源众多，表11-2是对区域旅游资源分类的总结与整理。

**表11-2 大香格里拉地区旅游资源分类**

| 资源形式 | | 川滇藏代表景色 | 对应市场 |
|---|---|---|---|
| 历史文化 | 古迹 | 大理古城、巍山古城、佛教名山、道教名山、南昭历史文化、丽江古城、礼州古镇、会理古镇、西昌古城、太昭古城、唐蕃古道、 | 大众旅游者 |
| 民俗文化 | 服饰 | 纳西族“披星戴月”，白族服饰尚白、风花雪月包头，凉山“诺伙”妇女的紧身衣与百褶裙，藏袍、藏靴、藏帽等 | |
| | 节庆 | 藏族的藏历年，纳西族的三朵节，彝族白族火把节、三月街傈僳族的阔时节、澡塘会、收获节、年节，怒族的仙女节、祭山林节，独龙族的卡雀哇，普米族的过年、七月节、新米节等节庆 | |
| | 饮食 | 白族的三道茶、八大碗、大理砂锅鱼，傈僳族的同心酒，藏族酥油茶、青稞酒，彝族苦荞酒，纳西族琵琶肉 | 文化旅游爱好者 |
| | 婚姻 | 在泸沽湖、道孚、雅江的扎坝地方保留“走婚”习俗 | |
| | 宗教 | 藏传佛教各分支教派寺庙、天主教、本教、东巴教以及各原始宗教建筑 | |
| | 歌舞 | 康定情歌、纳西族洞经音乐与勒巴舞、藏族热巴舞、白族的霸王鞭、彝族的阿细跳月、傈僳族阿阿赤目瓜、独龙族剽牛舞 | |
| 茶马古道旅游<br>大香格里拉生态游 | | 深入滇川藏交接地腹地，在安全前提下强调科学考察价值与参与性 | 探险科考<br>专业人士 |

资料来源：苟雪芽，2007

根据表11-2的信息，我们可以把大香格里拉区域的旅游线路分为两大类：一是适合大众游客，可进入性较强的人文历史游；另一类就是专业程度较高，可进入性不佳的生态旅游。根据已有的资料与分析，作者把大香格里拉区域分成三条专线（表11-3）。

**表11-3　香格里拉地区旅游线路**

| 类别 | 民俗历史专线 | 茶马古道专线 | 大香格里拉专线 |
|---|---|---|---|
| 线路 | 云南入境：<br>1）丽江—香格里拉—稻城—理塘—雅江—八美—道孚—丹巴<br>2）大理—丽江—香格里拉—德钦—云岭—茨中—维西—巨甸—石鼓<br>3）丽江—香格里拉—得荣—盐井—芒康—左贡—八宿—波密—林芝<br>四川入境：<br>1）康定—理塘—稻城、亚丁—得荣—香格里拉—芒康—八宿—昌都<br>2）西昌—冕宁—九龙—康定—雅江—理塘—稻城—乡城—得荣—巴塘—白玉—德格—甘孜—炉霍—道孚—八美—丹巴（苟雪芽，2007） | 云南入境：<br>1）大理—丽江—香格里拉—德钦—得荣—稻城、亚丁—理塘—巴塘—芒康—八宿—波密—察隅—林芝<br>2）大理—丽江—香格里拉—德钦—得荣—稻城、亚丁—理塘—巴塘—芒康—左贡—昌都<br>四川入境：<br>1）康定—理塘—稻城、亚丁丽江—丽江—香格里拉—芒康—八宿—波密—察隅—林芝<br>2）康定—理塘—稻城、亚丁—得荣—香格里拉—芒康—八宿—昌都（苟雪芽，2007） | 1）成都—康定—雅江—理塘—稻城—亚丁—乡城—中甸—丽江—西昌—成都<br>2）昆明—大理—丽江—中甸—芒康—昌都—拉萨—德格—康定—成都（杨振之，2003） |
| 特点 | 民俗历史专线分为两个出发点，从云南和四川两个可入性较佳的开始，体验三省（自治区）的历史与民族文化。动静相结合，既能体验宗教文化的神秘，又能感受少数民族歌舞的活力 | 滇西北一线，以大理、丽江、中甸、德钦等城镇为依托，设计茶马古城文化观光、少数民族风情旅游、东巴文化观光等文化旅游产品。在藏东南一线，以昌都、林芝等城镇为依托，着重设计藏传佛教朝圣、少数民族溯源、民族文化艺术欣赏等文化旅游产品，在川西主要依托康定、甘孜、阿坝等城镇，设计茶马贸易古迹考察、康巴民俗文化、藏羌民族民俗等文化旅游产品 | 第一条线路几乎穿越了整个横断山区，地形起伏大，要翻越海拔4500m以上的高山不下10座，要经过深切的河谷、冰川、雪山、草原、海子、森林和康巴藏族聚居区。<br>第二条线路也是穿越横断山区的一条大环线，跨越三省（自治区），走遍了整个康巴地区。其中，第二条线路也可以分成两条线路，分别以成都和昆明两个城市作为中转站 |

## 11.3.2　多维度促进大香格里拉旅游发展的有效措施

推动跨省（自治区）“一程多站”式旅游，推动民族文化产业集群的跨越发展，使旅游成为民族地区扶贫工作的重要抓手。以香格里拉为核心，切实进行区域合作，共享香格里拉文化符号，把大藏区建成国际旅游胜地。

**（1）制度保障，信息互换**

三省区（自治区）跨区域的旅游合作，不单是旅游发展的协作，更是从资金、技术和人才方面的多方位合作。以当地政府为主导，旅游管理部门积极推动，资源管理部门有效结合。旅游发展与资源环境、文化遗产部门有效结合，不破坏生态环境，传承民族文化，做到旅游产业可持续发展。通过网络、报纸、手机、微信等传媒信息渠道定期地发布旅游信息，接受社会各方监督、查询、分析、评价（表11-4，图11-1）。

表 11-4 川滇藏合作内容几个步骤

| 项目 | 时间 | 区域 | 内容 | 形式 |
| --- | --- | --- | --- | --- |
| 西南六省（自治区）市经济协调会 | 1984 年 | 四川、云南、贵州、广西、西藏、重庆 | 引进资金、技术、人才合作；发展横向经济联合；区域经济协作；科研与生产联合；边境对外贸易协作等（熊理然，2006） | 经济协作 |
| “大香格里拉”生态旅游区 | 2001 年 | 川滇藏 | 旅游规划、开发、促销等总投资 500 亿～800 亿元，2010 年三省（区）交界处初步建成世界上最大的高原生态旅游区，已在规划协调、机场建设、公路建设以及联合促销等方面得了有效进展。 | 旅游经济协作 |
| 川滇藏香格里拉无障碍旅游区 | 2004 年 | 川滇藏 | 发表《川滇藏旅游合作宣言》，以“平等、诚信、合作、发展”为主题，推动香格里拉生态旅游区建设 | 旅游发展协作 |

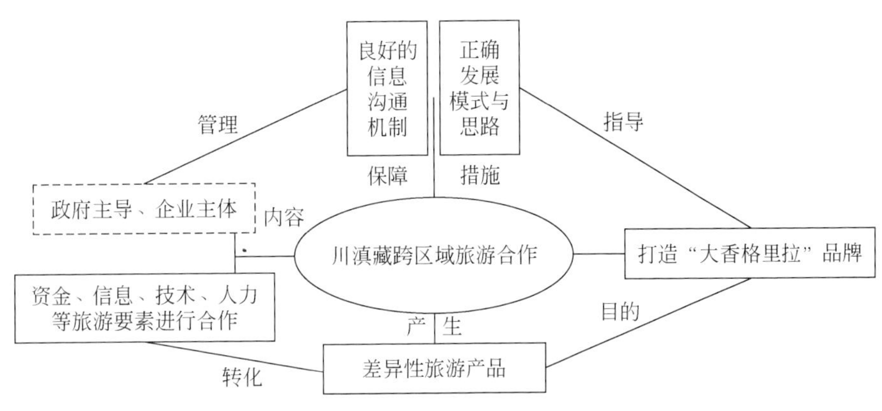

图 11-1 多维度促进香格里拉旅游合作框架

**（2）区分尺度，品牌共享**

推出跨地区“香格里拉探险游”“茶马古道探秘之旅”等精品旅游线路，促使藏东南、川西南、滇西北区游客合理流动，实现资源与客流的空间优化配置（郑元同，2009）。在长时段里，整体性提升区域旅游产业生产力水平，实现区域间联动发展（董培海和李伟，2012）。从大的尺度上说，川西南、滇西北、藏东南区域旅游合作的实践表明，区域旅游合作能够实现经济效益、社会效益和生态环境效益的统一，是促进区域旅游经济可持续发展的重要途径。从小的尺度上说，云南省和香格里拉相关的有大理白族自治州、丽江市、迪庆藏族自治州和怒江傈僳族自治州 4 州市。实际上可以借助“香格里拉”的历史衔接，实现品牌共享，在历史与现实之间实现地域经济关系的互相依存、共享共荣。

**（3）市场共享，产品差异**

对于跨三省（自治区）的香格里拉区域旅游产品来说，最基本特点就是有多个地区共同拥有自然特质和文化特质的旅游资源，这样旅游市场细分容易趋同。解决思路有：①扩大旅游市场份额，实现跨省（自治区）区域的同质旅游市场共享。做大蛋糕，避免“一人独吃”。不同主题和类型的旅游子产品、线路、项目搭配协调，才能形成一个完善的差异化的能满足多层次旅游需求的跨区域旅游产品体系（严岗，2003）。②川西南、滇西北构建无障碍旅游区可以采取编制统一的区域旅游规划、制定统一的旅游产业政策、建立统一的旅游管理协调组织、构建统一的旅游市场，促进旅游客源和旅游人才的流动、以旅游产业链为基础，加强旅游企业的跨区域协作等策略（郑元同，2009）。③扩大旅游长线时间，多开辟跨省（区）的长距离旅游线路。滇西北各州市县旅游业发展替代性竞争明显，互相争夺和共享客源市场，为此董培海和李伟（2010）提出怒江实现差异化的旅游产品创新是旅游业发展的关键。具体包括从“高起点、大手笔打造乘直升机观光旅游、乘热气球观光旅游、水体观光型旅游产品、‘桥’文化观光旅游产品、观光型旅游产品，全方位、多角度开拓主题园区型旅游产品，深层次、宽领域挖掘民族文化体验型旅游产品”。

**(4) 交通先行，片区开发**

云南省“十一五”开工建设“八路一桥”（大理—丽江高速公路、德钦—贡山公路、维西（小维西）—福贡（利沙底）公路、宁蒗—泸沽湖公路、香格里拉—泸沽湖公路、泸沽湖环湖公路、丽江—奉科—泸沽湖公路、丽江（石鼓）—老君山—兰坪（通甸）旅游公路、丽江大具金沙江大桥）极大地改善了滇西北的游客可进入性（秦光荣，2006）。滇西北的旅游开发已经基本形成包括大理旅游区、丽江旅游区、迪庆旅游区、怒江旅游区在内的旅游网络（翁丽丽，2008）。以大香格里拉生态旅游区为依托发展，以大理、丽江为龙头，迪庆旅游片区、怒江旅游片区为后备补充，实现区域资源优势互补和共建共享（表 11-5）。

**表 11-5 滇西北各旅游片区开发形式**

| 旅游片区 | 大理旅游片区 | 丽江旅游片区 | 迪庆旅游片区 | 怒江旅游片区 |
|---|---|---|---|---|
| 功能定位 | 以大众化观光游览和休闲度假为主的综合旅游区 | 以观光、度假和民族文化旅游为主的综合旅游区 | 雪域高原徒步探险、藏文化、宗教文化旅游区 | 峡谷探险猎奇、古老民族民俗文化旅游区 |
| 精品（主题）旅游产品 | 大理苍洱风光游 | 丽江古城文化游 | 香格里拉体验游 | 怒江大峡谷、独龙江峡谷民俗、生态探秘探险游 |
| 重点开发旅游产品 | 观光旅游、休闲度假游、民俗文化游、会议旅游、专项旅游 | 观光旅游、休闲度假游、民俗文化游、专项旅游、会议旅游 | 探险旅游、观光旅游、专项旅游 | 探险旅游、专项旅游、观光旅游、民俗文化旅游 |

资料来源：苏章全等，2010

**(5) 推行封闭环状路线**

2000 年以后逐渐改变目前游客进入每个地州基本上都在走回头路、各自为政的局面，形成昆明—大理—香格里拉（原中甸）—德钦—贡山—六库—大理—昆明环线（王子新和明庆忠，2002）。为改变各自为政的弊端，可以采用封闭环状模式（始发地—丽江—始发地）的游客一般较少，不走回头路，往返采用航空方式。采用回环状模式（始发地—昆明—丽江—香格里拉—丽江—始发地，始发地—丽江—昆明—丽江—香格里拉—始发地，昆明—大理—丽江—香格里拉—丽江—大理—昆明）的游客游程更长，人数更多，依靠飞机进出云南，依靠大巴在云南省内实现的空间位移（孙坤，2007）。昆明—大理的火车也已开通，而大理—丽江火车开通之后，正常每天有 7 趟车次 K9686/K9687、K9616/K9617、K9602/K9603、K9629、K9619、K9612/K9613、K9682/K9683，经停多个小站，极大地方便了中低层收入本省居民出游。给远距离的自助游、背包客也提供了便利。于滇西北而言，各地州根据自身区位及经济发展的差异实施滚动发展战略：“发展大理、开发丽江、启动迪庆、带动怒江、逐步延伸”，特别是开发香格里拉探秘游。精品线分为滇西北区内大环线、各旅游区小环线两个层次（杨桂华等，2000），构建滇西北一日跨三山三江，滇西北内部小环线，滇西北-滇西南构成大环线旅游格局。建立“大香格里拉环游线”实际上是解决“滇西北、川东北、藏东南三角带”内各旅游区出口问题。

# 11.4 旅游合作中应注意的问题

## 11.4.1 人类应该对自然抱有敬畏与崇敬的心

人类应该对自然抱有敬畏与崇敬的心，作者强烈希望以及呼吁当代人类应该尊重藏文化、汉文化以外的其他文化、大地母亲以及宇宙母亲。应该禁止对低纬度地区高山的攀登，保留梅里雪山这样一座处女峰，多保留几座“神山”，保留一些圣洁，给人类留念，供自己敬畏。留下藏民心中的英雄之神：“卡瓦格博”精神故乡，纳西人民心灵的家园，保留藏民文化的根，给子孙留下一条持续的道路；而不是抱着西方“人定胜天”的思想，怀着殖民时代的征服欲对大自然无情的占有与强暴。

香格里拉位于川滇藏交界地区，是我国农业与牧业的交汇地带，同时，该区的自然环境相对原生态，也相当脆弱。山区地质灾害时有发生，而其石漠化现象严重，总体来说是不利于农业发展的。作者认为，更好地做到旅游业的可持续发展是当今最为关键的问题。经济的发展不应以环境的倒退为代价。研究表明，18 世纪工业革命所产生的温室气体对 21 世纪的地球还有着巨大的影响。我们不可以再以牺牲子孙的资源而满足当今发展的需求。中国西南地区生态环境脆弱，生态基础设施薄弱，保护式开发是我们唯一的一条道路。只有坚持保护式开发，走上可持续发展的科学发展之路，香格里拉地区才能走上经济发展快车道。

## 11.4.2　三省（自治区）的旅游合作：求同存异

根据以上的观点，求同存异，我们可以根据三省（自治区）不同的特点，确立各自特有的旅游类型。

### 11.4.2.1　滇西北——梦幻香格里拉

云南旅游业开发较早，有一定的基础。云南香格里拉旅游区可进入性好，宣传最早，人气最旺。云南地区有着丰富的人文资源，且有着较为完善的基础设施。

丽江是现阶段大香格里拉区域旅游要素配置最好的城市，它是大香格里拉旅游小环线、中环线、大环线的起点，也是终点。近年来大丽铁路、大理—丽江高速公路、攀枝花—丽江高等级公路、丽江口岸机场等重大项目的实施和引入，极大地撬动了大香格拉旅游板块经济的转型与发展（和自兴，2005）。迪庆州也有大手笔，加大招商引资力度，如 2011 年云南省文化产业投资控股集团与迪庆州确立战略合作关系，决定控股三江并流国家风景名胜区内的巴拉格宗景区，计划在 3 年内投资 5 亿元，改善景区交通、住宿、餐饮条件，力争把景区打造成类似于美国黄石公园、中国九寨沟模式的世界级文化旅游景区，从而实现保护与开发并举的目的，回报景区社区群众，反哺传承好地方民族文化。发展较为成熟的云南要避免过于商业化。

### 11.4.2.2　川西南——最后的香格里拉

甘孜州位于川、滇、藏、甘、青的几何中心，由于地理位置的中心位置，四川甘孜可起到连接另外几省份的作用。甘孜州面积大，高级别核心旅游资源多，重点打造“一环（环贡嘎精品旅游线）两线（香格里拉核心区原生态旅游线、康巴中心文化风情体验旅游线）二支线（中国景色最美乡村休闲度假旅游线、高原江南川滇藏联合旅游线、木雅文化生态阳光联合旅游线）”，甘孜州是香格里拉生态旅游核心区重点（钟洁，2010）。甘孜地区虽然有着较为突出的自然资源，但是在基础设施建设上远不如云南。所以在建设香格里拉生态核心区时，四川政府应加大投资力度，并将旅游业作为支柱性产业。

### 11.4.2.3　藏东南——神秘的香格里拉

西藏香格里拉旅游区原始、神秘，但可进入性最差。这里自然人文资源极为丰富，但生态环境脆弱，交通条件较差，难以进入。根据此地的特点可以发展高端背包旅游。政府应加大投资，加快基础设施建设（表 11-6）。

**表 11-6　川滇藏三省（自治区）旅游情况比较**

| 区域范围 | 现状 | 核心点 | 旅游类型 |
|---|---|---|---|
| 滇西北 | 开发早、可进入性强 | 丽江、迪庆 | 文化旅游、民俗旅游 |
| 藏东南 | 资源丰富、生态脆弱、可进入性差 | 昌都、林芝 | 背包旅游、宗教旅游 |
| 川西南 | 资源丰富、开发力度较弱 | 甘孜、稻城 | 生态旅游、背包旅游 |

通过上面的比较，我们可以看出云南丽江地区由于开发较早，可进入性较强，适合开展观光旅游；四川甘孜地区因其自然资源丰富、生态环境脆弱等特点，适合开展生态旅游；西藏林芝地区有着浓郁的宗教色彩并且可进入性较差，所以适合开展高端的背包旅游活动。大香格里拉自然与人文环境的独特性与神秘性，迎合了现代社会人们对另类生活的要求，提供了人们回归自然、追求原始生态所需要的场景，从而形成了对大众市场的潜在吸引力。三地区经济基础、发展水平、经济结构存在差异性，但区域合作目的是打造与分享大香格里拉品牌，在同在一片蓝天下共同发展。

# 第12章 稻城亚丁景区旅游社区旅游参与的途径及社区居民利益保障研究①

## 12.1 引 言

1985年，墨菲（Murphy）出版了《旅游：社区方法》（Murphy，1985）一书，尝试从社区角度研究旅游业，并认识到社区在旅游开发中的重要性，并认为“正是因为旅游业营销的是社区的某些资源，因此，社区应该在旅游规划和管理过程中占有领导地位”（代则光和洪名勇，2009）。1997年6月，世界旅游组织、世界旅游理事会与地球理事会联合制定并颁发了《关于旅游业的21世纪议程》（简称《议程》）。这份《议程》可看作是旅游业发展的行动纲领和战略指南，是全球旅游业正式实施可持续发展战略的开端。《议程》所倡导的旅游业可持续发展明确提出将居民作为关怀对象，并把居民参与当作旅游发展过程中的一项重要内容和不可缺少的环节（刘纬华，2000）。

学术界关于社区旅游参与的研究和讨论比较活跃，研究的内容主要集中在以下几个方面：社区旅游参与的必要性（宋章海和韩百娟，2007；王汝辉，2009 ；Macnaught，1982）；社区旅游参与的模式（侯国林等，2007；刘静艳等，2008；颜亚玉和黄海玉，2008；颜亚玉和张荔榕，2008；张波，2006；张禹等，2009）；社区旅游参与的影响因素（潘秋玲和李九全，2002；杨效忠等，2008；Tosun，2000）；实现社区旅游参与的对策（保继刚和孙九霞，2008；李树信和陈学华，2006；刘纬华，2000；Wang et al.，2010）；社区旅游参与的中西差异（保继刚和孙九霞，2006）。许多研究都指出了旅游开发中社区参与不充分及社区利益受损的问题（王剑和赵媛，2009）。本章以稻城香格里拉乡的亚丁景区为例来探讨旅游景区社区居民的利益保障问题。

在2009年8月对亚丁景区进行实地考察中，与稻城县旅游局、亚丁景区管理局等职能部门的工作人员进行了深入的交流，收集到了稻城县旅游局、亚丁景区管理局的统计资料。对当地居民参与旅游业的情况进行实际调查，考虑到当前游客主要集中在香格里拉镇及亚丁景区内部，因此对上述两个地点的社区居民参与旅游情况进行了详细的调查，调查方式包括问卷调查和访谈。调查对象有食宿接待点的经营者、部分服务人员、马帮的从业人员、景区的电瓶车司机、景区的管理人员、清洁人员。经过调查获得了相关的一手资料和统计资料，并在后续的研究过程中向稻城县旅游局及亚丁景区的相关工作人员进行了电话咨询，对实地调查过程中尚未了解到的情况和不确定的情况进行了进一步的了解和确认。

## 12.2 亚丁景区及旅游业概况

亚丁旅游区位于甘孜藏族自治州稻城县南部，介于99°58′E～100°58′E，28°11′N～28°34′N，总面积约670km$^2$。区内仙乃日、央迈勇、夏诺多吉三座雪峰海拔均在6000m左右，形似金字塔，雄立挺拔，峰顶常年为积雪所覆盖。仙乃日东西两侧的悬崖绝壁规模宏大，十分壮观。景区内海拔在4200～4600m，高山湖泊星罗棋布（约30多个），大小不一，形状各异。海拔3800m的山体中下部，是或狭窄，或宽阔平缓的山谷，谷底有蜿蜒的流水，谷两侧植被覆盖度高。区内由低到高分别分布着干热河谷灌丛、亚高山针叶林、高

① 本章执笔者：孙琨、闵庆文、张祖群。

山灌丛草甸、高山流石滩稀疏植被等多种植被类型。区内动植物资源丰富，具有高等植物1115种，维管束植物121科430属。杜鹃花、报春花、龙胆、高山绣线菊等有很好的观赏价值，区内属国家二、三级保护植物的有玉龙蕨、扇蕨、扇核木、长苞冰杉、丽江铁杉、桃儿七、八角莲、四川牡丹、金铁锁等，特别是地狱谷中的情人树（铁杉、高山栎同根）堪称植物界奇观。亚丁风景区野生动物约200余种，主要以高山动物、森林动物为主，区内属国家一、二级保护动物的有牛羚、小熊猫、水鹿、白臀鹿、林麝、豹、金猫、鬣羚、斑羚、黑熊、短尾猴等。区内的人文景观有贡嘎冲古寺、风格独特的民居建筑、民族歌舞等。

2000年亚丁被四川省人民政府列为省级风景名胜区，2001年6月国务院批准亚丁自然保护区为国家级自然保护区，2003年7月10日被列入世界人与生物圈保护区网络成员单位，成为我国第24个获得世界人与生物圈网络成员资格的单位。亚丁还被评为中国最美的十大名山之一。亚丁风景名胜区管理局于2000年成立，目前同亚丁国家级自然保护区管理局是“两块牌子、一套人马”。

亚丁旅游区为纯藏族居住区，2009年该区共21个村寨，13个牛场，人口3276人，平均人口密度为2.5人/$km^2$，地广人稀。本区经济过去以农业、牧业、林业为主，林、牧业为支柱产业。近些年来，随着旅游业逐渐成为优势产业，马帮和民居接待成为社区居民的重要经济收入来源。目前，药材、菌类和旅游收入约占社区居民收入的70%。

亚丁景区所在的稻城县2006年、2007年、2008年的旅游接待人次分别为232 941人次、69 800人次、47 982人次，旅游业收入分别为14 539万元、2406万元、1815万元。稻城的大部分游客是冲亚丁景区而来的。亚丁景区2006年、2007年、2008年的门票收入分别为8 057 000元、900 000元、1 656 700元，接待人次大约分别为110 000万人次、12 000人次、13 000人次。截至2009年8月23日，亚丁景区共接待游客25 477人次，其中国内游客24 200人次，国外游客1277人次，国内游客主要来自于四川、重庆、长三角、珠三角、环渤海地区。景区的旅游业经营以政府为主导，企业为主体，社区参与，共建共管。目前，景区实行游客在景区内游玩、在景区外食宿的基本开发思路。从景区入口至电瓶车乘坐点的距离约3km，道路为自然形成的土石路面，在这个区间内，当地居民为游客提供马匹骑乘服务，但部分游客会选择步行；从冲古草地至洛绒牛场距离为6.7km，景区向游客提供电瓶车运送服务。从洛绒牛场至五色海约5km，道路比较难走，有50m的危险路段。五色海属于纯粹的未开发区，到达的游客量不是太多。在洛绒牛场至五色海这段区间范围内，有特种马帮队提供游客的运送服务，特种马帮队由30匹马组成，为了保护生态，亚丁景区管理局对特种马帮队的马匹数量实行限制，而且要求马匹要体壮力强。对马夫的要求是年龄在18~45岁，身体强壮，汉语好。

## 12.3 社区居民参与状况及存在问题

### 12.3.1 社区居民旅游业参与状况分析

在此根据参与程度、参与层次将社区居民的参与分为三种途径：受雇参与、经营参与、决策参与。在这三种参与形式中，受雇参与的参与程度和参与层次最低，而决策参与的参与程度和参与层次最高，经营参与介于二者之间。三种参与方式的区别见表12-1。

**表12-1 居民旅游参与方式的区别**

| 项目 | 受雇参与 | 经营参与 | 决策参与 |
| --- | --- | --- | --- |
| 获益程度 | 不完全获益 | 完全获益 | 利益自主 |
| 自主权 | 很小 | 较大 | 很大 |
| 居民地位 | 受支配 | 主动 | 支配 |

#### 12.3.1.1　受雇参与状况

受雇参与是指当地居民受雇于景区、宾馆、客栈、餐馆、旅游商店等而获得一定的就业收入。受雇参与是一种层次较低的参与形式，在这种参与形式下，参与者只获得了景区旅游业收入的一小部分，社区旅游收益漏损情况比较严重。

香格里拉镇及亚丁景区雇佣人员的状况及当地社区居民的受雇参与情况见表 12-2。由表可以看出，受雇岗位的大部分为外地人所占有，本地人的受雇参与状况为：受雇的岗位数量较少，受雇的岗位层次较低，如本地人受雇于管理岗位的较少，而受雇层次较低的景区清洁人员全部为本地人。

**表 12-2　香格里拉镇当地社区居民的受雇情况**

| 受雇岗位 | 岗位总人数 | 本地人数 | 外地人数 |
|---|---|---|---|
| 宾馆、客栈服务人员 | 70 | 25 | 45 |
| 景区管理人员 | 20 | 8 | 12 |
| 景区电瓶车司机 | 5 | 3 | 2 |
| 景区清洁人员 | 8 | 8 | 0 |
| 合计 | 103 | 44（42.72%） | 59（57.28%） |

作者在实际调查中了解到了导致上述状况出现的原因。第一，许多宾馆、客栈的老板认为：招聘本地人做服务员需要培训，业务熟练需要一个过程，而从外地如成都等地招来的服务员即可上岗，而且业务相对比较熟练。第二，一些景区管理人员属于政府公务员，大部分是由县人事局统一分配的；还有一些管理人员是景区从县城等地聘请来的文化程度相对较高，有一定组织协调能力和管理经验的人员。第三，大部分当地人由于受文化程度、语言沟通、经验欠缺等方面的限制，无法胜任有些岗位。

#### 12.3.1.2　经营参与状况

经营参与是指景区居民凭借一定的生产资料，从事餐饮、住宿、运输、销售、娱乐等各种经营活动，并获取一定的经济收入。在这种参与方式中，景区居民能比较充分地享有旅游业开发所带来的经济利益，并有一定的自主和主动权。

社区居民在香格里拉镇和亚丁景区内部的经营活动主要表现为住宿、餐饮设施经营和马匹运输经营，社区居民经营参与的具体情况见表 12-3。

**表 12-3　社区居民的经营参与情况**

<table>
<tr><th>经营方式</th><th>名称</th><th>经营者来源地</th><th>床位数</th><th>星级标准</th><th>经营者以前的工作</th></tr>
<tr><td rowspan="7">食宿接待</td><td>绿野亚丁</td><td>本地</td><td>120</td><td>准三星</td><td>在县医院工作</td></tr>
<tr><td>香巴拉酒店</td><td>稻城县城</td><td>50</td><td>准二星</td><td></td></tr>
<tr><td>印象亚丁</td><td>成都</td><td>80</td><td>准二星</td><td></td></tr>
<tr><td>盛廷亚丁</td><td>深圳</td><td>150</td><td>准四星</td><td></td></tr>
<tr><td>亚丁驿站</td><td>深圳</td><td>240</td><td>准四星</td><td></td></tr>
<tr><td>孔莎民居</td><td>本地</td><td>32</td><td>民居接待</td><td>在农牧站工作</td></tr>
<tr><td>魏老板客栈</td><td>成都</td><td>64</td><td>民居接待</td><td></td></tr>
<tr><td rowspan="2">马匹运输</td><td colspan="2">经营者数量</td><td colspan="2">经营者来源地</td><td>平均年经营收入</td></tr>
<tr><td colspan="2">1500 人（旺季人最多时）</td><td colspan="2">本地</td><td>2000 元</td></tr>
</table>

由表 12-3 可以看出，食宿接待的经营者大部分来自外地，本地的经营者跟社区的其他居民相比，文化程度相对较高、经济实力相对雄厚。由于受客观条件的限制，马匹运输服务全部由当地人经营，但这

种经营的技术含量、收入水平远远不及食宿接待经营。

#### 12.3.1.3 决策参与状况

在决策参与方面，亚丁景区的当地居民基本上处于空白状态，即在关乎当地社区居民利益的景区发展的重大决策方面，当地居民基本上没有话语权。当地居民尽管可以通过一些激进的方式（如冲突）对决策者施加一定的影响，但这种影响是相当有限的。社区居民是景区的一个重要组成部分，与景区发展利害关系最密切的就是当地居民，而不是外来开发商或上级政府，因此享有一定程度的决策权是体现、维护社区居民利益的需要。

### 12.3.2 社区居民参与中存在的问题

#### 12.3.2.1 参与旅游业的方式比较简单，参与能力、竞争力较弱

在亚丁的旅游业开发中，当地居民大部分只是提供一些简单的体力劳动，如牵马、打工等。像经营宾馆、客栈这些对资本、技术要求相对较高的服务形式，当地居民参与的较少。

当地居民参与旅游经营的能力较弱，如外来的住宿接待点的老板普遍认为：聘用本村服务员需要培训，而从外地招聘的服务员能够很快上岗从业，在这方面，当地居民的竞争能力相对较弱。

#### 12.3.2.2 居民的旅游受益权没有得到切实的保障

由于当地居民的旅游参与只停留在受雇参与和简单的经营参与层面上，决策参与的能力和机会是缺乏的，这就决定了景区居民并不能真正地决定自己的命运，其受益权也受到了来自决策权拥有者的挑战，以下是社区居民受益权受到挑战的两个例子。

**（1）景区存在管理局和当地居民的利益争夺问题**

景区在冲古寺至洛绒牛场之间建成了电瓶车车道，并已有电瓶车投入运营，电瓶车车道长6.7km，每人往返80元，单程50元。当地居民对电瓶车道的建设颇为不满，当地居民在电瓶车道建设施工期间，曾阻碍、扰乱景区的电瓶车道建设，居民和工作人员的冲突每天都有发生，居民要求冲古寺至洛绒牛场这个区间对马帮的运营进行开放。冲古寺至洛绒牛场这段路实行电瓶车运营后，将压缩当地居民所组成的马帮的营运范围，缩小当地居民的获利空间，这是造成当地居民同管理局之间冲突的主要原因。

在景区的旅游业开发过程中，应确保当地居民的利益，能为当地居民提供致富的机会就为当地居民提供致富的机会。如果确有必要建电瓶车道路，则可以借鉴股份制的模式，给当地居民给予一定比例的股份分红。

**（2）景区内居民的经营受到外来经营者的挑战**

景区内居民由于受资金缺乏的限制，经营的食宿接待点通常规模较小、档次不高。而外来者通常资金实力比较雄厚，其投资经营的食宿接待设施具有规模大、档次高的特点。同时外来者还有一定的经营经验，更了解来自区域之外的游客的需求，能够有针对性地提供服务。在这些方面，当地居民跟外来的投资经营者是无法相抗衡的。

由于不能进行决策参与的当地社区居民不能通过制定相关的政策来阻止外来者的进入，因此，景区内居民的经营权经常受到来自于外界经营者的挑战。

#### 12.3.2.3 当地居民在参与旅游业方面的优势没有发挥出来

当地居民在旅游业经营中的优势体现为其所提供的服务更能反映、体现民族特色，而独特的民风民俗是景区的重要旅游吸引物之一。调查的结果显示，当地人在这些方面的优势并没有很好地发挥出来，当地居民经营的民居接待的民族特色已不十分突出。当地居民的经营有刻意迎合外地人的胃口、向发达

地区看齐的倾向。

当地居民的经营能烘托、反映出当地居民的人文氛围，但由于当地居民受经济实力、经验、知识、思想意识等方面的限制，参与旅游业经营的机会受到了限制，因而使他们在这些方面所具有的优势无法充分地表现出来。

## 12.4 保障社区居民参与的对策建议

### 12.4.1 提高当地社区居民受雇参与和经营参与的能力

通过以下途径和措施来提高当地居民受雇参与、经营参与的能力，扩大参与的机会，使当地社区居民从旅游发展中充分受益，从而真正实现目的地旅游业发展的社会经济作用和功能。

#### 12.4.1.1 发挥政府的作用

**（1）资金支持**

政府因从旅游收入中拿出一部分作为社区的发展资金，采用贷款、补贴、资助等手段，帮助那些想从事旅游业经营但经济实力不足的当地社区居民。越是贫穷的当地居民，参与旅游业经营的能力越弱。因此，政府在进行资金扶持时，应对经济实力相对较弱的社区居民给予一定的倾斜。

**（2）设置进入门槛**

政府对外来投资者的进入设立一定的门槛限制，如规定外来投资者一定要和当地居民合作经营，可以拥有经营资格等，在这种情况下，当地的社区居民可以以自己拥有的土地、房屋等为凭借跟外来投资者进行合作开发，解决自身资金、经验、管理等方面的不足。

**（3）进行培训、提高能力**

政府拨出一定的专项资金，用于对当地社区居民的服务意识、管理水平、服务技能、语言技能等方面进行培训，切实提高当地居民参与旅游业服务的能力，从而增加当地居民参与旅游业经营的机会，使旅游业开发真正起到促进地方经济发展的作用。

#### 12.4.1.2 发挥集体的作用

一些大规模的、高档的经营设施是必要的，而分散的当地居民没有能力从事这些业态的经营，在这种情况下，可以发挥集体经济的作用，集中分散的人、财、物力，跟外来的经营者相抗衡。借鉴股份制经营模式的经验，让当地社区居民以人力、物力、财力入股，成立集体制的经济实体，如宾馆、商场、娱乐场地及设施等，然后根据入股的情况，按照经营收入对当地居民进行股份分红。

### 12.4.2 赋予社区居民决策参与的权力

决策参与是一种最完全、最充分、最彻底的参与，只有具备了决策参与的资格和权力，当地社区居民才能进行有效的维权和保障现有的利益，争取更多的切身利益。而对社区居民决策参与权的赋予涉及社会制度、法律层面的问题。社区增权需要政府放权，因此在现阶段需要做，也能够做的工作是转变政府的观念，由更高一级的政府督促下一级的政府部门进行放权。

景区的门票价格由 2008 年 6 月以前的 80 元提升至 2008 年 6 月以后的 150 元。这就存在政府和社区居民的博弈问题。门票价格低，进入景区的人就会相对多一些，那么马帮、餐饮、住宿接待的生意就会好一些，当地居民的获益就会多一些。景区门票价格提高了，政府的收入增加了，而禁牧补偿的标准并没有变化，老百姓接待的顾客少了，收益受到了损失。

# 参 考 文 献

阿旺加措 . 2011. 藏区神山崇拜的历史形式分析：全球化下的佛教与民族 . 北京：光明日报出版社 .

艾怀森 . 1999. 高黎贡山地区的傈僳族狩猎文化与生物多样性保护 . 云南地理环境研究，01：75-80.

白兴发 . 2003. 傣族生态文化略述 . 思茅师范高等专科学校学报，04：27-30.

白长虹 . 2007-11-02. 城市文化营销与城市品牌——丽江的经验与探索 . http://www. cnadtop. com/brand/chengshi/2009/6/2/dcbe6528-ff58-4d02-89bc-3e1b2bb1333e. htm［2016-03-11］.

保继刚，梁增贤 . 2011. 基于层次与等级的城市旅游供给分析框架 . 人文地理，06：1-9.

保继刚，孙九霞 . 2006. 社区参与旅游发展的中西差异 . 地理学报，04：401-413.

保继刚，孙九霞 . 2008. 雨崩村社区旅游：社区参与方式及其增权意义 . 旅游论坛，04：58-65.

曹易，翟辉 . 2015. 文物建筑恢复重建真实性的再思——以独克宗古城灾后重建为例 . 华中建筑，09：128-132.

常远歧 . 1994. 傈僳族风俗志 . 北京：中央民族学院出版社 .

陈烈，黄海 . 1995. 论民俗旅游资源的基本特征及其开发原则 . 热带地理，03：272-277.

陈梅花，石培基 . 2009. 基于 AHP 法的文化旅游资源开发潜力评价——以南阳玉文化旅游资源为例 . 干旱区资源与环境，06：196-200.

陈湘满 . 2003. 我国流域开发管理的目标模式与体制创新 . 湘潭大学社会科学学报，27（1）：101-104.

陈小华 . 2012. 西双版纳传统生态习惯规范的内容及其功能简介 . 云南大学学报法学版，04：141-146.

代则光，洪名勇 . 2009. 社区参与乡村旅游中居民行为的博弈分析 . 贵州农业科学，09：261-264.

戴尔阜，蔡运龙，祁黄雄 . 2001. 旅游风景区资源评价与开发——以长江三峡黄牛岩生态旅游风景区为例 . 经济地理，06：753-756，761.

刀承华，蔡荣男 . 2005. 傣族文化史 . 昆明：云南民族出版社 .

邓俊国 . 2004. 旅游资源多级模糊综合评价探讨——以河北省涞源县为例 . 资源科学，01：76-82.

丁为民 . 1996. 澜沧江——湄公河国际航运发展与流域环境保护 . 云南地理环境研究，02：13-17.

董培海，李伟 . 2010. 滇西北区域旅游竞争视角下的怒江州旅游产品创新设计研究 . 云南地理环境研究，01：100-104，110.

董培海，李伟 . 2012. 旅游流空间场效应演变中的竞合关系分析——以滇西北生态旅游区为例 . 北京第二外国语学院学报，01：15-24，31.

段兆顺 . 2011. 浪漫月色下的独克宗 . 寻根，05：70-76.

鄂义太，乌图 . 2002. 藏族传统文化对青藏高原地理环境的解说 . 西北民族学院学报（哲学社会科学版），04：52-60.

范保宁 . 2001. 旅游资源评价与旅游景区定位 . 商业研究，01：162-164.

冯宗炜，王效科，吴刚 . 1999. 中国森林生态系统的生物量和生产力 . 北京：科学出版社 .

付保红，王庆庆 . 2003. 滇西北地区耕地利用存在的问题及对策 . 国土与自然资源研究，02：30，31.

尕藏加. 2005. 论迪庆藏区的神山崇拜与生态环境 . 中国藏学，04：87-91.

高立士 . 1992. 西双版纳傣族的历史与文化 . 昆明：云南民族出版社 .

苟雪芽 . 2007. 滇川藏交接地文化旅游产品开发研究 . 昆明：云南师范大学硕士论文 .

顾世祥 . 2010. 近 50 多年来澜沧江流域农业灌溉需水的时空变化 . 地理学报，11：1355-1362.

郭大烈 . 1994. 纳西族史 . 成都：四川民族出版社 .

郭家骥 . 1998. 西双版纳傣族的稻作文化研究 . 昆明：云南大学出版社 .

郭家骥 . 2001. 云南少数民族的生态文化与可持续发展 . 云南社会科学，04：51-56.

郭家骥 . 2006. 云南少数民族对生态环境的文化适应类型 . 云南民族大学学报（哲学社会科学版），02：48-53.

郭家骥 . 2009. 西双版纳傣族的水信仰、水崇拜、水知识及相关用水习俗研究 . 贵州民族研究，03：53-62.

郭来喜，吴必虎，刘锋，等. 2000. 中国旅游资源分类系统与类型评价. 地理学报，03：294-301.
郭文. 2010. 乡村居民参与旅游开发的轮流制模式及社区增权效能研究——云南香格里拉雨崩社区个案. 旅游学刊，03：76-83.
郭晓寅，何勇，沈永平，等. 2006. 基于MODIS资料的2000—2004年江河源区陆地植被净初级生产力分析. 冰川冻土，04：512-518.
何大明. 1995. 澜沧江——湄公河水文特征分析. 云南地理环境研究，01：58-74.
何丽红，刘顺伶. 2007. 长江流域旅游发展互动模式研究——基于政策视角的研究. 桂林旅游高等专科学校学报，06：846-849.
何丽红. 2008. 长江流域旅游发展绩效的地区差异研究. 上海：华东师范大学硕士学位论文.
何瑞华. 2004. 论傣族园林植物文化. 中国园林，04：11-14.
何小东. 2008. 中国区域旅游合作研究——以中部地区为例. 上海：华东师范大学博士学位论文.
和芳. 2011. 以科学发展观推动滇西北三江并流区发展. 前沿，12：113-116.
和晓花. 2007. 纳西族生态文化的独特价值. 云南民族大学学报（哲学社会科学版），03：120-122.
和自兴. 2005. 丽江联手构建大香格里拉生态旅游区的思路与对策. 宏观经济研究，03：48-50.
贺卫光. 2001. 中国古代游牧文化的几种类型及其特征. 内蒙古社会科学（汉文版），05：38-43.
侯国林，黄震方，张小林. 2007. 江苏盐城海滨湿地社区参与生态旅游开发模式研究. 人文地理，06：124-128.
黄虪，龙春林. 2006. 云南黄连的传统种植及其在生物多样性保护中的价值. 生物多样性，01：79-86.
黄亮，陆林，丁雨莲. 2007. 民俗旅游的文化功能分析. 云南地理环境研究，01：127-130.
黄文，王挺之. 2008. 旅游区域的形象竞合研究——以中国香格里拉四川片区为例. 旅游学刊，10：54-60.
黄文雯. 2007. 滇西北民族地区经济发展模式研究. 昆明：云南师范大学硕士学位论文.
黄燕玲，罗盛锋，丁培毅. 2010. 供需感知视角下的旅游公共服务发展研究——以桂林国家旅游综合改革试验区为例. 旅游学刊，07：70-76.
吉凯. 2012. 人与“署”是同父异母的兄弟——传统纳西族的生态道德观念及其现代意义. 理论界，02：139-142.
江应梁. 1983. 傣族史. 成都：四川民族出版社.
蒋炳钊，吴绵吉，辛土成. 1988. 百越民族文化. 上海：学林出版社.
靳长兴，周长进. 1995. 关于澜沧江正源问题. 地理研究，01：44-49.
库瑞，陈锋仪. 2009. 旅游民俗文化空间的筛选与旅游价值分析——以陕西为例. 人文地理，05：122-125.
赖庆奎，晏青华. 2011. 澜沧江流域主要混农林业类型及其评价. 西南林业大学学报，02：38-43.
澜沧江地区考察组，孙鸿烈，张宗祜，等. 1997. 关于澜沧江流域综合开发的建议. 中国科学院院刊，05：318-321.
李安民. 1988. 关于文化涵化的若干问题. 中山大学学报（哲学社会科学版），04：45-52.
李进参. 2002. 拉祜族. 北京：民族出版社.
李鹏，杨桂华. 2007. 云南香格里拉旅游线路产品生态足迹. 生态学报，07：2954-2963.
李树信，陈学华. 2006. 卧龙自然保护区社区参与生态旅游的对策研究. 农村经济，02：43-45.
李双剑. 1997. 藏族饮食文化综览. 民俗研究，01：55-60.
李伟，周智生. 2006. 大香格里拉区域旅游合作及其发展机制. 经济问题探索，05：105-109.
李韵. 2015-01-08. 文物要“合理利用”绝非“充分利用”. 光明日报，第9版.
林耀华. 1997. 民族学通论. 北京：中央民族大学出版社.
刘纪平，刘平，赵荣. 2008. 澜沧江流域居民地空间分析与统计. 辽宁工程技术大学学报（自然科学版），06：832-835.
刘静艳，韦玉春，刘春媚，等. 2008. 南岭国家森林公园旅游企业主导的社区参与模式研究. 旅游学刊，06：80-86.
刘军. 2008. 试论傣族文身长期留存传承的原因. 黑龙江民族丛刊，06：121-128.
刘荣昆. 2009. 傣族宗教中的生态文化. 四川环境，01：124-126.
刘蕊. 2010. 清江流域旅游扶贫可持续发展战略与评价研究. 北京：中国地质大学博士学位论文.
刘纬华. 2000. 关于社区参与旅游发展的若干理论思考. 旅游学刊，01：47-52.
刘兴良，史作民，杨冬生. 2005. 山地植物群落生物多样性与生物生产力海拔梯度变化研究进展. 世界林业研究，18（4）：27-34.
陆大道. 2002. 关于“点-轴”空间结构系统的形成机理分析. 地理科学，01：1-6.
鹿瑛. 2015. 突发性事件中媒体的舆论动员——以香格里拉独克宗古城大火为例. 新闻传播，15：34-35.

罗富民，郑元同. 2008. 地方政府在川西南、滇西北区域旅游合作中的博弈分析. 特区经济，10：167，168.
罗康隆，杨曾辉. 2011. 藏族传统游牧方式与三江源“中华水塔”的安全. 吉首大学学报（社会科学版），01：37-42.
洛桑·灵智多杰. 1996. 青藏高原环境与发展概论. 北京：中国藏学出版社.
马春辉. 2010. 论苯教和藏传佛教对高原藏族生态文化的影响. 兰州：西北师范大学硕士学位论文.
马曜. 1989. 西双版纳傣族水稻栽培和水利灌溉在家族公社向农村公社过渡和国家起源中的作用. 贵州民族研究，03：1-5.
美克莱德·伍兹. 1989. 文化变迁. 施惟达，胡华生译. 昆明：云南教育出版社.
明庆忠，史正涛，张虎才. 2006. 三江并流区地貌与环境演化研究. 热带地理，26（2）：119-122.
娜朵. 1996. 拉祜族民间文学集. 昆明：云南人民出版社.
南文渊. 2003. 从天地生综合因素考察青藏高原生态环境与社会发展前景. 青海民族学院学报（社会科学版），29（4）：41-48.
潘秋玲，李九全. 2002. 社区参与和旅游社区一体化研究. 人文地理，04：38-41，5.
秦光荣. 2006. 创新思路突出重点真抓实干努力开创云南旅游二次创业新局面——在省人民政府滇西北旅游现场办公会上的讲话. 云南政报，7：39-48.
邱然. 2014. 香格里拉县独克宗古城“1·11”重大火灾事故. 中国安全生产，10：62，63.
邵侃，田红. 2011. 藏族传统生计与黄河源区生态安全——基于青海省玛多县的考察. 民族研究，5.
沈飚. 2012. 藏靴的美学意蕴及其地域特征. 西藏民族学院学报（哲学社会科学版），33（3）：48-51，139.
宋章海，韩百娟. 2007. 强化社区参与在我国遗产旅游地中的有效作用. 地域研究与开发，05：40-48，109.
苏郎甲楚. 2007. 苏郎甲楚藏学文集. 昆明：云南民族出版社.
苏明中. 2006 长江流域水利投资效益研究. 武汉：华中科技大学硕士学位论文.
苏章全，明庆忠，李庆雷. 2010. 基于旅游生态位理论的旅游区发展策略研究——以滇中大昆明国际旅游区为例. 旅游学刊，06：37-44.
孙坤. 2007. 基于“点—轴”理论的滇西北旅游区空间组织研究. 合肥：安徽师范大学硕士学位论文.
孙琨. 闵庆文，成升魁，等. 2014. 大香格里拉地区旅游供需比较性分析. 资源科学，36（2）：245-251.
孙瑞. 2004. 西双版纳：民族文化多元性与生物多样性的协调统一. 学术探索，06：122-125.
孙业红，成升魁，钟林生，等 2010. 农业文化遗产地旅游资源潜力评价——以浙江省青田县为例. 资源科学，32（6）：1026-1034.
唐勇. 2007. 民俗文化旅游资源深度开发探讨——以四川地区为例. 西南科技大学高教研究，03：75-78.
陶少华. 2007. 流域文化旅游开发研究——以重庆乌江流域为例. 成都：四川师范大学硕士学位论文.
陶思炎. 1997. 略论民俗旅游. 旅游学刊，02：36-38，62.
田里，陈彤. 1999. 澜沧江流域旅游资源特点及开发构想. 生态经济，04：74-76.
涂人猛. 1992. 湖北省旅游发展战略的一点思考. 旅游学刊，06：34-36，23.
王恒杰. 1995. 迪庆藏族社会史. 北京：中国藏学出版社.
王恒杰. 2005. 傈僳族. 北京：民族出版社.
王剑，赵媛. 2009. 风景名胜区旅游发展与农村社区居民权益受损分析——以樟江风景名胜区为例. 人文地理，02：120-124.
王丽萍. 2009. 五境乡民族服饰调查报告. http://www. ynf. gov. cn/canton_ model1/newsview. aspx? id=1037515［2010-12-01］.
王灵恩，何露，成升魁，等. 2012. 澜沧江流域旅游资源空间分异与开发模式. 资源科学，34（7）：1266-1276.
王灵恩，成升魁，唐承财，等. 2013. 民俗旅游资源开发潜力评价——以澜沧江流域为例. 干旱区资源与环境，27（11）：178-183.
王秋华，左宜晓，单保君，等. 2015. 独克宗古城火灾的外部火环境研究. 消防科学与技术，6：802-804.
王汝辉. 2009. 基于人力资本产权理论的民族村寨居民参与旅游的必要性研究. 旅游论坛，04：559-562.
王世金，赵井东. 2011. 中国冰川旅游发展潜力评价及其空间开发策略. 地理研究，08：1528-1542.
王书华，毛汉英. 2001. 土地综合承载力指标体系设计及评价——中国东部沿海地区案例研究. 自然资源学报，03：248-254.
王炜. 2006. 从“绕三灵”的活动形式看白族文化特征. 大理文化，01：50，51.

王昕，杨永丰 . 2008. 民俗旅游资源综合价值评价研究——以重庆为例 . 生态经济（学术版），01：292，293，302.
王子新，明庆忠 . 2002. 滇西北旅游发展一体化建设浅析 . 云南师范大学学报（哲学社会科学版），03：113-116.
翁丽丽 . 2008. 滇西北旅游资源开发问题之我见 . 消费导刊，01：1.
乌云巴图 . 1999. 蒙古族游牧文化的生态特征 . 内蒙古社会科学（汉文版），118（6）：38-43.
吴团英 . 2006. 草原文化与游牧文化 . 内蒙古社会科学（汉文版），27（5）：1-6.
吴秀芹，张艺潇，吴斌，等 . 2010. 沙区聚落模式及人居环境质量评价研究——以宁夏盐池县北部风沙区为例 . 地理研究，09：1683-1694.
熊理然 . 2006. 多边外向区域经济合作的优化与整合研究——以云南为例 . 昆明：云南师范大学硕士学位论文 .
徐旌，孟鸣，何大明 . 2002. 滇西北“三江并流”区劳动就业研究 . 长江流域资源与环境，04：338-343.
徐柯健 . 2008. 大香格里拉地区旅游开发模式比较分析 . 地理科学进展，03：134-140.
徐柯健，张百平 . 2008. 大香格里拉地区自然与文化多样性 . 山地学报，02：212-217.
严岗 . 2003. 跨区域旅游产品开发的理论与实践——以“茶马古道”旅游开发为例 . 成都：四川大学硕士学位论文 .
岩峰 . 1999. 傣族文化大观 . 昆明：云南人民出版社 .
颜亚玉，黄海玉 . 2008. 历史文化保护区旅游开发的社区参与模式研究 . 人文地理，06：94-98.
颜亚玉，张荔榕 . 2008. 不同经营模式下的“社区参与”机制比较研究——以古村落旅游为例 . 人文地理，04：89-94.
杨福泉 . 2008. 略论纳西族的生态伦理观 . 云南民族大学学报（哲学社会科学版），01：38-42.
杨桂华，明庆忠，蒋素梅，等 . 2000. 滇西北生态旅游开发研究 . 经济问题探索，09：104-107.
杨国才 . 2004. 白族传统文化的内涵与传承 . 中南民族大学学报（人文社会科学版），02：20-24.
杨侃，狄艳艳，陈乐湘，等 . 2003. 流域防洪系统调度的评价指标体系探讨 . 河海大学学报（自然科学版），04：363-365.
杨丽 . 2001. 滇西北农业自然资源特点与可持续利用 . 玉溪师范学院学报，17（S1）：82-84.
杨若愚 . 2009. “夷汉杂处”——一座边地古城的政治、族群与文化 . 厦门：厦门大学硕士学位论文 .
杨圣敏，丁宏 . 2008. 中国民族志（修订本）. 北京：中央民族大学出版社 .
杨小明 . 2013. 大香格里拉旅游业发展竞合关系研究 . 地域研究与开发，03：72-76.
杨效忠，张捷，唐文跃，等 . 2008. 古村落社区旅游参与度及影响因素——西递、宏村、南屏比较研究 . 地理科学，03：445-451.
杨云燕 . 2012. 浅析拉祜族传统生态文化观 . 怀化学院学报，01：19，20.
杨振之 . 2003. 青藏高原东缘藏区旅游业发展及其社会文化影响研究 . 成都：四川大学博士学位论文 .
尹绍亭，唐立，等. 2002. 中国云南德宏傣文古籍编目. 昆明：云南人民出版社.
尹泽生 . 2006. 旅游资源详细调查实用指南（GB/T18972—2003）《旅游资源分类、查与评价》理解与实施 . 北京：中国标准出版社 .
余洁 . 2002. 省级旅游市场供给环境及其评价方法研究——以山东省为例 . 山东师范大学学报（自然科学版），04：51-54.
袁锋，吴映梅，金桂梅 . 2009. 基于 SWOT 分析的滇西北民族文化生态旅游区旅游产业结构优化分析 . 经济师，08：272-273.
曾红 . 2004. 生态旅游开发对少数民族文化保护的积极影响初探——以滇西北为例 . 大理学院学报，06：34-36.
詹承绪，张旭 . 1996. 白族 . 北京：民族出版社 .
张波 . 2006. 旅游目的地“社区参与”的三种典型模式比较研究 . 旅游学刊，07：69-74.
张建雄 . 2005. 县域旅游经济发展博弈与出路——以滇西北为例 . 大理学院学报（社会科学），06：39-43，59.
张捷 . 1998. 区域民俗文化旅游资源的定量评价研究——九寨沟藏族民俗文化与江苏吴文化民俗旅游资源比较研究之二 . 人文地理，01：63-66，62.
张敏，马守春 . 2006. 西藏昌都市旅游业的现状及发展对策 . 西部林业科学，03：122-127.
张文合 . 1991. 流域开发综论——兼议我国七大江河流域的战略地位 . 地理学与国土研究，01：14-19.
张晓萍 . 2003. 西方旅游人类学中的“舞台真实”理论 . 思想战线，04：66-69.
张晓松，李根 . 2002. 浅析拉祜族火文化 . 云南民族学院学报（哲学社会科学版），06：80-82.
张笑 . 2011. 白族的原始宗教观 . 大理文化，01：101-112.
张禹，严力蛟，徐奂，等 . 2009. 乡村生态旅游社区参与模式研究——以苍南县五凤乡为例 . 科技通报，02：220-225.
赵全鹏 . 2000. 三亚“价格调控”假日旅游供需矛盾的利弊及对策 . 旅游学刊，04：9-13.

赵艳霞，何磊，刘寿东，等.2007. 农业生态系统脆弱性评价方法. 生态学杂志，05：754-758.
赵寅松.2002. 白族文化研究2001. 北京：民族出版社.
郑耀星.1999. 区域旅游合作是旅游业持续发展的新路——制订《闽西南五市旅游合作发展规划纲要》的深层思考. 福建师范大学学报（哲学社会科学版），02：34-37.
郑元同.2009. 川西南、滇西北区域旅游合作的效益分析——基于旅游经济可持续发展的理解. 软科学，02：110-114.
郑元同.2009. 川西南、滇西北无障碍旅游区的构建研究. 西南民族大学学报（人文社科版），07：159-162.
郑志刚.2002. 我国旅游市场总体供需态势分析. 中国软科学，08：58-61.
政协澜沧拉祜族自治县委员会.2003. 拉祜族史. 昆明：云南民族出版社.
中甸县志编纂委员会办公室.1990. 中甸县志资料汇编（二）之（清）光绪《新修中甸志书稿本》上卷·风俗志.
中甸县中心镇志编写领导小组.1984. 中心镇志. 内部刊印资料.
钟洁.2010. 四川参与"大香格里拉旅游圈"区域旅游合作研究. 西南民族大学学报（人文社科版），03：184-188.
周毓华，彭陟焱，王玉玲.2005. 简明藏族史教程. 北京：民族出版社.
周云水，魏乐平.2009. 略论滇藏茶马古道上的文化涵化——基于对西藏察隅县察瓦龙乡的田野调查. 西藏民族学院学报（哲学社会科学版），01：53-57，123.
周智生，缪坤和.2006. 多元文化传播与西南边疆民族地区商品经济成长——以明清时期的滇西北地区为例. 中南民族大学学报（人文社会科学版），01：73-76.
Albalate D，Bel G. 2010. Tourism and urban public transport：holding demand pressure under supply constraints. Tourism Management，31（3）：425-433.
Bishop I D，Hulse D W. 1994. Prediction of scenic beauty using mapped data and geographic information systems. Landscape and Urban Planning，30（s1-2）：59-70.
Buhyoff G L，Gauthier L J，Wellman J D. 1984. Predicting scenic quality for urban forests using vegetation measurements. Forest Science，30（1）：71-82.
Cihar M，Stankova J. 2006. Attitudes of stakeholders towards the Podyji/Thaya River Basin National Parkin the Czech Republic. JEnviron Manage，81（3）：273-285.
Clamp P. 1976. Evaluating English landscapes—Some Recent Developments. Environment and Planning A，8（1）：79-92.
Farley K A，Ojeda-Revahb L，Atkinsona E E，et al. 2012. Changes in land use，land tenure，and landscape fragmentation in the Tijuana River Watershed following reform of the ejido sector. Land Use Policy，29（1）：187-197.
Formica S，Uysal M. 2006. Destination attractiveness based on supply and demand evaluations：an analytical framework. Journal of Travel Research，44（4）：418-430.
Hillman B. 2003. Paradise under construction：minorities，myths and modernity in northwest Yunnan. Asian Ethnicity，4（2）：175-188.
Li W M，Dewar K. 2003. Assessing tourism supply in Beihai，China. Tourism Geographies，5（2）：151-167.
Macnaught T J. 1982. Mass tourism and the dilemmas of modernization in Pacific Island communities. Annals of Tourism Research，9（3）：359-381.
Marcouiller D，Prey J. 2005. The tourism supply linkage：recreational sites and their related natural Amenities. General information，（1）：23-32.
Morais D B，Zhu C，Erwei D，et al. 2006. Promoting sustainability through increased community involvement：the Shangri-La ecotourism demonstration project. Tourism Review International，10：131-140.
Murphy P E. 1985. Tourism：A Community Approach. New York：Methuen.
Niu Y F. 1996. The study on spatial linkage between the supply and demand of tourism. Journal of Geographical Science，（2）：80-87.
Patterson T，Mapelli F，Tiezzi E. 2003. Effects of tourism on net social benefits；defming optimal scale in the merse watershed，Italy. Ecosystems and Sustainable Development，19：397-406.
Saito K. 1997. A study for development and application of a landscape information processing system（The JILA P rize 1996（1995 fiscalyear））. Journal of the Japanese Institute of Landscape Architecture，60（4）：349-354.
Schmidt P，Morrison T H. 2012. Watershed management in an urban setting：process，scale and administration. Land Use Policy，29（1）：45-52.

Tosun C. 2000. Limits to community participation in the tourism development process in developing countries. Tourism Management, 21 (6): 613-633.

Waide R B, Zimmerman J K, Scatena F N. 1998. Contiels of productivity: Lessons from the luguillo Mountains in Puerto Rico. Eclogy, 79 (1): 31-37.

Wang H, Yang Z P, Chen L, et al. 2010. Minority community participation in tourism: a case of Kanas Tuva villages in Xinjiang, China. Tourism Management, 31 (6): 759-764.

Wang Y. 2007. Customized authentic city begins athome. Annals of Tourism Research, 34 (3): 789-804.